普通高等教育食品科学与工程类"十三五"规划教材

食品微生物学教程

（第 2 版）

李平兰　主编

中 国 林 业 出 版 社

内 容 简 介

本教材共 11 章，前 8 章为微生物学基础知识，主要包括微生物的形态与结构、微生物的营养与培养基、微生物的代谢、微生物生长、微生物遗传与食品微生物的菌种选育、微生物的生态、食品微生物与免疫等内容；后 3 章介绍微生物学基础知识在食品工业中的应用，包括微生物在食品工业中的应用、微生物引起的食品腐败变质及其控制、食源性致病微生物与食品安全等。本版教材内容更为精练、图文并茂、篇幅适中，并注重知识的拓展与应用，通过二维码形式对部分内容进行延伸。教材可作为食品与工程类专业本科生学习使用，也可供研究生和相关人员参考。

图书在版编目（CIP）数据

食品微生物学教程／李平兰主编．—2 版．—北京：中国林业出版社，2019.11（2023.12 重印）
普通高等教育食品科学与工程类"十三五"规划教材
ISBN 978-7-5219-0239-6

Ⅰ. ①食…　Ⅱ. ①李…　Ⅲ. ①食品微生物–微生物学–高等学校–教材　Ⅳ. ①TS201.3

中国版本图书馆 CIP 数据核字（2019）第 201503 号

中国林业出版社·教育分社

策划、责任编辑：高红岩　　　　　　责任校对：苏　梅
电　　话：(010) 83143554　　　　传　　真：(010) 83143516
出版发行　中国林业出版社（100009　北京西城区德内大街刘海胡同 7 号）
　　　　　E - mail：jiaocaipublic@ 163. com　电话：(010) 83143500
　　　　　http://www. forestry. gov. cn/lycb. html
经　　销　新华书店
印　　刷　三河市祥达印刷包装有限公司
版　　次　2011 年 8 月第 1 版（共印 3 次）
　　　　　2019 年 11 月第 2 版
印　　次　2023 年 12 月第 2 次印刷
开　　本　850mm×1168mm　1/16
印　　张　25.25
字　　数　570 千字　　**数字资源**　300 千字（PDF 文件 200 千字、课件 1 个）
定　　价　55.00 元

《食品微生物学教程》（第 2 版）编写人员

主　　编　李平兰

副 主 编　梁志宏　高文庚

编　　者　（按拼音排序）

陈晶瑜（中国农业大学）

高文庚（运城学院）

靳志强（长治学院）

李丽杰（内蒙古农业大学）

李平兰（中国农业大学）

梁志宏（中国农业大学）

刘国荣（北京工商大学）

秦　楠（山西中医药大学）

旭日花（内蒙古大学）

张香美（河北经贸大学）

第 2 版前言

食品微生物学教程第 1 版于 2011 年出版，受到使用单位的一致好评，并于 2017 年获得第三届林（农）类优秀教材二等奖，2019 年中国农业大学规划教材立项时被确定为优势学科专业的核心课教材。近年来，我国不断强化食品药品安全监管，健全生物安全监管预警防控体系，逐步修订完善了食品安全标准。同时随着微生物学及其在食品生产和检测领域应用的快速发展，有必要对教材的相关内容进行更新修订，守正创新，以适应学科发展的需求，有利于应用型、创新型人才的培养。

第 2 版食品微生物学教程基本保持了第 1 版的编写宗旨、编写风格和特点，内容组织仍坚持"实用、适用"的原则，精练微生物学基础理论，注重在食品加工领域应用。对每章内容都进行了逐句校正、修订或增减，语言更精练，章节结构更合理、紧凑，内容更全面。主要修改内容如下：

1. 在编排形式上，为了方便读者了解，各章根据内容需要，通过二维码的应用拓展知识内容，方便教学和自学阅读。

2. 增加第 8 章"食品微生物与免疫"，使教材内容更为系统、完整。

3. 优化原版教材的编排体系，使章节的结构和内容布局更为合理。具体修订有：将第 2 章"与食品有关的细菌"由原 2. 1. 4 调整为 2. 1. 1. 5，保证前后编排一致，并修改了 G⁻细菌的鞭毛结构；第 4 章"微生物代谢"按照能量代谢的"产能代谢、耗能代谢"进行了调整；第 5 章补充了"5. 3. 9 食品中的抗菌物质"；第 6 章删减了碱基对的置换、移码突变和染色体畸变的介绍、准性生殖的主要过程、采土的基本要求、初筛和复筛等，使章节内容更精练，精减内容通过二维码拓展；第 7 章删减了"开菲尔粒的微生态学"，增加"食品腐败变质中的群体感应"；第 9 章"微生物在食品工业中的应用"，各种混菌发酵产品的编排统一顺序为：菌种、生产工艺、微生物和生化变化，强调微生物的参与与变化，弱化工艺介绍，并且将"发酵乳制品""发酵果蔬制品"合并为"细菌与乳酸发酵"，与其他各节名称统一；第 10 章"食品保藏理论与技术"内容的编排顺序按照"理论—方法—管理技术"调整，方便读者阅读，并补充卫生标准操作程序、ISO 22000 标准简要介绍，使食品质量管理体系更为完整；第 11 章"食源性致病微生物与食品安全"，根据目前国内外微生物引起的食源性疾病发生情况，对食源性致病微生物做了较大的改动，并根据食品安全国家标准对食品安全微生物学指标的相关内容进行了更新。为便于师生的教与学，教材还增配了教学课件，以供参考。

4. 对部分章的"目的要求""思考题"进行了修订，使其更符合教材编写宗旨，且前后格式统一。

第2版教材共分11章，编写人员具体分工如下：第1章由李平兰编写；第2章由李丽杰、旭日花、张香美编写；第3章由旭日花编写；第4章由靳志强编写；第5章由刘国荣、李丽杰编写；第6章由梁志宏编写；第7章由靳志强编写；第8章由秦楠编写；第9章由高文庚编写；第10章由刘国荣、高文庚、李平兰编写；第11章由旭日花、张香美编写；附录部分由李丽杰整理完成。课件部分，第1~8章由陈晶瑜制作，第9~11章由高文庚制作。全书由李平兰统编、定稿。

教材修订过程中，承蒙中国林业出版社和中国农业大学的大力支持，中国农业大学食品科学与营养工程学院食品微生物组博士研究生谭春明、武瑞赟等在编排和校阅方面做了大量具体的工作。另外，教材修订还获得中央高校教育教学改革经费中国农业大学教材建设项目（4561-00119101）的资助，得到山西省"1331"工程重点学科项目（098-091704）、山西省重点学科建设项目（FSKSC）支持。教材编写中参考了国内外学者专家的科研成果、学术著作及一些教材的插图，在此一并表示诚挚的谢意！

限于作者编写水平和能力，书中难免存在不当或错漏之处，敬请广大师生、同行和读者批评指正。

编　者

2019年9月于北京

第1版前言

食品微生物学是基础微生物学的一个重要分支，属于应用微生物学范畴。该学科主要研究与食品生产、食品安全相关的微生物种类、特性以及在一定条件下与食品工业间的关系，教材内容包括微生物学基础及其在食品工业中的应用两大部分。随着微生物学的快速发展，食品微生物学的教材内容也需要不断更新，使之与学科发展相适应，以保持教材的先进性和新颖性。

在教材编排过程中，编者力求做到以下几点：

1. 精简内容、突出重点。教材的编排注重与相关知识的衔接，尽量避免脱节和重复，删除较为烦琐、陈旧的内容，力求文字精练、简明扼要、层次清楚、篇幅适中。

2. 注重实用性。食品微生物学是一门应用性很强的课程，教材内容的组织坚持"实用、适用"的原则，以基础为主线，正确处理好基础性、系统性、前沿性、应用性之间的关系，在对基础部分进行酌情压缩的情况下，注重与实践的有机结合，适当增加了微生物学基础理论在食品加工领域应用的内容；在应用部分注意选取重点和代表性的产品，以此带动对其他同类产品加工中微生物变化规律的了解。

3. 重视学习兴趣与能力培养。为保证教材内容形象生动，编者广泛收集了科研实验照片、专业图书和期刊的图表以及网络素材，并进行多次对比选择。教材中部分微生物图片由中国农业大学食品微生物学实验室提供。

为方便学生自学，在每章开始列出建议性的教学目的和要求，以供参考；章后附有思考题，以便帮助学生更好地理解和掌握该章的重点、难点。对于每章的思考题，力求少而精，尽量做到使学生能触类旁通、举一反三。

4. 结合教学和科研成果，适当补充学科前沿进展。作为一本专业基础教材，编者认为基本的知识点仍是其主要内容，并不奢望能够囊括食品加工领域的所有与微生物相关的内容及太多的学科进展。教材中主要对微生物的现代检测方法等作了简要补充说明。对学科前沿感兴趣的学生可以参阅更多的相关书刊。

本教材的编者均为国内相关高校的课程主讲或从事微生物研究的科研人员，这样一个组合有助于把握科研需求及学科前沿动态，编写出适应现代高等教育需求的教材。全书由李平兰教授担任主编，第1章、第9章第2、3节由李平兰编写，第2章第1、3、4节和第10章第2节由张香美编写，第2章第2节、第5章第3节由李丽杰编写，第3章由旭日花编写，第4章、第7章第2节由靳志强编写，第6章由梁志宏编写，第8章、第9章第4节由高文庚编写，第5章第1、2节和第9章第1节由刘国荣编写，第7章第1节由田洪涛编写，第10章第1节由靳志强和綦国红编写，附录部分由李丽杰整理完成。全书由李平兰统稿、定稿，江汉湖教授主审。

中国林业出版社的编辑对本教材的编写、修改提出了宝贵意见，中国农业大学食品科学与营养工程学院食品微生物组研究生王洋、张宝、桂萌、张晓琼、孔维嘉、王华等对本书的编排和校阅做了大量具体的工作，在此一并表示真诚的感谢！

限于作者编写水平和能力，书中难免存在不当或漏错之处，敬请广大师生、同行和读者批评指正。

编　者

2010 年 11 月于北京

目　录

课件

第1章

绪 论 ‹‹‹‹

目的与要求

　　本章重点介绍了该课程的研究内容、研究任务和相关学科的发展，通过学习，了解微生物与食品微生物所涉及的领域及其发展的4个主要时期，同时掌握微生物3种基本类群的划分，深刻理解微生物的概念及其五大基本特点。

1.1　微生物与微生物学
1.2　微生物学与食品微生物学的形成与发展
1.3　食品微生物学的研究内容和任务
1.4　微生物学与食品微生物学展望

1.1 微生物与微生物学

1.1.1 微生物

微生物（microorganism, microbe）是广泛存在于自然界中的一群个体微小、结构简单、大多数肉眼看不见或看不清，必须借助光学显微镜或电子显微镜放大数百倍、数千倍甚至数万倍才能观察到的微小生物的总称。

这些微小的生物包括：无细胞结构不能独立生活的病毒、亚病毒，原核细胞结构的真细菌和古生菌及有真核细胞结构的真菌。有的也把藻类、原生动物包括在其中。在以上这些微小生物群中，多数是肉眼不可见的，像病毒即使在普通光学显微镜下也不能看到，必须借助电子显微镜观察。而有些微生物，尤其是真菌中的大型食用真菌，毫无疑问是可见的。近年来，德国科学家还在纳米比亚海岸的海底沉积物中，发现了肉眼可见的硫细菌（sulfur bacterium），即纳米比亚硫黄珍珠（*Thiomargarita namibiensis*），其大小为 0.1~0.3mm，有些可达 0.75mm。以上足以说明"微生物"是一个微观世界里生物体的总称，其数量比任何其他有机体都多，可能是地球总量最大的组成部分。有人估计，目前已知的几十万种微生物不到地球上实际存在微生物总量的 2%。

微生物与人类的关系极其密切，其独特性已在全球范围内对人类产生了巨大影响。我们无论怎样评价其重要性都不过分，因为通过利用微生物，人类社会获得了如面包、乳酪、啤酒、抗生素、疫苗、维生素、酶等许多有价值的重要产品。微生物也是人类生态系统中不可缺少的组成成员，它们使陆地和水生系统中碳、氧、氮和硫的循环成为可能，同时也是所有生态食物链和食物网的根本营养来源。事实上，现代生物技术也是建立在微生物学的基础之上。但任何事物都有它的两面性，微生物也是一把双刃剑。它在造福人类的同时，也威胁人类的生存达几千年，即使在今天，有的也还严重威胁着人类的生存，如 2013—2016 年西非埃博拉疫情在西非的暴发；2015 年首先在南美洲传播，然后迅速蔓延至 70 多个国家和地区的寨卡病毒；引起人类食物中毒及发生食源性疾病的金黄色葡萄球菌、蜡样芽孢杆菌、肉毒梭状芽孢杆菌、单增李斯特菌、沙门菌、致病性大肠埃希菌等微生物还在影响着人类正常的生产与生活，威胁着人们的健康，我们必须应对。

1.1.2 微生物的特点

微生物除了具有生物最基本的特征——新陈代谢、生命周期外，还具有其自身的五大基本特点，又称为微生物的五大共性，现分别介绍。

（1）个体小、表面积大

微生物个体很小，多数以微米（μm）或纳米（nm）来量度大小，如杆状细菌平均大小为 $0.5\mu m \times 2.0\mu m$，质量 $1\times10^{-10}\sim1\times10^{-9}$mg，因此，需借助显微镜将其放大数百乃至数十万倍方能辨认。但其比表面积（表面积/体积）非常大，如假设人的比表面积为 1，则与人体等重的大肠埃希菌比表面积的值可达 30 万。这说明微生物存在一个巨大的与环境交流的接受面，表现为可迅速与外界环境之间交换营养物质与代谢产物及其他信息。这是微生物与一切大型生物相区别的关键，同时也赋予了微生物的其他特点。

（2）种类多，分布广

现已发现的微生物种类近 20 万种。由于微生物个体微小，结构简单，对外界环境比较敏感，很容易受到环境影响而发生变异，故其具有遗传不稳定性。而微生物的遗传不稳定性是造成其种类繁多的主要原因。此外，微生物个体微小，极易飘荡，无孔不入，可到处栖息，因而分布极广。在土壤、大气、水域等处，几乎到处都有微生物的存在。微生物不仅存在于动植物体内外，还能存在于冰川、海底、盐湖、沙漠、高温等极端条件下，甚至在上到数百公里的高空，下到几千米深的地下都有微生物的踪迹。

（3）吸收多，转化快

微生物的比表面积大，吸收营养物质的能力强。因此，其代谢强度远远高于动物和植物。例如，在适宜条件下，大肠埃希菌 1h 可消耗其自身质量 2000 倍的糖，若以成人每年消耗相当于 200kg 糖的粮食计算，大肠埃希菌 1h 消耗的糖按质量比计算等于 1 个人 500 年消耗的粮食。微生物的这个特性使它们被称为"活的化工厂"，而人类对微生物的利用也主要体现在其生物化学转化能力上。

微生物吸收多、转化快的特性和人工培养微生物不受气候条件限制的特点对食品与发酵工业极其有利，但同时又能使食品和其他工农业产品发生腐败变质，造成严重损失。

（4）生长旺，繁殖快

微生物具有惊人的生长繁殖速度，是其他生物所无法比拟的。以普遍存在于人和动物肠道中的大肠埃希菌为例，在合适的生长条件下，其细胞每分裂一次的时间是 12.5～20.0min，如果按照 20min 分裂一次计算，1h 分裂 3 次，则 24h 后其数量可达 4.722×10^{24} 个。微生物的这一特性在发酵工业上具有重要的实践意义，主要体现为生产效率高、发酵周期短；同时，它也使科研周期大大缩短、经费减少、效率提高。然而，对于危害人、畜和植物等的有害微生物来说，这个特性也给人类带来了极大的危害，需认真对待。值得注意的是，由于环境条件、空间、营养、代谢产物等条件的限制，事实上细菌的指数分裂速度只能维持数小时，因此，在液体培养基中，细菌细胞的浓度一般只能达到 $10^8 \sim 10^9 cfu/mL$。

（5）适应强，易变异

在长期的生物进化过程中，为适应多变的环境，微生物产生了灵活的代谢调控机制，可产生多种诱导酶，从而使其具有了强的环境适应性，如可以耐受热、寒、干燥、酸、缺氧、高压、辐射以及毒力的能力，有些甚至可以在许多生物无法生活的极端环境中生长。

微生物适应强还体现在对营养的要求不高，故原料来源广泛，容易培养。例如，动、植物能利用的蛋白质、糖、脂和无机盐等物质微生物都能利用；而动物不能利用的石油、天然气、纤维素、木质素等物质微生物同样可以利用，甚至还能降解氰、酚、多氯联苯等多种有毒物质。这样不仅解决了培养微生物的原料问题，而且为"三废"处理找到了出路。

尽管微生物变异频率极低（$10^{-10} \sim 10^{-5}$），但其适应性强、繁殖速度快的特点使其在短时间内可能出现大量变异的后代。变异可涉及如形态结构、代谢途径、生理类型、各种抗性及代谢产物等多个方面。虽然微生物易变异的特点给菌种保藏等工作带来一定的不便，但正是由于微生物的遗传稳定性差，从而使得微生物菌种选育相对较为容易。通过育种工作，可大幅度提高菌种的生产性能。例如，青霉素生产菌1943年每毫升发酵液仅生产20单位，经过各国微生物育种工作者的努力和发酵条件的改善，至80年代，新的生产用菌株每毫升发酵液产青霉素已超过5万单位，有的接近10万单位。

1.1.3 微生物的基本类群

微生物种类繁多，根据其结构、化学组成及生活习性等差异可分为三大类群。

（1）原核细胞型微生物

具有细胞形态，即有细胞壁、细胞膜、细胞质和细胞核，但细胞核分化程度低，不具有完整的核结构，没有核膜与核仁，只有核物质存在的核区，且细胞器不很完善。这类微生物种类众多，有细菌、螺旋体、支原体、立克次体、衣原体和放线菌等。

（2）真核细胞型微生物

具有细胞形态，且细胞核的分化程度较高，具有完整的核结构，即有核膜、核仁和染色体；胞质内有完整的细胞器（如内质网、核糖体及线粒体等）。这类微生物主要包括真菌、显微藻类、黏菌、假菌和原生动物等。

（3）非细胞型微生物

没有典型的细胞结构，亦无产生能量的酶系统，仅为核酸和蛋白质或核酸或蛋白质构成的颗粒，且只能在活细胞内生长繁殖，主要包括真病毒和亚病毒两大类。

1.1.4 微生物学及其分支学科

（1）微生物学

微生物学（Microbiology）是研究微生物及其生命活动规律和应用的科学，是在群体、细胞、分子及基因水平上研究微生物的形态构造、生理代谢、遗传变异和分类进化等生命活动的基本规律，并将其应用于工业发酵、农业生产、医疗卫生、环境保护及生物工程等实践领域的科学。

（2）微生物学的分支学科

微生物学是生物学的分支学科之一，其作为一门独立的学科已有100多年的历史。随着研究范围的日益扩大和深入，微生物学逐渐形成了许多分支学科。现根据研究对象和任务的不同，分类归纳如下。

按研究微生物生命活动的基本规律可分为：总学科称为普通微生物学（General Microbiology）或微生物生物学（Biology of Microorganisms），其分支学科有微生物形态学（Microbiol Morphology）、微生物分类学（Microbiol Taxonomy）、微生物生理学（Microbiol Physiology）、微生物遗传学（Microbiol Genetics）及微生物生物化学（Microbiol Biochemistry）等。

按微生物的应用领域可分为：总学科称为应用微生物学（Applied Microbiology），其分支学科有工业微生物学（Industrial Microbiology）、农业微生物学（Agricultural Microbiology）、植物病理学（Phytopathology）、医学微生物学（Medical Microbiology）、兽医微生物学（Veterinary Microbiology）、药学微生物学（Pharmaceutical Microbiology）、食品微生物学（Food Microbiology）、发酵微生物学（Fermentational Microbiology）及乳品微生物学（Dairy Microbiology）等。

按研究对象的类群可分为：细菌学（Bacteriology）、真菌学（Fungi）、病毒学（Virology）、藻类学（Phycology）及原生动物学（Protozoology）等。

按微生物所在的生态环境可分为：土壤微生物学（Soil Microbiology）、环境微生物学（Environmental Microbiology）、海洋微生物学（Marine Microbiology）、宇宙微生物学（Cosmic Microbiology）、水生微生物学（Aquatic Microbiology）及微生态学（Microecology）等。

按微生物学和其他学科间交叉情况可分为：分析微生物学（Analytic Microbiology）、化学微生物学（Chemical Microbiology）、微生物数值分类学（Microbial Numerical Taxonomy）及微生物地球化学（Microbial Geochemistry）等。

1.2 微生物学与食品微生物学的形成与发展

1.2.1 微生物学的形成与发展

（1）古代人类对微生物的利用

在人类未发现微生物之前，世界各国人民凭借自己的经验，在实践中利用有益微生物、防治有害微生物，积累了丰富的实践经验。

食品生产起源于 8000~10 000 年以前。谷物的烹调、酿造和食品的保藏可能在 8000 年前开始，因为这一时期近东制作了第一个煮壶，推测在这一时期的早期，就出现了食品腐败和食物中毒的问题，由于食品制作及不适当的保存方式引起食品腐败，并出现由食品介导的疾病。

公元前 3500 年已有葡萄酒的酿造。根据 Pederson（1971）报告，最早酿造啤酒的证据是在古巴比伦时代。公元前 3000 年埃及人就食用牛奶、黄油和奶酪。

公元前 3000—前 1200 年，犹太人用死海中获得的盐来保存各种食物。中国人和希腊人开始用盐腌鱼保藏食品。公元前 1500 年中国人和古巴比伦人开始制作和消费香肠。在这一时期，Jensen（1953）考证指出使用橄榄油和芝麻油会很大程度导致葡萄球菌引起的食物中毒，因为在这一时期使用这两种油作为保存食品的一种方法。

约 3000 年前，埃及已开始发酵生产食醋，日本酿造醋的技术大约在 369—404 年从中国传入（Masai，1980），我国最早（约 3000 年前）开始制酱和酱油。

约 1000 年前，罗马人使用雪来包裹虾和其他易腐烂食品。熏肉的制作作为一种贮藏方法可能是从这一阶段开始的。虽然大量微生物学的知识和技术已用于食品制作、保存和防腐，但微生物究竟和食品有什么关系以及食品的保藏机理、食品传播的疾病及其所带来的危害还是个谜，无人知晓。

到了 13 世纪，虽然人们意识到肉食的质量特性，但毫无疑问还没有认识到肉的质量与微生物之间的因果关系。因为在此之前，即在中世纪，麦角中毒（由真菌麦角菌引起）造成了很多人死亡。仅在 943 年法国因为麦角中毒死亡 40 000 多人，当时并不知晓这是由真菌引起。

1658 年，A. Kircher 在研究腐烂的尸体、腐败的肉和牛奶以及其他物质时发现了称之为"虫"的生物体，但他的研究结果并没有被广泛接受。

（2）形态学时期

人类对微生物的利用虽然很早，并已推测自然界有肉眼看不见的微生物存在，但由于科学技术条件有限，无法证实微生物的存在。17 世纪后半叶因航海商贸的需要，玻璃研磨工作达到较高的水平。荷兰人安东·列文虎克（Antony van Leeuwenhoek，1632—1723）制成了可放大 200～300 倍的简单显微镜，用其观察了雨水、牙垢及腐败有机物等，同时将所观察到的微小生物作了正确描述，并发表在英国《皇家学会科学研究会报》上，为微生物的存在提供了有力证据。从此，人类揭开了微生物世界的神秘面纱，开始了微生物的形态学时期，并持续了 200 多年。安东·列文虎克成为了微生物学的先驱者。

（3）生理学时期

19 世纪中叶，法国的路易斯·巴斯德（Louis Pasteur，1822—1895）和德国的柯赫（Robert Koch，1843—1910）将微生物的研究从形态的描述带到了生理学研究，建立了从微生物的分离、接种、纯培养到消毒、灭菌等一系列独特的微生物技术，奠定了微生物学的基础，揭示了微生物是食品发酵、食品腐败和人、畜疾病的原因，他们是微生物学的奠基人。

微生物学发展中的
重大事件

1857 年，巴斯德发表了《关于乳酸发酵的记录》，并开始对发酵原因进行探索，研究了丁酸、乳酸、醋酸和乙醇的发酵过程，发现并证实了发酵是由微生物引起的；他成功地创立了巴氏消毒法；用曲颈瓶实验彻底否定了"自然发生说"；发现厌氧生命，提出好氧、厌氧术语等。

巴斯德的突出贡献在于：

①彻底否定了"自然发生说"　该学说认为一切生物是自然发生的。虽然到了 17 世纪以后，动、植物生长发育的研究，动摇了自然发生说，但真正否定该学说的是巴斯德的曲颈瓶实验。即营养基质在曲颈瓶内经过煮沸可一直保持无菌状态而不发生腐败，因为弯曲的瓶颈阻挡了外面空气中微生物直达营养基质内，而一旦把瓶颈打断或斜放曲颈瓶（图 1-1），煮沸的基质则发生腐败。本实验结果以无可辩驳的事实证明空气中含有微生物，微生物是基质腐败的原因，瓶内腐败并非自然发生，从而彻底否定了"自然发生说"。

②证明发酵是由微生物引起的　他认为一切发酵都与微生物的生长、繁殖有关，并历经辛劳分离到了与各种发酵有关的微生物，证实了酒精发酵是酵母菌引起的，乳酸发酵、醋酸发酵和丁酸发酵都是由不同微生物引起的，这为发展微生物的生理生化和建立工业微生物学、食品微生物学和酿造学等微生物学的分支学科奠定了基础。

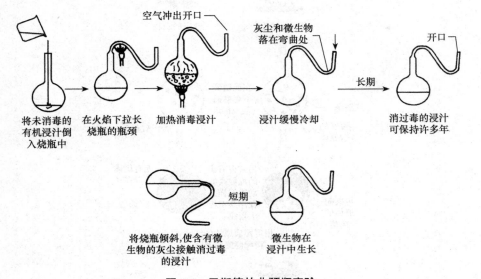

图 1-1 巴斯德的曲颈瓶实验

③创立了巴氏消毒法 为解决当时法国酒变质问题，巴斯德创造了科学的巴氏消毒法（60~65℃，30min），该方法一直沿用到今天，是广泛采用的消毒灭菌法。巴斯德和其他的使用者最后把这个方法应用到了微生物的研究中，并推翻了"自然发生说"，从而导致了有效灭菌方法的出现。没有这个方法，作为科学的微生物学是不可能发展的。食品科学的发展也受益于巴斯德，因为该灭菌原理也适用于罐头和许多食品的贮藏。巴氏消毒法不仅解决了当时法国酒变质和家蚕儿微粒子病的实际问题，同时也推动了病原学发展，功不可没。

④接种疫苗预防传染病 尽管我们的祖先最早应用了"吹花术"预防天花，英国的 Jenner 医生 1798 年又发明了接种痘苗预防天花，但都没有解释其免疫过程的机制。1877年巴斯德研究了禽霍乱，发现病原菌经过减毒可产生免疫，从而预防了禽霍乱病；随后，他又研究了炭疽病和狂犬病，并首次制成狂犬疫苗，为人类防治这些传染病的发生作出了杰出贡献。

同时期的另一位微生物学奠基人就是德国学者柯赫，他把早年应用的马铃薯固体培养技术改进为明胶培养技术，进而发明了琼脂培养技术（1882），并创立了显微摄影、悬滴培养、染色等一整套微生物研究方法；首次分离出炭疽杆菌（1877），并在 1882—1883 年间又分离出结核杆菌、链球菌和霍乱弧菌等病原微生物；依据病原说，提出了著名的柯赫法则。

柯赫是著名的细菌学家，他的功绩在于：

①建立了一整套研究微生物的基本技术 他首先发明了采用固体培养基进行细菌的分离，使原先烦琐、复杂的细菌分离与纯培养方法变得简便易行；同时也为今天的动、植物细胞培养作出了贡献。

②开展了病原菌的研究 通过引起炭疽病和结核病病原的实验，创立了柯赫法则（图 1-2），即：病原微生物总是在患传染病的动物中发现，不存在于健康个体中；可从

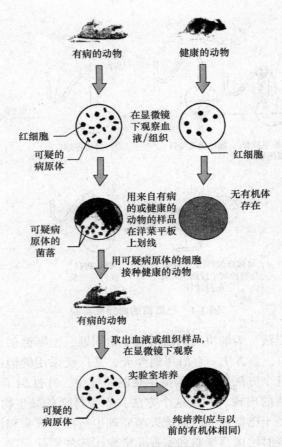

图1-2 柯赫实验示意图

原寄主获得病原微生物并能够进行纯培养；纯培养物人工接种健康寄主，必然诱发与原寄主相同的症状；必须自人工接种后发病寄主再次分离出同一病原的纯培养。

由于巴斯德和柯赫的杰出工作，微生物学作为一门独立的学科开始形成，而且出现了以他们为代表而建立的各分支学科，同样也促进了食品微生物学的形成。

除了上述两位科学家，许多科学家借助于逐渐发展的科学技术手段为微生物学奠定了坚实的科学基础。

（4）现代微生物学的发展

20世纪上半叶，微生物学沿着应用微生物学和基础微生物学两个方向发展。在应用方面，人类疾病和躯体防御机能方面的研究促进了医学微生物学和免疫学的发展。青霉素的发现（Fleming，1929）和瓦克斯曼（Waksman）对土壤中放线菌的研究成果导致了抗生素科学的出现；环境微生物学在土壤微生物学研究的基础上发展起来；微生物在农业中的应用使农业微生物学和兽医微生物学等也成为重要的应用学科。在基础研究方面，20世纪中叶，出现了细菌和其他微生物的分类系统；对细胞化学结构和酶及其功能的研究发展了微生物生理学和生物化学；微生物遗传和变异的研究导致了微生物遗传学的诞生；20世纪60年代，微生物生态学也形成了一门独立的学科；20世纪80年代以来，分子微生物学应运而生，如细菌染色体结构和全基因组测序、细菌细胞之间和细菌同动、植物之间的信号传递等。

21 世纪，分子微生物遗传学和分子微生物生态学将成为其中两个活跃的前沿领域，与其他学科一道为微生物学继续向前发展而发挥力量。

1.2.2 微生物学和食品微生物学在我国的发展

中国是世界最早的文明发达国家之一，我国古代劳动人民在长期的实践中，很早就认识到微生物的存在和作用，也是最早应用微生物的少数国家之一。据考古学推测，我国在 8000 年前已经出现了曲蘖酿酒，4000 多年前我国酿酒已十分普遍；2500 年前我国人民发明酿酱、醋，知道用曲治疗消化道疾病；公元 6 世纪（北魏时期），我国贾思勰的巨著《齐民要术》已详细记载了制曲、酿酒、制酱和酿醋等工艺；为防止食物变质，盐渍、糖渍、干燥、酸化等方法也被广泛使用；在明朝隆庆年间就开始用人痘预防天花，先后传到俄国、日本、朝鲜、土耳其及英国。但将微生物作为一门科学进行研究，我国则起步较晚。

中国学者从事微生物学研究始于 20 世纪初，那时一批到西方留学的中国科学家开始较系统地介绍微生物知识，从事微生物学研究。1910—1921 年间，伍连德用近代微生物学知识对鼠疫和霍乱病原的探索和防治，在当时居于国际先进地位，并在我国建立起最早的卫生防疫机构；20~30 年代，我国学者开始对医学微生物学有了较多的试验研究，其中汤飞凡等在医学细菌学、病毒学和免疫学等方面的某些领域取得了比较好的成绩；戴芳澜和俞大绂等成为我国真菌学和植物病理学的奠基人；高尚荫创建了我国病毒学的基础理论研究和第一个微生物学专业等。但总的来说，中华人民共和国成立前，我国微生物学力量较弱且分散，未形成自己的研究体系和现代微生物工业。

中华人民共和国成立后，微生物学在我国有了划时代的发展。国家建立了一批主要进行微生物学研究的单位，一些重点大学设立了微生物学专业，培养了一大批微生物学人才；现代化的发酵工业、抗生素工业、生物农药和菌肥工作初具规模；改革开放以来，我国微生物学在应用和基础理论研究方面都取得了重要成果，例如，抗生素的总产量已跃居世界首位，两步法生产维生素 C 技术居世界先进水平。

近年来，我国学者紧跟世界微生物学科发展前沿，进行了微生物基因组学的研究。例如，已完成痘苗病毒天坛株的全基因组测序；对我国的辛德毕斯毒株（变异株）进行全基因组测序等。我国微生物学已进入了一个全面发展的新时期，但从总体来说，发展水平除个别领域或研究课题达到国际先进水平外，绝大多数与国外先进水平相比还有相当大的差距。因此，如何发挥我国传统应用微生物技术的优势、紧跟国际发展前沿，成为一个具有发展潜力的研究课题。

就食品微生物学而言，食品微生物学是微生物学的一个重要分支学科，隶属于应用微生物学范畴。它是随着食品科学的发展而产生的，是专门研究与食品相关的微生物种类、特点及其在一定条件下与食品工业关系的一门学科。

食品微生物学主要以与食品有关的微生物为研究对象，解决由微生物引起的相关食品问题，因而涉及的学科多、范围广且实践性强。同时，在某些方面又与现行的食品法规紧密相连，所以有一个标准化的问题，即在对食品的生产、销售、贸易中均有相应的统一规定和限制，尤其是其中的质量安全标准，都明确规定了微生物学指标及相应的检验方法，这些都是强制性的标准，必须遵照执行。

食品微生物学是一门实践性很强的学科，伴随着微生物学的发展也得到了快速的发展，尤其是给我国古老的酿造业注入了新的活力，并开辟出了一些新领域。

（1）有益微生物利用方面

腐乳的周年生产　腐乳是我国传统的发酵豆制食品，已有1000多年的历史。根据腐乳坯中含有的微生物，腐乳有毛霉型、根霉型、细菌型和无菌型几类。我国目前生产的主要为霉菌型腐乳，其中毛霉是腐乳生产使用最大、覆盖面最广的菌种，占腐乳菌种的90%~95%。但毛霉的最适生长温度相对比较低，满足不了周年生产。经过多年的微生物选育，我国已获得了适合腐乳生产用的耐高温毛霉，结束了腐乳只能季节性生产的局面，使其产量大增，并不断开发出了多种适合市场需求的花色品种。同时，通过微生物选育也成功利用根霉达到了周年生产。此外，在发酵工艺上经过工艺优化成功实现了小罐发酵。

柠檬酸的独立生产　柠檬酸又名枸橼酸，无色晶体，常含一分子结晶水，是食品添加剂中常用的酸味剂。我国最早是从柑橘中提取天然柠檬酸，部分需依赖进口。1942年汤腾汉等利用发酵法制取了柠檬酸；1952年陈声等开始用黑曲霉浅盘发酵制取柠檬酸；1959年轻工业部发酵工业科学研究所完成了200L规模的深层发酵制备柠檬酸试验，1965年进行了100t甜菜糖蜜原料浅盘发酵制取柠檬酸的中间试验，并于1968年投入生产；1966年后，天津市工业微生物研究所、上海市工业微生物研究所相继开展用黑曲霉进行薯干粉原料深层发酵柠檬酸的试验并获得成功，从而确定了我国以薯干或废糖蜜为原料，采用黑曲霉发酵法来生产柠檬酸这一独特的先进工艺，结束了依赖进口的被动局面，同时已有柠檬酸出口。

酒类的生产　白酒是我国的民族产品，生产历史悠久，早在古代人们就已经在实践中通过不断摸索，总结出具有很多独特工艺特点和优势的白酒酿造技术。1949年后，我国广大科技工作者针对白酒生产中存在粮耗较高、能耗较大、生产周期长、生产效率低等方面的缺点，大搞技术革新，在开辟白酒新原料、试制新产品、选育优良菌种、推广新工艺、新设备、实现机械化、连续化、自动化生产和大搞综合利用等方面均取得惊人的成绩。尤其是近年来，随着现代分子生物学、生物信息学、生态学、代谢组和基因组学的发展及相关技术在白酒酿造中的应用，我国在白酒风味物质的剖析、功能微生物的筛选分离、评酒勾兑及贮存技术上取得了重大技术创新，产品质量稳步提升，给古老的酿造注入了新的活力。啤酒起源于古埃及和巴比伦，已有6000年的历史。对我国而言，啤酒属于一种外来酒种，但20世纪80年代我国的啤酒生产已进入黄金时代，90年代新工艺、新设备的投入，使我国啤酒的生产无论在数量上还是在质量上都取得了很大的发展，目前我国啤酒生产的产量和销量均位居世界前列。

味精的生产　味精是日常生活中非常重要的鲜味剂。我国自1923年利用面筋水解法生产味精以来，已有近百年的历史。过去主要是采用化学方法，以粮食中的蛋白质为原料水解制成。从1958年成功利用淀粉糖发酵生产味精开始，我国就逐渐采用微生物发酵方法来生产味精，这不仅提高了生产效率，降低了生产成本，还节约了粮食。尤其是近年来，随着生物科学的飞速发展和新技术在实际生产中的应用，广大科技人员通过淀粉制糖工艺优化、发酵菌种改良、发酵过程控制及装备水平提升的革新，使得我国的发酵产酸率和糖酸转化率发生巨大变化，极大地提高了产品的国际竞争力。

酶制剂的生产　微生物酶制剂的生产是一个较新的领域。酶是发酵的原动力，酶制剂的使用可以加快工业发酵的速度，缩短生产周期，提高设备利用率。近年来随着生物技术，尤其是微生物发酵技术的快速发展，酶制剂产品的成本迅速下降，极大地推动了微生物酶制剂的发展。我国在微生物酶制剂优良菌种选育、产酶工艺条件优化及酶制剂的制备方面取得了很大的发展，淀粉酶、糖化酶、蛋白酶等多种微生物酶制剂均已投产并具备较大规模，其中木瓜蛋白酶、α-淀粉酶、果胶酶、β-葡聚糖酶等微生物酶制剂以其催化特性专一、催化速度快、使用剂量小、天然环保等特性在食品生产和人类生活中扮演了重要角色。

单细胞蛋白的生产　单细胞蛋白生产是应用微生物的又一个侧面。我国单细胞蛋白生产始于 1922 年，但前期发展比较缓慢。80 年代以来，以酵母为重点的单细胞蛋白的生产得到迅速发展，产品主要为酵母、饲料酵母。我国已成功利用造纸废液、味精废液、酒精废液、淀粉废液、柠檬酸废液以及果渣、糖渣、淀粉渣、豆饼粉等农副产品下脚料制造单细胞蛋白，并应用于畜禽、水产动物的饲料日粮配合之中，目前已成为重要的蛋白质饲料来源。近年来，随着生物工程与生物技术的发展与应用，单细胞蛋白的研究与开发已成为热点，我国有丰富的工业废液、废渣及可观的农副产品下脚料及各类植物纤维素等，发展单细胞蛋白有巨大的潜力和市场前景。

（2）有害微生物的检测与控制方面

除有益微生物在食品上应用外，对有害微生物的监控方面也取得了很大发展。我国从 20 世纪 50 年代开始，就对沙门菌、金黄色葡萄球菌、变形杆菌等多种食物中毒菌进行了调查研究，建立了对各种食物中毒细菌学的分类鉴定及检测方法。同时，对霉菌毒素（如黄曲霉毒素等）的污染检测和预防工作方面也进行系统的研究，取得了可喜的成绩。此外，在广泛调查研究基础上，根据我国食品生产的具体情况，1994 年颁布了《中华人民共和国食品卫生法》制定了一系列国家食品卫生标准，出版了食品卫生检验方法微生物学部分，统一了全国食品卫生微生物学检验方法。

随着生物科学的发展和生物技术在食品中的应用，我国对食品中有害微生物的检测与控制技术取得长足的进步，不仅规范了各种有害微生物检测的方法与标准，与国际接轨，还开发出了许多快速检测试纸及相关仪器。2009 年《中华人民共和国食品安全法》的实施，对于促进我国食品卫生管理工作，保证食品安全起到了重要的推动作用。2017 年随着《食品安全国家标准　食品微生物学检验》（GB 4789）系列方法标准的公布实施，进一步完善了我国的食品安全标准体系，对于加强企业食品安全管理，提高各类检测机构和食品生产企业的微生物检测水平提供了可靠的保障。

1.3　食品微生物学的研究内容和任务

1.3.1　食品微生物学的研究内容

食品微生物学是专门研究微生物与食品之间相互关系的一门综合性科学，是微生物学的一个重要分支。其中融合了普通微生物学、工业微生物学、医学微生物学、农业微生物学和食品有关的部分，同时又渗透了生物化学、机械学和化学工程有关内容。

食品微生物学所研究的内容包括：研究与食品有关的微生物的生命活动规律及与食品有关的特性；研究如何利用有益微生物为人类制造食品；研究如何控制有害微生物，防止食品发生腐败变质；研究检测食品中微生物的方法，制定食品中微生物指标，从而为判断食品的安全质量提供科学依据。

1.3.2　食品微生物学的研究任务

微生物广泛存在于食品原料和大多数食品上，但是不同的食品或在不同的条件下，其种类、数量和作用也不相同。一般来说，微生物既可在食品生产中起有益作用，又可通过食品给人类带来危害。所以，食品微生物学作为食品科学与工程专业的一门专业基础课，除了使学生掌握牢固的微生物学理论和技能，还有两个非常重要的任务，其一是充分研究、开发和利用与食品相关的有益微生物，为人类提供更多营养丰富、健康安全的食品；其二是研究与食品腐败变质、食物中毒及食源性疾病有关的微生物生物学特性及其危害，并进行监测、预测和预报，建立食品安全生产的微生物学微生物指标和质量控制体系，以确保食品的安全性。

1.4　微生物学与食品微生物学展望

微生物从发现到现在短短的300年间，特别是20世纪中叶，已在人类的生活和生产实践中得到广泛的应用，并形成了继动物、植物两大生物产业后的第三大产业。近年来，随着分子生物学的迅猛发展，尤其是人类基因组计划的（HGP）的启动，微生物研究工作已向着分子水平和纵深方向飞速发展，基础研究不断深入，新学科和潜学科不断形成，学科间相互渗透、交叉与不断融合，同时新技术、新方法在微生物学发展中的广泛应用，也促进了一批应用性强的高技术微生物分科的形成。食品微生物学作为微生物学的分支学科，隶属于应用微生物学的范畴，不仅强调基础性知识，同时又是一门实践性很强的学科，在为人类提供安全、营养、健康的食品方面将发挥现有和潜在的用途和价值。"21世纪是生命科学世纪"，展望未来，一批崭新的微生物工业的出现，将为全世界的经济和社会发展作出更大贡献，人类在熟悉和掌握现代微生物学理论与技术的基础上，将继续在以下方面不断发展。

1.4.1　微生物基因组学和后基因组学研究

过去，人们大多从表型分析入手，寻找已知功能的编码基因，实际只了解微生物中极少数的基因，如链球菌的链激酶基因、结核杆菌编码的热休克蛋白基因等，造成大量未知基因未被发现。而通过基因组学研究，从根本上揭示了微生物的全部基因，不仅可以发现新的基因，还可发现新的基因间相互作用、新的调控因子等。这一研究将使人类从更高层次上掌握病原微生物的致病机制及其规律，从而得以发展新的诊断、预防及治疗微生物感染的制剂、疫苗及药品等。此外，微生物基因组学和后基因组学工具的广泛应用，为微生物遗传学和生理学研究提供了丰富的信息，同时也有利于揭示食源性病原微生物在食物相关环境中的行为，为食源性病原微生物在食物链的传播提供新的线索，为食源性病原微生物的监测与控制提供更多新的策略。

20 世纪微生物基因组研究主要为人类基因组计划提供了模式生物，21 世纪除继续提供主要的模式生物外，还将在后基因组研究中发挥不可替代的作用。随着基因组测序作图方法的不断进步与完善，以及测序成本的显著降低，基因组研究将成为一种常规的研究方法，这将为 21 世纪发掘和利用新的有益微生物资源，检测、控制与消灭食源性有害微生物提供可靠的理论支持和技术保障，必将全面推动微生物及食品微生物学的发展。

1.4.2　微生物分子生态学研究

微生物生态学始于 20 世纪 60 年代，它是研究微生物与微生物、微生物与其他生物、微生物与环境之间相互关系的分支学科。90 年代引入分子生物学技术后，微生物生态学的研究更加深入，并形成了微生物分子生态学。微生物分子生态学使传统微生物生态学研究领域由自然界中可培养微生物种群扩展到微生物世界的全部生命形式（包括可培养、不可培养、难培养的微生物及其自然界中环境基因组等），由微生物细胞水平上的生态学研究深入到探讨各种生态学现象的分子机制研究水平，提出了微生物分子进化和分子适应等全新理念。

就传统发酵食品而言，生产工艺大多为天然发酵，其微生物群落结构十分复杂，产品风味具有鲜明的区域性。在传统纯培养方法研究的基础上，利用现代微生物分子生态学技术进行分析，不仅可以了解发酵过程中的微生态情况，掌握微生物群落与其生境的关系、群落结构与功能的联系，还可探究微生物群落结构在酿造过程中的动力学、代谢途径、独特风味物质的产生和累积机理，以及微生物代谢活动和产品风味、保健物质的形成之间的关系。这将为传统发酵食品工业生产中微生物群落功能的定向调控及生产工艺的改进提供理论依据。

1.4.3　微生物与食品安全性研究

保持和提高居民健康水平是社会发展的必然需求，食品安全则是健康的基础。但不管在发展中国家还是发达国家，食源性疾病一直威胁着人类的健康。据世界卫生组织公布资料，全球每年发生的食源性疾病病例达数十亿例，其中 70% 是由食品介导的病原微生物或所产毒素污染所致。疯牛病、禽流感等重大食品安全事件的暴发已经对世界各国经济和社会发展产生了重大影响。当前，食品安全已经成为全球性的重大战略问题，越来越受到世界各国政府和消费者的高度重视。

在过去几十年间，人类虽然研制成功了许多种抗生素和杀虫剂，但由于药物使用不当，致使一些病原微生物产生了耐药性，导致许多原来著名的抗生素现在对一些普通感染性疾病均失去了作用。因此，未来的研究应着重于建立更加完善的食源性病原微生物及其致病因子的监测方法及溯源体系，尽快知晓食源性病原微生物在食品生产链中的传播途径和流行规律，进一步加强和深化致病机理和寄主免疫机制的研究，以便能够采取物理、化学、生物、生态、基因等方面的综合技术控制和消除食品的不安全因子，为有效控制影响食品安全的食源性病原微生物提供理论与技术支撑。

此外，食品加工过程中如何致力于从原料开始，预防和控制加工全过程中感染性病原的入侵以及因加工不当而可能产生有毒、有害物质和食品腐败的发生，这不仅是技术问题，也包括管理问题，还有法律、法规等问题。因此，除了要以 GMP、HACCP 等的原理原则规范行为外，还需将微生物学的新技术和新方法以及其他学科的先进技术应用于食品安全的检测、控制与提前预测预报上，这样才能够达到从原料到产品全程控制食品的质量与安全。

思考题

1. 什么是微生物？什么是微生物学？
2. 简述微生物的五大共性，并试论其对人类的利弊。
3. 简述微生物学的形成和发展，并说明各个发展时期的代表人物和其科学贡献。
4. 简要说明微生物学及食品微生物学在我国的发展。
5. 什么是食品微生物学？简述其特点及主要研究内容和任务。
6. 食品微生物学隶属于应用微生物学的范畴，简述其在食品科学与工程学科中的地位和作用。
7. 许多生物科学研究者喜欢用微生物作为模式生物来揭示生命过程，你认为原因何在？

第 2 章

微生物的形态与结构 《《《

目的与要求

　　掌握细菌、放线菌、酵母菌、霉菌、蕈菌等主要微生物类群的个体形态、结构、繁殖方式及菌落形态特征；掌握病毒的特点、形态、结构以及噬菌体的增殖方式和过程；了解目前已知的亚病毒的种类和基本特征；学习主要微生物类群的分类系统及鉴定方法。

2.1　原核微生物的形态与结构
2.2　真核微生物的形态与结构
2.3　非细胞型生物
2.4　微生物的分类与鉴定

2.1 原核微生物的形态与结构

原核微生物分为细菌和古菌两个域。细菌域的种类很多，包括细菌（狭义）、放线菌、蓝细菌、支原体、立克次氏体和衣原体等，它们的共同点是细胞壁中含有独特的肽聚糖（无细胞壁的支原体例外），细胞膜含有由酯键连接的脂质，DNA 序列中一般没有内含子。

2.1.1 细菌

细菌（bacteria）是一类个体微小、结构简单、主要以二分裂方式繁殖且水生性较强的单细胞原核微生物。细菌种类繁多、分布广泛，是食品微生物的主要研究对象。

2.1.1.1 细菌细胞的形态和大小

（1）细菌细胞的形态和排列方式

细菌细胞的基本形态有球状、杆状、螺旋状 3 种，分别称为球菌、杆菌和螺旋菌，其中以杆状最为常见，球状次之，螺旋状较为少见。仅有少数细菌呈其他形状，如丝状、三角形、方形、星形、圆盘形等，柄细菌属的细菌则带有一特征性的细柄。细菌的形态受环境条件（如培养温度、培养时间、培养基的成分和浓度等）的影响。通常各种细菌在幼龄时和适宜的培养条件下表现出正常的形态，当培养条件改变或菌体变老时，常出现异常形态，在一定条件下可恢复正常，在比较细菌形态时应注意。

①球菌（coccus） 球菌单独存在时，细胞呈球形或近球形。按照繁殖时细胞分裂的方向不同，以及分裂后菌体之间相互粘连的松紧程度和排列方式，可将其分为 6 种（图 2-1）。

| 单球菌 | 双球菌 | 四联球菌 | 八叠球菌 | 链球菌 | 葡萄球菌 |

图 2-1 球菌的形态及排列方式

单球菌 细胞沿一个平面进行分裂，子细胞分散而独立存在，如尿素微球菌（*Micrococcus ureae*）。

双球菌 细胞沿一个平面分裂，子细胞成双排列，如褐色球形固氮菌（*Azotobacter chroococcum*）。

四联球菌 细胞按两个互相垂直的平面分裂，子细胞呈"田"字形排列，如四联微球菌（*Micrococcus tetragenus*）。

八叠球菌 细胞按三个互相垂直的平面分裂，子细胞呈立方体排列，如尿素八叠球菌（*Sarcina ureae*）。

链球菌 细胞沿一个平面分裂，子细胞成链状排列，如嗜热链球菌（*Streptococcus thermophilus*）。

葡萄球菌　细胞分裂无定向，子细胞呈葡萄状排列，如金黄色葡萄球菌（*Staphylococcus aureae*）。

细菌细胞的形态与排列方式在细菌的分类鉴定上具有重要的意义。但某种细菌的细胞不一定全部都按照特定的排列方式存在，只是特征性的排列方式占较大比例。

②杆菌（bacillus）　杆菌细胞呈杆状或圆柱状，形态多样。不同杆菌其长短、粗细差别较大，有短杆或球杆状（长宽非常接近），如甲烷短杆菌属（*Methanobrevibacter* spp.）；有长杆或棒杆状（长宽相差较大），如枯草芽孢杆菌（*Bacillus subtilis*）。不同杆菌的端部形态各异，有的两端钝圆，如蜡样芽孢杆菌（*B. cereus*）；有的两端平截，如炭疽芽孢杆菌（*B. anthracis*）；有的两端稍尖，如梭菌属（*Clostridium* spp.）；有的一端分支，呈"丫"或叉状，如双歧杆菌属（*Bifidobacterium* spp.），有的一端有一柄，如柄细菌属（*Caulobacter* spp.）。一般来讲，同一种杆菌其宽度较为稳定，而长度则常因培养条件的不同而有较大变化。

杆菌常沿垂直于菌体长轴方向进行分裂。分裂后的菌体单独存在，称为单杆菌；分裂后两菌菌端相连成对存在，称为双杆菌；若多个菌体相连形成链状，称为链杆菌。杆菌的细胞排列方式有"八"字状、栅状、链状等多种（图 2-2）。

|单杆菌|双杆菌|栅栏状排列的菌|链杆菌|

图 2-2　杆菌的形态及排列方式

③螺旋菌（spirllum）　螺旋菌细胞呈弯曲状，常以单细胞分散存在（图 2-3）。根据其弯曲的情况不同，可分为 3 种：

弧菌（vibrio）　菌体呈弧形或逗号状，螺旋不足一周的称为弧菌，如霍乱弧菌（*Vibrio cholerae*）。这类菌与略弯曲的杆菌较难区分。弧菌通常为偏端单生鞭毛或丛生鞭毛。

螺菌（spirillum）　菌体坚硬、回转如螺旋状，螺旋满 2~6 周的称为螺菌，如迂回螺菌。螺旋数目和螺距大小因种而异。螺菌通常为两端生鞭毛。

螺旋体（spirochaete）　菌体柔软、回转如螺旋状，螺旋超过 6 周的称为螺旋体，如梅毒密螺旋体。

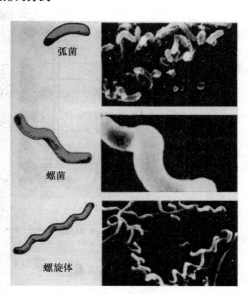

图 2-3　螺旋菌的形态

（2）细菌细胞的大小

细菌细胞大小的常用度量单位是微米（μm）。不同细菌的大小相差很大。一个典型细菌的大小可用大肠埃希菌作代表，细胞的平均长度2μm，平均宽度为0.5μm。迄今为止所知的最小细菌是纳米细菌，其细胞直径仅有50nm，比最大的病毒还要小。而最大细菌是纳米比亚硫磺珍珠菌，它的细胞直径为0.32~1.00mm，肉眼可见。球菌大小以直径表示，一般0.5~1μm；杆菌和螺旋菌都是以宽×长表示，一般杆菌为（0.5~1）μm×（1~5）μm，螺旋菌为（0.5~1）μm×（1~50）μm。但螺旋菌的长度是菌体两端的距离，而不是真正的长度。

在显微镜下观察到的细菌大小与所用固定染色的方法有关。经干燥固定的菌体比活菌体的长度一般要缩短1/4~1/3；若用负染色法，其菌体往往大于普通染色法，甚至比活菌体还大。

细菌的大小因种而异，还要受环境条件（如培养基成分、浓度、培养温度和时间等）的影响。

2.1.1.2 细菌细胞的结构及功能

典型的细菌细胞的结构可分为基本结构和特殊结构（图2-4），基本结构是指所有的细菌细胞所共有的，包括细胞壁、细胞膜、细胞质及其内含物和核区；特殊结构是指某些细菌所特有的，如芽孢、糖被、鞭毛、菌毛和性菌毛等。特殊结构常作为细菌分类鉴定的重要依据。

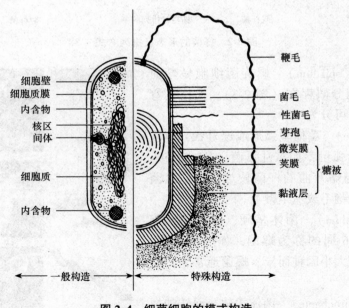

细胞壁
细胞质膜
内含物
核区
间体
细胞质
内含物

鞭毛
菌毛
性菌毛
芽孢
微荚膜
荚膜 糖被
黏液层

←—— 一般构造 ——→ ←—— 特殊构造 ——→

图2-4 细菌细胞的模式构造

（1）细菌细胞的染色方法

由于细菌细胞微小，在光学显微镜下为透明状态，与背景没有反差，无法进行观察，因此通过各种染色方法提高其反差才能更好地观察。

　　细菌菌体（等电点一般为 pH 2~5）在中性、碱性或弱酸性溶液中带负电荷，易于碱性染料（正电荷）进行结合，所以常用碱性染料进行染色。常见碱性染料有结晶紫、番红、美蓝（亚甲蓝）、孔雀绿、中性红等。

　　常用的染色方法：

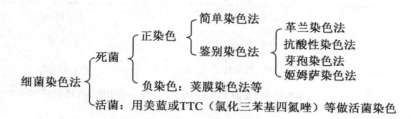

　　革兰染色法是 1884 年由丹麦病理学家 Christain Gram 创立的。该法不仅能观察到细菌的形态而且还可将所有细菌区分为两大类。其主要过程分为结晶紫初染、碘液媒染、95%乙醇脱色和番红等红色染料复染 4 步。染色反应呈紫色的称为革兰阳性细菌（G⁺细菌）；染色反应呈红色的称为革兰阴性细菌（G⁻细菌）。现在已知细菌革兰染色的阳性或阴性与细菌细胞壁的构造和化学组成有关。

　　（2）细菌细胞的基本结构

　　①细胞壁（cell wall）　是位于细胞最外面的一层厚实、坚韧的外被，其厚度因菌种而异，一般在 10~80nm 之间，质量占细胞干质量的 10%~25%。采用电子显微镜细菌细胞超薄切片等方法可观察到，或通过染色、质壁分离等方法在光学显微镜下，也可证明细胞壁的存在。

　　细胞壁的功能主要有：固定细胞外形和提高机械强度，使其免受渗透压等外力的损伤；为细胞的生长、分裂和鞭毛运动所必需；阻拦大分子有害物质（某些抗生素和水解酶）进入细胞；赋予细菌特定的抗原性、致病性（如内毒素）以及对抗生素和噬菌体的敏感性。

　　• 细菌细胞壁的构造和化学组成

　　G⁺细菌和 G⁻细菌的细胞壁有较大的差异（图 2-5 和表 2-1），G⁺细菌的细胞壁较厚，

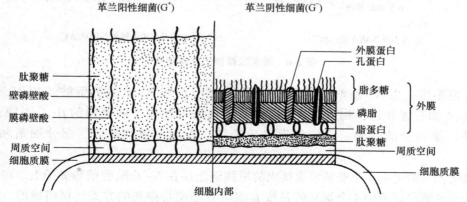

图 2-5　G⁺细菌与 G⁻细菌细胞壁结构的比较

但化学组成比较单一，只含有90%的肽聚糖和10%的磷壁酸；而 G⁻ 细菌的细胞壁较薄，却有多层构造，其化学成分中除含有肽聚糖、脂多糖以外，还含有一定量的类脂质和蛋白质等成分。此外，两者在机械强度以及由外到内的结构层次排布上也有显著不同。

表 2-1　G⁺ 细菌与 G⁻ 细菌细胞壁特征的比较

细胞壁特征	G⁺ 细菌	G⁻ 细菌
厚度	20~80nm	10~15nm
肽聚糖层数	15~50层	1~3层
机械强度	大，较坚韧	小，较疏松
肽聚糖	占细胞壁干质量的30%~95%	占细胞壁干质量的5%~20%
磷壁酸	有	无
类脂质	一般无或小于细胞壁干质量的2%	约占细胞壁干质量的20%
蛋白质	无	有
脂多糖	无	有

肽聚糖（peptidoglycan）　又称黏肽、胞壁质或黏肽复合物，是细菌细胞壁中特有的成分，是一种杂多糖的衍生物。

每一个肽聚糖单体是由3部分组成（图2-6）。

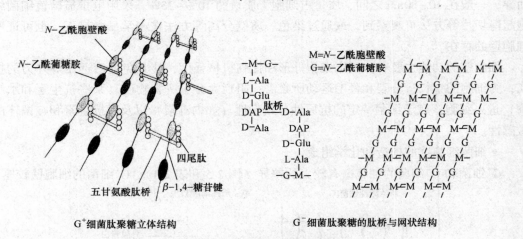

图 2-6　细菌肽聚糖的立体结构

双糖单位：由 N-乙酰葡萄糖胺（以 G 表示）和 N-乙酰胞壁酸（以 M 表示）以 β-1,4 糖苷键相连，构成肽聚糖骨架。溶菌酶可作用于肽聚糖的 β-1,4 糖苷键，从而破坏细胞壁的骨架，它广泛存在于卵清、人的泪液和鼻腔、部分细菌和噬菌体内。

肽尾：一般是由4个氨基酸连接成的短肽链连接在 N-乙酰胞壁酸分子上。在 G⁺ 细菌如金黄色葡萄球菌中4个氨基酸是按 L 型与 D 型交替排列的方式连接而成的，即 L-

丙氨酸、D–谷氨酸、L–赖氨酸、D–丙氨酸；在 G⁻ 细菌如大肠埃希菌中为 L–丙氨酸、D–谷氨酸、m-DAP（内消旋二氨基庚二酸）、D–丙氨酸。两者的差异主要在第三个氨基酸分子上（图 2-7）。

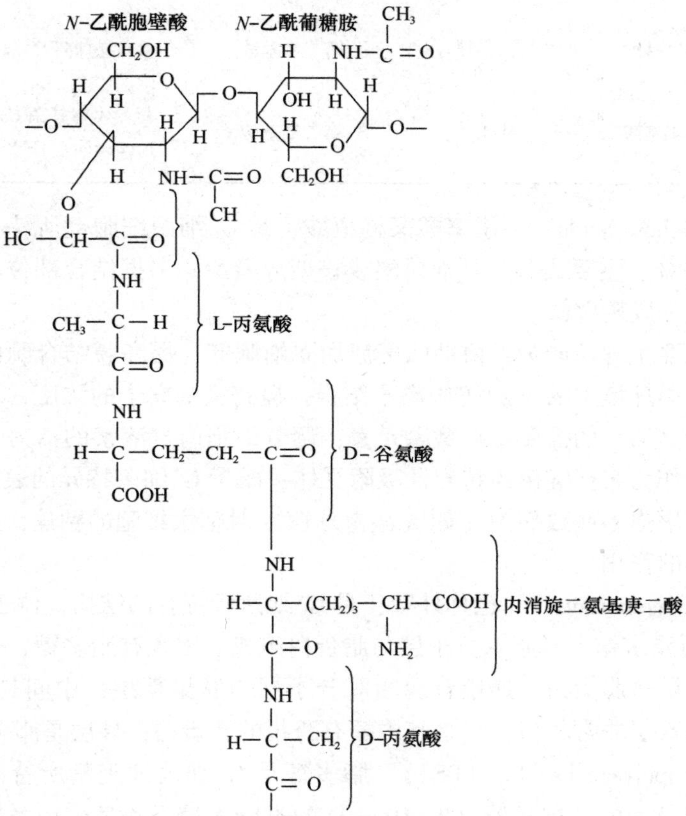

图 2-7　G⁻细菌肽聚糖单体的分子构造

肽桥：肽桥将相邻"肽尾"交联形成高强度的网状结构。不同细菌的肽桥类型不同。在 G⁺细菌如金黄色葡萄球菌中肽桥为甘氨酸五肽，这一肽桥的氨基端与甲肽尾中的第四个氨基酸的羧基相连接，而它的羧基端则与乙肽尾中的第三个氨基酸的氨基相连接，从而使前后两个肽聚糖单体交联起来形成网状结构；在 G⁻细菌如大肠埃希菌中没有特殊的肽桥，其前后两个单体间的联系仅由甲肽尾的第四个氨基酸 D–丙氨酸的羧基与乙肽尾第三个氨基酸 m-DAP 的氨基直接相连形成了较稀疏、机械强度较差的肽聚糖网套。目前所知的肽聚糖有 100 多种，而不同种类的区别主要表现在肽桥的不同（表 2-2）。

表 2-2　细菌肽聚糖中几种主要的肽桥类型

类型	甲肽尾上连接点	肽 桥	乙肽尾上连接点	实 例
I	第四氨基酸	—CO·NH—	第三氨基酸	*Escherichia coli*（G⁻）

（续）

类型	甲肽尾上连接点	肽 桥	乙肽尾上连接点	实 例
II	第四氨基酸	—（Gly）$_5$—	第三氨基酸	*Staphylococcus aureus*（G$^+$）
III	第四氨基酸	—（肽尾）$_{1~2}$—	第三氨基酸	藤黄微球菌 *Micrococcus luteus*（G$^+$）
IV	第四氨基酸	—D-Lys—	第二氨基酸	星星木棒杆菌 *Corynebacterium poinsettiae*（G$^+$）

磷壁酸（teichoic acids）　磷壁酸又称垣酸，是 G$^+$ 细菌细胞壁所特有的成分，约占细胞干质量的 50%。主要成分为甘油磷酸或核糖醇磷酸。根据结合部位不同可分为两种类型：壁磷壁酸和膜磷壁酸。

磷壁酸的主要生理功能为：协助肽聚糖加固细胞壁；提高膜结合酶的活力。因磷壁酸带负电荷，可与环境中的 Mg^{2+} 等阳离子结合，提高这些离子的浓度，以保证细胞膜上一些合成酶维持高活性的需要；贮藏磷元素；调节细胞内自溶素的活力，借以防止细胞因自溶而死亡；作为某些噬菌体特异性吸附受体；赋予 G$^+$ 细菌特异的表面抗原，因而可用于菌种鉴定；增强某些致病菌（如 A 族链球菌）对宿主细胞的粘连，避免被白细胞吞噬，并有抗补体的作用。

外膜（outer membrane）　也称外壁，是 G$^-$ 细菌所特有的结构，位于细胞壁最外层，厚 18~20nm。由脂多糖、磷脂双分子层与脂蛋白组成。因含有脂多糖，也常被称为脂多糖层。外膜的内层是脂蛋白，连接着磷脂双分子层与肽聚糖层；中间是磷脂双分子层，它与细胞膜的脂双层非常相似，只是其中插有跨膜的孔蛋白；外层是脂多糖。

脂多糖（lipopolysaccharide，LPS）　脂多糖是 G$^-$ 细菌细胞壁所特有的成分，位于 G$^-$ 细菌细胞壁最外面的一层较厚（8~10nm）的类脂多糖类物质，由类脂 A、核心多糖和 O-特异侧链 3 部分组成。类脂 A 是由 2 个氨基葡萄糖组成的二糖，分别与磷酸和长链脂肪酸相连；核心多糖是由 5~10 种单糖组成，主要是己糖或己糖胺；O-特异侧链（也称 O-抗原）是由 3~5 个单糖组成的多个重复单位聚合而成，具有抗原特异性。

LPS 主要功能有：类脂 A 是 G$^-$ 细菌致病性内毒素的物质基础；与磷壁酸相似，也有吸附 Mg^{2+}、Ca^{2+} 等阳离子以提高这些离子在细胞表面浓度的作用；由于 LPS 结构的变化，决定了 G$^-$ 细菌细胞表面抗原决定簇的多样性。据统计（1983），国际上已报道根据 LPS 的结构特性而鉴定过沙门菌属的表面抗原类型多达 2107 个；是许多噬菌体在细胞表面的吸附受体；具有控制某些物质进出细胞的部分选择性屏障功能。

脂多糖要维持其结构的稳定性需要足量 Ca^{2+} 的存在。如果用螯合剂除去 Ca^{2+}，LPS 就解体，这时 G$^-$ 细菌的内壁层肽聚糖就暴露出来，因而就可被溶菌酶所水解。

蛋白质（protein）　在 G$^-$ 细菌细胞壁中含有较多的蛋白质，主要有外膜蛋白、脂蛋白、嵌合在脂多糖和磷脂层上的蛋白等。另外，还有存在于周质空间的周质蛋白（包括各种负责溶质运输的蛋白以及各种水解酶类和某些合成酶类）。在 G$^+$ 细菌细胞壁中也有蛋白质，但含量较少。

● 革兰染色的机制

对细菌细胞壁的详细分析，为解释革兰染色的机制提供了较充分的基础。目前一般认为是基于细菌细胞壁特殊化学组分基础上的物理原因，经初染、媒染之后，在细胞膜或原生质体上染上了不溶于水的结晶紫与碘形成的大分子复合物，G$^+$细菌因细胞壁厚，肽聚糖含量高，分子交联紧密，所以在用95%乙醇脱色时，肽聚糖网孔会因脱水而明显收缩，壁上缝隙减小，复合物被阻留。G$^-$细菌细胞壁薄，肽聚糖含量低，交联松散，遇乙醇后网孔不易收缩，而且类脂含量高，被乙醇溶解后会出现较大缝隙，复合物易被溶出，使细胞呈现无色，用番红等红色染料复染时，就使 G$^-$细菌获得了新的颜色——红色，而 G$^+$细菌则仍呈紫色（实为紫中带红）。

革兰染色不仅是分类鉴定菌种的重要指标，而且由于 G$^+$细菌和 G$^-$细菌在细胞结构、成分、形态、生理、生化、遗传、免疫、生态和药物敏感性等方面都呈现出明显的差异，因此任何细菌只要通过简单的革兰染色，就可提供不少其他重要的生物学特性方面的信息（表2-3）。

表 2-3　G$^+$细菌与 G$^-$细菌一系列生物学特性的比较

比较项目	G$^+$细菌	G$^-$细菌
革兰染色反应	能阻留结晶紫而染成紫色	可经脱色而复染成红色
鞭毛结构	基体上着生 2 个环	基体上着生 4 个环
产毒素	以外毒素为主	以内毒素为主
产芽孢	有的产	不产
对机械力的抗性	强	弱
细胞壁抗溶菌酶	弱	强
对青霉素和磺胺	敏感	不敏感
对链霉素、氯霉素和四环素	不敏感	敏感
碱性染料的抑菌作用	强	弱
对阴离子去污剂	敏感	不敏感
对叠氮化钠	敏感	不敏感
对干燥	抗性强	抗性弱

缺壁细菌：细胞壁是细菌细胞的基本构造，在特殊情况下也可发现有几种细胞壁缺损的或无细胞壁的细菌存在。

缺壁细菌 {
　实验室中形成 {
　　自发缺壁突变：L型细菌
　　人工方法去壁 {
　　　彻底除尽：原生质体
　　　部分去除：球状体
　　}
　}
　自然界长期进化中形成：支原体
}

原生质体（protoplast）：指在人工条件下用溶菌酶除尽原有细胞壁或用青霉素抑制细胞壁的合成后，所留下的仅由细胞膜包裹着的圆球状渗透敏感细胞，一般由 G^+ 细菌形成。

球状体（sphaeroplast）：指还残留部分细胞壁的原生质体，一般由 G^- 细菌形成。

原生质体和球状体的共同特点：无完整的细胞壁，细胞呈球状，对渗透压较敏感，即使有鞭毛也无法运动，对相应噬菌体不敏感，细胞不能分裂等。在合适的再生培养基中，原生质体可以回复，长出细胞壁。原生质体或球状体比正常有细胞壁的细菌更易导入外源遗传物质和渗入诱变剂，故是研究遗传规律和进行原生质体育种的良好实验材料。

L 型细菌（L form of bacteria）：1935 年，在英国李斯特预防医学研究所中发现一种由自发突变而形成细胞壁缺损的细菌——念珠状链杆菌（*Streptobacillus moniliformis*），它的细胞膨大，对渗透压十分敏感，在固体培养基表面形成"油煎蛋"似的小菌落。由于李斯特（Lister）研究所的第一字母是"L"，故称 L 型细菌。许多 G^+ 细菌和 G^- 细菌都可形成 L 型。严格地说，L 型细菌专指在实验室中通过自发突变形成的遗传性稳定的细胞壁缺陷菌株。L 型细菌虽然丧失合成细胞壁的能力，但是由于质膜完整，在一定渗透压下不影响其生存和繁殖，但是不能保持原有细胞形态，菌体形态多变。

支原体（Mycoplasma）：是在长期进化过程中形成的、适应自然生活条件的无细胞壁的原核微生物。其细胞膜中含有一般原核生物所没有的甾醇，因此虽缺乏细胞壁，其细胞膜仍有较高的机械强度。

②细胞膜（cell membrane）和间体（mesosome）

细胞膜 又称细胞质膜或质膜，是紧贴在细胞壁内侧的一层由磷脂和蛋白质组成的柔软、富有弹性的半透性薄膜，厚 7～8nm，约占细胞干质量的 10%。通过质壁分离、鉴别性染色、原生质体破裂等方法可在光学显微镜下观察到，或采用电子显微镜观察细菌超薄切片等方法，均可证明细胞膜的存在。

细胞膜的主要化学成分有磷脂（占 20%～30%）和蛋白质（占 50%～70%），还有少量糖类。其中，蛋白质种类多达 200 余种。

通过电子显微镜观察时，细胞膜呈现 3 层结构，即在上下两层暗的电子致密层中间夹着一个较亮的电子透明层。这是因为，细胞膜的基本结构是由两层磷脂分子整齐地排列而成。每一个磷脂分子由一个带正电荷且亲水的极性头和一个不带电荷且疏水的非极性尾所构成。极性头朝向膜的内外两个表面，而非极性的疏水尾则埋藏在膜的内层，从而形成一个磷脂双分子层。

常温下，磷脂双分子层呈液态，具有不同功能的外周蛋白和整合蛋白可在磷脂双分子层表面或内侧做侧向运动，犹如漂浮在海洋中的冰山（图 2-8）。这就是 J. S. Singer 和 G. L. Nicolson（1972）提出的细胞膜液态镶嵌模型。

细胞膜的功能为：能选择性地控制细胞内外物质的运送与交换；维持细胞内正常渗透压的屏障作用；合成细胞壁各种组分（肽聚糖、磷壁酸、LPS 等）和糖被等大分子的重要场所；进行氧化磷酸化或光合磷酸化的产能基地；许多酶（β-半乳糖苷酶、细胞壁和荚膜的合成酶及 ATP 酶等）和电子传递链的所在部位；鞭毛的着生点，并提供其运动所需的能量等。

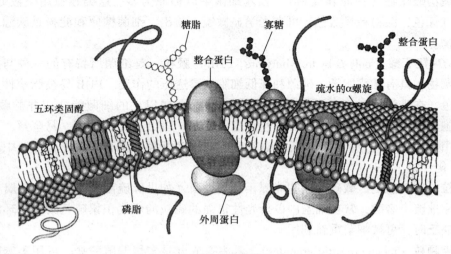

图 2-8　细胞膜的构造

间体　又称中体，是部分细胞膜内陷、折叠、卷曲形成的囊状物，多见于 G⁺ 细菌。间体在细胞分裂时常位于细胞的中央，因此认为可能与 DNA 复制与横隔壁形成有关。位于细胞周围的间体可能是分泌胞外酶（如青霉素酶）的地点。间体作为细胞呼吸时的氧化磷酸化中心，起着类似真核生物中线粒体的作用。但近年来也有学者提出不同的观点，认为"间体"仅是电镜制片时因脱水操作而引起的一种赝像。

③**细胞质**（cytoplasm）**及其内含物**　细胞质是指被细胞膜包围的除核区以外的一切半透明、胶体状、颗粒状物质的总称。其含水量约为 80%。细胞质的主要成分为核糖体、贮藏物、各种酶类、中间代谢物、质粒、各种营养物质和大分子的单体等，少数细菌还存在类囊体、羧化体、气泡或伴孢晶体等。

核糖体　是以游离状态或多聚核糖体状态存在于细胞质中的一种颗粒状物质，由 RNA（50%~70%）和蛋白质（30%~50%）组成，每个菌体内所含有的核糖体可多达数万个，其直径为 18nm，沉降系数为 70S，由 50S 与 30S 两个亚基组成。它是蛋白质的合成场所。

贮藏物　在许多细菌细胞质中，常含有各种形状较大的颗粒状内含物，多数是细胞贮藏物，如聚-β-羟丁酸、异染颗粒、多糖类贮藏物、硫粒等。这些内含物常因菌种而异，即使同一种菌，颗粒的多少也随菌龄和培养条件不同而有很大变化。往往在某些营养物质过剩时，细菌就将其聚合成各种贮藏颗粒，当营养缺乏时，它们又被分解利用。贮藏物种类较多，表解如下：

贮藏物
　├ 碳源及能源类
　│　├ 糖原：大肠埃希菌、克雷伯菌、蓝细菌和芽孢杆菌等
　│　├ 聚-β-羟丁酸：固氮菌、产碱菌、肠杆菌等
　│　└ 硫粒：紫硫细菌、丝硫细菌、贝氏硫杆菌等
　├ 氮源
　│　├ 藻青素：蓝细菌
　│　└ 藻青蛋白：蓝细菌
　└ 磷源（异染颗粒）：迂回螺菌、白喉棒杆菌、结核分枝杆菌

　　多糖类贮藏物（糖原和淀粉）　在真细菌中以糖原为多。这类颗粒用碘液处理后，糖原呈红棕色，淀粉粒呈蓝色，可在光学显微镜下检出。细菌糖原和淀粉是碳源和能源性贮藏物。

　　聚-β-羟丁酸（poly-β-hydroxybutyrate，PHB）**颗粒**　是细菌所特有的一种与类脂相似的贮藏物，具有贮藏能量、碳源和降低细胞内渗透压的作用。PHB 易被脂溶性染料苏丹黑着色，在光学显微镜下可以看见。现已发现 60 属以上的细菌能合成并贮藏 PHB，如假单胞菌属、根瘤菌属、固氮菌属、芽孢菌属等。PHB 无毒、可塑、易降解，可用来制作医用塑料器皿和外科手术线等。近年来，在许多好氧细菌和厌氧光合细菌中还发现类 PHB 化合物。

　　硫粒　其功能是贮藏硫元素和能源。某些细菌（如贝氏硫菌属、发光硫菌属）在环境中还原性硫丰富时，常在细胞内以折光性很强的硫粒的形式积累硫元素；当环境中还原性硫缺乏时，可被细菌重新利用。

　　异染颗粒（metachromatic granules）　其主要成分是多聚偏磷酸盐，可用美蓝或甲苯胺蓝染成紫红色，功能为贮藏磷元素和能量，并可降低渗透压。因最先在迂回螺菌中被发现，故又称迂回体或捩转菌素（volutin）。异染粒也存在于多种细菌中，如白喉棒杆菌和鼠疫杆菌具有特征性的异染颗粒，常排列在菌体的两端，又叫极体，在菌种鉴定上有一定意义。

　　磁小体（magnetosomes）　勃莱克摩（R. P. Blakemore）在一种称为折叠螺旋体的趋磁细菌中发现。目前所知的趋磁细菌主要为水生螺菌属和嗜胆球菌属。这些细菌细胞中含有大小均匀、数目不等的磁小体，其成分为 Fe_3O_4，外有一层磷脂、蛋白或糖蛋白膜包裹，是单磁畴晶体，无毒，大小均匀（20~100nm），每个细胞内有 2~20 颗。形状为平截八面体、平行六面体或六棱柱体等。其功能是导向作用，即借鞭毛游向对该菌最有利的泥、水界面微氧环境处生活。目前认为趋磁菌有一定的实用前景，包括生产磁性定向药物或抗体，以及制造生物传感器等。

　　羧化体（carboxysome）　又称羧酶体，是存在于一些自养细菌细胞内的多角形或六角形内含物。其大小与噬菌体相仿，约 10nm，内含 1,5-二磷酸核酮糖羧化酶，在自养细菌的 CO_2 固定中起着关键作用。在排硫硫杆菌、那不勒斯硫杆菌、贝日阿托菌属、硝化细菌和一些蓝细菌中均可找到羧化体。

　　气泡（gas vocuoles）　在许多光合营养型、无鞭毛运动的水生细菌中存在的充满气体的泡囊状内含物，大小为（0.2~1.0）μm×75nm，其功能是调节细胞比重以使细胞漂浮在最适水层中获取光能、O_2 和营养物质。每个细胞含几个至几百个气泡。如鱼腥蓝细菌属、顶孢蓝细菌属、盐杆菌属、暗网菌属和红假单胞菌属的一些种中都有气泡。

　　④**核区**（nuclear region）**与质粒**（plasmid）

　　核区　又称核质体、原核、拟核（nucleoid）或核基因组。细菌的核区位于细胞质内，无核膜和核仁，没有固定形态，结构也很简单。用富尔根（Feulgen）染色法染色后，可见到呈紫色的形态不定的核区。构成核区的主要物质是一个大型的反复折叠高度缠绕的环状双链 DNA 分子，长度为 0.25~3.00mm，另外还含有少量的 RNA 和蛋白质。其功能是存储、传递和调控遗传信息。每个细胞所含的核区数与该细菌的生长速度有关，一般为 1~4 个。在快速生长的细菌中，核区 DNA 可占细胞总体积的 20%。细菌的核区除在染色体复制的短时间内呈双倍体外，一般均为单倍体。

质粒 存在于细菌染色体外或附加于染色体上的遗传物质，绝大多数由共价闭合环状双链 DNA 分子所构成，分子质量较细菌染色体小，约（2~100）×10^6Da。每个菌体内有一个或几个，也可能有很多个质粒，每个质粒可以有几个甚至 50~100 个基因。

（3）细菌细胞的特殊结构

①芽孢（endospore） 某些细菌在一定条件下，在细胞内形成的一个圆形或椭圆形、厚壁、折光性强、含水量低、抗逆性强的休眠构造，称为芽孢。因在细胞内形成，故又称为内生孢子。由于每一个营养细胞内仅形成一个芽孢，一个芽孢萌发后仅能生成一个新营养细胞，故芽孢无繁殖功能。芽孢有很强的折光性，在显微镜下观察染色的芽孢涂片时，可以很容易地将芽孢与营养细胞区别开，因为营养细胞染上了颜色，而芽孢因抗染料且折光性强，表现出透明而无色的外观。

芽孢是整个生物界抗逆性最强的生命体，在抗热、抗化学药物、抗辐射和抗静水压等方面尤为突出，如肉毒梭状芽孢杆菌的芽孢在 100℃沸水中要经过 5.0~9.5h 才能被杀死，至 121℃时，平均也要 10min 才能被杀死。巨大芽孢杆菌芽孢的抗辐射能力要比大肠埃希菌强 36 倍。芽孢的休眠能力更为突出，在常规条件下，一般可存活几年甚至几十年。据文献记载，有些芽孢杆菌甚至可以休眠数百年、数千年甚至更久，如环状芽孢杆菌（*Bacillus circulans*）的芽孢在植物标本上（英国）已经保存 200~300 年；一种芽孢杆菌的芽孢在琥珀内蜜蜂肠道中（美国）已保存 2500 万~4000 万年。

能否形成芽孢是细菌菌种的特征。能产生芽孢的细菌主要是革兰阳性杆菌的两个属，即好氧性的芽孢杆菌属（*Bacillus* spp.）和厌氧性的梭菌属（*Closteridium* spp.）。球菌中只有芽孢八叠球菌属（*Sporosarcina* spp.）产生芽孢，螺旋菌中发现有少数种产芽孢。弧菌中只有芽孢弧菌属（*Sporovibrio* spp.）产芽孢。

芽孢形成的位置、形状、大小因菌种而异，在分类鉴定上有一定意义。例如，枯草芽孢杆菌（*B. subtilis*）、巨大芽孢杆菌（*B. megaterium*）、炭疽芽孢杆菌（*B. anthracis*）等的芽孢位于菌体中央，卵圆形、小于菌体宽度；肉毒梭菌（*Clostridium botulinum*）等的芽孢位于菌体中央，椭圆形，直径比菌体大，使原菌体两头小中间大而呈梭形；破伤风梭菌（*C. tetani*）的芽孢却位于菌体一端，正圆形，直径比菌体大，使原菌体呈鼓槌状（图 2-9）。

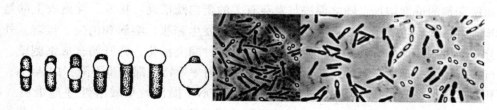

示意图   照片

图 2-9 细菌芽孢的类型

芽孢的结构 产芽孢菌的营养细胞外壳称为芽孢囊。成熟的芽孢具有多层结构（图2-10）。

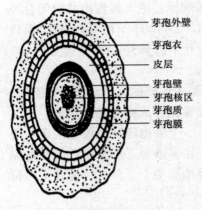

芽孢由外到内依次为芽孢外壁、芽孢衣、皮层、核心。

芽孢外壁：主要成分是脂蛋白，透性差。有的芽孢无此层。

芽孢衣：主要含疏水性角蛋白。芽孢衣非常致密，通透性差，能抗酶、化学物质和多价阳离子的透入。

皮层：皮层很厚，约占芽孢总体积的一半。主要含芽孢肽聚糖及以钙盐的形式存在的吡啶二羧酸（dipicolinic acid，DPA），赋予芽孢异常的抗热性。皮层的渗透压很高。

核心：由芽孢壁、芽孢膜、芽孢质和核区4部分构成，含水量极低。

图2-10 芽孢的结构

芽孢的形成 从形态上来看，芽孢形成可分7个阶段：DNA浓缩，束状染色质形成；细胞膜内陷，细胞发生不对称分裂，其中小体积部分即为前芽孢（forespore）；前芽孢的双层隔膜形成，这时芽孢的抗辐射性提高；在上述两层隔膜间充填芽孢肽聚糖后，合成DPA，累积钙离子，开始形成皮层，再经脱水，使折光率增高；芽孢衣合成结束；皮层合成完成，芽孢成熟，抗热性出现；芽孢囊裂解，芽孢游离外出。在枯草芽孢杆菌中，芽孢形成过程约需8h，其中参与的基因约有200个。在芽孢形成过程中，伴随着形态变化的还有一系列化学成分和生理功能的变化。

芽孢的萌发 刚形成的芽孢总是处于休眠状态。由休眠状态的芽孢变成营养状态细菌的过程，称为芽孢的萌发。它包括活化（activation）、出芽（germination）和生长（outgrowth）3个具体阶段。在人为条件下，活化作用可由短期热处理或用低pH、强氧化剂的处理而引起。例如，枯草芽孢杆菌的芽孢经7d休眠后，用60℃处理5min即可促进其发芽。当然也有要用100℃加热10min才能促使活化的芽孢。由于活化作用是可逆的，故处理后必须及时将芽孢接种到合适的培养基中去。有些化学物质可显著促进芽孢的萌发，称作萌发剂（germinants），如L-丙氨酸、Mn^{2+}、表面活性剂和葡萄糖等。相反，D-丙氨酸和重碳酸钠等则会抑制某些细菌芽孢的发芽。芽孢发芽的速度很快，一般仅需几分钟。这时，芽孢衣中富含半胱氨酸的蛋白质的三维空间结构发生可逆性变化，从而使芽孢的透性增加，随之促进与发芽有关的蛋白酶活动。接着，芽孢衣上的蛋白质逐步降解，外界阳离子不断进入皮层，于是皮层发生膨胀、溶解和消失。接着，外界的水分不断进入芽孢的核心部位，使核心膨胀、各种酶类活化，并开始合成细胞壁。在发芽过程中，为芽孢所特有的耐热性、光密度和折射率等特性都逐步下降，DPA-Ca、氨基酸和多肽逐步释放，核心中含量较高的可防止DNA损伤的小酸溶性芽孢蛋白（small acid-soluble spore proteins，SASPs）迅速下降，接着就开始其生长阶段。这时，芽孢核心部分开始迅速合成新的DNA、RNA和蛋白质，于是出现了发芽并很快变成新的营养细胞。当芽孢发芽时，芽管可以从极向或侧向伸出，这时，它的细胞壁还是很薄甚至不完整的，因此，出现了很强的感受态（competence）——接受外来 DNA 而发生遗传转化的可能性增强了。

芽孢的抗热机制　关于芽孢耐热的本质至今尚无公认的解释，较新的是渗透调节皮层膨胀学说。该学说认为，芽孢的耐热性在于芽孢衣对多价阳离子和水分的透性很差以及皮层的离子强度很高，从而使皮层产生极高的渗透压去夺取芽孢核心的水分，其结果造成皮层的充分膨胀，而核心部分的生命物质却形成高度失水状态，因而产生耐热性。也有观点认为在芽孢形成过程中会合成大量的营养细胞所没有的 DPA-Ca，该物质会使芽孢中的生命大分子物质形成稳定而耐热性强的凝胶。总之，芽孢耐热机制还有待于深入研究。

研究芽孢的意义　研究细菌芽孢有着重要的理论和实践意义：芽孢的有无、形态、大小和着生位置等是细菌分类和鉴定中的重要指标。产芽孢细菌的保藏多用其芽孢，芽孢的存在有利于这类菌种的筛选及保藏。芽孢有很强的抗逆性，能否杀灭一些代表菌的芽孢是衡量和制定各种消毒灭菌标准的主要依据，例如，若对肉类原料上的肉毒梭菌（*Clostridium botulinum*）灭菌不彻底，它就会在成品罐头中生长繁殖并产生极毒的肉毒毒素，危害人体健康。已知它的芽孢在 pH>7.0 时在 100℃下要煮沸 5.0~9.5h 才能杀灭，如提高到 115℃下进行加压蒸汽灭菌，需 10~40min 才能杀灭，而在 121℃下则仅需 10min。在实验室尤其在发酵工业中，灭菌要求更高，原因是经常会遇到耐热性极强的嗜热脂肪芽孢杆菌（*Bacillus stearothermophilus*）的污染，而一旦遭其污染，则经济损失和间接后果就十分严重。已知其芽孢在 121℃下须维持 12min 才能杀死，由此就规定了工业培养基和发酵设备的灭菌至少要在 121℃下保证维持 15min 以上。芽孢独特的产生方式是研究形态发生和遗传控制的好材料。芽孢的耐热性有助于芽孢细菌的分离，将含菌悬浮液进行热处理，杀死所有营养细胞，可以筛选出形成芽孢的细菌种类。

伴孢晶体（parasporal crystal）　少数芽孢杆菌，如苏云金芽孢杆菌（*Bacillus thuringiensis*）在其形成芽孢的同时，会在芽孢旁形成一颗菱形或双锥形的碱溶性蛋白晶体（δ 内毒素），称为伴孢晶体（图 2-11）。伴孢晶体对 200 多种昆虫尤其是鳞翅目的幼虫有毒杀作用，因此常被制成生物农药——细菌杀虫剂。

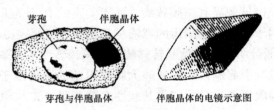

芽孢　　伴胞晶体

芽孢与伴胞晶体　　　伴胞晶体的电镜示意图

图 2-11　苏云金芽孢杆菌的伴孢晶体

细菌的其他休眠构造　少数细菌还产生其他休眠状态的结构，如固氮菌的孢囊（cyst）等。固氮菌在营养缺乏的条件下，其营养细胞的外壁加厚、细胞失水而形成一种抗干旱但不抗热的圆形休眠体——孢囊，与芽孢一样，也没有繁殖功能。在适宜的外界条件下，孢囊可萌发，重新进行营养生长。

S层

②糖被（glycocalyx）　存在于某些细菌细胞壁外的一层松散、透明的黏液状或胶质状的厚度不定的物质。产糖被与否是细菌的一种遗传特性，但糖被的形成也与环境条件密切相关。经特殊的染色，特别是负染色后可在光学显微镜下清楚地观察到糖被的存在。根据糖被有无固定层次、层次薄厚可细分为荚膜（或大荚膜）、微荚膜、黏液层和菌胶团（图2-12）。

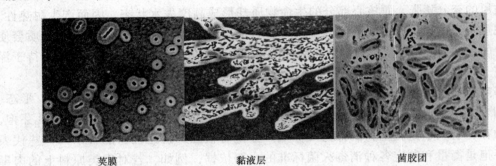

荚膜　　　　　　　　　　黏液层　　　　　　　　　　菌胶团

图2-12　细菌的糖被

荚膜：较厚（约200nm），有明显的外缘和一定的形态，相对稳定地附着于细胞壁外。它与细胞结合力较差，通过液体振荡培养或离心便可得到荚膜物质。

微荚膜：较薄（<200nm），光学显微镜不能看见，但可采用血清学方法证明其存在。微荚膜易被胰蛋白酶消化。

黏液层：量大且没有明显边缘，比荚膜疏松，可扩散到周围环境，并增加培养基黏度。

菌胶团：荚膜物质互相融合，连为一体，多个菌体包含于共同的糖被中。

糖被的化学组成主要是水，占质量的90%以上，其余为多糖类、多肽类，或者多糖蛋白质复合体，尤以多糖类居多，如肺炎链球菌荚膜为多糖、炭疽杆菌荚膜为多肽、巨大芽孢杆菌为多肽与多糖的复合物。

糖被的主要功能　可保护细菌免于干燥；防止化学药物毒害；能保护菌体免受噬菌体和其他物质（如溶菌酶和补体等）的侵害；抵御吞噬细胞的吞噬；堆积某些代谢废物。当营养缺乏时，可被细菌用作碳源和能源。糖被为主要表面抗原，是有些病原菌的毒力因子，如S型肺炎链球菌靠其荚膜致病，而无荚膜的R型为非致病菌。糖被也是某些病原菌必须的黏附因子，如引起龋齿的唾液链球菌（*Streptococcus salivarius*）和变异链球菌（*S. mutans*）等能分泌一种己糖基转移酶，将蔗糖转变成果聚糖，使细菌黏附于牙齿表面发酵糖类产生乳酸引起龋齿；肠致病大肠埃希菌的毒力因子是肠毒素，但仅有肠毒素产生并不足以引起腹泻，还必须依靠其酸性多糖荚膜（K抗原）黏附于小肠黏膜上皮才能引起腹泻。

糖被与人类的科学研究和生产实践的关系　糖被的有无及其性质的不同可用于菌种鉴定；在制药工业和试剂工业中，人们可以从肠膜状明串珠菌（*Leuconostoc mesenteroides*）的糖被中提取葡聚糖以制备"代血浆"或葡聚糖生化试剂（如"Sephadex"）；利用野油菜黄单胞菌（*Xanthomonas campestris*）的黏液层可提取十分有用的胞外多糖——黄原胶，它可用于石油开采中的钻井液添加剂，也可用于印染、食品等工业中；产生菌胶团的细菌在污水的微生物处理过程中具有分解、吸附和沉降有害物质的作用。当然，若不加防范，有些细菌的糖被也可对人类带来不利影响。例如，肠膜状明串珠菌若污染制糖厂的糖汁，或是污染酒类、牛乳和面包，就会影响生产和降低产品质量；在工业发酵中，若发酵液被产糖被的细菌所污染，就会阻碍发酵过程的正常进行和影响产物的提取；某些致病菌的糖被会对该病的防治造成严重障碍；由几种链球菌荚膜引起的龋齿更是全球范围内严重危害人类健康的高发病，等等。

③鞭毛（flagellum，复数 flagella）　是着生于某些细菌体表的细长、波浪形弯曲的丝状蛋白质附属物，其数目为 1~10 根，是细菌的运动器官。鞭毛长 15~20μm，但直径很细，仅 10~20nm，通常只能用电镜进行观察；但是经过特殊的鞭毛染色法可以用普通光学显微镜观察到；在暗视野显微镜下，不用染色即可见到鞭毛丛；此外，根据观察细菌在水浸片或悬滴标本中的运动情况，生长在琼脂平板培养基上的菌落形态以及在半固体直立柱穿刺接种线上群体扩散的情况，也可以判断有无鞭毛。

一般螺旋菌、大多数杆菌普遍长有鞭毛，球状细菌仅个别属如动球菌属（Planococcus）有鞭毛。鞭毛的着生位置和数目是细菌种的特征，对于分类鉴定具有重要的意义。根据细菌鞭毛的着生位置和数目，可将具鞭毛的细菌分为 5 种类型（图 2-13）。

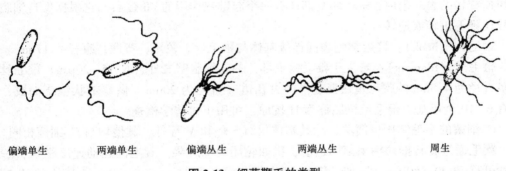

| 偏端单生 | 两端单生 | 偏端丛生 | 两端丛生 | 周生 |

图 2-13　细菌鞭毛的类型

偏端单生鞭毛菌：在菌体的一端只生一根鞭毛，如霍乱弧菌（*Vibrio cholerae*）。

两端单生鞭毛菌：在菌体两端各生一根鞭毛，如鼠咬热螺旋体（*Spirochaeta morsusmuris*）。

偏端<u>丛</u>生鞭毛菌：菌体一端生出一束鞭毛，如荧光假单胞菌（*Pseudomonas fluorescens*）。

两端<u>丛</u>生鞭毛菌：菌体两端各生出一束鞭毛，如红色螺菌（*Spirillum rubrum*）。

周生鞭毛菌：菌体周身都生有鞭毛，如大肠埃希菌（*Escherichia coli*）。

原核生物（包括古生菌）的鞭毛都有共同的构造，由基体、鞭毛钩（也称钩形鞘）和鞭毛丝组成，G^+ 细菌和 G^- 细菌的鞭毛构造稍有差别。

G^- 细菌的鞭毛结构最为典型，下面以大肠埃希菌为例说明（图 2-14）。

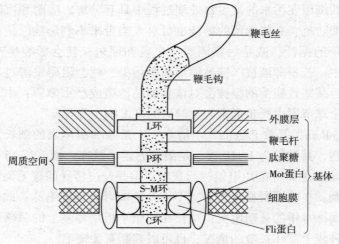

图 2-14　G⁻ 细菌鞭毛的构造

基体（basal body）：由以鞭毛杆为中心的 4 个环组成。其中 L 环和 P 环分别包埋在细菌细胞壁的外膜（脂多糖层）和内壁层（肽聚糖层），S-M 环嵌埋在细胞膜和周质空间中，近年来发现的 C 环连接在细胞膜和细胞质的交界处。S-M 环周围有 10 余个驱动该环快速旋转的 Mot 蛋白，S-M 环基部还有一个起键钮作用的 Fli 蛋白，它根据发自细胞的信号让鞭毛正转或逆转。

鞭毛钩（hook）：接近细胞表面连接基体与鞭毛丝，较短，弯曲，直径约 17nm。

鞭毛丝（filament）：着生于鞭毛钩上部，伸在细胞壁之外，长 15~20μm。鞭毛丝由许多直径为 4.5nm 的鞭毛蛋白亚基沿中央孔道（直径为 20nm）做螺旋状缠绕而成，每周有 8~10 个亚基。鞭毛丝抗原称为 H 抗原，可用于血清学检查。

G⁺ 细菌的鞭毛结构较简单，除其基体仅有 S 环和 M 环外，其他均与 G⁻ 细菌相同。

鞭毛通过旋转推动细菌菌体运动，犹如轮船的螺旋桨。鞭毛的运动速度很快，一般每秒可移动 20~80μm。例如，铜绿假单胞菌每秒可移动 55.8μm，是其体长的 20~30 倍。

④菌毛（fimbria，复数 fimbriae）　又称纤毛、伞毛或须毛，是一种着生于某些细菌体表的纤细、中空、短直（长 0.2~2.0μm，宽 3~14nm）且数量较多（每菌有 250~300条）的蛋白质类附属物，具有使菌体附着于物体表面的功能（图 2-15）。菌毛存在于某些 G⁻ 细菌（如大肠埃希菌、伤寒沙门菌、铜绿假单胞菌和霍乱弧菌等）与 G⁺ 细菌（链球菌属和棒杆菌属）中。

菌毛具有以下功能：促进细菌的黏附。尤其是某些 G⁻ 细菌致病菌，依靠菌毛而定植致病，如淋病奈球菌黏附于泌尿生殖道上皮细胞；菌毛也可以黏附于其他有机物质表面，而传播传染病，如副溶血弧菌黏附于甲壳类表面。菌毛还可促使某些细菌缠集在一起而在液体表面形成菌膜（醭）以获取充分的氧气。菌毛是许多 G⁻ 细菌的抗原——菌毛抗原。

⑤性菌毛（sex pilus，复数 sex pili）　又称性毛，构造和成分与菌毛相同，但性菌毛数目较少（1~4 根）、较长、较粗（图 2-16）。性菌毛一般多见于 G⁻ 细菌中，具有在

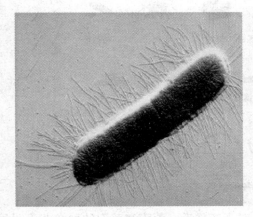

图 2-15　细菌菌毛的显微照片

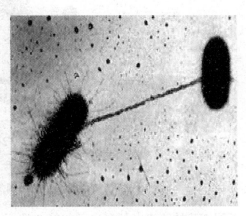

图 2-16　细菌性菌毛显微照片

不同性别菌株间传递遗传物质的作用，有的还是 RNA 噬菌体的特异性吸附受体。

2.1.1.3　细菌的繁殖方式

细菌一般进行无性繁殖，表现为细胞的横分裂，称为裂殖，其中最主要的是二分裂。绝大多数类群在分裂时产生大小相等、形态相似的两个子细胞，称为同形裂殖。但有少数细菌在陈旧培养基中却分裂成两个大小不等的子细胞，称为异形裂殖。

细菌二分裂的过程：首先从核区染色体 DNA 的复制开始，形成新的双链，随着细胞的生长，每条 DNA 各形成一个核区，同时在细胞赤道附近的细胞膜由外向中心做环状推进，然后闭合在两核区之间产生横隔膜，使细胞质分开；进而细胞壁也向内逐渐伸展，把细胞膜分成两层，每一层分别形成子细胞膜；接着横隔壁也分成两层，并形成两个子细胞壁，最后分裂为两个独立的子细胞。

少数细菌以其他方式进行繁殖。例如，柄细菌的不等二分裂，形成一个有柄细胞和一个极生单鞭毛的细胞；暗网菌的三分裂形成网眼状的菌丝体；蛭弧菌的复分裂以及生丝微菌等十余属芽生细菌的出芽繁殖。近年来，通过电子显微镜的观察和遗传学的研究，发现在埃希菌属、志贺菌属、沙门菌属等细菌中还存在频率较低的有性接合。

2.1.1.4　细菌的群体特征

（1）菌落特征

菌落（colony）就是由单个细胞或一小堆同种细胞在固体培养基表面（或内部）长成的，以母细胞为中心的一堆肉眼可见的，有一定形态、构造的子细胞集团。如果菌落是由一个单细胞发展而来的，则它就是一个纯种细胞群或克隆（clone）。如果将某一纯种的大量细胞密集地接种到固体培养基表面，结果长成的各"菌落"相互连接成一片，这就是菌苔（bacterial lawn）。

描述菌落特征时需选择稀疏、孤立的菌落，其项目包括大小、形状、边缘情况、隆起形状、表面状态、质地、颜色和透明度等（图 2-17）。多数细菌菌落圆形，小而薄，表面光滑、湿润、较黏稠，半透明，颜色多样，色泽一致，质地均匀，易挑取。这些特征可与其他微生物菌落相区别。

图 2-17　细菌的各种菌落形态

不同细菌的菌落也具有自己的特有特征，对于产鞭毛、荚膜和芽孢的种类尤为明显。例如，对无鞭毛、不能运动的细菌尤其是各种球菌来说，随着菌落中个体数目的剧增，只能依靠"硬挤"的方式来扩大菌落的体积和面积，因而就形成了较小、较厚及边缘极其圆整的菌落。对长有鞭毛的细菌来说，其菌落就有大而扁平、形态不规则和边缘多缺刻的特征，运动能力强的细菌还会出现树根状甚至能移动的菌落。产糖被细菌由于有黏液物质，其菌落往往十分湿润、光滑、黏状液、形状较大。凡产芽孢的细菌，因其芽孢引起的折光率变化而使菌落的外形变得很不透明或有"干燥"之感，并因其细胞分裂后常成链状而引起菌落表面粗糙、有褶皱感，再加上它们一般都有周生鞭毛，因此产生了既粗糙、多褶、不透明，又有外形及边缘不规则特征的独特菌落。

同一种细菌在不同条件下形成的菌落特征会有差别，但在相同的培养条件下形成的菌落特征是一致的。所以，菌落的形态特征对菌种的分类鉴定有重要的意义。菌落还常用于微生物的分离、纯化、计数及选种与育种等工作。

（2）其他培养特征

培养特征除了菌落外，还包括普通斜面划线培养特征、半固体琼脂穿刺培养特征、明胶穿刺培养特征及液体培养特征等。

①普通斜面划线培养特征　在琼脂斜面中央划直线接种细菌，一般要培养 1~5d，观察细菌生长的程度、形态、表面状况等（图 2-18）。若菌落与菌苔特征发生异样情况，表明该菌种受杂菌污染或发生变异，应分离纯化。

②半固体琼脂穿刺培养特征　在半固体培养基中穿刺接种，培养后观察细菌沿穿刺

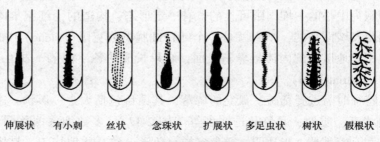

图 2-18　斜面划线培养特征

接种部位的生长状况等方面（图 2-19）。如为不运动细菌，只沿穿刺部位生长，能运动的细菌则向穿刺线四周扩散生长。各种细菌的运动扩散形状是不同的。

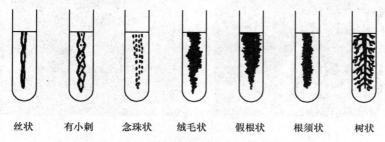

丝状　　有小刺　　念珠状　　绒毛状　　假根状　　根须状　　树状

图 2-19　半固体琼脂穿刺培养特征

③明胶穿刺培养特征　在明胶培养基中穿刺接种，经培养后观察明胶能否水解及水解后的状况（图 2-20）。凡能产生溶解区的，表明该菌能形成明胶水解酶（即蛋白酶）。溶解区的形状也因菌种不同而异。

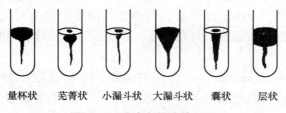

量杯状　　芜菁状　　小漏斗状　　大漏斗状　　囊状　　层状

图 2-20　明胶穿刺培养特征

④液体培养特征　将细菌接种于液体培养基中，培养 1~3d，观察液面生长状况（如膜和环等）、浑浊程度、沉淀情况、有无气泡和颜色等（图 2-21）。多数细菌表现为浑浊，部分表现为沉淀，一些好氧性细菌则在液面大量生长形成菌膜或菌环等现象。

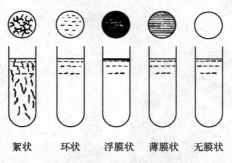

絮状　　环状　　浮膜状　　薄膜状　　无膜状

图 2-21　液体试管培养特征

2.1.1.5　与食品有关的细菌

（1）革兰阴性菌

①假单胞杆菌属（*Pseudomonas*）　直或略弯曲杆状，多单生，大小为（0.5~1.0）μm×（1.5~5.0）μm。无芽孢，端生单根或多根鞭毛，罕见不运动者。本属菌营养要求不严，属化能异养型。多数为好氧菌。大部分菌种能在不含维生素、氨基酸的培养基上很好生长。有些种能产生不溶性的荧光色素和绿脓菌青素、绿菌素等蓝、红、黄橙、绿的色素

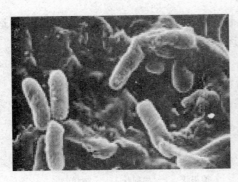 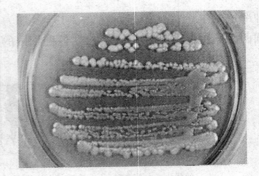

个体形态　　　　　　　　　　　　　　菌落形态

图 2-22　假单胞杆菌

（图 2-22）。本属菌具有很强分解蛋白质和脂肪的能力，但能水解淀粉的菌株较少。

　　本属菌种类繁多，广泛存在于土壤、水、动植物体表以及各种含蛋白的食品中。假单胞杆菌是最重要的食品腐败菌之一，可使食品变色、变味，引起变质；在好气条件下还会引起冷藏食品腐败、冷藏血浆污染；假单胞菌的少数种会对人、动物或植物致病，如铜绿假单胞菌等。但多数假单胞菌在工业、农业、污水处理、消除环境污染中起重要作用。

　　②黄单胞菌属（*Xanthomonas*）　　直杆状细菌，端生鞭毛，专性好氧。在培养基上可产生一种非水溶性的黄色色素（一种类胡萝卜素），其化学成分为溴芳基多烯，使菌落呈黄色（图 2-23）。所有的黄单胞菌都是植物病原菌，可引起植物病害。水稻黄单胞菌引起水稻白叶枯病。而导致甘蓝黑腐病的野油菜黄单胞菌可作为菌种生产荚膜多糖，即黄原胶，它在纺织、造纸、搪瓷、采油、食品等工业上都有广泛的用途。

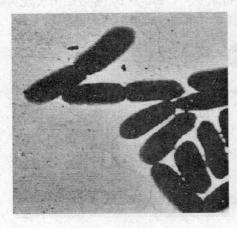 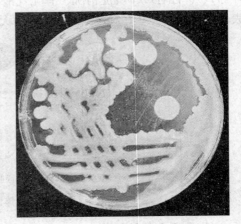

个体形态　　　　　　　　　　　　　　菌落形态

图 2-23　黄单胞菌

　　③醋杆菌属（*Acetobacter*）　　细胞呈椭圆到杆状，直或稍弯曲，大小为（0.6~0.8）μm×（1.0~3.0）μm，单生、成对或成链，周生鞭毛或侧生鞭毛，运动或不运动，不形成芽孢，专性好氧，菌落灰白色（图 2-24），最适生长温度为 25~30℃，最适 pH 5.4~

6.3。该菌属能将乙醇氧化为醋酸，且有些醋酸菌还可将醋酸和乳酸氧化为 CO_2 和水。某些种常呈现各种退化型，其细胞呈球形、伸长、膨胀、弯曲、分枝或丝状等形态。其中，醋化醋杆菌通常存在于水果、蔬菜、酸果汁、醋、酒和果园土壤等环境中，并可引起菠萝的粉红病和苹果、梨的腐烂。该属菌在食品工业上可用于食醋酿造。醋酸杆菌中还有些菌株能够合成纤维素，当生长在静置的液体培养基中时，会在表面形成一层纤维素薄膜。

 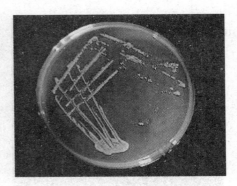

个体形态　　　　　　　　　　　　　　菌落形态

图 2-24　醋酸杆菌

　　④埃希菌属（*Escherichia*）　埃希菌属俗称大肠埃希菌，细胞呈短杆状，单生或成对存在，周生鞭毛，无芽孢，许多菌株产荚膜和微荚膜，有的菌株生有大量菌毛，化能异养型，兼性厌氧菌。能分解乳糖、葡萄糖，产酸产气，能利用醋酸盐，但不能利用柠檬酸盐，在伊红美蓝培养基上菌落呈深蓝黑色，并有金属光泽（图 2-25）。

大肠埃希菌

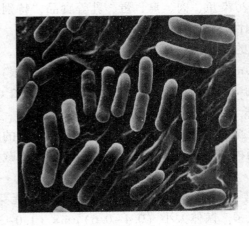 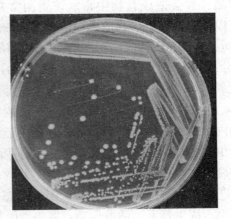

个体形态　　　　　　　　　　　　　　菌落形态

图 2-25　大肠埃希菌

　　该属中最具典型意义的代表种是大肠埃希菌（*E. coli*）。正常情况下，大多数大肠埃希菌是人和动物肠道内的正常菌群，但在特定条件下（如移位侵入肠外组织或器官）又是条件致病菌；另外，该属中也有少数与大肠埃希菌病密切相关的病原性大肠埃希菌。大肠埃希菌是食品中常见的腐败细菌。食品卫生细菌学上常以"大肠菌群数"和

"菌落总数"作为饮用水、牛乳、食品、饮料等的微生物限量指标。本菌还是进行微生物学、分子生物学和基因工程研究的重要试验材料和对象。

沙门菌

⑤沙门菌属（*Salmonella*）　寄生于人和动物肠道内的无芽孢直杆菌，大小（0.6~1.0）μm×（2~3）μm，兼性厌氧，不产荚膜。除极少数外，通常以周生鞭毛运动。绝大多数发酵葡萄糖，产酸、产气，不分解乳糖，可利用柠檬酸盐，不分解尿素，VP 试验阴性，大多产生硫化氢。在肠道鉴别培养基上，形成无色菌落（图 2-26）。

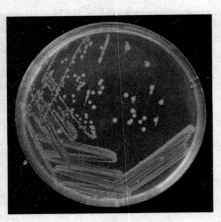

个体形态　　　　　　　　　　　　　　　　菌落形态

图 2-26　沙门菌

本属种类特别多，已发现 1860 种以上的沙门菌。沙门菌是重要的肠道致病菌，除可引起肠道病变外，尚能引起脏器或全身感染，如肠热症、败血症等。误食被沙门菌污染的食品，常会造成食物中毒。该属菌常常污染鱼、肉、禽、蛋、乳等食品，特别是肉类。以沙门菌污染引起的食物中毒排在细菌性食物中毒的首位。

⑥肠杆菌属（*Enterobacter*）　肠杆菌属的性状（图 2-27）与埃希氏菌属相似，呈直杆状，大小为（0.6~1.0）μm×（1.2~3.0）μm。革兰阴性，周生鞭毛（通常 4~6 根），兼性厌氧，容易在普通培养基上生长。发酵葡萄糖，产酸、产气（通常 CO_2：H_2 = 2：1）。在 44.5℃时不能发酵葡萄糖产气。最适生长温度为 30℃，多数菌株在 37℃生长。在人的肠内虽比大肠埃希菌少，但广泛存在于土壤、水域和食品中，也是食品中常见的腐败菌。少数菌株显示出强的腐败力，也有些菌种能在 0~4℃增殖，造成包装食品冷藏过程中的腐败。

⑦变形杆菌属（*Proteus*）　菌体形态常不规则，有明显多形性。无荚膜、无芽孢、有菌毛、周生鞭毛，活泼运动，属兼性厌氧菌。菌体大小（0.4~0.6）μm×（1.0~3.0）μm。在普通琼脂上生长良好，菌落呈迁徙生长（图 2-28），肉汤培养物均匀混浊且有菌膜。广泛分布于动物肠道、土壤、水域和食品中。有些菌种（如普通变形杆菌）是食品的腐败菌，并能引起食物中毒，也是伤口中较常见的继发感染菌和人类尿道感染最多见的病原菌之一。

本属细菌能分解苯丙氨酸，大部分迅速分解尿素。

⑧弧菌属（*Vibrio*）　菌体呈杆状或弧状，球杆状或丝状，端生单鞭毛，无芽孢，无

（或有）荚膜，兼性厌氧（图 2-29）。营养要求不高，多数种有嗜盐特性，生长需 2% ~
4% NaCl 或海水，嗜温或嗜冷菌。不耐酸，不耐热，巴氏杀菌可杀死。

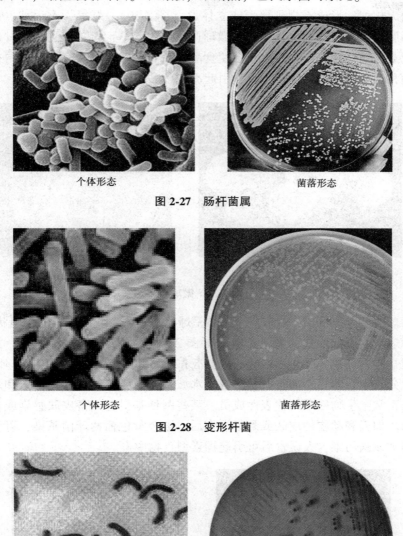

弧菌

| 个体形态 | 菌落形态 |

图 2-27　肠杆菌属

| 个体形态 | 菌落形态 |

图 2-28　变形杆菌

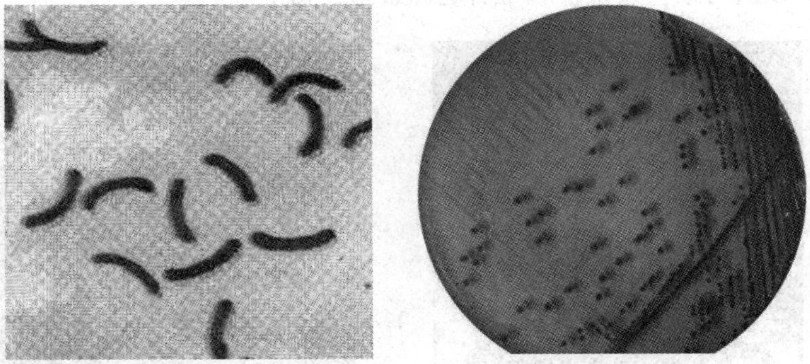

| 个体形态 | 菌落形态 |

图 2-29　弧　菌

　　分布于土壤、淡水、海水和鱼贝类中。有几种是人类、鱼类、鳗和鲑等的病原
菌，其中有两个重要的病原菌是霍乱弧菌（*V. cholerae*）和副溶血性弧菌（*V. para-
haemolyticus*），会引起海产品、盐渍食品变质。感染这类病原菌会引起急性胃肠炎
和霍乱病。

（2）革兰阳性菌

①微球菌属（*Micrococcus*）　菌体呈球形，直径0.5～2.0μm，单生、双生或多次分裂，分裂面无规律，形成不规则簇形或立体形（图2-30），好氧、不运动，在食品中常见，是食品腐败菌。某些菌株，如黄色微球菌（*M. flavus*）、玫瑰色微球菌（*M. roseus*）等能产生色素，这些菌感染食品后，会使食品变色。微球菌属具有较高的耐盐性和耐热性。有些菌种适于在低温环境中生长，引起冷藏食品腐败变质。

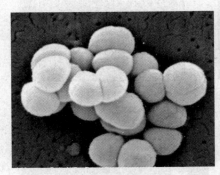　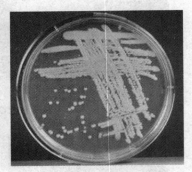

个体形态　　　　　　　　　　　　　　　菌落形态

图2-30　微球菌

②葡萄球菌属（*Staphylococcus*）　菌体呈球状，单生、双生或呈葡萄串状，无芽孢、无鞭毛、不运动、有的形成荚膜或黏液层（图2-31），好氧或兼性厌氧菌，具有较高的耐热性和耐盐性，加热80℃、30～60min才能杀死，可在7.5%～15% NaCl环境中生长。本属菌广泛分布于自然界，如空气、土壤、水域及食品，也经常存在于人和动物的皮肤上，是皮肤正常微生物区系的代表性成员。某些菌种是引起人畜皮肤感染或食物中毒的潜在病原菌。如人和动物的皮肤或黏膜损伤后，被金黄色葡萄球菌感染，可引起化脓性炎症；食物被该菌污染，人误食后可引起毒素型食物中毒。

葡萄球菌

　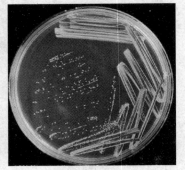

个体形态　　　　　　　　　　　　　　　菌落形态

图2-31　葡萄球菌

芽孢杆菌

③芽孢杆菌属（*Bacillus*）　菌体呈杆状，菌端钝圆或平截，单个或成链状。有芽孢，大多数能以周生鞭毛或退化的周生鞭毛运动。某些种可在一定条件下产生荚膜，好氧或兼性厌氧。菌落形态和大小多变，在某些培养基上可产生色素（图2-32）。生理性

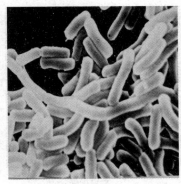
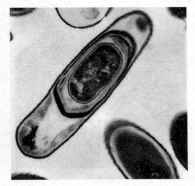

个体形态

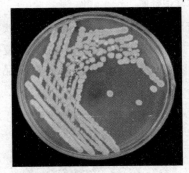

菌落形态

图 2-32　芽孢杆菌

状多种多样。

　　本属广泛分布于自然界，种类繁多。枯草芽孢杆菌（*B. subtillis*）是代表种。除作为细菌生理学研究外，常作为生产中性蛋白酶、α-淀粉酶、5′-核苷酸酶和杆菌肽的主要菌种及饲料微生物添加剂中的安全菌种使用。地衣芽孢杆菌（*B. licheniformis*）可用于生产碱性蛋白酶、甘露聚糖酶和杆菌肽。多黏芽孢杆菌（*B. polymyxa*）可生产多黏菌素。炭疽芽孢杆菌（*B. anthracis*）是毒性很大的病原菌，能使人、畜患炭疽病。蜡样芽孢杆菌（*B. cereus*）是工业发酵生产中的常见污染菌，同时也可引起食物中毒。苏云金芽孢杆菌（*B. thuringiensis*）的伴孢晶体可用于生产无公害农药。

　　④梭状芽孢杆菌属（*Clostridium*）　　菌体呈杆状，两端钝圆或稍尖，有些种可形成长丝状。细胞单个、成双、短链或长链（图 2-33）。运动或不运动，运动者具周生鞭毛，无荚膜。厌氧或微需氧，耐热，不易除去。可形成卵圆形或圆形芽孢，常使菌体膨大。由于芽孢的形状和位置不同，芽孢体可表现为各种形状。

　　梭菌在自然界分布广泛，多数为非病原菌，其中有部分为工业生产用菌种，如生产丙酮、丁醇。常见的致病菌较少，但多为人畜共患病病原，如肉毒梭菌（*C. botulinum*）和产气荚膜梭菌（*C. perfringens*）可引起人畜多种严重疾病，也可造成食物中毒。其中，肉毒梭菌产生的肉毒毒素，毒性极大，0.01mg 即可置人于死地，只要 30g 就能使全世界50 亿人中毒死亡。肉毒梭菌易生存于腌肉、腊肉、猪肉及制作不良的罐头食品，也见于食用豆豉、豆瓣酱、臭豆腐及不新鲜的鱼、猪肉、猪肝等食物中。

梭状芽孢杆菌

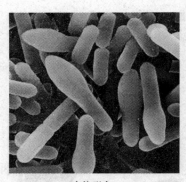
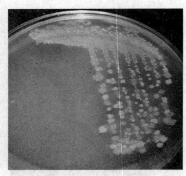

个体形态　　　　　　　　　　　菌落形态

图 2-33　梭状芽孢杆菌

⑤乳杆菌属（*Lactobacillus*）　菌体呈长杆状或短杆状（图 2-34），链状排列、不运动。厌氧或兼性厌氧，能发酵糖类产生乳酸。属于化能异养型，营养要求复杂，需要生长因子。在 pH 3.3~4.5 条件下，仍能生存。乳杆菌常见于乳制品、腌制品、饲料、水果、果汁及土壤中。

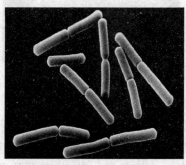

个体形态　　　　　　　　　　　菌落形态

图 2-34　乳杆菌

乳杆菌是许多恒温动物，包括人类口腔、胃肠和阴道的正常菌群，很少致病。德氏乳杆菌（*L. delbrueckii*）常用于生产乳酸及乳酸发酵食品；德氏乳杆菌保加利亚亚种（*L. delbrueckii* subsp. *bulgaricus*）、嗜酸乳杆菌（*L. acidophilus*）等常用于发酵食品工业。

⑥链球菌属（*Streptococcus*）　菌体呈球状或卵圆状（图 2-35），直径 0.5~1μm，呈短链或长链排列，无芽孢，无鞭毛，不能运动，兼性厌氧菌，广泛分布于水域、尘埃以及人畜粪便、人鼻咽部等处。有些是有益菌，如嗜热链球菌（*S. thermophilus*）、乳酸链球菌（*S. lactis*）、乳酪链球菌（*S. creamoris*）常用于乳制品发酵工业及我国传统食品工业中；有些是乳制品和肉食中的常见污染菌；有些构成人和动物的正常菌群；有些是人或动物的病原菌，如化脓链球菌（*S. pyogenes*）、肺炎链球菌（*S. pneumoniae*）、猪链球菌（*S. suis*）等。

⑦乳球菌属（*Lactococcus*）　菌体呈球状或卵圆状（图 2-36），大小（0.5~1.2）μm×（0.5~1.5）μm，单生、成对或成链状，兼性厌氧，不运动，通常不溶血，能在 10℃下生长，但不能在 45℃下生长，大多数乳球菌能与 N 型抗血清起反应，乳球菌通常能在 4% NaCl 生长，仅乳酸乳球菌乳脂亚种只耐 2% NaCl。

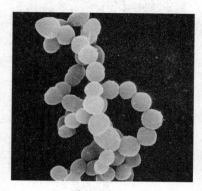 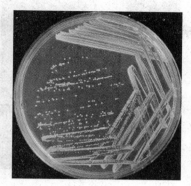

个体形态 菌落形态

图 2-35 链球菌

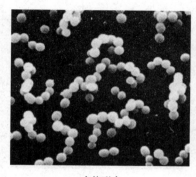 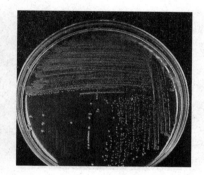

个体形态 菌落形态

图 2-36 乳球菌

乳球菌属内乳酸乳球菌又形成单一的 DNA 同源群。乳酸乳球菌的一些菌株在乳制品生产中占有重要地位，可以用于生产乳酪和发酵奶以及黄油等。乳酸乳球菌的一些菌株可以用于生产细菌素，如 Nisin、lactococcin 等。本属菌常见于乳制品和植物产品中。

⑧棒杆菌属（*Corynebacterium*） 菌体为杆状、直到微弯，常呈一端膨大的棒状。细胞着色不均匀，可见节段染色或异染颗粒。细胞分裂形成"八"字形排列或栅状排列（图 2-37）。无芽孢，无鞭毛，不运动，少数植物病原菌能运动。多数为兼性厌氧菌，少数为好氧菌。

棒杆菌属广泛分布于自然界，腐生型的棒杆菌生存于土壤、水域中，如产生谷氨酸的北京棒杆菌（*C. pekinense*）。利用该菌种，根据代谢调控机理，已筛选出生产各种氨基酸的菌种。寄生型的棒杆菌可引起人、动植物的病害，如引起人类患白喉病的白喉棒杆菌以及造成马铃薯环腐病的马铃薯环腐病棒杆菌。

棒杆菌

⑨丙酸杆菌属（*Propionibacterium*） 多形态杆菌，大小为（0.5~0.8）μm×（1~5）μm，常为圆端或尖端的棒状，但老龄细胞（对数生长后期）则多呈球形。在排列方式上也是呈多样性，或单个、成对、成短链；或呈"V"形、"Y"形细胞对；或以方形排列（图 2-38）。兼性厌氧，有不同程度的耐氧性；大多数菌株可在稍缺氧的空气中生长，在血琼脂上的菌落通常凸起、半透明、有光泽，呈乳白到带红色。能发酵乳酸、糖和蛋白胨，产生大量的丙酸及乙酸，使乳酪具有特殊风味是这类细菌生理上的独特特征。主要

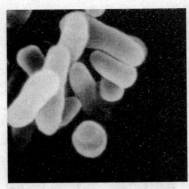
个体形态

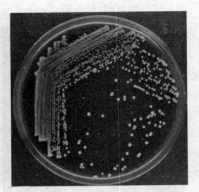
菌落形态

图 2-37　棒杆菌

个体形态

菌落形态

图 2-38　丙酸杆菌

发现于乳酪、乳制品和人的皮肤。有的种对人有致病性。费氏丙酸杆菌是工业上用来生产丙酸和维生素 B_{12} 的菌种。

⑩双歧杆菌属（*Bifidobacterium*）　多形态杆菌，呈"Y"形、"V"形，弯曲状、棒状等（图 2-39）。不运动，无芽孢，厌氧，有的能耐氧。发酵碳水化合物产生乙酸和乳酸，不产生 CO_2，最适生长温度为 37～41℃。通过特殊的果糖-6-磷酸途径分解葡萄糖。存在于人、动物及昆虫的口腔和肠道中。近年来，许多实验证明双歧杆菌具有产乙

双歧杆菌

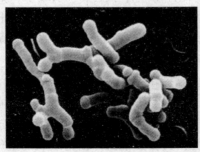
个体形态

菌落形态

图 2-39　双歧杆菌

酸降低肠道 **pH** 值，抑制腐败细菌滋生，分解致癌前体物，抗肿瘤细胞，提高机体免疫力等多种对人体健康有效的生理功能。双歧杆菌在肠道内能合成多种维生素。另外，双歧杆菌还能产生胞外多糖、双歧杆菌素和类溶菌物质。

2.1.2　放线菌

放线菌（actinomycetes）是一类主要呈菌丝状生长和以孢子繁殖、陆生性较强的革兰阳性原核微生物。它是介于细菌和真菌之间的单细胞微生物。一方面，放线菌的细胞构造和细胞壁化学组成与细菌相似，与细菌同属原核微生物；另一方面，放线菌菌体呈纤细的菌丝，且分支，又以外生孢子的形式繁殖，这些特征与霉菌相似。放线菌菌落中的菌丝常从一个中心向四周辐射状生长，并因此而得名。

放线菌在自然界分布广泛，尤以含水量较少、有机质丰富的微碱性土壤中最多，每克土壤中其孢子数一般可高达 10^7 个。泥土所特有的泥腥味就是由放线菌产生的代谢产物——土腥味素引起的。

大多数放线菌的生活方式为腐生，少数为寄生。腐生型放线菌在环境保护和自然界物质循环等方面起着相当重要的作用；而寄生型可引起人、动物、植物的疾病，如人和动物的皮肤病、肺部和足部感染、脑膜炎等及马铃薯和甜菜的疮痂病等。放线菌最突出的特性就是能产生大量的、种类繁多的抗生素。至今已报道的近万种抗生素中，约 70%由放线菌产生，如临床常用的链霉素、卡那霉素、四环素、土霉素、金霉素等；应用于农业的井冈霉素、庆丰霉素等。近年来筛选到的许多新的生化药物也是放线菌的次生代谢产物，包括抗癌剂、酶抑制剂、抗寄生虫剂、免疫抑制剂和农用杀虫（杀菌）剂等。放线菌还是许多酶类（葡萄糖异构酶、蛋白酶等）、维生素 B_{12}、氨基酸和核苷酸等药物的产生菌。我国用的菌肥"5406"就是由泾阳链霉菌制成的。在有固氮能力的非豆科植物根瘤中，共生的固氮菌就是属于弗兰克菌属的放线菌。此外，放线菌在甾体转化、石油脱蜡、烃类发酵和污水处理等方面也有重要应用。

2.1.2.1　放线菌的形态和构造

放线菌种类繁多，下面以种类最多、分布最广、形态特征最典型的链霉菌属为例阐述其形态构造。

链霉菌的细胞呈丝状分枝，菌丝直径 $1\mu m$ 左右，菌丝内无隔膜，故呈多核的单细胞状态。其细胞壁的主要成分是肽聚糖，也含有胞壁酸和二氨基庚二酸，不含几丁质或纤维素。

放线菌的菌丝由于形态和功能不同，一般可分为基内菌丝、气生菌丝和孢子丝三类（图 2-40）。

基内菌丝　又称基质菌丝、营养菌丝或一级菌丝，生长在培养基内或表面。基内菌丝较细，一般颜色浅，但有的产生水溶性或脂溶性色素。主要功能是吸收营养物质和排泄废物。

气生菌丝　又称二级菌丝，它是基内菌丝生长到一定时期长出培养基表面伸向空中的菌丝。气生菌丝较基内菌丝粗，一般颜色较深，有的产生色素。其形状有直形或弯曲状，有的有分枝。主要功能是传递营养物质和繁殖后代。

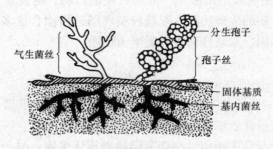

图 2-40　链霉菌的形态构造模式图

孢子丝　又称繁殖菌丝、产孢丝，它是气生菌丝生长发育到一定阶段分化成的可产孢子的菌丝。孢子丝的形态和在气生菌丝上的排列方式随菌种而异。其形状有直形、波曲形、钩形或螺旋形，着生方式有互生、轮生或丛生等多种方式，是分类鉴别的重要依据（图2-41）。

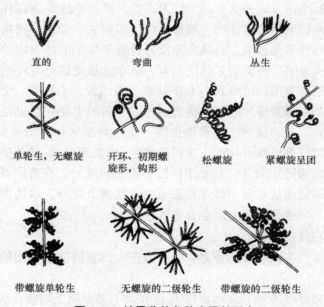

图 2-41　链霉菌的各种孢子丝形态

孢子丝生长到一定阶段可形成孢子。在光学显微镜下，孢子呈球形、椭圆形、杆形、瓜子形、梭形和半月形等；在电子显微镜下还可看到孢子的表面结构，有的光滑、有的带小疣、有的带刺或毛发状。孢子表面结构也是放线菌菌种鉴定的重要依据。孢子的表面结构与孢子丝的形状、颜色也有一定关系，一般直形或波曲形的孢子丝形成的孢子表面光滑；而螺旋形孢子丝形成的孢子，其表面有的光滑，有的带刺或毛发状。白色、黄色、淡绿、灰黄、淡紫色的孢子表面一般都是光滑型的，粉红色孢子只有极少数带刺，黑色孢子绝大部分都带刺和毛发状。

孢子含有不同色素，成熟的孢子堆也表现出特定的颜色，而且在一定条件下比较稳定，故也是鉴定菌种的依据之一。应指出的是由于从同一孢子丝上分化出来的孢子，形状和大小可能也有差异，因此孢子的形态和大小不能笼统地作为分类鉴定的依据。

2.1.2.2 放线菌的繁殖方式

放线菌主要通过形成无性孢子的方式进行繁殖，也可借菌体断裂片段繁殖。放线菌产生的无性孢子主要有分生孢子和孢囊孢子。

大多数放线菌（如链霉菌属）生长到一定阶段，一部分气生菌丝形成孢子丝，孢子丝成熟便分化形成许多孢子，称为分生孢子。根据电子显微镜对放线菌超薄切片的观察结果，表明孢子丝通过横割分裂形成孢子。横割分裂有两种方式：细胞膜内陷，再由外向内逐渐收缩形成横隔膜，将孢子丝分割成许多分生孢子；细胞壁和质膜同时内陷，再逐渐向内缢缩，将孢子丝缢裂成连串的分生孢子。

有些放线菌可在菌丝上形成孢子囊，在孢子囊内形成孢囊孢子，孢子囊成熟后，释放出大量孢囊孢子。孢子囊可在气生菌丝上形成（如链孢囊菌属），也可在基内菌丝上形成（如游动放线菌属），或二者均可生成。另外，某些放线菌偶尔也产生厚壁孢子。

借菌丝断裂的片断形成新菌体的繁殖方式常见于液体培养中，如工业化发酵生产抗生素时，放线菌就以此方式大量繁殖。

2.1.2.3 放线菌的群体特征

放线菌的菌落由菌丝体组成，一般为圆形、平坦或有许多皱褶和地衣状。

放线菌的菌落特征随菌种而不同。一类是产生大量分枝的基内菌丝和气生菌丝的菌种，如链霉菌，其菌丝较细，生长缓慢，菌丝分枝相互交错缠绕，所以形成的菌落质地致密，表面呈较紧密的绒状或坚实，干燥，多皱，菌落较小而不延伸，其基内菌丝伸入基质内，菌落与培养基结合较紧密而不易挑取或挑取后不易破碎。菌落表面起初光滑或如发状缠结，产生孢子后，则呈粉状、颗粒状或絮状。气生菌丝有时呈同心环状。另一类是不产生大量菌丝体的菌种，如诺卡菌，这类菌的菌落黏着力较差，结构成粉质，用接种针挑取则粉碎。

有些种类菌丝和孢子常含有色素，使菌落正面和背面呈现不同颜色。正面是气生菌丝和孢子的颜色，背面是基内菌丝或所产生色素的颜色。

将放线菌接种于液体培养基内静置培养，能在瓶壁液面处形成斑状或膜状菌落，或沉降于瓶底而不使培养基混浊；若振荡培养，常形成由短小的菌丝体所构成的球状颗粒。

2.1.2.4 常见放线菌

（1）链霉菌属（*Streptomyces*）

链霉菌属大多生长在含水量较低、通气较好的土壤中。其菌丝无隔膜，基内菌丝较细，直径 $0.5 \sim 0.8 \mu m$，气生菌丝发达，较基内菌丝粗 $1 \sim 2$ 倍，成熟后分化为呈直形、波曲形或螺旋形的孢子丝，孢子丝发育到一定时期产生出成串的分生孢子。链霉菌属是抗生素工业所用放线菌中最重要的属。已知链霉菌属有 1000 多种。许多常用抗生素，如链霉素、土霉素、井冈霉素、丝裂霉素、博来霉素、制霉菌素、红霉素和卡那霉素等，都是链霉菌产生的。

（2）诺卡菌属（*Nocardia*）

诺卡菌属主要分布在土壤中。其菌丝有隔膜，基内菌丝较细，直径 $0.2 \sim 0.6 \mu m$。一般无气生菌丝。基内菌丝培养十几个小时形成横隔，并断裂成杆状或球状孢子。菌落较小，表面多皱，致密干燥，边缘呈树根状，颜色多样，一触即碎。有些种能产生抗生素，如利福霉素、蚁霉素等；也可用于石油脱蜡及污水净化中脱氰等。

（3）放线菌属（*Actinomyces*）

放线菌属菌丝较细，直径小于 1μm，有隔膜，可断裂呈"V"形或"Y"形。不形成气生菌丝，也不产生孢子，一般为厌氧或兼性厌氧菌。本属多为致病菌，如引起牛颚肿病的牛型放线菌，引起人的后颚骨肿瘤病及肺部感染的衣氏放线菌。

（4）小单孢菌属（*Micromonospora*）

小单孢菌属分布于土壤及水底淤泥中。基内菌丝较细，直径 0.3~0.6μm，无隔膜，不断裂，一般无气生菌丝。在基内菌丝上长出短孢子梗，顶端着生单个球形或椭圆形孢子。菌落较小。多数好氧，少数厌氧。有的种可产抗生素，如绛红小单孢菌和棘孢小单孢菌都可产庆大霉素，有的种还可产利福霉素。此外，还有的种能产生维生素 B_{12}。

（5）链孢囊菌属（*Streptosporangium*）

链孢囊菌属特点是气生菌丝可形成孢囊和孢囊孢子。孢囊孢子无鞭毛，不能运动。本属菌也有不少菌种能产生抗生素，如粉红链孢囊菌产生多霉素，绿灰链孢囊菌产生绿霉素等。

2.1.3　其他类型的原核微生物

2.1.3.1　蓝细菌（cyanobacteria）

蓝细菌旧名蓝藻或蓝绿藻，是一类进化历史悠久，革兰染色阴性，无鞭毛，含叶绿素 a（但不形成叶绿体），能进行产氧性光合作用的大型原核微生物。

蓝细菌分布极广，普遍生长在淡水、海水和土壤中，并且在极端环境（如温泉、盐湖、贫瘠的土壤、岩石表面或风化壳中以及植物树干等）中也能生长，故有"先锋生物"的美称。许多蓝细菌类群具有固氮能力。一些蓝细菌还能与真菌、苔藓类、苏铁科植物、珊瑚甚至一些无脊椎动物共生。

（1）蓝细菌的形态与构造

蓝细菌的细胞一般比细菌大，通常直径为 3~10μm，最大的可达 60μm，如巨颤蓝细菌。根据细胞形态差异，蓝细菌可分为单细胞和丝状体两大类。单细胞类群多呈球状、椭圆状和杆状，单生或团聚体，如黏杆蓝细菌和皮果蓝细菌等属；丝状体蓝细菌是有许多细胞排列而成的群体，包括有异形胞的（如鱼腥蓝细菌属）、无异形胞的（如颤蓝细菌属）、有分支的（如费氏蓝细菌属）几类。

蓝细菌的细胞构造与 G^- 细菌相似。细胞壁有内外两层，外层为脂多糖层，内层为肽聚层。许多种能不断地向细胞壁外分泌胶黏物质，将一群细胞或丝状体结合在一起，形成黏质糖被或鞘。细胞膜单层，很少有间体。大多数蓝细菌无鞭毛，但可以"滑行"。蓝细菌光合作用的部位称为类囊体，数量很多，以平行或卷曲方式贴近地分布在细胞膜附近，其中含有叶绿素 a 和藻胆素（一类辅助光合色素）。蓝细菌的细胞内含有糖原、聚磷酸盐、PHB、蓝细菌肽等贮藏物以及能固定 CO_2 的羧酶体，少数水生性种类中还有气泡。

在化学组成上，蓝细菌最独特之处是含有两个或多个双键组成的不饱和脂肪酸，而细菌通常只含有饱和脂肪酸和一个双键的不饱和脂肪酸。

蓝细菌的细胞有几种特化形式，较重要的是异形胞、静息孢子、链丝段和内孢子。异形胞是存在于丝状体蓝细菌中的较营养细胞稍大，色浅、壁厚、位于细胞链中间或末端，且数目少而不定的细胞。异形胞是固氮蓝细菌的固氮部位。营养细胞的光合产物与异形胞的固氮产物，可通过胞间连丝进行物质交换。静息孢子是一种着生于丝状体细胞链中间或末端的形大、色深、壁厚的休眠细胞，胞内有贮藏性物质，具有抗干旱或冷冻的能力。链丝段又称连锁体或藻殖段，是长细胞断裂而成的短链段，具有繁殖功能。内孢子是少数蓝细菌种类在细胞内形成许多球形或三角形的内孢子，成熟后可释放，具有繁殖功能。

（2）蓝细菌的繁殖

蓝细菌通过无性方式繁殖。单细胞类群以裂殖方式繁殖，包括二分裂或多分裂。丝状体类群可通过单平面或多平面的裂殖方式加长丝状体，还常通过链丝段繁殖。少数类群以内孢子方式繁殖。在干燥、低温和长期黑暗等条件下，可形成休眠状态的静息孢子，当在适宜条件下可继续生长。

2.1.3.2　支原体（mycoplasma）

支原体是一类无细胞壁、介于独立生活和细胞内寄生生活间的最小型的原核微生物。许多种类支原体是人和动物的致病菌，有些腐生种类生活在污水、土壤或堆肥中，少数种类可污染实验室的组织培养物。植物支原体（又称类支原体）是黄化病、矮缩病等植物病的病原体。

支原体的特点：细胞小，直径仅有 $0.1 \sim 0.3 \mu m$，多数为 $0.25 \mu m$，在光学显微镜下勉强可见；无细胞壁，故革兰染色阴性，形态高度多形和易变，呈球形、扁圆形、玫瑰花形、长短不一的丝状乃至分枝状等；对渗透压敏感；菌体柔软，能通过细菌滤器；细胞膜含甾醇，比较坚韧；菌落呈"油煎蛋"状，直径仅 $0.1 \sim 1.0 mm$；一般以二分裂方式繁殖，有时也出芽繁殖；体外培养的营养要求苛刻，需用含血清、酵母膏和甾醇等营养丰富的人工培养基；多数能以糖类作能源，能在有氧或无氧条件下进行氧化型或发酵型产能代谢；对热、干燥抵抗力弱，$45 ℃$、$30 min$ 即可杀死；对苯酚、来苏儿等化学消毒剂及各种表面活性剂和醇类敏感；对青霉素、环丝氨酸等抑制细胞壁合成的抗生素和溶菌酶不敏感，但对四环素、卡那霉素、红霉素等能抑制蛋白质生物合成的抗生素和两性霉素、制霉菌素等破坏含甾体的细胞膜结构的抗生素敏感；基因组很小，仅在 $0.6 \sim 1.1 Mb$，为大肠埃希菌的 $1/4 \sim 1/5$。

2.1.3.3　立克次氏体（rickettsia）

立克次氏体是一类专性寄生于真核细胞内的革兰阴性原核微生物。它不仅是动物细胞的寄生者，也寄生于植物细胞中，植物细胞中的立克次氏体被称为类立克次氏体。

立克次氏体的特点：细胞大小为 $(0.3 \sim 0.6) \mu m \times (0.8 \sim 2.0) \mu m$，一般不能通过细菌滤器，在光学显微镜下清晰可见。细胞呈球状、杆状或丝状，有的多形性。有细胞壁，呈革兰阴性反应。除少数外，均在真核细胞内营专性寄生，宿主一般为虱、蚤等节肢动物，并可传至人或其他脊椎动物。以二等分裂方式进行繁殖，但繁殖速度较细菌慢，一般 9~12h 繁殖一代。有不完整的产能代谢途径，大多只能利用谷氨酸和谷氨酰胺产能而不能利用葡萄糖或有机酸产能；大多数不能用人工培养基培养，须用鸡胚、敏感动物及动物组织细胞来培养立克次氏体；对热、光照、干燥及化学药剂抵抗力差，60℃、30min 即可杀死，100℃很快死亡，对一般消毒剂、磺胺及四环素、氯霉素、红霉素、青霉素等抗生素敏感。基因组很小，如普氏立克次氏体的基因组为 1.1Mb。

立克次氏体在虱等节肢动物的胃肠道上皮细胞中增殖并大量存在其粪中。人受到虱等叮咬时，立克次氏体便随粪从抓破的伤口或直接从昆虫口器进入人的血液并在其中繁殖，从而使人感染得病。当节肢动物再叮咬人吸血时，人血中的立克次氏体又进入其体内增殖，如此不断循环。立克次氏体可引起人与动物患多种疾病，如立氏立克次氏体可引起人类患落基山斑点热，普氏立克次氏体可引起人类患流行性斑疹伤寒，穆氏立克次氏体可引起人类患地方性斑疹伤寒，伯氏考克斯氏体可引起人类患 Q 热，恙虫热立克次氏体可引起人类患恙虫热。

2.1.3.4 衣原体（chlamydia）

衣原体是一类在真核细胞内营专性能量寄生的小型革兰阴性原核微生物。曾长期被误认为是"大型病毒"，直至 1956 年由我国著名微生物学家汤飞凡等自沙眼中首次分离到沙眼的病原体后，才逐步证实它是一类独特的原核微生物。

衣原体的特点：细胞较立克次氏体稍小，直径 0.2~0.3μm，能通过细菌滤器，在光学显微镜下勉强可见；细胞呈球形或椭圆形；其细胞构造、化学成分与细菌相似，有革兰阴性细菌的特征细胞壁（但缺肽聚糖），细胞内同时含有 DNA 和 RNA 两种核酸，有核糖体；以二等分裂方式进行繁殖；有不完整的酶系，尤其缺乏产能代谢的酶系，须严格的活细胞内寄生；在实验室中，衣原体只能用鸡胚卵黄囊膜、小白鼠腹腔或 HeLa 细胞组织培养物等活体进行培养；抵抗力较低，对热敏感，在 56~60℃ 下仅能存活 5~10min，在冰冻条件下可存活数年；除鹦鹉热衣原体对磺胺具有抗性这一特例外，对一般消毒剂和抑制细菌的抗生素和药物（如四环素、氯霉素、红霉素、青霉素及磺胺等）敏感；DNA 相对分子质量很小，为 $5×10^8$，仅为大肠埃希菌的 1/4。

衣原体有一个特殊的生活史。具有感染力的个体称为原体，它是一种不能运动的球状细胞，直径小于 0.4μm，有坚韧的细菌型细胞壁，在宿主细胞内，原体逐渐伸长，形成无感染力的个体，称作始体，这是一种薄壁的球状细胞，形体较大，直径达 1~1.5μm，它通过二等分裂的方式在宿主的细胞质内形成一个微菌落，随后大量的子细胞又分化成较小而厚壁的感染性原体，一旦宿主细胞破裂，原体又可重新感染新的细胞。

目前已发现的衣原体有：引起人体沙眼的沙眼衣原体，引起鹦鹉热等人兽共患病的鹦鹉热衣原体，引起肺炎的肺炎衣原体。

2.1.3.5 古菌（archaea）

古菌旧称古细菌（archaebacteria），是 20 世纪 70 年代发现的一类特殊细菌，这类微生物在大小、形态及细胞结构等方面与细菌相似，但在某些细胞结构的化学组成以及许多重要的生理生化特性上与真核生物关系较为密切。它们大多数生活在极端环境中，包括极端厌氧的产甲烷菌，极端嗜盐菌以及在强酸和高温环境中生活的极端嗜热嗜酸菌。

在古菌中，尽管具有原核生物的基本性质，但深入研究后发现它们具有特殊的细胞壁和细胞膜。除个别类群（如热原体属）无细胞壁外，已研究过的古菌细胞壁中都没有真正的肽聚糖，而是由假肽聚糖、糖蛋白或蛋白质构成。例如，甲烷杆菌属的细胞壁由假肽聚糖组成，甲烷八叠球菌的细胞壁含有独特的多糖，盐杆菌属的细胞壁由糖蛋白组成，少量产甲烷菌的细胞壁由蛋白质组成。古菌细胞膜与真细菌、真核微生物有明显差异。例如，古菌膜类脂由甘油与烃链通过醚键而不是酯键连接；组成其烃链的是异戊二烯的重复单位，而不是脂肪酸；古菌细胞膜中有独特的单分子层膜或单、双分子层混合膜；古菌细胞膜上含有独特的脂类（如胡萝卜素等）。其 16S rRNA 有较强的保守性，对它的 RNA 酶切片断的双向层析和碱基的序列分析结果表明古菌的 16S rRNA 图谱既不同于其他细菌，也与真核生物有明显的区别。古菌还具有特殊的类似于真核生物的基因转录和翻译系统，它们不为利福平所抑制，其 RNA 聚合酶由多个亚基组成，核糖体 30S 亚基的形状、tRNA 结构、蛋白质合成的起始氨基酸及对抗生素的敏感性等均与细菌不同而类似于真核生物。由此可以认为，古菌是一类 16S rRNA 及其他细胞成分在分子水平上与原核和真核细胞均有所不同的特殊生物类群。

2.2　真核微生物的形态与结构

2.2.1　真核微生物概述

凡是细胞核具有核膜，能进行有丝分裂，细胞质中存在线粒体或叶绿体等细胞器的微小生物，称为真核微生物，主要包括真菌、藻类和原生动物等。

真菌是一类低等真核生物，与原核微生物相比，其个体形态较大、结构较为复杂，主要有以下特点：细胞中具有边缘清楚的核膜包围着的完整细胞核，而且在一个细胞内有时可以包含多个核，其他真核生物很少出现这种现象；不含叶绿素，不能进行光合作用，营养方式为异养吸收型，即通过细胞表面自周围环境中吸收可溶性营养物质，不同于植物（光合作用）和动物（吞噬作用）；与高等生物一样，能进行有丝分裂，主要以产生无性孢子或有性孢子方式进行繁殖；陆生性强；真菌的菌体除酵母菌为单细胞外，其余为单细胞或多细胞的分枝丝状体；真菌细胞都有细胞壁，细胞壁成分大都以几丁质为主，部分低等真菌细胞壁成分以纤维素为主，原生动物无细胞壁。本部分重点介绍真菌中的酵母菌与霉菌。

2.2.1.1　真菌的细胞结构

各种真菌从形态上差异较大，但是细胞构造相似。一般说来，真菌细胞要比原核生物的细胞大，但比高等植物的细胞小。

真菌细胞的基本构造有细胞壁、细胞膜、细胞核以及细胞中含有的各种细胞器，如核糖体、线粒体、内质网、高尔基体等（图 2-42）。

（1）细胞壁

真菌细胞壁厚 100~250nm，占细胞干物质的 30%，

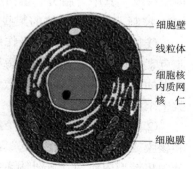

细胞壁
线粒体
细胞核
内质网
核　仁
细胞膜

图 2-42　真核微生物的细胞模式图

真菌细胞壁的化学组成主要为己糖或氨基己糖构成的多糖，如几丁质、纤维素、葡聚糖、甘露聚糖等，另有少量的蛋白质、类脂和无机盐等。不同真菌的细胞壁组成有差异，即使是同一种真菌在不同的生理阶段或不同的部位，其细胞壁的成分也不完全相同。低等真菌如少数低等水生霉菌的细胞壁成分以纤维素为主，酵母菌以葡聚糖为主，而高等陆生真菌以几丁质为主。外界环境因素对真菌细胞壁的组成成分影响也很大。

（2）细胞膜

真核微生物细胞膜的基本构架也是由磷脂双分子层组成，因此结构与原核微生物细胞膜没有本质区别，但在膜的功能和某些组分上仍有差异。真核微生物细胞膜中含有甾醇，而原核微生物膜中一般没有甾醇存在；原核微生物的呼吸作用及某些光合细菌的光合作用在细胞膜中进行，而真核微生物因有细胞器的分化，细胞膜没有这些功能。

（3）细胞核

细胞核是由核膜、染色质、核仁和核基质组成，椭圆形，直径为 $2 \sim 3 \mu m$，内部有一个被均匀的核质包围的中心稠密区，即核仁，核仁含有 DNA，另有 RNA，但在细胞核分裂时 RNA 消失。外部有核膜包围，核膜一般为 2 层，$8 \sim 20nm$，膜上有小孔，有利于核内外物质的交流。核膜孔径大小差异很大，数量随菌龄而增大。核膜外表面常有核蛋白附着。染色质是细胞处于分裂时期，由 DNA、组蛋白、其他蛋白和少量 RNA 组成的复合组织。当细胞进行有丝分裂或减数分裂时，染色质经过盘绕、折叠、浓缩后变成在光学显微镜下可见的棒状结构，即为染色体。真菌的染色体数大于 1 个，如常见的构巢曲霉染色体数为 8 个，啤酒酵母染色体数为 17 个。

细胞核是细胞代谢过程中的控制中心，是细胞遗传信息（DNA）的贮存、复制和转录的主要部位，在繁殖和遗传上有重要作用。另外，在多种真菌中发现环形或线性的核外遗传物质，即真菌质粒。

（4）细胞质和细胞器

在真核微生物细胞的细胞质中，有由微管和微丝构成的细胞质骨架，以维持细胞器在其中的位置，同时担负着细胞质和细胞器的运动功能。

细胞器是细胞质内具有的特殊形态和功能的细胞结构，是真核细胞与原核细胞重要区别之一。

①线粒体 是各种真核细胞中的一种重要细胞器，由一个双层膜组成的囊状结构，内层较厚。其中含脂类、蛋白质、少量 RNA 和环状 DNA。其 DNA 可自主复制，不受核 DNA 控制，决定线粒体的某些遗传性状。

线粒体是细胞进行呼吸作用的重要场所，含有细胞呼吸作用所需要的各种酶（如细胞色素氧化酶、琥珀酸脱氢酶等），可以把蕴藏在有机物中的化学潜能转化成生命活动所需的高能化合物 ATP。其数量、形态和分布因种和发育阶段而异，每个细胞有数百到数千个。

②内质网 是分布在整个细胞质中的由折叠的膜构成的管道和网状结构。在细胞中和核膜或细胞膜相连在一起。内质网的成分主要为脂蛋白。根据表面结构可以将内质网分为粗糙型内质网（膜外附着有核糖体）、光滑型内质网（表面没有附着的颗粒）。内质网功能是起到物质传递的作用，另外还是合成蛋白质或脂类的场所。内质网沟通着细胞

的各个部分，与细胞膜、细胞核、线粒体都有联系，是细胞内物质运转的一个循环系统，同时内质网还给细胞质中的所有细胞器提供膜。

③高尔基体　是由 4~8 个平行堆叠的扁平膜囊和大小不等的囊泡所组成的膜聚合体。高尔基体大多呈网状，少数为鳞片状、颗粒状或杆状，均匀分布于核周围，与内质网相连。高尔基体的功能是将糙面内质网合成的蛋白质进行浓缩，并与自身合成的糖类、脂类结合，形成糖蛋白、脂蛋白分泌泡，通过外排作用分泌到细胞外，并且是凝集酶原颗粒的场所，是协调细胞生化功能和沟通细胞内外环境的重要细胞器。

④核蛋白体　是存在于细胞质和线粒体中的微小颗粒，是合成蛋白质的场所。真菌细胞中有两种形式：细胞质核蛋白体和线粒体核蛋白体。细胞质核蛋白体呈游离状态或结合于内质网及核膜。线粒体核蛋白体存在于线粒体内膜的嵴间。核蛋白体包含 RNA 和蛋白质，酵母菌的核糖体为 80S，由 60S 和 40S 大小亚基构成，游离在细胞质中或附着在内质网上。

⑤液泡　真菌的液泡通常源于光面内质网或高尔基体的大型囊泡，此外由于质膜的胞饮作用或吞噬作用的结果，有些液泡由质膜形成。液泡的形态变化很大，其大小、数目随菌龄或菌丝老化而增加，并且可以进行大液泡的分割和小液泡的融合。液泡的内含物比较特殊，主要是碱性氨基酸（如精氨酸、鸟氨酸、瓜氨酸和谷氨酰胺等）、糖原、脂肪和多磷酸盐等贮藏物，还含有蛋白酶、酸性和碱性磷酸酯酶、纤维素酶和核酸酶等各种酶类。另外，液泡也提供一种贮水机制，以便保持细胞的膨胀压。在丝状真菌中液泡往往都积累在菌丝的较老部位，随菌龄的老化，液泡也变大，而且几乎充满整个细胞，仅剩周围较薄的一层细胞质，大量细胞质随液泡增大被挤压流向菌丝顶端的生长部位。

2.2.1.2　真菌的繁殖

真菌有极强的繁殖能力，且繁殖方式多样。一种真菌往往既可进行有性繁殖，也可进行无性繁殖；既可以孢子形式繁殖，也可以菌丝断裂等其他方式繁殖。

在自然界中，真菌最主要的繁殖方式是孢子繁殖。孢子的大小、形状和颜色多种多样，真菌的孢子特征及产孢子器官特征是真菌分类、鉴定的重要依据。

（1）无性孢子

无性孢子是直接由生殖菌丝的分化而形成，主要包括节孢子、芽孢子、厚垣孢子、孢囊孢子、分生孢子和掷孢子等。

①节孢子　又称粉孢子，为外生孢子。有些真菌菌丝生长到一定阶段，出现许多横隔膜，然后从横隔膜处断裂，产生许多成串、短柱状、筒状或两端钝圆的、较为整齐的单个孢子，称为节孢子（图 2-43a）。如白地霉（*Geotrichum candidum*）的老龄菌丝即可断裂形成节孢子。

②芽孢子　芽孢子的形成是在母细胞上产生小突起，像发芽一样，然后穿过细胞壁逐渐紧缩，最后脱离母体而形成的圆形或椭圆形的孢子。如酵母菌的出芽繁殖（图 2-43b）。

③厚垣孢子　也称为厚壁孢子，为外生孢子，是某些真菌在菌丝顶端或中间的个别细胞膨大，菌丝内原生质收缩变圆、细胞壁加厚形成的一个休眠孢子。其外围被厚壁包

围着，形状为圆形、纺锤形或长方形（图 2-43c）。如总状毛霉（*Mucor racemosus*）即以该方式繁殖。

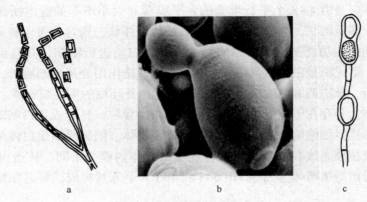

图 2-43　真菌的无性孢子

a. 节孢子　b. 芽孢子　c. 厚垣孢子

④孢囊孢子　由于生于孢子囊内，又称内生孢子，是由气生菌丝孢子囊梗顶端膨大形成圆形、椭圆形或梨型的特殊囊状结构，并于下方生出隔膜与菌丝分开形成孢子囊。孢子囊逐渐长大，在囊中的核经多次分裂形成大量细胞核，每个核外包以原生质和由原生质分化的细胞壁形成孢囊孢子。带有孢子囊的梗称为孢子囊梗，孢子囊梗伸入到孢子囊中的部分叫囊轴或中轴。孢子囊成熟后释放出孢子（图 2-44），数量较大。孢囊孢子是具有无隔菌丝的霉菌，如根霉（*Rhizopus*）和毛霉（*Mucor*）等最常见的一种无性孢子。

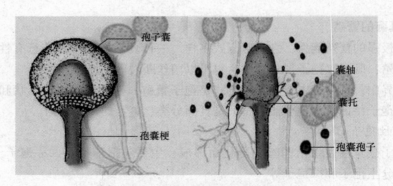

图 2-44　孢子囊、孢囊梗和孢囊孢子

孢囊孢子按其运动性可分为两类：一类是接合菌亚门毛霉目的陆生霉菌所产生的无鞭毛、不能运动的孢囊孢子，称为不动孢子（aplanospore），可在空气中传播；另一类是多数鞭毛菌亚门水霉目的水生霉菌可在菌丝顶端产生棒状的孢子囊，其产生的孢子具有鞭毛，可在水中游动，称为游动孢子（zoospore），可随水传播。游动孢子通常为圆形、洋梨形或肾形，具有 1 根或 2 根鞭毛。鞭毛亚显微结构为 "9+2" 型，即鞭毛的鞭杆中心有一对包在中央鞘中的相互平行的中央微管，其外被 9 根微管二联体围绕一圈，整个微管被细胞质膜包裹。与细菌鞭毛结构有很大差异。

⑤分生孢子　是具有有隔菌丝的霉菌中最常见的一类无性孢子，是大多数子囊菌亚门和全部半知菌亚门真菌的无性繁殖方式。由于孢子着生于细胞外，所以又称外生孢子，其形状、大小、结构、颜色、产生和着生方式因菌种而异。分生孢子有球形、卵形、柱形、纺锤形、镰刀形等不同形状。依据分生孢子梗区分为以下两种：

分化不明显的分生孢子梗　红曲霉属（*Monascus*）、交链孢霉属（*Alternaria*）等的分生孢子着生在未明显分化的菌丝或其分枝的顶端，单生、成链或成簇排列。其产孢子的菌丝与一般菌丝无明显区别。

分化明显的分生孢子梗　曲霉属（*Aspergillus*）和青霉属（*Penicillum*）具有分化明显并产生一定形状的分生孢子梗（图 2-45）。曲霉的分生孢子梗顶端膨大成囊状，称为顶囊。顶囊表面四周或上半部着生一层或多层呈辐射状排列的小梗，小梗末端形成分生孢子链。青霉的分生孢子梗顶端多数分枝成帚状，分枝顶端着生小梗，小梗上串生孢子。

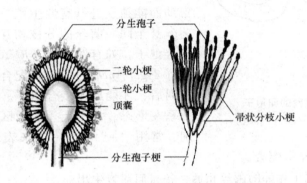

分生孢子
二轮小梗
一轮小梗
顶囊
帚状分枝小梗
分生孢子梗

图 2-45　曲霉（左）和青霉（右）的分生孢子头

⑥掷孢子　掷孢酵母属（*Sporobolomyces*）等少数酵母菌产生的无性孢子，外形呈肾状。这种孢子是在卵圆形的营养细胞上生出的小梗上形成的。孢子成熟后通过一种特有的喷射机制将孢子射出（图 2-46）。因此，如果用倒置培养皿培养掷孢酵母并使其形成菌落，则常因其射出掷孢子而可在皿盖上见到由掷孢子组成的菌落模糊镜像。

图 2-46　掷孢子的形成与射出过程

（2）有性孢子

有性繁殖是两个性细胞结合，一般经过质配、核配、减数分裂 3 个阶段产生子代新个体。

质配：两个细胞的原生质进行配合；核配：两个细胞里的核进行配合；减数分裂：

核配后进行减数分裂，使细胞内的染色体数目减为单倍。常见的真菌有性孢子有卵孢子、接合孢子、子囊孢子、担孢子。

①卵孢子　由菌丝分化成两个大小不同的异性配子囊，大型配子囊叫藏卵器，小型配子囊叫雄器。藏卵器内有一个或数个称为卵球的原生质团，它相当于高等生物的卵。当雄器与藏卵器配合时，雄器中的细胞质和细胞核通过受精管进入藏卵器，并与卵球结合，经过质配、核配、发育等过程，形成二倍体的卵孢子（图2-47）。卵孢子数量取决于卵球数量。水霉（*Saprolegnia*）和绵霉（*Achlya*）形成的有性孢子为卵孢子。

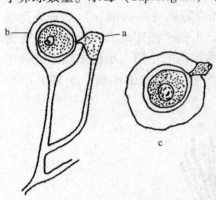

图2-47　真菌的卵孢子

a. 雄器　b. 藏卵器　c. 卵孢子

②接合孢子　由菌丝生出的两个形态结构相同或相似、但性别基本不同的配子囊结合而成。根据产生接合孢子的菌丝来源或亲和力不同，可将接合分为两种情况：同宗配合和异宗配合。

同宗配合指菌体自身可孕，不需要别的菌体帮助而能独立进行有性生殖。当同一菌体的两根菌丝甚至同一菌丝的分枝相互接触时，便可产生接合孢子，如有性根霉（*Rhizopus sexualis*）、接合霉（*Zygorhynchus*）。异宗配合是不同菌系的菌丝相遇后，才能形成接合孢子。这两种有亲和力的菌系在形态、大小上一般无区别，但生理上有差别，常用"+"和"-"来表示。能形成接合孢子的真菌大多为异宗配合。

接合过程为两个相邻的菌丝相遇，各自向对方生出极短的侧枝，称为接合梗，两个接合梗之间相互吸引，并在它们的顶部形成融合膜。两个接合梗的顶端膨大形成原配子囊。原配子囊接触后，顶端各自膨大并形成横隔，分隔形成两个配子囊细胞，配子囊下的部分称为配子囊柄。然后，相接触的两个配子囊之间的横隔消失，胞壁溶解，双方细胞的核和细胞质融合，发生质配、核配，同时外部形成厚壁，即成接合孢子（图2-48）。接合孢子的形态表现为厚壁、粗糙、黑壳。

接合孢子内细胞核的变化主要有两种方式，一是接合孢子中形成单倍体核，如冻土毛霉（*Mucor hiemalis*）和刺柄犁头霉（*Absidia spinosa*）属于这种形式；二是接合孢子中的核融合，但不进行减数分裂，故接合孢子中的核为二倍体，直到孢子萌发才进行减数分裂，如匍枝根霉（*Rhizopus stolonifer*）和灰绿犁头霉（*Absidia glauca*）属于此种方式。还有一些菌如布拉克须霉（*Phycomyces blakesleeanus*）在其萌发出的孢子囊内同时具有单倍体核和双倍体核。

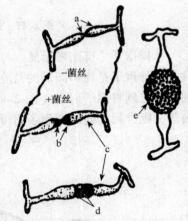

图2-48　根霉异宗配合的接合孢子形成过程

a. 原配子囊　b. 配子囊　c. 配子囊柄

d. 配子囊结合　e. 接合孢子

③子囊孢子　形成子囊孢子是子囊菌亚门的主要特征。当子囊菌发育到一定阶段，

其菌丝可分化成为产囊器和雄器。两个性器官接触后，雄器的内含物通过受精丝进入产囊器进行质配。质配后的产囊器生出许多短菌丝（称产囊丝），产囊丝顶端的细胞是双核的，在顶端细胞内发生核配成为子囊母细胞。再经有丝分裂和减数分裂产生 1~8 个子核，并被周围原生质环绕产生孢子壁，形成子囊孢子。二者结合形成的囊状结构，称为子囊。子囊有球形、棒形、圆筒形、长方形等，因种而异（图 2-49）。子囊孢子的形状、大小、颜色、纹饰也各不相同（图 2-50）。不同的子囊菌形成子囊的方式不同，最简单的是两个营养细胞结合形成子囊，细胞核分裂形成子核，每一子核形成一个子囊孢子。

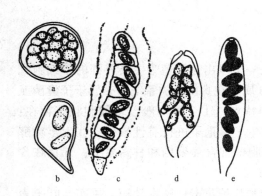

图 2-49　子囊形成的方式、形状、大小

a. 球形　b. 具柄宽卵型　c. 分隔型

d. 棍棒型　e. 圆筒型

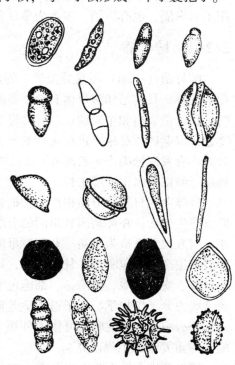

　　在子囊和子囊孢子发育过程中，雄器和雌器下面的细胞生出许多菌丝，形成保护组织，整个结构成为一个子实体。这种有性的子实体称为子囊果，子囊包在其中。子囊果主要有 3 种类型：一种为完全封闭式，称为闭囊壳；一种为瓶形有孔口的，称为子囊壳；一种为开口呈盘状的，称为子囊盘（图 2-51）。

图 2-50　不同形状大小的子囊孢子

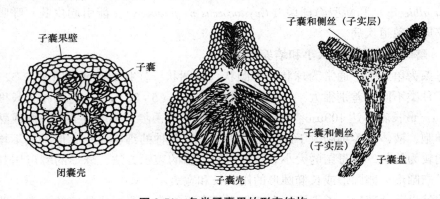

图 2-51　各类子囊果的形态结构

④担孢子 是担子菌所特有的有性孢子。菌丝经过特殊的分化和有性结合形成担子，在担子细胞外壁形成的有性孢子称为担孢子。担子菌的两条单核菌丝直接通过异宗结合形成双核菌丝。双核菌丝发育到一定阶段，顶端细胞膨大，在膨大的细胞内发生核配形成二倍体的核。二倍体的核经过减数分裂和有丝分裂，形成4个单倍体子核。这时顶端膨大细胞发育为担子，在担子上长出4个膨大的担子梗，4个单倍体子核进入担子梗内，发育为4个单倍体的担孢子。担孢子的形成过程与子囊孢子相似，但核配后所形成的4个新核不再进行减数分裂，且以核为中心所形成的担孢子最终在担子外部形成。担子有纵隔，也有横隔，多数为单室无隔。

2.2.2 酵母菌

酵母菌（yeast）不是分类学上的名称，而是一类以出芽繁殖为主要特征的单细胞真菌的统称。目前已知酵母菌有500多种，共有56属，在真菌分类系统中分属于子囊菌亚门、担子菌亚门和半知菌亚门。酵母菌具有下列特点：①个体一般以单细胞状态存在；②通常以芽殖或裂殖来进行无性繁殖，有些可产生子囊孢子进行有性繁殖；③大多数酵母菌具有发酵糖类产生乙醇和CO_2的能力；④细胞壁常含葡聚糖和甘露聚糖；⑤喜在含糖高、酸性的水生环境生长。

酵母菌在自然界分布很广，常栖息于植物体尤其是花蜜、树木汁液、果实及叶子表面营腐生生活，在葡萄园和果园的上层土壤中含量较多。酵母菌是人类利用最早的微生物，与人类关系极为密切。利用酵母菌生产的产品大大改善和丰富了人类的生活，如各种酒类生产、面包制造、甘油发酵，饲用、药用及食用单细胞蛋白生产，从酵母菌体提取核酸、麦角甾醇、辅酶A、细胞色素C、凝血质和维生素等生化药物。近年来，酵母菌已成为分子生物学、分子遗传学等重要理论研究的良好材料，如啤酒酵母（*Saccharomyces cerevisae*）中的质粒可作为外源DNA片段的载体。并通过转化而完成组建"工程菌"等重要基因工程研究。

酵母菌也会给人类带来危害。有些是发酵工业的污染菌，影响发酵产品的产量和质量；一些耐高渗酵母，如鲁氏酵母（*Saccharomyces rouxii*）、蜂蜜酵母（*S. mellis*）可使果酱、蜂蜜及蜜饯变质；少数寄生性酵母菌具有致病作用，其中最常见者为白假丝酵母（*Candida albicans*）和新型隐球菌（*Cuyitococcus neofonmans*），能引起皮肤、呼吸道、消化道、泌尿生殖道疾病。

2.2.2.1 酵母菌的形态、大小和培养特征

酵母菌为单细胞，通常为球状、卵圆状、椭圆状、柱状或香肠状（图2-52）。菌体大小由于种类不同，差别很大，一般为（2~5）μm×（5~30）μm，有些种类长度可长达20~50μm，最长者可达100μm。酵母的大小、形态与菌龄、环境有关。一般成熟细胞大于幼龄细胞，液体培养细胞大于固体培养细胞。有些种的细胞大小、形态极不均匀，而有些种则较为均匀。酵母菌的大小表示方法同细菌的表示方法，球形的酵母用其直径表示，对于椭圆形、卵圆形或长椭圆形的用其长和宽表示。

有的酵母菌芽殖后，子细胞连在一起不脱离母细胞，而形成特殊的形态，即分枝状假菌丝（图2-53）。

大多数酵母菌为单细胞真菌，其细胞呈粗短形状，在细胞间充满了毛细管水，故在麦芽汁琼脂培养基上形成的菌落与细菌相似，但比细菌菌落大而厚，菌落表面光滑、湿润、黏稠，容易挑起，质地柔软、均匀，颜色一致，多为不透明。有的酵母菌培养时间过长时，菌落表面呈皱缩状。菌落多为乳白色，仅有少数呈红色。不产假丝的酵母菌菌落隆起，边缘十分圆整；产大量假丝酵母菌菌落较平坦，表面和边缘较粗糙。酵母菌菌落一般还会散发出一股诱人的酒香味。酵母菌菌落特征是分类鉴定的重要依据。

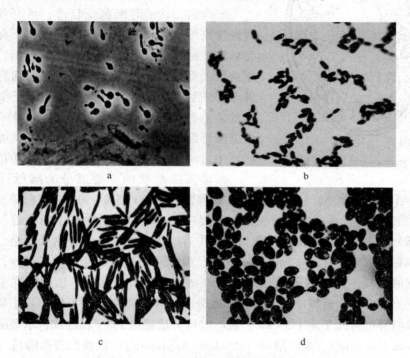

图 2-52　几种食品中的酵母菌细胞形态
a. Kefir 中的酵母菌（来自东京农业大学）　b. 北京果脯中的酵母菌
c. 内蒙古酸马奶酒中的酵母菌 1 号　d. 内蒙古酸马奶酒中的酵母菌 8 号

在液体培养基中，不同的酵母菌生长情况不同。好气性生长的酵母可在培养基表面上形成菌膜、菌醭或壁环，其厚度因种而异。有假丝的酵母菌所形成的菌醭较厚，有些酵母菌形成的菌醭很薄，且干而变皱。有些酵母菌在生长过程中始终沉淀在培养基底部；有些酵母菌在培养基中均匀生长，使培养基呈浑浊状态。

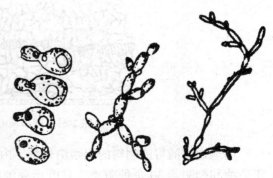

图 2-53　酵母菌的假菌丝

2.2.2.2　酵母菌的细胞结构

酵母菌的细胞结构类似于高等生物，与其他真菌的细胞结构基本相同。酵母菌细胞中有细胞壁、细胞膜、细胞核、细胞质、液

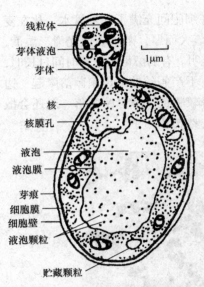

线粒体
芽体液泡
芽体
1μm
核
核膜孔
液泡
液泡膜
芽痕
细胞膜
细胞壁
液泡颗粒
贮藏颗粒

图 2-54　酵母菌细胞构造的模式图

泡、线粒体、微体、核糖体、内质网、类脂颗粒和异染粒等，不存在具有分化的高尔基体。有些种类具有荚膜、菌毛等，有的菌体还有出芽痕、诞生痕（图 2-54）。下面只介绍酵母菌的细胞壁、细胞膜的构造。

（1）细胞壁

酵母菌在幼龄时细胞壁较薄，具有弹性，以后逐渐变硬厚，但不及细菌细胞壁坚韧。有些进行出芽繁殖的酵母菌，子细胞与母细胞分离，在子、母细胞壁上都会留下痕迹。在母细胞的细胞壁上出芽并与子细胞分开的位点称为出芽痕，子细胞细胞壁上的位点称为诞生痕。芽痕是酵母菌特有的结构。根据酵母细胞表面留下芽痕的数目，就可确定某细胞产生过的芽体数，因而可估计该细胞的菌龄。

酵母菌细胞壁的主要成分为酵母纤维素，呈"三明治"结构（图 2-55）——外层为甘露聚糖，结合有 5%~50% 的蛋白质，形成甘露聚糖–蛋白质复合物；内层为葡聚糖，都是复杂的分枝状聚合物。中间夹着一层蛋白质分子，大部分与多糖类结合形成糖蛋白，其中有些蛋白质是以与细胞壁相结合的酶的形式存在，如葡聚糖酶、甘露聚糖酶、蔗糖酶、碱性磷酸酶和酯酶等。据试验，维持细胞壁机械强度的物质主要是位于内层的葡聚糖成分，将其去除后，细胞壁完全解体。此外，细胞壁上还含有少量类脂和以环状形式分布在芽痕周围的几丁质。几丁质含量随菌种而异。啤酒酵母含几丁质 1%~2%，假丝酵母含量超过 2%，在红棕色拿逊酵母（*Nadsoniaelonagata fulvescens*）、黏红酵母（*Rhodotorula glutinis*）、玫瑰色掷孢酵母（*Sporobolomyces roseus*）、浅白隐球酵母（*Cryptococcus albidus*）和地生隐球酵母（*Cr. terreus*）中几丁质含量高，而裂殖酵母属（*Schizosaccharomyces*）一般不含几丁质。

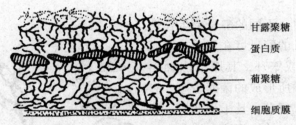

甘露聚糖
蛋白质
葡聚糖
细胞质膜

图 2-55　酵母菌的细胞壁结构模式图

用玛瑙螺的胃液制得的蜗牛消化酶，内含纤维素酶、甘露聚糖酶、葡萄糖酸酶、几丁质酶和酯酶等 30 余种酶类，对酵母菌细胞壁具有良好的水解作用，因而可用于制备酵母菌的原生质体，也可用于水解酵母菌的子囊壁。

有些酵母菌如碎囊汉逊酵母（*Hansenula capsulata*）的细胞壁外有荚膜，化学成分为磷酸甘露聚糖，少数子囊菌的酵母菌细胞表面有真菌菌毛，化学成分是蛋白质，可能与有性繁殖有关。

（2）细胞膜

酵母菌细胞膜厚约 7.5nm，结构与原核微生物基本相似，其差异主要是构成细胞膜的磷脂和蛋白质的种类不同，此外，有些酵母菌在细胞膜上含有甾醇，主要是麦角甾醇（图 2-56），这在其他生物中是罕见的。如发酵酵母（*Saccharomyces fermentati*）所含的总固醇量可达细胞干质量的 22%，其中麦角固醇达细胞干质量的 9.66%。至于甾醇的生理功能尚不清楚。

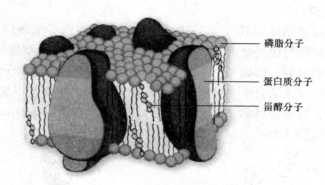

磷脂分子

蛋白质分子

甾醇分子

图 2-56　酵母菌的细胞膜

2.2.2.3　酵母菌的繁殖及生活史

酵母菌具有无性和有性两种繁殖方式，以无性繁殖为主。无性繁殖以芽殖多见，少数为裂殖和产生无性孢子。有性繁殖主要是产生子囊孢子。有的把有性繁殖产生子囊孢子的酵母菌称为真酵母，把其他类型的酵母菌称为假酵母。

（1）无性繁殖

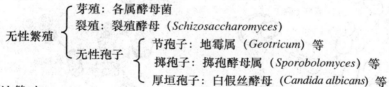

无性繁殖 { 芽殖：各属酵母菌
裂殖：裂殖酵母（*Schizosaccharomyces*）
无性孢子 { 节孢子：地霉属（*Geotricum*）等
掷孢子：掷孢酵母属（*Sporobolomyces*）等
厚垣孢子：白假丝酵母（*Candida albicans*）等 }

（2）有性繁殖

酵母菌以形成子囊和子囊孢子的形式进行有性繁殖。当一些酵母菌发育至一定阶段或在特定的培养条件下，两个性别不同的细胞各伸出小突起相互接触，接触处细胞壁消失融合形成接合管，两细胞质融合；随后两单倍体的核移到接合管中融合成二倍体的核，此二倍体细胞称为接合子。在合适条件下，二倍体细胞的核进行一次减数分裂和1~2 次有丝分裂，形成 4~8 个有性的子囊孢子。形成子囊孢子的细胞，称为子囊。

（3）酵母菌的生活史

个体经过一系列生长、发育阶段后产生下一代个体的全部过程，称为该生物的生活史或生命周期。各种酵母的生活史可分为 3 种类型：

①营养体既可以单倍体也可以二倍体形式存在　其过程为：子囊孢子在合适条件下发芽产生单倍体营养细胞，两个性别不同的营养细胞彼此接合，质配后发生核配形成二倍体营养体。二倍体营养细胞并不立即进行核分裂，而是不断出芽繁殖。在特定条件下

（如在含醋酸钠的 Mcclary 培养基、石膏块、胡萝卜条、Gorodkowa 培养基或 Kleyn 培养基上），二倍体营养细胞转变为子囊，细胞核减数分裂形成 4 个子囊孢子。子囊经自然破壁或人为破壁（如加蜗牛消化酶溶壁、加硅藻土和石蜡油研磨）后，释放出单倍体子囊孢子。单倍体子囊孢子可以营养体状态出芽繁殖。

该类型的特点：一般情况下都以营养体状态进行芽殖；营养体既可以单倍体形式也可以双倍体形式存在；在特定条件下进行有性繁殖。通常二倍体营养细胞大，生活力强，发酵工业上多利用二倍体细胞进行生产。啤酒酵母（*Saccharomyces cerevisiae*）为该类型的代表（图 2-57）。

②营养体只能以单倍体形式存在　其过程是：单倍体营养细胞借裂殖进行无性繁殖，两个营养细胞接触形成接合管，发生质配后立即核配，两个细胞联合成一个合子。二倍体的核马上减数分裂，形成 8 个单倍体子囊孢子，子囊破裂散出子囊孢子。

该类型的特点：在生活史中，单倍体营养阶段较长，无性繁殖以裂殖方式进行；二倍体不能独立生活，故双倍体阶段较短。八孢裂殖酵母（*Schizosaccharomyces octosporus*）为这种类型的代表（图 2-58）。

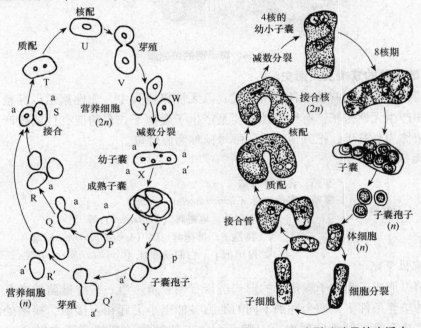

图 2-57　啤酒酵母的生活史　　　　图 2-58　八孢裂殖酵母的生活史

③营养体只能以二倍体存在　其过程是：单倍体子囊孢子在子囊内成对接合，发生质配、核配；接合后的二倍体细胞萌发，穿破子囊壁；二倍体营养细胞可独立生活，借芽殖方式进行无性繁殖；营养细胞内核进行减数分裂，营养细胞则成为子囊，内含 4 个单倍体子囊孢子。

该类型的特点：单倍体阶段仅以子囊孢子形式存在，不能进行独立生活，该阶段较短；子囊孢子在子囊内发生接合；营养体为二倍体，可以不断芽殖。路德类酵母（*Saccharomycodes ludwigii*）为该类型的代表（图 2-59）。

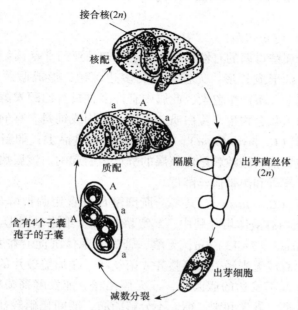

接合核(2n)

核配

质配

A   A
a   a

隔膜

出芽菌丝体
(2n)

含有4个子囊
孢子的子囊

A
A
a
a
a

出芽细胞

减数分裂

图 2-59　路德类酵母的生活史

2.2.2.4　食品中常见的酵母菌

（1）**酵母菌属**（*Saccharomyces*）

酵母属在分类学上属于子囊菌亚门半子囊菌纲内孢霉目酵母科，在 Lodder 的酵母分类系统中酵母属曾列出 41 个种，但用于酿酒主要有两个种：啤酒酵母和葡萄汁酵母。

本属酵母细胞为圆形、卵圆形，有时有假菌丝，多极出芽繁殖。能产生子囊并永久性存在，子囊直接从二倍体细胞上形成，每个子囊含有 1~4 个（偶尔多些）光滑的圆形或卵圆形孢子。能发酵多种糖类，如啤酒酵母（*S. cerevisiae*）（图 2-60）能发酵葡萄糖、麦芽糖、半乳糖及蔗糖，产生 CO_2 和乙醇，不能发酵乳糖和蜜二糖。

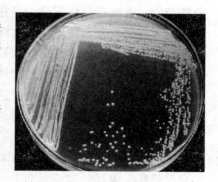

图 2-60　啤酒酵母菌落

本属菌可引起水果、蔬菜发酵，食品工业上常用于酿酒或面包发酵。有些酵母，如鲁氏酵母（*S. rouxii*）、蜂蜜酵母（*S. mellis*）等可在含高浓度糖的基质中生长，引起高糖食品（如果酱、果脯）的变质。同时也能抵抗高浓度的食盐溶液，如生长在酱油中，可在酱油表面生成灰白色粉状的皮膜，时间长后皮膜增厚变成黄褐色，是引起食品败坏的有害酵母菌。

（2）**汉逊酵母属**（*Hansenula*）

汉逊酵母属属于子囊菌亚门半子囊菌纲内孢霉目酵母科。细胞为球形、卵形、圆柱形，常形成假菌丝，孢子为帽子形或球形，对糖有强的发酵作用，主要产物不是乙醇，如异常汉逊能产乙酸乙酯，故常在食品的风味中起一定作用，如无盐发酵酱油增香。但该菌在液体中繁殖，常在酒的表面生成白色干而皱的菌醭，因此是酒精发酵工业的有害菌。

（3）假丝酵母属（*Candida*）

未发现假丝酵母属酵母菌的有性繁殖，属于半知菌亚门芽孢菌纲隐球酵母目隐球酵母科。细胞为圆形、卵形或长形，无性繁殖为多边芽殖，形成假菌丝，有的菌有真菌丝，也可形成厚垣孢子，不产生色素，此属中有许多种具有乙醇发酵的能力。有的菌种能利用农副产品或碳氢化合物生产蛋白质，可用于食用或饲料。有的在液体中常形成浮膜，如浮膜假丝酵母（*C. mycoderma*），常存在于许多食品上，如新鲜的和腌制过的肉发生的一种类似人造黄油的酸败就是由该属的酵母菌引起的。该属典型的3个种为产朊假丝酵母、解脂假丝酵母和热带假丝酵母。

①产朊假丝酵母（*C. utilis*）　又名产朊圆酵母或食用圆拟酵母、食用球拟酵母。在葡萄糖-酵母汁-蛋白胨液体培养基中，25℃培养3d，细胞呈圆形、椭圆形或圆柱形，大小为（3.5~4.5）μm×（7~13）μm，无醭，管底有菌体沉淀。在麦芽汁琼脂斜面上，菌落乳白色，平滑，有或无光泽，边缘整齐或菌丝状。在加盖玻片的玉米粉琼脂培养基上，形成原始假菌丝或不发达的假菌丝，或无假菌丝。能发酵葡萄糖、蔗糖、棉子糖，不发酵麦芽糖、半乳糖、乳糖和蜜二糖。不分解脂肪，能同化硝酸盐。其蛋白质含量和维生素B含量均高于啤酒酵母。它能以尿素和硝酸盐为氮源，不需任何生长因子。特别重要的是它能利用五碳和六碳糖，即能利用造纸工业的亚硫酸废液、木材水解液及糖蜜等生产人畜食用的蛋白质。

②解脂假丝酵母解脂变种（*C. lipolytica* var. *lipolytica*）　在葡萄糖-酵母汁-蛋白胨液体培养基中25℃培养3d，细胞卵形［（3~5）μm×（5~11）μm］和长形（20μm），有菌醭产生，管底有菌体沉淀。麦芽汁琼脂斜面菌落为乳白色，黏湿，无光泽。有些菌株的菌落有皱褶或表面菌丝状，边缘不整齐。在加盖玻片的玉米粉琼脂培养基上可见假菌丝或具横隔的真菌丝，真菌丝顶端或中间可见单个或成双的芽生孢子，有时芽生孢子轮生，有时呈假菌丝。解脂假丝酵母能利用石油等烷烃，是石油发酵脱蜡和制取蛋白质的较优良的菌种。从黄油、人造黄油、石油井口的黑油土、炼油厂及动植物油脂生产车间等处采样，可分离到解脂假丝酵母。

③热带假丝酵母（*C. tropicalis*）　在葡萄糖-酵母汁-蛋白胨液体培养基25℃培养3d，细胞卵形或球形，大小为（4~8）μm×（5~11）μm。液面有醭或无醭，有环，菌体沉淀于管底。麦芽汁琼脂斜面上，菌落白色到奶油色，无光泽或有光泽，软而平滑或部分有皱纹。培养久时，菌落变硬，并呈菌丝状。在加盖玻片的玉米粉琼脂培养基上培养，可见大量假菌丝和芽生孢子，也可形成真菌丝（图2-61）。能发酵葡萄糖、蔗糖、麦芽糖和半乳糖，不利用乳糖、蜜二糖和棉子糖。不能同化硝酸盐，不分解脂肪。热带假丝酵母氧化烃类能力很强，可利用石油生产单细胞蛋白，也可用农副产品和工业废料生产饲料蛋白。

（4）球拟酵母属（*Torulopsis*）

球拟酵母属属于半知菌亚门芽孢菌纲隐球酵母目隐球酵母科。细胞呈球形、卵形、椭圆形，借多端出芽繁殖，无假菌丝或仅有极原始的假菌丝。对多数糖有分解能力，具有耐受高浓度的糖和盐的特性，如杆状球拟酵母（*T. bacillaris*）能在果脯、果酱和甜炼乳中生长。该属酵母菌常出现在冰冻食品（如乳制品、鱼贝类）中，而使食品发生腐败变质。

（5）红酵母属（*Rhodotorula*）

红酵母属属于半知菌亚门芽孢菌纲隐球酵母目隐球酵母科。细胞圆形、卵形或长形，多边芽殖，大多不形成假菌丝。因产生黄色至红色类胡萝卜素，可使菌落呈粉红色、橘黄色或鲜肉的粉红色。多数种形成荚膜使菌落特别黏稠（图2-62）。红酵母属的所有种都不发酵糖类，无乙醇发酵能力，但能同化某些糖类，不能以肌醇为唯一碳源，代表品种有黏红酵母（*R. glutinis*）、胶红酵母（*R. mucilahinosa*），它们在食品上生长，可形成赤色斑点。该属酵母菌产脂能力较强，细胞内脂肪含量高达干物质的60%，故可从菌体中提取大量脂肪，故也称脂肪酵母，但蛋白质产量比其他酵母低。

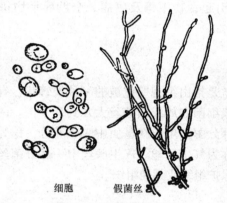

细胞　　　假菌丝

图 2-61　热带假丝酵母

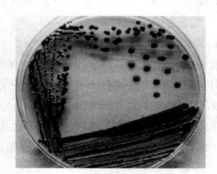

图 2-62　深红酵母菌菌落形态

（6）毕赤酵母属（*Pichia*）

毕赤酵母属属于子囊菌亚门半子囊菌纲内孢霉目酵母科。细胞为椭圆形、筒形等，多边芽殖，多数种可形成假菌丝。有性繁殖形成1~4个子囊孢子，孢子为球形或帽子形。分解糖的能力弱，不产生乙醇，能耐高浓度的乙醇并可氧化乙醇。不同化硝酸盐，对正癸烷、十六烷的氧化力较强。日本曾用石油、农副产品和工业废料培养毕赤酵母生产蛋白质。毕赤酵母有的种能产生麦角固醇、苹果酸及磷酸甘露聚糖。该属酵母也是饮料酒类的污染菌，常使酒类和酱油产生变质并形成浮膜，如粉状毕赤酵母菌（*P. farinosa*）。

（7）裂殖酵母属（*Schizosaccharomyces*）

裂殖酵母属属于子囊菌亚门酵母科裂殖酵母亚科。细胞为椭圆形或圆柱形。无性繁殖为分裂繁殖，有时形成假菌丝。有性繁殖是营养细胞接合形成子囊，具有乙醇发酵的能力，不同化硝酸盐。八孢裂殖酵母（*S. octosporus*）是本属的重要菌种。在麦芽汁琼脂培养基上，菌落为乳白色，无光泽；麦芽汁中，25℃培养3d，液面无菌醭，液清，菌体沉于管底。曾经从蜂蜜、粗制蔗糖和水果上分离到此菌。

2.2.3　霉菌

霉菌（mold）不是真菌分类中的名词，而是丝状真菌的通称。凡是在营养基质上能形成绒毛状、网状或絮状菌丝体的真菌（除少数外），统称为霉菌。在分类学上，过去根据 Smith 分类系统，霉菌分属于真菌界的藻状菌纲、子囊菌纲和半知菌类。现在更多采用 Ainsworth 分类系统（1983年第7版），霉菌分属于鞭毛菌亚门、接合菌亚门、子囊菌亚门和半知菌亚门，有4万多种。

霉菌在自然界中广泛分布，一般情况下，霉菌在潮湿的环境下易于生长，特别是偏酸性的基质当中。霉菌与食品工业关系密切，是人类在实践活动中最早利用的一类微生物。可用于生产各种传统食品，如制曲做酱和酱油、酿酒等；霉菌可用于生产有机酸（柠檬酸、葡萄糖酸、延胡索酸等）、抗生素（青霉素、灰黄霉素）、酶制剂（淀粉酶、果胶酶、纤维素酶等）、维生素、甾体激素等。霉菌在基本理论研究中应用很广，最著名的是利用粗糙脉孢菌（*Neurospora crassa*）进行生化遗传学方面的研究。

霉菌也可引起食品腐败变质，能引起人和动物疾病，产生多种毒素，目前已知有100多种，如黄曲霉毒素，其毒性极强，可引起食物中毒及癌症。全世界平均每年由于霉变而不能食（饲）用的谷物约占总量的2%。

2.2.3.1 霉菌的形态

（1）霉菌的菌丝和菌丝体

构成霉菌营养体的基本单位是菌丝，菌丝是指由细胞壁包被的一种长管状、有分枝的细丝结构。霉菌菌丝直径为 3~10μm，比一般细菌和放线菌菌丝大几到几十倍。菌丝体是指有分枝的菌丝相互交错而形成的结构。一部分菌丝生长在基质中吸收养分，称为基内菌丝或营养菌丝；另一部分菌丝向空中生长，称为气生菌丝。气生菌丝中一部分菌丝形成生殖细胞，也有部分气生菌丝形成生殖细胞的保护组织或其他组织。

（2）霉菌菌丝的类型

霉菌的菌丝有无隔菌丝和有隔菌丝两种类型（图2-63）。

无隔菌丝是指菌丝中无横隔，整个菌丝为长管状单细胞，含有多个细胞核。生长表现为菌丝延长、细胞核分裂和细胞质增加，而无细胞数目的增加。鞭毛菌亚门、接合菌亚门的霉菌菌丝属于此种类型，如毛霉属（*Mucor*）、根霉属（*Rhizopus*）、犁头霉属（*Absidia*）等。只有菌丝在产生生殖器官或有机械损伤时，才在其下面产生隔膜。但也有例外，有些种类的老菌丝上有时也形成隔膜。

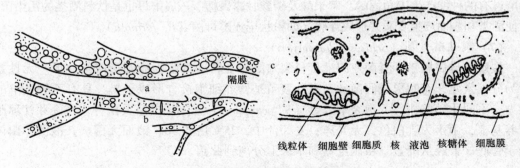

线粒体　细胞壁　细胞质　核　液泡　核糖体　细胞膜

图 2-63　两种类型的菌丝体及细胞结构

a. 无隔菌丝　b. 有隔菌丝　c. 菌丝的放大图

有隔菌丝是指菌丝由横膈膜分隔成多细胞，每个细胞含有一个或多个核。每个细胞的功能相同。虽然隔膜把菌丝分隔成许多细胞，但是隔膜中间有小孔，使其相互沟通。在菌丝生长过程中，细胞核的分裂伴随着细胞数目的增加。子囊菌亚门（除酵母外）、担子菌亚门和多数半知菌亚门的真菌菌丝属于此种类型，如青霉属（*Penicillium*）、曲霉属（*Aspergillus*）和木霉属（*Trichoderma*）。

（3）菌丝体的特异化

不同的真菌在长期进化中，对各自所处的环境条件产生了高度的适应性，其营养菌丝体和气生菌丝体的形态与功能发生了明显变化，形成了各种特化形态。

①匍匐菌丝　毛霉目真菌在固体基质上常形成与表面平行、具有延伸功能的菌丝，其中以根霉属最为典型，其匍匐菌丝在固体基质表面每隔一段距离就长出伸入基质的假根和伸向空间生长的孢子囊梗，新的匍匐菌丝在不断向前延伸，逐渐形成蔓延生长的菌苔。

②假根　是根霉属（*Rhizopus*）真菌的匍匐枝与基质接触处分化形成的根状菌丝，它起固着和吸收营养的作用。

③吸器（haustoria）　大多数霉菌靠菌丝表面吸收营养物质，但有些霉菌为专性寄生菌，可在菌丝侧生旁枝，侵入寄主细胞内分化成指状、球状、丝状或丛枝状结构，用以吸取养料，这种特殊的菌丝结构称为吸器（图 2-64）。锈菌、霜霉菌、白粉菌等都具有吸器。

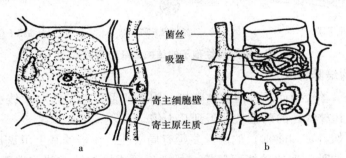

图 2-64　吸器类型

a. 球状　b. 根状

④菌核　是一种休眠的菌丝组织，可耐高温、低温及干燥。真菌生长到一定阶段，菌丝体不断地分化，相互纠结在一起形成一个外层较坚硬、色深，而内层疏松的菌丝体组织颗粒即为菌核。当条件适宜时能萌发出菌丝，生出分生孢子梗、菌丝子实体等。菌核具有各种形状、色泽和大小。药用的茯苓、猪苓、雷丸和麦角都是真菌的菌核。菌核大小差别很大，大型菌核如茯苓直径可达 30cm，而小型菌核只有小米粒大小。

⑤附着枝　若干寄生真菌由菌丝细胞生出 1~2 个细胞的短枝，以将菌丝附着于宿主上，这种特殊的结构称为附着枝（图 2-65）。

⑥附着胞　许多植物寄生真菌在其芽管或老菌丝顶端发生膨大，并分泌黏性物，借以牢固地黏附在宿主的表面，这一结构就是附着胞。附着胞上再形成纤细的针状感染菌丝，以侵入宿主的角质层而吸取营养。

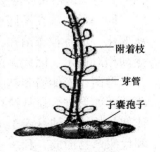

图 2-65　附着枝

⑦子座　很多菌丝聚集在一起，交织形成比较疏松的垫状、壳状等结构，或是由菌丝与部分寄主组织或基物结合而成。子座形状不规则，最简单的仅为一层相互交织在一起的菌丝，有些与菌核很相似，常在子座中或子座上产生各种子实体。

⑧子实体　是指在其内部或表面产生无性或有性孢子，具有一定形状和构造的菌丝体组织，它是由真菌的气生菌丝和繁殖菌丝缠结而成。子实体形态因种而异，有结构简单的，如分生孢子头、孢子囊等；有结构复杂的，如产生无性孢子的分生孢子器、分生孢子座和分生孢子盘（图2-66），产生有性孢子的子囊果。分生孢子器是一个球形或瓶形结构，在器的内壁四周表面或底部长有极短的分生孢子梗，在梗上产生分生孢子；分生孢子座是由分生孢子梗紧密聚集成簇而形成的垫状结构，分生孢子长在梗的顶端；分生孢子盘是分生孢子梗在寄主角质层或表皮下簇生形成的盘状结构。

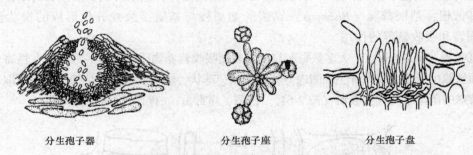

分生孢子器　　　　　　分生孢子座　　　　　　分生孢子盘

图2-66　无性孢子的结构复杂的子实体

2.2.3.2　霉菌的培养特征

由于霉菌的菌丝较粗而长，菌丝体疏松，因而所形成的菌落与放线菌相似，但更疏松，一般比细菌和放线菌的菌落大几倍到几十倍。

多数霉菌（如青霉和曲霉）的菌丝蔓延有局限性，在培养基上可见局限性菌落。菌落直径1~2cm，质地一般比放线菌疏松，呈现或紧或松的绒毛状、棉絮状或蜘蛛网状。菌落外观干燥、不透明，与培养基连接紧密，不易用针挑取。而有些霉菌（如根霉、毛霉、脉孢霉）的菌丝生长很快，无局限性，其菌落可扩展到整个培养皿。

由于霉菌形成的孢子有不同的形状、构造和颜色，所以菌落最初呈浅色或白色，产出孢子后表面呈不同结构和色泽。有些霉菌的营养菌丝分泌水溶性色素，使培养基也带有不同的颜色。菌落正反面颜色、边缘与中心颜色常不一致。有些菌落会出现同心圆或辐射纹。

同一种霉菌在不同成分的培养基和不同的条件下培养生长，形成的菌落特征可能有所变化，但各种霉菌在一定的培养基上、一定培养条件下形成的菌落大小、形状、颜色等却相对稳定。因此，菌落特征也是霉菌鉴定的主要依据之一。

霉菌在液体培养基中静止培养，往往在培养液表面生长，液面形成菌膜，培养液不浑浊；如果进行通气搅拌或振荡培养，则菌丝体相互紧密缠绕形成球状颗粒（菌丝球）或絮状片，均匀悬浮于培养液中，有利于氧、营养物质及代谢产物的输送，对菌体生长和代谢产物形成有利。

2.2.3.3　霉菌的繁殖

霉菌的繁殖能力很强，而且方式多样，一般以无性繁殖产生无性孢子为主要繁殖方式。常见的霉菌无性孢子有节孢子、厚垣孢子、孢囊孢子、分生孢子等。除此之外，霉菌还可以通过菌丝片段产生新个体，即断裂繁殖。霉菌的有性孢子有卵孢子、接合孢子、子囊孢子。有性繁殖不及无性繁殖普遍，仅发生于特定条件下，且往往在自然条件下出现较多，在一般培养基上不常出现。

2.2.3.4 食品中常见的霉菌

（1）毛霉属（*Mucor*）

毛霉属在分类系统中属于接合菌亚门接合菌纲毛霉目毛霉科。毛霉为单细胞低等真菌，菌丝发达、繁密，为白色、无隔多核。基内菌丝和气生菌丝在形态上没有区别，无假根和匍匐枝，孢囊梗直接由菌丝体生出。菌落可在基质上和基质内广泛蔓延，多呈棉絮状。

毛霉可进行无性繁殖形成孢子囊（图 2-67），孢囊孢子无鞭毛不能游动，在空气中被吹散遇到适宜的环境，萌发而形成新的菌丝体。毛霉的孢子囊梗有单生的，也有分枝的。分枝有单轴、假轴两种类型。孢囊梗顶端产生球形孢子囊，囊壁上常有针状的草酸钙结晶。孢子囊黑色或褐色，孢囊孢子大部分无色或浅蓝色，因种而异。有性繁殖形成接合孢子，接合孢子外面有极厚而带褐色的孢壁，其表面常具有棘状或不规则的突出物。接合孢子经过一段休眠才能萌发，萌发时孢壁破裂，长出芽管，芽管顶端形成一孢子囊，在孢子囊中通过减数分裂，产生大量单倍体孢囊孢子。

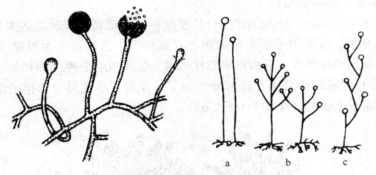

图 2-67 毛霉的孢子囊和孢囊孢子
a. 单轴（不分枝） b. 总状分枝 c. 假轴状分枝

毛霉广泛分布于土壤、空气中，也常见于水果、蔬菜、各类淀粉食物、谷物上，引起霉腐变质。同时，由于其淀粉酶和蛋白酶活力强，是发酵工业的重要菌种，如鲁氏毛霉（*M. rouxianus*）在酿酒工业上多用作以淀粉质原料酿酒的糖化菌；总状毛霉（*M. racemosus*）用于生产豆豉；微小毛霉（*M. pusillus*）产生的蛋白酶具有凝乳活性。此外，有些毛霉还用于生产有机酸（如草酸、乳酸、琥珀酸）和甘油等。

（2）根霉属（*Rhizopus*）

根霉属属于接合菌亚门接合菌纲毛霉目毛霉科。很多特征与毛霉相似，气生菌丝白色，无隔多核的单细胞真菌，菌落蓬松如棉絮状。主要区别在于根霉的营养菌丝产生弧形匍匐菌丝，由匍匐菌丝产生假根。与假根相对处向上生出孢囊梗，梗的顶端膨大形成孢子囊，囊内产生孢子。孢子囊内囊轴明显，球形或近似球形，囊轴基部与梗相连处有囊托（图 2-68）。孢囊孢子球形、卵形或不规则。

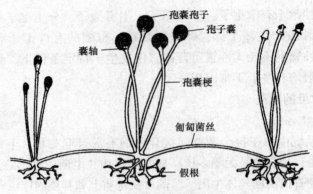

图 2-68　根霉的菌体形态

　　根霉无性繁殖产孢囊孢子，有性繁殖产生接合孢子。根霉的孢子囊和孢囊孢子多为黑色或褐色，有的颜色较浅。代表种为米根霉（*R. oryzae*）、黑根霉（*R. nigricans*）等。

　　根霉能产生一些酶类如淀粉酶、果胶酶、脂肪酶等，是生产这些酶类的菌种。在酿酒工业上常用作糖化菌；有些根霉还能产生乳酸、延胡索酸等有机酸。根霉分布于土壤、空气中，常见于淀粉食品上，常引起馒头、面包、米饭等淀粉质食品和潮湿的粮食发霉变质；黑根霉能产生果酸酶，引起果实的腐烂及甘薯的软腐。

　　（3）曲霉属（*Aspergillus*）

　　曲霉属属于半知菌亚门丝孢纲丝孢目丛梗孢科。曲霉属的菌丝发达多分枝，为有隔多核的多细胞真菌。分生孢子梗由足细胞上垂直生出；顶部膨大为顶囊（topcyst）。顶囊呈球形、洋梨形或棍棒形，表面以辐射状长满一层或两层小梗（即初生小梗和次生小梗），最上层小梗呈瓶状，端生有球形分生孢子。顶囊、小梗和分生孢子链合称为分生孢子头，分生孢子头状如"菊花"（图 2-69）。

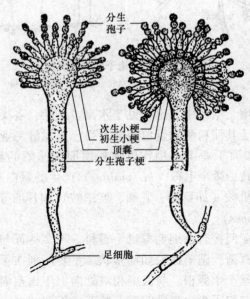

图 2-69　曲霉的菌体形态

繁殖方式为无性繁殖产分生孢子，大多数种仅发现无性阶段，极少数种可形成子囊孢子，故目前在真菌学中仍将其归为半知菌亚门，而不应归属于子囊菌亚门。曲霉孢子常呈现黑、棕、绿、黄、橙、褐等各种颜色，菌种不同，颜色各异。代表种是黑曲霉（*A. niger*）、黄曲霉（*A. flavus*）。

曲霉是发酵工业的重要菌种，已被利用的有近 60 种，主要作为制酱、酿酒、制醋的糖化菌种。利用曲霉可以生产各种酶制剂（蛋白酶、淀粉酶、果胶酶等）、有机酸（如柠檬酸、葡萄糖酸等）；农业上用作生产糖化饲料的菌种。

广泛分布于土壤、空气和谷物上，也是常见的食品变质微生物，可引起水果和蔬菜的黑色腐烂、油类的酸败、低水分粮食的霉腐等。有些曲霉能产生毒素，使粮食、饲料和食品带毒，危害人畜健康。

（4）青霉属（*Penicillium*）

青霉属属于半知菌亚门<u>丝孢</u>纲<u>丝孢</u>目<u>丛梗孢</u>科。由于青霉产生闭囊壳的种极少，所以一般都列入半知菌亚门。青霉菌丝与曲霉相似，但无足细胞和顶囊。分生孢子梗从基内菌丝或气生菌丝上生出，具横隔，顶端形成不同类型的帚状枝，有单轮、两轮或多轮分枝系统构成，对称或不对称。最后一级分枝为小梗。着生小梗的细胞为梗基，支持梗基的细胞为副枝（图 2-70）。小梗上形成成串的分生孢子，分生孢子青绿色。青霉菌落在基质上局限性生长，密毡状或松絮状，大多为灰绿色。

青霉无性繁殖产生分生孢子，少数种产生闭囊壳和菌核。代表种是产黄青霉（*P. chrysogenum*）、展开青霉（*P. patulum*）。

青霉属是生产抗生素的重要菌种，如产黄青霉和点青霉都可生产青霉素。某些青霉可用于生产有机酸（如葡萄糖酸、柠檬酸），用于制造干酪。青霉广泛分布于土壤、空气、粮食和水果上，可引起病害或霉腐变质。

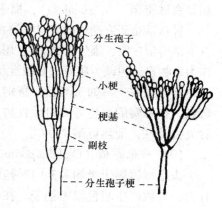

图 2-70　青霉的形态

分生孢子
小梗
梗基
副枝
分生孢子梗

（5）木霉属（*Trichoderma*）

木霉属属于半知菌亚门<u>丝孢</u>纲<u>丝孢</u>目<u>丛梗孢</u>科。木霉菌丝透明，有隔，分枝繁多，并有厚垣孢子。分生孢子梗从菌丝的短侧枝发生，侧枝上对生或互生分枝，分枝上又可继续分枝，形成二级、三级分枝，分枝末端称为小梗。小梗末端着生成簇而不成串的孢子，孢子一般球形、椭圆形、圆筒形或倒卵形，壁光滑或粗糙，透明或亮黄绿色。菌落于基质上生长迅速，棉絮状或致密丛束状，菌落表面呈不同程度的绿色，产孢区常排列成同心轮纹状。

木霉分解纤维素的能力强，可用来制备纤维素酶。有的木霉能产生柠檬酸，合成核黄素，并可转化甾体，也有的木霉能产生抗生素，如绿毛菌素和黏霉素等抗生素是由木霉产生的。代表菌有康氏木霉（*T. koningi*）（图 2-71）和绿色木霉（*T. viride*）。

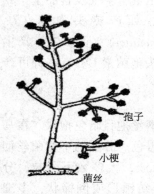

孢子
小梗
菌丝

图 2-71　康氏木霉的分生孢子梗、小梗和分生孢子

广泛分布于自然界，在腐烂的木料、种子、植物残体、有机肥料、土壤和空气中都能分离到，有些种寄生于某些真菌上，对多种大型真菌的子实体的寄生力很强，是食用菌栽培的致病菌，因此对栽培大型真菌（蘑菇等）危害极大。

（6）脉孢霉属（*Neurospora*）

脉孢霉属又称链孢霉属，属于子囊菌亚门核菌纲球壳目粪壳科。具有疏松网状的长菌丝，有隔膜、无色透明、分枝、多核。菌落最初白色、粉粒状，后为淡黄色、绒毛状，蔓延迅速。

无性繁殖产生分生孢子，着生于直立、二分叉的分生孢子梗上，成串生长。分生孢子卵圆形至长卵圆形，粉红色或橘黄色，常生长在面包等淀粉性食物上，故俗称红色面包霉。分生孢子成熟后飞散出去，遇到适宜的基质，萌发产生新的营养菌丝体。脉孢霉的有性过程产生子囊和子囊孢子，子囊壳簇生或散生，光滑或具有松散的菌丝，褐色或褐黑色。子囊圆柱形，含8个子囊孢子。子囊孢子单行排列，初期无色、透明，成熟后变为黑或绿黑色，并且带有纵的纹饰故称脉孢菌。主要种类有粗糙脉孢菌（*N. crassa*）和好食脉孢菌（*N. sitophila*），福建各地常能找到。

脉孢菌是研究遗传的好材料，在生化途径的研究中也常被广泛应用。另外，其菌体含有丰富的蛋白质、维生素 B_{12} 等，用稻草培养脉孢菌可制成稻草曲，可用作饲料。该菌也可作为生物素、胆碱、肌醇、硫胺素及各种氨基酸的生物测定菌。也有人用它增加酒的香气。

常分布在生霉的玉米上，特别是玉米轴上，常可看到由脉孢霉菌引起的粉红色发霉斑点。在霉腐的面包等淀粉性食物上也常有发现，其分生孢子耐高温，湿热70℃、4min后失去活性，干热可耐130℃。

（7）头孢霉属（*Cephalosporium*）

头孢霉属属于半知菌亚门丝孢纲丝孢目丛梗孢科。营养菌丝有隔膜、分枝，无色或有色，少数产生暗色厚垣孢子。在马铃薯琼脂上呈绒毛状或棉毛状，质地湿或不湿，初期白色后浅粉红色，反面微黄色。分生孢子梗直立不分枝，无隔，中央粗而末端渐细，分生孢子在其顶端聚集成头状，包含10~25个分生孢子。分生孢子椭圆形或长椭圆形，厚垣孢子棍棒形，浅色。

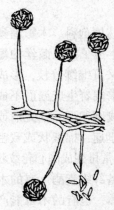

图2-72　顶孢头孢霉的分生孢子头及分生孢子

头孢霉属广泛分布在植物残体、土壤、空气及食品上，其中包括许多有经济价值的菌种，如产黄头孢霉（*C. chrysogenum*）和顶孢头孢霉（*C. acremonium*）（图2-72）产生具有抗菌及抗癌活性的次生代谢产物头孢菌素C。有些种可产生较强活力的脂肪酶和淀粉酶等。

（8）交链孢霉属（*Alternaria*）

交链孢霉属属于半知菌亚门丝孢纲丝孢目暗色孢科。在马铃薯葡萄糖琼脂上呈绒状，灰黑色至黑色。分隔的不育菌丝匍匐于基质表面，分生孢子梗单生或成簇，大多数不分枝，分隔，较短，褐绿色至暗色。分生孢子纺锤形或倒棒状，多细胞，有横的和竖的隔膜，呈砖壁状，单个或成串着生于孢梗的顶端，大小极不规律，褐绿色、褐黑色至暗色。

交链孢霉是土壤、空气、实验室和工业材料上常见的腐生菌，在植物的叶子、种子和枯草上也常见。但也有的是栽培植物的寄生菌。有些菌种可产生蛋白酶和交链孢醇。

（9）红曲霉属（*Monascus*）

红曲霉属属于子囊菌亚门不整囊菌纲散囊菌目红曲科。常用菌种为紫红曲霉（*M. purpureus*）。紫红曲霉在麦芽汁琼脂上菌落成膜状的蔓延生长物，菌丝体最初白色，以后呈红色、红紫色，色素可分泌到培养基中，菌丝体大量分枝。闭囊壳为橙红色，近球形，含有多数子囊，子囊内含 8 个子囊孢子。子囊孢子卵圆形、光滑、无色或淡红色。分生孢子着生在菌丝及其分枝的顶端、单生或成链、球形或梨形。

常存在于树木、土壤和堆积物中，由于能产生红色色素，可用作食品加工中天然色素的来源，如在红腐乳、饮料、肉类加工中用的红曲米就是用红曲霉制作的。红曲也可做中药。酶制剂工业中也可用其生产糖化酶制剂。近年来，还发现红曲产生的活性物质具有降胆固醇、降血压以及预防和治疗其他疾病的功能。

2.2.4　蕈菌

蕈菌（mushroom）又称伞菌、担子菌，也是一个通俗名称，通常是指那些能形成大型肉质子实体的真菌，包括大多数担子菌类和极少数的子囊菌类。

蕈菌的最大特征是形成形状、大小、颜色各异的大型肉质子实体。典型蕈菌子实体是由顶部的菌盖（包括表皮、菌肉和菌褶）、中部的菌柄（常有菌环和菌托）和基部的菌丝体 3 部分组成。

蕈菌广泛分布于地球各处，在森林落叶地带更为丰富，与人类关系密切。蕈菌中可供食用的种类就有 2000 多种，目前已利用的食用菌约有 400 种，其中约 50 种已能进行人工栽培，如常见的木耳、银耳、香菇、平菇、草菇、金针菇等；新品种有杏鲍菇、珍香红菇、柳松菇、茶树菇、阿魏菇和真姬菇等；还有许多种可供药用，如灵芝、云芝和猴头等。另外，还有些种类可引起人的胃肠溶血、肝脏损害等，称为毒蘑菇或毒菌。全世界有记载的毒菌有 1000 余种，我国已知 500 多种。

在蕈菌的发育过程中，其菌丝的分化可明显地分成 5 个阶段：

①形成一级菌丝　担孢子萌发，形成由许多单核细胞构成的菌丝，称为一级菌丝。

②形成二级菌丝　不同性别的一级菌丝发生接合后，通过质配形成了由双核细胞构成的二级菌丝，在两个核分裂之前可产生钩状分枝而形成"锁状联合"。二级菌丝通过锁状联合不断使双核细胞分裂，使菌丝尖端不断向前延伸。这是双核细胞分裂和向前伸长的一种特有形式。

锁状联合的形成过程：首先在菌丝顶部细胞的两核之间侧生一钩状突起，双核中的一个核移入钩状突起，另一个核仍留在细胞下部。两核同时分裂，成为 4 个子核。新分裂的 2 个子核移入细胞的一端，另外 2 个子核，1 个进入钩中，1 个留在细胞下部。此时钩顶部向下弯曲与原细胞壁接触，接触处壁溶解而沟通，同时钩的基部生出横隔。钩中核下移，在钩的垂直方向产生一隔膜。经如上变化后，4 个子核分成 2 对，1 个双核细胞分裂为 2

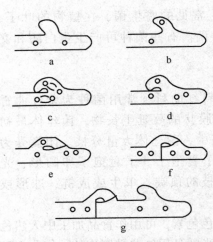

图 2-73 锁状联合的发育过程

a. 双核细胞形成的钩状短枝 b. 核进入钩状短枝 c. 双核分裂 d. 两个子核在尖端 e. 钩状短枝基部形成隔膜 f. 隔成两个细胞 g. 新的钩状短枝形成

个。此过程结束后，在两细胞分融处残留一个喙状结构，即锁状联合(图 2-73)。

③形成三级菌丝 条件合适时，大量的二级菌丝分化为多种菌丝束，即为三级菌丝。

④形成子实体 菌丝束在适宜条件下会形成菌蕾，然后再分化、膨大成大型子实体。

⑤产生担孢子 子实体成熟后，双核菌丝的顶端膨大，细胞质变浓厚，在膨大的细胞内发生核配形成二倍体的核。二倍体的核经过减数分裂和有丝分裂，形成 4 个单倍体子核。这时顶端膨大细胞发育为担子，担子上部随即突出 4 个梗，每个单倍体子核进入一个小梗内，小梗顶端膨胀生成担孢子。

担子在一定结构中排列成层，形成担子果。蘑菇和木耳就是人们熟知的担子果。蘑菇伞盖下面的菌褶主要由担子和担孢子组成。

2.3 非细胞型生物

非细胞生物是一类没有细胞结构，但具有特殊生命活动形式的生物。

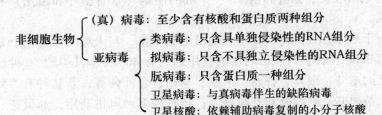

2.3.1 病毒

病毒个体极其微小，一般都可通过细菌滤器；无细胞构造，又称分子生物；主要成分是蛋白质和核酸；每一种病毒只含有 DNA 或 RNA 一种核酸；既无产能酶系也无蛋白质合成系统；在宿主细胞协助下，通过核酸复制和核酸、蛋白质装配的形式增殖，不存在个体生长和二等分裂等细胞繁殖方式；在离体条件下以无生命的化学大分子状态存在，并可形成结晶；对一般抗生素不敏感；对干扰素敏感。

2.3.1.1 大小、结构和形态

（1）病毒的大小

病毒个体极小，需通过电镜观察，常用纳米（nm）来度量。病毒的大小悬殊，直径 10~300nm，通常在 100nm 左右。较大的病毒如痘病毒（100nm×200nm×300nm），比最小的细菌支原体（直径 200~250nm）还大。最小的病毒如菜豆畸矮病毒，粒子大小仅为

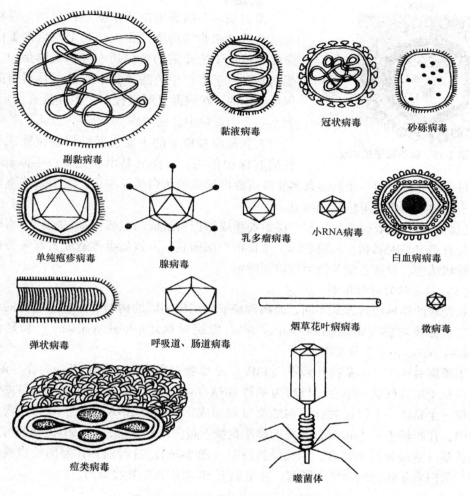

图 2-74　几种病毒的相对大小和形态

9~11nm，比血清蛋白分子（直径 22nm）还小(图 2-74)。

（2）病毒粒子的结构和化学组成

病毒粒子（病毒颗粒）：是指成熟的结构完整的具有侵染力的单个病毒。

病毒粒子的构造（图 2-75）：

$$
病毒粒子
\begin{cases}
核衣壳（基本构造）
\begin{cases}
核心：由DNA或RNA构成 \\
衣壳：由蛋白质构成
\end{cases} \\
包膜（非基本构造）：由类脂或脂蛋白构成 \\
刺突（非基本结构）
\end{cases}
$$

核酸——核心或基因组，每一病毒只含单一核酸（DNA 或 RNA）。病毒的核酸类型极为多样化，不仅有 DNA 或 RNA、单链或双链、线状或环状、闭环或缺口环，而且还有正链或负链，单分子或双分子、多分子，其类型之多堪称生物之最。

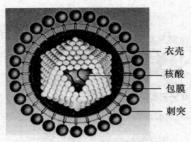

—— 衣壳

—— 核酸

—— 包膜

—— 刺突

图 2-75　病毒粒子的构造

蛋白质——病毒蛋白质根据是否存在于毒粒中分为结构蛋白和非结构蛋白两类。其中，结构蛋白有感染性病毒粒子所必需的蛋白质，包括壳体蛋白、包膜蛋白和存在于毒粒中的酶；非结构蛋白是指由病毒基因组编码的，在病毒复制过程中产生并具有一定功能，但不结合于毒粒中的蛋白质。

衣壳是病毒粒子的主要支架结构及抗原成分，对核酸有保护作用，衣壳又是由衣壳粒（capsomer）组成，每个衣壳粒是由一条或多条多肽链折叠而形成的蛋白质亚单位，大多数病毒衣壳由几种不同的蛋白质亚单位结合而成。

包膜病毒在核衣壳外还包被一层由类脂或脂蛋白组成的包膜（envelope），有时包膜上还长有刺突等附属物。包膜实际上来自宿主细胞膜，但被病毒改造成具有独特抗原特性的膜状结构，易被乙醚等脂溶性溶剂溶解。

（3）病毒粒的对称体制

衣壳粒的排列组合方式不同，使病毒粒子表现出不同的构型和形状。衣壳的对称体制有二十面体对称（icosahedral symmetry）、螺旋对称（helical symmetry）和复合对称（complex symmetry）3种类型。

①螺旋对称型　烟草花叶病毒（TMV）是螺旋对称病毒中研究得最为详尽的一个，其病毒粒子呈直杆状，中空，核酸为单链RNA（ssRNA），其蛋白质衣壳由呈皮鞋状的衣壳粒一个紧挨一个以逆时针方向螺旋排列而成，而病毒RNA则位于衣壳粒内侧螺旋状沟中，在距轴中心4nm处以相等的螺距盘绕于蛋白质外壳中，每三个核苷酸与一个蛋白质亚基（衣壳粒）相结合，结构极其稳定（图2-76）。这种对称体制的特点就是能使核酸与蛋白质亚基的结合更为紧密，在室温下50年不丧失其浸染力。

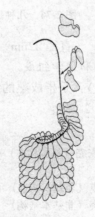

图 2-76　烟草花叶病毒

②二十面体对称　二十面体对称的病毒由20个等边三角形组成，具有12个顶角、20个面和30条棱。腺病毒（图2-77）是二十面体对称的典型代表，由252个球形的衣壳粒组成，无包膜，其核心是线状双链DNA（dsDNA），在其12个顶角上

是称作五邻体的衣壳粒，每个五邻体上有刺突，在 20 个面上分布的则是称作六邻体的衣壳粒。

③复合对称　具有复合对称衣壳结构的典型例子是 T 偶数噬菌体。这类噬菌体呈蝌蚪状，由头部、颈部和尾部 3 个部分组成（图 2-78）。头部呈二十面体对称，尾部呈螺旋对称，头部内的核心是线状 dsDNA；颈部由颈环和颈须构成（颈环为一六角形的盘状结构，颈须自颈环上发出，其功能是裹住吸附前的尾丝）；尾部由尾鞘、尾管、基板、刺突和尾丝 5 个部分组成（尾管是头部核酸注入宿主细胞时的必经之路，尾鞘收缩则尾管插入宿主细胞，刺突具有吸附功能，尾丝则具有专一地吸附在敏感细胞相应受体上的功能）。

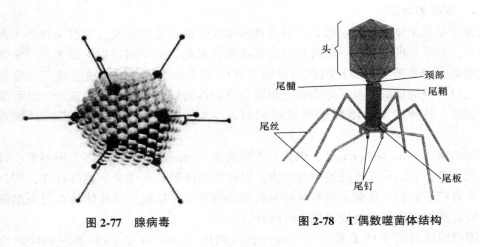

图 2-77　腺病毒　　　　　　　图 2-78　T 偶数噬菌体结构

（4）病毒的形态

①个体形态　在电子显微镜下观察到的病毒粒子一般呈球状、杆状、蝌蚪状和丝状，也有呈卵圆形、砖形等形态的。人、动物和真菌的病毒大多呈球状（如腺病毒、蘑菇病毒），少数为弹状或砖状（如弹状病毒、痘病毒）。植物病毒和昆虫病毒则多数为线状和杆状（如烟草花叶病毒、家蚕核型多角体病毒），少数为球状（如花椰菜花叶病毒）。细菌病毒又称噬菌体（bacteriophage），部分呈蝌蚪状（如 T2、T4、λ 噬菌体），部分呈线状（如 fd、M13 等）或球状（如 MS2、φX174 等）。

②病毒的群体形态

包涵体（inclusion body）　宿主细胞被病毒感染后，常在细胞内形成一种光学显微镜下可见的蛋白质小体，称为包涵体。包涵体多为圆形、卵圆形或不定形。不同病毒在细胞中呈现的包涵体的大小、数目并不一样。大多数病毒在宿主细胞中形成的包涵体是由完整的病毒颗粒或尚未装配的亚单位聚集而成的小体，少数包涵体是宿主细胞对病毒感染的反应产物。一般包涵体中含有一个或多个病毒粒子，也有不含病毒粒子的。病毒包涵体在细胞中的部位不一，有的见于细胞质中，有的位于细胞核中，也有的则在细胞核、细胞质内均有。由于不同病毒包涵体的大小、形态、组成以及在宿主细胞中的部位不同，故可用于病毒的快速鉴别，有的可作为某些病毒病的辅助诊断依据。有的包涵体还有特殊名称，如天花病毒包涵体称为顾氏（Guarnier）小体，狂犬病毒包涵体称为内基氏（Negri）小体，烟草花叶病毒包涵体称为 X 体。包涵体可以从细胞中移出，再接种到其他细胞时仍可引起感染。

噬菌斑（plaque） 长满宿主细胞菌苔的固体培养基上，噬菌体使宿主裂解而形成的透明空斑——"负菌落"，称为噬菌斑。通常假定，每个分散的噬菌斑一般由一个噬菌体粒子形成。因此，噬菌斑可用于检出、分离、纯化噬菌体和进行噬菌体计数。

空斑（plaque）**和病斑**（lesion） 有活性的动物病毒粒子侵染动物细胞后，所形成的与噬菌斑类似的空斑。单层细胞受肿瘤病毒感染后，则会出现细胞剧增，这种有点类似菌落的病灶称为病斑。

枯斑（lesion） 植物叶片上的植物病毒的群体。

2.3.1.2 病毒的增殖

病毒并没有个体的生长过程，而只有其基本成分的合成和装配，即首先将各个部件合成出来，然后装配，所以一般将病毒的繁殖称作复制。由于病毒缺乏细胞器、复制酶系和代谢必需酶系统与能量，因此病毒感染活的寄主细胞后，不能独立地完成复制过程。而是以自身的核酸物质，操纵寄主细胞合成病毒的核酸与蛋白质等成分，然后装配成新的病毒。各种病毒的增殖过程基本相似。本章主要以噬菌体为例来探讨病毒的增殖。

细菌噬菌体（bacteriophage），通常称为噬菌体（phage），基本形态为蝌蚪形、微球形和线状 3 种。它们是专性细胞内寄生物，可以噬菌体颗粒在细菌细胞外存在，但只能在细胞内繁殖。它们由核酸芯髓和被称为衣壳的病毒外壳构成。噬菌体具有侵染细菌的能力，而且在细胞内指令合成噬菌体的成分。

根据噬菌体与宿主的关系可以分为烈性噬菌体（virulent phage）和温和性噬菌体（temperate phage）。

（1）**烈性噬菌体增殖的一般过程**

凡在短时间内能连续完成吸附、侵入、增殖、成熟、裂解 5 个阶段（图 2-79）而实现其繁殖的噬菌体，称为烈性噬菌体。烈性噬菌体感染宿主细胞后，常常会造成宿主细胞的裂解。

一个噬菌体典型的生活周期，从噬菌体与细菌细胞表面的特异受体结合开始，随后遗传物质注入宿主。接着核酸复制开始，噬菌体基因编码的酶被合成。最后，合成噬菌体衣壳蛋白，装配成新的噬菌体外壳，同时包装一个拷贝的基因。然后，噬菌体释放，普遍通过裂解进入周围培养基。

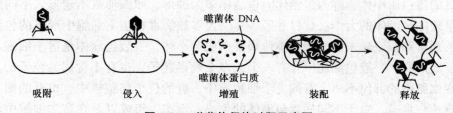

图 2-79 噬菌体侵染过程示意图

①吸附（附着）（adsorption，attachment）　噬菌体与寄主细胞接触时，噬菌体尾部末端的尾丝散开，固着于寄主细胞的特异性的受体位点上而被吸附。

受体通常为蛋白质或多糖，它们存在于细胞表面或只在某些条件下产生。T3、T4、T7 噬菌体的吸附位点是脂多糖，T2、T6 的吸附位点是脂蛋白，而 λ 噬菌体只有当细菌在含有麦芽糖的培养基上生长时，才能结合在外膜的麦芽糖转运蛋白上。

吸附作用受噬菌体数量、阳离子、辅助因子、pH 值、温度等因素影响。

感染复数（multiplicity of infection，m. o. i）——指每一敏感细胞所能吸附的相应噬菌体的数量，超过 m. o. i 的外源噬菌体吸附就会引起宿主细胞裂解，即自外裂解，从而不能产生子代噬菌体；Ca^{2+}、Mg^{2+}、Ba^{2+} 等阳离子对吸附有促进作用，Al^{3+}、Fe^{3+}、Cr^{3+} 等阳离子则可引起失活；色氨酸、生物素有促进作用；pH 值中性时有利于吸附，pH<5 和 pH>10 不易吸附；在生长最适温度范围内最有利于吸附。

②侵入（penetration）　噬菌体吸附在寄主细胞壁的受体位点上以后，尾鞘收缩，尾管推出并插入到细胞壁和膜中，一般只有遗传物质注射进入宿主，留下空蛋白外壳在细胞表面。从吸附到侵入的时间间隔很短，只有几秒到几分钟。

多数情况进来的 DNA 可以被宿主的限制性内切核酸酶降解，偶然噬菌体的 DNA 可以存活引起侵染。微生物自己的 DNA 通常通过甲基化被修饰，阻止这些限制酶降解。某些噬菌体如 T 偶数噬菌体有包括糖基化作用或甲基化作用和修饰自己 DNA 的机制，阻止它们在注射时被限制酶降解。

③增殖（replication）　增殖过程包括核酸的复制和蛋白质的生物合成。注入细胞的核酸操纵宿主细胞代谢机构，以寄主个体及细胞降解物和培养基介质为原料，大量复制噬菌体核酸，并合成蛋白质外壳，但不形成带壳体的粒子。dsDNA 噬菌体三阶段转录的增殖过程见图 2-80。

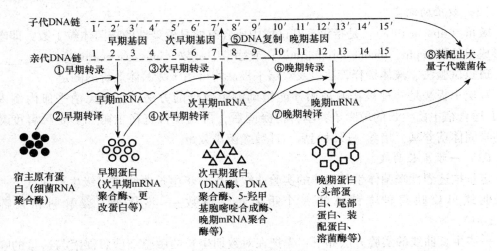

图 2-80　dsDNA 噬菌体通过三阶段转录的增殖过程

早期：当噬菌体的 dsDNA 侵入宿主细胞后，进行早期转录，即利用细菌原有的 RNA 聚合酶转录噬菌体的早期基因而合成早期 mRNA，并进行早期转译产生早期蛋白。

最重要的一种早期蛋白是一种只能转录噬菌体次早期基因的次早期 RNA 聚合酶，而在 T4 等噬菌体中，其早期蛋白则称为更改蛋白质，其特点是它们本身并无 RNA 聚合酶的功能，但却可与细菌细胞内原有的 RNA 聚合酶结合以改变后者的性质，将其改造成只能转录噬菌体的次早期基因的 RNA 聚合酶。这样，噬菌体已能大量合成自身所需的 mRNA 了。

次早期：利用早期蛋白中新合成的或更改后的 RNA 聚合酶来进行次早期转录，转录噬菌体的次早期基因，产生次早期 mRNA，进而进行次早期转译，产生多种次早期蛋白。

晚期：在新的噬菌体 DNA 复制完成后对晚期基因进行晚期转录，产生晚期 mRNA，再经晚期转译后形成晚期蛋白，即噬菌体的头部蛋白、尾部蛋白、各种装配蛋白和溶菌酶等。

至此，核酸的复制和各种蛋白质的生物合成就完成了。

④装配（assembly）　子代噬菌体 DNA 与蛋白质装配成为新的、具有侵染性的噬菌体颗粒。如 T2 噬菌体装配时，先将 DNA 大分子聚合成多角体，头部蛋白质通过排列和结晶过程，将 DNA 聚缩体包围，然后装上尾鞘、尾丝，就形成了新的子代噬菌体。

⑤释放（release）　子代噬菌体成熟时，溶解寄生细胞壁的溶菌酶逐渐增加，促使细胞裂解，从而释放出大量的子代噬菌体。噬菌体的释放量随种类而有所不同，一个寄主细胞可释放 10~10 000 个噬菌体粒子。T4 噬菌体 37℃ 从侵染到释放时间大约 22min。其他噬菌体如 M13、fd 丝状噬菌体穿过细胞壁释放噬菌体并不损伤细胞，所以噬菌体释放经历一个长的时期。宿主细菌仍可继续生长，但以减低的速率生长。细菌裂解导致一种肉眼可见的液体培养物由混浊变清或固体培养物出现噬菌斑。

（2）效价的测定

效价（titer or titre）：是指每毫升试样中所含有的具侵染性的噬菌体粒子数，即噬菌斑形成单位数（pfu，plaque-forming unit）或感染中心数（infective centre）。

斑点试验法、液体稀释管法以及双层平板法均可用于噬菌体效价的测定。

双层平板法是一种被普遍采用并能精确测定效价的方法。先在无菌平皿内倒入约 10mL 适合宿主菌生长的琼脂培养基，待凝固后，再倒入含有宿主菌和一定稀释度噬菌体的半固体培养基，培养一段时间后，计数噬菌斑数量。

（3）一步生长曲线

定量描述烈性噬菌体生长规律的实验曲线称作一步生长曲线或一级生长曲线。一步生长曲线可反映每种噬菌体的 3 个重要特性参数——潜伏期、裂解期和裂解量（图 2-81）。

一步生长曲线的实验方法如下：先把在对数期生长的敏感细菌悬浮液与适量的噬菌体混合，通常噬菌体和细菌的混合比例为 1∶10，避免几个噬菌体同时侵染一个细菌细胞。经数分钟吸附后，混合液中加入一定量的该噬菌体的抗血清，以中和尚未吸附的噬菌体。然后再用培养液进行高倍稀释，以免发生第二次吸附和感染。培养后定时取样，测定噬菌斑数。结果可见，在吸附后的开始一段时间内（5~10min），噬菌斑数没有增加，说明噬菌体尚未完成复制和组装，这段时间称为噬菌体的潜伏期。紧接着在潜伏期后的一段时间（感染后 20~30min），平板中的噬菌斑数突然直线上升，表示噬菌体已从寄主细胞中裂解释放出来，这段时间称为裂解期。每个被感染的细菌释放新的噬菌体的平均数称为裂解量。当宿主全部裂解，溶液中的噬菌体的效价达到最高点时称为平稳期。

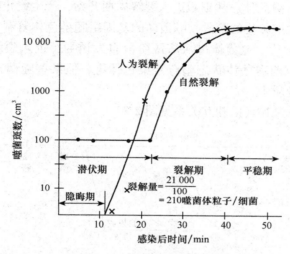

图 2-81 T4 噬菌体的一步生长曲线

潜伏期（latent phase） 指噬菌体的核酸侵入宿主细胞后至第一个噬菌体粒子装配前的这段时间。潜伏期又分隐晦期和胞内累积期，隐晦期是指在潜伏前期人为地裂解细胞，裂解液仍无侵染性的一段时间；胞内累积期又称潜伏后期，指隐晦期后，裂解液具有侵染性的一段时间。

裂解期（rise phase） 紧接在潜伏期后的一段宿主细胞迅速裂解、溶液中噬菌体粒子数急剧增多的一段时间。

平稳期（plateau phase） 指感染后的宿主已全部裂解，溶液中噬菌体效价达到最高点的时期。

（4）温和性噬菌体的生活周期

噬菌体感染细胞后，将其核酸整合到宿主的核 DNA 上，并且可以随宿主 DNA 的复制而进行同步复制，在一般情况下，不引起寄主细胞裂解的噬菌体称为温和性噬菌体（或溶源性噬菌体）。

温和性噬菌体侵染宿主后，与宿主 DNA 结合，随宿主 DNA 复制而复制，此时细胞中找不到形态上可见的噬菌体。温和性噬菌体的宿主菌称为溶源菌（lysogenic bacteria）。*Escherichia coli* K12（λ）为带有 λ 前噬菌体的大肠埃希菌 K12 溶源菌株。温和噬菌体的侵染不引起宿主细胞的裂解，而与宿主共存的特性称为溶源性（lysogeny）或溶源现象。

温和性噬菌体的特点：核酸类型都是 dsDNA；具有整合能力，处于整合态的噬菌体核酸称为前噬菌体；具有同步复制能力。

①温和性噬菌体存在状态

游离态：指已成熟释放并有侵染性的噬菌体粒子。

整合态：指整合在宿主核染色体上处于前噬菌体的状态。

营养态：指前噬菌体经外界理化因子诱导后，脱离宿主核基因组而处于积极复制和装配的状态。

某些噬菌体，如 λ 噬菌体，从细胞进入裂解周期开始，产生终止噬菌体复制的阻遏蛋白。噬菌体进入称为溶源化的阶段，噬菌体的基因组随染色体复制而复制，而且通过一个世代传至下一个世代。噬菌体可从溶源阶段自发诱导，进入裂解周期。随宿主复制，大多温和噬菌体以前噬菌体状态整合至染色体上，但某些噬菌体，如 P1 噬菌体，却像一个质粒存在细胞质中。

裂解性循环和溶源性循环的相互关系见图 2-82。

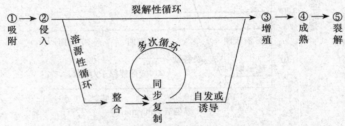

图 2-82　裂解性循环与溶源性循环的关系

②溶源菌的特性

遗传性：温和噬菌体 DNA 与宿主 DNA 结合，会随宿主 DNA 复制而复制，并平均分配到两个子代细胞中。

自发裂解：溶源菌正常繁殖时绝大多数不发生裂解现象，只有极少数（大约 10^{-6}）溶源菌中的前噬菌体发生大量复制的现象，并接着成熟为噬菌体粒子，这时导致寄主细菌裂解，这种现象称为溶源菌的自发裂解。也就是说少数溶源菌中的温和噬菌体变成了营养态噬菌体。

诱发裂解：溶源菌在外界理化因子的作用下，发生高频裂解（进行营养期繁殖）的现象。用低剂量的紫外线照射处理，或用 X 射线、氮芥等物理、化学方法处理，能够诱发溶源细胞大量溃溶，释放出噬菌体粒子。

免疫性：任何溶源菌对已感染的噬菌体以外的其他噬菌体即超感染噬菌体（不管是温和的或烈性的）都具有抵制能力。

复愈（非溶源化）：溶源菌有时失去了其中的前噬菌体，变为非溶源菌。这时既不会发生自然溃溶现象，也不发生诱发溃溶现象，称为溶源细胞的复愈或非溶源化。

溶源转变：指少数溶源菌由于整合了温和噬菌体的前噬菌体而使自己产生了除免疫性以外的新表型的现象。

③溶源菌的检验方法——透明圈法　检验溶源菌的方法是将少量溶源菌与大量敏感指示菌（易受溶源菌释放出的噬菌体感染发生裂解性循环者）相混合，然后倒入适宜的培养基平板，溶源菌生长成菌落。当溶源菌中极少数的细胞发生自发裂解释放出噬菌体

脊椎动物病毒

时，这些噬菌体会感染溶源菌落周围的敏感指示菌，并反复侵染形成噬菌斑。最后形成中央是溶源菌菌落，四周为透明裂解圈的特殊噬菌斑。

2.3.2 亚病毒

凡在核酸和蛋白质两种成分中，只含其中之一的分子病原体称为亚病毒。

植物病毒

2.3.2.1 类病毒（viroid）

类病毒是裸露的、仅含一个单链环状低相对分子质量 RNA 分子的病原体。类病毒为含有 246~375 个核苷酸的单链环状 RNA 分子。所有类病毒的 RNA 均无 mRNA 活性，不能编码蛋白质。

发现的第一个类病毒是马铃薯纺锤形块茎病类病毒（potato spindletuber viroid，PSTV），这是一种导致马铃薯严重减产的病原体，棒状，无蛋白质外壳。它仅含一个由 359 个核苷酸组成的单链环状 RNA 分子（相对分子质量约 100 000）。该分子内有很多碱基（约 70%）通过氢键配对而形成双螺旋区，未配对碱基则形成内环。双螺旋区与内环交替排列形成一个伸长的棒状分子（图 2-83）。

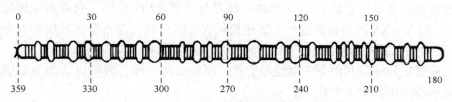

图 2-83 马铃薯纺锤形块茎类病毒的结构模型

迄今为止，所知的类病毒都是侵染植物致病的，如马铃薯纺锤形块茎病、柑橘裂皮、菊花矮缩病、菊花褪绿斑驳病、椰子坏死病、黄瓜白果病以及酒花矮化病等。

类病毒 RNA 相对分子质量虽小，但能独立侵染寄主，侵入寄主后也能自我复制，不需要辅助病毒。

2.3.2.2 卫星 RNA 和卫星病毒

（1）卫星 RNA

卫星 RNA 是一类包裹在植物病毒粒子中的小分子单链 RNA 片段，其侵染对象是植物病毒。被卫星 RNA 寄生的真病毒又称辅助病毒。卫星 RNA 没有编码外壳蛋白的遗传信息，而是被包装在辅助病毒的外壳蛋白中，本身对于辅助病毒的复制不是必需的，且它们与辅助病毒的基因组无明显的同源性。

卫星 RNA 大小可分为两类。大者如番茄黑环病毒（tomato black ring virus，TobRV）的卫星 RNA 长 1372~1376 个核苷酸，大小与卫星病毒基因组类似，但多数都在 300 个核苷酸左右，如烟草环斑病毒（tobacco ring spot virus，TobRSV）的卫星 RNA、黄瓜花叶病毒（cucumber mosaic virus，CMV）的卫星 RNA。较大的卫星 RNA 具有长开放阅读框并能够表达，而较小的卫星 RNA 似不具有 mRNA 功能。

不同的卫星 RNA 的复制方式也不同。一些较小的卫星 RNA，如绒毛烟斑驳病毒（velvet tobacco mottle virus，VTMoV）卫星 RNA 是以对称的滚环方式复制。复制过程中产生的正链和负链的 RNA 多聚体都要经过自我切割产生线状的单体分子，线状的负链 RNA 环化后作为合成子代正链的模板。正链和负链的切割都与其内部的核酶（ribozyme）活性结构有关。有些卫星 RNA 复制时不能自我切割。许多卫星 RNA 都能以线状和环状两种形式存在于被感染的组织中，但是在辅助病毒颗粒中仅有线状形式存在。

（2）卫星病毒

卫星病毒是一类基因组缺损、需要依赖辅助病毒才能复制和表达，完成增殖的亚病毒，其核酸分子含有编码外壳蛋白的遗传信息，并能包裹成形态学和血清学与辅助病毒不同的颗粒。

例如大肠埃希菌 P4 噬菌体，缺乏编码衣壳蛋白的基因，需辅助病毒大肠埃希菌噬菌体 P2 同时感染，且依赖 P2 合成的壳体蛋白装配成含 P2 壳体 1/3 左右的 P4 壳体，与较小的 P4 DNA 组装成完整的 P4 颗粒，完成增殖过程。丁型肝炎病毒（HDV）必须利用乙型肝炎病毒的包膜蛋白才能完成复制周期，常见的卫星病毒还有腺联病毒（AAV）、卫星烟草花叶病毒（STMV）、卫星玉米白线花叶病毒（SMWLMV）、卫星稷子花叶病毒（SPMV）等。

伴随着烟草坏死病毒（tobacco necrosis virus）而出现的卫星病毒为球状，大小比一般的球状植物病毒小。它的 RNA（单链）相对分子质量约 4×10^5，只有烟草坏死病毒的 1/4 左右。病毒 RNA 的遗传信息约 1/2 是提供衣壳蛋白的（与烟草坏死病毒衣壳蛋白的不同），其余还有哪些信息尚不了解。

卫星病毒正如病毒利用寄主细胞的能量、原料及酶一样，故可以认为卫星病毒是寄生于辅助病毒的小分子寄生物。

2.3.2.3 朊病毒（prion）

朊病毒是一类能侵染动物并在宿主细胞内复制的小分子无免疫性的疏水性蛋白。朊病毒是一类能引起哺乳动物的亚急性海绵样脑病的病原因子，现在认为，引起山羊和绵羊瘙痒病（scrapie）以及人的 Kuru 病和 Crentzfeld-Jacob 病（CJ 病，脑脱髓鞘病变）的病原体是朊病毒。

1982 年，美国的 S. B. Prusiner 在研究引起羊瘙痒病的病原体时发现，该病原体只对蛋白酶敏感，在经过高温、辐射以及化学药品等能使病毒失活的处理后依然存活，因而认为，该病原体是一种仅由蛋白质组成的侵染性颗粒，并命名为朊病毒。

在电镜下呈杆状颗粒，成丛排列，直径 25nm，长 100～200nm（一般为 125～150nm），丛的大小与形状不一，颗粒丛所含颗粒可多达 100 个。

朊病毒的发现具有重大的理论和实践意义。生物学的"中心法则"认为，遗传信息的流向是"DNA→RNA→蛋白质"。通过对朊病毒的深入研究可能会更加丰富"中心法则"的内容。此外，还有可能对一些疾病的病因、传播研究以及治疗带来新的希望。

2.3.3 病毒与实践

2.3.3.1 噬菌体与发酵工业

（1）噬菌体的危害

噬菌体在发酵工业和食品工业上的危害是非常严重的，主要表现有：①发酵周期明显延长，并影响产品的产量和质量；②污染生产菌种，发酵液变清，不积累发酵产物，严重时，发酵无法继续，发酵液全部废弃甚至使工厂被迫停产。

（2）噬菌体的防治

要防治噬菌体对生产的危害，首先要提高有关人员的思想认识，建立"防重于治"的观念。预防的措施主要有：

①不使用可疑菌种　认真检查摇瓶、斜面及种子罐所使用的菌种，坚决废弃可疑菌种。这是因为几乎所有的菌种都可能是溶源性的，都有感染噬菌体的可能性。所以要严防因菌种本身不纯而携带或混有噬菌体的情况。

②不断筛选抗性菌种，并定期轮换生产菌种　选育和使用抗噬菌体生产菌株是一种非常有效的手段。如在丙酮丁醇发酵生产中，可有计划地轮换使用不同菌种，以达到防止噬菌体污染的目的。

③利用生物技术防治噬菌体侵染　如利用质粒编码的基因干扰噬菌体的吸附或是造成流产侵染，也可利用反义 RNA 来防治噬菌体侵染。例如，将编码抗噬菌体和抗 nisin 的接合质粒 pNP40 导入能分泌高浓度 α-乙酰乳酸的 *Lactococcus lactis* subsp. *lactis* 425A 菌株后，可获得既抗噬菌体又抗 nisin 的重组菌。

④杜绝各种噬菌体来源　注意通气质量，空气过滤器要保证质量并经常灭菌，空气压缩机的取风口应设在 30~40m 高空。定期监测发酵罐、管道和周围环境中噬菌体数量的变化。在检测中若发现问题，首先应采取相应的措施消除设备中存在的缺陷和不合理部分，消除死角，加强管道和发酵罐的灭菌。

⑤决不排放或丢弃活菌液　种子和发酵工段的操作人员要严格遵守操作规程，需对活菌液进行严格消毒或灭菌后才能排放。

⑥严格保持环境卫生　由于噬菌体广泛分布于自然界，凡有细菌的地方几乎都有噬菌体，因此，保持发酵工厂的内外环境卫生，定期清扫、定期消毒、定期检查是消除或减少噬菌体和杂菌污染的基本措施之一。

（3）被噬菌体污染后的补救措施

如果预防不成，一旦发现噬菌体污染，要及时采取以下措施：

①尽快提取产品　若污染时发酵液中的代谢产物含量较高，应及时提取或补加营养并接种抗噬菌体菌种继续发酵，以减少损失。

②使用药物抑制　在谷氨酸的发酵中，加入某些金属螯合剂，如加 0.3%~0.5%草酸盐、柠檬酸铵等可抑制噬菌体的吸附和侵入；加入 1~2μg/mL 金霉素、四环素和氯霉素等抗生素或加入 0.1%~0.2%的吐温 60、吐温 20 或聚氧乙烯烷基醚等表面活性剂均抑制噬菌体的增殖或吸附。

③及时改用抗噬菌体的生产菌株　如果在发酵过程中发现有噬菌体污染，可以接种另外一种抗噬菌体菌株继续发酵，以减少经济损失、避免倒罐。

2.3.3.2　细菌的鉴定和分型

噬菌体具有严格的寄主专一性，只能裂解其相应的宿主菌，因此可利用此特性对难以分辨的未知细菌进行鉴定和分型。如应用伤寒沙门菌 Vi 噬菌体可将有 Vi 抗原的伤寒沙门菌分成 96 个噬菌体型。已利用噬菌体将金黄色葡萄球菌分为 132 型。在食品卫生学上，可用噬菌体来检查水源、食品原料等被相应的病原性细菌污染的情况，这对流行病学调查、追查传染源等具有重要意义。

2.3.3.3　噬菌体与微生物育种

λ噬菌体可以作为原核生物基因工程的载体，原因在于λ噬菌体遗传背景清楚，有非必需基因；携带外源基因时仍可与宿主的核染色体整合并同步复制；宿主范围窄，使用安全；有黏性末端，可构建科斯质粒、凯隆载体；感染率高，几乎达到100%。SV40（猴病毒40）、人腺病毒、牛乳头瘤病毒、痘苗病毒等常作为动物基因工程的载体。花椰菜病毒可作为植物基因工程的载体，而杆状病毒可用作真核生物基因工程的载体。以噬菌体为媒介的转导作用，也可实现基因重组，导致子代细胞中出现重组子。

2.3.3.4　病毒在遗传学方面的应用

由于噬菌体的基因数目少，比动、植物基因组小10万～100万倍。结构简单的RNA噬菌体只含3个基因，特别是噬菌体变异或遗传缺陷株容易辨认，有利于选择和进行遗传性分析，因此可以通过物理的或化学的方法诱变使其产生多种噬菌体的蚀斑型突变株和条件致死突变株，然后利用这些突变株来研究噬菌体个别基因的排列顺序和功能，如烟草花叶病毒的拆开和重建实验，证实了遗传的物质基础是核酸。

2.3.3.5　病毒用于生物防治

我国在20世纪50年代已开始用昆虫多角体病毒防治农林害虫。昆虫病毒用于生物防治有很多优点：致病力强，使用量少；专一性强，安全可靠；生产简便，成本低。昆虫病毒用于生物防治也存在许多问题：病毒多角体在紫外光及日光下易失活；杀虫速度慢；也会产生抗性；病毒的工业化生产还有许多问题。

2.3.3.6　用于疾病的诊断和治疗

噬菌体感染相应细菌后，迅速繁殖并产生噬菌体子代。利用这一特性可将已知噬菌体加入被检材料中，如出现噬菌体效价增长，就证明材料中有相应细菌存在。目前医学上还采用噬菌体来裂解细菌，特别是对多种抗生素有耐药性的病原菌，如用相应的噬菌体对铜绿假单胞菌、葡萄球菌感染的疾病进行治疗，已取得了较好的疗效。另外，还可利用对溶源性细菌的诱导现象进行抗肿瘤药物的筛选和致癌物质的检查。

2.4　微生物的分类与鉴定

2.4.1　微生物的分类与命名概述

微生物分类的目的是为认识和了解它们之间的亲缘关系，并为更好地利用、控制和改造微生物提供理论依据。

由于微生物个体微小，结构简单，种类繁多杂乱，化石材料缺乏，易受外界条件影响而发生变异，在分类工作中存在着一定的困难。同时由于人为和技术上的局限性，产生了一些认识上的分歧，也就存在多种不同的微生物分类系统。

2.4.1.1　种以上的系统分类单元

微生物的主要分类单位依次分为界、门、纲、目、科、属、种。在两个主要的分类单位之间，还可以有次要的分类单位，例如，亚门、亚目、亚科、亚属等。把相似的或相关的种归为一个属，又把相似的属归为一个科，依此类推，从而构成一个完整的分类系统，如啤酒酵母属于真菌门子囊菌纲酵母目酵母科酵母属。

2.4.1.2 种以下的几个分类单元

种以下还可以分为变种、亚种、型、菌株、群，但它们不作为分类上的单位。

（1）种（species）

种是最基本的分类单位，它是一大群表型特征高度相似、亲缘关系极其相近、与同属内其他种有着明显差异的菌株的总称。它们起源于共同的祖先，具有相似形态和生理特性。一个种只能用该种内的一个典型菌株——模式种（type species）作为具体代表。现代分类学规定种内菌的 DNA 同源性大于 70%。

（2）变种（various, var.）

从自然界分离到的微生物纯种，如果与典型种之间存在某些特征的差别，而这些特征又是稳定遗传的，则可将这一纯种称为典型的变种。例如，武汉杆菌除无鞭毛外，与苏云金杆菌的其他特性相同，于是武汉杆菌就称为苏云金杆菌的变种。

（3）亚种（subspecies, subsp. 或 ssp.）

微生物学把实验室中所获得的稳定变异菌株称为亚种或小种。例如，大肠埃希菌野生型的一个品系叫"K12"，它是不需要某种氨基酸的，通过实验室变异可以从 K12 中获得需要某种氨基酸的营养缺陷型。这种营养缺陷型菌株就称为 K12 的小种或亚种。

（4）型（form 或 type）

自然界存在的差异较小的同种微生物的不同类型，称为型。例如，胸膜肺炎双球菌依其抗原的不同分为几十个血清型，布鲁杆菌依据寄主不同而分为牛型、人型和禽型。

（5）菌株（品系，strain）

它主要是指同种微生物不同来源的纯培养。表示由任何一个独立分离的单细胞繁殖成的纯种群体及其一切后代。常常在种名后加上数字、地名或符号来表示。例如，枯草杆菌 As1.398、枯草杆菌 BF7658，它们在酶的产量及主要产酶种类上有差异。

（6）群（group）

在自然界中常发现有些微生物种类的特征介于两种微生物之间，我们就把这两种微生物和介于它们之间的种类统称为一个群。例如，大肠埃希菌和产气肠杆菌这两个种的区别是明显的，但自然界中还存在着许多介于它们之间的种间类型，我们就把它们合起来统称为大肠菌群。

2.4.1.3 微生物的命名

微生物的名字有俗名和学名两种。俗名是通俗的名字，如结核分枝杆菌俗称结核杆菌，铜绿假单胞菌俗称绿脓杆菌，粗糙脉孢菌的俗名为红色面包霉等。俗称简洁易懂，记忆方便，但是它的含义往往不够确切，而且还有使用范围和地区性等方面的限制。

学名是微生物的科学名称，目前普遍采用瑞典植物学家林奈（Linnaeus）创立的"双名法"（病毒除外）。微生物的学名由两个拉丁字或希腊字或拉丁化的其他文字组成。第一个词是属名，名词，字首字母要大写，用于描述微生物的主要特征；第二个词是种名，不用大写，一般用形容词，用于描述微生物的次要特征。例如，金黄色葡萄球菌的

学名为 *Staphylococcus aureus*，前一个是属名，意思是"葡萄球菌"；第二个是种名，意思是"金黄色的"。在种名后，附上首次命名人、现名定名人和命名年份（正体），可省略，如大肠埃希菌 *Escherichia coli* (Migula) Castellani & Chalmers 1919。属名在上下文重复出现的情况下，可以缩写，如 *Bacillus* 可用 *B.* 表示。

有时只需泛指某一属的微生物，而不特指某一具体的种（或无种名）时，可在属名之后加上 sp.（单数时）或 spp.（复数时）来表示。如命名对象是新种，需在种名后加 sp. nov 或 nov. sp（即 nova species）。

当某种微生物是一个亚种（简称 subsp. 或 ssp.）或变种（var.）时，学名应按三名法命名。例如，苏云金芽孢杆菌蜡螟亚种 *Bacillus thuringiensis* ssp. *galleria*、枯草芽孢杆菌黑色变种 *Bacillus subtilis* var. *niger*。

2.4.2 各大类微生物分类系统纲要

2.4.2.1 细菌的分类系统

目前国际上通用的细菌分类系统有美国布瑞德（R. S. Breed）等14个国家的细菌学家编写的《伯杰氏鉴定细菌学手册》（*Bergey's Manual of Determinative Bacteriology*）、前苏联克拉西里尼科夫（Красильников）著的《细菌和放线菌的鉴定》、法国普雷沃（Prévot）著的《细菌分类学》，而应用最广泛的是《伯杰氏鉴定细菌学手册》，该手册1923年出版第1版，后于1925、1930、1934、1939、1948、1957、1974 和 1994 年相继出版了第2至第9版。

1984—1989 年分4卷陆续出版了《伯杰氏系统细菌学手册》（*Bergey's Manual of Systematic Bacteriology*）。《伯杰氏系统细菌学手册》与《伯杰氏鉴定细菌学手册》有很大不同，首先是在各级分类单元中广泛采用细胞化学分析、数值分类方法和核酸技术，尤其是 16S rRNA 寡核苷酸序列分析技术，以阐明细菌的亲缘关系，并对《伯杰氏鉴定细菌学手册》第8版的分类作了必要的调整。例如，根据细胞化学、比较细胞学和 16S rRNA 寡核苷酸序列分析的研究结果，将原核生物界分为4个门。由于这个手册的内容包括了较多的细菌系统分类资料，故定名《伯杰氏系统细菌学手册》，反映了细菌分类从人为的分类体系向自然的分类体系所发生的变化。为使发表的材料及时反映新进展，并考虑使用者的方便，该手册分4卷出版。第1卷（1984）内容为一般、医学或工业的革兰阴性细菌。第2卷（1986）为放线菌以外的革兰阳性细菌。第3卷（1989）为古细菌和其他的革兰阴性细菌。第4卷（1989）为放线菌。《伯杰氏系统细菌学手册》第2版分5卷已于2001年陆续开始出版，其分类体系完全按照 16S rRNA 系统发育编排。在第2版中，细菌域分为16门26组27纲62目163科814属，收集了4727个种。古菌域分为2门5组8纲11目17科63属，收集了208个种。

2.4.2.2 放线菌的分类系统

放线菌的分类系统较多，应用广泛的主要有：美国瓦克斯曼（Waksman）的《放线菌分类学》（1961）和苏联克拉西里尼科夫的《细菌和放线菌的鉴定》（1965），这两个分类系统都是以形态特征为主来划分科属的。1975年中国科学院阎逊初和阮继生吸收了这两个分类系统的优点，综合了一个划分科属的检索表。

2.4.2.3 酵母菌和霉菌的分类系统

酵母菌和霉菌都不是分类学上的名词，它们都归属于真菌门。在达尔文的进化论问世前，大多也是根据外部形态进行分类。后来出现了不少具进化概念、有代表性的重要真菌分类系统。其中应用较广的为安斯沃思（Ainsworth）分类系统。他将真菌门分为鞭毛菌亚门（Mastigomycotina）、接合菌亚门（Zygomycotina）、子囊菌亚门（Ascomycotina）、担子菌亚门（Basidiomycotina）和半知菌亚门（Deuteromycotina）5 个亚门，亚门下共有 19 个纲和 60 个目。各亚门的主要特征如下：

鞭毛菌亚门：营养体是单细胞或没有隔膜的菌丝体，无性繁殖产生游动孢子，有性生殖产生卵孢子或休眠孢子囊。

接合菌亚门：营养体是菌丝体，典型的没有隔膜，无性繁殖产生孢囊孢子，有性生殖形成接合孢子。

子囊菌亚门：营养体是有隔膜的菌丝体，极少数是单细胞，有性生殖形成子囊孢子，无性繁殖产生分生孢子。

担子菌亚门：营养体是有隔膜的菌丝体，有性生殖形成担孢子。

半知菌亚门：营养体是有隔膜的菌丝体或单细胞，没有有性阶段，但有可能进行准性生殖。

在国内也有不少人做真菌的分类方面的专门研究，其中以中国科学院微生物研究所的真菌分类专家为代表，并出版了不少这方面的专著，如《常见与常用真菌》等。

虽然从系统分类上讲，酵母菌分属于真菌的有关亚门中，但研究酵母的分类方法不同于丝状真菌，而是更多地采用生理性状，因此逐渐形成了独特的分类系统。目前酵母菌分类以荷兰 Lodder J. 主编《酵母菌——分类研究》（*The Yeast，A Taxonomic Study*）1970 年版本为比较完整的系统，该书记载了 39 个属 372 个种。根据有性生殖过程的有无，形成孢子的种类以及数目、特点、形状等特征，将酵母菌分类四大类。第一类：能产生子囊孢子的酵母，归入子囊菌纲的原子囊菌亚纲的内孢霉目的内孢霉科、酵母菌科和蚀精霉科 3 个科内。第二类：能产生冬孢子和担孢子的酵母，归入担子菌纲异担子菌亚纲的黑粉菌目的黑粉菌科内。第三类：能产生掷孢子的酵母，归入担子菌纲中不依附于其他目的掷孢酵母科内。第四类：不产生子囊孢子、冬孢子和掷孢子的酵母，其有性生殖已经丧失或未被发现，这一类酵母归为半知菌类中的丛梗孢目的隐球酵母科内。

2.4.2.4 病毒的分类

病毒分类最初是根据病毒的寄主特性将病毒分为动物病毒、植物病毒和细菌病毒（噬菌体）三大类，这种分类方法一直沿用至今。但这种分类方法并没有反映出病毒的本质特征。随着电镜技术的发展以及分离、纯化病毒新方法的应用，逐渐转向对病毒本身的结构特征、化学组成的研究，使病毒的分类朝着自然系统的方向发展。病毒分类的依据有：基因组性质与结构；衣壳对称性；有无包膜；病毒粒子的大小、形状；对理化因子的敏感性；病毒脂类、碳水化合物、结构蛋白和非结构蛋白的特征；抗原性；生物学特性（繁殖方式、宿主范围、传播途径和致病性）。

国际病毒分类系统采用目、科、属、种的分类单元，但是亚病毒感染因子采用任意分类。目的词尾为"virales"、科的词尾为"viridae"、亚科的词尾为"virrinae"、属以下的词尾为"virus"。国际病毒分类委员会（International Committee on Taxonomy of Viruses，ICTV）在 2001 年公布的病毒分类和命名第 7 次报告中病毒分类系统设立了 3 个病毒目、66 个病毒科（包括 2 个类病毒科）、9 个病毒亚科和 244 个病毒属（包括 32 个暂定属和 7 个类病毒属）。

2.4.3 微生物分类鉴定的方法

微生物的分类，是在对大量单个微生物进行观察、分析和描述的基础上，依据各种性状的异同、生理特性及生物进化的规律等诸多方面的特征综合起来进行鉴定。

2.4.3.1 经典的分类鉴定方法

微生物菌种鉴定工作通常包括 3 个步骤：一是获得待鉴定微生物的纯培养物；二是测定一系列必要的鉴定指标；三是查找权威性鉴定手册。

（1）经典的鉴定指标

① 形态特征

个体形态 利用显微镜观察菌体细胞的形状、大小、排列或分枝的特点；利用各种染色制片方法，观察菌体能否运动，鞭毛的数量和着生部位，芽孢的有无、形状、大小和位置，荚膜的有无，细胞内含物的特点及分布，革兰染色和抗酸性染色反应等。观察放线菌和霉菌时应注意菌丝的大小、颜色、有无隔膜以及孢子的大小、形状、数目、颜色、能否运动等。某些霉菌是否具有中轴、假根、足细胞、孢子囊等。观察酵母时应注意酵母细胞的形状、大小以及所产生的孢子的形状、特点和数目等。

培养特征 在固体培养基上仔细观察菌落的外观形状、大小、厚度、质地、表面状态、润湿度、黏稠度、边缘状态、颜色等特征。并注意在菌落形成过程中的一些性状的表现。在液体培养基中仔细观察菌体的表面生长状态、浮膜的厚度、沉淀物、颜色、光泽、有无气泡等。在半固体培养基上仔细观察经穿刺接种后的生长情况，有无扩散。

② 生理生化特征 观察微生物的营养、代谢、对环境的适应、抗原构造、寄生的特异性。

能量代谢 利用光能还是化学能。

对 O_2 的要求 专性好氧、微需氧、兼性厌氧及专性厌氧等。

营养和代谢特性 所需碳源、氮源、营养因子的种类，有无特殊营养需要，存在的酶的种类，代谢产物的种类、产量、显色反应等。

③ 生态学特征 生长温度，酸碱度，嗜盐性，致病性，寄生、共生关系等。

④ 血清学反应 用已知菌种、型或菌株制成抗血清，然后根据它们与待鉴定微生物是否发生特异性的血清学反应，来确定未知菌种、型或菌株。

⑤ 遗传特征 根据核酸分析（如 DNA 同源性分析、G+C 的含量分析），得到遗传相关性分类。

⑥ 化学特征 应用电泳、色谱和质谱等分析技术，根据微生物细胞组分、代谢产物的组成与图谱等化学分类指征进行分类。

⑦ 抗逆性 对噬菌体、抗生素、染料和化学药品等抗微生物因子的反应也是分类鉴定的依据。

⑧ 其他 红外光谱、全细胞蛋白的分析、多位点酶的分析等也可作为分类的依据。

（2）经典分类法

经典分类法是一百多年来进行微生物分类的传统方法。其特点是人为地选择几种形态、生理生化特征进行分类，并在分类中将表型特征分为主、次。一般在科以上分类单位以形态特征、科以下分类单位以形态结合生理生化特征加以区分。最后，采用双歧法整理实验结果，排列一个个的分类单元，形成双歧检索表。举例如下：

1. 厌氧生长良好，细胞四联，成对或链状
  A. 细胞四联和成对，从葡萄糖产酸不产气，产 DL 或 L（+）乳酸
    （1）不能生长于 18%NaCl 中..片球菌属 *Pediococcus*
    （2）能生长于18%NaCl 中，从葡萄糖主要产 L（+）乳酸.....................四联球菌属 *Tetragenococcus*
  B. 细胞成对或链状，从葡萄糖产酸产气，产 D（−）乳酸
    （1）生长于 pH3.5~3.8 葡萄汁和果酒中，起始 pH 4.8 生长良好.................酒球菌属 *Oenococcus*
    （2）不生长于（1）的条件下..明串珠菌属 *Leuconostoc*

应用 BIOLOG-GN 仪检测分离菌株对众多碳源的利用情况判断分离菌株的分类地位，近年来也时有应用。在 BIOLOG-GN 仪上有 96 个小孔，其中 95 孔内分装有 95 种不同碳源的缓冲液，一孔为无碳源的缓冲液对照，各孔接入适宜菌浓度和液量的分离菌株培养物，定温培养，每日定时读取 BIOLOG-GN 仪计算机上各碳源利用情况，一般为时一周，BIOLOG-GN 仪可显示出该鉴定菌株的最可能归属。

2.4.3.2　现代的分类鉴定方法

（1）数值分类法

数值分类法又称阿德逊分类法（Adanson）。它的特点是根据较多的特征进行分类，一般为 50~60 个，多者可达 100 个以上，在分类上，每一个特性的地位都是均等重要。通常是以形态、生理生化特征、对环境的反应性以及生态特性为依据。最后，将所测菌株两两进行比较，并借用电子计算机计算两菌株间相关系数，比较菌株间的最大相似性，列出相似度矩阵（similarity matrices）（图 2-84）。为便于观察，应将矩阵重新安排，使相似度高的菌株列在一起，然后将矩阵图转换成树状谱（dendrogram）（图 2-85），再结合主观上的判断（如划分类似程度大于 85% 者为同种，大于 65% 者为同属），排列出一个个分类群。

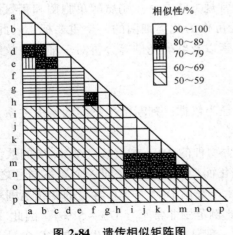

图 2-84　遗传相似矩阵图

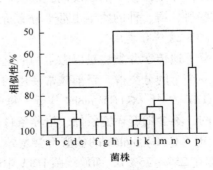

图 2-85　根据相似矩阵图转换的
相似关系树状谱

（2）化学分类法

根据微生物细胞的特征性化学组分对微生物进行分类的方法称为化学分类法（che-motaxonomy）。近20多年，采用化学和物理技术研究细菌细胞的化学组成，获得了很有价值的分类和鉴定资料，各种化学组分在原核微生物分类中的意义见表2-4。

表2-4　细菌的化学组分分析及其在分类水平上的应用

细胞成分	分析内容	在分类水平上的作用
细胞壁	肽聚糖结构	种和属
	多糖	
	胞壁酸	
膜	脂肪酸	种和属
	极性类脂	
	霉菌酸	
	类异戊二烯苯醌	
蛋白质	氨基酸序列分析	属和属以上单位
	血清学比较	
	电泳图	
	酶谱	
代谢产物	脂肪酸	种和属
全细胞成分分析	热解-气液色谱分析	种和亚种
	热解-质谱分析	

细胞化学组分分析用于微生物分类日趋显示出重要性，细胞壁的氨基酸种类和数量现已被接受为细菌属的水平的重要分类学标准。在放线菌分类中，细胞壁成分和细胞特征性糖的分析作为分属的依据，已被广泛应用。脂质是区别细菌还是古菌的标准之一，细菌具有酰基脂，而古菌具有醚键脂，因此醚键脂的存在可用以区分古菌。霉菌酸的分析测定已成为诺卡氏菌形放线菌分类鉴定中的常规方法之一。鞘氨醇单胞菌和鞘氨醇杆菌等细胞膜都含有鞘氨醇，因此鞘氨醇的有无可作为此类细菌的一个重要标志。此外，某些细菌原生质膜中的异戊间二烯醌、细胞色素以及红外光谱等分析对于细菌、放线菌中某些科、属、种的鉴定也都十分有价值。

（3）遗传分类法

分子遗传学分类法是以微生物的基因型特征为依据，判断微生物间的亲缘关系，排列出一个个的分类群。目前较常使用的方法有：

①DNA 中（G+C）mol%分析　每一个微生物种的 DNA 中（G+C）mol%的数值是恒定的，不会随着环境条件、培养条件等的变化而变化，而且在同一个属不同种之间，DNA 中（G+C）mol% 的数值不会差异太大。由于细菌 DNA 中 GC 含量的变化范围较宽（一般在25%~75%），而放线菌 DNA 中的 GC 比例范围非常窄（37%~51%），因此（G+C）mol% 分析主要用于细菌的属和种的区分。一般认为任何两种微生物在 GC 含量上的差别超过了10%，这两种微生物就肯定不是同一个种。但（G+C）mol%相同或近似的

细菌，其亲缘关系并不一定近，这是因为这一数据还不能反映出碱基的排列顺序。（G+C）mol % 在细菌分类中只是作为一个辅助的手段，可用（G+C）mol % 对微生物间的亲缘关系及其远近程度进行排除，但要认定两种细菌的具有较近的亲缘关系还需借助于其他实验来进一步确认，如核酸杂交试验等。

②DNA–DNA 杂交　DNA 杂交法的基本原理是用 DNA 解链的可逆性和碱基配对的专一性，将不同来源的 DNA 在体外加热解链，并在合适的条件下，使互补的碱基重新配对结合成双链 DNA，然后根据能生成双链的情况，检测杂合百分数。如果两条单链 DNA 的碱基顺序全部相同，则它们能生成完整的双链，即杂合率为 100%。如果两条单链 DNA 的碱基序列只有部分相同，则它们能生成的"双链"仅含有局部单链，其杂合率小于 100%。杂合率越高，表示两个 DNA 之间碱基序列的相似性越高，它们之间的亲缘关系也就越近，如两株大肠埃希菌的 DNA 杂合率可高达 100%，而大肠埃希杆菌与沙门菌的 DNA 杂合率较低，约有 70%。（G+C）mol% 的测定和 DNA 杂交法为细菌种和属的分类研究开辟了新的途径，解决了以表观特征为依据所无法解决的一些疑难问题，但对于许多属以上分类单元间的亲缘关系及细菌的进化问题仍不能解决。

③DNA–rRNA 杂交　目前研究 RNA 碱基序列的方法有两种，一是 DNA 与 rRNA 杂交；二是 16S rRNA 寡核苷酸的序列分析。DNA 与 rRNA 杂交的基本原理、实验方法同 DNA 杂交一样，不同的是：DNA 杂交中同位素标记的部分是 DNA，而 DNA 与 rRNA 杂交中同位素标记的部分是 rRNA。DNA 杂交结果用同源性百分数表示，而 DNA 与 rRNA 杂交结果用 Tm（e）和 RNA 结合数表示。Tm（e）值是 DNA 与 rRNA 杂交物解链一半时所需要的温度。RNA 结合数是 100mg DNA 所结合的 rRNA 的毫克数。根据这个参数可以作出 RNA 相似性图。在 rRNA 相似性图上，关系较近的菌就集中到一起，关系较远的菌在图上占据不同的位置。用 rRNA 同性试验和 16S rRNA 寡核苷酸编目的相似性比较 rRNA 顺反子的试验数据可得到属以上细菌分类单元的较一致的系统发育概念，并导致了古细菌的建立。

微生物自动化鉴定和检测技术

④16S rRNA（16S rDNA）寡核苷酸的序列分析　首先，16S rRNA 普遍存在于原核生物（真核生物中其同源分子是 18S rRNA）中。rRNA 参与生物蛋白质的合成过程，其功能是任何生物都必不可少的，而且在生物进化的漫长历程中保持不变，可看作生物演变的时间钟。其次，在 16S rRNA 分子中，既含有高度保守的序列区域，又有中度保守和高度变化的序列区域，因而它适用于进化距离不同的各类生物亲缘关系的研究。最后，16S rRNA 的相对分子质量大小适中，约 1540 个核苷酸，便于序列分析。因此，它可以作为测量各类生物进化和亲缘关系的良好工具。

16S rRNA 基因 PCR 扩增和序列测定的一般步骤

⑤电子杂交　随着微生物基因信息，特别是全基因组完全测序的不断增加，我们可以通过各种计算机软件对不同物种的遗传信息进行直接比较，从而分析不同微生物间的亲缘关系。

思考题

1. 试比较 G^+ 与 G^- 细菌细胞壁结构的差异。
2. 请区别下列概念：

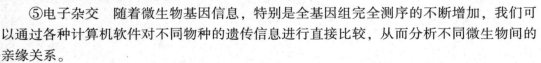

    （1）菌落（colony）与菌苔（lawn）

    （2）芽孢（endospore）与孢囊（cyst）

    （3）原生质体（protoplast）与 L 型细菌（L form of bactertia）

    （4）鞭毛（flegellum）与菌毛（fimbria）

3. 什么是糖被？其化学成分是什么？有何实践意义？

4. 什么是芽孢？图示其结构。其有何特性？

5. 什么是菌落？如何区分细菌、放线菌、酵母菌和霉菌的菌落？

6. 简述真菌的特点与细胞结构。

7. 真核生物有哪些主要的细胞器？各有什么生理功能？

8. 真菌的有性孢子和无性孢子有哪些类型？简述有性孢子的形成过程。

9. 霉菌菌丝的特异化结构有哪些？各有什么作用？

10. 如何识别毛霉、根霉、曲霉和青霉？它们在食品中有何应用？

11. 酵母菌的繁殖方式有哪几种？简述酵母菌的芽殖过程。

12. 食品工业中常见的酵母菌属有哪些？其特点是什么？

13. 什么是烈性噬菌体、温和噬菌体、溶源菌？

14. 何谓一步生长曲线？它可分几个时期？各期有何特点？

15. 简述噬菌体的增殖过程。

16. 微生物分类鉴定的主要依据是什么？有哪些分类方法？

17. （G+C）mol%值在微生物分类鉴定中有何意义？

18. 试述 16S rRNA 寡核苷酸序列分析技术的原理和基本操作步骤。

第3章

微生物的营养与培养基 《《

目的与要求

了解微生物细胞的主要化学组成，重点掌握微生物生长代谢所需的六大营养物质、微生物的营养类型、微生物细胞对营养物的吸收方式和影响微生物细胞吸收营养物质的因素。同时，掌握培养基的分类、配制培养基的基本原则和一般过程。

3.1 微生物的营养物和营养类型

3.2 微生物对营养物质的吸收

3.3 培养基

微生物在生命过程中，需要不断地从外界环境中摄取适当的营养物质，加以分解利用，获取能量和合成细胞物质。同时，微生物也要不断更新自身细胞物质，向外界释放各种代谢产物。那些能够满足微生物生长、繁殖和完成各种生理代谢活动所需的物质称为营养物质（nutrient），而微生物吸收和利用营养物质的过程称为营养（nutrition）。

不同的微生物对各种营养物质的需求量不同。因此，培养微生物时，需要根据微生物对营养物质的不同需求，为其提供相应的营养物及培养条件。

了解微生物所需要的营养物质及其在体内的功能，将有助于更好地掌控微生物的生长、繁殖及其代谢活动，以便有效地培养、利用和控制微生物，对于科学研究和生产实践都有重要的意义。

3.1 微生物的营养物和营养类型

3.1.1 微生物细胞的化学组成

研究微生物细胞的化学组成，可以了解其对营养物质的需求情况。

各种生物细胞的化学元素组成基本相似，都含有 C、N、O、H 和各种矿物质（灰分）元素。从总体来看，微生物细胞可分为水和干物质两大部分。干物质一般包括蛋白质、核酸、碳水化合物、脂肪和无机物质等。

3.1.1.1 水分

水在微生物细胞中含量最高，占细胞质量的 70%~90%，是细胞维持正常生命活动必不可少的物质。不同种类微生物细胞含水量不同（表3-1）。同种微生物处于发育的不同时期或不同的环境，其水分含量也有差异，幼龄菌含水量较多，衰老和休眠体含水量较少。

表 3-1　各类微生物细胞中的含水量　　　　　　　　　　　　　%

微生物类型	细菌	霉菌	酵母菌	芽孢	孢子
水分含量	75~85	85~90	75~80	40	38

微生物所含水分以游离水和结合水两种状态存在，两者的生理作用不同。结合水的性质与一般水的特性不同，如不能流动，不易挥发，不冻结，不能作为溶剂，也不能渗透。游离水则与之相反，具有一般水的特性，能流动，容易从细胞中排出，并能作为溶剂，帮助水溶性物质进出细胞。用恒重法测定出的细胞含水量一般只能代表游离水的含量。微生物细胞结合水的含量占水分总量的 17%~28%，细菌芽孢和霉菌孢子的结合水比例要比其他细胞高，这可能是芽孢对外界有较强抵抗力的原因之一。

微生物细胞中的结合态水约束于原生质的胶体系统之中，成为细胞物质的组成成分，是微生物细胞生活的必要条件。游离态的水是细胞吸收营养物质和排出代谢产物的溶剂及生化反应的介质；一定量的水分又是维持细胞渗透压的必要条件。由于水的比热高又是热的良导体，故能有效地吸收代谢过程中产生的热量，使细胞温度不至于骤然升高，能有效地调节细胞内的温度。微生物各种的生理活动必须有水的参与才能进行。例如，蛋白质、碳水化合物和脂肪的水解作用等都必须有水参与。因此，如果微生物缺乏水分，则会影响正常代谢作用。

3.1.1.2　干物质

微生物除去水分后即为干物质，其含量占细胞总物质的 5%～30%，其中 90% 左右的干物质是由有机物质（如碳水化合物、蛋白质、脂肪、核酸等）组成，10% 左右的干物质由无机物（灰分）构成。组成微生物细胞的主要干物质见表 3-2。

表 3-2　组成微生物细胞干物质的主要组分的含量（以干重计）　　　%

微生物	蛋白质	糖类	脂类	核酸	灰分
细菌	50～80	12～18	5～20	10～20	2～30
酵母菌	32～75	27～63	2～15	6～8	3.8～7
霉菌	14～15	7～40	4～40	1	6～12

有机物质的元素组成以 C、H、O、N 4 种元素为主。C 元素的含量在各类微生物细胞中的变化不大，一般占干物质的 50% 左右，而 H、O 和 N 元素在各类微生物细胞中的含量有较大的差别。微生物细胞中各种主要元素的含量见表 3-3。

表 3-3　微生物细胞中 4 种主要元素的含量（以干重计）　　　%

元素	细菌	酵母菌	霉菌	元素	细菌	酵母菌	霉菌
C	50	49.8	47.9	O	20	31.1	40.2
H	8	6.7	6.7	N	15	12.4	5.2

（1）蛋白质

蛋白质是构成微生物的基本物质，含量占细胞干物质的 50% 左右，其中细菌和酵母菌的蛋白质含量往往高于霉菌。微生物细胞中的蛋白质种类很多，有的与其他物质结合，成为结合蛋白，如脂蛋白、核蛋白、糖蛋白等；有的以单一状态存在，如白蛋白、球蛋白等。其中，脂蛋白是构成一切生物膜的主要成分；核蛋白在细胞内的含量很高，常占蛋白质总量的 1/3～2/3，构成细胞的核糖体。另外，在细胞生命活动中起重要作用的酶也是一种蛋白质。有些酶是单纯的蛋白质，而有些则与金属离子或其他非蛋白组分结合成为结合蛋白质。

（2）核酸

微生物细胞（除病毒外）都含两种核酸，一种是 RNA，主要存在于细胞质内，除少量的游离状态存在外，大多数与蛋白质结合形成核蛋白体；另一种是 DNA，主要存在于细胞核内。核酸对微生物的生长、遗传和变异起着重要的决定作用。

（3）碳水化合物

微生物细胞中的碳水化合物包括单糖、寡糖和多糖。它们参与细胞的结构组成，如核糖和脱氧核糖等单糖参与核酸的结构组成，纤维素和几丁质等多糖参与细胞壁的结构组成；有的多糖可作为细胞的储存物质，如某些梭菌中含有淀粉粒，酵母细胞中含有肝糖粒等。

（4）脂类

微生物细胞中的脂类物质有脂肪、磷脂、蜡和甾醇等。脂肪是许多微生物细胞的储存物质，如某些产脂酵母、青霉、毛霉菌株可在细胞内大量积累脂肪，有些菌株的脂肪含量甚至可达干物质的 50%～60%，但一般微生物脂类的含量低，约占干物质总量的10%。磷脂主要构成细胞的细胞膜。蜡则主要存在于某些微生物的细胞壁上或分生孢子表面，其含量通常很少。甾醇又称固醇，在原核细胞中很少发现，在真核细胞内则普遍存在，酵母细胞内的固醇主要是麦角固醇，它是维生素 D 的来源。

（5）灰分

在 550 ℃的高温下，微生物细胞中所含的各种矿物元素将转变成氧化物，通常称为灰分。灰分中以 P 的含量最高，大多数微生物的磷氧化物含量达总灰分的 50%；其次是 S、K、Na、Ca、Mg、Fe 等，此外还有含量极微的 Mn、Zn、Mo、Cu、B、Si、Co 等。在细胞中，这些无机物大部分以与有机化合物相结合的形式存在，只有少量以游离状态存在。

3.1.2 微生物的营养物质

组成微生物细胞的化学元素分别来自微生物生长所需要的营养物质。因此，微生物生长所需要的营养物质应该包括组成微生物细胞的各种化学元素，并且细胞中某种元素的含量越高，通常微生物对这种元素的需要量也越大。微生物的种类虽然很多，且不同的微生物生长所需的营养物质有所不同，但对基本营养物质（如碳源、氮源、无机盐类、生长因子和水分）的要求却有其共性。

3.1.2.1 碳源

碳源（carbon source）是指凡是可以被微生物利用，构成细胞代谢产物碳素来源的物质，同时它也是化能异养微生物的能量来源。虽然不同的微生物可以利用的碳源物质有所不同，但作为一个整体而言，微生物能利用的碳源物质种类极为广泛。不论是有机含碳化合物（如糖类、脂类、醇类、有机酸、烃类等），还是无机含碳化合物（如 CO_2 和碳酸盐等）都能被各种微生物所利用。个别种类的微生物还能利用酚、氰化物等对其他生物有毒的化合物作为碳源，因此这类微生物可用来处理工业有毒废弃物。

糖类是一般微生物较容易利用的碳源，尤其是单糖（葡萄糖、果糖）、双糖（蔗糖、麦芽糖、乳糖），绝大多数微生物都能利用。此外，简单的有机酸、氨基酸、醇、醛、酚等含碳化合物也能被许多微生物利用。所以，在实验室中常以葡萄糖、蔗糖、麦芽糖等作为培养各种微生物的主要碳源。而在微生物发酵工业中，根据不同微生物的需要，利用各种农副产品（如玉米粉、米糠、麦麸、马铃薯、甘薯、废糖蜜）以及各种野生植物的淀粉作为微生物生产的廉价碳源。为了节约粮食，目前人们已经发展了代粮发酵的科学研究，以自然界中广泛存在的纤维素为碳源和能源物质来培养微生物。

不同种类微生物利用碳源的能力也有差异，每种微生物都有其最适合的一类碳源物质，而在其不适合的碳源中生长时，生长速度将会降低，甚至无法生长；有些微生物适合利用的碳源物质范围较广，如假单胞杆菌属的某些细菌能利用 90 多种碳源物质；而专性自养微生物只能利用 CO_2 或碳酸盐作为碳源，甲烷氧化细菌只能利用甲烷或甲醇作为碳源。当基质中同时存在多种可被利用的碳源时，某些种类的碳源常被优先利用，直到其被消耗殆尽后其他碳源才开始被利用。葡萄糖是能被许多微生物优先利用的碳源之一。

3.1.2.2　氮源

氮源（nitrogen source）是指能被用来构成微生物细胞及其代谢产物中氮素物质的营养物质，它一般不作为微生物细胞的能量来源。只有少数细菌可以利用铵盐、硝酸盐等含氮物质作为其生长所需的氮源和能源。氮源对微生物的生长发育有着重要的意义，微生物利用它在细胞内合成氨基酸和碱基，进而合成蛋白质、核酸等细胞成分以及含氮的代谢产物。

能被微生物利用的氮源物质可以分为 3 个类型。

（1）有机氮源

氨基酸和蛋白胨是许多微生物良好的有机氮源。蛋白质一般不能直接透过微生物的细胞膜，只有被那些能分泌胞外蛋白酶的微生物分解成氨基酸后才能被吸收、利用。大多数寄生性微生物和一部分腐生性微生物需以有机氮源为必需氮源。

（2）无机氮源

无机氮源主要指铵态氮（NH_4^+）、硝态氮（NO_3^-）和简单的有机氮化物（如尿素），绝大多数微生物可以利用它们。其中，只有 NH_4^+ 能被微生物吸收后直接用于合成氨基酸或其他有机氮化合物；而 NO_3^- 进入细胞后，要先被还原成 NH_4^+ 才能被微生物所利用。微生物对无机氮源的利用往往导致其生长环境 pH 值的变化。例如，微生物以 KNO_3 为氮源时，NO_3^- 被利用的结果将导致环境 pH 值升高；而以 $(NH_4)_2SO_4$ 为氮源时，NH_4^+ 被利用的结果将导致环境 pH 值降低。因此，利用无机含氮物作为培养微生物的氮源时，常常需要在培养基中加入一些缓冲剂，以使环境 pH 值保持相对稳定。

（3）分子态氮

能利用空气中的分子态氮作为氮源的微生物称为固氮微生物。目前已发现的固氮微生物有近 50 个属，分属于细菌、蓝细菌和放线菌。固氮微生物的固氮作用（nitrogen fixation）是通过其细胞内的固氮酶系统完成的。当基质中含有无机或有机含氮化合物时固氮系统将被抑制，微生物将转而利用基质中的含氮物作为氮源。

在实验室中常以硝酸钾作为放线菌的氮源，以硝酸钠作为霉菌的氮源，常用的有机氮源有牛肉膏、蛋白胨、酵母膏等。这些有机氮源的组成较为复杂，除氮素物质外，还含有很多其他营养成分，因此许多细菌可以直接用牛肉膏和蛋白胨组成的基质培养。在发酵工业生产中常用的氮源物质有尿素、鱼粉、玉米浆、血粉、蚕蛹粉、豆饼粉、花生饼粉、麸皮等。

3.1.2.3　水

水对微生物的生长必不可少，它在细胞中的生理功能包括：①作为介质完成细胞内进行的生理、生化反应；②直接参与某些代谢反应；③维持蛋白质、核酸等生物大分子稳定的天然构象；④具有良好的导热性，能有效吸收代谢过程中放出的热量，并通过传导或蒸发将热量迅速散发出去，从而有效地控制细胞内的温度变化；⑤通过水合作用与脱水作用控制由多亚基组成的结构，如微管、鞭毛的组装和解离。

3.1.2.4　能源

能源（energy source）是指能为微生物的生命活动提供最初能量来源的营养物质或

辐射能。微生物的能源可来自有机物、无机物和辐射能。根据能源的来源不同，可将微生物分为两种类型，具体内容见3.1.3。

3.1.2.5　无机盐

无机盐（inorganic salt）是微生物生长所必不可少的一类营养物质。其中，有的无机盐是细胞中许多重要物质的组成成分，可参与构成酶的活性基团或酶的激活剂；有的能维持细胞结构的稳定性；有的能调节细胞的氢离子浓度、渗透压平衡和氧化还原电位；有的能作为微生物生长所需的能量来源。根据需求量可将其分为主要元素和微量元素两大类。

主要元素是指 P、S、K、Na、Ca、Mg、Fe 等。其中，P 和 S 的需要量很大，P 是微生物细胞中许多含磷细胞成分（如核酸、核蛋白、磷脂、ATP、辅酶）的重要元素。S 是细胞中含硫氨基酸及生物素、硫胺素等辅酶的重要组成成分。K、Na、Mg 是细胞中某些酶的活性基团，并具有调节和控制细胞质的胶体状态、细胞质膜的通透性和细胞代谢活动的功能。

微量元素有 Mo、Zn、Mn、Co、Cu、B、I、Si 等，在培养基中的含量达 0.1mg/L 或更少就可以满足需要。微量元素的作用一般是参与酶蛋白的组成，维持其空间结构，或使酶活化。例如，Zn 是 RNA 和 DNA 聚合酶的组分，也是乙醇脱氢酶和乳酸脱氢酶的活性基团；Mn 是多种酶的活性剂；Co 是维生素 B_{12} 的组分；Cu 是多酚氧化酶和抗坏血酸氧化酶的组分；Mo 可参与硝酸盐还原酶和固氮酶的活性。环境中微量元素过量会对微生物细胞产生毒害作用，因此维持微量元素的均衡对于细胞的正常生长发育非常重要。

配制细菌培养基时，对于主要元素，可以加入一些化学试剂，如 K_2HPO_4 和 $MgSO_4$。而微量元素常常混杂在水和其他营养物质中，除个别特殊类型的微生物外，无需另外添加。

3.1.2.6　生长因子

生长因子（growth factor）是一类对微生物正常代谢必不可少且不能用简单的碳源或氮源自行合成的有机物，如维生素、氨基酸、碱基、甾醇等。微生物自身不能合成这些微量的特殊有机营养物质，必须在培养基中另外加入才能满足微生物的生长需要。缺少这些生长因子就会影响各种酶的活性，新陈代谢就不能正常进行。由于遗传或代谢机制的原因而缺乏合成生长因子能力的微生物被称为营养缺陷型微生物（auxotrophs）。实验室和工业生产上常常通过物理或化学诱变的方法来获得营养缺陷型菌种。

生长因子可根据其化学结构和生理功能分为：维生素类及其衍生物、氨基酸类、嘌呤或嘧啶类含氮碱基3种主要类型。乳酸菌的营养要求很高，在正常生长和代谢过程中需要硫胺素、核黄素、泛酸、对氨基苯甲酸、叶酸、维生素 B_{12}、生物素等多种生长因子。实验室中常用富含维生素的酵母膏和富含氨基酸的蛋白胨等廉价的材料作为综合生长因子来配制培养基，满足某些微生物的生长需要。但在自然界中自养型细菌和大多数腐生细菌、霉菌都能自己合成许多生长辅助物质，不需要另外供给就能正常生长发育。

3.1.3　微生物的营养类型

不同种类的微生物有着不同的酶系，要求不同类型的营养物质，进行着不同类型的物质代谢。根据微生物生长时所需碳源物质的性质不同，可将其分为两种基本营养类型：一类是生长时可以利用无机含碳物作为唯一碳源或主要碳源的自养型微生物（autotrophs）；另一类是生长时至少需要一种有机含碳物作为碳源的异养型微生物（heterotrophs）。

3.1.3.1 自养型微生物

自养型微生物具有完备的酶系统，能够在完全以无机物为营养的培养基上生长繁殖。它们可以利用 CO_2 或碳酸盐作为碳源，以铵盐或硝酸盐作为氮源，来合成细胞的有机物质。根据还原 CO_2 时能量的来源不同，又可分为光能自养型和化能自养型。

（1）光能自养型

光能自养型微生物（photoautotrophs）能以 CO_2 作为唯一或主要碳源，并能通过光合磷酸化的方式将光能转变成化学能供细胞利用。同时，它们以无机物作为供氢体将 CO_2 还原，以合成细胞生长所需的各种复杂有机物。这类微生物主要是一些蓝细菌、红硫细菌和绿硫细菌，它们通常在湖水中水质较清、可透光的厌氧环境中生长。由于这些细菌细胞内含有叶绿素或细菌叶绿素等光合色素，因而能进行光合磷酸化作用。由于还原 CO_2 的供氢体是硫化氢、硫代硫酸钠或其他无机硫化物，在还原过程中还产生单质硫，反应如下：

$$CO_2 + 2H_2S \xrightarrow{\text{光能、光合色素}} CH_2O + 2S + H_2O$$

（2）化能自养型

化能自养型微生物（chemoautotrophs）既不依赖于阳光，也不依赖于有机营养物，而是完全依赖于无机矿物质。它们利用 CO_2 或碳酸盐作为唯一或主要碳源，生长所需的能量来自于无机物氧化过程中释放的化学能，供氢体是某些特定的无机物，如 H_2、H_2S、Fe^{2+} 或亚硝酸盐。目前已经发现的化能自养型微生物都是原核生物，如硫化细菌、硝化细菌、氢细菌、铁细菌等。它们广泛分布于自然界的土壤和水体中，对自然界中无机营养物的循环起着重要作用。例如，甲烷细菌能利用 H_2 和 CO_2 产生甲烷，反应如下：

$$4H_2 + CO_2 \longrightarrow CH_4 + 2H_2O$$

3.1.3.2 异养型微生物

异养型微生物只能以自然界中有机化合物作为供氢体，以 CO_2 或有机化合物作为碳源，而氮源则可来自无机氮化合物（如硫酸铵、硝酸铵），也可来自有机含氮化合物（如蛋白胨、氨基酸）。其所需的能量，可从分解有机物的过程中获得，也可利用光能。根据异养型微生物碳源和能源的不同，又可分为光能异养型和化能异养型。

（1）光能异养型

光能异养型微生物（photoheterotrophs）含光合色素，利用光能进行光合作用。但这类微生物不能以 CO_2 作为唯一或主要碳源，而需要以有机物为供氢体，利用光能将 CO_2 还原成细胞物质。红螺菌属中的一些细菌属于这类营养类型，它们利用异丙醇作为供氢体将 CO_2 还原成细胞物质，同时积累丙酮，反应如下：

$$2(CH_3)_2CHOH + CO_2 \xrightarrow{\text{光能、光合色素}} 2CH_3COCH_3 + CH_2O + H_2O$$

（2）化能异养型

化能异养型微生物（chemoheterotrophs）不含光合色素，不氧化无机物，生长所需的碳源主要是一些有机物，如淀粉、糖类、纤维素、有机酸等，能量也是来自有机物氧化过程中释放的化学能，因此有机物既是这类微生物的碳源物质又是能源物质。这类微生物包括绝大多数的细菌、放线菌和几乎全部真菌。根据它们获得有机营养物的来源，可将其分为寄生（parasites）和腐生（saprobes）两类。寄生型微生物从活的寄主细胞或组织中获得营养，从而使机体致病甚至死亡；而腐生性微生物从死亡的有机体中获得营养，它能使谷物、食品腐败、变质、受损等。与食品加工、保藏有关的微生物全部是化能异养型微生物。

3.2 微生物对营养物质的吸收

微生物对各种营养物质的吸收及代谢物的排除都是通过细胞膜的渗透和选择性吸收作用进行的，其对营养物质的跨膜转运的方式有被动运输（passive transport）、主动运输（active transport）和大量运输（bulk transport）3 种。被动运输不需要能量，被运输的物质沿浓度梯度从高浓度向低浓度方向扩散；主动运输需要消耗能量，而且有位于细胞膜的载体蛋白参与运输过程；而大量运输中，大量的固体或液体物质通过吞饮作用（engulfment）被运进细胞。

3.2.1 被动运输

被动运输包括被动扩散和促进扩散。而水分子的被动扩散称为渗透作用。被动运输的过程是在被转运物质自身的扩散作用或转运蛋白的协助作用下进行，是一种不耗能转运。

3.2.1.1 被动扩散

被动扩散

被动扩散（passive diffusion）的动力来自于液体中的原子或分子自身趋向于均匀分布的趋势，是一种不消耗细胞能量的纯物理渗透作用。当微生物细胞以该方式进行物质运输时，物质的扩散方向和速度取决于细胞膜内外两侧物质的浓度差，扩散的速度随细胞内外浓度差的减小而降低，直到达到动态平衡。被动扩散是非特异性的，扩散的物质不发生结构变化，也不与细胞膜发生任何特异性交互作用。被动扩散不是微生物吸收营养物质的主要方式，可通过该方式被吸收的物质包括水、一些气体（如 O_2、CO_2）、甘油及某些离子等少数物质。

3.2.1.2 促进扩散

促进扩散

促进扩散（facilitated diffusion）的基本原理与被动扩散相似，只是在促进扩散中有特异性载体蛋白参与，因此它比被动扩散具有更强的特异性和更快的运送速度。特异性载体蛋白（specific carrier protein）是一类存在于细胞膜中的蛋白质，每种特异性载体蛋白对被其运输的物质具有高度的立体专一性，只有能与膜上某种特异性载体蛋白结合的分子才能以这种方式运输。主要例子有酵母菌对糖的运输、细菌对甘油的运输、芽孢菌将钙离子运输进芽孢等。

3.2.2 主动运输

主动运输在运输过程中与促进扩散一样有特异性载体蛋白参与，因此对其被运输的物质具有高度的立体专一性。但是，主动运输是微生物逆浓度梯度吸收营养物质的一种方式，这种运输需要消耗能量。通过这种运输方式，微生物可以把环境中的微生物生长所需的、浓度很低的营养物质吸收到细胞内。

3.2.2.1 依靠 ATP 的转运

以调节细胞内外 K^+、Na^+ 浓度梯度的钠泵（$Na^+ \sim K^+$ pump）为例，它是存在于细胞膜的一组特殊蛋白质，它能逆浓度梯度把 Na^+ 从细胞内泵出细胞外，把 K^+ 从细胞外泵入细胞内，细胞进行该交换时需要消耗 ATP。实际上，钠泵即为 $Na^+ \sim K^+$-ATP 酶。当 ATP 与它接触时，ATP 分解为 ADP 和磷酸，释放出能量供钠泵利用。

钠泵由 4 个亚单位组成，当钠泵内侧亚单位与 ATP 分解出来的带高能的磷酸根结合时，使其发生构象变化。此时，对 Na^+ 的亲和力低，对 K^+ 的亲和力高。结合后的磷酸根很快解离，内侧亚单位的构型恢复到原来的状态。就这样 4 个亚单位不断地发生连续构象变化，泵出 Na^+，泵入 K^+。依靠 ATP 的主动转运过程见图 3-1。

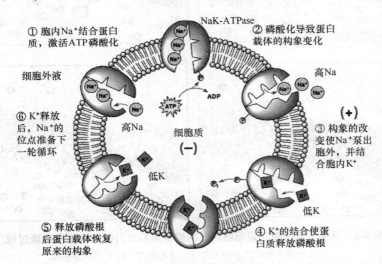

图 3-1　微生物细胞膜对 Na^+ 和 K^+ 的依靠 ATP 的主动转运过程

3.2.2.2 依靠呼吸作用的转运

结合在细胞膜上的乳酸脱氢酶是依靠呼吸作用转运系统的转运蛋白，它还有催化乳酸盐氧化的作用。转运所需的能量来自于 D-乳酸盐脱氢氧化过程。电子传递系统参与该过程，偶联部位在乳酸脱氢酶与细胞色素 B_1 之间。电子传递体系中产生的电子流，使膜内外产生电位差，电位差引起载体蛋白发生变构而推动物质从细胞外转运至细胞内。大肠埃希菌通过这种方式将半乳糖、阿拉伯糖、葡萄糖醛酸、6-磷酸己糖、氨基酸、丙酮酸、二羧酸、核苷酸等物质转运到细胞内。

3.2.2.3 基团转位

基团转位（group translocation）是一种特殊类型的主动运输，它的特殊性表现在被运输的物质在运送过程中会发生化学变化，如将一个磷酸基团转移到被运输的营养物质上。此外，基团转位所需的能量不来源于 ATP。此种转运系统是兼性和专性厌氧微生物摄取糖分的方式，转磷酸酶系将磷酸基团供体的高能键磷酸根转移给细胞外的糖，磷酸糖在底物代谢能的推动下进入细胞内。在此转运中，磷酸烯醇式丙酮酸（PEP）是磷酸供体。参与该转运过程的蛋白质有磷酸载体组蛋白和转磷酸酶系的 3 种酶（E-Ⅰ、E-Ⅱ、E-Ⅲ）。E-Ⅰ、E-Ⅱ是催化糖磷酸化的酶，对糖的识别力很高，它们属于诱导酶。细菌细胞在含糖的培养基上可因诱导作用，自行合成 E-Ⅱ。E-Ⅱ的变构作用使磷酸化的糖进入细胞。微生物细胞膜对葡萄糖的主动转运过程见图 3-2。

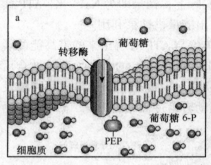
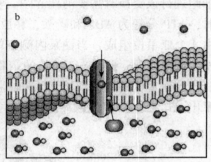
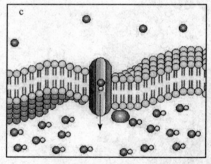
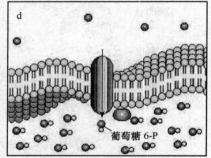

图 3-2 微生物细胞膜对葡萄糖的依靠磷酸烯醇式丙酮酸的主动转运过程

a. 微生物通过基团转运的方式转运葡萄糖时，PEP 是磷酸供体

b. PEP 上的高能磷酸基团被转移给葡萄糖形成 6-磷酸葡萄糖　c. 6-磷酸葡萄糖转运通过细胞膜

d. 葡萄糖转变成 6-磷酸葡萄糖通过细胞膜后不能再被转运出细胞膜外

3.2.3 影响营养物质吸收的因素

（1）微生物细胞膜的通透性

细胞膜通透性的大小，最直接地决定着营养物是否能进入体内。膜上的孔径越大时，营养物越易进入细胞。当营养物质的电荷与膜上孔的电荷相反时，小孔的表面全部张开，则通透性增加，有利于营养物进入细胞；当细胞受到某种处理，如用有机溶剂处理，膜的通透性会增加；当菌种是幼龄时，膜通透性较大；当细胞受损或死亡时，膜的选择性受到损坏，菌体内含物容易从体内渗出。其他物理、化学条件，如 pH 值、温度、

有毒物质等也会影响细胞膜的通透性。

（2）营养物质的浓度

细胞内外营养物质的浓度差对营养物质吸收的影响是显而易见的。浓度差越大，越有利于细胞的吸收。这方面有两种情况：一种情况是，细胞内外某种物质确实存在较大的浓度差；另一种情况是，细胞内外某种物质表面上看起来浓度相差不大，但只要细胞将体内的同种物质不断利用、转化、浓缩，也会促进细胞外的该营养物质不断地进入体内。

（3）营养物质的特性

营养物质分子质量、结构特性、溶解性、电负性、极性等均能够影响营养物进入细胞的难易程度。大分子化合物不易透过细胞膜，需经胞外酶水解成可溶性的小分子后，才能被吸收；脂溶性化合物较水溶性化合物更容易透过细胞膜；不易电离的化合物较易电离的化合物更易进入细胞。

（4）营养物质的所处环境

营养物质所处的环境条件也会影响其被吸收的能力，如温度、pH 值、能够影响运输系统的化学物质等。温度可以通过影响营养物的溶解度、细胞膜的流动性和运输系统的活性来影响细胞对营养物的吸收能力；pH 值和离子强度通过影响营养物质的电离程度来影响营养物质进入细胞的能力。当环境中存在有利于运输系统的诱导物质时，微生物能更好地吸收营养物质；当环境中存在代谢过程抑制剂、解偶联剂以及能与细胞膜上的蛋白质或脂类发生作用的物质，如巯基试剂、重金属离子等，都可在不同程度上影响物质的运输速率。此外，环境中存在被运输物质的结构类似物时也会影响被运输物质吸收速率，如 L-刀豆氨酸、L-赖氨酸或 D-精氨酸都能够降低酿酒酵母吸收 L-精氨酸的能力。

3.3 培养基

培养基（medium）是人工配制的供微生物生长繁殖或产生代谢产物所用的营养基质。可用于微生物的分离、培养、鉴定以及微生物发酵生产等。培养基的种类很多，根据使用目的、营养物质的来源以及培养基的物理状态等可分为若干类型。

3.3.1 培养基的类型

3.3.1.1 根据培养基成分来源划分

（1）天然培养基

天然培养基（complex medium）是指利用动物、植物、微生物体或其提取物等化学成分很不恒定或难以确定的天然物质制成的培养基。例如，蒸熟的马铃薯和牛肉膏蛋白胨培养基等。这类培养基的成分无法确定，但配制方便、营养丰富，所以常被用于微生物的常规培养。

（2）合成培养基

合成培养基（defined medium）是一种利用各种化学成分完全是已知的药品制成的

培养基。这种培养基的组成成分精确，重复性强，但价格较贵，而且微生物在这类培养基中生长较慢。一般仅用于营养、代谢、生理、生化、遗传、育种、菌种鉴定和生物测定等定量要求较高的研究工作上，如高氏一号合成培养基、察氏培养基等。

（3）半合成培养基

半合成培养基（semi-defined medium）是在天然培养基的基础上，适当加入已知成分的无机盐类，或在合成培养基的基础上添加某些天然成分而制成的培养基，如培养霉菌用的马铃薯葡萄糖琼脂培养基。半合成培养基的营养成分更加全面、均衡，能充分满足微生物对营养物质的需要，是实验室和发酵工业中最常用的一类培养基。

3.3.1.2 根据培养基物理状态划分

（1）液体培养基

液体培养基（liquid medium）中不加任何凝固剂，呈液体状态。这种培养基的成分均匀，微生物能充分接触和利用培养基中的养料，适合于各种生理代谢研究、获得大量菌体及发酵工业的大规模生产。

（2）固体培养基

固体培养基（solid medium）根据固体的性质又可把它分为 4 种类型：

①凝固培养基　在液体培养基中加入 1.5%～2% 琼脂做凝固剂，而制成的遇热可融化、冷却后则凝固的固体培养基。在各种微生物学实验工作中有极其广泛的用途。

②非可逆性凝固培养基　由血清凝固的或由无机硅胶配成的凝固后不能再融化的固体培养基，其中硅胶固体培养基用于化能自养微生物分离和纯化。

③天然固体培养基　由天然固体状基质直接配成的培养基，如麸皮、米糠、木屑。

④滤膜　是一种坚韧且带有无数微孔的醋酸纤维薄膜，将其制成圆片状覆盖在营养琼脂或浸有培养液的纤维素衬垫上，就具备了固体培养基的性质。滤膜主要用于含菌量很少的水中微生物的过滤、浓缩及含菌量的测定。

固体培养基被广泛用于微生物分离、鉴定、菌落计数、菌种保藏、选种、育种以及抗生素等生物活性物质的生物测定等方面。在食用菌栽培和工业酿造中也常使用。

（3）半固体培养基

半固体培养基（semi-solid medium）中加入少量凝固剂而呈半固体状态。通常琼脂的用量为 0.2%～0.7%。可用于细菌的运动性观察、鉴定菌种和噬菌体效价测定等方面。

3.3.1.3 根据培养基用途划分

（1）普通培养基

普通培养基（general purpose medium）是根据某一类微生物共同的营养需求而配制的，可用于普通微生物的菌体培养。例如，用于培养大多数细菌的肉汤培养基、营养琼脂培养基；用于培养放线菌的高氏一号培养基和用于培养霉菌的察氏培养基。

（2）加富培养基

加富培养基（enriched medium）是在普通培养基的基础上再加入一些额外的特殊营养物质，如葡萄糖、血液、血清、酵母浸膏、生长因子等，来满足某些营养要求比较苛刻的微生物生长而制成的培养基。例如，有些霉菌缺乏一种或几种氨基酸的合成能力，培养时可在察氏培养基中加入相应的氨基酸或适量的蛋白胨来满足其生长需要。此外，加富培养基还可以用来富集和分离混合样品中数量很少的某种微生物。如果加富培养基中含有某种微生物所需的特殊营养物质，该种微生物就会比其他微生物生长速度快，并逐渐富集而占优势，从而淘汰其他微生物，达到分离该种微生物的目的。

（3）选择培养基

选择培养基（selective medium）是根据某一种或某一类微生物的特殊营养要求或其对一些物理、化学抗性而设计的培养基。这类培养基对微生物的生长繁殖具有选择性，只适合于某种或某一类微生物的生长，而抑制另一些微生物的生长繁殖，可有效地应用于微生物的分离。例如，含有青霉素或链霉素等抗生素的培养基可以用于从混杂的微生物群体中分离出霉菌和酵母菌。从某种意义上讲，选择培养基类似于加富培养基，而两者的区别在于选择培养基一般是抑制不需要的微生物的生长，使需要的微生物增殖，从而分离所需微生物；而加富培养基是用来增加所要分离的微生物的数量，使其形成生长优势，从而分离该种微生物。

（4）鉴别培养基

鉴别培养基（differential medium）是在培养基中加入某种试剂或化学药品而成的培养基，不同的微生物在这种培养上生长后，其产生的代谢产物可与培养基中的特定试剂或化学药品发生反应，而表现出不同特征，从而区别不同类型的微生物。此类培养基主要用于鉴别微生物的某些生理生化特征。如细菌和酵母菌的糖醇发酵培养基，用于鉴别大肠埃希菌的伊红-美蓝培养基，用于测定细菌是否产生硫化氢的硫酸亚铁琼脂培养基等。

另外，在发酵工业中根据用途和生产阶段不同又分为种子培养基和发酵培养基。其中，种子培养基是生产上获得优质孢子或营养细胞的培养基，其目的在于获取优良的菌种。而发酵培养基是生产中用于菌种生长繁殖并积累发酵产品的一类培养基。

3.3.2　配制培养基的基本原则

由于微生物种类、营养类型以及工作目的的多样性，培养基的配方和种类很多。因此，配制科学、合理的培养基要遵循以下基本原则。

（1）培养基组分应适合微生物的营养特点

不同营养类型的微生物对营养物质的需求差异很大。自养型微生物的培养基完全可以（或应该）由简单的无机物质组成。异养型微生物的培养基至少需要含有一种有机物质，但有机物质的种类需适应所培养菌的特点。除此之外，培养所有微生物的培养基中都应包含碳源、氮源、水和各种矿物质元素，有些微生物还需要某些特殊的生长因子。

（2）营养物的浓度与比例应恰当

培养基中各营养物质的含量及配比，尤其是 C/N 比对微生物的生长和代谢影响很大。营养物质浓度过高将导致渗透压过高，浓度过低又将导致营养供应的不足，而抑制微生物的生长。培养基的 C/N 比一般是指碳元素和氮元素的物质的量之比，但在实际生产中常用还原糖含量与粗蛋白含量的比值。一般细菌和酵母菌培养基的 C/N 比为 5：1左右，霉菌培养基的 C/N 比为 10：1 左右。发酵工业中通常通过控制培养基的 C/N 比来控制微生物的代谢。例如，在谷氨酸的发酵生产中，当培养基的 C/N 比为 4：1 时，菌体大量繁殖，而谷氨酸的生成量很少；当 C/N 比为 3：1 时，菌体的繁殖受到抑制，而谷氨酸此时可以大量合成。

各种无机盐类的含量也需要控制和均衡。单一无机盐类的含量过高，会影响微生物对其他矿物元素的吸收，甚至可能对细胞产生毒害作用。配制培养基时通常选用一些多功能的无机盐来提供矿物元素。例如，在培养基中添加适量的 KH_2PO_4 和 Na_2HPO_4，不仅能为微生物提供 K、Na 和 P 元素，还可作为缓冲剂起到稳定培养基 pH 值的作用。

（3）物理、化学条件适宜

微生物的生长除了取决于营养因素外，还受 pH 值、氧气、渗透压等环境因素的影响。

①pH 值　各类微生物都有最适生长 pH 值范围，因此配制培养基时 pH 值应该调节到适宜的范围内。由于微生物的生长代谢，培养基的 pH 值会发生变化，从而抑制微生物的生长，因此通常要在培养基中加入一些缓冲剂。KH_2PO_4 和 K_2HPO_4 是最常用的缓冲剂，它们的调节范围在 pH6.4~7.2 之间。对于产酸较多的微生物，通常使用不溶性碳酸盐（如 $CaCO_3$）作为碱性物质，及时中和微生物产生的酸性物质，维持培养基恒定的 pH 值范围。

②渗透压　绝大多数微生物适合在等渗溶液中生长（0.85%~0.9% NaCl 溶液），在高渗或低渗溶液中因细胞脱水或吸水而死亡。但有些微生物需要在较高的渗透压下才能良好生长，对于这类微生物可在培养基中加入额外的糖或盐来调节。常用来调节培养基渗透压的盐类有钾盐、钠盐、镁盐、钙盐和蔗糖等。发酵工业中，为提高设备的利用率和增加产量，倾向于使用较高浓度的营养基质，但要考虑过高的渗透压对菌体生长造成的抑制作用。

③水分活度　微生物生长所需要的水分活度（A_w）界限是非常严格的，不同类型的微生物生长所需的 A_w 值不同。当 A_w 值接近 0.9 时，绝大多数细菌生长能力微弱；当低于 0.9 时，细菌几乎不能生长；当 A_w 值下降到 0.88 时，酵母菌生长受到严重影响，而大多数霉菌还能生长；多数霉菌生长的最低 A_w 值为 0.80。

④氧化还原电位　对于大多数微生物来说培养基的氧化还原电位（E_h）一般对生长影响不大，但对于专性厌氧细菌来说自由氧的存在对它们有毒害作用，因此往往在培养基中加入还原剂以降低其氧化还原电位，减少培养基中氧化活性强度，常采用的还原剂有巯基乙酸钠、硫代硫酸钠等。

（4）根据培养目的选择原料及其来源

配制培养基时，应尽量考虑利用廉价并且来源广泛的原料作为培养基的成分。在不影响培养效果的前提下，应从经济、易得、配制方便等方面选择培养基原料。由于发酵工业中培养基的用量很大，这一点尤为重要。

3.3.3　培养基制备的一般过程

培养基的种类繁多，制备的具体方法也不完全相同，但制备的基本过程及其要求是相同的，下面介绍培养基制备的一般过程。

（1）加热熔化

根据各种微生物需要，选择适宜的培养基配方，选用符合标准的试剂或药品，各种成分准确称量后加入蒸馏水，加热熔化校正 pH 值后，再加热煮沸 10~15min，并补加损耗的液体。

（2）过滤及分装

液体培养基一般应澄清无沉淀，否则影响观察细菌的生长情况。培养基混浊沉淀多主要与蛋白胨、牛肉膏和琼脂的质量有关，质量优良的原料制成的培养基基本上澄清，无须过滤。分装时，固体培养基要趁热分装以免冷却凝固；液体培养基分装时装量要适宜。

（3）灭菌

配制好的培养基需要及时进行灭菌处理，为所培养的微生物提供没有杂菌的生长环境。目前，常用的培养基灭菌方法主要有高压蒸汽灭菌法和过滤除菌法。

实验室中常用的培养基都采用高压蒸汽灭菌法进行灭菌处理。培养基成分耐热时多采用 121℃、15min，容器和装量大的可延长至 20min；凡含有葡萄糖或其他糖类等不耐热的成分，宜用 115℃、20min 灭菌，以防压力大、温度高、时间长破坏糖分。发酵工业中对液体培养基灭菌时将高压蒸汽通入装在发酵罐的培养基内，使培养基的温度逐渐升至所需温度并保持一定的时间。

培养基中如果有血清、血液、糖类、维生素、酶等在高温下易于分解或变性的成分，应用过滤除菌法进行灭菌处理，再按规定的温度和量加入已灭菌的培养基中。

（4）质量检查

培养基的质量检查包括一般培养基的无菌检查，灵敏度测定及专用培养基、选择性培养基和生化试验培养基的已知菌对照试验等。无菌检查时，把配制好的培养基在适宜温度下培养，检测有无细菌生长；已知菌对照试验时，用已知菌株测定各种生化反应及其他反应的质量效果，以保证培养基的各种鉴别反应的灵敏度和准确性。

（5）培养基的保存

各种培养基均应在 4~8℃下保存，绝不能冻结，因为冻溶后常因理化条件改变而影响试验结果。普通培养基可置冰箱内保存，一般应在两周内用完；久存时液体培养基会失水过多、盐类出现沉淀等，固体培养基干涸变形而不能使用。选择性培养基最好当日用完，必要时应于冷暗处避光保存，但不能超过 3d，否则会影响分离鉴定效果及其准确性。

思考题

1. 什么是碳源、氮源、碳氮比？微生物常用的碳源和氮源物质各有哪些？
2. 比较微生物对营养物质吸收 4 种方式的异同。
3. 划分微生物营养类型的依据是什么？简述微生物的四大营养类型。
4. 配制培养基为什么必须调节 pH 值？常用来调节 pH 值的物质有哪些？
5. 什么是选择性培养基？与鉴别培养基有什么区别？
6. 实验室常用的有机氮源有哪些？无机氮源有哪些？为节约成本，工厂中常用什么做有机氮源？
7. 配制培养基的基本原则有哪些？

第4章

▶▶▶ 微生物的代谢

目的与要求

掌握异养微生物产能途径及特点，了解自养微生物的生物氧化过程，掌握微生物特有的各种发酵途径及其在发酵工业中的应用。了解微生物独特的合成代谢，掌握微生物次级代谢的特点及代谢产物。熟悉微生物代谢调控在发酵工业中的应用。

4.1　微生物的产能代谢

4.2　微生物的耗能代谢

4.3　微生物的次级代谢

4.4　代谢调控在发酵工业中的应用

代谢是微生物细胞与外界环境不断进行物质、能量和信息交换的过程，是细胞内各种化学反应的总和。微生物的代谢包括物质代谢和能量代谢两部分。物质代谢包括分解代谢和合成代谢。微生物细胞直接同生活环境接触，不停地从外界环境吸收适当的营养物质，合成新的细胞物质和贮藏物质，并贮存能量，即合成代谢，这是其生长、发育的物质基础；同时，又把衰老的细胞物质和从外界吸收的营养物质进行分解产生能量，并产生一些中间产物作为合成细胞物质的基础原料，最终将不能利用的废物排出体外，这便是分解代谢。合成代谢和分解代谢两者既是矛盾的，又是统一的，微生物同其他生物一样，新陈代谢作用是它最基本的生命过程，也是其他一切生命现象的基础。

在微生物的物质代谢中，与分解代谢相伴随的蕴含在营养物质中的能量逐步释放的过程，是一个产能代谢的过程。微生物利用能量合成细胞物质以及运动、营养物质运输和生物发光等行为则是一个耗能代谢的过程。

根据微生物代谢过程中产生的代谢产物在微生物体内的作用不同，又可将代谢分成初级代谢与次级代谢两种类型。

4.1　微生物的产能代谢

任何生物体的生命活动都必须有能量驱动，产能代谢是生命活动的能量保障。微生物细胞内的产能与能量贮存、转换和利用主要依赖于氧化还原反应。化学上，物质加氧、脱氢、失去电子被定义为氧化，反之则称为还原。发生在生物细胞内的氧化还原反应通常被称为生物氧化。

微生物的产能代谢是指物质在生物体内经过一系列连续的氧化还原反应而逐步分解，同时释放能量的过程。产能代谢与分解代谢密不可分。营养物质分解代谢释放的能量，一部分通过合成 ATP 等高能化合物而被捕获，另一部分能量以电子与质子的形式转移给一些递能分子形成还原力 [H]，参与生物合成，还有一部分以热的方式释放到环境中。

不同类型微生物进行生物氧化所利用的物质不同，化能异养微生物利用有机物，化能自养微生物则利用无机物。另有一部分微生物（光能自养微生物）能捕获光能并将其转化为化学能以提供生命活动所需的能量。因此，种类繁多的微生物所能利用的能量有两类：一是蕴含在化学物质（营养物）中的化学能；二是光能。

4.1.1　化能异养微生物的生物氧化

概括地讲，生物氧化的形式包括某物质与氧结合、脱氢和失去电子 3 种；生物氧化的过程可分为脱氢（或电子）、递氢（或电子）和受氢（或电子）3 个阶段；生物氧化的功能有产能（ATP）、产还原力 [H] 和产小分子中间代谢物 3 种；而生物氧化的类型则包括了好氧呼吸、厌氧呼吸和发酵 3 种。

4.1.1.1　底物脱氢

这里以葡萄糖作为生物氧化的典型底物进行介绍。葡萄糖在生物氧化的脱氢阶段，主要通过以下几条代谢途径完成：EMP 途径（embden-meyerhof-parnas pathway）、TCA 循环（tricarboxylic acid cycle）、HMP 途径（hexose-mono-phosphate pathway）、ED 途径（entner-doudoroff pathway）。

（1）EMP 途径

EMP 途径又称为糖酵解途径。整个 EMP 途径大致可分为两个阶段。第一阶段是葡萄糖分子转化成 1,6-二磷酸果糖后，在醛缩酶的催化下，裂解成 2 个三碳化合物分子，是一个准备阶段，要消耗 2 分子 ATP；第二阶段是 3-磷酸甘油醛氧化成 1,3-二磷酸甘油酸后，经一系列酶的作用转化成丙酮酸，同时通过底物水平磷酸化产生 4 个 ATP 以及 2 分子 NADH。EMP 途径的反应过程分 10 步完成（图 4-1）。

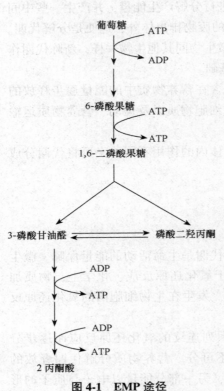

图 4-1 EMP 途径

总反应式为：$C_6H_{12}O_6 + 2NAD^+ + 2（ADP+Pi）$
$\longrightarrow 2CH_3COCOOH + 2ATP + 2（NADH+H^+）$

EMP 途径是绝大多数生物所共有的基本代谢途径，因而也是酵母菌和多数细菌所具有的代谢途径。其产能效率虽低，但生理功能极其重要：供应 ATP 形式的能量和 NADH 形式的还原力；是连接其他几个重要代谢途径的桥梁，包括三羧酸循环、HMP 途径和 ED 途径等；为生物合成提供多种中间代谢物。

在 EMP 途径的反应过程中所生成的 NADH 不能积累，必须被重新氧化为 NAD^+ 后，才能保证继续不断地推动全部反应的进行。NADH 重新氧化的方式，因不同的微生物和不同的条件而异。厌氧微生物及兼性厌氧微生物在无氧条件下，NADH 的受氢体可以是丙酮酸，如乳酸菌所进行的乳酸发酵，也可以是丙酮酸的降解产物——乙醛，如酵母的酒精发酵等。

（2）三羧酸循环

三羧酸循环简称 TCA 循环，是指由丙酮酸经过一系列循环式反应而彻底氧化、脱羧，形成 CO_2、H_2O 和 NADH 的过程。其总反应式（图 4-2）为：

丙酮酸 $+ 4NAD^+ + FAD + GDP + Pi + 3H_2O \rightarrow 3CO_2 + 4（NADH+H^+）+ FADH_2 + GTP$

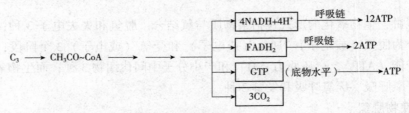

图 4-2 TCA 循环的主要产物

　　TCA 循环在各种好氧微生物中普遍存在。好氧微生物和在有氧条件下的兼性厌氧微生物经 EMP 途径产生的丙酮酸进一步通过三羧酸循环和电子传递链的氧化磷酸化，被彻底氧化生成 CO_2 和 H_2O。TCA 循环不仅产生大量能量，可作为微生物生命活动的主要能量来源，而且是微生物细胞内各类物质合成和分解代谢的中心枢纽。

　　（3）HMP 途径

　　HMP 途径又称磷酸戊糖循环。其特点是葡萄糖经过该途径，主要产生磷酸戊糖并能产生大量 NADPH 形式的还原力以及多种重要中间代谢产物，其主要意义不是生成 ATP。

　　HMP 途径可概括为 3 个阶段：①葡萄糖分子通过几步氧化反应产生核酮糖-5-磷酸和 CO_2；②核酮糖-5-磷酸发生结构变化形成核糖-5-磷酸和木酮糖-5-磷酸；③几种戊糖磷酸在无氧参与的条件下发生碳架重排，产生了己糖磷酸和丙糖磷酸，后者既可通过 EMP 途径转化成丙酮酸而进入 TCA 循环进行彻底氧化，也可通过果糖二磷酸醛缩酶和果糖二磷酸酶的作用转化为己糖磷酸（图 4-3）。

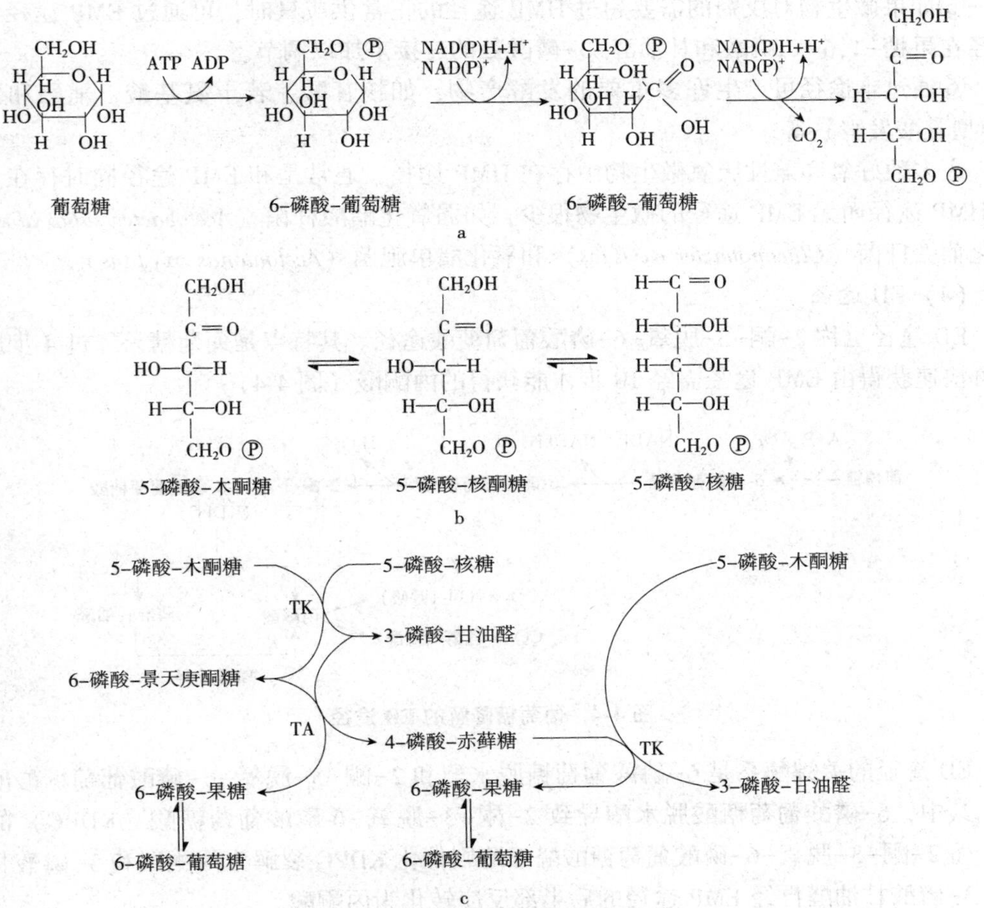

图 4-3　HMP 途径

TK：转羟乙醛酶　TA：转二羟丙酮基酶

HMP 途径的总反应式为：

$$6\text{ 葡萄糖-6-磷酸} + 7H_2O + 12NADP^+ \longrightarrow 5\text{ 葡萄糖-6-磷酸} + 6CO_2 + 12（NADPH+H^+）+ Pi$$

HMP 途径在微生物生命活动中有着极其重要的意义，具体表现在：

①供应生物合成所需要的原料 为细胞生物合成提供大量的 $C_3 \sim C_7$ 中间代谢物，特别是戊糖-磷酸，是合成核酸及某些辅酶的重要底物；赤藓糖-4-磷酸可用于合成芳香族、杂环族氨基酸，如苯丙氨酸、酪氨酸、色氨酸和组氨酸等。

②产生大量的 NADPH 形式的还原力 不仅为合成脂肪酸、类固醇等重要细胞物质之需，而且可通过呼吸链产生大量能量。因此，凡存在 HMP 途径的微生物，当它们处在有氧条件下时，就不必再依赖于 TCA 循环以获得产能所需的 NADH。

③扩大碳源的利用范围 凡存在 HMP 途径的微生物可利用 $C_3 \sim C_7$ 的各种糖作为碳源。

④为固定 CO_2 提供受体 固定 CO_2 的受体是 1,5-磷酸核酮糖，可由核酮糖-5-磷酸在激酶的作用下产生。

⑤如果微生物对戊糖的需要超过 HMP 途径的正常供应量时，可通过 EMP 途径与本途径在果糖-1,6-二磷酸和甘油醛-3-磷酸处的连接来加以调节。

⑥通过本途径可产生许多重要的发酵产物，如核苷酸、若干氨基酸、辅酶和乳酸（异型乳酸发酵）等。

大多数好氧和兼性厌氧微生物中存在 HMP 途径，通常是和 EMP 途径同时存在。只有 HMP 途径而无 EMP 途径的微生物很少，如弱氧化醋酸杆菌（*Acetobacter suboxydans*）、氧化葡糖杆菌（*Gluconobacter oxydans*）和氧化醋单胞菌（*Acetomonas oxydans*）。

（4）ED 途径

ED 途径也称 2-酮-3-脱氧-6-磷酸葡萄糖酸途径。其特点是葡萄糖只经过 4 步反应即可快速获得由 EMP 途径需经 10 步才能获得的丙酮酸（图 4-4）。

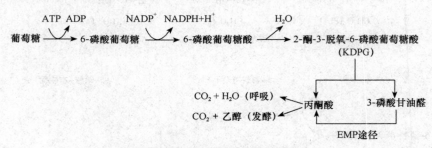

图 4-4 葡萄糖降解的 ED 途径

ED 途径的关键酶系是 6-磷酸葡萄糖脱水酶和 2-酮-3-脱氧-6-磷酸葡萄糖酸醛缩酶。其中，6-磷酸葡萄糖酸脱水酶导致 2-酮-3-脱氧-6-磷酸葡萄糖酸（KDPG）的产生，而 2-酮-3-脱氧-6-磷酸葡萄糖酸醛缩酶则催化 KDPG 裂解为丙酮酸和 3-磷酸甘油醛。3-磷酸甘油醛再经 EMP 途径的后半部反应转化为丙酮酸。

经 ED 途径产生的丙酮酸，在有氧时进入 TCA 循环；在无氧时进行酒精发酵，即丙酮酸脱羧生成乙醛，乙醛又可被 NADH 进一步还原为乙醇，如运动发酵单胞菌

（*Zymomonas mobilos*），这种经 ED 途径发酵产生乙醇的发酵称为细菌的酒精发酵。

ED 途径是糖类的一个厌氧降解途径，在革兰阴性细菌中分布很广，是少数 EMP 途径不完整的细菌所特有的利用葡萄糖的替代途径，如运动发酵单胞菌、嗜糖假单胞菌（*Pseudomonas saccharophila*）以及铜绿假单胞菌（*P. aeruginasa*）等中都具有 ED 途径。

总反应式为：

$$C_6H_{12}O_6+ADP+Pi+NADP^++NAD^+ \longrightarrow 2\ CH_3COCOOH +ATP+（NADPH+H^+）+（NADH+H^+）$$

4.1.1.2 递氢和受氢

贮存在生物体内葡萄糖等有机物中的化学能，经上述多种途径脱氢后，通过呼吸链（或称电子传递链）等传递，最终可与氧、无机或有机氧化物等氢受体相结合而释放出其中的能量。根据递氢特点尤其是受氢体性质的不同，可把生物氧化区分为好氧呼吸、厌氧呼吸和发酵 3 种类型（图 4-5），现分别加以说明。

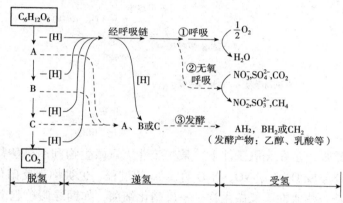

图 4-5　呼吸、无氧呼吸和发酵示意图

（1）好氧呼吸

好氧呼吸是一种最普遍又最重要的生物氧化或产能方式，其特点是底物按照常规方式脱下的氢经电子传递系统传递，最终被外源分子氧接受，生成水并释放出 ATP 形式的能量。其中，电子传递链上的组成酶系存在于原核微生物的细胞质膜上或是在真核微生物的线粒体膜上。这是一种递氢和受氢都必须在有氧条件下完成的生物氧化作用，是一种高效产能方式。

许多异养微生物在有氧条件下，以有机物作为呼吸底物，通过氧化磷酸化获得能量。以葡萄糖为例，原核生物中经糖酵解途径（EMP 途径）和三羧酸循环（TCA 循环）后，可被彻底氧化成 CO_2 和水，生成 38 个 ATP，化学反应式为：

$$C_6H_{12}O_6+6O_2+38ADP+38Pi \longrightarrow 6CO_2+6H_2O+38ATP$$

（2）厌氧呼吸

厌氧呼吸是指一类呼吸链末端的氢受体为外源无机氧化物（少数为有机氧化物）的生物氧化过程。这是一类在无氧条件下进行的、产能效率较低的特殊呼吸。其特点是底物按常规途径脱氢后，经部分呼吸链递氢，最终由氧化态的无机物或有机物受氢，并完成氧化磷酸化产能反应。根据呼吸链末端氢受体的不同，可把无氧呼吸分为无机盐呼吸和有机物呼吸两种类型，具体分类如下：

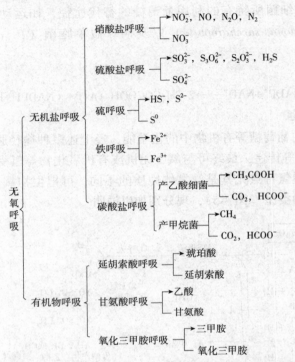

例如硝酸盐呼吸，是在无氧条件下，某些兼性厌氧微生物利用硝酸盐作为呼吸链的最终受体，把它还原成 HNO_2、NO、N_2O 直至 N_2 的过程，也被称为反硝化作用。能进行硝酸盐呼吸的都是一些兼性厌氧微生物——反硝化细菌，如铜绿假单胞菌（*Pseudomonas aeruginosa*）、地衣芽孢杆菌（*Bacillus licheniformis*）等。

在厌氧呼吸中，如果末端氢受体是延胡索酸，则还原产物为琥珀酸。能进行延胡索酸呼吸的微生物大多是一些兼性厌氧菌，如埃希菌属（*Escherichia*）、变形杆菌属（*Proteus*）、沙门菌属（*Salmonella*）和克雷伯菌属（*Klebsiella*）等肠杆菌。该类微生物在无氧条件下培养时，如果在培养基中加入延胡索酸，可促使菌体快速生长并有较高的细胞得率。

（3）发酵作用

发酵泛指任何利用好氧性或厌氧性微生物生产有用代谢产物或食品、饮料的一类生产方式。生物体能量代谢中的狭义发酵概念是指在无氧等外源受氢体的条件下，底物脱氢后产生的还原力 [H] 未经呼吸链传递而为某一内源性中间代谢物接受，以实现底物水平磷酸化产能的一类生物氧化过程。这里讨论的是狭义的发酵。

在发酵途径中，通过底物水平磷酸化合成 ATP，是营养物质中释放的化学能转换成细胞可利用自由能的唯一方式。底物水平磷酸化是指 ATP 的形成直接由一个代谢中间产物上的高能磷酸基团转移到 ADP 分子上的作用（图 4-6）。底物水平磷酸化既存在于发酵过程中，也存在于呼吸作用过程的某些步骤中，如 EMP 途径中 1,3-二磷酸甘油酸转

$$底物-OPO_3H_2 \xrightarrow[\text{不通过呼吸链生成ATP}]{ADP \quad ATP} 产物$$

图 4-6 底物水平磷酸化生成 ATP 的反应

变为 3-磷酸甘油酸，TCA 循环中琥珀酰辅酶 A 转变为琥珀酸等。

4.1.1.3 食品工业中常见的发酵途径

在无氧条件下发酵时，不同微生物以糖类为底物的产能代谢途径呈现出丰富的多样性，即使同一微生物利用同一底物发酵时也可能形成不同的末端产物，这些都取决于微生物本身的代谢特点和发酵条件。现将食品工业中常见的微生物发酵途径介绍如下。

（1）醋酸发酵

参与醋酸发酵的微生物主要是细菌，统称为醋酸细菌。其中既有好氧性的醋酸细菌，如醋化酸杆菌（*Acetobacter aceti*）、氧化醋杆菌（*A. oxydans*）、巴氏醋酸杆菌（*A. pasteurianus*）、氧化醋单胞菌（*Acetomonas oxydans*）等；也有厌氧性的醋酸细菌，如热醋酸梭菌（*Clostriolium themoacidophilus*）、木醋杆菌（*A. xylinum*）等。

好氧性的醋酸细菌在有氧条件下，能将乙醇直接氧化为醋酸，其氧化过程是一个脱氢加水的过程：

$$CH_3CH_2OH \xrightarrow{-2H} CH_3CHO \xrightarrow{+H_2O} CH_3-\underset{\underset{OH}{|}}{\overset{\overset{OH}{|}}{C}}-H \xrightarrow{-2H} CH_3COOH$$

脱下的氢最后经呼吸链和氧结合形成水，并放出能量：

$$4H+O_2 \rightarrow 2H_2O +4.9\times10^5J$$

总反应式为：

$$CH_3CH_2OH+O_2 \rightarrow CH_3COOH+ H_2O +4.9\times10^5J$$

厌氧性醋酸菌进行的是厌氧性的醋酸发酵，其中热醋酸梭菌能通过 EMP 途径发酵葡萄糖，产生 3 分子醋酸。研究证明，该菌只有丙酮酸脱羧酶和辅酶（CoM），能利用 CO_2 作为受氢体生成乙酸，发酵结果如下：

$$C_6H_{12}O_6+2ADP+2Pi \xrightarrow{EMP} 2CH_3COCOOH+4H+2ATP$$

$$2CH_3COCOOH+2H_2O+2ADP+2Pi \xrightarrow[\text{乙酸激酶}]{\text{丙酮酸脱羧酶}} 2CH_3COOH+2CO_2+4H+2ATP$$

$$2CO_2+8H \xrightarrow{CoM} CH_3COOH + 2H_2O$$

总反应式为：

$$C_6H_{12}O_6+ 4（ADP+Pi）\rightarrow 3CH_3COOH+4ATP$$

好氧性的醋酸发酵是制醋工业的基础。制醋原料或酒精接种醋酸细菌后，即可发酵生成醋酸发酵液供食用，醋酸发酵液还可以经提纯制成一种重要的化工原料——冰醋酸。厌氧性的醋酸发酵是我国用于酿造糖醋的主要途径。

（2）柠檬酸发酵

目前大多数学者认为柠檬酸并非单纯由 TCA 循环所积累，而是由葡萄糖经 EMP 途径形成丙酮酸，再由两分子丙酮酸之间发生羧基转移，形成草酰乙酸和乙酰 CoA，草酰乙酸和乙酰 CoA 再缩和成柠檬酸，其反应途径如图 4-7。

淀粉 $\xrightarrow{糖化}$ 葡萄糖 $\xrightarrow{EMP}$ 磷酸烯醇式丙酮酸 $\longrightarrow$ 草酰乙酸 $\searrow$ 柠檬酸
丙酮酸 $\xrightarrow{CO_2}$ 乙酰CoA $\nearrow$

图 4-7　柠檬酸发酵代谢途径

能够累积柠檬酸的霉菌以曲霉属（*Aspergillus*）、青霉属（*Penicillium*）和橘霉属（*Citromyces*）为主。其中以黑曲霉（*Asp. niger*）、米曲霉（*Asp. oryzae*）、灰绿青霉（*Pen. glaucum*）、淡黄青霉（*Pen. luteum*）、光橘霉（*Citromyces glaber*）等产酸能力最强。

（3）乳酸发酵

乳酸是最常见的细菌发酵最终产物，一些能够产生大量乳酸的细菌称为乳酸细菌。在乳酸发酵过程中，发酵产物中 90% 以上为乳酸的发酵过程称为同型乳酸发酵；发酵产物中除乳酸外，还有乙醇、乙酸及 CO_2 等其他产物的，称为异型乳酸发酵。

①同型乳酸发酵　引起同型乳酸发酵的乳酸细菌，称为同型乳酸发酵菌，有双球菌属（*Diplococcus*）、链球菌属（*Streptococcus*）及部分乳杆菌属（*Lactobacillus*）等。其中，工业发酵中最常用的菌种是乳杆菌属中的一些种类，如德氏乳杆菌（*L. delhruckii*）、保加利亚乳杆菌（*L. bulgaricus*）、干酪乳杆菌（*L. casei*）等。

同型乳酸发酵的基质主要是己糖。其发酵过程是葡萄糖经 EMP 途径降解为丙酮酸后，不经脱羧，而是在乳酸脱氢酶的作用下，直接被还原为乳酸。

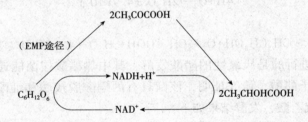

总反应式为：

$$C_6H_{12}O_6+2ADP+2Pi\rightarrow 2CH_3CHOHCOOH+2ATP$$

②异型乳酸发酵　异型乳酸发酵基本都是通过磷酸解酮酶途径进行的。根据途径和产物上的差异，细分为两条发酵途径。

异型乳酸发酵的"经典"途径　肠膜明串珠菌（*Leuconostoc mesenteroides*）、葡萄糖明串珠菌（*L. dextranicum*）、短乳杆菌（*Lactobacillus brevis*）、番茄乳杆菌（*L. lycopersici*）等将葡萄糖通过戊糖解酮酶（PK）途径产生乙醇、乳酸和 CO_2（图 4-8）。

PK（phospho-pentose-ketolase pathway）途径是 HMP 途径的变异途径，从葡萄糖到 5-磷酸木酮糖均与 HMP 相同，然后又在这条途径的关键酶——磷酸戊糖解酮酶的作用下，5-磷酸木酮糖裂解生成乙酰磷酸和 3-磷酸甘油醛。

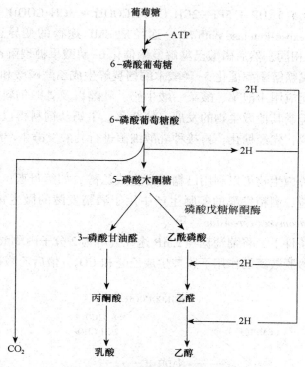

图 4-8 异型乳酸发酵的"经典"途径

总反应式为：

$$C_6H_{12}O_6 + ADP + Pi \rightarrow CH_3CHOHCOOH + CH_3CH_2OH + CO_2 + ATP$$

异型乳酸发酵的双歧杆菌途径 双叉乳杆菌（*Lactobacillus bifidus*）、两歧双歧杆菌（*Bifidobacterium bifidus*）等通过己糖磷酸解酮酶（HK）途径将 2 分子葡萄糖发酵为 2 分子乳酸和 3 分子醋酸，并产生 5 分子 ATP（图 4-9），总反应式为：

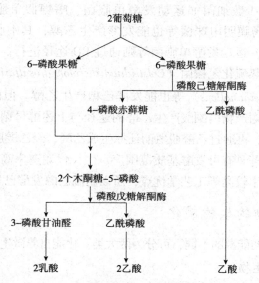

图 4-9 异型乳酸发酵的双歧杆菌途径

$$2C_6H_{12}O_6 + 5ADP + 5Pi \rightarrow 2CH_3CHOHCOOH + 3CH_3COOH + 5ATP$$

HK（phospho-hexose-ketolase pathway）途径是 EMP 途径的变异途径，从葡萄糖到 6-磷酸果糖与 EMP 相同，然后磷酸己糖解酮酶催化 6-磷酸果糖裂解产生乙酰磷酸和 4-磷酸赤藓糖，磷酸戊糖解酮酶催化 5-磷酸木酮糖裂解生成乙酰磷酸和 3-磷酸甘油醛。

乳酸发酵被广泛应用于泡菜、酸菜、酸牛奶、乳酪以及青贮饲料中，由于乳酸细菌代谢积累了乳酸，抑制其他微生物的发展，使蔬菜、牛奶及饲料得以保存。近代发酵工业多采用淀粉为原料，先经糖化，再接种乳酸细菌进行乳酸发酵生产纯乳酸。

（4）酒精发酵

研究发现有多种微生物可以利用己糖发酵生成乙醇，如酵母菌、根霉、曲霉和少数细菌，但在酒类酿造、酒精发酵的实际生产中用于酒精发酵的微生物主要还是酵母菌，如酿酒酵母（*Saccharomyces cerevisiae*）等。

酵母菌在无氧条件下，将葡萄糖经 EMP 途径分解为 2 分子丙酮酸，然后在酒精发酵的关键酶——丙酮酸脱羧酶的作用下脱羧生成乙醛和 CO_2，最后乙醛被还原为乙醇。

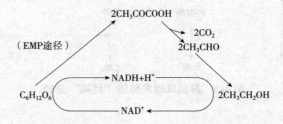

总反应式为：

$$C_6H_{12}O_6 + 2ADP + 2Pi \longrightarrow 2CH_3CH_2OH + 2CO_2 + 2ATP$$

酵母菌发酵过程中，如果使其发酵液呈现弱碱性或添加适量的亚硫酸氢钠，发酵会生成甘油，可用于生产甘油。

酵母菌发酵
生产甘油

除酵母菌外，还有少数细菌如运动发酵单胞菌、嗜糖假单胞菌、解淀粉欧文氏菌（*Erwinia amylovora*）、肠膜明串珠菌等也能发酵产生乙醇，其中肠膜明串珠菌等的酒精发酵通过 PK 途径进行，运动发酵单胞菌等则通过 ED 途径进行。

一些高温细菌如嗜热硫化氢梭菌（*Colstridium thermohydrosulfuricum*）、嗜热厌氧乙醇杆菌（*Thermoanaerobacter ethanolicus*）等也能发酵己糖产生乙醇。但由于嗜热乙醇菌细胞内缺乏丙酮酸脱羧酶，代谢产物丙酮酸产生乙醇的途径与上述酵母菌、发酵单胞菌不同，而是先裂解为乙酰辅酶 A，再通过乙醛脱氢酶还原生成乙醛，经乙醇脱氢酶进一步生成乙醇。由于利用嗜热乙醇菌发酵具有可发酵基质范围广、生长代谢速率高、工艺上有较高稳定性和生产速率、产品回收率较高等工艺学优点，所以高温乙醇发酵已日益受到重视。

4.1.2 自养微生物的生物氧化

自养微生物按其最初能源的不同，可分为两大类：化能自养微生物、光能自养微生物。

4.1.2.1 化能自养微生物

化能自养微生物能从无机化合物的氧化中获得能量。它们以无机物（如 NH_4^+、

NO_2^-、H_2S、S^0、H_2和Fe^{2+}等）为呼吸基质，把无机底物作为电子供体，氧为最终电子受体，电子供体被氧化后释放的电子，经过呼吸链和氧化磷酸化合成 ATP，为还原同化CO_2提供能量。因此，化能自养菌一般是好氧菌。好氧型的化能自养微生物有氢细菌、硫化细菌、硝化细菌和铁细菌等。它们广泛分布在土壤和水域中，并对自然界的物质转化起着重要的作用。这些微生物的产能途径见下列化学反应式：

$$氢细菌：H_2+\frac{1}{2}O_2 \longrightarrow H_2O+237.3kJ$$

$$铁细菌：2Fe^{2+}+\frac{1}{2}O_2+2H^+ \longrightarrow 2Fe^{3+}+H_2O+44.4kJ$$

$$硫化细菌：S_2O_3^{2-}+2O_2+H_2O \longrightarrow 2SO_4^{2-}+2H^++795.4kJ$$

$$S+\frac{3}{2}O_2+H_2O \longrightarrow SO_4^{2-}+2H^++585.2kJ$$

$$硝化细菌：NH_4^++\frac{3}{2}O_2 \longrightarrow NO_2^-+H_2O+2H^++270.8kJ$$

$$NO_2^-+\frac{1}{2}O_2 \longrightarrow NO_3^-+77.4kJ$$

由于化能自养微生物进行生物合成的起始点是建立在对氧化程度极高的CO_2进行还原（即CO_2的固定）的基础上，因此，化能自养微生物必须从氧化磷酸化所获得的能量中，花费部分 ATP 以逆呼吸链传递方式把无机氢转变成用于还原CO_2的还原力 [H]。上述几类无机底物不仅可作为最初的能源供体，而且其中有些底物（如NH_4^+、H_2S、H_2等）还可作为无机氢供体。

与异养微生物比较，化能自养微生物的能量代谢主要有 3 个特点：①无机底物的氧化直接与呼吸链相偶联。即无机底物由脱氢酶或氧化还原酶催化的无机底物脱氢或脱电子后，随即进入呼吸链传递，这与异养微生物对葡萄糖等有机底物的氧化要经过多条途径逐级脱氢有明显差异。②呼吸链更具多样性，不同的化能自养微生物呼吸链组成成分与长短往往不一。③产能效率一般低于化能异养微生物。

4.1.2.2 光能自养微生物

光合作用是自然界一个极其重要的生物学过程，其实质是通过光合磷酸化将光能转变成化学能，用于还原CO_2合成细胞物质。进行光合作用的生物体除了绿色植物外，还包括光能自养微生物，如藻类、蓝细菌和其他光合细菌（包括紫硫细菌、绿硫细菌、嗜盐菌等）。它们利用光能维持生命，同时也为其他生物（如动物和异养微生物）提供了赖以生存的有机物。

光合磷酸化是指光能转变为化学能的过程，当一个叶绿素分子吸收光量子时，叶绿素即被激活，导致叶绿素（或细菌叶绿素）释放一个电子而被氧化，释放出的电子在电子传递系统的传递过程中偶联着 ATP 的合成。光合磷酸化可分为环式和非环式两种。

环式光合磷酸化因在光能的驱动下，通过电子的循环式传递完成磷酸化产能反应而得名，只存在于原核生物的光合细菌中，主要包括着色菌属（*Chromatium*）、红假单胞菌属（*Rhodopserdomonas*）、红螺菌属（*Rpodospirillum*）、绿菌属（*Chlorobium*）和绿弯菌属（*Chloroflexus*）。它们都是厌氧菌，其特点是：①电子传递途径属循环方式，即在光能驱动下，电子从细菌叶绿素分子上逐出，通过类似呼吸链的循环，又回到细菌叶绿素，其间产生了 ATP；②产能与产还原力分别进行；③还原力来自 H_2S 等无机物；④不产生氧。由于这类细菌细胞内所含有的细菌叶绿素和类胡萝卜素的量和比例不同，使菌体呈现出红、橙、蓝、绿等不同颜色。

非环式光合磷酸化是各种绿色植物、藻类和蓝细菌所共有的利用光能产生 ATP 的磷酸化反应。其特点是：①电子传递途径为非循环式；②有氧条件下进行；③有 PSI 和 PSII 两个光合系统；④同时产生还原力、ATP 和 O_2；⑤还原力中的 [H] 来自 H_2O 的光解。

此外，与经典的由叶绿素、细菌叶绿素所进行的光合磷酸化不同，嗜盐菌在无氧条件下，可以依靠细胞膜上的紫膜吸收光能产生 ATP，称为紫膜光合磷酸化。这是目前所知道的最简单的光合磷酸化，仅存在于嗜盐菌中。

4.2　微生物的耗能代谢

微生物将化学能或光能转变为生物能后，可用于合成新的细胞组分；也可提供运动性细胞器的活动、跨膜运输及生物发光等重要的生物耗能所需。本节着重阐述微生物利用能量合成细胞物质的过程。

微生物进行合成代谢时，必须具备 3 个条件，即代谢能量、还原力和小分子前体物质。细胞内的分解代谢为合成代谢提供能量由 ATP 和质子动力提供；还原力主要是指还原型的烟酰胺腺嘌呤二核苷酸（$NADH+H^+$）和还原型烟酰胺腺嘌呤二核苷酸磷酸（$NADPH+H^+$），其中，用于细胞物质合成的 $NADH+H^+$ 通常需要先经转氢酶作用转化为 $NADPH+H^+$ 之后才被使用；小分子前体物质通常指糖代谢过程中产生的中间体碳架物质，这些物质可以直接用来合成生物分子的单体物质（图 4-10）。

二碳化合物的同化

限于篇幅，这里仅简单介绍微生物所特有的、具有重要意义的合成代谢途径，包括自养微生物的 CO_2 固定、生物固氮和肽聚糖的合成等。

4.2.1　自养微生物的 CO_2 的固定

各种自养微生物在其生物氧化中获取的能量主要用于 CO_2 的固定。在微生物中，至今已了解的 CO_2 固定的途径有 4 条，即 Calvin 循环、厌氧乙酰-CoA 途径、逆向 TCA 循环途径和羟基丙酸途径。

（1）Calvin 循环

Calvin 循环又称核酮糖二磷酸途径或还原性磷酸戊糖途径。这一反应是光能自养生物（绿色植物、蓝细菌、光合细菌）和化能自养生物（硫细菌、铁细菌、硝化细菌）固定 CO_2 的主要途径。

Calvin 循环可分为 3 个阶段（图 4-11）：

①羧化反应　3 个核酮糖-1,5-二磷酸通过核酮糖二磷酸羧化酶将 3 个 CO_2 固定，并转变成 6 个 3-磷酸甘油酸分子。

②还原反应　3-磷酸甘油酸还原成 3-磷酸甘油醛（通过逆向 EMP 途径产生）。

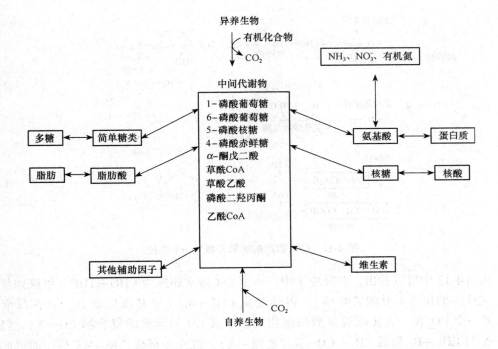

图 4-10   分解代谢和合成代谢过程中的重要中间产物

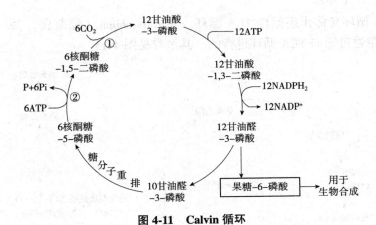

图 4-11   Calvin 循环

③CO_2受体的再生   1 个 3-磷酸甘油醛通过 EMP 途径的逆转形成葡萄糖，其余 5 个分子通过复杂的反应经磷酸核酮糖激酶再生出 3 个核酮糖-1,5-二磷酸分子。如果以产生 1 个葡萄糖分子来计算，Calvin 循环总反应式为：

$$6\ CO_2+12NAD(P)H+12H^++18ATP \rightarrow C_6H_{12}O_6+12NAD(P)^++18ADP+18Pi+6H_2O$$

（2）厌氧乙酰-CoA 途径

厌氧乙酰-CoA 途径又称活性乙酸途径，主要存在于一些产乙酸菌、硫酸盐还原菌和产甲烷菌等化能自养细菌中。其过程见图 4-12。总反应式为：

$$2CO_2+4H_2 \rightarrow CH_3COOH+2H_2O$$

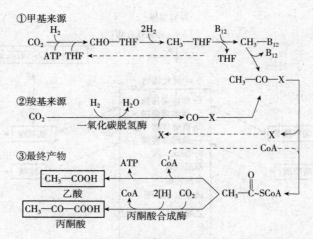

图 4-12　CO_2 固定的厌氧乙酰–CoA 途径

从图 4-12 中可以看出，在反应①中，一个 CO_2 依次还原为 CHO—THF（甲酰四氢叶酸）、CH_3—THF（甲基四氢叶酸），再转变成 CH_3—B_{12}（甲基维生素 B_{12}）；在反应②中，另一个 CO_2 在一氧化碳脱氢酶的催化下，形成 CO 与该酶的复合物 CO—X；然后，CO—X 与 CH_3—B_{12} 形成 CH_3—CO—X（乙酰—X），进一步形成乙酰-CoA 后，即可产生乙酸，也可生成丙酮酸。

（3）逆向 TCA 循环

逆向 TCA 循环又称作还原性 TCA 循环。在 *Chlorobium*（绿菌属）的一些绿色细菌中，CO_2 固定是通过逆向 TCA 循环进行的。其过程见图 4-13。

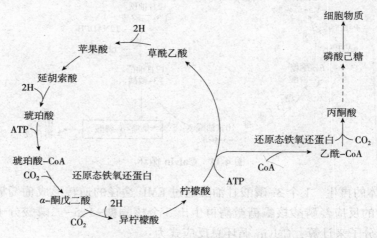

图 4-13　逆向 TCA 循环固定 CO_2 途径

本循环起始于柠檬酸的裂解产物草酰乙酸，以它作为 CO_2 受体，酶循环一周掺入 2 个 CO_2，并还原成可供各种生物合成用的乙酰-CoA，由它再固定 1 分子 CO_2 后，就可进一步形成丙酮酸、丙糖、己糖等一系列构成细胞所需要的重要合成原料。

（4）羟基丙酸途径

羟基丙酸途径是少数绿色非硫细菌如绿弯菌属（*Chloroflexus*）在以 H_2 或 H_2S 作电子供体进行自养生活时所特有的一种 CO_2 固定机制，可把 2 个 CO_2 分子转变为乙醛酸。其过程见图 4-14。其总反应式为：

$$2 CO_2 + 4 [H] + 3ATP \rightarrow 乙醛酸 + 水$$

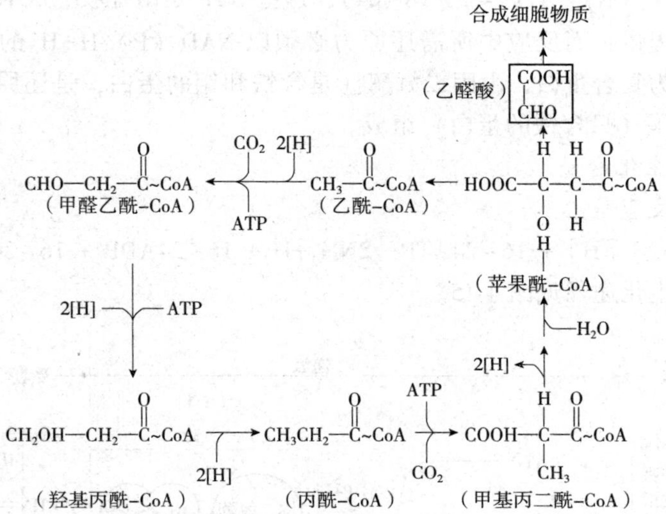

图 4-14　CO₂固定的羟基丙酸途径

从图 4-14 中可以看出，在羟基丙酸途径中，从乙酰-CoA 开始先后经历 2 次羧化，第一次先形成羟基丙酰-CoA，第二次则产生甲基丙二酰-CoA，后者再经分子重排变成苹果酰-CoA，最后裂解成乙酰-CoA 和乙醛酸。其中的乙酰-CoA 重新进入反应循环，而乙醛酸则通过丝氨酸或甘氨酸中间代谢物形式为细胞合成提供必要的原料。

4.2.2　生物固氮

所有的生命都需要氮，氮的最终来源是无机氮。尽管大气中氮气的比例占到了 79%，但所有的动、植物以及大多数微生物都不能利用分子态氮作为氮源。目前仅发现一些特殊类群的原核生物能够将分子态氮还原为氨，然后再由氨转化为各种细胞物质。微生物将氮还原为氨的过程称为生物固氮。

（1）固氮微生物

具有固氮作用的微生物近 50 个属，包括细菌、放线菌和蓝细菌。目前尚未发现真核微生物具有固氮作用。根据固氮微生物与高等植物以及其他生物的关系，可以把它们分为三大类：自生固氮体系、共生固氮体系和联合固氮体系。好氧自生固氮菌以固氮菌属（*Azotobacter*）较为重要，固氮能力较强。厌氧自生固氮菌以巴氏固氮梭菌（*Clostridium pasteurianum*）较为重要，但固氮能力较弱。共生固氮菌种最为人们所熟知的是根瘤菌（*Rhizobium*），它与其所共生的豆科植物有严格的种属特异性。此外，弗兰克氏菌（*Frankia*）能与非豆科树木共生固氮。进行联合固氮的固氮菌有雀稗固氮菌

（*A. paspali*）、产脂固氮螺菌（*Azospirillum lipoferum*）等，它们在某些作物的根系黏质鞘内生长发育，并把所固定的氮供给植物，但并不形成类似根瘤的共生结构。

（2）固氮的生化机制

生物固氮反应的六要素：生物固氮反应的进行需要 ATP 的供应、还原力 [H] 及其传递载体、固氮酶、还原底物（N_2）、镁离子及严格的厌氧微环境。其中，固氮过程中会消耗的大量 ATP（N_2：ATP $= 1 : 18 \sim 24$），这些 ATP 是由呼吸、厌氧呼吸、发酵或光合磷酸化作用来提供；而反应中所需还原力必须以 NAD（P）$H + H^+$ 的形式提供；反应中所需的固氮酶为复合蛋白，由固二氮酶（是含铁和钼的蛋白，是还原 N_2 的活性中心）和固二氮酶还原酶（只含铁的蛋白）组成。

（3）固氮的生化途径

生物固氮总反应是：

$$N_2 + 8 \text{[H]} + 16 \sim 24\text{ATP} \rightarrow 2NH_3 + H_2 + 16 \sim 24\text{ADP} + 16 \sim 24\text{Pi}$$

固氮反应的生化途径见图 4-15。

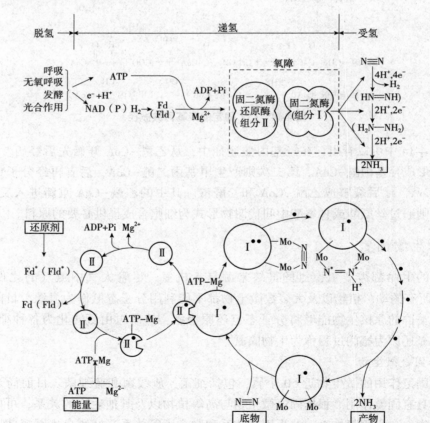

图 4-15 自生固氮菌固氮的生化途径（上）及其细节（下）

从图 4-15 中可以看到，整个固氮过程主要经历以下几个环节：①由 Fd 或 Fld 向氧化型固二氮酶还原酶的铁原子提供 1 个电子，使其还原；②还原型的固二氮酶还原酶与

ATP-Mg 结合，改变了构象；③固二氮酶在 "FeMoCo" 的 Mo 位点上与分子氮结合，并与固二氮酶还原酶-Mg-ATP 复合物反应，形成一个 1：1 复合物，即完整的固氮酶；④在固氮酶分子上，有 1 个电子从固二氮酶还原酶-Mg-ATP 复合物转移到固二氮酶的铁原子上，这时固二氮酶还原酶重新转变成氧化态，同时 ATP 也就水解成 ADP+Pi；⑤通过上述过程连续 6 次的运转，才可使固二氮酶释放出 2 个 NH_3 分子，还原 1 个 N_2 分子。

N_2 分子经固氮酶催化还原为 NH_3，再通过转氨途径形成各种氨基酸。

4.2.3 肽聚糖的合成

细胞壁肽聚糖的合成是一个极其复杂的过程，根据反应进行的部位不同，整个合成过程可分为在细胞质中、在细胞膜上和在细胞膜外 3 个阶段。

（1）在细胞质中合成

①由葡萄糖合成 N-乙酰葡萄糖胺和 N-乙酰胞壁酸

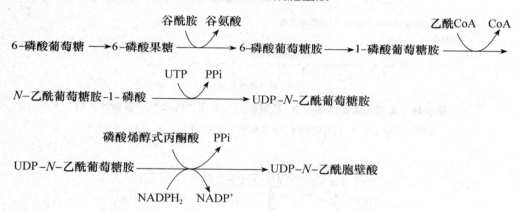

②由 N-乙酰胞壁酸合成 "Park" 核苷酸（UDP-N-乙酰胞壁酸五肽）　这一过程需要 4 步反应，它们都需要尿嘧啶二磷酸（UDP）作为糖的载体，另外还有合成 D-丙氨酰胺-D-丙氨酸的两步反应，这些反应都可被环丝氨酸所抑制。反应过程见图 4-16。

（2）在细胞膜中合成

由 "Park" 核苷酸合成肽聚糖亚单位的过程是在细胞膜上完成的。在细胞质内合成 "Park" 核苷酸后，穿入细胞膜并进一步接上 N-乙酰葡萄糖胺和甘氨酸五肽，即合成了肽聚糖亚单位。这个肽聚糖亚单位通过一个类脂载体（十一异戊烯磷酸）携带到细胞膜外，进行肽聚糖合成。由 "Park" 核苷酸合成肽聚糖亚单位的过程总计有 5 步反应，见图 4-17。

（3）在细胞膜外合成

被运送到细胞膜外的肽聚糖亚单位在必须有细胞壁残余（至少 6~8 个肽聚糖亚单位）作引物的条件下，肽聚糖亚单位与引物分子间先发生转糖基作用（transglycosylation）使多糖横向延伸一个双糖单位，然后，再通过转肽作用（transpeptidation）使两条多糖链间形成甘氨酸五肽 "桥" 而发生纵向交联反应，从而形成一个完整的网状结构。

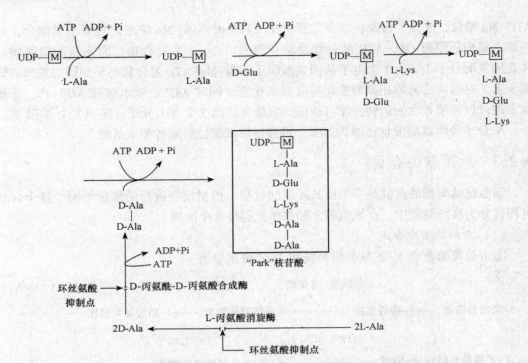

图 4-16　金黄色葡萄球菌由 N-乙酰胞壁酸合成"Park"核苷酸的过程

（图中的 M 表示 N-乙酰胞壁酸。在大肠埃希菌中，L-Lys 被 mDAP 所代替）

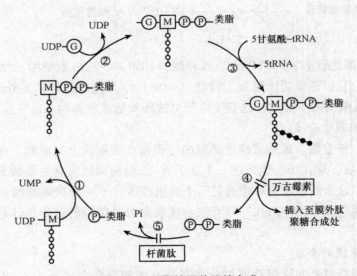

图 4-17　肽聚糖亚单位的合成

　　一些抗生素能抑制细菌细胞壁的合成，但是它们的作用位点和作用机制是不同的。现概述如下：

　　①衣霉素　它的结构与十一异戊烯磷酸载体结构相似，能够阻止 N-乙酰葡萄糖转移到十一异戊烯-P-P-N-乙酰胞壁酰-五肽上，从而抑制十一异戊烯二糖-五肽的形成。

②环丝氨酸 环丝氨酸与 D-丙氨酸结构相似，能够作为 D-丙氨酸的拮抗物而影响 D-丙氨酰-D-丙氨酸二肽的合成，进而影响"Park"核苷酸的合成。

③万古霉素 可抑制肽聚糖分子的延长。

④杆菌肽 由于杆菌肽能够与十一异戊烯-P-P 络合，抑制了焦磷酸酶的作用，也就阻止了十一异戊烯磷酸载体的再生，从而使肽聚糖的合成受阻。

⑤青霉素 可抑制转肽作用进行。青霉素是肽聚糖亚单位五肽末端的 D-丙氨酰-D-丙氨酸的结构类似物，两者竞争转肽酶的活性中心，从而竞争性抑制了肽聚糖的转肽作用，使得肽聚糖分子不能发生纵向交联反应，肽聚糖不能形成细胞壁层。可见，青霉素的抑菌作用，只能是对处于活跃生长的细菌，对处于休眠阶段的细菌几乎无作用。

4.3 微生物的次级代谢

4.3.1 微生物次级代谢概述

在微生物的新陈代谢中，一般将微生物从外界吸收的各种营养物质，通过分解代谢和合成代谢生成维持生命活动的物质和能量的过程，称为初级代谢。而次级代谢是相对于初级代谢而提出的一个概念。一般认为，次级代谢是指微生物在一定的生长时期，以初级代谢产物为前体，合成一些对微生物生命活动无明确功能的物质的过程。初级代谢产物有如单糖或单糖衍生物、核苷酸、维生素、氨基酸、脂肪酸等单体，以及由它们组成的各种大分子聚合物，如蛋白质、核酸、多糖、脂质等生命必需物质。次级代谢产物大多是分子结构比较复杂的化合物。根据其作用，可将其分为抗生素、激素、生物碱、毒素等类型。次级代谢产物可积累在细胞内，但通常都分泌到细胞外，有些与机体的分化有一定的关系，并在同其他生物的生存竞争中起着重要的作用。

初级代谢与次级代谢是一个相对概念，它们共同存在于某些生物体中，两者间密切联系。在微生物的新陈代谢中，先产生初级代谢产物，后产生次级代谢产物。初级代谢是次级代谢的基础，可以为次级代谢产物合成提供前体物和所需要的能量；初级代谢产物合成中的关键性中间体也是次级代谢产物合成中的重要中间体物质，如糖降解过程中的乙酰-CoA 是合成四环素、红霉素的前体；在菌体生长阶段，被快速利用碳源的分解物阻遏了次级代谢酶系的合成；因此，只有在对数后期或稳定期，这类碳源被消耗完之后，解除阻遏作用，次级代谢产物才能得以合成。而次级代谢则是初级代谢在特定条件下的继续与发展，可避免初级代谢过程中某种（或某些）中间体或产物过量积累对机体产生的毒害作用。两者之间的具体不同表现在以下几个方面。

（1）存在范围不同

初级代谢的代谢系统、代谢途径和代谢产物在各类生物中都基本相同，是一类普遍存在于各类微生物中的一种基本代谢类型。次级代谢只存在于某些微生物中，并且代谢途径和代谢产物因生物不同而不同，即使是同种生物也会由于培养条件不同而产生不同的次级代谢产物。例如，某些青霉菌、芽孢杆菌和黑曲霉在一定的条件下分别合成青霉素和杆菌肽等次级代谢产物；同种产黄青霉在不同的培养基上可以合成不同的次级代谢产物，如在 Raulin 培养基内培养时可以合成青霉酸，但在 Czapek-Dox 培养基内培养时却不合成青霉酸。灰黄青霉在 Czapek-Dox 培养基上培养时合成灰黄霉素（fulvicin），在 Raulin 培养基上培养时合成灰黄霉酸（fulvic acid）。

（2）对微生物的作用不同

通过初级代谢，能使营养物转化为结构物质、具生理活性物质或为生长提供能量，因此初级代谢产物通常都是机体生存必不可少的物质，只要在这些物质的合成过程的某个环节上发生障碍，轻则引起生长停止，重则导致机体发生突变或死亡，是一种基本代谢类型。

次级代谢产物一般对菌体自身的生命活动无明确功能，不参与细胞结构组成，也不是酶活性必需的，不是机体生长与繁殖所必需的物质，即使在次级代谢的某个环节上发生障碍，也不会导致机体生长的停止或死亡，至多只是影响机体合成某种次级代谢产物的能力。但许多次级代谢产物通常对人类和国民经济的发展有重大影响。

（3）同微生物生长过程的关系不同

初级代谢自始至终存在于生活的菌体中，同菌体的生长过程呈平行关系，只有微生物大量生长，才能积累大量初级代谢产物。

次级代谢则是在菌体生长到一定时期内（通常是微生物的对数生长期末期或稳定期）产生的，它与机体的生长不呈平行关系，一般可明显地表现为菌体的生长期和次级代谢产物形成期两个不同的时期。

（4）对环境条件的敏感性或遗传稳定性上明显不同

初级代谢产物对环境条件的变化敏感性小（即遗传稳定性大），而次级代谢产物对环境条件变化很敏感，其产物的合成往往因环境条件变化而停止。

（5）相关酶的专一性不同

相对来说催化初级代谢产物合成的酶专一性强，催化次级代谢产物合成的某些酶专一性较弱。因此在某种次级代谢产物合成的培养基中加入不同的前体物时，往往可以导致机体合成不同类型的次级代谢产物。另外，催化次级代谢产物合成的酶往往是一些诱导酶，是在产生菌对数生长末期或稳定生长期，由于某种中间代谢产物积累而诱导机体合成的一种能催化次级代谢产物合成的酶，这些酶通常因环境条件变化而不能合成。

4.3.2 微生物次级代谢产物

目前就整体来说，对次级代谢产物的研究远远不及对初级代谢产物研究那样深入。与初级代谢产物相比，次级代谢产物无论在数量上还是在产物的类型上都要比初级代谢产物多得多和复杂得多。迄今对次级代谢产物分类还无统一的标准。根据次级代谢产物的结构特征与生理作用的研究，可大致分为抗生素、生长刺激素、色素、生物碱与毒素等不同类型。

（1）抗生素

抗生素是对其他种类微生物或细胞能产生抑制或致死作用的一大类有机化合物。它是由生物合成或半合成的次级代谢产物，能在细胞内积累或分泌到胞外，并能抑制其他种微生物的生长或杀死它们，因而这类物质在产生菌与其他种生物的生存竞争中，在防治人类、动物的疾病与植物的病虫害上起着重要作用。

（2）生长刺激素

它是主要由植物和某些细菌、放线菌、真菌等微生物合成并能刺激植物生长的一类生理活性物质。赤霉素就是由引起水稻恶苗病的藤仓赤霉（*Gibberella fujikuroi*）产生的一种不同类型赤霉素的混合物，是农业上广泛应用的植物生长刺激素，尤其在促进晚稻在寒露来临之前抽穗方面具有明显的作用。青霉属、丝核菌属和轮枝霉属的一些种也能产生类似赤霉素的生长刺激性物质。此外，在许多霉菌、放线菌和细菌（包括假单胞菌、芽孢杆菌和固氮菌等）的培养液中积累有吲哚乙酸和萘乙酸等生长素类物质。

青霉素的生物
合成途径

（3）维生素

在这里，维生素是指某些微生物在特定条件下合成远远超过产生菌本身正常需要的那部分维生素。丙酸细菌、芽孢杆菌、某些链霉菌和耐高温放线菌在培养过程中可以积累维生素 B_{12}，某些分枝杆菌能利用碳氢化合物合成吡哆醛与尼克酰胺，某些假单胞菌能过量合成生物素，某些醋酸细菌能过量合成维生素 C，各种霉菌不同程度地积累核黄素等，酵母菌类细胞中除含有大量硫胺素、核黄素、尼克酰胺、泛酸、吡哆素以及维生素 B_{12} 外，还含有各种固醇，其中麦角固醇是维生素 D 的前体，经紫外光照射，即能转变成维生素 D。目前医药上应用的各种维生素主要是用各种微生物生物合成后提取的。

（4）色素

色素是指由微生物在代谢中合成的积累在胞内或分泌于胞外的各种呈色次生代谢产物。例如，灵杆菌和红色小球菌细胞中含有花青素类物质，使菌落出现红色。放线菌和真菌产生的色素分泌于体外时，使菌落底面的培养基呈现紫、黄、绿、褐、黑等色。积累于体内的色素多在孢子、孢子梗或孢子器中，使菌落表面呈现各种颜色。红曲霉产生的红曲素，使菌体呈现紫红色，并分泌体外。

（5）毒素

对人和动植物细胞有毒杀作用的一些微生物次生代谢产物称为毒素。毒素大多是蛋白质类物质，如毒性白喉棒状杆菌产生的白喉毒素、破伤风梭菌产生的破伤风毒素、肉毒梭菌产生的肉毒毒素等。其他许多病原细菌，如葡萄球菌、链球菌、沙门菌、痢疾杆菌等也都产生各种外毒素和内毒素。杀虫细菌，如苏云金杆菌能产生包含在细胞内的伴胞晶体，它是一种分子结构复杂的蛋白质毒素。真菌毒素的种类也很多，目前已知有百余种，14 种能致癌，如部分黄曲霉菌（*Aspergillus flavus*）产生的黄曲霉毒素 B_2。

（6）生物碱

虽然生物碱大部分由植物合成，但某些霉菌合成的生物碱（如麦角生物碱），即属于次生代谢产物。麦角生物碱在临床上主要用来作为防止产后出血、治疗交感神经过敏、周期性偏头痛和降低血压等疾病的药物。

4.4 代谢调控在发酵工业中的应用

微生物在其生活过程中，不断地进行着各种各样的代谢过程，这些过程极其复杂，而生命本身总是随时在有条不紊地调节着全部代谢。主要原因就是在微生物体内，存在着一整套可塑性极强和极精确的代谢调节系统。在这个调控系统中，基因决定酶，酶决定代谢途径，代谢途径决定代谢产物；与此同时，代谢产物又可以反馈地调节酶的合成或活性以及基因的活化。在细胞内，上述系统间任何时候都处于相互统一、相互矛盾、高度协调和制约之中，以确保上千种酶能准确无误、有条不紊地进行极其复杂的新陈代谢反应。

在发酵工业中，为了大量积累人们所需的某一代谢产物，常人为地打破微生物细胞内的自动代谢调控机制，使代谢朝人们所希望的方向进行，这就是所谓的代谢调控。代谢调控包括在代谢途径水平上对酶活性的调节和在基因调控水平上对酶合成的调节。常用的控制微生物发酵途径的方法有改变细胞膜透性以及改变微生物遗传特性等。

4.4.1 控制细胞膜的渗透性

微生物的细胞膜对于物质的通透性具有选择性，细胞内的代谢产物不能随意通过细胞膜而分泌到细胞外。一些代谢产物累积在细胞内，而过量的代谢产物就会通过反馈抑制作用而控制代谢产物的进一步合成。如果能改变细胞膜通透性，使代谢产物不断地分泌到细胞外，就能解除终产物的反馈抑制作用，增加发酵产量。

（1）通过生理学手段控制细胞膜的渗透性

在谷氨酸发酵生产中，生物素的浓度对谷氨酸的累积有着明显的影响。如果将生物素的浓度控制在亚适量，可以增加谷氨酸棒杆菌（*Corynebacterium glutamicum*）细胞膜的通透性，使谷氨酸不断地分泌到细胞外，由于解除了过量谷氨酸对谷氨酸脱氢酶的反馈抑制，所以提高了谷氨酸产量。

生物素影响细胞膜渗透性的原因，是由于它是脂肪酸生物合成中乙酰 CoA 羧化酶的辅基，此酶可催化乙酰 CoA 的羧化并生成丙二酸单酰 CoA，进而合成细胞膜磷脂的主要成分——脂肪酸。因此，控制生物素的含量就可以改变细胞膜的成分，进而改变膜的透性和影响谷氨酸的分泌。

如果培养基内生物素含量丰富，乙酰 CoA 羧化酶的活性正常，使细胞合成完整的细胞膜，结果限制了谷氨酸向细胞外分泌，产生了末端产物的反馈抑制作用，进而影响谷氨酸的进一步合成。该种情况下，只要添加适量的青霉素也有提高谷氨酸产量的效果。其原因是青霉素可抑制细菌细胞壁肽聚糖合成中转肽酶的活性，结果引起其结构中肽桥间无法进行交联，造成细胞壁的缺损。这种细胞的细胞膜在细胞膨压的作用下，有利于代谢产物的外渗，并因此降低了谷氨酸的反馈抑制，提高了产量。

（2）通过细胞膜缺损突变而控制其渗透性

应用谷氨酸产生菌的油酸缺陷型菌株，在限量添加油酸的培养基中，也能因细胞膜发生渗漏而提高谷氨酸的产量。这是因为油酸是一种含有一个双键的不饱和脂肪酸（十八碳烯酸），是细菌细胞膜磷脂中的重要脂肪酸。油酸缺陷型突变株因其不能合成油酸而影响细胞膜的完整性，结果增加了细胞膜的通透性，提高了谷氨酸产量。

4.4.2 改变微生物的遗传特性

促进微生物代谢产物大量积累的另一重要途径是改变微生物的遗传特性，影响细胞原有的代谢调控机制。常用的方法是选育营养缺陷型菌株，解除终产物的反馈抑制和反馈阻遏作用，或者选育抗反馈调节突变株，使细胞内的调节酶不受过量的终产物的反馈阻遏，从而提高发酵产量。

（1）应用营养缺陷型菌株以解除正常的反馈调节

在许多微生物中，可用天冬氨酸为原料，通过分支代谢途径合成出赖氨酸、苏氨酸和甲硫氨酸（图 4-18）。其中，苏氨酸和赖氨酸协同反馈抑制共同途径的第一个酶——天冬氨酸激酶的活性。为了解除正常的代谢调节以获得赖氨酸的高产菌株，工业上选育了谷氨酸棒杆菌的高丝氨酸缺陷型菌株作为赖氨酸的发酵菌种。这个菌种由于不能合成高丝氨酸脱氢酶，故不能合成高丝氨酸，也不能产生苏氨酸和甲硫氨酸，从而也解除了对天冬氨酸激酶的协同反馈抑制，这样就能大量合成赖氨酸。

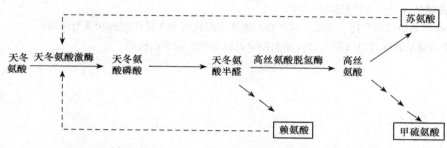

图 4-18 *Corynebacterium glutamicum* 的代谢调节与赖氨酸生产

（2）应用抗反馈调节的突变株解除反馈调节

抗反馈调节突变菌株，就是指一种对反馈抑制不敏感或对阻遏有抗性的组成型菌株，或兼而有之的菌株。在这类菌株中，因其反馈抑制或阻遏已解除，或是反馈抑制和阻遏已同时解除，所以能分泌大量的末端代谢产物。

微生物生长时常需要一些代谢物（如氨基酸、维生素、嘌呤和嘧啶化合物等）用于细胞的生物合成。如果将这些代谢物的结构类似物（抗代谢物）添加于培养基内，由于它可以和正常的代谢物竞争同一酶系，因此使微生物不能够将正常的代谢物用于细胞的生物合成，结果使菌体不能正常生长。如果将菌体诱变，获得在抗代谢物存在时也能够正常生长的突变株，则证明该突变株的有关酶系对抗代谢物已不敏感。一般情况下，该突变株的有关酶系对相应的代谢物也不敏感，这样就解除了某些代谢物对有关酶系的反馈抑制和阻遏。

例如，当把钝齿棒杆菌（*Corynebacterium crenatum*）培养在含苏氨酸和异亮氨酸的结构类似物 AHV（α-氨基-β-羟基戊酸）的培养基上时，由于 AHV 可干扰该菌的高丝氨酸脱氢酶、苏氨酸脱氢酶以及二羧酸脱水酶的作用，所以抑制了该菌的正常生长。采用诱变（如用亚硝基胍作为诱变剂）可获得抗 AHV 突变株。该突变株的高丝氨酸脱氢酶或苏氨酸脱氢酶和二羧酸脱水酶的结构基因发生了突变，故不再受苏氨酸或异亮氨酸的反馈抑制，因而用该突变菌株发酵可大量积累苏氨酸和异亮氨酸。

思考题

1. 在化能异养微生物的生物氧化中，基质的脱氢和产能的途径主要有几条？比较说明各途径的主要特点。

2. 什么叫发酵、有氧呼吸和无氧呼吸？试比较三者的异同。

3. 微生物利用葡萄糖进行分解代谢的途径有哪些？每一代谢途径的特点和生理作用如何？

4. 什么是好氧性醋酸发酵和厌氧性醋酸发酵？二者在微生物种类和发酵途径上有何不同？各有哪些具体应用？

5. 试比较同型乳酸发酵和异型乳酸发酵的异同点。

6. 比较说明细菌酒精发酵和酵母菌酒精发酵的特点和优缺点。

7. 图示说明分解代谢和合成代谢间的差别和联系。

8. 肽聚糖的生物合成分为哪几个阶段？试用简图表示细菌细胞壁肽聚糖的生物合成途径。哪些化学因子可抑制其合成？其抑制部位如何？

9. 什么叫初级代谢产物、次级代谢产物？简述初级代谢和次级代谢的联系与区别。

10. 营养缺陷性菌株在发酵生产代谢调控中有何应用？试举例说明。

第5章

微生物生长 ≪≪≪

目的与要求

    了解微生物的分离方法、微生物的同步培养和连续培养方式；掌握微生物生长量的测定方法、单细胞微生物的群体生长规律及环境因素对微生物生长的影响；了解食品生产及保藏中有害微生物控制的常见方法。

5.1 微生物纯培养分离及生长测定方法

微生物在适宜的环境条件下，不断地吸收营养物质转化为构成细胞物质的组分和结构，当个体细胞同化作用超过了异化作用，细胞原生质量增加，个体质量或体积增大，于是出现了个体的生长现象。个体细胞的增大即细胞物质的增加是有限度的，生长到一定程度便开始分裂，若这种分裂伴随着个体数目的增加即称为繁殖。而对于多细胞微生物如某些霉菌来说，细胞分裂后主要表现为菌丝的伸长和分枝，而不是个体数目的增加，也只能称为生长。只有通过形成无性孢子或有性孢子等使得个体数目增加，才能称为繁殖。

由于微生物的个体极小且繁殖快，尤其是单细胞微生物（如细菌、酵母菌等）个体生长很难测定，意义也不大，所以常用群体生长来反映个体生长的状况，以群体细胞数目增加为生长标志。而丝状微生物（如放线菌、霉菌）的生长则通常以菌丝的体积和质量增加（细胞物质量的增加）来衡量生长状况。

个体生长→个体繁殖→群体生长

群体生长＝个体生长＋个体繁殖

5.1.1 纯培养的获得方法

微生物在自然界中不仅分布很广，而且都是混杂地生活在一起。要想研究或利用某一种微生物，必须把它从混杂的微生物类群中分离出来，以得到只含有一种微生物的培养。微生物学中把从一个细胞或一群相同的细胞经过培养繁殖而得到的后代，称为纯培养。

微生物的培养分离是研究和利用微生物的第一步，是微生物工作中最重要的环节之一。最常用的纯培养获得方法有稀释法、划线法、单细胞挑取法、组织分离法及利用选择性培养基分离法等。

（1）平板划线分离法

用接种环无菌操作取少许待分离的材料，在无菌平板表面进行平行划线、扇形划线或其他形式的连续划线，微生物将随着划线次数的增加而分散，划线开始的部分微生物的浓度大，易形成菌苔，随着划线次数的增多，微生物逐渐减少。如果划线适宜的话，微生物能一一分散，经培养后可在平板表面得到单菌落。此方法的特点是快速、方便，其中分区划线适用于浓度较大的样品，连续划线适用于浓度较小的样品。

（2）稀释平板法

稀释平板法根据操作的方法不同又可分为倾注平板法和涂布平板法。

① 倾注平板法 将待分离的样品用无菌水先做10倍梯度稀释（如1∶10，1∶100，1∶1000，1∶10 000，…），分别取不同浓度稀释液少许加入无菌的空培养皿内，然后加入熔化并冷却至45℃左右的琼脂培养基10~15mL，迅速旋转平板，使其充分混合后水平放置至凝固即制成了可能含菌的琼脂平板，倒置于一定温度的恒温箱中培养一定时间就会出现菌落。如果稀释得当，在平板表面或琼脂培养基中就会出现分散的单个菌落。挑

取单个菌落或重复以上操作数次，便可得到纯培养。

② 涂布平板法 由于待分离的样品与 45℃ 左右的琼脂培养基混合后制平板易造成某些热敏感菌的死亡，而且采用倾注平板法也会影响一些严格好氧菌的生长，因此在微生物学研究中更常用的获得纯培养的分离方法是涂布平板法。其做法是先将已熔化的琼脂培养基倒入无菌培养皿，制成无菌平板，冷却凝固后，将一定量的某一稀释度的样品稀释液滴加在平板表面，再用无菌玻璃涂棒将菌液均匀分散至整个平板表面，倒置于一定温度的恒温箱中培养一定时间后挑取单个菌落，或重复以上操作数次，便可得到纯培养。

（3）单孢子或单细胞分离法

单孢子或单细胞分离法是从待分离材料的混杂群体中挑取单个细胞来培养，从而获得纯培养。具体方法是将显微镜挑取器安装在显微镜上，把一滴细胞悬液置于载玻片上，用安装在显微镜挑取器上的极细的毛细吸管，在显微镜下对准某一个细胞挑取，也可以采用特制的毛细管在载玻片的琼脂涂层上选取单孢子并切割下来，然后移到合适的培养基进行培养。此法需要操作非常熟练的人员，单细胞分离的难度与细胞或个体的大小有关，较大的微生物如藻类、原生动物较容易分离，个体较小的细菌的分离则较难。此法多用于高度专业化的科学研究。

（4）利用选择性培养基分离法

微生物生长需要不同的营养物质、不同的酸碱环境，并且各种微生物对不同的化学试剂、染料、抗生素及其他物质等具有不同的抵抗能力。为了从混杂的微生物群体中分离出某种微生物，利用这些特性，便可配制成适合于某种微生物生长，而限制其他微生物生长的各种选择性培养基，以达到纯种分离的目的。

微生物分离时还可以将样品预处理，消除不希望分离到的微生物，如加温杀死营养菌体而保留芽孢，过滤去除丝状菌体而保留单孢子。此外，还有一种纯培养方法是组织分离法，这种方法主要用来分离高等真菌和某些植物病原菌。

5.1.2 微生物生长量的测定

通常测定微生物的生长不是测定个体的大小，而是测定群体的增加量，即测定单位时间里微生物群体数量或生物量（biomass）的变化。微生物生长量的测定方法很多，可以根据菌体细胞数量、菌体体积或质量做直接测定，也可用某种细胞物质的含量或某个代谢活性的强度做间接测定。描述不同种类、不同生长状态的微生物生长情况，需选用不同的测定指标。微生物生长量的测定在理论和实践上有着重要的意义。

生物传感器
应用于微生物
活细胞测定的方法

5.1.2.1 以生物量为指标测定微生物的生长

生物量测定方法有直接法和间接法两大类，直接法包括称质量和测体积，间接法包括比浊法及测定微生物中碳、氮等含量的生理指标法。

基于流体细胞
技术检测微生物
活细胞的检测方法

（1）质量法

质量法可以用于单细胞、多细胞微生物生长的测定，尤其适合于丝状微生物且浓度较高样品生长量的测定，对于细菌来说，一般在实验室或生产实践中较少使用。

此方法包括干重法和湿重法。湿重法是将微生物培养液离心或过滤，收集细胞沉淀物后直接称重。而干重法是将待测培养液放入离心管中，将离心得到的细胞沉淀物分离出来洗涤 1~5 次后干燥称重，一般干重为湿重的 10%~20%。实验室针对不同微生物采用的过滤介质不同，一般丝状真菌可用滤纸过滤，细菌可用醋酸纤维膜等滤膜进行过滤。

如果要测定固体培养基上生长的放线菌或丝状真菌，可先加热至 50℃ 使琼脂熔化，过滤得菌丝体，再用 50℃ 的生理盐水洗涤菌丝，然后按上述方法求出菌丝体的湿重或干重。

（2）比浊法

在一定范围内，菌悬液中的细胞浓度与浑浊度成正比，菌数越多，浑浊度越高，光密度越大。因此，借助于分光光度计，在一定波长下（450~650nm）测定菌悬液的光密度，就可反映出菌液的浓度，可用做溶液中总细胞的计数。检测时需先采用显微镜计数或平板活菌计数法制作标准曲线，并控制待测菌悬液的细胞浓度在合适的范围内。该方法简便、快速、不干扰或不破坏样品，但存在灵敏度差的缺陷，目前广泛应用于细菌生长曲线的测定、微生物培养过程中数量的消长情况观察和控制等。

（3）生理指标法

与微生物生长相平行的生理指标很多，均可用做生长测定的相对值。

蛋白质是细胞的主要组成物质，且含量稳定，而氮是蛋白质的主要成分，可以用凯氏定氮法等测其总量，含氮量乘以 6.25 即为粗蛋白含量。通过测含氮量就可推知微生物的浓度，蛋白含量越高，说明菌体数和细胞物质量越高。一般细菌的含氮量为其干重的 12.5%、酵母菌为 7.5%、霉菌为 6.0%。

另外，碳、磷、DNA、RNA、ATP、DAP（二氨基庚二酸）、几丁质或 N-乙酰胞壁酸等含量，或者耗氧量、底物消耗量、产 CO_2、产酸、产热、黏度等，都可用于生长量的测定。实践中可以借助特定的仪器（如瓦勃氏呼吸仪、微量量热计等）来测定相应的指标。这类测定方法主要用于科学研究、分析微生物生理活性等，有些方法也被用于食品加工过程中微生物的快速检测，如 ATP 生物发光法目前广泛地用于食品加工条件快速评价和食品中微生物的快速检测，同时在 HACCP 管理中也被广泛用于关键控制点检测。

5.1.2.2 微生物细胞数目的检测法

计繁殖数只适宜于测定处于单细胞状态的细菌和酵母菌，而对放线菌和霉菌等丝状生长的微生物而言，只能计算其孢子数。微生物细胞数目的检测方法包括直接法（显微镜直接计数法）和间接法（平板菌落计数法、液体稀释法、薄膜过滤计数法）。

（1）显微镜直接计数法

本法仅适用于细菌等单细胞的微生物类群。测定时需用细菌计数器（Petroff-Hausser counter，适用于细菌）或血球计数板（适用于酵母、真菌孢子等），在普通光学显微镜或相差显微镜下直接观察细胞，并计算一定容积里样品中微生物的数量，换算出供测样品的细胞数。

显微镜直接计数法简便、直接、快速，但测定结果为微生物个体的总数，不能区分死菌与活菌及形状与微生物类似的杂质，如需测定活菌的个数，还必须借助其他方法配合，如采用特殊染色方法染活菌后再在光学显微镜下观察计数。采用美蓝染色法对酵母菌染色后，光学显微镜观察活菌为无色，死菌为蓝色；细菌经吖啶染色后，在紫外光显微镜下可观察到活细胞发出橙色荧光，死菌发出绿色荧光。另外，该方法也不适于对运动细菌的计数，活跃运动的细菌应先用甲醛杀死或适度加热停止其运动；用于直接测数的菌悬液浓度不宜过低或过高，一般细菌数应控制在 10^7 个/mL，酵母菌和真菌孢子应为 $10^5 \sim 10^6$ 个/mL。

（2）平板菌落计数法

平板菌落计数法是一种最常用的活菌计数法。其原理是在高度稀释条件下每一个活的单细胞在适宜的培养基和良好的生长条件下均能繁殖成一个菌落，并通过菌落数去推算菌悬液中的活菌数。采用稀释平板法，选择 3 个连续的稀释度，每个稀释度取一定量的稀释液倾注平板或涂布在平板表面，在最适条件下培养，统计平板上长出的菌落数。按照国家标准规定的样品菌落总数测定的计数原则，报告菌落数。平板上（内）出现的菌落数乘上菌液的稀释度，即可计算出原菌液的含菌数。

平板菌落计数法在操作时，有较高的技术要求。首先，最重要的是应使样品充分混匀，操作熟练快速（15~20min 完成操作），严格无菌操作；其次，同一稀释度做 3 个以上重复，取平均值，并且每个平板上的菌落数目合适，便于准确计数。该方法操作烦琐、费工费时，而且只能测定样品中的在供试培养基上生长的占优势的微生物类群，并且可能由于操作不熟练造成污染，或因培养基温度过高损伤细胞等原因造成结果不稳定。尽管如此，由于该方法能测出样品中微量的菌数，仍是教学、科研和生产上常用的一种测定细菌数的有效方法。

土壤、水、牛奶、食品和其他材料中所含细菌、酵母、芽孢与孢子等的数量均可用此法测定，但不适于测定样品中丝状体微生物（如放线菌、丝状真菌或丝状蓝细菌等）的营养体。

目前国内外已经出现多种微型、快速、商品化的菌落计数纸片或密封琼脂板等，它利用加在培养基中的指示剂 TTC（2,3,5-氯化三苯基四氮唑）使菌落在很微小时就染色成玫瑰红色，便于观测；法国生物–梅里埃集团公司还开发了细菌总数快速测定仪，但设备成本高。

（3）液体稀释法

液体稀释培养计数是对未知样品进行 10 倍稀释，然后根据估算取 3 个连续的稀释度平行接种多支试管，经培养后，记录每个稀释度出现生长的试管数，长菌的为阳性，未长菌的为阴性。根据没生长的最低稀释度和出现生长的最高稀释度，应用"或然率"理论，然后查 MPN（most probable number，最大近似数）表，根据样品稀释倍数就可计算出其中的活菌含量。主要适用于只能进行液体培养的微生物，或采用液体鉴别培养基进行直接鉴定并计数的微生物。

（4）薄膜过滤计数法

常用该法测定菌数很低的空气和水中的微生物数目。将定量的样品通过薄膜（硝化纤维素薄膜、醋酸纤维薄膜）过滤，菌体被阻留在滤膜上，取下滤膜转到相应的培养基上进行培养，然后计算菌落数，可求出样品中所含菌数。

5.2 微生物的群体生长规律

5.2.1 微生物的个体生长和同步生长

微生物个体生长是微生物群体生长的基础。在分批培养中，细菌群体能以一定速率生长，但群体中每个个体细胞并非同时进行分裂，不处于同一生长阶段，它们的生理状态和代谢活动等特性不一致，出现生长与分裂不同步的现象。要研究每个细胞所发生的变化是很困难的。为了解决这一问题，因而发展了单细胞的同步培养技术。

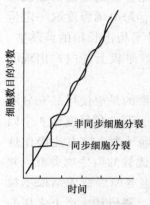

图5-1 细菌的同步生长与非同步生长

同步培养（synchronous culture）是使群体中各个不同步的细胞转变为能同时进行生长或分裂的培养方法，通过同步培养方法获得的细胞被称为同步细胞或同步培养物。同步培养的生长曲线呈现"梯形"状（图5-1），同步的细胞群体在任何时刻都处在细胞周期的同一相，彼此间形态、生化特征都很一致，因而同步培养物常被用来研究在单个细胞上难以研究的生理与遗传特性或作为工业发酵的种子，是一种理想的材料。

获得同步培养的方法很多，主要有机械法与环境条件控制两大类。其中，机械筛选方法包括密度梯度离心方法、过滤分离法和硝酸纤维素滤膜法等；环境条件控制技术包括温度、培养基成分和其他条件（如光照和黑暗交替培养等）的控制。硝酸纤维素滤膜法是最经典的获得同步生长的方法。

5.2.1.1 机械筛选法

机械筛选法是一类根据微生物细胞在不同生长阶段的细胞体积与质量或根据它们同某种材料结合能力不同的原理，利用物理方法从不同步的细菌群体中筛选出同步群体的方法。其中常用的有以下3种。

（1）密度梯度离心法

将不同步的细胞培养物悬浮在不被这种细菌利用的糖或葡聚糖的不同梯度溶液里，通过密度梯度离心将大小不同细胞分布成不同的细胞带，每一细胞带的细胞大致是处于同一生长期的细胞，分别将它们取出进行培养，就可以获得同步细胞。

（2）过滤分离法

将不同步的细胞培养物通过孔径大小不同的微孔滤器，从而将大小不同的细胞分开，分别将滤液中的细胞取出进行培养，获得同步培养物。

（3）硝酸纤维素滤膜法

根据硝酸纤维素微孔滤膜能与其相反电荷的细菌紧密吸附的原理，将不同步的培养液通过微孔滤膜，不同生长阶段的细胞均吸附于膜上，然后翻转滤膜置于滤器中，以无菌的新鲜培养液通过滤膜，没有粘牢的细胞先被洗脱，除去起始洗脱液后就可以得到刚刚分裂下来的新生细胞。分裂后的子细胞不与薄膜直接接触，由于菌体本身的质量，加

微生物的
高密度培养

之它所附着的培养液的质量，便下落到收集器内，用这种细菌接种培养，便能得到同步培养物。

5.2.1.2 环境条件控制技术

环境条件控制技术（又称诱导法）主要是根据细菌生长与分裂对环境因子要求不同的原理，通过控制环境温度、营养物质等来诱导细菌同步生长，获得同步细胞。

（1）温度

通过适宜生长温度与允许生长的亚适温度的交替处理，可使不同步生长细菌转为同步分裂菌。在亚适温度下细胞物质合成照常进行，但细胞不分裂，使群体中分裂准备较慢的个体逐渐赶上，当转为最适温度时所有细胞均能同步分裂。

（2）培养基成分控制

通过控制营养物的浓度或培养基的组成以达到同步生长。培养基中的碳源、氮源或生长因子不足，可导致细菌缓慢生长直至生长停止。将不同步的细菌在营养不足的条件下培养一段时间，使细胞只能进行一次分裂而不能继续生长，从而获得了刚分裂的细胞群体，然后转移到营养丰富的培养基中培养，以获得同步细胞。另外，也可以将不同步的细胞接入到含有一定浓度能抑制蛋白质等生物大分子合成的化学物质（如抗生素等）的培养基中，培养一段时间后，再转接到完全培养基里培养也能获得同步细胞。

（3）营养条件调整法

对营养缺陷型菌株可以通过控制它所缺乏的某种营养物质而达到同步化。例如，肠杆菌胸腺嘧啶（thymine）缺陷型菌株，先将其培养在不含胸腺嘧啶的培养基内一段时间，所有的细胞在分裂后，由于缺乏胸腺嘧啶，新的 DNA 无法合成而停留在 DNA 复制前期，随后在培养基中加入适量的胸腺嘧啶，于是所有的细胞都同步生长。

除上述各种方法外，还可通过抑制 DNA 合成法达到同步化的目的；对于光合细菌可以通过控制光照和黑暗交替培养的方式获得同步细胞；对于不同步的芽孢杆菌培养至绝大部分芽孢形成，然后经加热处理，杀死营养细胞，最后转接到新的培养基里，经培养可获得同步细胞；用稳定期的培养物接种，再移入新鲜培养基中，同样可得到同步生长。

在各种获得同步生长的方法中，机械筛选法对细胞正常生理代谢影响很小，但对那些即使是相同的成熟细胞，其个体大小差异悬殊者不宜采用。而环境条件控制技术虽然方法较多、应用较广，但由于此技术可能导致难与正常细胞循环周期不同的周期变化，所以不及机械法好，这在生理学研究中尤其明显。

应该明确指出，保持同步生长的时间因菌种和条件的不同而变化。由于同步群体的细胞个体差异，在培养的过程中会很快丧失其同步性。同步生长最多能维持 2~3 个世代，又逐渐转变为随机生长。如何使不同步转变为同步，以及如何使同步细胞能较长时间地保持同步状态，这是同步培养中要进一步研究的课题。

5.2.2 单细胞微生物的典型生长曲线

把少量纯种单细胞微生物接种到恒定容积的新鲜液体培养基中，在培养条件保持稳定的状况下，定时取样测定细胞数量，以培养时间为横坐标、单细胞微生物数目的对数值或生长速率为纵坐标作图，得到的一条反映单细胞微生物在整个培养期间菌数变化规律的曲线，称为生长曲线（growth curve）。根据微生物的生长速率常数（growth rate constant），即每小时的分裂代数的不同，一般把典型生长曲线划分为延滞期、对数增长期（指数期）、稳定期和衰亡期等 4 个阶段（图 5-2）。

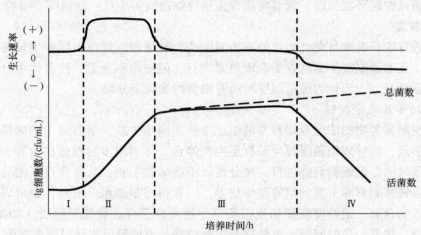

图 5-2 单细胞微生物典型生长曲线
Ⅰ. 延滞期　Ⅱ. 对数期　Ⅲ. 稳定期　Ⅳ. 衰亡期

5.2.2.1　延滞期

延滞期（lag phase）又称为停滞期、适应期、缓慢期或调整期，是指把少量微生物接种到新培养液刚开始的一段时间内，细胞数目不增加、甚至细胞数目还可能减少的时期。该阶段有如下特点：①生长的速率常数为零；②细胞的体积和质量增长快，细胞质均匀，贮藏物质消失；③细胞内蛋白质、DNA、RNA 尤其是 rRNA 含量增高，原生质呈嗜碱性；④合成代谢旺盛，核糖体、酶类的合成加快，易产生诱导酶；⑤对不良环境（如 pH 值、NaCl 溶液浓度、温度和抗生素等化学物质）比较敏感。

延滞期出现的原因，可能是细胞接种到新的环境后，需要经过一段时间的自身调整，重新合成必需的酶、辅酶或某些中间代谢产物，以适应新的环境，为细胞分裂做准备。

延滞期的长短与菌种的遗传性、菌龄以及移种前后所处的环境条件等因素有关，短的只需要几分钟，长的需数小时。在发酵工业中，为了提高生产效率常采取各种措施尽量缩短延滞期，其采用的方法主要有：①采用最适菌龄的健壮菌种。对数期的菌体生长代谢旺盛，繁殖力强，抗不良环境和噬菌体的能力强，延滞期短，生产上常以对数期的菌体作为种子菌。②适当增大接种量可缩短延滞期，提高设备利用率。一般采用 3%～8% 的接种量，根据生产上的具体情况而定，最高不超过 10%。③丰富培养基的营养成分，尽量使发酵培养基和种子培养基成分接近。为了达到此目的，常常在种子培养基中加入生产培养基的某些营养成分。④通过遗传学方法改变种的遗传特性使延滞期缩短。

5.2.2.2　对数期

对数期（logarithmic phase）又称指数期，是指微生物经过延滞期的调整后，细胞数目以几何级数增加的时期。此时期特点为：①生长速率常数最大，即细胞分裂快、代时最短；②细胞平衡生长，菌体大小、形态、生理特征、化学组成等方面比较一致；③酶系活跃、生长迅速、代谢最旺盛。由于此时期的菌种比较健壮、生理特性比较一致等，故为增殖噬菌体的最适宿主菌龄，也是生理代谢及遗传研究或进行染色、形态观察等的良好材料。在发酵工业上常选用该时期菌种接种以缩短延滞期，并采取措施尽量延长对数期，以达到较高的菌体密度。食品贮藏过程中尽量控制有害微生物进入该时期。

在对数生长期有 3 个重要参数，分别是繁殖代数、生长速率常数和世代时间。以分裂增殖时间除以分裂增殖代数（n），即可求出每增殖一代所需的时间（G），生长速率常数（R）为世代时间（G）（或称倍增时间）的倒数。

设对数期开始的时间为 t_1，菌数为 x_1，对数期结束时的时间为 t_2，菌数为 x_2，则世代时间 G 为：

$$G = \frac{t_2 - t_1}{n}$$

$$x_2 = x_1 \cdot 2^n$$

用对数表示为：

$$\lg x_2 = \lg x_1 + n\lg 2$$

$$n = \frac{\lg x_2 - \lg x_1}{\lg 2} = 3.322(\lg x_2 - \lg x_1)$$

$$G = \frac{t_2 - t_1}{3.322(\lg x_2 - \lg x_1)}$$

在一定条件下（如营养成分、温度、pH 值和通气量等），每一种微生物的世代时间是恒定的，这是微生物菌种的一个重要特征。在一定时间内，菌体细胞分裂次数越多，代时越短，分裂速度越快。不同微生物其对数生长期中的代时不同。影响微生物代时的因素较多，主要有 4 个方面。

（1）菌种

不同微生物代时差别较大，其中最快的如漂浮假单胞菌（*Pseudomonas nitrigenes*）只要 9.8min，最慢的如苍白密螺旋体（*Trepoema pallidum*）为 33h。多数细菌代时为 20~30min（表 5-1）。

表 5-1　不同细菌的代时

细　菌	培养基	温度/℃	代时/min
漂浮假单胞菌（*Pseudomonas nitrigenes*）	肉汤	37	9.8
大肠埃希菌（*Escherichia coli*）	肉汤	37	17
	牛奶	37	12.5
蜡状芽孢杆菌（*Bacillus cereus*）	肉汤	30	18
嗜热芽孢杆菌（*B. thermophilus*）	肉汤	55	18.3
产气肠杆菌（*Enterobacter aerogenes*）	肉汤或牛奶	37	16~18
	组合	37	29~44
乳酸链球菌（*Streptococcus lactis*）	牛乳	37	26
	乳糖肉汤	37	48

（续）

细　菌	培养基	温度/℃	代时/min
蕈状芽孢杆菌（*B. mycoides*）	肉汤	37	28
霍乱弧菌（*Vibrio cholerae*）	肉汤	37	21~38
金黄色葡萄球菌（*Staphylococcus aureus*）	肉汤	37	27~30
枯草芽孢杆菌（*B. subtilis*）	肉汤	25	26~32
巨大芽孢杆菌（*B. megaterium*）	肉汤	30	31
嗜酸乳杆菌（*Lactobacillus acidophilus*）	牛乳	37	66~87
结核分枝杆菌（*Mycobacterium tuberculosis*）	合成	37	792~932
苍白密螺旋体（*Trepoema pallidum*）	家兔	37	1980

（2）营养成分

由表 5-1 可以看出，即使是同一种细菌，在不同的营养条件下其代时也不相同，培养基营养丰富时其代时较短，反之较长。

（3）营养物浓度

营养物浓度会影响到微生物的生长速率和总生长量。在营养物浓度很低时，才会影响生长速率，并随营养物质浓度增加而提高。但当浓度增高到一定程度时，生长速率就不再受到影响，而只影响最终菌体产量。如果再进一步提高营养物浓度，则生长速率和菌体产量均不受影响。凡是处于较低浓度范围内，影响生长速率和菌体产量的营养物，就称为生长限制因子。

（4）培养温度

温度是影响微生物的生长速率的重要因素，在微生物的最适生长温度范围内，代时就短（表 5-2）。

表 5-2　大肠埃希菌在不同温度下的代时

温度/℃	代时/min	温度/℃	代时/min
10	860	35	22
15	120	40	17.5
20	90	45	20
25	40	47.5	77
30	29		

5.2.2.3　稳定期

稳定期（stationary phase）又称最高生长期或恒定期。处于稳定期的微生物其特点为：①生长速率常数等于零，即新繁殖的细胞数与衰亡细胞数几乎相等，二者处于动态平衡，此时培养液中活菌数最高并维持稳定；②菌体分裂速率降低，代时逐渐延长，细胞代谢活力减退，开始出现形态和生理特征的改变；③细胞开始贮存糖原、异染颗粒和脂肪等贮藏物；④多数芽孢菌在此阶段开始形成芽孢；⑤许多重要的发酵代谢产物主要在此时大量积累并且含量达到高峰。

出现稳定期的原因主要有：①在一定容积的培养基中，由于微生物的活跃生长引起培养液中营养物质特别是生长限制因子的耗尽；②营养物质的比例失调，如 C/N 比值不合适等；③酸、醇、毒素或过氧化氢等有害代谢产物的累积；④pH值、氧化还原电势等环境条件越来越不适宜等。

微生物处于稳定期的长短与菌种特性和环境条件有关，工业生产中常采用通气、补料、调节温度和 pH 值或移出代谢产物等措施延长稳定期，以积累更多的菌体物质或代谢产物。通过对稳定期产生原因的研究，促进了连续培养技术的设计和发展。

5.2.2.4　衰亡期

衰亡期（decline phase 或 death phase）是指稳定期过后，微生物死亡率逐渐增加，群体中总活菌数目急剧下降的一个阶段。此时期的特点是：①微生物死亡数大大超过新增殖的细胞数，群体中的活菌数目出现"负生长"，在衰亡期的后期，由于部分细菌产生抗性也会使细菌死亡的速率降低；②细胞内颗粒更明显，细胞出现多形态、畸形或衰退形，生理、生化出现异常现象，芽孢开始释放；③细胞代谢活力明显下降，由于代谢产物的积累和蛋白水解酶活力增强导致菌体死亡、自溶，释放代谢产物。

衰亡期产生的原因主要是由于生长环境进一步恶化，从而引起细胞内的分解代谢大大超过合成代谢，营养物质耗尽和有毒代谢产物的大量积累，继而导致菌体的死亡。

正确地认识和掌握细菌群体的生长特点和规律，对于科学研究和微生物工业发酵生产具有重要意义。

5.2.3　微生物的连续培养

连续培养（continuous culture）又叫开放培养，是相对分批培养或密闭培养而言的。微生物分批培养时培养基是一次性加入，不再补充和更换，随着微生物的生长繁殖，营养物质逐渐消耗，有害代谢产物不断积累，细菌的对数生长期不可能长时间维持。连续培养是在研究典型生长曲线的基础上，认识到了稳定期到来的原因，在微生物培养到对数期后期时，以一定速度连续供给新鲜的营养物质并搅匀，同时以同样的流速流出含菌体及代谢产物的发酵液，促使培养物达到动态平衡，其中的微生物可长时间地处于对数生长期的平衡生长状态和稳定的生长速率上，达到稳定、高速培养微生物或产生大量代谢产物的目的（图5-3）。连续发酵最大特点是微生物细胞的生长速度、代谢活性处于恒定状态，但这种恒定状态与细胞生长周期中稳定期有本质的不同。

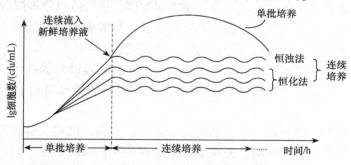

图 5-3　微生物单批培养和连续培养的比较

连续培养不仅可随时为微生物的研究工作提供一定生理状态的实验材料，而且可提高发酵工业的生产效益和自动化水平，此法已成为目前发酵工业的发展方向。连续培养方法主要有两类，即恒浊器连续培养和恒化器连续培养。

5.2.3.1 恒浊连续培养

恒浊法是借光电池来检测培养室中的浊度（即菌液浓度），并根据光电效应产生的电信号强弱变化自动调节新鲜培养基流入和培养物流出培养室的流速。当培养器中浊度增高时，由于光电控制系统的调节，促使培养液流速加快，反之则慢，以此来维持培养器中细胞密度恒定。如果所用培养基中含有过量的必需营养物，就可使菌体维持最高的生长速率。恒浊连续培养中，细菌生长速率不仅受流速的控制，也与菌种种类、培养基成分以及培养条件有关。

恒浊法的特点是基质过量，微生物始终以最高速率进行生长，并可在允许范围内控制其处于不同的菌体密度，但工艺复杂、烦琐。

在生产实践上，为了获得大量菌体或与菌体生长相平行的某些代谢产物（如乳酸、乙醇）时，均可以采用恒浊法。

5.2.3.2 恒化连续培养

恒化法是控制培养液流速恒定，使微生物始终在低于最高生长速率条件下进行生长繁殖的一种连续培养方法。通过控制某一种营养物浓度（如碳源、氮源、生长因子等），使其始终成为生长限制因子，而其他营养物均为过量，这样微生物的生长速率将取决于限制性因子的浓度。随着微生物的生长，限制因子的浓度降低，致使微生物生长速率受到限制，但同时通过自动控制系统来保持限制因子的恒定流速，不断予以补充，两者相互作用的结果是微生物的生长速率正好与恒速加入的新鲜培养基流速相平衡。用不同浓度的限制性营养物进行恒化连续培养，可以得到不同生长速率的培养物。

恒化法的特点是维持营养成分的亚适量，菌体生长速率恒定，菌体均一、密度稳定，产量低于最高菌体产量。

恒化器通常用于微生物学的研究，筛选不同的变种。从生理学方面看，能帮助我们观察细菌在不同生活条件下的变化，尤其是 DNA、RNA 及蛋白质合成的变化；同时它也是研究自然条件下微生物生态体系比较理想的实验模型。因为生长在自然界的微生物一般都处于低营养浓度条件下，生长较慢，而恒化连续培养正好可通过调节控制系统来维持培养基成分的低营养浓度，使之与自然条件相类似，这与恒浊器不同（表 5-3）。无论是恒浊法还是恒化法，最基本的连续培养装置包括：培养室、无菌培养基容器以及可自动调节流速的控制系统，必要时还装有通气、搅拌设备。

连续培养如用于生产实践上，即称为连续发酵。目前连续培养技术已广泛用于酵母菌体生产，乙醇、乳酸、丙酮和丁醇等发酵，以及用假丝酵母进行石油脱蜡或污水处理中。

连续发酵与分批发酵相比，首先是简化了装料、灭菌、出料、清洗发酵罐等许多单元操作，从而减少了非生产时间，提高了设备的利用率；其次是便于自动化控制，减轻劳动强度，产品质量也比较稳定。其缺点主要是菌种易于退化、易遭杂菌污染，且营养物质的利用率和产物浓度一般低于分批培养。连续发酵的生产时间受以上因素限制，一般只能维持数月至一年。

表 5-3　恒浊器与恒化器的比较

装置	控制对象	培养基	培养基流速	生长速率	产物	应用范围
恒浊器	菌体密度 （内控制）	无限制生长因子	不恒定	最高	大量菌体或与菌体形成相平行的产物	生产为主
恒化器	培养基流速 （外控制）	有限制生长因子	恒定	低于最高	不同生长速率的菌体	实验室为主

5.3　环境因素对微生物生长的影响

微生物广泛存在于自然界中，通过新陈代谢与周围环境相互作用。如果环境条件适宜，微生物会进行正常的新陈代谢，旺盛的生长繁殖；但若环境条件不适宜，则会引起微生物形态、生理等特征的改变；当环境条件的变化超过一定极限时，则会导致微生物主要代谢机能发生障碍，生长受到抑制甚至死亡。因此，研究环境条件与微生物之间的相互关系，有助于了解微生物在自然界的分布与作用，指导人们在食品加工中采取有效措施，促进有益微生物的生长繁殖，有效地控制甚至完全破坏有害微生物的生命活动，保障食品的安全性，延长食品的货架期。

影响微生物生长的外界因素很多，大体可以分为物理、化学及生物因素三大类。本节重点介绍理化因素对微生物生长的影响，生物因素的影响将在第 7 章 7.2 讨论。下面介绍几个有关微生物控制的术语。

灭菌（sterilization）　是采用强烈的理化条件使存在于物体内外部的包括芽孢在内的所有微生物永远丧失其生长繁殖能力的措施，如高温灭菌、辐射灭菌等。

消毒（disinfection）　是一种采用较温和的理化因素，仅杀死物体表面或内部的病原菌，而对被消毒者基本无害的措施，如食品加工中对啤酒、牛奶等进行的巴氏消毒处理，日常生活中对果品蔬菜、饮用水进行的药剂消毒等。消毒具有防止感染或病菌传播的作用。具有消毒作用的化学物质称为消毒剂。一般消毒剂在常用浓度下，只能杀死微生物的繁殖体，对芽孢无杀灭作用。

防腐（antisepsis）　是利用某种理化因素防止或抑制微生物生长繁殖的一种措施。目前食品工业中使用的防腐措施很多，如低温、干燥、盐腌和糖渍、高酸、隔氧、辐射及添加防腐剂等。

商业灭菌（commercial sterilization）　是从商品角度出发对某些食品所提出的灭菌方法。食品经过杀菌处理后，将病原菌、产毒菌及食品腐败菌杀死，按照所规定的微生物检验方法，在所检食品中无活的微生物检出，或者仅能检出极少数的非病原微生物，并且它们在食品保藏过程中，是不可能进行生长繁殖的，这种灭菌方法就叫作商业灭菌，如罐藏食品的灭菌。

无菌（asepsis） 防止微生物进入机体或其他无菌范围的操作技术称为无菌操作。在各种生物实验、发酵工业中菌种的制备、食品加工过程中的无菌灌装等，均要求在无菌条件下进行。

5.3.1 温度

温度是影响微生物生长的最重要环境条件之一。在一定温度范围内，机体的代谢活动与生长繁殖随着温度的上升而增加，当温度上升到一定程度，开始对机体产生不利的影响，如再继续升高，则细胞功能急剧下降甚至死亡。温度对微生物的影响具体表现在：①影响酶活性。温度变化影响酶促反应速率，最终影响细胞物质合成。②影响细胞膜的流动性。温度高，膜的流动性大，有利于物质的运输，因此，温度变化影响营养物质的吸收与代谢产物的分泌。③影响物质的溶解度，从而影响细胞对营养的吸收或代谢产物的分泌，最终影响微生物的生长。④影响细胞内大分子物质（如核酸、蛋白质等）的活性。

5.3.1.1 微生物生长的3个温度基点

从总体上看，微生物生长和适应的温度范围很宽，从−10~95℃，极端下限为−30℃，极端上限为300℃。但对于特定的某一种微生物，只能在一定温度范围内生长，在这个范围内，每种微生物都有自己的生长温度三基点，即最低、最适、最高生长温度。它反映了每一类微生物的特征，但不完全固定，因为它们可能被其他的环境因素特别是生长所用的培养基组成轻微地改变。一般最适生长温度更接近于最高生长温度而不是最低生长温度。

$$
\text{生长温度的三基点}
\begin{cases}
\text{最低生长温度（一般为−10~−5℃，极端为−30℃）} \\
\text{最适生长温度}
\begin{cases}
\text{嗜冷菌（15~30℃）} \\
\text{中温菌（20~45℃）} \\
\text{嗜热菌（55~65℃）}
\end{cases} \\
\text{最高生长温度（一般为80~95℃，极端为105~300℃）}
\end{cases}
$$

（1）最低生长温度

在最低生长温度条件下，微生物生长速率很低，低于此温度微生物生长则完全停止，甚至会死亡。不同微生物的最低生长温度不一样，这与它们的原生质物理状态和化学组成有关系，也可随环境条件而变化。

（2）最适生长温度

最适生长温度是指某菌分裂代时最短或生长速率最高时的培养温度。但对同一微生物来说，其不同的生理生化过程有着不同的最适温度，也就是说，最适生长温度并不等于生长量最高时的培养温度，也不等于发酵速度最高时的培养温度或累积代谢产物量最高时的培养温度，更不等于累积某一代谢产物量最高时的培养温度。例如，嗜热链球菌的最适生长温度为37℃，最适发酵温度为47℃，累积产物的最适温度为37℃。其他微生物的试验也得到了类似的结果（表5-4）。

研究不同微生物在生长或积累某种代谢产物阶段的不同最适温度，对提高发酵生产的效率具有十分重要的意义。

表 5-4　同一微生物不同生理活动的最适温度　　　　　　　　℃

菌　　名	最适生长温度	最适发酵温度	积累产物的最适温度
灰色链霉（*Streptomyces griseus*）（产链霉素菌种）	37	28	—
产黄青霉（*Penicillium chrysogenum*）（产青霉素菌种）	30	25	20
北京棒杆菌（*Corynebacterium pekinense*）AS 1299（谷氨酸产生菌）	32	33~35	—

（3）最高生长温度

微生物处于最高生长温度时容易衰老和死亡。微生物所能适应的最高生长温度与其细胞内酶的性质有关。例如，细胞色素氧化酶以及各种脱氢酶的最低破坏温度常与该菌的最高生长温度有关，见表 5-5。

表 5-5　细菌最高生长温度与其酶类最低破坏温度　　　　　　　　℃

细　　菌	最高生长温度	最低破坏温度		
		细菌色素氧化酶	过氧化氢酶	琥珀酸脱氢酶
蕈状芽孢杆菌（*Bacillus mycoides*）	40	41	41	40
蜡状芽孢杆菌（*B. cereus*）	45	48	46	50
巨大芽孢杆菌（*B. megaterium*）	46	48	50	47
枯草芽孢杆菌（*B. subtilis*）	54	60	56	51
嗜热芽孢杆菌（*B. thermophilus*）	67	65	67	59

5.3.1.2　微生物生长温度类型

根据不同微生物对温度的要求和适应能力，可将其区分为低温微生物、中温微生物和高温微生物 3 类。每一类微生物生长的温度范围及分布区域见表 5-6。一些常见微生物生长的温度范围见表 5-7。

表 5-6　微生物的生长温度类型　　　　　　　　℃

微生物类型		生长温度范围			分布区域
		最低	最适	最高	
低温型	专性嗜冷	−12	5~15	15~20	两极地区
	兼性嗜冷	−5~0	10~20	25~30	海水及冷藏食品上
中温型	室温	10~20	20~35	40~45	腐生环境
	体温		35~40		寄生环境
高温型		25~45	50~60	70~95	温泉、堆肥、土壤表层等

表 5-7　几种微生物的生长温度范围　　　　　　　　　　　　　　　　℃

微 生 物	生长温度范围		
	最低	最适	最高
肺炎克氏杆菌（*Klebsiella pneumoniae*）	12	37	40
干酪乳杆菌（*Lactobacillus casei*）	10	30	40
嗜热乳杆菌（*Lactobacillus thermophilus*）	30	50~63	65
结核分枝杆菌（*Mycobacterium tuberculosis*）	30	37	42
普通变形杆菌（*Proteus vulgaris*）	10	37	42
铜绿假单胞菌（*Pseudomonas aeruginosa*）	0	37	43
金黄色葡萄球菌（*Staphylococcus aureus*）	15	37	40
野油菜黄单胞菌（*Xanthomonas campestris*）	5	20~30	38
嗜热放线菌（*Thermophilic actinomycetes*）	28	50	65
嗜热链霉菌（*Streptomyces thermophilus*）	20	40~45	53
构巢曲霉（*Aspergillus nidulans*）	5	25~37	38
黑曲霉（*Aspergillus niger*）	7	30~39	47
尖孢镰刀菌（*Fusarium oxysporum*）	4	15~32	40
好食脉孢菌（*Neurospora sitophila*）	4	36	44
扩展青霉（*Penicillium expansum*）	0	25~27	30
酵母菌（Yeast）	0.5	25~30	40

（1）低温型微生物

低温型微生物又称嗜冷微生物，一般能在0℃或更低的温度下生长，超过30℃以上的温度将抑制它们的生长发育。其主要分布在地球的两极、冷泉、深海、冷冻场所及冷藏食品中。例如，产碱杆菌属、假单胞菌属、黄杆菌属、微球菌属等常引起冷藏食品腐败变质，荧光假单胞菌造成冷冻食品变质腐败。

嗜冷菌处于室温下很短一段时间就可能会被杀死，所以对其研究时要非常小心，在采样、运输及实验室接种、涂布平板等操作过程均要防止温度升高。

嗜冷微生物在低温下生长的机理，目前还不清楚，但至少有以下原因：体内的酶能在低温下有效地催化，高温下酶活丧失；细胞膜中的不饱和脂肪酸含量高，低温下也能保持半流动状态，进行物质的传递。

（2）中温型微生物

绝大多数微生物属于中温型微生物。生长温度范围是10~45℃，最适生长温度在20~40℃，又可分为嗜室温和嗜体温性微生物。体温型主要为寄生，在人和动物体内。室温型则广泛分布于土壤、水、空气及动植物表面和体内，是自然界中种类最多、数量最大的一个温度类群。引起人和动物疾病的病原微生物、发酵工业应用的微生物菌种以及导致食品原料和成品腐败变质的微生物，都属于这一类群的微生物。

（3）高温型微生物

高温型微生物生长温度范围是25~95℃，以50~60℃为最适生长温度，主要分布在温泉、日照充足的土壤表层、堆肥、发酵饲料等腐烂有机物中。芽孢杆菌属（*Bacillus*）和梭状芽孢杆菌（*Clostridium*）的部分菌类、高温放线菌属（*Thermoactinomyces*）、甲烷杆菌属（*Methanobacterium*）等能在 $55\sim70℃$ 中生长。

高温微生物耐热机理可能有以下几个方面：①菌体内的酶、蛋白质有较强的抗热性，如嗜热脂肪芽孢杆菌的 α-淀粉酶经 $70℃$ 处理 24h 后仍保持酶的活性；②能产生多胺、热亚胺和高温精胺，起到稳定核糖体结构和保护大分子免受高温损害的作用；③核酸具有较高的热稳定性结构，其核酸中 G+C 含量变化很大，tRNA 在特定的碱基对区含较高的 G+C，因而有较多的氢键形成，增加其热稳定性；④细胞膜中含有较多的饱和脂肪酸与直链脂肪酸，可形成更强的疏水键，从而能在高温下仍保持膜的半流动状态，具有正常功能；⑤在较高温度下，嗜热菌的生长速率较快，合成生物大分子物质迅速，能及时弥补被热损伤的大分子物质。

高温菌在生长曲线的各个时期均短暂，所以常会在腐败食品中检测不到活菌，这在食品检验中要特别注意。高温型微生物给罐头工业、发酵工业的杀菌带来了一定难度，但在发酵工业中，如果能筛选到高温型微生物作为菌种，可以缩短生产周期，防止杂菌污染。

5.3.1.3 高温对微生物的影响

微生物对高温比较敏感，如果环境温度超过微生物最高生长温度将导致微生物死亡。高温对微生物的致死作用主要是由于高温引起核酸、蛋白质与酶等高分子物质的不可逆变性；含有脂类的质膜结构在高温作用下溶解形成极小的孔，使细胞内含物泄漏而引起死亡。不同微生物由于细胞结构及细胞组成存在差异，其耐热能力也各不相同。

（1）微生物耐热性大小的表示方法

在食品工业中微生物耐热性大小常用以下几种数值表示：

①热致死温度（thermal death point） 指在一定时间内杀死悬浮于液体样品中的全部微生物所需要的最低温度。一般应以 10min 为标准时间。

②热力致死时间（thermal death time，TDT） 指在特定的条件和特定的温度下，杀死样品中一定数量微生物所需要的时间。如大肠埃希菌在 $57.5℃$ 下为 $20\sim30$min，伤寒沙门菌在 $60℃$ 下为 4.3min。

③D 值（decimal reduction time） 指在一定温度下加热，使活菌数减少一个对数周期（即 90% 的活菌被杀死）时所需要的时间（min）（图 5-4）。测定 D 值时的加热温度，在 D 的右下角注明。例如，含菌数为 10^5cfu/mL 的菌悬液，在 $100℃$ 的水浴温度中，活菌数降低至 10^4cfu/mL 时，所需时间为 10min，该菌的 D 值为 10min，即 $D_{100}=10$min。如果加热的温度为 $121.1℃$（250℉），其 D 值常用 Dr 表示。D 值与微生物的起始浓度或菌数高低无关，随微生物类群不同而有所差异，并与温度成反比。D 值的测定虽然烦琐，但在食品的灭菌和消毒方面却有重要的应用价值。

④Z 值 指在加热致死曲线中，时间降低一个对数周期（即缩短 90% 的加热时间）所需要升高的温度（℃）（图 5-5）。例如采用 $105℃$ 处理菌液时 TDT 值为 90min，而在 9min 内需用 $115℃$ 加热处理才能达到同样效果，此时 Z 值为 10。

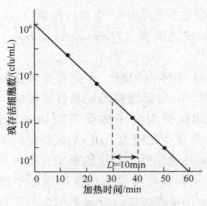

图 5-4　残存活细胞曲线

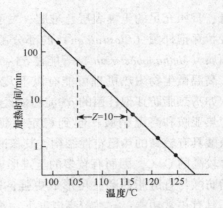

图 5-5　加热致死时间曲线

⑤F 值　指在一定的基质中，温度为 121.1℃ 条件下加热杀死一定数量微生物所需要的时间（min）。

（2）影响微生物对热抵抗力的因素

①菌种　不同微生物由于细胞结构和生物学特性不同，对热的抵抗力也不同。一般的规律是嗜热菌比其他类型的菌体抗热，有芽孢的细菌比无芽孢的细菌抗热，球菌比非芽孢杆菌抗热，G⁺细菌比 G⁻细菌抗热，霉菌比酵母菌抗热，霉菌和酵母的孢子比其菌丝体抗热。细菌的芽孢和霉菌的菌核抗热力特别大。

②菌龄　同种微生物不同菌龄对热抵抗力也不同。在相同条件下，对数生长期的菌体抗热力较差，老龄菌比幼龄菌抗热。

③菌体数量　含菌量越多，加热杀死最后一个微生物所需的时间越长，抗热性越强。其原因主要是微生物聚集在一起，受热致死有先后，内部菌体受到外围保护，同时菌体能分泌一些具有保护作用的蛋白，菌数越多分泌的保护物质也越多，抗热性也就越强。

④基质的因素　微生物的抗热力随含水量减少而增大，同一种微生物在干热环境中比在湿热环境中抗热力大；基质中的脂肪、糖、蛋白质等物质对微生物有保护作用，微生物的抗热力随这类物质的增多而增大；有些盐类（如 NaCl）可以增强微生物对热抵抗力，而有些盐类（如钙、镁盐类）可以促使水分活度增大，降低微生物对热的抗性；微生物在生长适宜的 pH 值时对热抵抗力最强，多数微生物在 pH 7 左右抗热力最强，pH 值升高或下降都可以减少微生物的抗热力，特别是在酸性环境中，微生物的抗热力减弱更明显。另外，基质中一些抑制性物质（如 SO_2、$NaNO_3$）和一些具有抗热性的抗生素等的存在也可以减弱微生物的抗热力。

⑤加热的温度和时间　加热的温度越高，微生物的抗热力越弱，越容易死亡，加热的时间越长，热致死作用越大。在一定高温范围内，温度越高杀死微生物所需时间越短。

（3）高温灭菌法

加热是食品工业中消毒或灭菌应用最广泛的物理方法。高温可引起微生物的蛋白质、核酸等重要生物大分子发生降解或变性失活，从而导致微生物死亡。加热灭菌又可分为干热灭菌和湿热灭菌两大类。

①干热灭菌　主要包括火焰灭菌法和加热空气灭菌法。

火焰灭菌法　将被灭菌物品在火焰中灼烧，使所有的生物物质碳化。该方法灭菌快速、彻底，但使用范围受限。该法主要用于实验室接种环（针）、镊子、玻璃棒、试管或三角瓶口、棉塞、金属器械等的灭菌，也用于工业发酵罐接种时对接种口的环火保护、染有传染病的畜体及实验材料等废弃物的处理。

加热空气灭菌法　主要在干燥箱中利用热空气进行灭菌。通常 150~170℃，维持 1~2h 或 140℃，维持 3h 即可达到灭菌的目的。该法可保持物品的干燥，但由于空气传热穿透力差，菌体在脱水状态下不易杀死，所以加热温度高、处理时间长。此法适用于玻璃、陶瓷和金属物品的灭菌，不适合液体样品及棉花、纸张、纤维和橡胶类物质的灭菌。

②湿热灭菌　同一温度下湿热灭菌的效果要优于干热灭菌，究其原因主要是由于水蒸气穿透力强，易于传导热量，使被灭菌物质内外温度在短时间内趋于一致；蛋白质含水量与凝固温度成反比，湿热灭菌更容易破坏细胞内蛋白质的氢键结构，加速其凝固变性；蒸汽在被灭菌物质表面凝结时释放出潜热，迅速提高灭菌温度，缩短灭菌时间。该灭菌方法被广泛应用于培养基、发酵设备等的灭菌。

煮沸消毒法　将物品在水中 100℃ 煮沸 15min 以上，可杀死细菌的营养细胞和部分芽孢，如在水中加入 1% 碳酸钠或 2%~5% 苯酚，则效果更好。这种方法适用于注射器及其他器械、器皿等的消毒。单纯水煮也用于饮用水和部分食品的消毒。

巴氏消毒法　一种低温湿热消毒法，用较低的温度杀死其中可能存在的病原菌和多数腐败微生物的营养细胞，并且尽可能保持食品的营养与风味。巴氏消毒法可以分为两大类，即低温长时法（LTLT）：63℃，30min；高温瞬时法（HTST）：72℃，15s。巴氏消毒法可以杀死微生物的营养细胞，但不能达到完全灭菌的目的，用于不适于高温灭菌的食品，如牛乳、酱腌菜类、果汁、啤酒、果酒和蜂蜜等。

超高温瞬时灭菌法（UHT）　灭菌的温度一般为 135~137℃，处理 3~5s，对于污染严重的鲜乳需控制温度在 142℃ 以上。该方法既可杀死微生物的营养细胞和耐热性强的芽孢细菌，又可最大限度减少营养成分的破坏。此法现广泛用于各种果汁、牛乳、花生乳、酱油等液态食品的杀菌。在发酵工业中应用此法可以实现培养基的连续灭菌。

间歇灭菌法　在灭菌器中利用 80~100℃ 流通蒸汽将待灭菌物品蒸煮 30min，冷却后搁置室温（28~37℃）下过夜，并重复以上过程 3 遍，即可达到灭菌目的。其蒸煮过程可杀死微生物的营养体，但不能杀死芽孢，室温过夜可促使残留的芽孢萌发成营养体，再经蒸煮过程可杀死新的营养体，循环 3 次可彻底灭菌。此方法适用于不耐高温的物品灭菌，如不适于高压灭菌的特殊培养基、药品的灭菌。缺点是操作麻烦、费时。

高压蒸汽灭菌法　在高压蒸汽灭菌锅中进行，利用水的沸点随水蒸气压力的增加而上升，以达到 100℃ 以上高温进行灭菌的方法。一般采用 0.1MPa（121.1℃）维持 15~30min。在实际应用中应根据灭菌物品的性质、成分、灭菌物质量等选择灭菌条件，如生理盐水、营养琼脂等培养基可采用 121℃，15~30min 进行灭菌，而对于不耐热物品或含糖培养基则需要降低温度而相应延长灭菌时间。含糖培养基宜采用 0.05 MPa（110℃）

灭菌 20~30min，脱脂乳培养基宜采用 0.07MPa（115℃）灭菌 20~30min。这主要是由于如果采用长时间高温高压蒸汽处理会使含糖、蛋白质及多肽类的培养基发生褐变或形成沉淀物（多肽类沉淀或磷酸盐、碳酸盐沉淀）。此法常用于罐头工业中和实验室中培养基、各种缓冲液、玻璃器皿及工作服等灭菌。

5.3.1.4 低温对微生物的影响

微生物对低温具有很强的抵抗力，绝大多数微生物处于最低生长温度时，新陈代谢活动减弱到极低，呈现休眠状态。这时微生物生命活动几乎停止，但仍能在较长时期维持生命，一些嗜冷菌在一定低温范围内还可以缓慢生长。少数在低于最低生长温度时会迅速死亡。

（1）冰冻对微生物的影响

微生物在冰冻条件下，细胞内游离水形成了冰晶，对细胞膜与细胞壁有机械的物理刺伤作用，细胞脱水浓缩引起细胞质黏度增大，电解质浓度增高，pH 值和胶体状态发生变化，甚至会引起细胞内蛋白质部分变性等，微生物的活动受到抑制，甚至死亡。微生物生长基质冻结时的复杂变化也会影响其存活。

冰冻条件下仍有部分微生物存活并处于休眠状态，缓慢解冻后仍可生长繁殖。实践中采用 -70~-40℃ 冷冻条件保存菌种，在菌种保藏时常采取一些措施预防细胞损伤，如在菌悬液中加入甘油、血清或脱脂牛乳等保护剂，降低冰冻脱水的有害作用，防止冰晶体过大，保护细胞膜结构。另外，在实验室也常利用冰冻对细胞的破坏作用进行细胞破碎，细菌等微生物细胞历经 3 次以上的反复冻融可达到较好的破壁效果。

（2）影响冰冻对微生物作用的因素

①菌种　不同微生物对低温的抵抗力不同。一般球菌比 G^- 杆菌具有较强的抗冰冻能力；引起食物中毒的病原菌中葡萄球菌属和梭状芽孢杆菌属的繁殖体比沙门菌属有较强抵抗力；细菌的芽孢、真菌的孢子有较强的抗冰冻特性。

②冷冻的方式和温度　冻结速度对冰晶形成有很大影响。一般认为缓慢冻结形成的冰晶大，对细胞损伤大；快速冻结时细胞质内的水形成均匀的玻璃胶状，并且在迅速融化时，玻璃胶状水也不形成结晶状态，对菌体损害不大，故速冻速融可保存微生物的生命力，但反复冻融对微生物细胞具有更大的破坏力。

研究表明，在冰冻环境中温度稍低于冰点，尤其在 -2℃ 附近活菌数下降最多，温度再低，菌数下降则较少，达到 -20℃ 以下时，菌数下降非常缓慢。

当环境温度从微生物正常生长温度迅速降至 0℃ 左右，导致菌体尤其是处于对数生长期的菌体细胞大量死亡或损伤的现象，称为冷休克。冷休克现象较常见于一些酵母菌、G^- 细菌中，如食品中常见的埃希菌属、假单胞菌属、气杆菌属、沙门菌属和沙雷菌属等易引起冷休克。此外，微生物对冷休克的敏感程度还与培养温度密切相关，如铜绿假单胞菌在 30℃ 下培养后快速降温至 -2℃，其残留菌数在 10min 后为 50%，而在 10℃ 培养时则对冷休克不敏感。

③冷冻基质条件　微生物在冰冻时所处的基质成分、浓度、pH 值等因素均会影响其存活率。若基质中酸度高、水分含量多，则在冰冻过程中微生物就会加速死亡；如基质中含有糖、盐、蛋白质、胶状物和脂肪等物质，对微生物有一定的保护作用。

微生物在干燥、真空的冰冻环境中可保持较长期的存活力。但不论采用哪种温度或方式进行冻结，是否使用保护剂，基质中微生物数量总是随冻结贮存时间的延长而逐渐减少，只是减少的速度不同而已。

生产上常用低温保藏食品，根据各种食品的保藏温度不同，分为寒冷温度（15℃以下）、冷藏温度（0~7℃）和冻藏温度（0℃以下）。

5.3.2 环境气体组分

微生物生长环境的气体组分发生变化时，不仅会对微生物的生理代谢、生长产生影响，还会影响微生物的存在种类及分布。这里主要介绍氧气和二氧化碳对微生物的影响。

5.3.2.1 氧气

氧对微生物的生命活动有着重要的影响。按照微生物与氧气的关系，可把它们分成好氧菌（aerobe）和厌氧菌（anaerobe）两大类。好氧菌中又分为专性好氧、兼性厌氧和微好氧菌；厌氧菌分为专性厌氧菌、耐氧菌。

（1）专性好氧菌（strict aerobe）

专性好氧菌必须在有分子氧的条件下才能生长，有完整的呼吸链，以分子氧作为最终氢受体，细胞含有超氧化物歧化酶（SOD）和过氧化氢酶。绝大多数丝状真菌、放线菌和部分细菌属于这个类型。大规模培养好氧菌时，应设法增加培养基中的溶氧量。一般在实验室和工业生产中常采用摇瓶振荡或深层通气的方法供给液体培养基充足的氧气。

（2）兼性厌氧菌（facultative aerobe）

兼性厌氧菌在有氧或无氧条件下都可生长，但有氧情况下生长得更好。在有氧时靠呼吸产能，无氧时靠发酵或无氧呼吸产能。细胞含有 SOD 和过氧化氢酶。绝大多数酵母菌和部分细菌如肠道菌、硝酸盐还原菌等均属于这种类型。在培养基表面和内部均有生长，上层生长更好。

（3）微好氧菌（microaerophilic）

微好氧菌只能在较低的氧分压（1~3kPa，正常大气压中氧分压为 20kPa）下才能正常生长，它们具有完整的呼吸酶系统，通过呼吸链并以氧为最终氢受体而产能。只有少数细菌属于此类型，如拟杆菌属（*Bacteroides*）中的个别种、运动发酵单胞菌属（*Zymomonas*）、氢单胞菌属（*Hydrogenomonas*）、霍乱弧菌（*Vibrio cholerae*）等。在摇瓶培养时，菌体生长于液面以下数毫米处。

（4）耐氧菌（aerotolerant anaerobe）

耐氧菌可在分子氧存在条件下进行厌氧生活的微生物。其生长不需要氧，分子氧也对它无毒害。耐氧菌不具有呼吸链，依靠专性发酵获得能量。细胞内存在 SOD 和过氧化物酶，但缺乏过氧化氢酶。乳酸菌多数属于耐氧菌，如乳酸乳球菌乳酸亚种、乳酸乳杆菌、肠膜明串珠菌和粪肠球菌等，乳酸菌以外的耐氧菌如雷氏丁酸杆菌（*Butyribacterium rettgeri*）。在培养基下层比表面生长好。

（5）厌氧菌（anaerobe）

厌氧菌只能在无氧或低氧化还原电位环境下生活，分子氧对它有毒害，即使短期接触空气，也会抑制其生长甚至致死。缺乏完整的呼吸酶系统，即细胞内缺乏 SOD 和细胞色素氧化酶，多数还缺乏过氧化氢酶；生命活动所需能量通过发酵、无氧呼吸、循环光合磷酸化或甲烷发酵提供。常见的厌氧菌有梭菌属、拟杆菌属、双歧杆菌属、甲烷杆菌属等。

培养专性厌氧菌需排除环境中的氧气，同时在培养基中添加还原剂，降低培养基中的氧化还原电位。厌氧菌在固体培养基表面上不能生长，只有生长在深层的无氧环境。

各类微生物在试管中的生长状态见图 5-6。

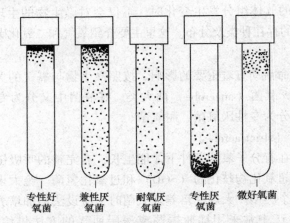

| 专性好氧菌 | 兼性厌氧菌 | 耐氧厌氧菌 | 专性厌氧菌 | 微好氧菌 |

图 5-6 不同微生物在半固体琼脂柱中的生长状态模式图

关于厌氧菌的氧毒害机理曾有学者提出过，直到 1971 年在 McCord 和 Fridovich 提出 SOD 的学说后，有了进一步的认识。他们认为，厌氧菌缺乏 SOD，因此易被生物体内产生的超氧阴离子自由基（$\cdot O_2^-$）毒害致死。

$\cdot O_2^-$ 是活性氧的形式之一，在体内可由酶促（如黄嘌呤氧化酶）或非酶促反应形成，其反应力强，性质极不稳定，在细胞内可破坏各种重要的生物大分子和膜，也可形成其他活性氧化物，对生物体十分有害。除 $\cdot O_2^-$ 外，细胞内代谢中还会产生其他的强毒性氧，如 H_2O_2、羟基自由基（OH·）等。

生物在进化过程中，逐渐形成了消除 $\cdot O_2^-$ 等各种有害活性氧的机制。氧之所以对专性厌氧菌以外的其他 4 类微生物不产生致死作用，是因为它们细胞中具有的 SOD，可以将 $\cdot O_2^-$ 歧化成毒性较低的 H_2O_2，而后再被过氧化氢酶或过氧化物酶转化为无毒的 H_2O。

5.3.2.2 二氧化碳

环境中 CO_2 浓度提高会减缓好氧菌生长速率，使某些酵母菌和厌氧菌的生长也受到抑制。

（1）CO_2 的抑菌机理

CO_2 抑菌机理主要有以下几种解释：

①CO_2 溶于水形成碳酸，降低细胞内 pH 值，从而影响其胞内酶的活性和物质的运输。

②CO_2 抑制了微生物的脱羧反应。

③在同温同压下，CO_2在水中的溶解量是O_2的 6 倍，渗入细胞的速率是O_2的 30 倍，CO_2的大量渗入会影响细胞膜的结构，增加膜对离子的渗透力，改变膜内外的代谢平衡，使细胞膨胀和破裂，最终影响细胞膜的通透性，使其功能的正常发挥受到抑制。

④通过在非极性位点的作用，抑制非脱羧酶的作用。高浓度CO_2延长了微生物生长的延滞期和世代间隔时间，从而延长食品的保质期限。

（2）影响抑菌效果的因素

虽然CO_2有很强的抑菌作用，但其抑菌效果受到菌种、菌龄、CO_2浓度、环境温度等诸多因素的影响。

①微生物的种类、菌龄　不同的微生物对CO_2的敏感性差异很大。一般 G^- 细菌较 G^+ 细菌对CO_2更敏感，其中以假单胞菌最敏感，乳酸菌和厌氧菌最不敏感。在 100% 的CO_2中，芽孢杆菌、肠杆菌、黄杆菌及微球菌的一些培养物在室温下经 4d 即可被杀死，而对变形杆菌、产气荚膜梭菌及乳酸细菌则无明显作用或作用很弱。

对CO_2敏感的微生物，在其生长早期使用CO_2，可以延长其延滞期，而当进入对数生长期后，其抑制作用明显降低。

②CO_2浓度　5%～50%（体积分数）CO_2对大多数霉菌、酵母菌及细菌有抑制作用，但并不能杀死或完全抑制其生长。CO_2浓度再低则不但无抑制作用，反而还会促进其生长。在 0%～20% 浓度范围内，其抑菌作用随浓度增加几乎呈线性增加，浓度高于 20% 则其抑菌效果相对减缓。在 5%～20% 时，CO_2对延滞期微生物的抑制作用最强，而在微生物适应基质后或在对数生长期，则CO_2的抑菌作用明显降低。高浓度的CO_2（40% 以上）对微生物的抑制作用则受菌龄影响很小。

③微生物所处环境条件　环境温度对CO_2的抑菌效果有明显影响，低温可提高CO_2的抑菌效果，这可能与CO_2在低温下溶解性增强有关。

其他如低 pH 值、增加环境压力等均会增强其抑菌效果。

5.3.3　pH 值

pH 值改变会影响微生物代谢反应中各种酶的活性，从而影响酶促反应速率及代谢的途径；另外，环境中氢离子浓度的改变会引起细胞膜两侧电荷的变化，影响营养物质的溶解度和解离状态。正常细胞膜上的电荷有助于某些营养物质的吸收。当细胞膜上的电荷性质受到外界氢离子浓度的影响而发生改变时，膜的渗透性和膜结构的稳定性就会受到影响，从而影响微生物对营养物质的运输。

微生物生长 pH 值范围极广，从 pH 2.0～8.0 都有微生物能生长。但绝大多数生活在 pH 5.0～7.0 之间。各种微生物都有其生长的最低、最适和最高 pH 值（表5-8）。在最低或最高 pH 值的环境中，微生物虽然能生存和生长，但生长非常缓慢而且容易死亡。微生物生长的最高和最低 pH 值并不是严格的界限，因为实际上 pH 值还取决于其他生长因素。例如，某些乳杆菌生长的最低 pH 值取决于所用酸的类型，而粪产碱杆菌（*Alcaligenes faecalis*）在 0.2mol/L 的 NaCl 中比在 0.2mol/L 的柠檬酸钠溶液中生长的 pH 值范围更广。在最适 pH 值范围内微生物生长繁殖速度快，会延长其对数生长期。

表 5-8　不同微生物生长的 pH 值范围

微生物	pH 值		
	最低	最适	最高
大肠埃希菌（*Escherichia coli*）	4.3	6.0~8.0	9.5
嗜酸乳杆菌（*Lactobacillus acidophilus*）	4.0~4.6	5.8~6.6	6.8
伤寒沙门菌（*Salmonella typhi*）	4.0	6.8~7.2	9.6
醋化醋杆菌（*Acetobacter aceti*）	4.0~4.5	5.4~6.3	7.0~8.0
金黄色葡萄球菌（*Staphylococcus aureus*）	4.2	7.0~7.5	9.3
水生栖热菌（*Thermus aquaticus*）	6.0	7.5~7.8	9.5
黑曲霉（*Aspergillus niger*）	1.5	5.0~6.0	9.0
一般放线菌（Actinomycetes）	5.0	7.0~8.0	10.0
一般酵母菌（Yeast）	3.0	5.0~6.0	8.0

部分食品 pH 值

　　一般霉菌能适应 pH 值范围最大，酵母菌适应的范围较小，细菌最小。霉菌和酵母菌生长最适 pH 值都在 5~6，而细菌的生长最适 pH 值在 7 左右。根据微生物生长的最适 pH 值不同，将微生物分为嗜碱和嗜酸微生物。嗜碱微生物，如硝化细菌、尿素分解菌、多数放线菌等；耐碱微生物，如许多链霉菌；嗜酸微生物，如硫杆菌属、霉菌和酵母菌等；耐酸微生物，如乳酸杆菌、醋酸杆菌。绝大多数细菌和一部分真菌属于中性微生物。

　　不同的微生物最适生长的 pH 值不同，同一种微生物在不同的生长阶段和不同的生理、生化过程中对 pH 值的要求也不同，在发酵工业中 pH 值的变化常可以改变微生物的代谢途径并产生不同的代谢产物，如黑曲霉在 pH 2~2.5 主要产柠檬酸，只产生极少量的草酸；在 pH 2.5~6.5 以菌体生长为主；而在 pH 7 时以合成草酸为主。酵母菌在 pH 4.5~6.0 时发酵蔗糖产生乙醇，当 pH 值大于 7.6 时则可同时产生乙醇、甘油和醋酸。因此，调节和控制发酵液 pH 值可以改变微生物的代谢方向以获得需要的代谢产物。另外，利用微生物对 pH 值的要求不同，可促进有益微生物的生长或控制杂菌的污染。例如，栖土曲霉用固体培养法生产蛋白酶时，若在基质中加入碳酸钠，则能有效地抑制杂菌生长，有利于提高蛋白酶的产量。

　　尽管微生物生长的环境 pH 值差异较大，但其细胞内的 pH 值相当稳定，一般都接近中性。这样才能够保持细胞内各种生物活性分子的结构稳定和细胞内酶所需要的最适 pH 值，避免酸碱对 DNA、ATP 和叶绿素等重要成分的破坏。其胞外酶的最适 pH 值接近环境 pH 值。

　　微生物在生长过程中通过代谢会反过来改变环境的 pH 值。微生物分解糖类、脂肪等产生酸性物质，使培养液 pH 值降低；分解蛋白质、尿素等产生碱性物质，使培养液 pH 值升高。另外，无机盐选择性吸收也可使环境的 pH 值发生变化。因此，为了维持微生物生长过程中 pH 值的相对稳定，实验室中在配制培养基时（参阅 3.3.2），可以选用不同的培养基组成成分（如蛋白质、氨基酸、尿素等）和在培养基中加入以弱酸或弱碱的盐类配制的缓冲物质（如磷酸氢二钾和磷酸二氢钾）来调整 pH 值。在发酵工业中，及时地调整发酵液的 pH 值，有利于积累代谢产物，是生产中一项重要措施。采取的方法为过酸时加适当氮源（如尿素、硝酸钠、氢氧化铵或蛋白质等），提高通气量；过碱时加入酸或适量碳源（如糖、乳酸、油脂等），降低通气量。

另外，值得注意的是，酸类对微生物的作用，不仅决定于氢离子浓度，还与酸游离的阴离子和未解离的分子本身有关，如食品加工中常用的酸类防腐剂苯甲酸等，在未解离的分子态才有防腐效果。

5.3.4 水分活度

水分占微生物细胞组成的 70%~85%，环境中缺水时会引起微生物细胞内蛋白质的变性和盐类浓度的增高，抑制微生物的生长，甚至造成微生物的死亡。这是因为微生物细胞中所有生化反应均以水分为溶媒，在缺水环境中微生物新陈代谢受到了阻碍。

水分对微生物的影响，不但取决于环境中水分的总含量，更取决于可被微生物利用的那部分水的含量，即取决于水分活度（A_w）。

一般微生物只有在 A_w 适宜的环境中才能进行正常的生命活动。但当菌体生长时期不同及环境条件（氧、pH 值、温度等）发生改变时，对 A_w 的要求会有所不同。例如，灰绿曲霉（Aspergillus glaucus）生长所需的 A_w 值在 0.85 以上，而孢子萌发时要求的 A_w 最低值为 0.73~0.75；金黄色葡萄球菌在无氧环境中，其生长的最低 A_w 值为 0.90，而在有氧环境下则为 0.86。

干燥是降低食品水分活度的一种方式，在食品保藏中应用广泛。微生物对干燥的抵抗力受微生物种类、菌龄、干燥温度、失水速度、微生物所处基质等条件的影响。以细菌芽孢的抵抗力最强，霉菌和酵母菌的孢子也具较强的抵抗力；其他依次为 G^+ 球菌、酵母的营养细胞、霉菌的菌丝。老龄菌比幼龄菌抗性强，产荚膜菌比不产荚膜的抗性强。

干燥时温度越高，微生物越容易死亡；低温下进行干燥，微生物的死亡率较低。将干燥后存活的微生物低温保藏，可长久保存活力。相同的微生物在不同的基质中干燥，存活率不同。蒸馏水中微生物经干燥后生存的时间短，基质中有糖、淀粉、蛋白质等物质时，微生物干燥后生存的时间长。若在菌悬液中加入少量保护剂（如脱脂牛奶、血清、血浆等）于低温冷冻条件下真空干燥，所得冻干微生物可在低温下保持长达数年甚至 10 年的生命力。

另外，干燥过程中失水速度也会影响微生物的死亡量。失水速度快，微生物不容易死亡；缓慢干燥，微生物死亡率加大。

5.3.5 渗透压

微生物细胞具有一层半透性膜，能调节细胞内外的渗透压平衡。当处于等渗环境中，微生物代谢活动能正常进行，细胞保持原形。若将其置于高渗溶液中，细胞中的水分将通过细胞膜进入到环境中，细胞原生质因脱水收缩而出现质壁分离现象，细胞代谢活动受到抑制甚至导致死亡。若置于低渗溶液或水中，细胞吸水膨胀，由于细胞壁的保护，很少发生细胞破裂现象。但在 5×10^{-4} mol/L $MgCl_2$ 低渗溶液中，细胞易膨胀破裂而死亡。生产实践中常利用低渗原理破碎细胞。相比较而言，低渗溶液对微生物生长的影响要小于高渗溶液。

微生物都有一个最适宜的渗透压，大多数微生物适于在等渗的环境中生长。有些微生物如海洋中生活的微生物必须在3%~5%盐浓度中才能良好生长，像这类必须在含有2%以上的盐浓度中才能良好生长的微生物称为嗜盐微生物，大体可以分为高度嗜盐细菌（20%~30%食盐浓度中生长）、中等嗜盐细菌（5%~18%的食盐浓度中生长）、低等嗜盐细菌（2%~5%的食盐浓度中生长）3类。另外，还有些微生物能在2%~10%的食盐浓度中生长，但高盐分并不是其生长所必需的，称为耐盐微生物。

各种微生物均具有耐受不同盐浓度的能力。耐盐能力随微生物的种类不同而不同。多数杆菌在超过10%的盐溶液中不能生长，有些耐盐性差的微生物在低于10%盐溶液中即停止生长，如大肠埃希菌、沙门菌、肉毒梭菌等在6%~8%盐浓度时已完全处于抑制状态；球菌被抑制的盐浓度在15%；而霉菌在20%~25%盐浓度中才受到抑制；酵母菌一般对盐敏感。总体来说，需要18%~25%盐浓度才能完全阻止微生物的生长。

在食品工业中除食盐外还常用糖类来增加渗透压，抑制微生物生长。相同质量浓度的糖溶液和盐溶液所产生的渗透压不同，蔗糖要达到与食盐相同的抑菌效果，其浓度必须要比食盐溶液大6倍以上。一般50%的糖液可抑制绝大多数酵母和细菌生长，65%~70%糖液可抑制许多霉菌，70%~80%糖液能阻止所有微生物生长。能在高浓度糖液中生长的微生物称为耐糖微生物，多数为酵母和霉菌，细菌仅有少数，如肠膜明串珠菌等。

糖的种类不同，所产生的渗透压不同，抑菌效果存在明显差异。一般糖类相对分子质量越小，渗透压越大，对微生物抑制作用越大。

5.3.6 辐射

电磁辐射包括可见光、红外线、紫外线、X射线和γ射线等，由于波长不同对生物体的效应也不同。无线电波波长最长，对生物的效应最弱；红外辐射波长在800~1000nm，具有热效应，可被光合细菌作为能源；可见光部分的波长为380~760nm，是蓝细菌等藻类进行光合作用的主要能源。紫外线波长为136~400nm，具有杀菌作用，以250~280nm的杀菌力最强。而波长更短的X射线、γ射线、β射线和α射线（由放射性物质产生）具有很高的能量，被物质吸收后往往发生电离效应，均可抑制甚至杀死微生物。尤其是γ射线因作用距离较远、穿透力较强而常用于罐头消毒。

紫外线杀菌机理很复杂，目前认为是引起细胞内核酸的变化，破坏分子结构，主要是对DNA的作用，最明显的是诱导胸腺嘧啶二聚体形成，妨碍蛋白质和酶的合成从而干扰核酸的复制，进而导致微生物的变异和死亡。紫外线的杀菌效果，因菌种及其生理状态而异，照射时间、距离和剂量的大小也有影响。一般干细胞对紫外线的抵抗力比湿细胞强，细菌的芽孢比营养细胞强，G^+球菌、病毒比G^-杆菌强，多倍体或多核细胞比单倍体或单核细胞抵抗力强。

由于许多微生物都具有修复紫外线引起的DNA损伤的酶学机制（参阅6.2.3.2），因此只有在紫外辐射剂量大、引起的损伤大大超过细胞修复能力时，才会导致细胞死亡。当紫外线辐射小于致死量时，对微生物生长有时却有促进作用或者可引起微生物的变异。

紫外线的穿透能力差，不易透过不透明的物质，0.1mm厚的牛奶就可吸收其能量的

90%，故在食品工业中紫外线仅用于厂房内空气及物体表面消毒、饮用水的消毒或诱变育种。

5.3.7 超声波

超声波（频率超过 20 000Hz 以上）具有强烈的生物学效应。超声波处理微生物悬液时，由于超声波探头的高频振动，引起探头周围水溶液振动，当探头高频振动频率与水溶液不同步时，能在溶液内产生空穴，空穴内处于真空状态，只要悬液中的微生物接近或进入空穴区，由于细胞内外压力差，导致细胞破裂，达到灭菌的目的；另外，由于机械能转变为热能，导致溶液温度升高也是微生物致死的一个原因。超声波作用的效果与频率、处理时间、微生物种类、细胞大小、形状及数量等均有关系。一般高频率比低频率杀菌效果好，球菌的抗性比杆菌强，非丝状菌比丝状菌抗性强，体积小的细胞比体积大的抗性强。病毒和细菌芽孢具有较强的抗性。由于超声波可以破碎细胞，常被用来提取细胞的组成物质，如细胞中酶、免疫物质、核酸类物质。

5.3.8 化学药剂

抗微生物的化学药剂主要有两大类，总结如下。在此主要介绍化学消毒剂。

$$
抗微生物制剂
\begin{cases}
非选择性（对所有细胞均有毒性）
\begin{cases}
化学消毒剂 \\
防腐剂
\end{cases} \\
有选择性（对病原微生物毒性更强）
\begin{cases}
抗代谢药物 \\
抗生素 \\
中草药成分
\end{cases}
\end{cases}
$$

化学消毒剂是指对一切活细胞都有毒性，不能用作活细胞或机体内治疗用的化学药剂。化学消毒剂包括酸类、碱类、重金属盐和有机化合物等，一般只做表面消毒使用。各种化学消毒剂的消毒原理不同，常用的化学消毒剂见表 5-9。

表 5-9　一些常用的化学消毒剂

类型	名称及使用浓度	作用机制	杀菌对象	应用范围
酸类	0.33~1.0mol/L 乳酸	破坏细胞膜和蛋白质	病原菌、病毒	房间熏蒸消毒
	5~10mL/m³ 醋酸	破坏细胞膜和蛋白质	病原菌	房间熏蒸消毒
醇类	70%~75%乙醇	蛋白变性、脱水、溶解脂类、破坏细胞膜	细菌繁殖体	皮肤、器械
碱类	1%~3%石灰水	破坏细胞结构、酶系统	细菌及芽孢、病毒	粪便或地面
	5%~10%生石灰乳	破坏细胞结构、酶系统	细菌及芽孢、病毒	粪便或地面
	2%~3%氢氧化钠	破坏细胞结构、酶系统	细菌及芽孢、病毒	食品设备、用具
酚类	3%~5%苯酚	蛋白质变性，损伤细胞膜	细菌繁殖体	地面、家具、器皿
	2%煤酚皂（来苏儿）	蛋白质变性，损伤细胞膜	细菌繁殖体	皮肤、地面、器皿
醛类	0.5%~10%甲醛	破坏蛋白质氢键或氨基	细菌繁殖体、芽孢	物品消毒、接种室熏蒸

（续）

类型	名称及使用浓度	作用机制	杀菌对象	应用范围
氧化剂	0.1%KMnO₄	氧化蛋白质活性基团	细菌繁殖体	皮肤、餐具、水果蔬菜
	3%H₂O₂	氧化蛋白质活性基团	细菌，包括厌氧菌	皮肤、伤口、食品
	20%以上 H₂O₂	氧化蛋白质活性基团	细菌芽孢	食品包装材料
	0.2%~0.5%过氧乙酸	氧化蛋白质活性基团	细菌及芽孢、真菌、病毒	皮肤、塑料、食品包装材料
	约 1mg/L 臭氧	氧化蛋白质活性基团	细菌及芽孢、真菌、病毒	食品、饮用水
	0.2~0.5mg/L 氯气	破坏细胞膜、酶、蛋白质	多数细菌、病毒	饮水、游泳池水
	0.5%~1%漂白粉	破坏细胞膜、酶、蛋白质	多数细菌、芽孢	饮用水、果蔬
	10%~20%漂白粉	破坏细胞膜、酶、蛋白质	多数细菌、芽孢	地面、厂房、厕所
	2%ClO₂	破坏细胞膜、酶、蛋白质	细菌、霉菌、病毒	饮用水、食品设备
	2.5%碘酒	酪氨酸卤化，酶失活		皮肤
重金属盐类	0.05%~0.1%氯化汞	与蛋白质巯基结合使失活	所有微生物	非金属物品，器皿
	0.1%~1%AgNO₃	蛋白质沉淀、变性	所有微生物	皮肤，滴新生儿眼睛
	0.1%~0.5% CuSO₄	与蛋白质巯基结合使失活	所有微生物	杀灭植物真菌与藻类
表面活性剂	0.05%~0.1%新洁尔灭	蛋白质变性、破坏膜	细菌、真菌、病毒	皮肤、黏膜、手术器械
	0.05%~0.1%杜灭芬	蛋白质变性、破坏膜	细菌、真菌、病毒	皮肤、金属
染料	2%~4%龙胆紫	与蛋白质羧基结合	G⁺细菌	皮肤、伤口

5.3.8.1 有机化合物

对微生物有杀菌作用的有机化合物种类很多，其中酚、醇、醛等能使蛋白质变性，是常用的杀菌剂。

（1）酚及其衍生物

酚又称石炭酸，其杀菌作用是使微生物蛋白质变性，并具有表面活性剂作用，破坏细胞膜的通透性，使细胞内含物外溢致死。2%~5%酚溶液杀死细菌的繁殖体所需时间很短，而杀死芽孢则需要数小时或更长的时间。许多病毒和真菌孢子对酚有抵抗力。煤酚皂液（来苏儿）是肥皂乳化的甲酚，杀菌力比酚大4倍，适用于医院的环境消毒，不适于食品加工用具以及食品生产场所的消毒。

（2）醇类

乙醇是脱水剂、蛋白质变性剂，也是脂溶剂，可使蛋白质脱水、变性，溶解细胞膜的脂类物质而具杀菌能力。浓度为50%~70%的乙醇便可杀死细菌的营养细胞。但70%~75%的乙醇杀菌效果最好，超过75%浓度的乙醇杀菌效果较差，其原因是高浓度的乙醇与菌体接触后迅速脱水，表面蛋白质凝固，形成了保护膜，阻止了乙醇分子进一步渗入。

乙醇常常用于皮肤表面消毒，实验室用于玻棒、玻片等用具的消毒。醇类物质的杀菌力是随着相对分子质量的增大而增强，但相对分子质量大的醇类，虽然杀菌力强于乙醇，但不易与水混溶，因此，醇类中常常用乙醇作为消毒剂。

（3）甲醛

甲醛是一种常用的醛类杀菌剂，杀灭细菌和真菌效果良好。市售的福尔马林溶液为37%~40%的甲醛水溶液。甲醛可破坏蛋白质氢键，并与蛋白质的氨基结合，微生物因蛋白质变性而致死。0.1%~0.2%的甲醛溶液可杀死细菌的繁殖体，5%的浓度可杀死细菌的芽孢。一般采用甲醛溶液熏蒸无菌室、接种箱及进行物体表面消毒。甲醛对人体有害且具有刺激性和腐蚀性，不适宜于食品生产场所的消毒。

（4）表面活性剂

表面活性剂是指具有降低液体表面张力效应的物质，分为阳离子表面活性剂、阴离子表面活性剂和非离子型表面活性剂 3 类。其中，非离子型表面活性剂是由脂肪酸、脂肪醇或羟基酚类化合物的极性末端与乙烯的氧化产物聚合而成，在水中不电离，主要作为乳化剂；阴离子表面活性剂（如肥皂、十二烷基磺酸钠等）杀菌作用很弱，主要用于清洁剂，使物质表面油脂乳化形成无数小滴，靠机械作用在去除物体表面污物的同时，除去表面微生物；阳离子表面活性剂（如新洁尔灭、杜灭芬等）为季胺盐类化合物，其所带正电荷与菌体表面负电荷结合，破坏细胞膜结构，改变膜的通透性，促使细胞内含物外溢，同时抑制酶活性并引起菌体蛋白变性。杀菌作用易被有机物和阴离子表面活性剂降低。新洁尔灭等杀菌谱广，能杀死细菌、真菌的营养细胞和病毒，但对芽孢杆菌只有抑制作用。其水溶液不能杀死结核杆菌、绿脓假单胞菌，一般用于皮肤、器械的消毒等。

5.3.8.2　氧化剂

氧化剂杀菌的效果与作用的时间和浓度成正比关系，杀菌的机理是氧化剂释放出游离氧作用于微生物蛋白质的活性基团（氨基、羟基和其他化学基团），造成细胞代谢障碍而死亡。

（1）臭氧（O_3）

臭氧具有广谱抗菌特性，对细菌营养细胞、病毒、真菌和原虫包囊均有高效杀灭作用，但对芽孢的杀灭作用较弱。臭氧在水中的杀菌速度较氯快 600~3000 倍。

有试验表明，在 15℃、相对湿度 73%、臭氧浓度 0.08~0.6mg/kg 条件下处理30min，对绿脓杆菌的杀灭率可达 99.9%；用 0.3mg/L 的臭氧水溶液处理大肠埃希菌和金黄色葡萄球菌 1min，杀灭率均达到 100%。杀灭水中枯草芽孢杆菌黑色变种的芽孢需要将水中的臭氧浓度提高到 3.8~4.6mg/L，作用时间延长到 3~10min。

臭氧杀菌一般无残留、不产生二次污染，被认为是一种可在食品中安全应用的高效杀菌方法。近年来在纯净水生产、果蔬保鲜中应用较广，灭菌的效果与浓度有一定的关系，但浓度大了使水产生异味。

（2）氯及漂白粉

氯具有较强的杀菌作用，其机理是氯能侵入细胞取代蛋白质氨基中的氢使蛋白质变性；同时氯在水中能生成次氯酸，次氯酸分解为盐酸和新生态的氧，破坏细胞质，有较强的杀菌作用。氯对细菌营养细胞、芽孢、病毒、真菌均有杀灭作用，但对芽孢的杀灭作用较弱。其杀菌作用受到 pH 值等因素影响。氯气常常用于城市生活用水的消毒，饮料工业用于水处理工艺中杀菌。

漂白粉含次氯酸钙，在水中生成氯原子和次氯酸。漂白粉中有效氯为 28% ~ 35%。当浓度为 0.5% ~ 1% 时，5min 可杀死大多数细菌；5% 溶液可在 1h 内杀死细菌芽孢。漂白粉常用于饮用水消毒，也可用于蔬菜和水果的消毒。用于环境消毒必须提高浓度、加大剂量。

（3）二氧化氯

二氧化氯溶液为氯气和漂白粉的换代产品，具有极强的杀菌能力，对细菌（含芽孢杆菌）、霉菌、病毒、藻类都有迅速彻底的杀灭作用。对芽孢和病毒的杀灭效果比氯和臭氧好。目前广泛应用于生活用水、食品加工设备、管道和用具的消毒。

（4）过氧乙酸

过氧乙酸（CH_3COOOH，PAA）是一种高效广谱杀菌剂，能快速地杀死细菌、酵母、霉菌和病毒。0.01% 过氧乙酸可杀死大肠埃希菌、金黄色葡萄球菌；0.05% ~ 0.5% 可杀死枯草杆菌、蜡状芽孢杆菌和嗜热脂肪芽孢杆菌。能够杀死细菌繁殖体的过氧乙酸浓度，足以杀死霉菌和酵母菌。

过氧乙酸分解产物是醋酸、过氧化氢、水和氧，使用后无残余毒，但其有较强的腐蚀性和刺激性，使其使用范围受到一定的限制。适用于一些食品包装材料（如超高温灭菌乳、饮料的利乐包等）的灭菌；也适于水果、蔬菜和鸡蛋等食品表面的消毒；食品加工厂工人的手、地面和墙壁的消毒以及各种塑料、玻璃制品和棉布的消毒。注意用于手消毒的溶液，浓度控制在 0.2% ~ 0.4% 之间对健康皮肤无刺激性。

5.3.8.3 重金属盐类

大多数重金属及其化合物都是有效的杀菌剂或防腐剂，其作用最强的是汞、银、铜及其盐类。重金属盐类对微生物都有毒害作用，其机理是金属离子容易和微生物的蛋白质结合而使蛋白质发生变性或沉淀；能与微生物酶蛋白的巯基结合，导致酶失去活性，影响其正常代谢。汞化合物是常用的杀菌剂，杀菌效果好，用于医药业中。重金属盐类虽然杀菌效果好，但对人有毒害作用，所以严禁用于食品工业中防腐或消毒。

5.3.9 食品中的抗菌物质

微生物的生长除去受到营养物质及环境理化因素的影响外，某些食品原料由于含有特定的天然抗菌物质，因此在一定程度上能够抑制微生物生长，使其免受微生物的侵染。

具有天然抗菌物质的植物性食品原料很多，如十字花科植物（卷心菜、球芽甘蓝、花椰菜、芜菁等）的细胞液泡中含有硫代葡萄糖苷。硫代葡萄糖苷是十字花科蔬菜中的一种重要的次生代谢产物。完整的硫代葡萄糖苷并不具有生理活性，但是当其被食用或机械破碎时，硫代葡萄糖苷在内源芥子酶的作用下容易水解产生异硫氰酸脂、硫氰酸脂

乳铁蛋白的
抑菌作用

和腈类等不同化合物。这些降解产物具有较强抗菌作用。此外，很多食用香辛料对多种多样的微生物具有抗菌作用。香辛料抑制微生物的机理还不清楚，可以确定的是不同种类香辛料的抑菌机理可能不同。香辛料抑菌的有效成分大多存在于精油（挥发性成分）中，如大蒜中的蒜素、肉桂中的肉桂醛和丁香醇。但是非挥发性成分也有很多已确认具有抗菌性，如辣椒中的辣味成分辣椒素对接合酵母、枯草芽孢杆菌、蜡样芽孢杆菌等具有显著的抗菌能力。

此外，牛奶、鸡蛋等动物性食品原料中也含有抗菌成分。牛奶中的乳铁蛋白、凝集素、乳过氧化物酶体系都可以在一定程度上抑制微生物的生长。存在于鸡蛋中的卵转铁球蛋白能够抑制鲜蛋中的肠炎沙门菌，而溶菌酶与伴清蛋白一起为新鲜的蛋提供了非常有效的抗菌体系。

乳过氧化物
酶体系抑菌作用

思考题

1. 微生物纯培养分离有哪几种方法？说明各种方法的适用范围。

2. 说明测定微生物生长的意义。表示微生物生长量的生理指标有哪些？

3. 微生物细胞数目测定方法有哪几种？哪些为活菌测定方法？

4. 何为单细胞微生物的典型生长曲线？它可分为几个时期？每个时期的特点是什么？在实际中有何指导意义？

5. 什么叫同步生长？如何使微生物达到同步生长？

6. 什么叫连续培养？有何优点？比较两种连续培养装置恒浊器和恒化器的区别。

7. 从对分子氧的要求来分，微生物可分为哪几种类型？各有何特点？在实验室和发酵工业中，如何保证好氧微生物对氧的需要？

8. 微生物在生长的过程中，引起 pH 值改变的原因有哪些？举例说明微生物最适生长 pH 值与最适发酵 pH 值是否一致。

9. 为什么湿热灭菌比干热灭菌的效力好？

10. 举例说明杀菌（灭菌）、消毒和防腐的异同。

11. 简述高压蒸汽灭菌的原理。灭菌锅中的空气排除度对灭菌效果有何影响？

12. 试分析影响微生物生长的主要因素，说明相关机理。

第6章

微生物遗传与食品微生物的菌种选育

目的与要求

掌握微生物遗传与食品微生物的菌种选育相关的基本概念和基本原理。理解遗传物质在细胞中的存在方式；掌握不同类型微生物的基因重组类型；能够依据微生物的遗传特性，设计食品微生物菌种的筛选程序，并能合理保藏所得菌种。

6.1 微生物遗传的物质基础
6.2 微生物基因突变
6.3 微生物基因重组
6.4 食品微生物的菌种选育
6.5 菌种保藏与复壮

遗传和变异是生物界所有生物最基本的属性。

所谓遗传（heredity），是指微生物通过繁殖产生后代，使亲代与子代之间在形态、构造、生理生化、生态特性等方面具有一定的相似性。但是任何一种生物，其亲代和子代之间也不是一成不变的，这种世代之间、子代不同个体之间既相像又差异的现象称为变异（variation）。

遗传是相对的，变异是绝对的，遗传中有变异，变异中有遗传，遗传和变异的辩证证关系使微生物不断进化。没有变异，生物界就失去了进化的材料，生物物种只是简单的重复，子代没有适应环境的能力，在变化的环境条件下不能很好地生存下去，生产中优良菌种的选育也就没有了意义；没有遗传，变异不能积累，物种没有稳定性，甚至生物体都不能拥有稳定的命名和分类，生产中优良菌种的选育更无从谈起，同样没有了意义。

遗传和变异相互促进，相互制约，推动生物体不断地向前发展。

6.1 微生物遗传的物质基础

遗传物质的基础是蛋白质还是核酸，在 1944 年之前，曾是生物学争论的重大问题之一。许多学者认为蛋白质对于遗传变异起着决定性的作用，而通过对高等动物和植物染色体的化学分析，发现染色体由核酸和蛋白质，并且主要是脱氧核糖核酸（DNA）组成。直至以微生物材料作为研究对象，通过转化实验、病毒重建实验和噬菌体感染实验 3 个经典实验，无可辩驳地证实了遗传变异的物质基础是核酸（DNA 或 RNA）。

6.1.1 3 个经典实验

（1）肺炎链球菌的转化实验

转化（transformation，见 6.3.1）是指受体细胞直接摄取供体细胞的 DNA 片段，与其同源部分进行碱基配对，整合到受体细胞的基因中，从而获得供体细胞的某些遗传性状，这种变异现象称为转化。

肺炎链球菌（*Streptococcus pneumoniae*）（旧称肺炎双球菌）是一种病原菌，存在着光滑型（Smooth，简称 S 型）和粗糙型（Rough，简称 R 型）两种不同类型。其中，光滑型（SⅢ型）的菌株能够产生荚膜，其菌落形态表现为光滑，具毒性，侵入人体内导致肺炎，侵入小鼠体内导致败血症，可观察的直观现象是小鼠死亡；粗糙型（RⅡ型）的菌株不产生荚膜，其菌落表面是粗糙的，无毒，在人或小鼠体内不会导致病害，直观动物实验现象为小鼠不会死亡。

1928 年，英国的一位细菌学家 F. Griffith 研究肺炎链球菌时发现一个现象。他将活的、无毒的 R 型菌株或加热杀死的有毒的 S 型菌株分别注入小白鼠体内，结果小白鼠安然无恙，也不能从小白鼠体内分离出活的 S 型菌；将活的、有毒的 S 型菌株或将大量加热杀死的有毒的 S 型菌株和少量无毒、活的 R 型菌株混合后分别注射到小白鼠体内，结果小白鼠患病死亡，并从小白鼠体内分离出活的 S 型菌。Griffith 称这种现象为转化作用。Griffith 是第一个发现转化现象的，他的工作为 O. T. Avery 等人进一步揭示转化的实质，确立 DNA 为遗传物质奠定了重要基础。

以上实验表明，S 型死菌体内有一种物质能引起 R 型活菌转化产生 S 型菌，这种转化的物质（转化因子）究竟是什么？1944 年美国的 O. T. Avery 和他的合作者 C. M. MacLeod 及 M. McCarty 等人在离体条件下证实了 Griffith 的实验，对转化的本质进行了更加深入的研究。他们从 S 型活菌体内提取 DNA、RNA、蛋白质和荚膜多糖，将它们分别和 R 型活菌混合均匀后注射入小白鼠体内，结果只有注射 S 型菌的 DNA 和 R 型活菌的混合液才能使小白鼠死亡。该实验的合理解释是一部分 R 型菌转化产生了有毒的有荚膜的 S 型菌，实验也表明，死亡小白鼠体内分离到 S 型菌的后代都是有毒、有荚膜的。只有 DNA 被酶解而遭到破坏的抽提物没有转化作用。由此说明 RNA、蛋白质和荚膜多糖均不引起转化，而 DNA 却能引起转化，产生 Griffith 实验的现象。

（2）噬菌体的感染实验

1952 年 A. D. Hershey 和 M. Chase 等人利用大肠埃希菌（*E. coli*）T2 噬菌体的感染实验也证明了 DNA 是遗传物质。T2 噬菌体由蛋白质（60%）外壳和 DNA（40%）核心组成。用 ^{32}P 和 ^{35}S 同位素标记法标记 T2 噬菌体，制备出含 ^{32}P 标记的头部 DNA 和 ^{35}S 标记的蛋白质衣壳。用标记 ^{32}P 和 ^{35}S 的噬菌体感染宿主大肠埃希菌，如图 6-1 所示，几乎全部 ^{35}S 放射活性在宿主细胞外部，而几乎全部 ^{32}P 放射活性在细胞内部。这说明在感染过程中噬菌体的 DNA 进入大肠埃希菌细胞中，它的蛋白质外壳留在菌体外。进入大肠埃希菌体内的 T2 噬菌体 DNA，利用大肠埃希菌体内的 DNA、酶及核糖体复制大量 T2 噬菌体，又一次证明了 DNA 是遗传物质。

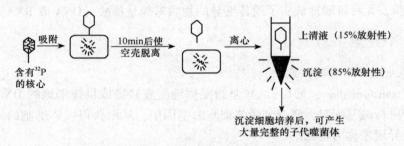

图 6-1　用含有 ^{32}P 标记 DNA 的 T2 噬菌体感染试验

（3）病毒的重建实验

1956 年，美国的 H. Fraenkel-Corat 用含 RNA 的烟草花叶病毒（tobacco mosaic virus，TMV）进行实验。将 TMV 的蛋白质部分和 RNA 部分对烟草分别进行感染实验，结果发现只有 RNA 能感染烟草，并在感染后的寄主中分离到完整的具有蛋白质外壳和 RNA 核心的 TMV 颗粒。

HRV 为 TMV 近缘霍氏车前花叶病毒，二者蛋白质仅有 2~3 个氨基酸的差别，但引起的病状不同。后来 Fraenkel-Corat 将 TMV 和 HRV 拆开，在体外分别将 TMV 的蛋白质和 HRV 的 RNA 结合，将 TMV 的 RNA 和 HRV 的蛋白质结合进行重建，并用重建的杂种病毒分别对烟草进行感染实验，结果从被感染的烟草中分离所得的病毒蛋白质均取决于相应病毒的 RNA（图 6-2）。这一实验同样证明了核酸（RNA）仍然是遗传物质的基础。

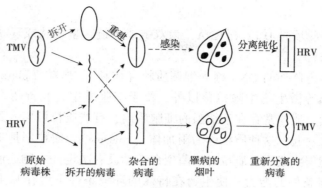

图 6-2 病毒重组实验示意图

以上 3 个遗传学经典实验证明了遗传物质是 DNA（或 RNA）。到目前为止，发现只有一部分病毒（包括动物、植物病毒和噬菌体）的遗传物质是 RNA，其他生物的遗传物质都是 DNA。

6.1.2 遗传物质的存在形式

遗传物质（DNA/RNA）在细胞内主要以细胞核（或拟核）、核染色体（核基因组）、细胞器基因组、质粒等形式存在（图 6-3）。

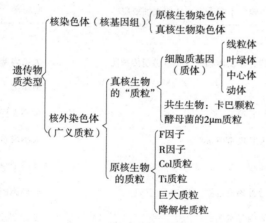

图 6-3 遗传物质的存在形式

真核生物的遗传物质是 DNA，其核染色体由 DNA 和组蛋白以一定的结构组成。真核生物的染色体不止一个，有几个、几十个甚至更多，如米曲霉单倍体染色体数为 7，啤酒酵母为 17，染色体呈丝状结构，真核细胞内核染色体由核膜包裹形成细胞核，真核生物染色体以外的 DNA 主要以细胞器基因组形式存在，这些细胞器中的 DNA 常呈环状，细胞器 DNA 的含量只占染色体 DNA 的 1% 以下。

原核微生物的染色体一般只有一个，是由单纯的 DNA 或 RNA 组成。细菌和放线菌的遗传物质由一条 DNA 细丝构成环状的染色体，为双链 DNA，与很少量的蛋白质结合，没有核膜包围，在细胞的中央高度折叠形成具有空间结构的一个核区。由于含有磷酸根，它带有很高的负电荷。原核微生物 DNA 的负电荷被 Mg^{2+} 和有机碱——精胺、亚精胺和腐胺等中和。

　　病毒中的遗传物质是 DNA 或 RNA，为双链或单链，呈线状或环状，且病毒的核酸都不与蛋白质相结合。

　　原核微生物染色体外的 DNA 称为细菌质粒（质粒）。质粒（plasmids）习惯上用来专指细菌和放线菌等微生物中除拟核以外，位于细胞质中的共价闭合环状 DNA 分子，能自主复制且传代。质粒常存在于细菌的细胞质内，有些质粒可插入到染色体中，能与细菌染色体整合在一起，这种质粒称为附加体（episome）。质粒不是生物细胞的一种必需成分，生物细胞得到或失去质粒对细菌生命活动没有决定性影响。但是，质粒可提供生物选择有利生存条件的能力，使生物在特殊的环境条件下生存和生长，并在生物种内、种间甚至相近的属间进行交换，导致质粒的生存能力不断进化增强。如细菌含有产生耐药性和产生毒素能力的质粒，会在生态竞争中具有优势。目前，质粒作为基因工程和分子治疗的重要载体，已成为分子生物学发展中重要工具和手段。微生物质粒类型见表 6-1。

表 6-1　微生物质粒的类型

质粒名称	功　　能	微生物类型
真核微生物		
$2\mu m$ 质粒	隐秘质粒，不赋予宿主任何表性效应	酵母菌
原核微生物		
F 质粒	通过接合在供体和受体间传递遗传物质	大肠埃希菌
巨大质粒	固氮	根瘤菌
Ti 质粒	侵入性质粒	根癌农杆菌
Col 质粒	编码大肠埃希菌素	大肠埃希菌
R 质粒	抗性质粒	肠道细菌，链霉菌
降解质粒	降解芳香族化合物	假单胞菌
毒性质粒	编码 δ 内毒素	苏云金杆菌

6.2　微生物基因突变

　　生物的遗传和变异是生物进化的原动力。遗传延续了生物的稳定性，变异可能导致产生某种新性状，变异是生物多样性的重要来源。

　　从自然界分离到的任何微生物即为野生型（wild type），其 DNA 中碱基及其顺序的改变称为突变（mutant），稳定的突变体，其基因型不同于野生型。需要某种生长因子（如氨基酸）的突变体称为营养缺陷型（auxotroph）。

染色体畸变

突变包括基因突变和染色体畸变（图 6-4）。基因突变
（gene mutation），又称为点突变，是指一个基因内部的遗传结
构或 DNA 序列的任何改变，也称为狭义的突变。

广义的突变（包括染色体畸变）是指大段染色体的缺失、
重复、倒位。染色体畸变是由 DNA（RNA）的片段缺失或重
排而造成染色体异常的变化。其中易位，即两条非同源染色体
之间部分相连的现象；倒位，即一个染色体的某一部分旋转
180°后反向出现在原来位置的现象；缺失，即在一条染色体上
失去一个或多个基因的片段；添加，即在染色体上插入某些基
因或某些基因重复出现的突变。

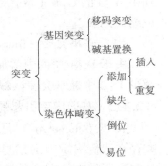

图 6-4　突变的类型

染色体畸变对微生物常常是致死突变，而在生产和研究中微生物的基因突变最为常
见，也最重要。所以，微生物中突变类型的研究主要在基因突变方面。对微生物而言，
重组等外源遗传物质的整合引起 DNA 的改变，不属突变的范围。

6.2.1　基因突变的类型

从基因突变发生方式（图 6-5）和突变引起的一些表型变化这两方面对基因突变的
类型进行分类。

碱基对的置换

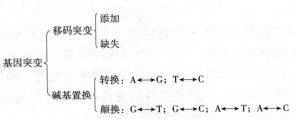

图 6-5　基因突变的类型

6.2.1.1　碱基变化引起遗传信息的改变

不同碱基的变化对遗传信息的改变是完全不同的，基因突变依据其变化的不同分为
以下 4 个类型。

（1）同义突变（synonymous mutation）

密码子具有兼并性，虽然基因中单个碱基发生置换，但不引起蛋白质一级结构中氨
基酸变化。例如，DNA 序列中 GCG 的第三位的碱基 G 被 A 取代而成 GCA，转译后都是
精氨酸的密码子，不会引起蛋白质结构的变化。

（2）错义突变（mis-sense mutation）

错义突变是指 DNA 中碱基发生改变后，mRNA 中相应密码子发生改变，导致合成的
多肽链中一个氨基酸编码成另一种氨基酸，而该氨基酸前后的氨基酸均不改变。错义突
变可能产生异常蛋白质和酶。

（3）无义突变（non-sense mutation）

当 DNA 序列单个碱基置换导致出现终止密码子（UAG、UAA、UGA）时，该多肽
链将提前终止合成，所合成的蛋白质（或酶）失去活性或部分失去活性。例如，DNA 序

列中 ATG 的 G 被 T 取代时，相应的 mRNA 上的密码子变成终止信号 UAA，翻译终止形成缩短的肽链。

（4）移码突变（frame-shift mutation）

由于 DNA 序列中增加或减少碱基数（非 3 或 3 的倍数）导致的基因突变。增加或减少 1~2 个碱基会使该碱基位点后面的 mRNA 序列发生系列变化。

6.2.1.2 基因突变引起的表型突变

表型（phenotype）是指可观测或检测到的个体性状或特征；基因型（geneotype）指贮存在遗传物质中的信息，即其 DNA 碱基顺序。表型是基因型在特定情况下的表现。从突变所带来的表型分类，突变的类型可以分为形态突变型、致死突变型、营养缺陷突变型、抗原突变型等类型。上述后 3 种突变类型都可能导致生物体表型的变化。

（1）营养缺陷突变型

营养缺陷突变型属于一类重要的生化突变型，某种微生物经基因突变而引起微生物代谢过程中某些酶合成能力丧失的突变型，它们必须在野生型微生物生长的基本培养基中添加相应的营养成分才能正常生长繁殖。营养缺陷突变型的基因型用所需营养物的前 3 个英文小写字母斜体表示，例如，*his*C 代表组氨酸缺陷型，相应的表型用 HisC 表示，常常用 *his*C⁻ 和 *his*C⁺ 表示缺陷型和相应的野生型。这种突变型在微生物遗传学基础理论研究和实践研究中应用非常广泛，其菌株和研究方法均具有重要的应用价值。

（2）形态突变型

由于基因突变使细胞形态结构或菌落形态发生改变，该类型的变化称为形态突变型。其包括影响微生物个体形态的突变型，以及影响细菌、放线菌、真菌等微生物菌落形态的突变型，还有影响噬菌体噬菌斑的突变型及颜色突变等。例如，细菌的鞭毛、芽孢或荚膜的变化，菌落的大小、形态及颜色的变异；放线菌或真菌孢子的大小、多少、外形及颜色的变异；噬菌斑的大小和清晰程度的变异等。

（3）条件致死突变型

在特定条件下，条件致死突变表达一种突变性状或致死效应，而在许可条件下的表型是正常的。应用最广泛的是温度敏感突变型，该类型突变在某一温度中并不致死，所以可以在这种温度中保存下来，但是另一温度对它们来说是致死的。例如，大肠埃希菌的某些菌株能在 37℃ 生长，在 42℃ 下不生长；某些 T4 噬菌体突变株在 25℃ 下可感染宿主，在 37℃ 却不能感染等。

（4）抗性突变型

抗性突变型属于抵抗有害理化因素的突变型，生物个体能在某种抗性环境（如抗生素或代谢活性物质的结构类似物）中继续生长与繁殖。根据其抵抗的对象分抗药性、抗紫外线、抗噬菌体等突变类型。这些突变类型在遗传学和分子生物学研究中非常有用，常以之作为选择性标记。

（5）抗原突变型

抗原突变型指细胞成分，特别是细胞表面成分（如细胞壁、荚膜、鞭毛）的细微变异，而引起的胞壁抗原、荚膜抗原、鞭毛抗原等抗原性变化的突变型。

其他突变型还包括毒力、糖发酵能力、代谢产物的种类和数量以及对某种药物的依赖性等的突变型。

有的基因突变可能会具备以上几大类表型突变型中的几种。例如，有的营养缺陷型可以认为是一种条件致死突变型，在基础培养基上不能生长；有的营养缺陷型具有明显的形态改变，如粗糙脉孢霉（*Neurospora crassa*）和酵母菌的某些腺嘌呤缺陷型分泌红色色素。几乎所有的突变型都可以认为是生化突变型，营养缺陷型是应用最广、最具代表性的表型突变。抗药性突变也是微生物遗传学中常用的一类生化突变型。

6.2.2 基因突变的特点

不经过诱变剂处理而自然发生的突变称为自发突变。具有如下 7 个特点：

①自发性 由于自然界环境因素的影响和微生物内在的生理、生化特点，在没有人为诱发因素的情况下，各种遗传性状的改变可以自发地产生。

②不对应性 即突变后表现的性状与引起突变的原因间无直接对应关系。这是突变的一个重要特点。例如，抗紫外线突变体不是由紫外线而引起，抗青霉素突变体也不是由于接触青霉素所引起。1943 年，Luria 和 Delbruck 设计的变量实验（波动实验）证明了基因突变的自发性和不对应性。

③稀有性 自发突变虽然不可避免，并可能随时发生，但是突变的频率（突变率）极低，一般在 $10^{-10} \sim 10^{-6}$ 之间。突变率指每一细胞在每一世代中发生某一性状突变的几率。表 6-2 为某些微生物的突变率。

表 6-2 某些微生物的突变率示例

菌 名	突变性状	突变率
大肠埃希菌	抗 T1 噬菌体	3×10^{-8}
大肠埃希菌	抗 T3 噬菌体	1×10^{-7}
大肠埃希菌	不发酵乳糖	1×10^{-10}
大肠埃希菌	抗紫外线	1×10^{-5}
金黄色葡萄球菌	抗青霉素	1×10^{-7}
金黄色葡萄球菌	抗链霉素	1×10^{-9}
巨大芽孢杆菌	抗异烟肼	5×10^{-5}
鼠伤寒沙门菌	抗 25 μg/L 链霉素	1×10^{-6}

④独立性 在一个群体中，各种性状的突变都可能发生，但彼此之间互不干扰。

⑤稳定性 突变基因和野生型基因一样，具有相对稳定性，其产生的新的遗传性状也是相对稳定的，可以一代一代地传下去。

⑥可逆性 野生型可以通过基因突变为突变型，相反亦然。野生型基因通过变异成为突变型基因，称为正向突变；突变型基因通过突变恢复到原养型基因，称为回复突变。任何突变既可能是正向突变，也可能发生回复突变，二者频率基本相同。

⑦可诱变性 通过各种物理、化学诱发因素的作用，可以提高突变率。

6.2.3 基因突变的机制

基因突变中碱基变化引起遗传信息的改变既可以在自然条件下自发地发生，也可以人为地应用物理、化学因素诱导发生，自发或诱发引起的基因突变均不会影响其突变的本质。

6.2.3.1 自发突变机制

自发突变是指某种微生物在自然条件下，没有人工参与而发生的基因突变。虽然自发突变是任何时候任何条件下都可能发生的突变，但这并不意味突变是没有原因的，在过去相当长的时间里，人们认为自发突变是由于自然界中存在的辐射因素和环境诱变剂所引起的。然而深入研究表明这种看法不够完全。以下是自发突变的 4 种可能机制。

（1）碱基的互变异构效应

自发突变的一个最主要原因是碱基能够以互变异构体的不同形式存在。由于 DNA 分子中的 A、T、G、C 4 种碱基的第六位碳原子上具有的酮基（T、G）和氨基（A、C），胸腺嘧啶（T）和鸟嘌呤（G）不是酮式就是烯醇式，胞嘧啶（C）和腺嘌呤（A）不是氨基式就是亚氨基式。化学结构的平衡一般趋向于酮式和亚氨基式，因此，在 DNA 双链结构中一般总是以 AT 与 GC 碱基配对的形式出现。

转换是指一种（对）嘌呤/嘧啶改变为另一种（对）嘌呤/嘧啶，或一种（对）嘧啶/嘌呤改变为另一种（对）嘧啶/嘌呤；颠换是指一种（对）嘧啶/嘌呤改变为另一种（对）嘌呤/嘧啶，或反过来一种（对）嘌呤/嘧啶改变为另一种（对）嘧啶/嘌呤。这两种碱基的替代突变改变了遗传密码的结构和该密码所编码的氨基酸。由酮式—烯醇式互变或氨基式—亚氨基式互变可以引起基因突变中的转换。由碱基–脱氧核糖键旋转而造成的正–反的互变可以引起颠换，如 5–溴尿嘧啶的突变。

（2）多因素低剂量的诱变效应

不少自发突变实质上是由于一些原因不详的低剂量环境及背景诱变因素长期作用的综合结果。早在 20 世纪 30 年代就认为任何剂量的 X 射线都足以诱发突变，因此有人认为宇宙空间拥有的各种短波辐射是自发突变的原因之一。根据计算，它至多只能说明自发突变的 1%。自然界中还存在着能诱发突变的低浓度物质，由于偶然接触它们可能引起自发突变。除此以外，热也是诱发自发突变的一种影响因素，如噬菌体 T4 在 37℃中每天每一 GC 碱基对以 4×10^{-8} 这一频率发生变化，因此一些自发突变来自热的诱变作用。

（3）微生物自身有害代谢产物的诱变效应

已经发现在一些微生物中具有诱变作用的物质，如咖啡碱、硫氰化合物、二硫化二丙烯、重氮丝氨酸等。过氧化氢是微生物正常代谢的一种产物，它对脉孢菌具有诱变作用，如果同时加入过氧化氢酶抑制剂，则可提高诱变的效率。这说明过氧化氢有可能是引起自发突变的一种内源诱变剂。

（4）环状突变效应（环出效应）

环状突变效应或简称环出效应是另一种可能造成自发突变的原因。如图 6-6 所示，左侧为示意图，某一单链偶然产生小环（B 处），则只有 A 和 C 能获得复制，发生自发突变，另一单链显示 A、B、C 都能正常复制。图 6-6a 所示，当 DNA 复制到 C 时，模板链 G 向外环出；当复制继续进行时模板又恢复正常。结果在原来应出现 GC 碱基对的地方出现了 GA 碱基对。再经一次 DNA 复制时，便会出现 TA，因此造成了 GC-TA 颠换。图 6-6b 中，环出的是两个核苷酸，这样就会导致相邻的两对碱基发生变化。如果这两对碱基属于两个密码子，那么一次突变可以使两个密码发生变化，带来两个氨基酸的改变。自然突变的偶然性在这里可以得到解释。关于这一突变机制模型还缺乏实验根据。

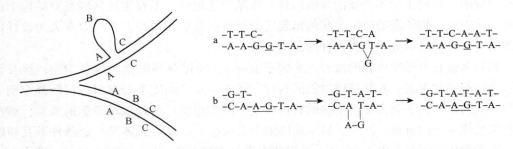

图 6-6　环出效应引起突变的假设图示

6.2.3.2　诱发突变的机制

诱变是利用物理的或化学的因素处理微生物群体，促使少数个体细胞的 DNA 分子结构发生改变，基因内部碱基配对发生错误，引起微生物的遗传性状发生突变。凡能显著提高突变率的因素都称为诱发因素或诱变剂（表 6-3）。

表 6-3　常见诱变类型及诱变因素

类别	名称	作用方式	结果
物理诱变剂	紫外线	提高诱变物分子或原子的内层电子能级	形成胸腺嘧啶二聚体；造成碱基对转换
	X 射线 γ 射线 快中子 β 射线 激光 等离子	是诱变物分子或原子中发生电子跳动，使失去或获得电子	碱基受损；染色体畸变；造成碱基对转换
化学诱变剂	烷化剂 亚硝酸胍	碱基烷化作用	染色体畸变；碱基置换
	吖啶类化合物	插入碱基对之间	移码突变
	5-溴脲嘧啶	碱基错配	碱基置换
	硝酸	嘌呤、嘧啶脱氨基	碱基置换
	乙基甲烷磺酸	鸟嘌呤乙基化	碱基置换
生物诱变剂	转座子	插入基因内或基因之间	基因失活或功能改变

Ames 实验

诱发突变为我们研究突变机理创造了条件。诱发突变的机制包括碱基对的置换、移码突变和染色体畸变 3 种方式。

6.3　微生物基因重组

基因重组可以理解为遗传物质分子水平上的杂交，杂交必然包含有重组，而重组则不仅限于杂交一种形式。基因重组又称为遗传传递，指两个不同来源的遗传物质通过交换与重新组合，形成新的基因型，产生新遗传型个体的过程，通过基因重组所获的后代具有特异的、不同于亲本的新的基因组合。在基因重组时，不发生任何碱基对结构上的变化。重组后生物体新的遗传性状的出现完全是基因重组的结果。它可以在人为设计的条件下发生，使之服务于人类育种的目的。

基因重组有原核微生物的接合（F因子介导），通过双亲细胞的接触沟通，涉及部分染色体基因的重组；有原核微生物的转化、转导，双亲细胞不经接触，仅涉及个别或少数基因的重组；还有真核微生物的有性杂交、准性生殖，通过双亲细胞的融合，涉及整套染色体基因的重组；此外，原生质体融合是破壁后的原生质体在一定条件下互相融合，实现遗传物质的重组；而DNA重组技术则是在体外对DNA修饰改变后，设法引入受体细胞再实现基因重组（表6-4）。

表6-4　微生物基因重组类型的比较

微生物类型	类型	供、受体关系	重组基因来源	重组范围
真菌	有性生殖	细胞融合或联结	性细胞	整套染色体（高频率）
	准性生殖		体细胞	整套染色体（低频率）
细菌	接合	细胞间暂时沟通	F因子携带	部分染色体
	转化	细胞间不直接接触	游离DNA片段	少数基因
	转导	细胞间不直接接触	噬菌体携带DNA	少数基因
噬菌体*	溶源转变		完整噬菌体	少数基因
	转染		噬菌体DNA	少数基因

注：＊不属重组，与重组有相似处，供参考。

6.3.1　原核生物的基因重组

原核生物没有典型的有性生殖方式，遗传物质传递的方式有：转化、转导、接合和溶源转变4种方式。

6.3.1.1　转化（transformation）

转化是指一个种或品系的生物（受体菌）吸收来自另一个种或品系生物（供体菌）的遗传物质（DNA片段），通过交换组合把DNA片段整合到受体菌的核基因组中去，从而获得了某些新的遗传性状的现象。转化后的受体菌称为转化子，供体菌的DNA片段称为转化因子。呈质粒状态的转化因子转化频率最高。能被转化的细菌包括G⁺菌和G⁻菌，但受体细胞只有在感受态的情况下才能吸收转化因子。

感受态是指细胞能从环境中接受转化因子的这一生理状态。处于感受态的细菌，其吸收DNA的能力比一般细菌大1000倍左右。感受态可以产生，也可以消失，它的出现受菌株的遗传特性、生理状态、培养环境等的影响。例如，肺炎链球菌的感受态出现在对数生长期的中后期，枯草芽孢杆菌（*Bacillus subtilis*）等细菌则出现在对数期末和稳定初期。转化时培养环境中加入环腺苷酸（cAMP）可以使感受态水平提高 10^4 倍。

转化因子的结合、吸收和整合：不论是否处于感受态，细菌都能吸附并结合 DNA，外源的双链 DNA 结合到受体细胞表面上，但只有处在感受态的细菌，其结合的 DNA 才被吸收。受体细胞只能吸收并结合双链的 DNA，且 DNA 分子的相对分子质量不小于 3×10^5，但转化时其中只有一条链进入受体细胞，而另一条链被细胞表面的核酸外切酶彻底降解。

具体转化过程如下：先从供体菌提取 DNA 片段，接着 DNA 片段与感受态受体菌的细胞表面特定位点结合，在结合位点上，DNA 片段中的一条单链逐步降解为核苷酸和无机磷酸而解体，另一条链逐步进入受体细胞，这是一个消耗能量的过程。进入受体细胞的 DNA 单链与受体菌染色体组上同源区段配对，而受体菌染色体组的相应单链片段被切除，并被进入受体细胞的单链 DNA 所取代，随后修复合成，连接成部分杂合双链。然后受体菌染色体进行复制，其中杂合区段被分离成两个，一个类似供体菌，一个类似受体菌。当细胞分裂时，此染色体发生分离，形成一个转化子。

影响转化效率的因素：受体细胞的感受态，它决定转化因子能否被吸收进入受体细胞；受体细胞的限制酶系统和其他核酸酶，它们决定转化因子在整合前是否被分解；受体和供体染色体的同源性，它决定转化因子的整合。

在原核微生物中，转化是一种比较普遍的现象，除肺炎链球菌外，目前还在嗜血杆菌属（Haernophilus）、芽孢杆菌属、奈氏杆菌属（Neisseria）、葡萄球菌属（Staphylococcus）、假单胞菌属、黄单胞菌属、根瘤菌属等以及若干放线菌和蓝细菌中发现具有转化现象。另外，真核微生物如酵母、粗糙链孢霉和黑曲霉中也发现了转化现象。

6.3.1.2 转导 （transduction）

转导是以噬菌体为媒介，把一个菌株（供体细胞）的遗传物质导入另一个菌株（受体细胞），并使受体菌获得供体菌的部分遗传性状的现象。1951 年，N. Zinder 和 J. Lederberd 在研究鼠伤寒沙门菌重组时发现的这一现象。由于绝大多数细菌都有一种或更多的噬菌体，因而转导作用比转化更为普遍。转导分为普遍性转导和局限性转导。

（1）普遍性转导 （generalized transduction）

普遍性转导指转导型噬菌体能传递供体菌株任何基因，如大肠埃希菌 P1 噬菌体、枯草杆菌 PBS1 噬菌体、伤寒沙门氏菌的 P22 噬菌体等都能进行普遍性转导。它的转导频率为 $10^{-8} \sim 10^{-5}$。能进行普遍转导的噬菌体，含有一个使供体菌株染色体断裂的酶。

当噬菌体在完成装配的过程时，其 DNA 被噬菌体蛋白外壳包裹时，正常情况下，是将噬菌体本身的 DNA 包裹进蛋白衣壳内，但也有异常情况出现，供体染色体 DNA（通常和噬菌体 DNA 长度相似）偶然错误地被包进噬菌体外壳，这种误装的概率很小（$10^{-8} \sim 10^{-6}$），而噬菌体本身的 DNA 却没有完全包进去，装有供体染色体片段的噬菌体称为转导颗粒。转导颗粒可以感染受体菌株，并把供体 DNA 注入受体细胞内，与受体细胞的 DNA 进行基因重组，形成部分二倍体。通过重组，供体基因整合到受体细胞的染色体上，从而使受体细胞获得供体菌的遗传性状，产生变异，形成稳定的转导子，这

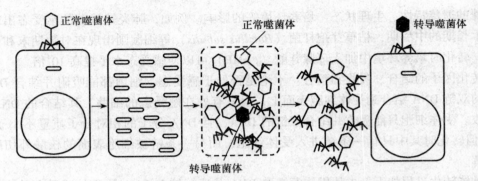

图 6-7 微生物基因重组——P22 介导的普遍性完全转导示意图

种转导称为完全转导（图6-7）。

（2）特异性转导（specialized transduction）

特异性转导（也称局限性转导）是指噬菌体只能转导供体染色体上某些特定的基因。它的转导频率为 10^{-6}。它与普遍性转导的区别在于被转导的基因共价地与噬菌体 DNA 一起进行复制、包装及被导入受体细胞中；特异性转导颗粒携带特殊的染色体片段并将固定基因导入受体细胞。

细菌基因重组
的流产转导

特异性转导是在大肠埃希菌 K12 的温和型噬菌体（λ）中首次发现的，它也是特异性转导的典型代表。该噬菌体含有一个 dsDNA 分子，含有黏性末端 cos 位点（两端有 12个互补的核苷酸单链）。它只能转导大肠埃希菌染色体上半乳糖发酵基因（*gal*）和生物素基因（*bio*）。

当 λ 噬菌体侵入大肠埃希菌 K12 后，使其溶源化，λ 原噬菌体的核酸被整合到大肠埃希菌 DNA 特定位置上，即 *gal* 基因和 *bio* 基因座位的附近。λ 噬菌体可以通过附着位置间一次切离，从细菌染色体上脱落下来，偶尔在噬菌体和细菌染色体之间发生不正常交换，诱发产生转导型噬菌体，带有细菌染色体基因 *gal* 或基因 *bio*，而噬菌体的部分染色体（大约25%的噬菌体 DNA）被留在细菌染色体上。

6.3.1.3 接合（conjugation）

接合是通过供体菌和受体菌的直接接触而产生遗传信息转移和重组的过程。1946年，J. Lederberg 和 E. Tatum 首先发现了细菌的接合现象；并通过多重营养缺陷型证实。接合不仅存在于大肠埃希菌中，还存在于其他细菌中，如鼠伤寒沙门菌。

（1）F 因子

接合现象研究最清楚的是大肠埃希菌。大肠埃希菌的接合与其细菌表面的性纤毛有关，大肠埃希菌有雄性和雌性之分，而决定它们性别的是 F 因子的有无。F 因子又称致育因子，能促使两个细胞之间的接合，是一种质粒。

其遗传组成包括 3 个部分：原点（是转移的起点）、致育基因群、配对区域。F 因子约有 6×10^4 对核苷酸组成，相对分子质量为 5×10^7，约占大肠埃希菌总 DNA 含量的2%。其与转移有关的基因占整个遗传图谱的1/3，包括编码性菌毛、稳定结合配对、转移的起始和调节等 20 多个基因。

F 因子具有自主地与细菌染色体进行同步复制和转移到其他细胞中去的能力。它既可以脱离染色体在细胞内独立存在，也可以整合到染色体基因组上；它既可以通过接合而获得，也可以通过理化因素的处理而从细胞中消除。

雌性细菌不含 F 因子，称为 F⁻菌株，雄性含有 F 因子，根据 F 因子在细胞中存在情况的不同而有不同名称。F⁺是指含有一种游离在细胞染色体之外的能够自主复制的小环状 DNA 分子（F 因子，F 质粒）的菌株。高频重组菌株（high frequency recombination，Hfr）是指 F 因子整合在细菌染色体上，成为细菌染色体的一部分，随同染色体一起复制的菌株；还有一种 F'菌株是指 F 因子能被整合到细胞核 DNA 上，也能从上面脱落下来，呈游离存在，但在脱落时，F 因子携带一小段细胞核 DNA 的菌株。这三种状态的雄性菌株与雌性菌株接合时，将产生 3 种不同的结果。

（2）F⁺×F⁻杂交

当 F⁺和 F⁻细胞混合在一起时，不同类型的细胞，只要几分钟，便成对地连在一起，即所有 F⁺细胞跟 F⁻细胞配好对，同时在细胞间形成一个很细的接合管。F 因子穿过接合管，进入 F⁻细胞，使其转变为 F⁺菌株。

具体过程包括结合配对的形成和 DNA 的转移。首先，性菌毛的游离端和受体细胞接触，通过其给体与受体细胞膜产生解聚作用和再溶解作用，使供体和受体细胞紧密联结起来，结合配对完成之后，F⁺菌株的 F 因子的一条 DNA 单链在特定的位置上发生断裂，断裂的单链逐渐解开，同时留下另一条环状单链为模板，通过模板的旋转，一方面，解开的一条单链通过性纤毛而推入 F⁻菌株中；另一方面，又在供体细胞内，重新组合成一条新的环状单链，以取代解开的单链，此即为滚环模型。在 F⁻菌株细胞中，外来的供体 DNA 单链上也合成一条互补的新 DNA 链，并随之恢复成一条环状的双链 F 因子，这样，F⁻就变成了 F⁺菌株（图6-8）。在 F⁺×F⁻杂交中，虽然 F 因子以很高的频率传递，但供体遗产标记的传递则是十分稀少的（只有 $10^{-7} \sim 10^{-6}$）。F'菌株与 F⁻菌株的接合过程同 F⁺与 F⁻菌株的接合过程，接合后，产生 2 个 F'菌株。

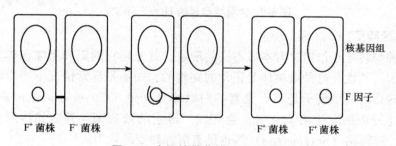

图 6-8　大肠埃希菌的 F⁺×F⁻杂交

（3）Hfr×F⁻杂交

当 Hfr 细菌与 F⁻细菌混合时，两细胞接合配对，接着从 Hfr 细胞把染色体通过接合管定向转移给 F⁻细胞。Hfr 菌株与 F⁻菌株接合的情况比较复杂，接合结果也不完全一样。

在大多数情况下，受体细菌仍是 F⁻菌株，只有在极少数情况下，由于遗传物质转移的完整，受体细胞才能成为 F⁺菌株。其原因如下：当 Hfr 菌株与 F⁻菌株发生接合时，

Hfr 染色体在 F 因子处发生断裂，由环状变成线状。紧接着，由于 F 因子位于线状染色体之后，处于末端，所以必然要等 Hfr 的整条染色体全部转移完后，F 因子才能进入到 F⁻ 细胞。而由于一些因素的影响，在转移过程中，Hfr 染色体常常发生断裂，因此 Hfr 菌株的许多基因虽然可以进入 F⁻ 菌株，越是前端的基因，进入的机会越多，在 F⁻ 菌株中出现重组子的时间就越早，频率也高。而对于 F 因子，其进入 F⁻ 菌株的机会很少，引起性别变化的可能性也非常小。这样 Hfr 与 F⁻ 菌株接合的结果重组频率虽高，但却很少出现 F⁺ 菌株。

Hfr×F⁻ 杂交过程如下（图 6-9）：具有整合 F 因子的 Hfr 细胞跟 F⁻ 细胞配对，双重圆圈表示构成细菌染色体的双螺旋 DNA；接合管形成，Hfr 染色体从 F 插入点附近的起始位置开始复制并传递，亲本 DNA 的一条链穿过接合位点附近的起始位置开始复制，亲本 DNA 的一条链穿过接合管进入受体细胞；在复制和传递过程中，正在交配的细菌分开，形成一个 F⁻ 部分合子或部分双倍体细胞。在 F⁻ 细胞中大概还合成了 DNA 的一条互补链；F⁻ 染色体与从 Hfr 传递进入的染色体片断发生重组产生稳定的重组型。

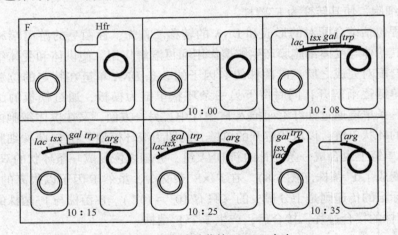

图 6-9　大肠埃希菌的 Hfr×F⁻ 杂交

6.3.1.4　溶源转变

这是一种与转导相似但又有本质不同的现象。首先是它的温和型噬菌体不携带任何供体菌的基因；其次是这种噬菌体是正常的完整的，而不是异常情况下产生的缺陷型噬菌体。溶源转变的典型例子是不产毒素的白喉棒状杆菌（*Corynebactcerium diphthariac*），菌株被噬菌体侵染而发生溶源化时，会变成产毒素的致病菌。其他如沙门菌、红曲霉（*Monascus*）、链霉菌（*Streptomyces*）等也具有溶源转变的能力。

6.3.2　真核生物的基因重组

真核微生物可以进行有性繁殖，因此在 DNA 的转移和重组与原核生物大有不同。真核微生物的基因重组方式有有性杂交、准性生殖和无性生殖等。

（1）有性杂交

有性杂交是指在微生物的有性繁殖过程中，两个性细胞相互接合，通过质配、核配后形成双倍体的合子，随之合子进行减数分裂，部分染色体可能发生交换而进行随机分配，由此而产生重组染色体及新的遗传型，并把遗传性状按一定的规律性遗传给后代的过程。凡是能产生有性孢子的酵母菌和霉菌，都能进行有性杂交。

（2）准性生殖

准性生殖是丝状真菌，尤其是不产有性孢子的丝状真菌特有的遗传现象，具有很重要的理论研究价值。准性生殖是一种类似于有性生殖但比它更原始的一种生殖方式。它可使同一种生物的两个不同来源的体细胞经核融合后，不经过减数分裂过程，不产生有性孢子和特殊的囊器，仅导致低频率的基因重组，重组体细胞和一般的营养体细胞没有什么不同。准性生殖多见于一般不具典型有性生殖的酵母和霉菌，尤其是半知菌中。

准性生殖的
主要过程

6.4 食品微生物的菌种选育

微生物与食品工业的关系非常密切，很多微生物本身或其代谢产物是对人类有应用价值的。人们工业化规模培养微生物用于生产商品，称为微生物工业。微生物在食品工业中的应用主要有 3 种：①菌体直接应用，如食用菌、乳酸菌等；②微生物代谢物的应用，如酒、有机酸等；③微生物酶及产物的应用，如腐乳。微生物种类繁多，容易产生变异，良好、稳定的菌种是食品中微生物应用的基础。

在应用微生物生产各类食品时，首先是菌种选择的问题，要挑选出符合需要的菌种，一方面可以根据有关信息向菌种保藏机构、工厂或科研单位直接索取；另一方面根据所需菌种的形态、生理、生态和工艺特点的要求，从自然界特定的生态环境中以特定的方法分离出合适的菌株。其次，育种工作在应用微生物生产各类食品时也很重要，根据菌种的遗传特点，改良菌株的生产性能，使产品产量、质量不断提高。最后，保持菌种的生产活力，或者当菌种的性能下降时，要设法使它复壮。

本节仅对食品微生物菌种的选育和良种的复壮保藏进行叙述。

6.4.1 微生物的自然选育

微生物自然选育的根本来源是自然环境。自然界中微生物种类繁多，估计不少于几十万种，但目前已为人类研究及应用的不过千余种。微生物的基本特点足以表明微生物是无处不在的，它们在自然界大多是以混杂的形式群居于一起。

土壤是微生物的大本营。我国幅员辽阔，各地气候条件、土质条件、植被条件差异很大，这为自然界中各种微生物的存在提供了良好的生存环境。自然界工业菌种分离筛选的主要步骤是：采样、增殖培养、培养分离、微生物筛选和目标产物鉴定（图6-10）。与食品制造有关的微生物及其产物，还需对菌种及其代谢物进行毒性鉴定。

6.4.1.1 采样

采样是指有针对性地从自然界采集含有目的菌的样本。依据要筛选菌株的用途和特征选择样本来源，如筛选分泌纤维素酶的菌株，一般选择含有腐烂纤维素的样本；筛选降解烃类物质的菌株，一般选择油田矿区的样本；等等。

6.4.1.2 微生物的增殖培养

一般情况下，采来的样品可以直接进行分离，但是如果样品中我们所需要的菌类含

土壤样本采集
的基本要求

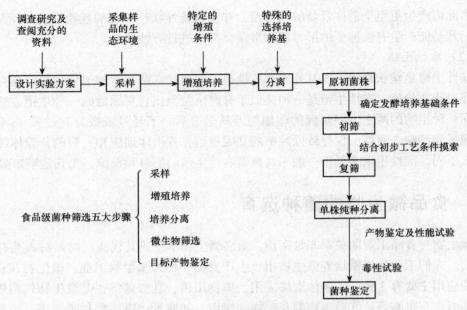

图 6-10　食品级菌种筛选主要步骤

量并不很多，而另一些微生物却大量存在时，为了容易分离到所需要的菌种，让其他的微生物至少是在数量上不要增加，即设法增加所要菌种的数量，以增加分离的概率。

通过选择某些物质（如营养成分、添加抑制剂等）配制培养基，或者选择一定的培养条件（如培养温度、培养基酸碱度等）来控制目标菌的获得是最常采用的方法：根据微生物利用碳源的特点，可选定糖、淀粉、纤维素或者石油等，以其中的一种为唯一碳源，那么只有利用这一碳源的微生物才能大量正常生长，而其他微生物就可能死亡或淘汰。对 G^- 细菌有选择的培养基（如结晶紫营养培养基、红-紫胆汁琼脂、煌绿胆汁琼脂等）通常含有 5%～10% 的天然提取物。

（1）细菌的增殖培养

在分离细菌时，培养基中添加浓度一般为 50μg/mL 的抗真菌剂（如放线菌酮和制霉素），可以抑制真菌的生长。

（2）放线菌的增殖培养

在分离放线菌时，通常于培养基中加入 1～5mL 天然浸出汁（植物、岩石、有机混合腐殖质等的浸出汁）作为最初分离的增殖因子，由此可以分离出更多不同类型的放线菌类型；放线菌还可以十分有效地利用低浓度的底物和复杂底物（如几丁质），因此，大多数放线菌的分离培养是在贫脊或复杂底物的琼脂平板上进行的，而不是在含丰富营养的生长培养基上分离的；在放线菌分离琼脂中通常加入抗真菌剂（制霉菌素或放线菌酮），以抑制真菌的繁殖；此外，为了对某些特殊种类的放线菌进行富集和分离，可选择性地添加一些抗生素（如新生霉素）。

（3）真菌的增殖培养

在分离真菌时，利用低碳/氮比的培养基可使真菌生长菌落分散，利于计数、分离和鉴定；在分离培养基中加入一定的抗生素（如氯霉素、四环素、卡那霉素、青霉素、链霉素等）即可有效地抑制细菌生长及其菌落形成；抑制细菌的另外一些方法有：在使用平皿之前，将平皿先干燥 3～4d；降低培养基的 pH 值或在无法降低 pH 值时，加入 1∶30 000 玫瑰红，以利于下阶段的纯种分离。

6.4.1.3 微生物的培养分离

增殖培养后，样品中的微生物还是处于混杂生长状态，因此还必须进行分离、纯化步骤。

微生物的分离纯化条件要比增殖培养的选择性控制条件更加严格。常用的分离方法有稀释分离法、划线分离法和组织分离法。

微生物的分离方法

其他还有单细胞分离法和菌丝尖端切割法等分离纯化霉菌的方法。获得的菌株即为可能获得目标菌株的一大类原初菌株。

6.4.1.4 微生物筛选和目标产物鉴定

经过分离培养，在平板上出现很多单菌落，通过菌落形态观察，选出所需菌落，然后取菌落的一半进行菌种鉴定，对于符合目的菌特性的菌落，可将之转移到试管斜面进行纯培养。

菌种的初筛与复筛

从自然界中分离得到的纯种属于野生型菌株，是筛选生产菌株的第一步，所得菌种是否具有生产上的实用价值，能否作为生产菌株，还必须采用与生产相近的培养基和培养条件，通过三角瓶的容量进行小型发酵试验，以求得适合于工业生产用菌种。某些菌株在分离时就可结合筛选，如在培养时通过添加指示剂、显色剂或特殊生化反应直接定向分离；但并不是所有菌株都可以依据此方法进行筛选，而是要经过常规的发酵生产试验进行初筛和复筛。

6.4.1.5 毒性试验

自然界的一些微生物在一定条件下会产生毒素，如细菌产生的内毒素和外毒素，霉菌产生的霉菌毒素等。

脱毒菌株的筛选

为了保证食品的安全性，凡是与食品工业有关的菌种，除啤酒酵母、脆壁酵母、黑曲霉、米曲霉和枯草杆菌等无需做毒性试验外，其他微生物均需通过毒理学评价才能在食品领域使用，一般包括 Ames 试验、微核试验、细胞毒性试验和动物试验等。

6.4.2 微生物的诱变育种

自然界直接分离的菌种，其发酵活力往往是比较低的，不能达到工业生产的要求，表现为产量低、产品混杂，造成分离困难、分离成本昂贵。因此，要根据菌种的形态、生理上的特点改良菌种。

以微生物的自然变异为基础的菌种选育，获得优良性能菌株的几率并不高，因为这种变异率太小，仅为 $10^{-10}～10^{-6}$。为了加大其变异率，常常采用物理和化学因素促进其诱发突变，这种以诱发突变为基础的育种就是诱变育种。

诱变育种是国内外提高菌种产量、性能的主要手段。诱变育种具有极其重要的意义，当今发酵工业所使用的高产菌株，几乎都是通过诱变育种而大大提高了生产性能。

诱变育种不仅能提高菌种的生产性能，而且能改进产品的质量、扩大品种和简化生产工艺等。从方法上具有简便、速度快、效果显著等优点。因此，虽然目前在育种方法上，杂交、转化、转导以及基因工程、原生质体融合等方面的研究都在快速地发展，但诱变育种仍为目前比较主要、广泛使用的育种手段。

6.4.2.1 诱变育种的步骤和方法

诱变育种的步骤如图6-11所示。

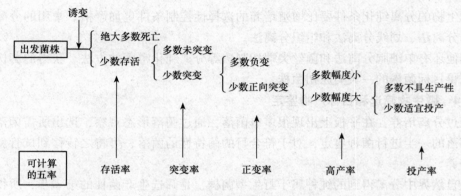

图6-11 诱变育种的步骤

（1）出发菌株的选择

用来进行诱变或基因重组育种处理的起始菌株称为出发菌株。在诱变育种中，出发菌株的选择，会直接影响到最后的诱变效果，因此必须对出发菌株的产量、形态、生理等方面有相当的了解，挑选出对诱变剂敏感性大、变异幅度广、产量高、生命力强的出发菌株。

具体方法是：

①菌株来源 选取自然界新分离的野生型菌株，它们的特点是对诱变因素敏感，容易发生变异；或选取生产中由于自发突变或长期在生产条件下驯化而筛选得到的菌株，其特点为与野生型菌株特征较相像，容易达到较好的诱变效果。

②菌株筛选原则 选取每次诱变处理都有一定提高的菌株，往往多次诱变可能效果叠加，积累更多的提高；出发菌株还可以同时选取2~3株，在处理比较后，将更适合的菌株留着继续诱变。

对于基因重组的出发菌株，无论是供体还是受体，都必须考虑与重组方式对应的基本性能，如感受态、亲和性、噬菌体吸附位点等，还必须考虑标记互补、选择性性状、受菌体的强代谢活性、营养需求、生长速度等，以及与社会公害有关的问题（如耐药性、致病性、肠道寄生性等）。

（2）同步培养

在诱变育种中，处理材料一般采用生理状态一致的单倍体、单核细胞，即菌悬液的细胞应尽可能达到同步生长状态，这称为同步培养。

细菌一般要求培养至菌体生长的对数生长期，此时群体生长状态比较同步，比较容易变异，且重复性较好。例如，亚硝基胍诱变时作用于复制叉处，生长旺盛的细胞中复制叉点较多，碱基类似物也在此时期比较容易进入 DNA 链中。

霉菌处理较常使用分生孢子，将分生孢子在液体培养基中短时间培养，使孢子孵化萌发，处于活化状态，并恰好未形成菌丝体，易于诱变。

（3）单细胞（或孢子）悬液的制备

制备一定浓度的分散均匀的单细胞或单孢子悬液，对于诱变效果极为重要。该步骤要进行细胞的培养，并收集菌体、过滤或离心、洗涤。菌悬液一般可用生理盐水或缓冲溶液配制，如果是用化学诱变剂处理，因处理时 pH 值会变化，必须要用缓冲溶液。

除此之外，还应注意菌悬液的分散度。方法是先用玻璃珠振荡分散，再用脱脂棉或滤纸过滤，经处理，分散度可达 90% 以上，这样，可以保证菌悬液均匀地接触诱变剂，获得较好诱变效果。最后制得的菌悬液，霉菌孢子或酵母菌细胞的浓度大约为 $10^6 \sim 10^7$ cfu/mL，放线菌和细菌的浓度大约为 10^8 cfu/mL。菌悬液的细胞可用平板计数法、血球计数板或光密度法测定，以平板计数法较为准确。

（4）诱变处理

常用诱变剂有物理诱变剂和化学诱变剂。

①物理诱变剂　物理诱变剂中最常用的有紫外线。紫外线波长范围为 $136 \sim 300$ nm，但有效诱变范围仅限于一个小区域，多种微生物最敏感的波长集中在 265nm 处，该诱变效果对应于功率为 15W 的紫外灯。

②化学诱变剂　最常使用烷化剂、碱基类似物和吖啶类化合物。决定化学诱变剂剂量的因素主要有诱变剂的浓度、作用温度和作用时间。

化学诱变剂的处理浓度常用几微克/毫升到几毫克/毫升，但是这个浓度取决于药剂、溶剂及微生物本身的特性，还受水解产物的浓度、一些金属离子以及某些情况下诱变剂的延迟作用的影响。高剂量更容易出现负突变。因此，在诱变育种工作中，目前较倾向于采用较低剂量。

在诱变育种时，有时可根据实际情况，采用多种诱变剂复合处理的办法。

（5）中间培养

对于刚经诱变剂处理过的菌株，有一个表现迟滞的过程，即细胞内原酶的量的稀释过程（生理延迟），需 3 代以上的繁殖才能将突变性状表现出来。

因此，变异处理后，细胞在液体培养基中应该培养几小时，使细胞的遗传物质复制，繁殖 3 代以上，以得到纯的变异细胞，使稳定的变异显现出来。

若不经液体培养基的中间培养，直接在平皿上分离就会出现变异和不变异细胞同时存在于一个菌落内的可能，形成混杂菌落，以致造成筛选结果的不稳定和将来的菌株退化。

（6）分离和筛选

经过中间培养，分离出大量的较纯的单个菌落，接着，要从几千万个菌落中筛选出几个好的，即筛选出所谓性能良好的正突变菌株，这将要花费大量的人力和物力。

筛选过程的一条重要原则就是设计试验以较少的工作量达到最好的效果。

一般的方法是简化试验步骤，如利用形态突变直接淘汰低产变异菌株，或利用平皿反应直接挑取高产变异菌株等。

平皿反应是指每个变异菌落产生的代谢产物与培养基内的指示物在培养基平板上作用后表现出一定的生理效应，如变色圈、透明圈、生长圈、抑菌圈等，这些效应的大小表示变异菌株生产活力的高低，以此作为筛选的标志。常用的方法有纸片培养显色法、透明圈法、琼脂块培养法等。

6.4.2.2 营养缺陷型突变体的筛选及应用

在诱变育种工作中，营养缺陷型突变体的筛选及应用有着十分重要的意义。

凡是能满足野生菌株正常生长的最低成分的合成培养基，称为基本培养基（minimal medium，MM）；在基本培养基中加入一些富含氨基酸、维生素及含氮碱基之类的天然有机物质，如蛋白质、酵母膏等，能满足各种营养缺陷型菌株生长繁殖的培养基，称为完全培养基（complete medium，CM）；在基本培养基中只是有针对性的加入某一种或某几种自身不能合成的有机营养成分，以满足相应的营养缺陷型菌株生长的培养基，称为补充培养基（supplemental media，SM）。

营养缺陷型菌株的筛选一般要经过诱变、淘汰野生型菌株（浓缩）、检出缺陷型（分离）和确定生长谱（鉴定）4个环节。

（1）诱变

诱变剂处理时与其他诱变处理基本相同。在诱变处理后的存活个体中，营养缺陷型的比例一般很低，通常只有百分之几至千分之几。

（2）淘汰野生型（浓缩）

采用抗菌素法或菌丝过滤法，可以淘汰为数众多的野生型菌株，从而达到浓缩营养缺陷型的目的。

①抗生素法　利用野生型菌株能在基本培养基中生长，而缺陷型不能生长，于是将诱变处理液在基本培养基中培养短时让野生型生长，处于活化阶段，而缺陷型无法生长，仍处于"休眠状态"，这时，加入一定量的抗生素，结果活化状态的野生型就被杀死，保存了缺陷型。在选择抗生素时，细菌可以用青霉素，酵母可用制霉菌素。

②菌丝过滤法　适用于丝状真菌，其原理是在基本培养基中，野生型的孢子能萌发成菌丝，而营养缺陷型则不能。因此，将诱变处理后的孢子在基本培养基中培养一段时间后，再进行过滤。如此重复数次后，就可以除去大部分野生型菌株，同样达到"浓缩"营养缺陷型的目的。

（3）营养缺陷型的检出（分离）

营养缺陷型菌株的检出方法很多，主要有影印法、夹层法、逐个检出法、限量补充培养法4种。

①影印法　将一定浓度的诱变处理后的细胞涂布在完全培养基表面上，培养后长出菌落，然后把灭过菌的丝绒布覆盖于直径比平皿稍小的圆柱形木块上作为接种工具，将长出菌落的平皿倒转过来，在丝绒上轻轻按一下，转接到另一基本培养基平板上，经培养后，比较这两个平皿长出的菌落（图6-12）。如果发现前一平板上某一部位长有菌落，

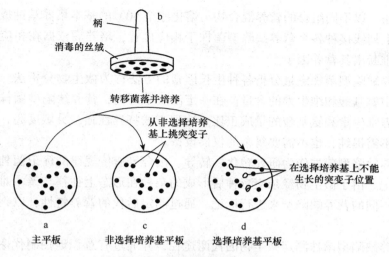

图 6-12 影印平板技术示意图

而在后一培养基上的相应部位却没有，就说明这是一个营养缺陷型菌落。

②夹层培养法　先在培养皿上倒一层基本培养基，冷凝后加上一层含菌液的基本培养基，凝固后再浇上一薄层的基本培养基。

经培养后，在皿底对首先出现的菌落做标记，然后再倒上一薄层完全培养基（或补充培养基），再培养，这时再出现的新菌落，多数即为营养缺陷型，即第二块平板显示的新菌落。

此法缺点是结果有时不明确，而且将缺陷型菌落从夹层中挑出并不很容易。

③逐个检出法　将经过诱变处理的细胞涂布在完全培养基平板上，待长出单个菌落后，用接种针或牙签将这些单个菌落逐个依次地分别接种到基本培养基和另一完全培养基平板上。

经培养后，如果在完全培养基上长出菌落，而在基本培养基上却不长菌落，说明这是一个营养缺陷型菌株。

④限量补充培养法　将诱变处理后的细胞接种在含有微量（0.01%以下）蛋白胨的基本培养基上。野生型菌株就会迅速生长成较大的菌落，而营养缺陷型菌株只能形成生长缓慢的微小菌落，因而可以识别检出。

如果想得到某一特定缺陷型菌株，则可直接在基本培养基上加入微量的相应物质。

（4）确定生长谱（鉴定）

采用上法选出的营养缺陷型菌株经几次验证确定后，还需确定其缺陷的生长限制因子是氨基酸缺陷型，还是维生素缺陷型，或是嘌呤、嘧啶缺陷型。

生长谱测定可以用两种方法：

①滤纸片法　将缺陷型菌株培养后，收集菌体，洗涤培养基，制备成细胞悬液后，与基本培养基（熔化并凉至 50℃）混合并倾注平皿。

待凝固后，分别在平皿的 5~6 个区间放上不同的营养组合的混合物或吸饱此组织营养物的滤纸圆片，培养后目标菌株会在组合区长出，就可测得所需营养。

②划线法　以不同组合的营养混合物与熔化凉至50℃的基本培养基铺成平皿，然后在这些平皿上划线接种各个营养缺陷型菌株于相应位置，培养后依据在相应组合长出的菌株，即可推断出其营养因子。

利用营养缺陷型菌株定量分析各种生长因素的方法称为微生物分析法。该方法常用于分析食品中氨基酸和维生素的含量。在一定浓度范围内，营养缺陷型菌株生长繁殖的数量与其所需维生素和氨基酸的量成正比。这种方法特异性强，灵敏度高，所用样品可以很少而且不需提纯，也不需要复杂的仪器设备。

利用营养缺陷型菌株作为研究转化、转导、接合等遗传规律的标记菌种和微生物杂交育种的标记。由于微生物经杂交育种后形成的杂种在形态上往往与亲本难以区别，因此常常选择不同的营养缺陷型来进行标记，通过测定后代的营养特性，以判断它们杂交的性质。

利用营养缺陷型菌株测定微生物的代谢途径，并通过有意识地控制代谢途径，获得更多的我们所需要的代谢产物，从而成为发酵生产氨基酸、核苷酸和各种维生素等的生产菌种，例如，利用丝氨酸营养缺陷型可以生产更多的赖氨酸，利用腺苷酸营养缺陷型菌株可提高肌苷酸的产量等。

6.4.3　微生物的杂交育种

细菌和放线菌
杂交育种

杂交育种是指将两个基因型不同的菌株经细胞的互相联结、细胞核融合，随后细胞核进行减数分裂，遗传性状会出现分离和重新组合的现象，产生具有各种新性状的重组体，然后经分离和筛选，获得符合要求的生产菌株。杂交育种是通过有性杂交、准性杂交、原生质体融合和遗传转化等方式，导致其菌株间产生基因的重组。下面重点阐述原生质体融合育种。

真菌杂交育种

原生质体融合育种就是把两个不同亲本菌株处理去壁，形成球状的原生质体，之后将两种不同的原生质体置于高渗溶液中，聚乙二醇（PEG）助融条件下，促使两者发生细胞融合，进而导致基因重组，重组子再生细胞中获得杂交重组菌株。

原生质体融合育种基本步骤为（图6-13）：标记菌株的筛选和稳定性验证→原生质体制备→等量原生质体加PEG促融→涂布于再生培养基→培养出菌落→选择性培养基上划线生长→分离验证可能的目标菌株→挑取融合子进一步试验→选取目标菌株保藏→进一步进行生产性能筛选→高性能重组菌株。

微生物原生质体间的杂交频率都明显高于常规杂交法，霉菌与放线菌已达$10^{-2} \sim 10^{-1}$，细菌与酵母已达$10^{-6} \sim 10^{-5}$。原生质体融合受接合型或致育型的限制较小，二亲株中任何一株都可能起受体或供体的作用，因此有利于不同种属间微生物的杂交。

已报道的丝状真菌种间的原生质体融合主要是曲霉属和青霉属；属间原生质体融合主要在酵母中实现。

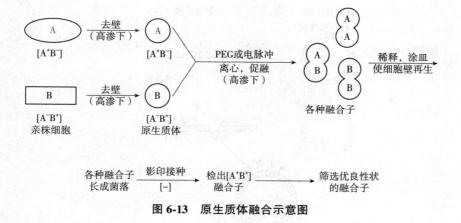

图 6-13 原生质体融合示意图

6.4.4 基因工程技术用于工业菌种改良

基因工程技术又称基因操作、基因克隆、DNA 重组等，是一个将含目的基因的 DNA 片段经体外操作与载体连接，转入一个受体细胞并使之扩增、表达的过程。它比其他育种方法更有目的性和方向性，效率更高。

其全部过程大体可分为如下几个步骤（图 6-14）：目的基因的获得→载体的选择→含目的基因的 DNA 片段克隆入载体中构成重组载体→将重组载体引入宿主细胞内进行复制、扩增→筛选出带有重组目的基因的转化细胞→鉴定外源基因的表达产物。

（1）目的基因的获得

目的基因的获得一般有 4 条途径：从生物细胞中提取、纯化染色体 DNA 并经适当的限制性内切酶部分酶切；经反转录酶的作用由 mRNA 在体外合成互补 DNA（cDNA），此主要用于真核微生物及动、植物细胞中特定基因的克隆；化学合成，主要用于那些结构简单、核苷酸顺序清楚的基因的克隆；从基因库中筛选、扩增获得，目前认为是取得任何目的基因的最好和最有效的方法。

（2）载体的选择

基因工程中所用的载体系统主要有细菌质粒、黏性质粒、酵母菌质粒、λ 噬菌体、动物病毒等。

载体一般为环状 DNA，能在体外经限制酶及 DNA 连接酶的作用同目的基因结合成环状 DNA（即重组 DNA），然后经转化进入受体细胞大量复制和表达。

（3）重组载体的构建

DNA 体外重组是将目的基因用 DNA 连接酶连接到合适的载体 DNA 上，可采用黏端连接法和末端连接法。

（4）工程菌的获得

经重组 DNA 的转化与鉴定，得到符合原定的"设计蓝图"的工程菌。

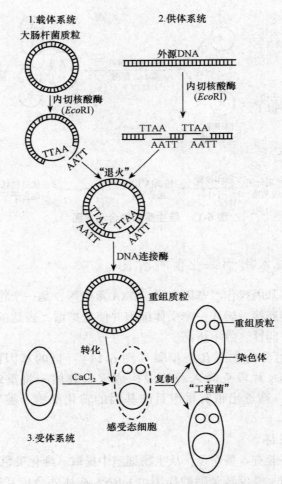

图 6-14　基因工程技术的主要操作步骤示意图

6.5　菌种保藏与复壮

在微生物的基础研究和应用研究中，选育性能良好的理想菌株是一件繁杂艰苦的工作，而要保持菌种的优良性状的稳定遗传则更加困难。菌种退化是一种潜在的威胁，因此理论和实践工作中均引起人们的重视，对其保藏方法和复壮手段予以研究。

菌种衰退的基本原因是变异，变异是不可避免的，而减缓变异速度则是可能的。变异速度与菌种所处的环境有密切的关系，不良环境条件能促进变异，频繁或过多传代也是造成衰退变异的重要原因。为菌种创造良好条件，减缓菌种衰退，这就是菌种保藏与复壮工作。

6.5.1　菌种的衰退

微生物具有遗传性与变异性。变异是绝对的，而遗传是相对的。对于工业生产用菌种来说，变异可以朝有利的方面进行，也可以向有害的方向发展。引起菌种的生产性能下降的变异又称为退化或衰退。

在生产实践中，必须将由于培养条件的改变导致菌种形态和生理上的变异与菌种退化区别开来。因为优良菌株的生产性能是和发酵工艺条件紧密相关的。如果培养条件发生变化，如培养基中缺乏某些元素，会导致产孢子数量减少，也会引起孢子颜色的改变；温度、pH 值的变化也会使发酵产量发生波动等。所有这些，只要条件恢复正常，菌种原有性能就能恢复正常，因此这些原因引起的菌种变化不能称为菌种退化。

（1）菌种的退化现象

常见的菌种退化现象中，最易觉察到的是菌落形态、细胞形态和生理等多方面的改变，如菌落颜色的改变、畸形细胞的出现等；其次表现为菌株生长变得缓慢，产孢子越来越少直至产孢子能力丧失，如放线菌、霉菌在斜面培养基上多次传代后产生"光秃"现象等，从而造成生产上用孢子接种的困难；还有菌种的代谢产物的生产能力或其对寄主的寄生能力明显下降，如黑曲霉糖化能力的下降、抗菌素发酵单位的减少、枯草杆菌产淀粉酶能力的衰退等。

所有这些都对发酵生产不利。因此，为了使菌种的优良性状持久延续下去，必须做好菌种的复壮工作，即在各菌种的优良性状没有退化之前，定期进行纯种分离和性能测定。

（2）菌种退化的原因

菌种退化的主要原因是有关基因的负突变。例如，当控制产量的基因发生负突变，就会引起产量下降；当控制孢子生成的基因发生负突变，则使菌种产孢子性能下降。

菌种的退化是一个从量变到质变的逐步演变过程。开始时，在群体中只有个别细胞发生负突变，这时如不及时发现并采用有效措施而一味移种传代，就会造成群体中负突变个体的比例逐渐增高，最后占优势，从而使整个群体表现出严重的退化现象。

突变在数量上的表现依赖于传代，即菌株处于一定条件下，群体多次繁殖，可使退化细胞在数量上逐渐占优势，于是退化性状的表现就更加明显，逐渐成为一株退化了的菌体。同时，对某一菌株的特定基因来讲，突变频率比较低，因此群体中个体发生生产性能的突变不是很容易的，但就一个经常处于旺盛生长状态的细胞而言，发生突变的概率比处于休眠状态的细胞大得多。

（3）防止退化的措施

①合理的育种　选育菌种时所处理的细胞应使用单核的，避免使用多核细胞；合理选择诱变剂的种类和剂量或增加突变位点，以减少分离回复；在诱变处理后进行充分的后培养及分离纯化，以保证保藏菌种纯粹。这些可有效地防止菌种的退化。

②创造良好的培养条件　在生产实践中，创造和发现一个适合原种生长的条件可在一定程度上防止菌种退化。在栖土曲霉 3.942 的培养中，有人曾用改变培养温度的措施（从 20~30℃提高到 33~34℃）来防止其产孢子能力的退化。

③控制传代次数　由于微生物存在着自发突变，而突变都是在繁殖过程中发生而表现出来的。所以应尽量避免不必要的移种和传代，把必要的传代降低到最低水平，以降低自发突发的概率。

菌种传代次数越多，产生突变的几率就越高，因而菌种发生退化的机会就越多。这要求不论在实验室还是在生产实践上，必须严格控制菌种的移种传代次数，并根据菌种保藏方法的不同，确立恰当的移种传代的时间间隔，如同时采用斜面保藏和其他的保藏方式（真空冻干保藏、砂土管、液氮保藏等），以延长菌种保藏时间。

④利用不同类型的细胞进行移种传代　在有些微生物中，如放线菌和霉菌，由于其菌的细胞常含有几个核或甚至是异核体，因此用菌丝接种就会出现不纯和衰退，而孢子一般是单核的，用它接种时，就没有这种现象发生，因而达到了防止退化的效果。

⑤采用有效的菌种保藏方法　用于工业生产的一些微生物菌种，其主要性状都属于数量性状，而这类性状恰是最容易退化的。因此，有必要研究和制订出更有效的菌种保藏方法以防止菌种退化。

6.5.2　菌种的复壮

退化菌种的复壮可通过纯种分离和性能测定等方法来实现，其中一种是从退化菌种的群体中找出少数尚未退化的个体，以达到恢复菌种的原有典型性状，这属于狭义的复壮，是一种消极的复壮方法；另一种是在菌种的生产性能尚未退化前就经常而有意识地进行纯种分离和生产性能的测定工作，以达到菌种的生产性能逐步有所提高，属于广义的复壮。广义复壮本质上是一种利用自发突变不断从生产中进行选种的工作。

一般的菌种复壮方法如下。

（1）纯种分离

采用平板划线分离法、稀释平板法或涂布法等方法，把仍保持原有典型优良性状的单细胞分离出来，经扩大培养恢复原菌株的典型优良性状；还可用显微镜操纵器将生长良好的单细胞或单孢子分离出来，经培养恢复原菌株性状。

（2）通过寄主进行复壮

寄生型微生物的退化菌株可接种到相应寄主体内以提高菌株的活力。

（3）联合复壮

对退化菌株还可用高剂量的紫外线辐射等诱变处理进行复壮，结合性能测定的筛选步骤则复壮效果更好。

6.5.3　微生物菌种保藏

在发酵工业中，具有良好性状的生产菌种的获得十分不容易，如何利用优良的微生物菌种保藏技术，使菌种经长期保藏后不但存活健在，而且保证高产突变株不改变表型和基因型，特别是不改变初级代谢产物和次级代谢产物生产的高产能力，即很少发生突变，这对于菌种极为重要。

微生物菌种保藏技术很多，但原理基本一致，即采用低温、干燥、缺氧、缺乏营养、添加保护剂或酸度中和剂等方法，挑选优良纯种，最好是它们的休眠体，使微生物生长在代谢不活泼，生长受抑制的环境中。

具体常用的方法有：蒸馏水悬浮或斜面传代保藏；干燥–载体保藏或冷冻干燥保藏；超低温或在液氮中冷冻保藏等方法（图6-15）。

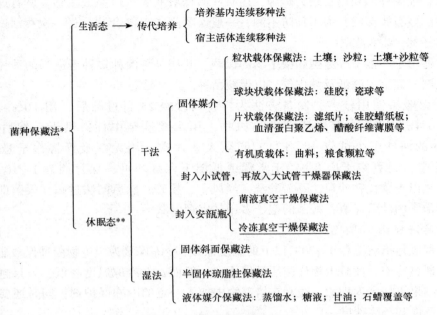

图 6-15　常用菌种保藏方法

*有下划线的保藏法是最常用的微生物保藏方法

**休眠态的微生物保藏法中，一般温度越低保藏效果越好

（1）蒸馏水悬浮法

这是一种最简单的菌种保藏方法，只要将菌种悬浮于无菌蒸馏水中，将容器封好口，于 10℃保藏即可达到目的。

好气性细菌和酵母等可用此法保存。

（2）斜面传代保藏

斜面传代保藏方法是将菌种定期在新鲜琼脂斜面培养基上、液体培养基中或穿刺培养，然后在低温条件下保存。它可用于实验室中各类微生物的保藏，此法简单易行，且不要求任何特殊的设备。

但此方法易发生培养基干枯、菌体自溶、基因突变、菌种退化、菌株污染等不良现象。因此要求最好在基本培养基上传代，目的是能淘汰突变株，同时转接菌量应保持较低水平。斜面培养物应在密闭容器中于 4~6℃保藏，以防止培养基脱水并降低代谢活性。

此方法一般不适宜做工业生产菌种的长期保藏，一般保存时间为 3~6 个月。

（3）矿物油中浸没保藏

此方法简便有效，可用于丝状真菌、酵母、细菌和放线菌的保藏。特别对难于冷冻干燥的丝状真菌和难以在固体培养基上形成孢子的担子菌等的保藏更为有效。

将琼脂斜面或液体培养物或穿刺培养物浸入矿物油中于室温下或冰箱中保藏，操作要点是首先让待保藏菌种在适宜的培养基上生长，然后注入经 160℃干热灭菌 1~2h 或湿热灭菌后 120℃烘去水分的矿物油，矿物油的用量以高出培养物 1cm 为宜，并以橡皮塞代替棉塞封口，这样可使菌种保藏时间延长至 1~2 年。

以液体石蜡作为保藏方法时，应对需保藏的菌株预先做试验，因为某些菌株如酵母、霉菌、细菌等能利用石蜡为碳源，还有些菌株对液体石蜡保藏敏感。所有这些菌株都不能用液体石蜡保藏，为了预防不测，一般保藏菌株 2~3 年也应做一次存活试验。

（4）干燥-载体保藏

此法适用于产孢子或芽孢的微生物的保藏。此法是将菌种接种于适当的载体上，如河沙、土壤、硅胶、滤纸及麸皮等，以保藏菌种。

沙土保藏法使用较多，制备方法为：将河沙经 24 目过筛后，用 10%~20% 盐酸浸泡 3~4h，以除去其中所含的有机物，用水漂洗至中性，烘干，然后装入高度约 1cm 的河沙于小试管中，121℃ 间歇灭菌 3 次。用无菌吸管将孢子悬液滴入沙粒小管中，经真空干燥 8 h，于常温或低温下保藏均可，保存期为 1~10 年。

土壤法以土壤代替沙粒，不需酸洗，经风干、粉碎，然后同法过筛、灭菌即可。一般细菌芽孢常用沙管保藏，霉菌的孢子多用麸皮管保藏。

（5）冷冻保藏

冷冻保藏是指将菌种于 -20℃ 以下的温度保藏，冷冻保藏为微生物菌种保藏非常有效的方法。通过冷冻，使微生物代谢活动停止。一般而言，冷冻温度越低，效果越好。为了保藏的结果更加令人满意，通常在培养物中加入一定的冷冻保护剂；同时还要认真掌握好冷冻速度和解冻速度。

① 普通冷冻保藏技术（-20℃）　将菌种培养在小的试管或培养瓶斜面上，待生长适度后，将试管或瓶口用橡胶塞严格封好，于冰箱的冷藏室中贮藏，或于温度范围在 -5~20℃ 的普通冰箱中保存。

用此方法可以维持若干微生物的活力 1~2 年。应注意的是经过一次解冻的菌株培养物不宜再用来保藏。这一方法虽简便易行，但不适宜多数微生物的长期保藏。

② 超低温冷冻保藏技术　要求长期保藏的微生物菌种，一般都应在 -60℃ 以下的超低温冷藏柜中进行保藏。

超低温冷冻保藏的一般方法是：先离心收获对数生长中期至后期的微生物细胞，再用新鲜培养基重新悬浮所收获的细胞，然后加入等体积的 20% 甘油或 10% 二甲亚砜冷冻保护剂，混匀后分装入冷冻指管或安瓿中，于 -70℃ 超低温冰箱中保藏。超低温冰箱的冷冻速度一般控制在 1~2℃/min。

若干细菌和真菌菌种可通过此保藏方法保藏 5 年而活力不受影响。

③ 液氮冷冻保藏技术　近年来，大量有特殊意义和特征的高等动、植物细胞能够在液氮中长期保藏，并发现在液氮中保藏的菌种的存活率远比其他保藏方法高且回复突变的发生率极低。液氮保藏已成为工业微生物菌种保藏的最好方法。

具体方法是：把细胞悬浮于一定的分散剂中或是把在琼脂培养基上培养好的菌种直接进行液体冷冻，然后移至液氮（-196℃）或其蒸汽相中（-156℃）保藏。进行液氮冷冻保藏时应严格控制制冷速度。

在液氮冷冻保藏中，最常用的冷冻保护剂是二甲亚砜和甘油，最终使用浓度一般为甘油 10%、二甲亚砜 5%。所使用的甘油一般用高压蒸汽灭菌，而二甲亚砜最好为过滤灭菌。

（6）真空冻干保藏

真空冷冻干燥的基本方法是先将菌种培养到最大稳定期，一般培养放线菌和丝状真菌需 7~10d，培养细菌需 24~28h，培养酵母约需 3d；然后混悬于含有保护剂的溶液中，保护剂常选用脱脂乳、蔗糖、动物血清、谷氨酸钠等，菌液浓度为 $10^9 \sim 10^{19}$ cfu/mL；取 0.1~0.2mL 菌悬液置于安瓿管中冷冻，再于减压条件下使冻结的细胞悬液中的水分升华至 1%~5%，使培养物干燥；最后将管口熔封，保存在常温下或冰箱中。

此法是微生物菌种长期保藏的最为有效的方法之一，大部分微生物菌种可以在冻干状态下保藏 10 年之久而不丧失活力。而且经冻干后的菌株无需进行冷冻保藏，便于运输。但操作过程复杂，并要求一定的设备条件。

（7）寄主保藏

寄主保藏适用于一些难于用常规方法保藏的动、植物病原菌和病毒。

6.5.4　菌种保藏机构

1979 年 7 月，我国成立了中国微生物菌种保藏管理委员会（CCCCM），委托中国科学院负责全国菌种保藏管理业务，并确定了与普通、农业、工业、医学、抗生素和兽医等微生物学有关的 6 个菌种保藏管理中心。

国内外微生物
菌种保存中心名录

各保藏管理中心从事应用微生物各学科的微生物菌种的收集、保藏、管理、供应和交流，以便更好地利用微生物资源为我国的经济建设、科学研究和教育事业服务。

思考题

1. 简述突变和基因重组的生物进化意义。
2. 如何从突变的分子机制的角度来解释突变的自发性和随机性？
3. 试设计一个从土壤中筛选纤维素酶产生菌的试验方案。
4. 微生物的 DNA 分子中碱基发生改变可能会出现哪些情况？碱基改变是否一定会产生变异菌株？
5. 诱变育种的基本环节有哪些？整个工作的关键是什么？举例说明微生物学理论在育种工作中的重要性。
6. 试述转化的一般过程，并说明 Griffith 肺炎链球菌转化实验是如何实现的。
7. 试比较大肠埃希菌的 F^+、F^-、Hfr 和 F' 菌株的异同，并图示这四者之间的关系。
8. 什么是转导？试比较普遍性转导和局限性转导的异同。
9. 原生质体融合技术的基本操作是怎样的？试分析该技术对微生物育种工作的重要性。
10. 在基因工程中担当外来基因的载体主要有哪些？它们有何特点？
11. 将经 ^{60}Co 处理后的菌液涂布在 CM、MM、SM 培养基上，请问在哪种培养基上可能长出的菌落数最多？
12. 有两个细菌培养物，培养物 1：F^+，基因型 $A^+B^+C^+$；培养物 2：F^-，基因型 $A^-B^-C^-$。
（1）若使两个培养物发生接合，有可能产生怎样的基因型？
（2）若先使 F^+ 成为 Hfr，然后再使两个培养物发生接合，有可能产生怎样的基因型？
13. 请比较下列概念的区别：
（1）自发突变与诱发突变；
（2）重组与杂交；
（3）有性杂交与准性杂交。

第 7 章

>>> 微生物的生态

目的与要求

　　了解微生物在自然界的分布，掌握微生物与生物环境间的相互关系，应用微生物生态学原理分析和解决与食物有关的微生物问题。

7.1　微生物在自然界中的分布
7.2　微生物与生物环境间的关系
7.3　微生物生态学在食品加工领域的应用

生态学是研究生物系统与其环境条件间相互作用规律性的科学。因此，微生物生态学就是研究微生物群体——微生物区系（microflora）或正常菌群（normal flora）与其周围的生物和非生物环境条件相互作用关系的科学。

研究微生物的生态有着重要的理论意义和实践价值。例如，研究微生物的分布规律，有助于开发丰富的菌种资源，防止有害微生物的活动；研究微生物间及其与其他生物间的相互关系，有助于发展新的微生物农药、微生物肥料以及积极防治植物病虫害，也有利于发展食品混菌发酵、序列发酵和生态农业。

本章主要介绍微生物在自然界中的分布、微生物与生物环境间的相互关系以及微生物生态学在食品加工中的应用等方面内容。

7.1　微生物在自然界中的分布

自然界中微生物种类繁多，分布广泛，在各处都有微生物的存在，如土壤、水域、空气、人、动植物及其各个角落。由于生态条件不同，各有其特征性的微生物生长、发育与分布，并不断改变其周围环境；反之，被改变的环境又促使微生物发生相应的变化。双方长期相互作用，最终形成微生物与环境紧密相连的生态体系。

7.1.1　土壤中的微生物

土壤具有绝大多数微生物的生活条件，土壤的矿物质提供了矿质养料；土壤中的有机物提供了良好的碳源、氮源和能源；土壤的酸碱度接近中性，是一般微生物最适合的范围；土壤的持水性、渗透压、保温性等使土壤成为了微生物的天然培养基，因此土壤中的微生物的数量和种类最多。对微生物来说，土壤是微生物的"大本营"；对人类来说，土壤是人类最丰富的"菌种资源库"。

土壤中微生物种类繁多，有细菌、放线菌、霉菌、藻类、原生动物和噬菌体等。尽管土壤中各种微生物含量的变动很大，但每克土壤的含菌量大体上有一个 10 倍系列的递减规律：细菌（~10^8）>放线菌（主要指其孢子数）（~10^7）>霉菌（主要指其孢子数）（~10^6）>酵母菌（~10^5）>藻类（~10^4）>原生动物（~10^3）。由此可知，土壤中所含的微生物数量很大，尤以细菌为最多。据估计，每公顷耕作层土壤中，细菌湿重 1350~3375kg；以土壤有机质含量为 2% 计算，则所含细菌干重约为土壤有机质的 1%。土壤微生物的代谢活动，对土壤中有机物的转化、土壤肥力和植物生长，都起着重要作用。

微生物在各层土壤中的分布是不均匀的。表层土壤由于受日光照射和干燥影响，微生物数量一般不多；离地面 10~20cm 的上层土壤中，微生物数量最多。越往深处则微生物越少，特别是在农业上有着重要意义的细菌，如硝化细菌、纤维素分解细菌和固氮菌在比较深的土壤中数量显著减少。

土壤中微生物的组成直接受植物种类、土壤性质、地理条件、有机物和无机物的种类和含量的影响。在有机物含量丰富的黑土、草甸土、磷质石灰土和植被茂盛的暗棕壤中，微生物含量较高；而在西北干旱地区的棕钙土，华中、华南地区的红壤和砖红壤，以及沿海地区的滨海盐土中，微生物的含量最少。

7.1.2 水体中的微生物

水体是微生物栖息的第二个天然场所。在江、河、湖、海、地下水中都有微生物的存在。习惯上把水体中的微生物分为淡水微生物和海洋微生物两大类型。

海洋微生物包括细菌、真菌、藻类、原生动物及噬菌体等。由于海洋环境具有盐度高、有机质含量少、温度低及深海静水压力大等特点，所以海洋微生物绝大多数是需盐、嗜冷和耐高渗透压的微生物。

陆地的深层水，如井水、泉水，很少受土壤、空气、污物等污染，微生物含量极少，十分清洁，是饮用水的主要来源。相反，地面的河流、湖泊、池塘和水库，常受土壤、空气、污水和腐物的污染，含有较多的微生物，长此以往，就形成了淡水微生物区系。按生态特点可区分为两类，即清水型水生微生物区系和腐败型水生微生物区系。

7.1.2.1 清水型水生微生物

在洁净的湖泊和水库蓄水中，因有机物含量低，故微生物数量很少（$10 \sim 10^3$ 个/mL）。典型的清水型微生物以化能自养微生物和光能自养微生物为主，如硫细菌、铁细菌、衣细菌、蓝细菌和光合细菌等。部分腐生性细菌，如色杆菌属（*Chromobacterium*）、无色杆菌属（*Achromobacter*）和微球菌属（*Micrococcus*）的一些种也能在低含量营养物的清水中生长。霉菌中一些水生性种类，如水霉属（*Saprolegnia*）和绵霉属（*Achlya*）的一些种可生长于腐烂的有机残体上。单细胞和丝状的藻类以及一些原生动物常在水面生长，但数量一般不大。

根据细菌对周围水生环境中营养物质浓度的要求，可分成3类：①贫营养细菌（oligotrophic bacteria），即一些能在有机碳 $1 \sim 15 \mathrm{mg/L}$ 的培养基中生长的细菌；②兼性贫营养细菌，即一些在富营养培养基中经反复培养后也能适应并生长的贫营养细菌；③富营养细菌，即一些能生长在营养物质浓度很高（有机碳 $10 \mathrm{g/L}$）的培养基中的细菌，它们在贫营养培养基中反复培养后即行死亡。由于淡水中溶解态和悬浮态有机物碳的含量一般在 $1 \sim 26 \mathrm{mg/L}$，故清水型的腐生微生物很多都是一些贫营养细菌。某水样中贫营养细菌与总菌数（包括贫营养和富营养菌）的百分比，称为贫营养指数（oligotrophic index）。

7.1.2.2 腐败型水生微生物

流经城市的河水、港口附近的海水、滞留的池水以及下水道的沟水中，由于流入了大量的人畜排泄物、生活污物和工业废水等，因此有机物的含量大增，同时也夹入了大量外来的腐生细菌，使腐败型水生微生物尤其是细菌和原生动物大量繁殖，污水的微生物含量达到 $10^7 \sim 10^8$ 个/mL。其中数量最多的是无芽孢 G^- 细菌，如变形杆菌属（*Proteus*）、大肠埃希菌（*Escherichia coli*）、产气肠杆菌（*Enterobacter aerogenes*）和产碱杆菌属（*Alcaligenes*）等，还有各种芽孢杆菌属（*Bacillus*）、弧菌属（*Vibrio*）和螺菌属（*Spirillum*）等的一些种。原生动物有纤毛虫类、鞭毛虫类和根足虫类。还有一类是随着人畜排泄物或病体污物而进入水体的动、植物致病菌，通常因水体环境中的营养等条件不能满足其生长繁殖的要求，加上周围其他微生物的竞争和拮抗关系，一般难以长期生存，但由于水体的流动，也会造成病原菌的传播甚至疾病的流行。

在自然水体，尤其是快速流动的水体中，存在着对有机或无机污染物的自净作用。其原因是多方面的，虽有物理性的稀释作用和化学性的氧化作用，但更重要的却是各种生物学和生物化学作用，如好氧菌对有机物的分解作用，原生动物对细菌等的吞噬作用，噬菌体对宿主的裂解作用，以及微生物产生的凝胶物质对污染物的吸附、沉降作用等，这就是"流水不腐"的重要原因。

水中微生物的含量对该水源的饮用价值影响很大。一般认为，作为良好的饮用水，其细菌含量应在 100 个/mL 以下，当超过 500 个/mL 时，即不适合做饮用水了。饮用水的微生物种类主要采用以 *E. coli* 为代表的大肠菌群数为指标。因为这类细菌是温血动物肠道中的正常菌群，数量极多，用它做指标可以灵敏地推断该水源是否曾与动物粪便接触以及污染程度如何。由此可以避免直接去计算数量极少的肠道传染病病原体所带来的难题。根据我国的饮用水标准（GB 5749—2006），自来水中"菌落总数"不可超过 100cfu/mL（37℃，培养 24h），总大肠菌群数、耐热大肠菌群和大肠埃希菌不得检出（cfu/100mL）。

7.1.3　空气中的微生物

空气本身不含微生物生长繁殖所需的营养物质和充足的水分，而且日光对细菌等微生物生命活动有很大影响，所以空气不是微生物生长繁殖的良好场所。然而，空气中还是含有一定数量的微生物。这是由于土壤、人和动、植物体等物体上的微生物不断以微粒、尘埃等形式飘逸到空气中而造成的。

凡含尘埃越多的空气，其中所含的微生物种类和数量也就越多。一般在畜舍、公共场所、医院、宿舍、城市街道的空气中，微生物的含量最高；在海洋、高山、高空、森林地带、终年积雪的山脉或极地上空的空气中，微生物的含量就极少。

室外空气中的微生物，主要有各种球菌、芽孢杆菌、产色素细菌和对干燥和射线有抵抗力的真菌孢子等。室内空气中的微生物含量更高，尤其是医院的病房、门诊间的空气，因经常受病人的污染，故可找到多种病原菌，如结核分枝杆菌、白喉棒杆菌、溶血链球菌、金黄色葡萄球菌、若干病毒（麻疹病毒，流感病毒）以及多种真菌孢子等。

空气中微生物以气溶胶的形式存在，是动、植物病害的传播、发酵工业中的污染以及工农业产品的霉菌等的重要根源。测定空气中微生物的数目可用培养皿沉降或液体阻留等方法进行。凡须进行空气消毒的场所，如医院的手术室、病房、微生物接种室或培养室等处可以用紫外线消毒、福尔马林等药物的熏蒸或喷雾消毒等方法进行。为防止空气中的杂菌对微生物培养物或发酵罐内的纯种培养物的污染，可用棉花、纱布（8 层以上）、石棉滤板、活性炭或超细玻璃纤维过滤纸进行空气过滤。

7.1.4　食物中的微生物

7.1.4.1　农产品上的微生物

粮食、蔬菜和水果等各种农产品上存在着大量的微生物，可引起腐烂变质或使人畜中毒，其危害极大。农产品上的微生物按其来源可分为原生性微生物区系和次生性微生物区系。原生性微生物区系是微生物与植物在长期相处的关系中形成的，它们以种子的分泌物为生，与植物的生活和代谢强度息息相关。次生性微生物区系指的是那些存在于土壤、空气中，通过各种途径侵染粮食的微生物。

在粮食微生物中，尤以霉菌危害严重。据估计，全世界每年因霉变而损失的粮食就占其总产量的2%左右，至于因霉变而对人畜引起的健康等危害，更是难以统计。在各种粮食和饲料中的微生物以曲霉属（Aspergillus）、青霉属（Penicillium）和镰孢菌属（Fusarium）的真菌为主，而其中有些是可产生致癌的真菌毒素的种类。现将各种粮食和饲料上所分布的主要霉菌种类列于表7-1中。

表7-1 各种粮食和饲料上的主要霉菌

名　称	主要霉菌
大米	灰绿曲霉、白曲霉、黄曲霉、赭曲霉、橘青霉、圆弧青霉、常见青霉
面粉	黄曲霉、谢瓦曲霉、青霉、毛霉
小麦	曲霉、青霉、芽枝霉、链格孢霉、葡萄孢霉、镰孢菌、长蠕孢霉、茎点霉、木霉、拟青霉
小麦粉	白曲霉、橘青霉、圆弧青霉、芽枝霉、葡萄孢霉、茎点霉、头孢霉
玉米粉	灰绿曲霉、纯绿青霉、圆弧青霉、镰孢菌
玉米面	葡萄曲霉、黄曲霉、青霉
大豆粉	黄曲霉、杂色曲霉、青霉
花生	黄曲霉、灰绿曲霉、溜曲霉、橘青霉、绳状青霉、根霉、镰孢菌、黏霉、茎点霉
调味料	灰绿曲霉、白曲霉、黑曲霉、青霉
米糠	黄曲霉、谢瓦曲霉、毛霉、青霉
乳牛饲料	曲霉、青霉、根霉、链格孢霉、茎点霉、毛壳菌
家禽饲料	黄曲霉、构巢曲霉、芽枝霉、镰孢菌、茎点霉

在目前已知的9万多种真菌中，有200多个种可产生100余种真菌毒素，其中14种具有致癌性。由部分黄曲霉（Aspergillus flavus）菌株产生的黄曲霉毒素（aflatoxin）和某些镰孢菌产生的单端孢烯族毒素T_2更是强烈的致癌剂。这就说明，凡长有大量霉菌的粮食，一般都含有多种真菌毒素，极有可能存在致癌的真菌毒素，因此，"防癌必先防霉"的口号是很有科学根据的。

7.1.4.2　食品上的微生物

食品中的微生物大致可分为用于食品制造的微生物、引起食品腐败变质的微生物和食源性病原微生物。

微生物用于食品制造是人类利用微生物的最早、最重要的一个方面，在我国已有数千年的历史。人们在长期的实践中积累了丰富的经验，利用微生物制造了种类繁多、营养丰富、风味独特的食品，如酒类生产、食醋酿造、面包制作等。随着现代生物科学技术的发展，不仅给古老的酿造业注入了新的活力，也开辟了一些新的领域，如微生物酶制剂的生产和乳酸链球菌肽的生产等。

由于在食品的加工、包装、运输和贮藏等过程中，都不可能进行严格的无菌操作，食物可能会被各种微生物所污染。在合适的温、湿度条件下，污染的微生物会迅速繁殖，从而引起食品的腐败变质。污染食品的微生物主要是曲霉属、青霉属、镰孢菌属、交链孢霉属（*Alternaria*）、拟青霉属（*Paecilomyces*）、根霉属（*Rhizopus*）、毛霉属（*Mucur*）、拟茎点霉属（*Phomopsis*）、木霉属（*Trichoderma*）、大肠埃希菌（*Escherichia coli*）、金黄色葡萄球菌（*Staphylococcus aureus*）、枯草芽孢杆菌（*Bacillus subtili*）、巨大芽孢杆菌（*B. megaterium*）、沙门菌属（*Salmonella*）、普通变形杆菌（*Proteus vulgaris*）、铜绿假单胞菌（*Pseudomonas aeruginosa*）、乳杆菌属（*Lactobacillus*）、乳链球菌（*Streptococcus lactis*）、梭菌属（*Clostridium*）和酿酒酵母（*Saccharomyces cerevisiae*）等。

腐败变质的食品首先是带有使人们难以接受的感官性状，如刺激气味、异常颜色、酸臭味道和组织溃烂、黏液污秽感等；其次是营养成分分解，营养价值严重降低。此外，腐败变质分解产物对人体也将产生毒害，如某些鱼类腐败产生的组胺使人体中毒，脂肪酸败引起人的不良反应及中毒，以及腐败产生的亚硝胺类、有机胺类和硫化氢等都具有一定毒性。针对腐败变质的各种因素，可以采用不同的方法或方法组合，杀死腐败微生物或抑制其在食品中的生长繁殖，从而达到延长食品货架期的目的。

食品被微生物污染后除引起食品的腐败变质外，其中有少数微生物对人产生病害作用。存在于食品中或以食品为传播媒介的病原微生物被称为食源性病原微生物。这类微生物直接或间接污染食品后，可以引起食源性疾病。在食物传播的病原菌引起的食源性疾病中最重要的是细菌性食物中毒。

7.1.5 人体的微生物区系

在正常生理状态下，人体的体表和体腔中所存在的一定种类和数量的微生物，并不侵害人体，称为人体正常微生物群落，如皮肤上的葡萄球菌、链球菌等；口腔中的乳酸杆菌、螺旋体；呼吸道和鼻咽腔中的类白喉杆菌、葡萄球菌、流感杆菌等。在肠道内也含有大量的细菌，人的肠道内如果缺乏正常的微生物群落（如大肠埃希菌、产气杆菌、乳酸杆菌等），人体就不能维持正常的生活。因为肠道细菌可以合成人体所需的硫胺素、核黄素、烟酸、维生素 B_{12} 等。此外，正常微生物群落的存在，还可以通过拮抗作用抑制或排斥病原微生物的生长。人体内外各部位的正常菌群分布情况见表 7-2。正常菌群的种类与数量，在不同个体间有一定的差异。

表 7-2　在人体不同解剖部位上的正常微生物区系 　　　　　 %

部　位	微生物种类	检出率
皮肤	表皮葡萄球菌（*Staphylococcus epidermidis*）	85~100
	金黄色葡萄球菌（*S. aureus*）	5~25
	疥疱丙酸杆菌（*Propionibacterium acnes*）	45~100
	类白喉棒杆菌（*Corynebacterium diphtheroides*）	55
鼻和鼻咽	表皮葡萄球菌	90
	金黄色葡萄球菌	20~85
	类白喉棒杆菌	5~80
	黏膜炎布兰汉氏球菌（*Branhemella calarrhalis*）	12

（续）

部　位	微生物种类	检出率
鼻和鼻咽	流感嗜血杆菌（*Haemophilus influenzae*）	12
口腔	表皮葡萄球菌	75～100
	金黄色葡萄球菌	常见
	缓症链球菌（*Streptococcus mitis*）和其他 α-链球菌	100
	唾液链球菌（*S. salivarius*）	100
	消化链球菌某些种（*Peptostreptococcus* spp.）	占优势
	产碱韦荣氏球菌（*Veillonella alcalescens*）	100
	乳杆菌某些种（*Lactobacillus* spp.）	95
	衣氏放线菌（*Actinomyces israelii*）	常见
	流感嗜血杆菌	25～100
	脆弱拟杆菌（*Bacteroides fragilis*）	常见
	产黑素拟杆菌（*B. melaninogenicus*）	常见
	口腔拟杆菌（*B. oralis*）	常见
	具核梭杆菌（*Fusobacterium nucleatu*）	15～90
	白色假丝酵母（*Candida albicans*）	6～50
	齿垢密螺旋体（*Treponema denticola*）	常见
	文氏密螺旋体（*T. vincenti*）	常见
口咽	表皮葡萄球菌	30～70
	金黄色葡萄球菌	35～40
	类白喉棒杆菌	50～90
	肺炎链球菌（*S. pneumoniae*）	0～50
	α-链球菌和非溶血链球菌	25～99
	黏膜炎布兰汉氏球菌	10～97
	流感嗜血杆菌	5～20
	副流感嗜血杆菌（*H. parainfluenzae*）	20～35
	脑膜炎奈瑟氏球菌（*Neisseria meningitidis*）	0～15
空肠	肠球菌属某些种（*Enterococcus* spp.）	少量
	乳杆菌某些种	少量
	类白喉棒杆菌	少量
	白色假丝酵母	20～40
回肠	肠杆菌类和厌氧革兰阴性细菌	少量
大肠	脆弱拟杆菌	100
	产黑素拟杆菌	100
	口腔拟杆菌	100

（续）

部 位	微生物种类	检出率
大肠	具核梭杆菌	100
	坏死梭杆菌（*F. necrophorum*）	100
	乳杆菌属某些种	20~60
	产气荚膜梭菌（*Clostridium perfringens*）	25~35
	黏液真杆菌（*Eubacterium limosum*）	30~70
	两歧双歧杆菌（*Bifidobacterium bifidum*）	30~70
	消化链球菌属某些种	常见
	肠球菌（D 组链球菌）	100
	大肠埃希菌（*Escherichia coli*）	100
	克雷伯菌属某些种（*Klebsiella* spp.）	40~80
	肠杆菌属某些种（*Enterobacter* spp.）	40~80
	变形杆菌某些种（*Proteus* spp.）	5~55
	白色假丝酵母	15~30
阴道和子宫颈	乳杆菌属某些种（*Lactobacillus* spp.）	50~75
	拟杆菌属某些种（*Bacteroides* spp.）	60~80
	梭菌属某些种（*Clostridium* spp.）	15~30
	消化链球菌属某些种（*Peptostreptococcus* spp.）	30~40
	类白喉棒杆菌	45~75
	表皮葡萄球菌	35~80
	D 组链球菌	30~80
	肠杆菌属的某些种（*Enterobacter* spp.）	18~40
	白色假丝酵母	30~50
	阴道毛滴虫（*Trichomonas vaginalis*）	10~25

　　一般情况下，正常菌群与人体保持着一个十分和谐的平衡状态，在菌群内部的各种微生物间，也相互制约，维持稳定、有序的相互关系，这就是微生态平衡。应该指出的是，所谓正常菌群的微生态平衡是相对的、可变的和有条件的。一旦宿主的防御功能减弱、正常菌群生长部位改变或长期服用抗生素等药物后，就会引起正常菌群失调。

　　当机体防御机能减弱时，如皮肤大面积烧伤、黏膜受损、机体着凉或过度疲劳时，一部分正常菌群会成为病原微生物。另一些正常菌群由于其生长部位的改变，也可引起疾病。例如，因外伤或手术等原因，*E. coli* 进入腹腔或泌尿生殖系统，可引起腹膜炎、肾盂肾炎或膀胱炎等症；又如，G⁻无芽孢厌氧杆菌进入内脏，会引起各种脓肿。此外，人体长期服用抗生素使机体各种微生物间的相互制约关系破坏，也能引起疾病。由于肠道内对药物敏感的细菌被抑制，而不敏感的白色假丝酵母或耐药性葡萄球菌等就会乘机大量繁殖，从而引起病变。凡属正常菌群的微生物，由于机体防御性降低、生存部位的改变或因数量剧增等情况而引起疾病者，称为条件致病菌（opportunist pathogen），这类由条件致病菌引起的感染，称为内源感染（endogenous infection）。

为调整和治疗因肠道等部位微生态失调引起的疾病，可采用微生态制剂或益生菌剂的措施以恢复微生态平衡。

7.1.6 极端环境中的微生物

在自然界中，存在着一些可在绝大多数微生物所不能生长的高温、低温、高酸、高碱、高盐、高压或高辐射强度等极端环境下生活的微生物，被称为极端环境微生物或极端微生物。极端环境微生物的研究有 3 个方面的重要意义：开发利用新的微生物资源，包括特异性的基因资源；为微生物生理、遗传和分类乃至生命科学及相关学科许多领域，如功能基因组学、生物电子器材等研究提供新的课题和材料；为生物进化、生命起源的研究提供新的材料。

（1）嗜热菌

嗜热菌广泛分布在草堆、厩肥、温泉、煤堆、火山地、地热区土壤及海底火山附近等。它们的最适生长温度一般在 50~60℃，有的可以在更高的温度下生长，如热熔芽孢杆菌可在 92~93℃下生长。

热泉（酸性热泉和碱性热泉）是嗜热微生物的最重要生境，大部分嗜热微生物都从热泉中分离。嗜热菌代谢快、酶促反应温度高、代时短等特点是嗜温菌所不及的，高温发酵可以避免污染和提高发酵效率，其产生的酶在高温时有更高的催化效率。嗜热细菌耐高温 DNA 聚合酶为 PCR 技术的广泛应用提供了基础，但嗜热菌的良好抗热性也造成了食品保存上的困难。

（2）嗜冷菌

嗜冷菌分布在南北极地区、冰窖、高山、深海等低温环境中。嗜冷菌是导致低温保藏食品腐败的根源，但其产生的酶在低温下具有较高活性，故可开发低温下作用的酶制剂，如洗涤剂用的蛋白酶等。另外，可利用低温发酵生产许多风味食品，同时可节约能源，减少嗜温菌的污染。

（3）嗜酸菌

只能生活在低 pH 值（<4）条件下，在中性 pH 值下即死亡的微生物称为嗜酸菌。嗜酸菌分布在工矿酸性水、酸性热泉和酸性土壤等处。例如，氧化硫硫杆菌（*Thiobacillus thioxidans*）的生长 pH 值范围为 0.9~4.5，最适 pH 值为 2.5，在 pH 值 0.5 以下仍能存活，能氧化硫产生硫酸（浓度可达到 5%~10%）；氧化亚铁硫杆菌（*T. ferroxidans*）为专性自养嗜酸杆菌，能将还原态的硫化物和金属硫化物氧化产生硫酸，还能把亚铁离子氧化成高铁离子，并从中获得能量。这些菌已被广泛应用于微生物冶金、生物脱硫。

（4）嗜碱菌

能专性生活在 pH 11~12 的碱性条件下而不能生活在中性条件下的微生物，称为嗜碱菌。它们一般存在于碱性盐湖和碳酸盐含量高的土壤中。嗜碱菌的一些蛋白酶、脂肪酶和纤维素酶等已被开发并可添加在洗涤剂中。

（5）嗜盐菌

必须在高盐浓度下才能生长的微生物，称为嗜盐微生物，因细菌尤其是古生菌为嗜盐微生物的主体，故又称为嗜盐菌。嗜盐菌通常分布在晒盐场、腌制海产品、盐湖和著名的死海等处，其生长的最适盐浓度高达 15%～20%，甚至还能生长在 32% 的饱和盐水中。嗜盐细菌的紫膜具有质子泵和排盐的作用，目前正设法利用这种机制来制造生物能电池和海水淡化装置。

（6）嗜压菌

嗜压菌仅分布在深海底部和深油井等少数地方。嗜压菌与耐压菌不同，它们必须生活在高静水压环境中，而不能在常压下生长。例如，从深海底部压力为 101.325 MPa 处，分离到一种嗜压的假单胞菌；从深 3500m、压强 40.53 MPa、温度 60～105℃ 的油井中分离到嗜热性耐压的硫酸盐还原菌。有关嗜压菌和耐压菌的耐压机制目前还不太清楚。

（7）抗辐射微生物

抗辐射微生物对辐射仅有抗性或耐受性，而不是"嗜好"。生物具有多种防御机制，或能使它免受放射性的损伤，或能在损伤后加以修复。抗辐射的微生物就是这类防御机制很发达的生物，因此可作为生物抗辐射机制研究的极好材料。1956 年，Anderson 从射线照射的牛肉上分离到了耐放射异常球菌，此菌在一定的照射剂量范围内，虽已发生相当数量 DNA 链的切断损伤，但都可标准无误地被修复，使细胞几乎不发生突变，其存活率可达 100%。

7.2   微生物与生物环境间的关系

自然界中微生物极少单独存在，总是较多种群聚集在一起，当微生物的不同种类或微生物与其他生物出现在一个限定的空间内，它们之间互为环境，相互影响，既有相互依赖又有相互排斥，表现出相互间复杂的关系。

以下就其中最典型和重要的 5 种关系做简单介绍。

7.2.1   互生

互生是指两种可以单独生活的生物，当它们在一起时，通过各自的代谢活动而有利于对方，或偏利于一方的生活方式。这是一种"可分可合，合比分好"的松散关系。

人体肠道正常菌群与宿主间的关系，主要是互生关系。人体为肠道微生物提供了良好的生态环境，使微生物能在肠道得以生长繁殖。而肠道内的正常菌群可以合成人体所需的硫胺素、核黄素、烟酸、维生素 B_{12} 等。此外，人体肠道中的正常菌群还可抑制或排斥外来肠道致病菌的侵入。

在发酵工业中，在深入研究微生物纯培养基础上进行的混菌培养，即利用了微生物的互生关系。例如，酸奶发酵剂中德氏乳杆菌保加利亚亚种和嗜热链球菌两种菌就具有良好的相互促进生长的关系。发酵过程中，德氏乳杆菌保加利亚亚种经代谢活动分解乳中蛋白质产生氨基酸，特别是缬氨酸、亮氨酸，为嗜热链球菌的生长提供了必需的营养，而嗜热链球菌生长过程中产生的甲酸类化合物又可刺激德氏乳杆菌保加利亚亚种的生长。混合发酵能缩短发酵时间，保证产品质量。再如，在维生素 C 发酵生产时，我国采用了二步发酵法。先利用弱氧化醋酸杆菌（*Acetobacter suboxydans*）或生黑葡萄糖酸杆菌（*Gluconobacter melanogenus*）进行第一步发酵，再以氧化葡萄糖酸杆菌（*G. oxydans*）和巨大芽孢杆菌（*Bacillus megaterium*）进行第二步的混菌发酵。在第二步发酵时，若采用单一菌种将会导致生长能力差或根本不产酸，而采用混菌发酵二者协同参与，则可不断转化维生素 C 的前体物质——2-酮基-L-古龙酸。

7.2.2 共生

共生是指两种生物共居在一起，相互分工合作、相依为命，甚至达到难分难解、合二为一的极其紧密的一种相互关系。

共生的例子很多，最典型的例子是由菌藻共生或菌菌共生的地衣。前者是真菌（一般为子囊菌）与绿藻共生，后者是真菌与蓝细菌共生。其中的绿藻或蓝细菌进行光合作用，为真菌提供有机养料，而真菌则以其产生的有机酸去分解岩石中的某些成分，为藻类或蓝细菌提供所必需的矿质元素。另外，根瘤菌与豆科植物间的共生固氮关系，反刍动物与瘤胃微生物之间的关系，都属于共生关系。

7.2.3 寄生

寄生一般指一种小型生物生活在另一种较大型生物的体内（包括细胞内）或体表，从中夺取营养并进行生长繁殖，同时使后者蒙受损害甚至被杀死的一种相互关系。前者称为寄生物，后者称为寄主或宿主。

在微生物中，噬菌体寄生于宿主菌是常见的寄生现象。蛭弧菌（*Bdellovibrio*）与寄主细菌属于细菌间的寄生关系。

寄生于动、植物及人体的微生物也极其普遍，常引起各种病害。凡能引起动、植物和人类发生病变的微生物都称为致病微生物。能引起植物病害的致病微生物主要是真菌，能引起人和动物致病的微生物很多，主要是细菌、真菌和病毒。寄生于有害动物尤其是多数昆虫的病原微生物，可用于制成微生物杀虫剂或生物农药。当然，寄生于昆虫的真菌也可形成名贵中药，如产于青藏高原的冬虫夏草即为一例。

7.2.4 拮抗

拮抗又称抗生，指由某种生物所产生的特定代谢产物可抑制他种生物的生长发育甚至杀死它们的一种相互关系。根据拮抗作用的选择性，可将拮抗分为非特异性拮抗和特异性拮抗两类。

在制造泡菜、青贮饲料过程中，由于乳酸菌迅速繁殖产生大量乳酸导致环境的 pH 值下降，从而抑制其他微生物的生长，这是一种非特异拮抗。因为这种抑制作用没有特定专一性，对不耐酸细菌均有抑制作用。

许多微生物在生命活动过程中，能产生某种抗生素，具有选择性地抑制或杀死别种微生物的作用，这是一种特异性拮抗，如青霉菌产生的青霉素抑制 G^+ 菌，纳他链霉菌产生的纳他霉素抑制酵母菌和霉菌等。

微生物间的拮抗关系已被广泛应用于抗生素的筛选、食品保藏、医疗保健和动、植物病害的防治等领域。

7.2.5 捕食

捕食又称猎食，一般是指一种大型的生物直接捕捉、吞食另一种小型生物以满足其营养需要的相互关系。微生物间的捕食关系主要是原生动物捕食细菌和藻类，它是水体生态系统中食物链的基本环节，在污水净化中也有重要作用。另有一类是捕食性真菌，如少孢节丛孢菌（*Arthrobotrys oligospora*）等可巧妙地捕食土壤线虫，对生物防治具有一定的意义。

7.3 微生物生态学在食品加工领域的应用

食品可以看成是一个特殊的微生物生态系，其加工过程总是存在着多种微生物区系，这些微生物与食品环境相互作用构成了一个具有特定功能的生态系。下面以传统发酵食品为例，介绍微生物生态学在食品加工领域的应用。

7.3.1 白酒酿造过程中的微生态学

中国的酿酒文化源远流长，自然环境的气候状况、土壤条件和水质优劣自古就被我国人民所重视，并在生产实践中自觉和不自觉地运用着生态学的原理及方法。下面以浓香型大曲酒为例阐明白酒酿造过程中的微生态学。

大曲酒的固态发酵窖池可以作为一个独立的微生态系统来进行研究。白酒窖池微生态是由从大曲微生物、窖泥微生物以及园区生产现场微生物演化而来的酒醅微生物区系所构成，特别是大曲微生物和窖泥微生物，是酒醅微生物生态形成的基础。

7.3.1.1 酒窖窖泥微生态系

"千年老窖产好酒"是中国传统白酒生产实践的科学总结，充分说明窖池在曲酒生产中的重要地位。中国传统浓香型白酒酿造使用的泥窖是采用黄土建成。新的发酵窖经过七八轮次后，窖泥由黄色变为乌黑色，再经过约两年时间的发酵，又逐渐转变为乌白色，并变绵软为脆硬，产品质量也随着时间的推移和窖泥的变色而逐渐提高。这样再经过 20 余年，泥质由脆硬逐渐变得又碎（无黏性）又软，泥色由乌白转变为乌黑，并出现红绿等彩色，产生一种浓郁的香味，这就初步达到发酵老窖的标准。此后，年复一年，产品质量越来越高。陈年发酵老窖对产品质量有决定性的影响，窖龄越长，酒质越好。

中国传统白酒生产，窖子是基础，操作是关键。随着对白酒微生物的深入研究，认识到老窖泥中栖息着以细菌为主的多种微生物。它们以酒醅为营养来源，以窖泥和酒醅为活动场所，经过缓慢的生化作用，产生出以己酸乙酯为主体的窖香味。窖泥微生物的生态分布，随窖龄和在窖内所处的位置而不同。

从窖龄上看，老窖和新窖的根本差别是它们所含的产香微生物数量和种类的不同。

老窖泥中主要有己酸菌、丁酸菌等细菌类微生物以及酵母和少量的放线菌等。老窖的细菌总数一般为新窖的3倍左右，是中龄窖的2倍左右。浓香型曲酒的酿制离不开老窖泥的原因，就在于窖泥中存在着大量的厌氧性梭状芽孢杆菌和其他厌氧功能菌。

在同一个窖中，窖壁的细菌数多于窖底。在窖泥层中，黑色内层的细菌数多于黄色的外层，而产己酸的梭状芽孢杆菌主要栖息于黑色的内层窖泥中。在窖壁，老窖和新窖的好氧性细菌和厌氧细菌数无显著差异；在窖底，老窖的好氧菌数与新窖接近，而厌氧菌却比新窖多5倍左右；就芽孢菌而言，老窖中芽孢菌数是新窖的2倍左右，其中厌氧芽孢菌老窖比新窖多得多。

7.3.1.2 大曲的微生态系

大曲是用纯小麦或添加部分大麦、豌豆等原料按照传统工艺经自然发酵制成。其中存在的糖化菌就霉菌而言主要有曲霉属中的黑曲霉群、灰绿曲霉群、毛霉、根霉及红曲霉（*Monascus*）等，念珠霉（*Monilia*）的作用不明。细菌中主要为枯草芽孢杆菌及其他一些芽孢杆菌。酵母菌类则以酒精酵母、汉逊氏酵母、拟内孢霉（*Endomycopsis*）、假丝酵母（*Candida*）和白地霉（*Geotrichum candidum*）较为常见。生酸菌类以乳球菌和乳酸杆菌为主，醋酸菌则较少。

在整个大曲培菌过程中，从微生物数量来看，在低温期出现一个高峰，高温期显著低落，出房期曲皮部分稍有低落而曲心部分略有升高。此外，不论在哪一种培养基上，曲皮部分的菌数都明显地高于曲心部分，这与大曲水分、温度、通气条件等变化有关。

从大曲微生物优势类群变化情况来看，低温期以细菌占绝对优势，其次为酵母菌，再次为霉菌。在肉汁琼脂上尚有一定数量的放线菌发育。其中曲皮部分的酵母与霉菌数量远高于曲心部，细菌数量相差不多。

当大曲培菌进入高温期后，曲心部分的温度由于散热困难而升至最高点55~60℃，导致了曲心部位各类微生物的大量死亡与酶的钝化。而曲皮部分则因散热条件优于曲心，处在较低的温度条件下，各类微生物的死亡数明显地低于曲心部分，使曲皮部分残存的微生物数量高出曲心部分50~70倍。特别是那些聚集生长在曲皮表面的好氧性霉菌，其残存数最高，并成为这一阶段的优势类群。此时细菌虽尚有相当数量，但芽孢杆菌的数量明显增高，特别在曲心部位更是如此。从上述情况可以看出，高温期菌数急剧下降，主要是由于不耐热的无芽孢细菌、酵母和霉菌大量死亡所引起的。此时曲皮部分糖化力远高于曲心，说明糖化力的高低与霉菌的分布密切相关，即大曲淀粉酶的形成主要来自霉菌。

在出房期，曲皮、曲心之间糖化力的差距显著缩小，这是与曲心部分微生物数量（主要是红曲霉）略有升高相一致的。

7.3.1.3 酒醅的微生态系

经过清蒸或混蒸，酒醅中的微生物已基本被杀灭，但在摊凉、下曲或堆集、入窖以后，又使窖内酒醅中形成了混杂的微生物体系。大曲酒发酵是较为粗放的多菌种混合发酵，参与发酵的微生物种类很多，数量巨大，它们相互依存，密切配合，形成一个动态的微生物群系。正是这些复杂的微生物群体进行生化作用，形成了大曲酒多达200多种的风味成分，并且相互协调、烘托、关联，使大曲酒成为独具中国特色的饮料酒。

发酵酒醅的微生物主要来源于酒曲。加曲不但使大量有益的酿酒微生物菌种直接转移到发酵酒醅，而且还给酒醅提供了以淀粉酶、蛋白酶为主的各种酶类。通过这些酶的作用，为酒醅微生物的生长繁殖提供了大量营养和能源，特别是在前发酵和主发酵阶段，为以酵母菌等为主的各类微生物的大量增殖和发酵提供了充分的糖类。大曲还给酒醅带来了数量可观的、多种多样的代谢产物，主要是淀粉和蛋白质的分解产物以及它们的转化物质，在大曲酒的口味和香气方面起着重要作用。

此外，窖泥、环境空气、酿造用水、器具设备等都是酒醅微生物的重要来源。在浓香型和酱香型白酒发酵中，窖泥给酒醅提供了产香的己酸菌、丁酸菌以及甲烷菌、产气杆菌等细菌，形成了酒的浓香和窖底香。由于长期生产，造成了厂区周围环境中较为稳定的微生物区系。空气、土壤、器具及设备都带有各种与酿酒有关的微生物，所以在酒醅摊凉、堆集发酵等操作过程中，不可避免地使环境中的微生物进入酒醅，成为发酵酒醅微生物的另一重要来源。

此外，由于生产工艺、曲的种类和窖池以及地区、季节的不同，发酵酒醅微生物的构成也不一样，并且随发酵过程的进展而变化。

7.3.2　酱油发酵过程中的群落演替

在微生态系统中，原有的微生物群落经过一段的发展时期后，由于某种内外环境因素的改变，原有的微生物群落被另一新的生物群落所取代。这种现象在生态学上称为群落演替（community succession）。环境条件可以影响演替，但演替过程是微生物本身的行为特性造成的。在酱油制作过程中，曲霉菌、耐盐乳酸菌和耐盐酵母菌群的演替逐渐进行，并且按照一定方向和顺序变化。

传统酿造酱油生产的工艺过程中，制曲和酱醅发酵是两个重要阶段。在这两个阶段都有微生物的参与，并起着重要的作用。微生物的消长变化对于酶的积累、酱醅发酵的快慢、色素和鲜味成分的生成以及原料利用率的高低有直接关系。

制曲过程通常是采用人工接种米曲霉的方法来获得高品质的酱曲。工业化通风制曲就是根据米曲霉的生态特性，通过对曲料水分和通风量的控制，确保米曲霉生长的最佳生态环境，并通过竞争营养物质来抑制有害微生物的生长繁殖。

进入到酱醅发酵阶段，由于食盐的加入和氧气量的急剧下降，米曲霉的生长几乎完全停止。此时，耐盐性的乳酸菌，主要是嗜盐片球菌（*Pediococcuus halophilus*）、德氏乳杆菌（*Lactobacillus delbrueckii*）等大量生长而成为优势菌群。在发酵的起始阶段，片球菌为 $10^2 \sim 10^3$ cfu/mL；室温下发酵 4 个月，菌体浓度可达 $10^8 \sim 10^9$ cfu/mL。即使在高盐浓度（20.2%~20.6%）下，酱油片球菌（*Pediococcus soyae*）也能生长良好，发酵生产乳酸，酱醅的 pH 值迅速下降，在 10d 之内，pH 值下降到 4.9 左右。当 pH 值降至 4.5~5.0 时，乳酸菌生长受到抑制。此时，低 pH 值可以刺激耐酸耐盐性酵母菌的生长。鲁氏酵母（*Saccharomyces rouxii*）在酱醅中可达到 $10^6 \sim 10^7$ cfu/mL。酵母菌在糖类代谢中，可以产生乙醇等多种风味物质。在高盐好气条件下，鲁氏酵母发酵葡萄糖形成大量甘油，是重要的酱油风味来源。球拟酵母（*Torulopsis*）可以产生 4-乙基木酚、4-

乙基苯酚和2-苯乙醇，从而构成典型的老熟酱油风味。此外，酵母还产生糠醛等重要风味组分。

总之，在酱油发酵过程中，曲霉菌、乳酸细菌、酵母菌的微生物群落演替关系是酿造食品生产中比较典型的微生态现象，各类微生物相互协调，先生者为后续者创造条件，促进生长。正是它们的相互作用，赋予了酱油特有的风味和芳香。

7.3.3 食品腐败变质中的群体感应

食品腐败变质是食品质量与安全问题中最突出的问题。在食品腐败过程中，特定腐败菌的大量繁殖产生异臭味或有毒有害物质。研究发现，一些常见食品腐败菌的生长动力学及其水解酶的分泌受群体感应（quorum sensing，QS）调控，这使QS成为食品保鲜技术领域中一个极具应用前景的新靶点。通过阻断QS系统延长食品货架期的研究已经在国内外广泛开展。

7.3.3.1 群体感应系统

微生物多以种群或群落的形式存在于特定的生态位，其行为受多种信号分子的调节。QS是细菌间通过化学信号分子进行信息传递的重要方式，由一定的信号分子、感应分子以及下游调控蛋白组成。当细菌感受到自身或周围菌体密度或环境发生改变时，细菌会分泌一种被称为自体诱导物（autoinducers，AI）的信号分子到胞外。当AI信号分子达到一定阈值后，被其他细菌特定的受体识别，最终激活靶基因表达，可调节多种生态行为，包括微生物被膜的产生、毒力因子的分泌以及生物荧光的发生等，这一过程被称为QS。

QS信号分子主要分为3种类型：

①AI-1类信号分子　G^-菌由LuxI型蛋白编码产生的酰基高丝氨酸内酯类（N-acyl-L-homoserine lactones，AHLs）信号分子，与胞内DNA受体蛋白LuxR结合后，调控基因表达。

②AIP信号分子　G^+菌一般以自诱导肽（autoinducing peptides，AIP）作为信号分子，借助ABC转运系统（ATP-binding cassette）或其他膜通道蛋白协助跨膜，实现种内的细胞交流。

③AI-2信号分子　AI-2信号分子由 *luxS* 基因催化而成，*luxS* 基因广泛存在于 G^+ 和 G^- 细菌中，具有较高的同源保守性，AI-2/LuxS系统介导种内和种间通信。

除此之外，近年来在某些细菌中相继发现了新的信号分子，如肠出血性大肠埃希菌（EHEC）能产生一种自体诱导物3（AI-3），通过QS系统调控该菌的运动、黏附及致病性。

7.3.3.2 QS对食品腐败的调控

QS通过调控食品体系中特定腐败菌或优势腐败菌（specific spoilage organisms，SSOs）某些性状的表达（如生物膜形成、降解酶活性和生长动力学参数等）来调控细菌的腐败特性，进而影响食品的腐败进程。例如，在真空包装的牛肉中发现肠杆菌科（*Enterobacteriaceae*）是优势腐败菌，其中蜂房哈夫尼菌（*Hafnia alvei*）和沙雷氏菌（*Serratia* spp.）是产生信号分子AHLs（酰化高丝氨酸内酯类）的主要菌。在即食蔬菜的腐败变质中，欧文杆菌（*Erwinia*）和假单胞菌（*Pseudomonas*）能够产生多种AHLs，调控多种果胶酶的合成和分泌。

研究发现，有氧冷藏条件下的牛肉和鸡肉中假单胞菌（$10^8 \sim 10^9$ cfu/g）和肠杆菌（$10^3 \sim 10^4$ cfu/g）大量增殖时检测到 AHLs 活性。由于食品腐败主要是微生物增殖引起，只有当腐败细菌达到一定数量后才能检测到信号分子，表明群体感应可能是调控特定腐败菌的潜在机制。通过敲除腐败菌群体感应编码基因构建突变株，与野生菌株比较腐败能力，或者体外添加信号分子对腐败表型影响，可以证明特定腐败菌中的群体感应现象。例如，在巴氏消毒奶中接种野生型变形沙雷菌（*S. proteamaculans*）室温贮藏 18 h 后出现腐败，而 *spr* I 基因失活的突变株未出现腐败；当添加 3-oxo-C6-HSL 后 *spr* I 突变株在牛奶又引起腐败，表明 AHLs 在牛奶腐败中起重要作用。同时，腐败菌分泌多种参与食品变质的酶，如蛋白酶、脂酶、纤维素酶、果胶酶，同样受群体感应系统调控。

7.3.3.3　群体感应抑制剂（quorum sensing inhibitor，QSI）

群体感应需要信号分泌、识别、信号–受体复合体形成等过程有序高效的完成才能发生，任一过程的干扰即可影响甚至阻断群体感应。与 QS 对应，QSI 是其信号干扰物。现有的 QSI 作用途径主要有 3 类：

①抑制信号分子的合成　该途径可通过抑制前体合成或合成酶活性来实现。如二氯苯氧氯酚（Triclosan），可以限制 AHL 类分子脂酰–ACP 的生物合成而干扰 AHL 的组装。

②阻断信号的传输　分子拮抗剂可以抑制信号分子与受体蛋白的结合，如硫代内酯和内酰胺可作用于铜绿假单胞菌的 *RhlR* 系统，阻止 C4-AHL 与 *RhlR* 调节基因的结合，有效拮抗 AHL 信号的接收。

③促进信号分子的降解　已在细菌中发现许多降解 AHL 的群体感应淬灭酶，如 AHL–内酯酶能破坏 AHLs 的高丝氨酸内酯环使之失活，而 AHL–乙酰转移酶使 AHL 上 *N*–酰基的碳链上酰氨键水解。

目前，通过从自然界发掘或人工合成的途径，已获得多种 QSI。QSI 研究最广泛的是呋喃酮和肉桂醛。尽管卤代呋喃酮由于性质不稳定和毒性，限制其在食品工业中的应用，但 2(5H)–呋喃酮能有效减少发酵酸奶中铜绿假单胞菌 AHLs 信号分子，从而延长乳制品的货架期，而溴化呋喃酮也能显著抑制希瓦氏菌 AI-2 活性从而减少虾肉腐败。另外，在中草药和药食同源的植物中也发现大量具有 QSI 活性的物质，这些抑制剂能有效抑制食品优势腐败菌在食品表面定殖、毒素形成和繁殖。因此，QSI 可作为食品保鲜剂应用于某些群体感应所介导的生鲜食品腐败，这为新型食品保鲜技术的开发提供了方向。

思考题

1. 什么是微生物生态学？
2. 简述研究微生物生态的理论意义和实践价值。
3. 简述不同的自然环境中微生物的分布状况，以及各自的优势代表类群。
4. 简述食物中的微生物，以及各类微生物对食品和人类的影响。
5. 微生物之间的相互关系有哪些？
6. 试举例说明微生物生态学在食品加工领域中的应用。

第8章

》》》 食品微生物与免疫

目的与要求

掌握免疫学相关的基础理论；理解食品微生物与免疫的关系；能够熟练运用免疫学技术检测食品微生物。

8.1 免疫学基础理论
8.2 食品与免疫
8.3 食品微生物与免疫
8.4 食品微生物检测的免疫学技术

8.1　免疫学基础理论

"免疫"（immune）一词来源于拉丁语中的"immunis"，原意是免税，引申为免除疾病。经典的免疫或称免疫力、免疫性（immunity）是指机体抗感染的防御能力。免疫学（immunology）是研究机体免疫系统（免疫器官、免疫细胞和免疫分子）的组织结构和生物学（生理性和病理性）功能的科学。免疫是生物体识别和排除抗原异物、维护自身生理平衡和稳定的一种机制。目前，以抗原抗体反应为基础的各种免疫技术发展迅速，广泛应用于医学和生物学研究领域的定性、定量和定位，尤其适于复杂体系的分析检验。

免疫学本是微生物学的一个分支学科，但是由于其重要性而逐步发展成一门独立学科。免疫学不仅是医学和生命科学领域最重要的学科，同时还是与理、工、农等各个学科形成交叉的学科。免疫学技术不但对医学研究与应用贡献巨大，在其他领域的应用也非常广泛。由于免疫学与微生物学的特殊关系，以及当代学科交叉特点，很多免疫学的知识仍然是微生物学的重要内容。

8.1.1　免疫系统的组成及功能

生物体内的免疫反应是在免疫系统（immune system）中完成的，免疫系统的组成可简单地分为免疫器官、免疫细胞和免疫分子 3 个层次：

免疫系统
- 免疫器官
  - 中枢：胸腺、骨髓、腔上囊
  - 外周：淋巴结、脾脏、黏膜相关淋巴组织
- 免疫细胞：淋巴细胞、单核–吞噬细胞、粒细胞、APC、肥大、红细胞、NK 细胞
- 免疫分子：抗原受体/抗体、MHC、细胞因子、白细胞分化抗原、黏附分子、补体

8.1.1.1　免疫器官

免疫器官根据其功能不同可分为中枢免疫器官和外周免疫器官。

（1）中枢免疫器官

中枢免疫器官是免疫细胞发生、分化、筛选与成熟的场所。它包括骨髓（bone marrow）、胸腺（thymus）及腔上囊（或法氏囊）。骨髓是造血多能干细胞所在地，人及哺乳类动物 B 细胞分化、成熟场所；胸腺是 T 细胞分化、成熟场所；腔上囊是禽类特有的免疫器官，是禽类 B 细胞分化、成熟场所。

（2）外周免疫器官

外周免疫器官是免疫细胞定居和增殖的场所，也是免疫细胞接受抗原刺激产生特异性抗体和致敏淋巴细胞等免疫应答的场所。它包括淋巴结、脾脏、黏膜淋巴相关组织等。

8.1.1.2　免疫细胞

免疫细胞（immunocyte）是指所有参与免疫应答或与之有关的细胞。根据免疫细胞

在免疫应答中的作用，可概括为4类：淋巴细胞、抗原递呈细胞（antigen-presenting cell，APC）、吞噬细胞、自然杀伤细胞（natural killer cell，NK）。

8.1.1.3　免疫分子

免疫分子根据其存在的状态可以分为膜分子及分泌性分子。

（1）膜分子

膜分子是存在于细胞膜表面的抗原或受体分子，是免疫细胞间或免疫系统与其他系统（如神经系统、内分泌系统等）细胞间信息传递、相互协调与制约的活性介质，包括T细胞抗原受体（T cell receptor，TCR）、B细胞膜表面的免疫球蛋白（B cell surface membrane immunoglobulin，SmIg）、主要组织相容性抗原（major histocompatibility complex，MHC）、白细胞分化抗原（cluster of differentiation，CD）及细胞黏附分子（cell adhesion molecules，CAMs）等。这些膜分子决定细胞执行免疫功能（信号识别传递），同时也是对细胞进行鉴定分类的重要依据。

（2）分泌性分子

分泌性分子是由免疫细胞合成并分泌于胞外体液中的免疫应答效应分子，包括抗体分子、补体分子和细胞因子等。

8.1.2　免疫应答与调节

8.1.2.1　免疫应答

（1）免疫应答的基本概念

免疫应答（immune response）是指免疫活性细胞对抗原分子进行识别，发生自身活化、增殖、分化和产生效应的全过程。在这一过程中，抗原对淋巴细胞起了选择与触发的作用，是启发免疫应答的始动因素。免疫应答可分为非特异性免疫应答和特异性免疫应答，特异性免疫应答又可分为体液免疫应答和细胞免疫应答。

免疫应答是多器官、多细胞参与的复杂过程。可将其分为：免疫细胞对抗原分子的识别，免疫细胞活化、增殖和分化，免疫应答的效应3个阶段。中枢免疫器官是免疫细胞发生、分化的场所；外周淋巴组织器官（淋巴结、脾脏和黏膜等）是免疫细胞定居和发生免疫应答的地方。

机体对各种病原体及有害物质的抵抗能力可分为先天免疫性（innate immunity）又称为自然免疫性（natural immunity）、获得免疫性（acquired immunity）又称为适应免疫性（adaptive immunity）。

①非特异性免疫应答　机体以生来就具有的免疫性（即自然免疫性）对外来抗原做出的免疫应答就是非特异免疫应答。其特点是：无特异性，防御是广谱的；机体生来就有的，不是受到外来刺激后才产生的。例如，机体皮肤的天然屏障作用，干扰素对病毒复制的干扰，吞噬细胞对异物的吞噬等。

②特异性免疫应答　机体受到抗原刺激后，体内与抗原相应的B细胞、T细胞活化，导致一系列的免疫应答反应（图8-1）。APC细胞对抗原进行限制性加工处理，并将抗原信息特异性地递呈给相应的B细胞和T细胞，产生特异性识别，故称为特

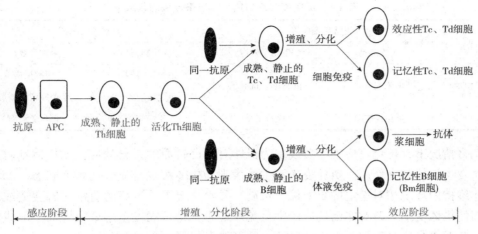

图 8-1　特异性免疫应答过程

异性免疫应答，又称适应性免疫应答。特异性免疫应答能够针对侵入的不同抗原做出相应应答。

　　③主动免疫、被动免疫和过继免疫　主动免疫（active immunization）是指机体受到抗原刺激后所获得的免疫性。当机体再次遇到相同抗原刺激时，便会发生强烈的免疫应答。被动免疫（passive immunization）是指特异性抗体进入机体后产生的免疫性。随着时间推移，进入体内的抗体因发生代谢而渐渐消失，免疫力也随之消失。过继免疫（adoptive immunization）又称为过继转移（adoptive transfer），是指通过转移活化的特异性淋巴细胞（包括记忆性淋巴细胞），而将免疫性转移给另一个未曾免疫的个体，使其具有与供体相同或相似的免疫特性。过继免疫也是被动的，但与被动免疫不同的是过继免疫转移的免疫性是通过淋巴细胞而不是通过抗体。

　　④免疫记忆　免疫记忆是指 T 细胞、B 细胞具有免疫记忆功能，能够保存抗原信息，当再次接触到相同抗原时，又能非常迅速地做出免疫应答反应。免疫记忆功能与免疫记忆细胞的产生有关。

　　记忆性 T 细胞的产生　原始 T 细胞活化、增殖与分化过程中，一部分 T 细胞转变为效应 T 细胞，另一部分则恢复成静息状态的 T 细胞，即为记忆性 T 细胞（Tm 细胞）。

　　记忆性 B 细胞的产生　在脾脏、淋巴结的生发中心存活下来的 B2 细胞，除分化发育成浆细胞合成分泌抗体外，也有一部分重新恢复成静息状态的 B2 细胞，即记忆性细胞 B（Bm 细胞）。

　　记忆性 T 细胞和 B 细胞均可在体内长期存活，在血流中不断循环。

　　⑤无应答与正、负免疫应答

　　无应答　抗原并不是在任何情况下都会诱导机体产生免疫应答。当淋巴细胞缺失时，机体不会产生免疫应答，这可能是机体本来就存在免疫缺陷，也可能是诱导发生的淋巴细胞出现了生理性凋亡即程序性死亡（apoptosis）造成的。

　　正免疫应答和负免疫应答　机体针对抗原产生的免疫应答，按照其结果可分为正免疫应答和负免疫应答两类（表 8-1）。

表 8-1　正免疫应答和负免疫应答产生的效应

抗原	正常免疫应答		异常免疫应答	
	应答类型	生物学效应	应答类型	生物学效应
非己抗原	正免疫应答	抗感染、抗肿瘤	正应答过强	超敏反应
			负免疫应答	发生免疫耐受或肿瘤
自身抗原	负免疫应答	免疫耐受	正免疫应答	自身免疫病

正常情况下，正免疫应答主要表现为机体对非己抗原的排异效应，如机体针对病原微生物发生的抗感染作用。负免疫应答主要表现为机体对自身成分的耐受状态。二者都是机体维持内环境相对稳定的重要保护机制。异常情况下，过高的免疫应答会造成超敏反应而使机体受损。若对非己抗原产生负免疫应答，则可能发生感染或肿瘤，形成免疫耐受。若对自身成分的耐受性遭到破坏，则可能引起自身免疫性疾病。

（2）免疫应答的场所

淋巴结、脾脏等外周免疫器官是发生免疫应答的主要场所。抗原无论经血流入脾脏，或是经淋巴循环到达相应引流区的淋巴结，均被 APC 摄取，滞留于细胞表面，将抗原信息直接提供给 B 细胞识别和结合，或经加工处理后与 MHC 分子结合后表达于细胞表面，递呈给 T 细胞识别和结合。

免疫细胞受抗原刺激而活化、增殖、分化后，B 细胞最终分化为浆细胞，产生抗体；T 细胞分化为效应性 T 细胞，发挥细胞免疫作用。

免疫应答效应可表现于局部，也可为全身反应。活跃的免疫应答常伴有局部淋巴结肿大，主要是特异性淋巴细胞增殖所致。同时，活化的 T 细胞、B 细胞所释放的多种细胞因子（如趋化因子、炎症因子）可造成炎症细胞聚集、浸润，血管渗出物增加，组织水肿等反应。

（3）免疫应答的基本过程

免疫应答是由多细胞、多因子参加并受到严格控制和制约的复杂生理过程。特异性免疫应答包括紧密相关的 3 个阶段：

①抗原识别和递呈阶段　是免疫细胞对抗原进行摄取、加工、递呈的一系列过程。

②活化、增殖和分化阶段　主要是 T 细胞、B 细胞接受抗原刺激而活化、增殖和分化的过程。

③效应阶段　产生特异性抗体或致敏淋巴细胞而发挥效应的阶段。

8.1.2.2　免疫应答的调节

免疫调节（immunoregulation）是指机体通过多方面、多层次的正负反馈机制控制免疫应答的强度和时限，以维持机体生理功能的平衡与稳定的过程。其主要作用是：提高机体免疫力，以排除外来抗原；在排除外来抗原的同时，尽量减少对自身组织的损伤；及时终止免疫应答。

（1）分子水平的调节

能够对免疫应答进行调节的分子主要有外来的抗原分子、自身产生的抗体和协同刺激因子等。

①抗原的调节　抗原能够对免疫应答直接进行调节，主要体现在如下几方面：

• 抗原进入途径不同，能够决定免疫应答的强度。

• 抗原剂量大小能够影响免疫应答的强度。在一定范围内，免疫应答强度随着抗原剂量的增加而增强，但抗原剂量过小或过大可引起免疫耐受。

• 竞争现象可以影响免疫应答的强度。先进入机体的抗原能够抑制一定间隔时间后进入机体的另一种抗原产生的免疫应答。

• 抗原性质能够影响免疫应答的类型。如荚膜多糖为 TI 抗原，刺激 B1 或 B2 细胞后，通常只产生 IgM；存在于细胞表面的蛋白质抗原能引起细胞免疫和体液免疫应答；游离的可溶性抗原只能引起体液免疫应答。

• 抗原活化诱导的细胞死亡（activation induced cell death，AICD）即为凋亡，是一种程序性死亡，在免疫应答的终止阶段起作用。

②抗体的调节　在免疫应答的效应阶段，抗体可以调控免疫应答的强弱和时限。

特异性抗体与抗原结合形成免疫复合物，能够阻断抗原与 B 细胞结合，还能加速抗原的排除。免疫应答初期产生的 IgM 所形成的免疫复合物对免疫应答具有促进作用；当 IgG 产生时，标志着体液免疫应答达到了高峰，所形成的免疫复合物可抑制免疫应答。因此，抗体类型的转换也能间接地调控免疫应答的强度。

③协同刺激因子受体的调节　协同刺激因子可分为 B7-1（CD80）和 B7-2（CD86）。协同刺激因子的受体有两种：一种是低亲和力的 CD28；另一种是高亲和力的 CTLA-4。协同刺激因子与 C28 结合时，可形成协同刺激信号，使 TCR 与特异性抗原肽——MHC Ⅱ类分子结合的 T 细胞活化、增殖和分化，产生免疫应答。若该信号缺失，则会出现对特异性抗原无反应性，发生耐受或凋亡。当协同刺激因子与 CTLA-4 结合时，可发出抑制信号，防止凋亡发生，不引起活化的淋巴细胞凋亡，但可阻止细胞因子（如 IL-2）的产生和活化 T 细胞增殖，起负调节作用。

（2）细胞水平的调节

免疫细胞之间可以通过细胞因子、协同刺激因子、MHC 分子等直接或间接调节免疫应答，以维持免疫功能的正常进行。

①T 细胞的调节　T 细胞主要负责细胞免疫，同时在免疫应答的调节中还能决定免疫应答的类型，协调细胞免疫和体液免疫之间的关系。

Th 细胞的调节　Th 细胞分为 Th0 细胞、Th1 细胞和 Th2 细胞。Th0 细胞是 Th1 细胞和 Th2 细胞的前体细胞，受不同抗原刺激时，可分化成 Th1 细胞或 Th2 细胞。Th1 细胞辅助细胞免疫应答，Th2 细胞辅助体液免疫应答。

Tc 细胞的调节　Tc 细胞为 CD8 T 细胞，具有杀伤靶细胞和抑制免疫应答的双重作用。Tc 细胞对免疫应答的抑制作用可能是通过改变 Tc 细胞的功能和免疫应答的类型实现的。

γδT 细胞的调节　γδT 细胞在发挥杀伤作用、排除外来抗原的同时，也能通过分泌细胞因子调节免疫应答。调节的方向取决于感染的病原体是胞内寄生还是胞外寄生。γδT 细胞可通过以下 3 种方式对免疫应答进行调节：通过分泌 IFN-γ、IL-2 和 IFN-α，增强细胞免疫应答，对抗胞内寄生的病原体；通过分泌 IL-4、IL-5 和 IL-6，增强体液免疫应答，对抗胞外寄生的病原体；通过分泌 IL-3 和 GM-CSF，增强骨髓的造血功能。

NK T 细胞的调节　通过 CD95/CD95L 诱导对自身抗原发生免疫应答的 T 细胞发生凋亡，从事阴性选择。

②B 细胞的调节　B 细胞既是抗体形成细胞，也是抗原递呈细胞，在免疫应答过程中具有辅助作用。抗原浓度较低时，B 细胞可通过其高亲和力的 BCR 直接识别、处理抗原，供 Th 细胞识别，辅助其他 APC 对低浓度抗原进行递呈。活化的 B 细胞能够表达协同刺激因子，激发免疫应答。

③NK 细胞的调节　NK 细胞主要参与机体非特异性免疫应答，同时对免疫应答也能产生调节作用。在 IL-12 的作用下，NK 细胞可产生 IFN-γ，促进 Th0 细胞向 Th1 细胞分化，诱导 Th1 细胞分泌 IFN-γ 和 IL-2，抑制 Th2 细胞的功能。

NK 细胞还可通过分泌细胞因子（如 IFN-γ）增强 Mφ 的功能；通过分泌 IL-3、IL-6 和 IL-7，对 Tc 细胞、初始 T 细胞、$\gamma\delta$T 细胞和记忆细胞发挥启动和正向调节作用；通过分泌 IFN-γ、TNF-α、IL-3 和 CSF，调节造血细胞的功能。

NK 细胞和 Te 细胞杀伤靶细胞时，在时限和识别标志上有互补作用。NK 细胞能够在早期杀伤 MHCI 类分子缺失的靶细胞；Tc 细胞需要致敏和放大，才能在中晚期杀伤具有 MHCI 类分子的靶细胞。IL-2、IL-1 等细胞因子能够增强 NK 细胞的杀伤活性。

④巨噬细胞（Mφ）的调节　Mφ 为不均一群体，在功能与作用上存在着不同差异。Mφ 可通过将抗原优先递呈给 Th1 细胞或是 Th2 细胞，调节免疫应答的类型。在肝脏，Mφ 作为 APC 将抗原优先递呈给 Th1 细胞。

Mφ 通过分泌 IL-12，作用于 NK 细胞，使 NK 细胞杀伤活性增强，产生的 IFN-γ 增多，促使 Th0 细胞分化为 Th1 细胞，抑制 Th2 细胞产生细胞因子，还能促进 Tc 细胞成熟。

Mφ 表面的非特异性受体 CD14、CD11b/18 和 CD11c/18 与 LPS 结合后，通过与 TLRS（toll like receptors）胞外段富含亮氨酸的重复序列连接，可将信号传递到胞内 IL-1R 段，激活核转录因子，促进 IL-1、TNF-α 和 IL-6 等细胞因子表达，增强免疫应答。

（3）神经内分泌系统的调节

人体是一个完整的有机体，各器官、系统之间在功能和活动上能够保持协调统一。在正常情况下，免疫系统与神经内分泌系统之间能够产生相互影响，由神经递质、内分泌激素、受体以及各种免疫细胞及免疫分子之间构成免疫调节网络。

①神经及内分泌因子影响免疫应答　神经系统可以影响内分泌系统，通过下丘脑-垂体-多种内分泌腺（肾上腺、甲状腺和性腺等）形成的功能轴构成调节通路，免疫器官直接受外周植物性神经的支配。

②抗体和细胞因子作用于神经内分泌系统　免疫器官和免疫细胞也能合成和释放内分泌肽，神经系统中也存在着这些内分泌肽的受体，这样可以实现对神经内分泌系统的反向调节作用，同时对免疫系统自身也能产生调节作用。

8.1.3　抗原与抗体

8.1.3.1　抗原

抗原（antigen，Ag）是一类能刺激机体免疫系统产生特异性免疫应答，并能与相应的抗体和/或效应细胞在体内或体外发生特异反应的物质。

（1）抗原的免疫原性和免疫反应性

机体对抗原的识别、记忆及特异反应性是免疫学的核心问题。抗原必须具备的两种基本性质是免疫原性（immunogenicity）和免疫反应性（actinogenicity）。

抗原的免疫原性是指一种物质刺激机体产生免疫应答，诱导产生抗体或效应淋巴细胞的特性。免疫反应性是指一种物质（抗原）与抗体特异性结合的特性，又称特异反应性（specific reactivity）。机体受抗原的刺激而诱发的免疫反应，称为免疫应答（response）；抗原与抗体相互作用的免疫反应，称为免疫反应（reaction）。

免疫原性是相对某些种类的动物机体而言的，有些物质能促发某类动物产生免疫应答，但对另外的动物则不能引起免疫应答。因此，在描述一种物质诱发免疫应答能力时，必须考虑到被免疫的动物免疫应答能力。由此可见，免疫原性是指引起机体免疫应答的特性，而免疫特异反应性是指抗原与免疫应答产物（包括抗体与致敏的淋巴细胞）结合反应的特性。根据抗原所具备的基本性质不同可分为完全抗原和半抗原。

完全抗原（complete antigen）是具有免疫原性又具有特异反应性的物质，大多数蛋白质类抗原属此类。通常，具有免疫原性的物质总是具有反应性。

半抗原（hapten）或不完全抗原（incomplete antigen）能与相应特异性抗体起反应，但本身不诱发抗体的形成的物质。半抗原能与抗体发生特异反应性，但无免疫原性，如一些简单的有机分子（分子质量小于 4.0ku）。但半抗原与大分子载体（carrier）（如蛋白质）结合后，可获得免疫原性，刺激机体产生半抗原特异性抗体或效应淋巴细胞，从而成为完全抗原。

食物中的非蛋白质活性物质、功能因子、绝大多数寡糖、所有脂类及一些农药均属半抗原，如漆酚、磺胺等的化学物质不具有免疫原性，但当它们进入过敏体质的机体，与组织蛋白结合后，即转变为完全抗原，从而可导致变态反应的发生。

（2）抗原的分类

抗原的分类方法有很多，可根据抗原性能分类，也可根据化学组成或亲缘关系及抗原来源等来分类。

①依据诱导产生免疫应答是否需 T 细胞辅助分类

胸腺依赖性抗原（Thymus-dependent antigen，TD-Ag）　这类抗原需要在 T 细胞辅助下才能激活 B 细胞产生抗体。大多数天然抗原均属此类，如各种组织细胞、细菌、病毒、动物血清等。它们的共同特点是：多由蛋白质组成，分子质量大，表面决定簇种类多，但每一种决定簇的数量不多且分布不均匀。

胸腺非依赖性抗原（Thymus-independent antigen，TI-Ag）　这类抗原不需要 T 细胞辅助就可直接激活 B 细胞分化增殖产生抗体。天然 TI-Ag 主要有细菌脂多糖、肺炎球菌夹膜多糖、多聚鞭毛素等。TI-Ag 的分子结构比较简单，决定簇种类单纯，但数量多，往往是单一表位规律而密集地重复排列。TD-Ag 与 TI-Ag 结构特点示意图见图 8-2，引起免疫应答的特点比较见表 8-2。

胸腺依赖性（TD）抗原　　　　　　　　　胸腺非依赖性（TI）抗原

图 8-2　TD 抗原与 TI 抗原结构示意图

表 8-2　TD 抗原与 TI 抗原引起免疫应答的特点比较

特点比较	TD-Ag	TI-Ag
免疫类型	体液免疫和细胞免疫	体液免疫
产生的抗体类型	IgG 为主，其他类别也可	IgM
是否引起免疫记忆	免疫记忆	无免疫记忆

②依据抗原来源分类　可分为天然抗原、人工抗原与合成抗原。

天然抗原（natural antigen）　主要指来自于植物、动物及微生物的天然生物细胞、细胞内成分及天然生物的产物。根据化学组成可分为以下几类：

● 细胞、细菌和病毒　这些是一些复杂的天然颗粒性抗原，可与相应抗体结合后出现凝集现象，即凝集反应（如红血球凝集）。多数细菌、病毒等病原性抗原决定食品的生物安全性。

● 蛋白质　多数蛋白质大分子是很好的抗原物质；从相对分子质量 $1.7×10^5$ 的球蛋白到相对分子质量较小的肌红蛋白（约 $1.7×10^4$）均有很好的免疫原性。蛋白质与核酸、糖、脂结合形成的复杂大分子也具有免疫原性，如核组蛋白、γ-球蛋白及细胞膜脂蛋白等。

● 多糖类抗原　糖类抗原大部分存在于细菌细胞壁上或细胞壁内，多为脂多糖，一般本身无免疫原性。能与细菌菌体诱发产生的抗体起反应，具有半抗原的性质。如沙门菌细胞壁上的菌体抗原脂多糖（LPS）以及人类红细胞上的 ABO 血型抗原均为多糖成分。链球菌和肺炎链球菌的特异性糖类，能诱发有族特异性的抗体。

● 脂类抗原　本身不具有免疫原性，为半抗原。可与蛋白质、糖、红细胞等结合诱发抗体的产生。

● 核酸抗原　双链 DNA、单链 DNA 和双链 RNA 等具有半抗原性质，与蛋白质分子偶联后可免疫动物产生抗体。

蛋白质、脂类、多糖、结合蛋白及核酸抗原均为可溶性抗原，与相应抗体结合后形成抗原-抗体复合物，在一定条件下出现可见的沉淀，即沉淀反应。可溶性抗原存在于一切生物的细胞膜内外或体液中。从分子水平看，颗粒抗原就是存在于细胞膜上的可溶性抗原，也是颗粒抗原诱导机体免疫应答的分子基础。一些不同化学组成的抗原见表 8-3。

表 8-3　各种不同化学组成的抗原

类别	举例	类别	举例
蛋白质	血清蛋白、细菌、外毒素、酶类	糖蛋白	红细胞血型物质
脂蛋白	细胞膜及血清脂蛋白	多肽	激素（胰岛素、生长激素）
多糖体	细菌的荚膜（如肺炎双球菌）	核蛋白	细胞核等
脂多糖	革兰阴性细菌的细胞壁（内毒素）		

此外，一些小分子蛋白和天然多肽也是较弱的免疫原，如胰岛素、胃泌素、催产素（1007）、降血钙素、血管紧张肽Ⅱ，促肾上腺皮质激素和生长素等。

天然抗原根据与宿主的亲缘关系的远近可分为：

• 异种抗原（xenoantigens）　来自不同物种的抗原，如细菌、病毒、异种血清、植物蛋白与动物蛋白等。

• 同种异型抗原（isoantigens）　同种基因型不同个体的抗原，如人类血型抗原。

• 自身抗原（autoantigens）　自身正常组分，但机体胚胎期未接触过或自身变异成分，如眼晶状体蛋白、自身衰老的细胞。

• 异嗜性抗原（heterrophile antigens）　一种与种属特异性无关，存在于不同种系生物间的共同抗原，又称 Forssman 抗原，如大肠埃希菌 O14 型的脂多糖与人的结肠黏膜之间有异嗜性抗原。机体感染大肠埃希菌 O14 型菌株后，产生抗体，该抗体又可与结肠黏膜结合，通过免疫反应造成机体的组织损伤，这是溃疡性结肠炎的发病机制之一。此外，异嗜性抗原可用于诊断疾病，如肺炎支原体与链球菌 MG 株之间有异嗜性抗原。通过链球菌 MG 株异嗜性抗原的交叉凝集反应来协助诊断支原体肺炎。

人工抗原（artificial antigen）　主要指小分子半抗原与一定载体连接后形成的完全抗原。可用于研究了解抗原抗体特异性结合的分子基础。由于食品安全性检测中的一些分子属于半抗原，必需对其改造、形成适合的完全抗原才可获得检测的抗体。

合成抗原（synthetic antigen）　通过化学合成的具有抗原性质的分子。主要为人工合成的具有支链或直链氨基酸多聚体。常用的合成抗原有聚 L-Pro 的同聚物、聚 Glu-Lys-Tyr 的直链多肽等。

另外，还有些物质，如某些细菌毒素，只需极低的浓度（1~10ng/mL）就可诱发最大的免疫效应，使免疫动物 20% 的 T 细胞活化，这类物质被称为超抗原（superantigen，SAg）。

8.1.3.2　抗体

抗体（antibody）是介导体液免疫的重要效应分子，是 B 细胞接受抗原刺激后增殖分化为浆细胞所产生的糖蛋白。免疫球蛋白（immunoglobulin）是具有抗体活性或化学结构与抗体类似的球蛋白。

抗体是功能概念，免疫球蛋白是结构概念。两者有时可以混用，但是有区别，从两者的概念可以发现，抗体都是免疫球蛋白，但是免疫球蛋白不一定是抗体。

抗体

（1）免疫球蛋白的基本结构

①重链（V_H）与轻链（V_L）　免疫球蛋白基本结构也称基本四肽单位或Ig单体，由两条重链与两条轻链组成。

重链　以免疫球蛋白重链氨基酸组成和顺序的不同分为5种，即γ、μ、α、δ和ε，形成相应的5类免疫球蛋白分子为IgG、IgA、IgM、IgD、IgE。

轻链　分为κ与λ两型，每个免疫球蛋白分子上的轻链型都是相同的。

②可变区（V区）与恒定区（C区）

可变区 V_H 和 V_L　包括3个高变区和4个骨架区，V_H 与 V_L 的3个高变区共同组成与抗原决定基互补的表面，即互补决定区（CDR），CDR决定抗体的特异性。V_H 和 V_L 共同构成抗体的独特型。

恒定区 C_H 和 C_L　不同类免疫球蛋白重链的 C_H 长度不一样，可有 C_H1、C_H2、C_H3，有些还有 C_H4。C_H 区结构稳定，抗人IgG的抗体可与不同人的IgG结合。同种型（isotype）即同一种属内每一个都具有的抗原性结构，存在于C区。

③铰链区　位于 C_H1 与 C_H2 之间，易伸展弯曲，与抗体结合抗原时的变构有关；IgM和IgE无链区。

④免疫球蛋白的功能区　功能区也称结构域，IgG、IgA和IgD重链有 V_H、C_H1、C_H2 和 C_H3 4个功能区，IgM和IgE重链有 C_H4，共5个功能区。

V_H 和 V_L 是结合抗原的部位；也是独特型抗原所在部位。

C_H 和 C_L 上具有部分同种异型（allotype）的遗传标志；IgG的 C_H2 和IgM的 C_H3 具有补体C1q结合位点。IgG的 C_H3 可与单核细胞、巨噬细胞、中性粒细胞、B细胞和NK细胞表面的IgG Fc受体。IgE的 C_H2 和 C_H3 可与肥大细胞和嗜碱性粒细胞的IgE Fc受体（FcεR）结合。

（2）各类免疫球蛋白的特点

5类免疫球蛋白都有结合抗原的共性，如图8-3所示，但它们在分子结构、体内分布、血清水平及生物活性等方面又各具特点，如表8-4所列。

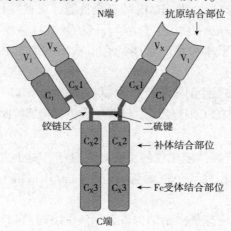

图8-3　抗体基本结构图

表 8-4　5 类抗体的代谢、分布及生物活性

项目	IgG 单体	IgM 五聚体	IgA 二聚体	IgD 单体	IgE 单体
相对含量/%	75~85	5~10	10~15	0.2	0.002
存在部位	血液、淋巴、肠道	血液、淋巴、B 细胞表面	血液、淋巴、分泌物（泪、唾液、乳、肠道）	B 细胞表面、血液、淋巴	结合在肥大细胞和嗜碱性粒细胞表面、血液
开始出现时间	出生后 3 个月	胚胎末期	出生后 4~6 个月	较晚	较晚
半衰期/d	23	5	6	3	2
功能	抗细菌、病毒、中和毒素、增强吞噬作用	抵御血液中微生物、凝聚抗原、免疫应答的第 1 个抗体	对黏膜表面局部保护，通过初乳保护新生儿	B 细胞表面受体，调节其他抗体产生	过敏反应、可能溶解寄生虫

①IgG　为标准的单体 Ig 分子，含一个或更多的低聚糖基团，电泳速度在所有血清蛋白中最慢。IgG 是再次免疫应答的主要抗体，具有吞噬调理作用、中和毒素作用、中和病毒作用、介导 ADCC（antibody-dependent cell-mediated cytotoxicity）、激活补体经典途径并可透过胎盘传输给胎儿；IgG 的 Fc 片段结合类风湿因子及其他抗 γ 球蛋白抗体，致敏异种（豚鼠）皮肤。IgG 是多能免疫球蛋白，抗核抗体、抗 Rh 抗体、肿瘤封闭抗体等均属 IgG。IgG 是机体中含量最多的抗体，能穿过血管壁进入体液，可以穿过胎盘，可以抵御细菌、病毒，中和毒素等。当与抗原结合时，增强吞噬细胞的吞噬功能。

IgG 合成速度快、分解慢、半衰期长，在血内含量最高，约占整个 Ig 的 75%；各亚类所占比例大约为：IgG1 60%~70%，IgG2 15%~20%，IgG3 5%~10%，IgG4 1%~7%，各亚类的比例随年龄及遗传背景而有变化；同时各亚类的生物学和免疫学性质也不尽相同。

②IgM　为五聚体，是 Ig 中分子最大者。分子结构呈环形，含一个 J 链，各单位通过 μ 链倒数第二位的二硫键与 J 链互相连接。结构模式见图 8-4。μ 链含有 5 个同源区，其 C_H3 和 C_H4 相当于 IgG 的 C_H2 和 C_H3，无铰链区。一般停留在血管中，能有效狙击抗原参与补体系统的激活，还能促进吞噬细胞对靶细胞的吞噬。

从化学结构上看，IgM 结合抗原的能力可达 10 价，但实际上常为 5 价，这可能是因立体空间位阻效应所致。当 IgM 分子与大颗粒抗原反应时，5 个单体协同作用，效应明显增大。IgM 凝集抗原的能力比 IgG 大得多，激活补体的能力超过 IgG 1000 倍；由于吞噬细胞缺乏 IgM 的特异受体，因而 IgM 没有独立的吞噬调理作用；但当补体存在时，它能通过 C3b 与巨噬细胞结合以促进吞噬。

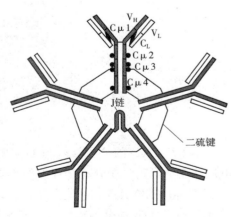

图 8-4　IgM 五聚体

虽然 IgM 单个分子的杀菌和调理作用均明显高于 IgG 抗体，但因其血内含量低、半衰期短、出现早、消失快、组织穿透力弱，故其保护作用实际上常不如 IgG。

血型同种凝集素和冷凝集素的抗体类型是 IgM，不能通过胎盘，新生儿脐血中若 IgM 增高，提示有宫内感染存在。在感染或疫苗接种以后，最先出现的抗体是 IgM；在抗原的反复刺激下，可通过 Ig 基因的类转换而转向 IgG 合成。当分泌物中有 IgA 缺陷时，IgM 也和 IgA 一样可结合分泌片而替代 IgA。IgM 也是 B 细胞中的主要表面膜 Ig，作为抗原受体而引发抗体应答。

③IgA　IgA 分为血清型和分泌型两种类型。大部分血清 IgA 为单体，10%~15% 为双聚体，也发现少量多聚体。IgA 功能区的分布与 IgG 十分相似，两个亚类（IgA1 和 IgA2）的最大差异在铰链区。IgA2 缺少 H–L 链间二硫键区域，容易被解离分开。从含量、稳定性和半衰期看，血清型 IgA 虽不如 IgG，但高于其他类 Ig。IgA 可以结合抗原，但不能激活补体的经典途径，因此，不能像 IgG 那样发挥许多的生物效应，所以过去曾误以为血清型 IgA 的意义不大。近年的研究发现，循环免疫复合的抗体中有相当比例的 IgA，因而认为，血清型 IgA 以无炎症形式清除大量的抗原，这是对维持机体内环境稳定的非常有益的免疫效应。

分泌型 IgA（sIgA）为双聚体，沉降系数 11S，相对分子质量 400ku。每个 sIgA 分子含 1 个 J 链和 1 个分泌片（图 8-5）。α 链、L 链和 J 链均由浆细胞产生，而分泌片由上皮细胞合成。J 链通过倒数第二位二硫键将 2 个 IgA 单体互相连接；结合分泌片后，sIgA 的结构更为紧密而不被酶解，有助于 sIgA 粘在黏膜表面及外分泌液中保持抗体活性。外分泌液中的高浓度 IgA 主要为局部合成，特别是在肠相关淋巴样组织（GALT）内。

分泌型 IgA 性能稳定，在局部浓度大，能抑制病原体和有害抗原黏附在黏膜上，阻挡其进入体内；同时也因其调理吞噬和溶解作用，构成了黏膜第一线防御机制；母乳中的分泌型 IgA 提供了婴儿出生后 4~6 个月内的局部免疫屏障；因此，常称分泌型 IgA 为局部抗体。

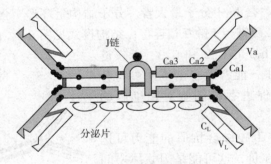

图 8-5　sIgA 结构

④IgD　IgD 的分子结构与 IgG 非常相似，有明显的铰链区，其蛋白质高度糖基化。IgD 性能不稳定，在分离过程中易于聚合，又极易被酶裂解。虽然有些免疫应答可能与特异性 IgD 抗体有关，但它并不能激活任何效应系统。某些自身免疫病及过敏反应病患者血中存在 IgD 类抗核抗体或抗青霉素 IgD 抗体。正常人血清内 IgD 浓度很低，但在血循环内 B 细胞膜表层可检出 IgD，其功能主要是作为 B 细胞表面的抗原受体。在 B 细胞

发育的某些阶段，膜 IgD 的合成增强。大部分慢性淋巴细胞白血病人 B 细胞表面带膜 IgD，并常同时有膜 IgM。

⑤IgE　为单体结构，相对分子质量大于 IgG 和单体 IgA，含糖量较高，ε 链有 6 个低聚糖侧链。像 IgM 一样，IgE 也有 5 个同源区，C_H2 功能区置换了其他类重链的铰链区。正常人血清中 IgE 水平在 5 类 Ig 中最低，分布于呼吸道和肠道黏膜上的 IgE 稍多，可能与 IgE 在黏膜下淋巴组织内局部合成有关。IgE 水平与个体遗传性和抗原质量密切相关，因而，其血清含量在人群中波动很大，在特应性过敏症和寄生虫感染者血清中 IgE 水平可升高。IgE 不能激活补体及穿过胎盘，但它的 Fc 段能与肥大细胞和嗜碱性粒细胞表面的受体结合，介导 I 型变态反应的发生，因此又称亲细胞抗体。

（3）抗体的六大功能

B 细胞介导的体液免疫是由抗体杀灭或者中和进入机体的病原体或者毒素。当有电解质存在的条件下，抗体和抗原相遇时，迅速形成抗原抗体复合物。它的免疫功能通过以下几种机制而实现（图 8-6）。

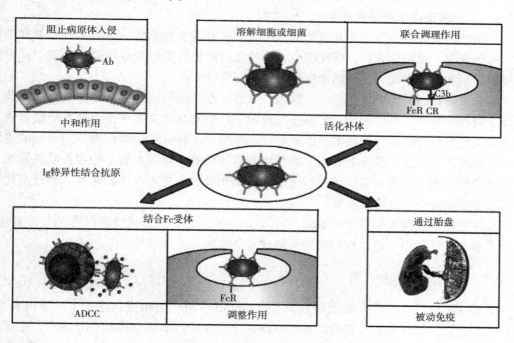

抗体六大功能

图 8-6　免疫球蛋白的功能

8.2　食品与免疫

8.2.1　食品营养与免疫

8.2.1.1　营养与免疫的关系

营养免疫学是研究营养与免疫关系的科学，研究如何通过均衡科学的饮食营养提高和调节人体免疫功能，达到防御疾病、保障健康的一门科学。

　　免疫功能是人体重要的生理功能之一，可保护机体免受外来有害因子的侵袭，是人类与各种疾病（传染性疾病、非传染性疾病、肿瘤等）和衰老过程相抗衡的重要因素。营养因素是机体赖以生存的最重要的环境因素之一，是维持人体正常免疫功能的物质基础。合理营养是维持正常免疫功能的重要条件，当机体某些营养素缺乏，虽然生理功能及生化指标尚属正常时，但免疫功能已表现出各种异常的变化，如胸腺、脾脏等淋巴器官的组织形态结构及免疫活性细胞的数量、分布、功能等已发生改变。

　　人体营养状况对免疫功能的影响主要表现在：机体营养不良能导致免疫系统及其功能受损，使机体对病原和外来有害因素的抵抗力下降，易于发生感染，而感染时由于蛋白质和多种营养素的消耗增加，加重了营养不良，从而进一步加重免疫系统损伤，形成恶性循环。动物研究也发现免疫反应可引发代谢过程中的一系列变化，表现为动物采食量降低，出现厌食症、体重下降，营养代谢负平衡，营养状态恶化等。因此，免疫功能可作为一项判断机体营养状况的功能性指标。

8.2.1.2　营养免疫学的研究内容

　　目前，研究比较多且达成共识的是蛋白质、氨基酸、脂肪酸、植物多糖、某些维生素、微量元素、植物化学物、菌藻类及一些药食两用物质等与免疫功能有关联。其中对种类繁多的植物化学物和多糖的增强免疫作用研究较多。

　　研究主要探讨营养物质在器官、组织、细胞（细胞免疫）和分子（体液免疫）几个层面上对机体免疫系统的影响，大多还仅局限于比较宏观的功能评价，缺乏严格量效关系及免疫机理研究，多为食物消费的原则性定性指导。营养免疫学作为一门新兴的边缘学科，还有许多待深入研究的方面，如免疫调节（营养）物质在食品中存在状态和加工对其功能的影响；免疫调节物质在消化道中的消化吸收和进入人体的途径；通过消化道黏膜激发免疫反应的机理等。

　　正常免疫功能是人体健康的基础，营养物质是免疫系统及其功能正常的物质保障。普及营养免疫学知识，通过食物途径平衡营养是实现人类健康的必由之路。

8.2.2　消化道黏膜免疫

　　黏膜在体内分布广泛，表面积最大，覆盖于呼吸道、消化道、泌尿生殖道内表面。这些黏膜直接与外界相通，它们既是组织器官与外界进行物质交换的重要场所，也是机体防御外来微生物和其他有害物质侵袭的天然屏障，在执行局部免疫功能中发挥着重要作用。黏膜免疫系统是相对独立又与全身密不可分的免疫系统。近年来，黏膜在机体免疫系统中的防御功能越来越受到重视，尤其黏膜免疫研究取得了一定进展，并建立了黏膜免疫系统（mucosal immune system，MIS）和黏膜相关淋巴组织（mucosa-associated lymphoid tissue，MALT）等概念。

　　黏膜免疫系统即黏膜相关淋巴组织，包括消化道、呼吸道、泌尿生殖道等黏膜的淋巴组织。消化道与外界相通，是食物消化吸收的主要场所。许多食源性的病原微生物感染以胃肠黏膜为主，其黏膜表面附着的各种细菌和病毒引起的感染表现得越来越突出。研究消化道黏膜免疫，保护消化道黏膜表面以抵抗环境病原体的感染已成为免疫学研究领域的重要议题之一。

本节主要介绍消化道黏膜的免疫功能。

8.2.2.1　消化道的结构

消化道包括口腔、咽、食管、胃、小肠和大肠。消化道（除口腔外）各段基本结构相同，由外向内一般分为 4 层（图 8-7）：黏膜层、黏膜下层、肌肉层和外膜。

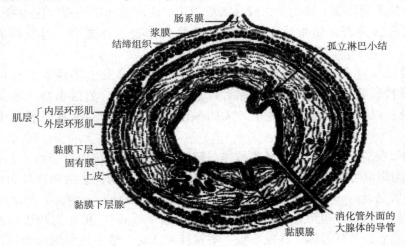

图 8-7　小肠的横切面

8.2.2.2　消化道免疫系统

（1）消化道黏膜中的免疫组织

消化道黏膜免疫系统也包括免疫诱导部位和免疫效应部位。免疫诱导部位往往是特异化的黏膜淋巴滤泡，主要存在于舌扁桃体、腭扁桃体、口腔及鼻咽部的咽扁桃体、小肠的潘氏结（Peyer's patchs，PP）以及阑尾等处。肠道中典型的淋巴滤泡分为生发中心及富含 B 细胞的边缘带，诱导部位通过冠状层与肠上皮隔离开来。冠状层主要由 B 细胞、CD4$^+$T 细胞、树突状细胞及巨噬细胞构成。大量证据表明，诱导部位在局部免疫中起主要作用，包括抗原的递呈及信号传导、淋巴细胞的产生及致敏。免疫诱导部位的免疫细胞主要包括特异 IgA 效应 B 细胞、记忆 B 细胞以及 T 细胞。免疫效应部位主要为消化道黏膜固有层，通过免疫组化显示，固有层含有大量的 IgA 型浆细胞。

（2）胃肠道 T 细胞的分布

胃肠道 T 细胞分布在上皮层、固有层、黏膜集合和散在淋巴滤泡及肠系膜淋巴结内。免疫细胞化学技术广泛应用和各类 T 细胞亚群单克隆抗体的制备成功，为进一步研究不同部位 T 细胞的分类和功能起到了重要作用。

8.2.3　超敏反应与食物过敏

8.2.3.1　超敏反应

超敏反应（hypersensitivity）又称变态反应（allergy）或过敏反应（anaphylaxis），是指机体对某些抗原初次应答后，再次接受相同抗原刺激时，发生的一种以机体生理功能紊乱或组织细胞损伤为主的特异性免疫应答。

超敏反应的发生由两方面因素决定，即抗原物质的刺激和机体的反应性。抗原物质的刺激是诱导机体产生超敏反应的先决条件。能诱发超敏反应的抗原可以是完全抗原，如异种组织细胞、各种微生物、寄生虫及其代谢产物、植物花粉和动物毛皮等，也可以是半抗原，如青霉素、磺胺等药物以及染料、生漆和多糖等物质。接触抗原物质后能否发生超敏反应还与机体的反应性有关。接触同一种抗原后发生超敏反应的个体只占少数。一般个体不会因摄入动物蛋白或吸入植物花粉而产生超敏反应，仅少数人对上述抗原物质高度敏感而诱发超敏反应，通常称这些人为过敏体质者，过敏体质具有遗传倾向。

Ⅰ型超敏反应主要由特异性 IgE 抗体介导产生，可发生于局部，也可发生于全身。其主要特征是：再次接触变应原后过敏反应发生快，消退也快，故又称为速发型超敏反应；以生理功能紊乱为主，无明显组织细胞损伤；具有明显的个体差异和遗传倾向。

Ⅱ型超敏反应是由 IgG 或 IgM 类抗体与靶细胞表面相应抗原结合后，在补体、吞噬细胞和 NK 细胞参与作用下，引起的以细胞溶解或组织损伤为主的病理性免疫反应，故又称细胞溶解型（cytolytic type）超敏反应或细胞毒型（cytotoxic type）超敏反应。

Ⅲ型超敏反应是由可溶性免疫复合物（immune complex，IC）沉积于局部或全身毛细血管基底膜后，激活补体，在血小板、嗜碱性粒细胞、嗜中性粒细胞参与作用下，引起的以充血水肿、局部坏死和中性粒细胞浸润为主要特征的炎症反应和组织损伤，故又称免疫复合物型或血管炎型超敏反应。

Ⅳ型超敏反应是由效应 T 细胞与相应抗原作用后，引起的以单个核细胞浸润和组织细胞损伤为主要特征的炎症反应。其发生机制与抗体和补体无关，主要是 T 细胞介导的免疫损伤。该型超敏反应发生较慢，一般于再次接触抗原后 48~72h 发生，故又称为迟发型超敏反应（delayed hypersensitivity，DTH）。

8.2.3.2 食物过敏

食物过敏（food hypertensitivity）又称食物变态反应（food allergy），是指人体对食物抗原产生的超敏反应，是食物中的天然成分（大多数情况下还是重要的蛋白质营养素）引起的机体免疫系统的异常反应。其特点是同食者中只有个别人发病，而且敏感人群多为儿童。临床表现与食物本身的性质无关。不同的食物可引起同样的反应，同一种食物在不同的人中可以引起不同的症状。

食物引发的常见不良反应有食物中毒、食物特异质反应及食物耐受不良。从机理上看，食物过敏是以免疫超敏反应为基础，与以上三类食物不良反应有很大的不同。

食物过敏原是指能引起超敏反应的食物中的抗原物质。理论上，任何食物蛋白都可能是过敏原。根据联合国粮农组织统计，世界 90% 以上的食物过敏由蛋、鱼、贝类、乳、花生、大豆、小麦 8 类高致敏性食物引起。摄入含有超敏原的食物是食物过敏的重要诱因，是否发生过敏反应取决于食物的种类及摄入量。

此外，机体的敏感程度是发生食物过敏的重要因素。食物变态反应的轻重决定于机体被致敏的程度，轻的只有大量食用时才能发生症状，重的即使接触极小量也可发生剧烈反应，甚至发生过敏休克。机体阻止抗原入侵的能力低下也是发生食品过敏反应的因素，机体不成熟、局部免疫缺陷和黏膜通透性改变均可导致机体抵抗力下降。

易于发生食物过敏的患者主要有以下特点：①抗体生成反应过度：这类病人受过敏原刺激后，血清 IgE 大幅度增高，超出正常人数倍甚至数十倍。②免疫缺陷：食物过敏常继发于选择性免疫球蛋白缺陷，尤其是选择性 IgA 缺陷。③生理效应系统功能改变：副交感神经兴奋性增高，胆碱酯酶缺乏或组胺酶缺乏时，机体对抗原接触抗体后释放的生物活性物质的反应增强，易于发生过敏反应。机体的健康水平、精神状态、睡眠情况等均可对过敏反应的轻重、缓急产生一定的影响。如机体情况良好时，轻度的反应可以不表现出来，反之，当机体处于高度应激状态时，反应就会比较明显。食物过敏没有传染性，但有一定的遗传倾向。如果父母对某种食物过敏，他们的孩子对某种食物过敏的几率较大。

8.3　食品微生物与免疫

微生物与人类健康密切相关，多数微生物对人体是无害的。实际上，在人体的皮肤等外表面和肠道等内表面生活着很多正常、有益的菌群，它们占据这些表面并产生天然的抗生素，抑制有害菌的着落与生长；同时，也协助吸收或亲自制造一些维生素和氨基酸等人体必需的营养物质。滥用抗生素等因素可产生肠菌群（intestinal flora）的失调，以至导致感染发生或营养缺失。另外，人类及动、植物的很多疾病也是由微生物引起的，这些微生物叫作致病微生物（pathogenic microganism）或病原体（pathogen）。微生物与人体的健康关系无论是有益的还是有害的，都与人体免疫有着一定的直接或间接关系。细菌、病毒、立克次氏体等都是有效的抗原，由它们刺激生物机体所产生的抗微生物抗体一般都有保护机体不再受该种微生物侵害的能力。此外，微生物的各种化学成分如蛋白质及与蛋白质结合的各种多糖和脂类，也可作为抗原，并可产生各种相应的抗体。同时，微生物的抗原结构是微生物分类的依据之一。

8.3.1　微生物与免疫

微生物中，有属于人体正常菌群组分和使人体感染致病的病原菌组分两种功能类型。致病性微生物是人体的天然抗原，机体具有通过免疫系统抵御细菌和病毒感染的能力。正常菌群的细胞中，有许多成分可以促进宿主免疫器官的发育成熟。有学者曾经做过实验，把刚孵化出来的小鸡分成两组，一组放在没有细菌的环境中生话，成为无菌鸡；另一组让它们正常生活，即带菌鸡。结果发现无菌鸡的小肠和回、盲肠部的淋巴结都要比普通带菌鸡少 80% 左右，如果把这些无菌鸡暴露在普通有菌的环境中饲养，使之建立正常菌群，则经 2 周后，它们的免疫器官发育和功能就可与普通鸡相近。此外，有些正常菌群的细胞组分与病原菌的相同，因此，它们能刺激宿主免疫系统产生像抗体一类的免疫物质，这些免疫物质也能抵杭相应病原菌侵袭。

当正常菌群与人体处于生态平衡时，菌群从其寄居的人体部位获取营养进行生长繁殖，而宿主也能从这些寄居在他们身上的细菌中获益。一般来说，人体正常菌群的生理作用和免疫作用有以下两个方面。

（1）拮抗作用

正常菌群，特别是占绝对优势的厌氧菌对来自人体以外的致病菌有明显的生物拮抗作用，阻止其在机体内定植，从而构成一道生物屏障。这种拮抗作用的机制是：

①改变 pH 值　厌氧菌产生的脂肪酸降低环境中的 pH 值与氧化还原电势，从而抑制外来菌的生长繁殖。

②占位性保护作用　大多数正常微生物群的细菌与黏膜上皮细胞接触，形成一层生物膜，如果这种生物膜受抗生素或辐射因素的损伤而被破坏，外来的病原菌就容易定植。

③争夺营养　正常菌群由于数量大，在营养的争夺中处于优势。

④抗生素和细菌素的作用　在人体内大肠埃希氏菌、变形杆菌、肠球菌等正常菌群能够产生细菌素，可以抵抗引起痢疾和伤寒的志贺菌和伤寒沙门菌等病原菌。

（2）免疫作用

机体的抗感染免疫力与其接受内环境定居的正常菌群抗原的刺激有密切关系。正常菌群作为一种抗原刺激，使宿主产生免疫，从而限制了它们本身的危害性，乳杆菌和双歧杆菌对胃肠道黏膜抗感染免疫作用的激活具有重要意义。

8.3.2　食品微生物与免疫学

食品生产过程中存在着许多被致病性微生物污染的可能性，作为原料来源的活体、加工过程中原料之间的交叉污染、加工者携带等都可能使致病性微生物进入食品。另外，非预包装食品在销售中也存在通过器具或其他途径污染致病性微生物的风险。而在另一方面，益生菌和食用菌等微生物对人体具有营养保健和免疫调节功能，为维持人体健康水平提供良好的保障和有益作用。因此，食品微生物与人类生存有着密切关系。

8.3.2.1　细菌的致病性和免疫原性

细胞壁、鞭毛、菌体等细菌的不同结构分别由不同抗原成分组成，而每一具体结构又由多种抗原组成（图 8-8），细菌抗原结构主要包括 3 种。

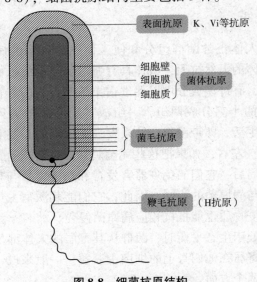

图 8-8　细菌抗原结构

（1）**菌体抗原（O 抗原）**

菌体抗原（Ohne antigen or Somatic antigen）是细菌细胞壁成分抗原性，性质稳定且能耐 100℃达数小时，不被乙醇或 0.1%石炭酸破坏，与相应抗体呈颗粒状凝集。菌体抗原是细菌胞壁脂多糖上的 O-特异性多糖侧链，按低聚糖上各种糖及多糖侧链部分排列次序的不同，以 1、2、3 等数字表示，构成了 O 抗原的特异性。特异性取决于脂多糖（LPS）分子末端重复结合多糖链的糖残基种类，它的排列决定 O 抗原的类型。

（2）**鞭毛抗原（H 抗原）**

菌体表面所含的菌毛和鞭毛（Hauch antigen or a flagella antigen）抗原称为 H 抗原。化学成分为蛋白质，H 抗原的特异性决定于多肽链上氨基酸的排列顺序和空间结构，不耐热，60℃经 30min 即被破坏，易被乙醇破坏。H 抗原性强，人体对抗此抗原主要是 IgG，与毒力无关。细菌失去鞭毛后，运动随之消失，同时 O 抗原外露，为 H-O 变异。

（3）**表面抗原**

表面抗原（surface antigen）是指荚膜或包膜抗原，多糖质、抗吞噬，在各属细菌中名称不同。肺炎球菌、炭疽杆菌中称为荚膜抗原，大肠埃希菌属中称为 K 抗原。

8.3.2.2 真菌的致病性与免疫性

（1）**真菌的致病性**

皮肤癣菌的传播主要靠孢子，遇潮湿和温暖环境又能发芽繁殖。当体表角质层破损或糜烂，更易引起感染。主要感染方式包括：浅部感染真菌、深部感染真菌、条件致病性真菌、过敏性真菌病及真菌毒素中毒症。真菌由于表面抗原性弱，目前尚无有效的预防疫苗。

真菌致病性

（2）**真菌的免疫性**

①非特异性免疫 人类对真菌感染有天然免疫力，包括皮肤分泌短链脂肪酸和乳酸的抗真菌作用，血液中转铁蛋白扩散至皮肤角质层的抑真菌作用，中性粒细胞和单核巨噬细胞的吞噬作用，以及正常菌群的拮抗作用等几种类型。

②特异性免疫 真菌感染中细胞免疫是机体排菌、杀菌及复原的关键，T 细胞分泌的淋巴因子，加速表皮角化和皮屑形成，随皮屑脱落将真菌排除；以 T 细胞为主导的迟发型变态反应引起免疫病理损伤能局限和消灭真菌，是终止感染的两种主要类型。

③抵抗力 真菌对干燥、阳光、紫外线及一般消毒剂均有较强的抵抗力。实验证明，紫外线对丝状真菌与假丝酵母菌在距离 1m 照射需 30min 才可杀死。但其不耐热，60℃经 1h 加热处理菌丝与孢子均被杀死。对 2%石炭酸、2.5%碘酊、0.1%二氧化汞或 10%甲醛溶液较敏感。对常用于抗细菌感染的抗生素均不敏感。

8.3.2.3 病毒的致病性与免疫性

病毒是一种具有遗传、变异、共生和干扰等生命现象的感染体，具有受体连接蛋白（receptor binding protein），可与敏感细胞表面的病毒受体连接而感染细胞，并在活细胞内增殖，造成死亡或损害。

（1）**病毒的感染和致病性**

感染是病毒侵入机体并生长繁殖引起病理反应及对机体造成损害的过程。病毒致病性是病毒感染细胞并在宿主细胞中大量复制后造成的细胞破坏、死亡，引起细胞和机体的病理变化。病毒的致病性表现和发生在病毒的感染过程、病毒的感染类型和形式影响和决定机体的病理。

（2）病毒感染引起机体免疫性的致病机理

HIV 感染的靶细胞是 T 淋巴细胞和巨噬细胞，可以导致获得性免疫缺陷。HIV、EBV、HSV 等都可损伤巨噬细胞的吞噬功能，抑制 B 细胞产生抗体，由于免疫系统的损伤，机体不能彻底清除病毒，造成病毒的持续性感染。

①病毒感染中炎症反应和免疫病理损伤　感染病灶中最多见的是淋巴细胞和单核吞噬细胞浸润，它是特异性的细胞免疫反应，如麻疹和疱疹、流感的黏膜炎症和肺炎等。另一类炎症反应就是抗原抗体补体复合物引起的多形核粒细胞及单核细胞浸润，如急性黄疸型肝炎。

②免疫病理损伤　主要是第Ⅱ、Ⅲ、Ⅳ型变态反应及自身免疫所致。病毒感染偶尔会引起自身免疫，如变态反应性脑炎、多发性神经炎、变态反应性血小板减少性紫癜等。发病机制可能为：病毒改变宿主细胞的膜抗原；病毒抗原和宿主细胞的交叉反应；淋巴细胞识别功能的改变；抑制性 T 淋巴细胞过度减弱。

③病毒感染引起的暂时性免疫抑制　麻疹病毒感染能使病儿结核菌素转为阳性反应，持续 1~2 个月，以后逐渐恢复，近一二十年来，观察到许多病毒感染都能引起暂时性免疫抑制，如流感、流行性脑膜炎、麻疹、风疹、登革热、委内瑞拉马脑类、单纯疱疹、巨细胞病毒感染等，急性期和恢复期病人外周血淋巴细胞对特异性抗原和促有丝分裂原的反应都减弱，同时对结核菌素、念珠菌素、流行性腮腺炎病毒抗原的皮肤试验反应转阴或减弱。

8.3.2.4　益生菌的免疫调节作用

人体肠道及体表栖息着数以亿计的细菌，其种类达 400 余种，这当中有对人有害的，被称为有害菌；有对人有益的，被称为有益菌，或称益生菌，也有介于二者之间的条件致病菌，即在一定条件下会导致人体生病的细菌。人体内对人有益的细菌主要有：乳酸菌、双歧杆菌、放线菌、酵母菌等。自 20 世纪 90 年代初以来，形形色色的益生菌类保健品风靡了整个世界，与此同时，益生菌的研究也成为国际上的热门课题。

经过选育的具有良好免疫特性的芽孢杆菌和乳酸杆菌共同作为抗感染的益生菌具有良好的抑制耐药性病原菌和抗感染作用，并能迅速调整微生态平衡。此外，双歧杆菌也具有良好的抗菌性并能增强机体免疫功能。

（1）益生菌的抗菌免疫

大部分芽孢杆菌、乳酸杆菌具有良好的免疫特性，它们能和肠道正常菌群共同对外袭菌、病原菌具有定植抵抗作用，即通过生物拮抗和免疫作用使病原菌难以在动物肠道内定植和繁殖。双歧杆菌还可以在肠道内通过诱导免疫原反应增强机体免疫机能，其机理是双歧杆菌对肠道免疫细胞产生刺激，通过提高肠道免疫球蛋白 A 浆细胞产生能力而起到防止疾病的效果。

（2）益生菌的抗感染

芽孢杆菌、乳酸杆菌和肠道原核菌群本身具有较强的抗感染作用。潜在的病原菌大量繁殖，穿过肠道黏膜细胞进入结缔组织和局部淋巴组织，这是对动物感染的过程。芽孢杆菌、乳酸杆菌首先抑制病原菌不再繁殖并逐渐减少，作用方式为芽孢杆菌产生蛋白多肽类物质以拮抗病原性微生物，而乳酸杆菌的抗菌作用是其产生的酸、过氧化氢和乳酸菌素的联合作用；其次，两菌株还可以迅速调整已严重失调的肠道微生物群系，恢复肠道微生态平衡，共同参与对病原菌的竞争排斥和拮抗作用；最后，动物通过自身免疫机能的提高和微生态平衡的恢复达到了抗感染效果。

（3）免疫调节抗菌、抗感染

芽孢杆菌和乳酸杆菌的抗感染作用不仅仅表现为定植抵抗作用，还对动物的免疫系统产生积极的影响，为了抵抗肠道内细菌及毒素对黏膜细胞的黏附和穿透，哺乳动物都有健全的肠道相关淋巴组织，在肠黏膜下层有许多派氏结和免疫细胞，其中的浆细胞能够分泌 IgA 至黏膜表面，对增强动物的抵抗力，限制病原微生物起着重要作用。IgA 的作用主要表现为两个方面：一是黏液中的 IgA 与免疫原性物质相互作用避免其黏附至肠黏膜细胞上；二是凝集细菌或封闭其鞭毛，使其失去黏附能力。使用芽孢杆菌，乳酸杆菌可使动物肠道黏膜底层细胞堆加，出现淋巴细胞、组织细胞、巨噬细胞和浆细胞浸润，细胞吞噬功能增强。机体免疫特别是局部免疫功能是促进 IgA 增加，从而抵御感染；同时，乳酸杆菌对幼龄动物免疫能力的发挥起着重要作用，特别是针对抗原的保护引起免疫反应的时候。

（4）抑制病原菌

拥有完整肠道菌群的常规动物比无菌动物有更高的巨噬细胞活性和免疫球蛋白水平，乳杆菌能提高巨噬细胞的活性，并能防止肿瘤的生长，青春期双歧杆菌可激活巨噬细胞产生 1L-1 以及 1L-6，它们在调节机体免疫反应中能起到一定的作用。双歧杆菌细胞壁中的完整肽聚糖可使小鼠腹腔巨噬细胞的 1L-1 和 1L-6 等细胞因子的 mRNA 的表达增多。乳酸杆菌具有较强的活化巨噬细胞的能力。

（5）增强清除活性氧能力

芽孢杆菌在体内能产生活性很强的过氧化氢酶，而该酶是在生物演化过程中建立起来的生物防御系统的关键酶之一，可以清除有害的大分子物质及各种细胞器的过量自由基。动物试验显示添加 0.2% 的一种蜡质芽孢杆菌益微制剂产品，可使仔猪血清 SOD 酶活性增加 35%，说明益生菌有增强机体非特异性免疫力的作用。

在实际生产中，可以考虑选育或选用营养特性突出的益生菌株（种）和抗菌免疫特性强的益生菌株（种），并将它们联合应用到益生菌的微生态制剂生产中，使产品的营养功能和抗感染作用得以最大限度地发挥。

8.3.2.5　真菌类的免疫调节作用

食用菌和药用菌（edible fungi and medical fungi）是指能长子实体，具有食用、药用价值或食用和药用价值兼备的大型真菌，属于担子菌（basidiomytete）和子囊菌（ascomycete）。药用真菌对人体有保健作用，对疾病有预防、抑制和治疗等多种作用，其中可以食用的称为药食兼用真菌（俗称菇）。它们既可以入药医治疾病，又是人们食用的美味佳肴，如黑木耳、香菇、银耳、猴头菇、冬虫夏草、金针菇、灵芝（幼嫩）、羊肚菌、鸡菌、松口蘑、蜜环菌、木耳、茯苓（子实体）以及茯苓的巨大菌核等，都可制造出许多可口的菜肴和保健食品。近来，真菌化学、真菌生物以及真菌营养保健和药理功能的研究进展异常迅速，以致引起生命科学领域的高度关注，其原因是真菌中不仅有完整的、高质量和高含量的营养物质，更重要的是有许多化学结构稳定、功能卓著的生理活性物质，如高分子多糖、葡聚糖、RNA 复合体、核酸降解物、环磷酸腺苷和三萜类化合物等，其中真菌多糖对维护人体健康有着重要的利用价值。

真菌多糖是从真菌中分离出的有 10 个以上的单糖连接而成的高分子多聚物。真菌多糖可通过对淋巴细胞、巨噬细胞、网状内皮系统等的作用，调节机体的免疫功能。目前，结果和功能研究比较清楚的有灵芝多糖、香菇多糖、冬虫夏草多糖等 20 多种。另外，金针菇中分离出的金针菇免疫调节蛋白具有免疫调节作用；冬虫夏草培养液中分离出的鞘氨醇样物质具有很强的免疫抑制作用。

8.3.3 抗微生物免疫

病原微生物污染食品，随食物侵入机体后，与宿主相互作用的结果是：一方面导致感染的形成；另一方面建立对微生物感染的免疫，即抗微生物免疫（immunity to microorganism）或抗感染免疫（immunity to infection）。从免疫学的发展史来看，抗微生物免疫的研究导致了免疫学的形成，并在传染病的诊断、预防和治疗中发挥了积极的作用。现代免疫学也大多是由此基础发展起来的。免疫学结合公共卫生学、食品卫生质量控制及化学治疗剂等措施，已经控制了大多数的食源性疾病，然而因食品污染造成食物感染仍是公共卫生中的一个重要问题，诸如耐药菌的不断出现，条件致病菌感染逐年增多，病毒性疾病仍缺乏有效的治疗方法，以及许多传染病至今尚无有效的疫苗可应用。对于这些问题的解决，均有待于对抗微生物免疫做进一步的研究。

8.3.3.1 抗微生物免疫的效应

抗微生物免疫包括先天性免疫和获得性免疫两大类。前者是由机体的正常组织细胞和体液成分来完成的，包括机体的表面屏障、血胎屏障、吞噬细胞的吞噬杀灭作用，以及正常体液和组织免疫成分等，为非特异性的。后者是出生后，通过主动或被动的免疫方式获得的，有特异性。机体对病原微生物或其产物产生的获得性免疫，包括体液免疫和细胞免疫两种。在不同微生物所引起的感染中，这两种免疫起的作用不同，往往以其中之一为主。例如沙门菌、肉毒梭菌及其外毒素感染以体液免疫为主，结核杆菌、单核细胞增生李斯特菌、布氏杆菌感染，则以细胞免疫起主要作用。

（1）体液免疫在抗微生物感染中的作用

在许多微生物感染中，抗体起主要的免疫保护作用，如对胞外感染细菌、类毒素和肠道病毒等的免疫应答，就是由血液中的循环抗体起主要作用的，且多为 IgG 型抗体。分泌型 IgA 抗体则在黏膜免疫中起重要作用。

抗体对微生物的作用表现为以下几个方面：①通过与吞噬细胞 Fc 受体或 C3b 受体的结合，或免疫黏膜机制，增强吞噬细胞对微生物的调理作用；②抗体中和细菌外毒素的作用；③抗体和补体的协同作用，促使细菌溶解；④分泌型 IgA 抗体阻断细菌黏附于黏膜表面；⑤中和抗体抑制细胞外病毒的感染性。

上述抗体效应，主要是针对细胞外存在的微生物，而寄生于细胞内的微生物不易受到抗体和补体的影响。此外，微生物可使细胞的表面特性发生改变，使抗体能对被感染细胞发生反应，通过 ADCC 反应、抗体和 K 细胞的共同作用，使微生物寄生的细胞裂解，微生物无法赖以生存。

（2）细胞免疫在抗微生物感染中的作用

由细胞内寄生微生物所引起的感染，体液免疫常不表现出保护作用，而是由细胞免疫发挥作用。如结核杆菌被吸入呼吸道后，首先遇到的是中性粒细胞，但它们不能将细菌杀死，细菌如再被巨噬细胞吞噬，亦不能被杀死。结果细菌不仅能存活，且可随细胞的游动转移至体内其他部位。T 细胞在细菌侵入后，受抗原刺激增殖分化，成为致敏淋巴细胞。致敏淋巴细胞再次接触抗原时，释放多种淋巴因子。其中最重要是巨噬细胞活化因子（MAF），由 MAF 激活的巨噬细胞（activated macrophage）与正常巨噬细胞有明显的差别，表现为细胞浆中的溶酶体合成增加，细胞呼吸增强，分裂速度加快，细胞表面受体（I$_{g\gamma}$R）数量增多，吞噬及吞引作用增强，细胞膜上腺苷环化酶活性增高，以及细胞内葡萄糖氧化作用增强等。因此，活化的吞噬细胞对结核杆菌的摄取、破坏能力要比正常巨噬细胞强大，有利于消灭细菌。

细胞免疫在抗微生物感染中的效应主要变现为 3 个方面：①裂解带有表面抗原决定簇的靶细胞；②释放可作用于巨噬细胞及其他白细胞的细胞因子；③释放可作用于巨噬细胞和组织实质细胞的干扰素。

细胞免疫的不同效应，系由不同的 T 细胞亚群所介导，而效应功能的差别，往往反映了 T 细胞受体特异性的差别，与 T 细胞亚群间的生理差异无关。在不同的免疫条件下，诱发的 T 细胞亚群有所不同，如用活病毒进行免疫，常可诱发具有高效能的 Tc 细胞，并伴有 T$_{DTH}$ 和 Th 细胞的活化；但若用病毒抗原成分免疫，则不能诱发 Tc 细胞活化，而仅能使 T$_{DTH}$ 细胞和 Th 细胞活化，T$_{DTH}$ 细胞的活化，仅反映了 T 细胞的免疫应答，并无保护作用或防止再感染。

（3）免疫保护与免疫损伤

抗感染免疫除了表现为消灭病原微生物、终止传染等对机体有利的一方面，也能表现为因机体对微生物感染产生免疫应答，导致组织损伤的有害一面，如体内产生的抗 A 群链球菌抗体与人体心肌及瓣膜组织有交叉反应，以致引起风湿性心脏病，再如细菌感染后，体内产生的抗原与抗体结合，如果形成小分子免疫复合物，则可沉积于肾小球毛细血管基底膜中，引起肾小球肾炎。

感染中的病理表现可直接受到宿主免疫应答的影响。对病毒及其他胞内寄生微生物的免疫保护有一部分会造成对宿主细胞的损害，而感染的后果往往取决于病毒的细胞致病性和 T 细胞所介导的组织损伤间的平衡。这种 T 细胞的保护效应和有害效应间的平衡，一方面受到病毒本身的影响；另一方面也受制于其他因素。当对机体进行主动免疫时，常使这一平衡朝任一方向调变；具有全部或部分保护效应的情况下，亦可伴有严重的免疫损伤。在某些情况下，体液免疫应答亦可引起免疫损伤，如血循环中微生物抗原持续存在时，可与其相应抗体形成免疫复合物，造成免疫损伤；低亲和力抗体不易清除血循环中的抗原，致使免疫复合物持续存在，呈现免疫病理作用。

8.3.3.2 抗微生物免疫的类型及其机理

由于各种病原微生物的治病物质基础和致病机制不同，可将抗微生物免疫分为抗毒素性免疫、抗细菌性免疫、抗病毒素免疫和抗真菌性免疫4类，由它们引起的细胞免疫和体液免疫的程度是不一样的。现将其分别阐述如下。

（1）抗毒素性免疫

抗毒素性免疫是一种以体液抗体为主的免疫应答。许多以外毒素为主要致病因子的细菌性疾病（如肉毒中毒、葡萄球菌感染、破伤风等），集体表现为产生抗毒素（IgG），以中和毒素而获得免疫。由外毒素和抗毒素特异结合形成的免疫复合物，可被吞噬细胞吞噬，将其降解清除，如果形成的免疫复合物不能被吞噬细胞吞噬，则在一定条件下，可引起第Ⅲ型变态反应，导致免疫复合物疾病的发生。

研究发现，多数外毒素由A、B两个亚单位组成，A亚单位为毒性亚单位，B亚单位为结合亚单位，亲水性的A亚单位需要疏水性的B亚单位协助才能进入靶细胞内，继而发挥其生物活性。抗毒素之所以能干扰毒素的毒性作用，原因可能在于其能通过空间位阻机制，组织外毒素吸附到靶细胞的受体上，或者使外毒素的生物活性部位被封闭。

由于抗毒素只能对游离的外毒素起作用，而对已与受体结合的外毒素难以发挥中和作用，因此，为使机体获得充分的保护，在临床治疗上，必须早期大量使用抗毒素。

至于细菌的内毒素，是一种脂多糖，系细胞壁的组成成分，它也可以使机体产生抗内毒素的抗体。但这种抗体属于细菌性抗体。它虽然可以与细菌或其内毒素结合，但解毒作用不强，结合后仍有毒性，细菌也不死亡，远远不如抗毒素的效果明显。因此，抗毒素免疫是不包括抗内毒素免疫的。

（2）抗细菌性免疫

这是机体针对多种致病性细菌产生的一种免疫反应。由于细菌的种类较多，结构特点不同，因此机体发生的免疫应答有以下3种情况：

①致敏淋巴细胞介导的免疫应答　这种免疫应答主要针对胞内寄生菌（指那些具有在吞噬细胞内生长繁殖能力的细菌），常见的食品源性胞内寄生病原菌有结核杆菌、布鲁氏菌、沙门菌、李斯特菌、假结核棒状杆菌、小肠结肠炎耶氏菌、鼠疫耶氏菌、副结核杆菌等。由于吞噬细胞可为这些细菌建立保护性环境，使得特异性抗体和抗生素等药物很难触及它们。所以，机体对这些细菌的免疫机制主要靠细胞免疫作用。

②吞噬作用为主的免疫应答　这种免疫应答主要是针对化脓性球菌的感染，当机体受到葡萄球菌、链球菌等的感染后，体内的吞噬细胞可将它们吞噬、销毁。吞噬的机制有3种情况：一是特异性抗体与细菌表面的抗原决定簇结合后，细菌被吞噬细胞吞噬，此称为免疫调理作用；二是当抗原–抗体复合物与补体C3结合，则更易被吞噬细胞吞噬，这是因为吞噬细胞表面有Fc受体与C3b受体之故，此称为联合调理作用；三是抗体与相应细菌结合后，通过激活补体产生的趋化因子吸引吞噬细胞聚集到细菌侵入繁殖的部位，也可加强吞噬作用。

③补体、吞噬细胞、抗体介导的免疫应答　机体对细菌外毒素及主要靠内毒素致病的革兰阴性菌的免疫属此类，严格地说上述化脓性球菌的免疫也与此类似。

（3）抗真菌性免疫

真菌侵入机体主要依靠其顽强的增殖力和产生破坏性酶及毒素破坏易感组织而发挥致病作用。真菌侵入后，如果机体的防御机能不健全或受到抑制，则导致慢性感染，于局部形成肉芽肿及溃疡性坏死，并可产生迟发性变态反应。真菌感染后，可遭受机体非特异性和特异性免疫力的防御。

①非特异性免疫作用　完整的皮肤及黏膜可抗御真菌侵犯，如皮肤分泌的脂肪酸有抗真菌的作用，胃黏膜分泌的胃酸也有抑制真菌的作用。真菌一旦进入体内后，易被吞噬细胞吞噬，但真菌尚能在细胞内增殖，刺激组织增生，引起细胞浸润，形成内芽肿。

②特异性免疫作用　真菌在深部感染中，由于真菌抗原的刺激，可使机体产生特异性抗体及细胞免疫予以对抗，其中以细胞免疫较为重要。致敏淋巴细胞遇到真菌时，可以释放细胞因子，招引吞噬细胞和加强吞噬细胞销毁真菌，表现为迟发性变态反应的产生。

8.3.3.3　微生物感染对机体免疫的影响

机体感染微生物后，可以发生特异性免疫应答，发生抗感染效应，使机体得以恢复、痊愈，并可抵御病原体的再次感染。但急性、慢性或隐形感染，特别是病毒性感染，有时可以抑制宿主的免疫应答，削弱免疫功能，甚至可以诱导发生自身免疫病或超敏反应性疾病。

（1）感染削弱免疫功能

病毒感染会削弱机体的免疫功能，使其容易继发其他传染病，或使其他传染病加剧，也会影响机体的免疫监视功能，此时，发生肿瘤的机会可能增多。病毒感染引起免疫功能削弱的机制尚不完全清楚，推测认为，这是因为病毒在淋巴组织，特别是在 T 细胞、B 细胞或巨噬细胞内增殖，使这些细胞发生损伤（坏死或凋亡）而产生的后果：还有人认为，这与 T 细胞亚群变化也有关系，因为有的病毒可活化 Ts 细胞，从而抑制免疫功能。

（2）感染诱发自身免疫

病毒感染可能成为诱发自身免疫的原因，据认为有以下几点可能：①病毒感染，不断刺激淋巴组织，因而出现针对自身成分的禁忌克隆；②免疫耐受状态，由于自身抗原发生修饰而终止；③病毒感染的宿主细胞产生了以前从未出现过的新抗原。

（3）感染引起迟发型超敏反应

细胞内寄生的细菌、病毒寄生虫等引起感染时，几乎均能引起机体发生超敏反应性疾病。这也是临床采用迟发型超敏反应诊断结核及布鲁氏菌病等的依据之一。

8.4　食品微生物检测的免疫学技术

8.4.1　食品污染微生物的免疫检测技术

微生物免疫检测技术属于血清学检测技术的一部分。它是根据免疫学原理发展起来的一门具有重要应用价值的检测技术，是疾病诊断以及生命科学研究的重要手段，也是食品微生物学检测的重要技术来源。此处所描述的抗原抗体反应技术均是指抗原抗体在体外执行的各项反应技术。由于反应中使用的抗体通常来自被免疫的动物，因此，在经典免疫学中，又把此技术称为血清学技术，也叫免疫诊断技术。

免疫诊断技术具有特异性强、灵敏度高、操作简便、结果重复性好等特点，检测程序已经逐步标准化、自动化及商品化。在生命、医学、食品科学等领域都有广泛应用，该技术主要检测抗原或者抗体，但由于抗体是可溶性蛋白分子，肉眼并不直观可见，所以科学家运用不同的反应来间接观察它们。主要检测包括：沉淀反应、凝集反应、中和反应、免疫标记技术等。

8.4.1.1 沉淀反应

沉淀反应是指可溶性抗原同相应抗体（IgG 或者 IgM），在有电解质存在的条件下，形成肉眼可见的复合物的过程，包括在液相中进行的环状沉淀反应、絮状沉淀反应，以及在固相凝胶中进行的免疫扩散试验和免疫电泳试验。

8.4.1.2 凝集反应

凝集反应是指颗粒性抗原与相应抗体，在有电解质存在的条件下，形成肉眼可见的凝集物的过程。一般分为直接凝集反应和间接凝集反应。

直接凝集反应是指颗粒性抗原与相应抗体混合后，在一定条件下所产生的凝集现象。参与反应的抗体叫凝集素，抗原叫凝集原（红细胞、细菌菌体等）。该方法包括玻片凝集法和试管凝集法。

间接凝集反应是指将可溶性抗原吸附到与免疫无关的惰性颗粒载体上，再与相应抗体混合，在一定条件下出现的凝集反应，包括间接凝集试验和间接凝集抑制试验等。

8.4.1.3 免疫标记技术

免疫标记技术是将已知抗体或抗原标记上示踪物质，通过检测示踪物（标记物）来反应抗原抗体的反应情况，从而间接地测出被检抗原或抗体的存在与否或量的多少。常用的标记物有荧光素酶、放射性核素、胶体金、化学发光物等。免疫标记技术具有快速、定性或定量甚至定位的特点，是目前应用最广泛的免疫学检测技术。目前应用比较多的免疫标记技术有：免疫酶技术、放射免疫技术、免疫荧光技术和免疫胶体金标记技术等。

（1）酶联免疫吸附试验

酶联免疫吸附试验（enzyme linked inmunosorbent assay，ELISA）：利用酶促反应的高效性和抗原抗体反应的特异性对某种抗原或者抗体进行定性或者定量检测。该技术包括间接法、双抗夹心法和竞争法。

ELISA 方法的基本原理是酶分子与抗体或抗抗体分子共价结合，此种结合不会改变抗体的免疫学特性，也不影响酶的生物学活性。此种酶标记抗体可与吸附在固相载体上的抗原或抗体发生特异性结合。滴加底物溶液后，底物可在酶作用下使其所含的供氢体由无色的还原型变成有色的氧化型，出现颜色反应。因此，可透过底物的颜色反应来判定有无相应的免疫反应、颜色反映的深浅与标本中相应抗体或抗原的量成正比。此种显色反应可通过 ELISA 检测仪进行定量测定，这样就将酶化学反应和抗原抗体的特异性结合起来，使 ELISA 方法成为一种既特异又敏感的检测方法。

用于标记抗体或抗抗体的酶须具有下列特性：有高度的活性和敏感性；在室温下稳

定；反应产物易于显现，能商品化生产。如今应用较多的有辣根过氧化物酶（HRP）、碱性磷酸酶、葡萄糖氧化酶等，其中以 HRP 应用最广。

①间接法（indirect ELISA） 常用于检查特异抗体。先将已知特异抗原包被固相载体，加入待检标本（可能含有相应抗体），再加入酶标第二抗体，形成固相抗原–抗体–酶标抗体复合物，经加底物显色后，根据颜色的光密度计算出标本中抗体的含量(图 8-9)。

图 8-9　酶联免疫吸附试验之间接法

②双抗夹心法（enzyme linked immunosorbent assay sandwich technique） 适用于检测分子具有 2 个以上抗原决定簇的多价抗原，对小分子半抗原不适用。将特异性抗体结合到固相载体上形成固相抗体，然后和待检样本中的相应抗原结合形成免疫复合物，洗涤后再加酶标第二抗体，形成酶标抗体–抗原–固相抗体复合物，加底物显色，判断抗原含量（图 8-10）。

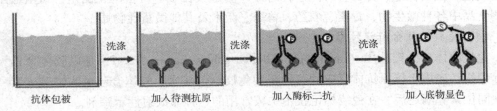

图 8-10　酶联免疫吸附试验之双抗夹心法

③竞争法（competitive ELLSA） 可用于抗原和半抗原的定量测定，也可以检测抗体。其方法和特点是：酶标记抗原（抗体）与样品或标准品中的非标记抗原或抗体具有相同的与固相抗体（抗原）结合的能力；反应体系中，固相抗体（抗原）和酶标抗原（抗体）是固定限量，且前者的结合位点少于酶标记与非标记抗原（抗体）的分子量和；免疫反应后，结合于固相载体上复合物中被测定的酶标抗原（抗体）的量（酶括性）与样品或标准品中非标记抗原（抗体）的浓度成反比（图 8-11）。

目前，ELISA 技术在检测食品中微生物、毒素、农药及转基因成分上应用极为广泛。

图 8-11　酶联免疫吸附试验之竞争法

（2）放射免疫标记技术

放射免疫标记技术（radio immunoassay，RIA），是以放射性同位素作为示踪物的标记免疫测定方法，广泛应用于各种微量蛋白质、激素、小分子化合物及肿瘤标志物等的定量分析，具有灵敏度高（可检测出纳克至皮克，甚至 10^{-15} g 的超微量物质），特异性强（可分辨结构类似的抗原），重复性强，样品及试剂用量少，测定方法易规范化和自动化等多个优点。但是有放射性污染、要求专门防护及检测设备昂贵是限制其普及发展的主要原因之一。

（3）免疫荧光与发光技术

免疫荧光技术是以荧光素作为标记物与已知的抗体（或抗原）结合，然后将荧光素标记的抗体作为标准试剂，用于检测和鉴定未知的抗原。在荧光显微镜下，可以直接观察呈现特异荧光的抗原抗体复合物及其存在部位，也可用于抗原（抗体）的定量分析。该检测技术已经广泛应用于医药卫生领域，可检测细菌、病毒、寄生虫等，在食品卫生领域也应用得越来越多，如沙门菌的荧光抗体检验。

发光免疫分析技术是将发光分析和免疫反应相结合而建立的一种新型超微量分析技术。它是使用发光剂标记抗体（抗原），通过发光检测抗原（抗体）反应的免疫分析方法。发光免疫分析作为一种非放射性免疫标记技术，具有与 RIA 相当的敏感度、精密度和准确性，试剂稳定、无毒害、测定耗时短、测定项目多、可自动化测定，该法已用于检测食品中各种微生物、毒素、农药、兽药、激素及其他微量性物质。

（4）免疫胶体金标记技术

免疫胶体金标记技术（immunogic colloidal gold signature，ICS），是以胶体金作为示踪标记物，应用于抗原抗体反应的一种新型免疫标记技术。胶体金已成为继荧光素、放射性同位素和酶之后，在免疫标记技术中较常用的一种非放射性示踪剂。

胶体金（colloidal gold）又称金溶胶（goldsol），是由金盐被还原成原金后形成的金颗粒悬液。胶体金与抗体（抗原）的结合物称为免疫金（immunogold）。

胶体金的制备可以通过四氯金酸（$HAuCl_4$）在还原剂（如柠檬酸三钠、白磷、抗坏血酸等）作用下聚合成特定大小的胶体金颗粒。胶体金颗粒大小多在 1~100nm；直径在 5~20nm 的 λ_{max} 为 520nm，呈葡萄酒红色；20~40nm 之间 λ_{max} 为 530nm，液体为深红色，离心去掉较大颗粒的金溶胶呈红色，制备胶体金对各种试剂、水、容器及环境的纯度与洁净度要求都比较高。

胶体金标记是利用胶体金在碱性环境中带负电荷的性质，与抗体蛋白质分子的正电荷基团因静电吸引而形成牢固结合，一般最适 pH 值大于被吸附配体（抗体）等电点 0.5 为宜。除抗体蛋白外，胶体金还可以与其他多种生物大分子（如 SPA、PHA、ConA 等）结合。胶体金标记的蛋白质通过离心、洗涤、纯化去除未标记蛋白质，免疫金复合物加入稳定剂（PEG、BSA 和明胶等）保存。

胶体金的应用是以其具有的一些物理特性（如高电子密度、颗粒大小、形状及颜色反应）为基础，再加上结合物所具有的免疫反应特性，免疫胶体金的应用主要可分为组织化学和免疫测定两个方面。

①免疫胶体金组织化学技术　用胶体金标记抗体与组织或细胞标本中的抗原反应，

胶体金的高电子密度借助显微镜观察颜色分布，即可定位、定性测定组织或细胞中的抗原。该法最早用于免疫胶体金标记（imunogold stainng，IGS），电镜技术对超微切片中的抗原做定量或定位研究。随后又建立了免疫金银法（immunogold silver stainng，IGSS），应用于光学显微镜检测。还可将荧光素吸附于胶体金，在荧光显微镜下做定向性分布及定位观察，可增强荧光效果。

②免疫胶体金测定技术　从免疫反应原理上可分为双抗夹心法与间接法，形式上可分为液相与固相两大类。液相免疫测定是将胶体金与抗体结合，建立微量凝集试验检测相应的抗原，同间接血凝一样，用肉眼可直接观察到凝集颗粒。利用免疫学反应时金颗粒凝聚导致颜色减退的原理，建立均相溶胶颗粒免疫测定法（sol particle immunoassay，SPIA），已成功地应用于 PCG 的检测，直接应用分光光度计进行定量分析。常用的免疫胶体金测定以固相为主，如斑点免疫金银染色法、斑点金免疫渗滤试验和斑点免疫金层析试验。

8.4.2　免疫技术新进展

8.4.2.1　免疫 PCR

免疫 PCR（immuno polymerase chain reaction，IM-PCR）是 1992 年 Sano 建立的一种检测微量抗原的高灵敏度技术。该技术把抗原抗体和聚合酶链式反应有机结合，其本质是一种以 PCR 扩增一段 DNA 报告分子的检测代替对酶标抗原抗体复合物检测的一种改良型 ELISA。

免疫 PCR 的基本原理是用一段已知 DNA 分子标记抗体（抗原）作为探针，用此探针与待测抗原（抗体）反应，再用 PCR 扩增连接在抗原抗体复合物上的这段 DNA 分子，再通过分离鉴定扩增的 DNA 产物实现对待测抗原的检测（图 8-12）。由于 PCR 产物在抗原量未达到饱和前与抗原体复合物的量成正比，因此，免疫 PCR 还可用于抗原的半定量试验。由于抗原抗体分子的数量在传统的免疫检测反应中是无法增加的，大多数的免疫标记方法仅可以提高其检测灵敏度，而免疫 PCR 利用了报告分子（DNA），可以通过 PCR 很方便地大量扩增（2^n 增加），最后检测的是 DNA 报告分子。

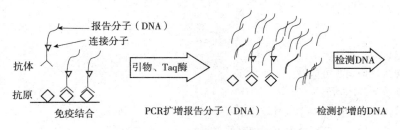

图 8-12　免疫 PCR 基本原理

免疫 PCR 是迄今最敏感的一种抗原检测方法，理论上可以检测单个抗原分子，但实践中它的敏感性受许多因素的影响，如连接分子、显示系统的选择、DNA 报告分子的浓度、PCR 循环次数等。目前报道的免疫 PCR 敏感性一般比现行的 ELISA 法高 $10^2 \sim 10^8$ 倍。

8.4.2.2　免疫传感器

免疫传感器是以抗原抗体作为分子感应器的生物传感器，利用抗原与抗体专一性结合引起的直接或间接物理化学变化，通过一定的信号转化，大多转化为光电信号，再经过放大处理即可检测出反应物量的变化，通过相关的仪器可以进行某些物质的分析检测，实现检测过程的智能化和设备的微型化、便携化，进一步发展可以实现监测方法的"无试剂化"。免疫传感器一般由 3 部分组成（图 8-13）：分子感应器（抗原抗体反应）、转换体和电子滤波放大处理器组成。

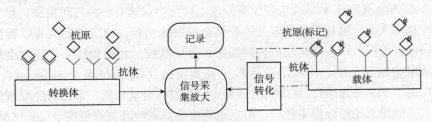

图 8-13　免疫传感器示意图

免疫传感器在食品加工领域中的应用主要体现在对食品中的有毒有害物质的检测。食品中有毒有害物质有生物性物质，包括细菌、真菌、有毒动植物和病毒及其产生的毒素或特征蛋白质。免疫传感器已成功地应用于测定污染食品中的大肠埃希菌、金黄色葡萄球菌和鼠伤寒沙门菌，采用光纤传感器与核酸放大系统相偶联，可检测食品中的少量病原菌。

8.4.2.3　免疫芯片

生物芯片上可以集成的成千上万个密集排列的基因探针或免疫探针，能够在同一时间内分析大量的样品。生物芯片是指包被在固相载体上的高密度 DNA、抗原、抗体、细胞、组织的微点阵。免疫芯片是指在固相载体上包被抗原、抗体的微点阵。

免疫芯片是一种全新概念的生物检测技术，最突出的优点是只需少量样品，通过一次检测便可获得几种其至几万种有关的生物信息或疾病的检测结果，并且能够检测到样品中很低浓度的抗原（pg/mL）。与现行检测方法相比，具有信息量大、快速、及时、操作简便、生产成本低、用途广泛以及自动化程度高等优点。

思考题

1. 什么是抗原、抗体？
2. 简述免疫反应与免疫应答。
3. 免疫系统的基本功能是什么？
4. 简述抗体的基本功能。
5. 何谓超敏反应？它与机体免疫反应有何关系？
6. 人体正常菌群的生理作用和免疫作用是什么？
7. 益生菌抑制耐药性病原菌和抗感染特性有哪些？
8. 抗微生物免疫分为哪几类？
9. 简述酶联免疫吸附试验的基本原理。
10. 什么是胶体金免疫标记（免疫金）？

第9章

微生物在食品工业中的应用 《《《

目的与要求

了解常见发酵或酿造食品的生产工艺、主要微生物类群及其在发酵中的作用、发酵调控措施等；熟悉并掌握参与发酵微生物的特性、发酵过程中的微生物菌群演替规律及发酵工艺的设计思路。

9.1 霉菌在食品工业中的应用
9.2 酵母菌在食品工业中的应用
9.3 细菌在食品工业中的应用
9.4 微生物在益生菌制剂生产中的应用
9.5 微生物在酶制剂生产中的应用

人类利用微生物进行食品发酵和酿造已有数千年的历史。传统的发酵和酿造食品种类繁多、营养丰富、风味独特，且大多是开放式或半开放式混菌发酵，微生物种类和来源复杂。在发酵过程中，通过控制生产条件、工艺过程来抑制有害菌生长，促进所需微生物的良好生长和代谢。

本章为了方便了解微生物在食品酿造中的作用，仍按照参与发酵的主要类群进行编排。

9.1 霉菌在食品工业中的应用

霉菌在发酵食品工业中应用广泛，许多发酵食品或食品原料的生产均需霉菌的参与，如豆类发酵食品中的腐乳、豆豉、酱、酱油等，动物类食品中的奶酪、发酵香肠、火腿等。白酒、食醋等产品的酿造也需要借助霉菌糖化原料中的淀粉，以保证酵母菌、细菌发酵的顺利进行。

9.1.1 霉菌与淀粉的糖化

食品酿造工业中所使用的原料，多数富含淀粉，要使酵母菌或细菌旺盛生长、发酵正常进行，就必须先将淀粉糖化。淀粉糖化可以通过化学水解法、利用某些霉菌糖化作用或直接酶法处理完成。利用霉菌进行糖化被广泛应用于食品酿造工业，如固态法白酒生产、食醋生产等。发酵过程中霉菌除了能糖化淀粉外，还对葡萄糖、果糖、麦芽糖等都能起到良好的发酵作用，并能产生延胡索酸、乳酸、琥珀酸等一些有机酸，对于成品风味形成影响很大。

在生产中可用于糖化的霉菌种类很多，如根霉属、曲霉属、毛霉属中的一些种。根霉属（*Rhizopus*）中常用的有日本根霉、米根霉、华根霉等；曲霉属（*Aspergillus*）中常用的有黑曲霉、宇佐美曲霉、米曲霉和泡盛曲霉等；毛霉属（*Mucor*）中常用的有鲁氏毛霉，还有红曲属（*Monascus*）中的一些种也是较好的糖化剂，如紫红曲霉、安氏红曲霉、锈色红曲霉、变红曲霉等。

9.1.2 霉菌与豆制品发酵

9.1.2.1 酱油

酱油是以大豆或豆粕等植物蛋白质为主要原料，辅以面粉、小麦或麸皮等淀粉质原料，经米曲霉、酵母菌、乳酸菌等多种微生物共同发酵酿制而成。

（1）酱油酿造微生物

酱油酿造是半开放式的生产过程，环境、器具和原料中的微生物都可能参与到酱油的酿造中来。酱油生产常用的霉菌有米曲霉、黄曲霉、黑曲霉等，此外在酱醅或酱醪发酵过程中还有酵母菌、乳酸菌及其他细菌的参与，它们对酱油品质的形成起着十分重要的作用。

①米曲霉 菌丝通常为浅黄色，成熟后为黄褐色或绿褐色，依靠各种孢子繁殖，以无性孢子繁殖为主。在适宜条件下，可生成大量分生孢子，其分生孢子头呈放射状，顶

囊呈近球状，小梗一般为单层。米曲霉生长的最适温度是 32~35℃，低于 28℃ 或高于 40℃ 生长缓慢，42℃ 以上停止生长。应用于酱油生产的米曲霉菌株应符合如下基本要求：不产黄曲霉毒素；蛋白酶、淀粉酶活力高，有谷氨酰胺酶活力；生长快速，培养条件粗放、抗杂菌能力强；不产生异味，酿制的酱油香气好。目前国内常用的菌株有：

AS 3.863 其蛋白酶、糖化酶活力强，生长繁殖快，制曲后生产的酱油香气好。

AS 3.951（沪酿 3.042） 以 AS 3.863 为出发菌株经紫外线诱变得到。蛋白酶活力比出发菌高，用于酱油生产的原料蛋白质利用率可达到 75%。生长繁殖快，对杂菌抵抗力强，制曲时间短，生产的酱油香气好。但该菌株酸性蛋白酶活力低。

UE 328、UE336 以 AS 3.951 为出发菌株诱变而得到，酶活力是出发菌株的 170%~180%。UE 328 适用于液体培养，UE 336 适用于固体培养。UE 336 的原料蛋白利用率为 79%，但制曲时孢子发芽较慢，制曲时间延长 4~6h。

渝 3.811 初始菌株分离自曲室泥土中，后经紫外线 3 次诱变后得到新菌株。其孢子发芽率高，菌丝生长旺盛、孢子多、适应性强，制曲易管理，酶活力高。

酱油曲霉（*Aspergillus sojae*） 由日本学者坂口分离自酱曲中，用于酱油生产。其分生孢子表面有小突起，孢子柄表面平滑。与米曲霉相比，其多聚半乳糖醛酸酶和碱性蛋白酶活力较强。在分类上酱油曲霉属于米曲霉系。

②黄曲霉和黑曲霉

黄曲霉 Cr-1 菌株 该菌株不产毒素，具有成曲快（22h）、酶系全等优点，与产酯酵母 8 号菌株混合发酵，可提高三级酱油 5% 左右，全氮利用率提高 5% 左右，氨基酸可提高 10%~15%，还原糖也有较明显提高。该菌株除了可用于低盐固态工艺外，亦可用于稀醪发酵工艺。

黑曲霉 F-27 菌株 该菌株由一株野生纤维素酶产生菌株诱变选育而成，与沪酿 3.042 混合制曲生产酱油，使原料蛋白利用率由原来的 72.32% 提高到 89%，而且酱油的还原糖、氨基酸转化率都有不同程度的提高，色素、味道也有所改善。

黑曲霉 AS3.350 糖化酶生产菌，其酸性蛋白酶活力较高，能提高酱油中氨基酸含量，与酸性蛋白酶活力偏低的沪酿 3.042 混合制曲，对提高原料蛋白质利用率及产品风味均有一定效果。

③酵母菌 从酱醪中分离出的酵母菌有 7 个属 23 个种，其中鲁氏酵母、球拟酵母和接合酵母与酱油质量关系密切。

鲁氏酵母（*Saccharomyces rouxii*） 酱油酿造中的主要酵母菌，约占酵母菌总数的 45%，其适宜生长温度为 28~30℃，38~40℃ 生长缓慢，42℃ 不生长。最适 pH 值为 4~5。能耐受高渗透压，可在高盐或高糖物料中生长。在含食盐 5%~8% 的培养基中生长良好，在 18% 食盐浓度下仍能生长。鲁氏酵母为发酵型酵母，能发酵葡萄糖、麦芽糖，不能发酵半乳糖、乳糖及蔗糖。出现在主发酵期；在发酵后期，随着发酵温度升高、糖浓度降低和 pH 值下降，鲁氏酵母发生自溶，促进易变球拟酵母和埃契球拟酵母的生长。

球拟酵母（*Torulopsis*） 是酯香型酵母，能生成酱油的重要芳香成分，如 4-乙基苯酚、4-乙基愈创木酚等。在发酵后期，球拟酵母的繁殖和发酵开始活跃，参与酱醪成熟。另外，球拟酵母还产生酸性蛋白酶，在发酵后期酱醪 pH 值较低时，对未分解的肽链进行水解。酱醪中重要的球拟酵母有易变球拟酵母（*T. versatilis*）、埃契球拟酵母（*T. etchellsii*）、蒙奇球拟酵母（*T. mogii*）。

接合酵母（*Zygosaccharomyces*）　酱醪中典型的是大豆接合酵母（*Z. sojae*）和酱醪接合酵母（*Z. major*），二者均为耐盐性的非产膜酵母，能利用葡萄糖、麦芽糖及果糖发酵，不能发酵乳糖，不能利用硝酸盐。在酱醪接近成熟时产生较多，能进行酒精发酵赋予酱油醇香味。

④乳酸菌　从酱醪或酱醅中分离的乳酸菌具有高度耐盐性，代表性菌株有嗜盐片球菌（*Pediococcuus halophilus*）、酱油四联球菌（*Tetracoccus sojae*）、植物乳杆菌（*Lactobacillus plantanum*）。嗜盐片球菌在 18% 食盐浓度中繁殖良好，24%～26% 食盐浓度中生长未完全抑制，只是在高盐含量时需要维生素 B、胆碱为生长促进因子。而植物乳杆菌在含 10% 食盐的培养基上仍生长良好。另外，这些乳酸菌耐乳酸的能力不太强，不会因产过量乳酸使酱醪 pH 值过低而造成酱醪质量下降。一般酱油中乳酸的含量在 15mg/mL，适量的乳酸对酱油有调味和增香作用，而且与乙醇反应生成的乳酸乙酯也是一种重要的香气成分。酱油乳酸菌生长还可使酱醪的 pH 值下降到 5.5 以下，促使鲁氏酵母繁殖和发酵。在发酵过程中，由嗜盐片球菌和鲁氏酵母共同作用生成的糠醇，赋予酱油独特香气。

生产中常常采用多菌种发酵，以提高原料蛋白质及糖类化合物的利用率，提高成品中还原糖、氨基酸、色素以及香味物质的水平。

（2）生产工艺

酱油的酿制方法分为固态低盐发酵法、稀醪高盐发酵法两类。现在我国生产中常用的是固态低盐发酵法，下面以该法为例进行说明。

①工艺流程

```
                          菌种→种曲              食盐溶解
                            ↓                      ↓
豆饼或豆粕→粉碎→混合麸皮→润水→蒸料→冷却→接种→通风培养→成曲→制醅→
入池保温发酵→酱醪成熟→浸出淋油→生酱油→加热→配制→成品酱油
```

②通风制曲　将接种后的曲料置于曲池内，厚度一般控制在 25～30cm，利用通风机供给空气，调节温湿度，促使曲霉迅速生长繁殖和积累代谢产物。

曲池内曲霉的生长分为孢子发芽期、菌丝生长期、菌丝繁殖期和孢子着生期。制曲过程中要根据各阶段特点控制生产条件，进行相应的技术操作，达到培养米曲霉和积累代谢产物酶的目的。米曲霉产酶的条件与培养温度、时间有关。在一定温度下，随着培养时间的延续，酶活力提高，到某一时间达到高峰，随后活力下降。培养温度低时产酶高峰较迟到达；当温度在 25℃ 以上时，温度越高，蛋白酶、谷氨酰胺酶生成越少，淀粉酶生成越多。所以制曲时应控制前期温度 32～35℃，以利于长菌；后期温度 28～30℃，有利于蛋白酶、谷氨酰胺酶的生成。

工业化通风制曲除了控制温度外，还应注意水分、pH 值、氧气等条件，以确保米曲霉生长或产酶的最佳生态环境，并通过竞争营养物质抑制有害微生物的生长繁殖。当曲料水分小于 40% 时就会影响菌丝的生长，过高杂菌容易繁殖。在曲霉生长期，曲料含水 48% 左右为宜，空气相对湿度在 90% 以上；在曲霉产酶期，水分适当降低，有利于蛋白酶活力提高。米曲霉生长和产酶的适宜 pH 值为 6.5~6.8。制曲过程中，氧气不足或曲料中积聚代谢产生的 CO_2 量过多都会对米曲霉生长和产酶不利，故在生产上进行适当通风既可以满足米曲霉的好氧需求，又可以抑制厌氧菌的繁殖。

③酱醪发酵 酱油发酵过程可分为前发酵、主发酵和后发酵 3 个阶段。前发酵是蛋白质水解成氨基酸和淀粉水解为葡萄糖的主要阶段，主发酵为酱醪中酵母生长及酒化阶段，后发酵期则指使酱油风味圆润的后熟阶段。

在固态低盐发酵时，将成曲与糖浆盐水拌和入池后，即可进入保温发酵。该工艺制醪水温一般为 50~60℃，发酵起始温度高达 42~50℃，后期酱醪品温可控制在 40~43℃。适当提高酱醪温度，可以缩短发酵周期，但发酵温度仍不宜超过 50℃。因为在一般条件下，蛋白酶最适温度为 40~45℃，温度过高蛋白酶失活程度加大，尤其是对酱油酿造有重要作用的肽酶和谷氨酰胺酶影响较大。一般发酵 10d 左右酱醪已基本成熟，但为了增加风味，往往延长发酵期 12~15d。

酱醪发酵阶段由于食盐的加入和氧气量的急剧下降，米曲霉的生长几乎完全停止。此时耐盐性的乳酸菌和耐盐性酵母菌大量生长，成为优势菌群。乳酸菌的发酵会使酱醪的 pH 值下降，10d 之内下降到 4.9 左右，低 pH 值可以刺激耐盐性酵母的生长（参阅7.3.2）。

（3）发酵过程中的微生物酶系和生物化学变化

酱油酿造中制曲可促使米曲霉菌体生长、积累多种酶类，这些酶在发酵过程中，降解底物产生大量氨基酸和糖类物质，而酱醪中的酵母菌、乳酸菌等生香微生物的参与，使酱油中生成了多种风味物质。

①蛋白酶及蛋白质的水解 原料中的蛋白质经米曲霉所分泌的蛋白酶作用，逐渐分解成蛋白胨、多肽和氨基酸。米曲霉可分泌 3 种蛋白酶：酸性蛋白酶、中性蛋白酶、碱性蛋白酶。一般酱油曲中，中性、碱性蛋白酶活力较强，酸性蛋白酶活力较弱。在发酵初期，酱醪 pH 值为 6.5~6.8，醪温 42~45℃。在该条件下，中性蛋白酶、碱性蛋白酶和谷氨酰胺酶能充分发挥作用，使蛋白质逐步转化为多肽和氨基酸，谷氨酰胺转化为谷氨酸。随着发酵的进行，耐盐乳酸菌生长繁殖使酱醪的 pH 值逐渐降低，影响蛋白质的降解。

酱油曲中蛋白酶的组成还会受到曲料中蛋白质原料和淀粉质原料比例的影响，如果碳氮比小，曲中的蛋白酶以碱性和中性为主；碳氮比大，酸性蛋白酶活力增强。其原因是由于碳源高时易产生有机酸、CO_2，使曲料 pH 值下降，有利于酸性蛋白酶的生成。

酱油曲不但要求有较高的蛋白酶活力，而且要求曲中的蛋白酶有一定的耐盐性，以适应酱醪中较高的食盐浓度。一般米曲霉产生的蛋白酶耐盐性不强，但应用于酱油生产的米曲霉菌株产生的酶都有一定的耐盐性。当酱醪盐浓度过高时会抑制酶的活力，特别是碱性蛋白酶的活力。

由于各种因素的影响，原料蛋白质在发酵过程中并不能完全降解为氨基酸，成熟酱醪中还有胨和肽等存在。

②淀粉酶系及淀粉的水解 酱醪中的淀粉酶系由米曲霉在制曲时产生而积累于曲中，具有一定的耐盐性，在酱醪中其活性受到部分抑制。如果长时间处于高浓度食盐环境中，活性会明显减弱。酱油曲中存在的淀粉酶主要有 α-淀粉酶、β-淀粉酶、淀粉 1，

4-葡萄糖苷酶、淀粉 1,6-糊精酶、麦芽糖酶等。

酱醅中的淀粉在淀粉酶系作用下，被水解成糊精和葡萄糖，生成的单糖构成了酱油的甜味，有部分单糖被耐盐酵母及乳酸菌利用生成醇和有机酸，成为酱油的风味成分。曲霉糖化作用生成的单糖除葡萄糖外还有果糖及五碳糖等。

③乙醇和有机酸发酵　在发酵温度较低的情况下，酱醅中酵母菌分解糖生成乙醇和 CO_2。生成的乙醇一部分挥发散失，一部分被氧化成有机酸类，一部分与氨基酸、有机酸合成酯，还有少量则残留在酱醅中。在酵母的酒精发酵中，除主要产物乙醇外，还有少量副产物生成，如甘油、杂醇油等，这些物质对酱油香气形成十分必要。

适量的有机酸存在于酱油中可增加酱油的风味，当总酸含量在 0.15g/L 左右时，酱油的风味较好。乳酸是酱油中的重要呈味物质，对酱油风味的形成起着重要作用，主要通过酱醅中乳酸菌发酵生成。其他有机酸，如葡萄糖酸和醋酸，是由醋酸菌脱氢酶系催化葡萄糖和乙醇的氧化反应生成的。米曲霉分泌的解酯酶可将油脂水解成脂肪酸和甘油。

9.1.2.2 腐乳

腐乳是以大豆为原料，经过浸泡、磨浆、制坯、前期培菌、腌坯、装坛发酵制成。由于各地饮食习惯差异较大，腐乳的加工方法、发酵微生物及配料各不相同。

（1）腐乳酿造中的微生物

腐乳生产现大多采用纯菌种接种在豆腐坯上，然后置于敞开的自然条件下培养，外界微生物难免会侵入，并且所用配料中也可能有微生物带入，所以腐乳发酵的微生物十分复杂。从各种腐乳中分离到的微生物有腐乳毛霉、五通桥毛霉等近 20 种，具体见表 9-1。

表 9-1　从腐乳中分离出的微生物

菌　种	腐乳产地	菌　种	腐乳产地
腐乳毛霉（Mucor sufu）	浙江绍兴、江苏苏州和镇江	米曲霉（Aspergillus oryzae）	江苏、四川五通桥
鲁氏毛霉（M. rouxianus）	江苏	青霉（Penicillium sp.）	江苏
五通桥毛霉（M. wutungkiao）	四川五通桥	交链孢霉（Alternaria sp.）	江苏
总状毛霉（M. racemosus）	台南、四川牛华溪	枝孢霉（Cladosporium sp.）	江苏
毛霉（Mucor sp.）	台湾、广东中山县、广西桂林、浙江杭州	枯草芽孢杆菌（Bacillus subtilis）	武汉
冻土毛霉（M. hiemalis）	台北	藤黄微球菌（Micrococcus luceus）	黑龙江克东
黄色毛霉（M. flavus）	四川五通桥	酵母菌（Saccharomyces）	江苏、四川五通桥
雅致放射毛霉（Actinmucor elegans）	北京、台北、香港	杆菌（Bacterium sp.）	
紫红曲霉（Monascus purpureus）		链球菌（Streptococcus sp.）	
溶胶根霉（Rhizopus liguefaciems）	江苏		

目前用于制作腐乳的菌种很多，常用的霉菌有毛霉、根霉等。毛霉如江苏和浙江地区使用的腐乳毛霉、江苏的鲁氏毛霉、四川的五通桥毛霉（AS 3.25）、北京用雅致放射毛霉（AS 3.2278）；根霉如华根霉 AS 3.2746、华新根霉。毛霉生长温度较低（最适16℃左右），生产受到季节性限制。根霉糖化力高，有一定酒化力，耐高温，最适生长温度为 28~30℃，可常年生产腐乳，还能缩短腐乳前期发酵时间。但根霉菌丝不如毛霉菌丝细致紧密，蛋白酶和肽酶活力也比毛霉低，制作的腐乳形状、色泽、风味及理化质量都不及毛霉腐乳。根据根霉和毛霉的优缺点，有的单位采用混合菌种配制腐乳。

细菌型腐乳生产中使用的菌种有克东腐乳厂的藤黄微球菌、武汉的枯草芽孢杆菌等。

（2）生产工艺

腐乳的生产工艺可分为腐乳胚生产和腐乳发酵。通常情况下，腐乳胚生产工艺基本相同，而腐乳发酵工艺则因产品或地域的不同而不同。腌制腐乳生产时，豆腐坯不经前发酵，直接装坛进入后发酵，依靠辅料及其带入的微生物作用而成熟。由于蛋白酶不足，后期发酵时间长，氨基酸含量低，色香味欠佳。而发霉型腐乳是以豆腐坯接入霉菌，先进行前期发酵，使白色菌丝长满豆腐坯表面并产生蛋白酶，为装坛进入后发酵创造条件。细菌型腐乳则是先将豆腐坯盐腌、切块后，接入菌种发酵。在后期装坛前，为保持腐乳坯的良好形体，需先加热烘干，再装坛加入辅料进行后发酵。

发霉型腐乳的生产工艺流程为：

```
        菌液                              食盐  辅料
         ↓                                ↓    ↓
豆腐坯→接种→培养→养花→凉花→搓毛→腌坯→装坛→后熟→成品
```

（3）发酵过程中的生物化学变化

腐乳发酵的生物化学变化主要是蛋白质与氨基酸的消长过程，蛋白质的水解不仅仅在后发酵进行，而是从前期培菌开始，到腌制、后期发酵每一道工序，都发生着变化。

腐乳的前期发酵利用接入的毛霉或根霉，使豆腐坯长满菌丝，形成柔软、细密而坚韧的皮膜，同时积累蛋白酶，以便在后期发酵中将蛋白质缓慢消解。在前期发酵中，除接入霉菌外还有附着在豆腐坯上的多种细菌参与，并深入到豆腐坯内部，参与原料蛋白质分解。

腌坯除可以使毛坯脱水、赋予咸味、抑制毛霉生长和蛋白酶活性外，还可形成具有鲜味的氨基酸钠盐，增强防腐能力，更重要的是可浸提毛霉菌丝上蛋白酶。因为豆腐坯生霉过程中毛霉菌丝仅生长于豆腐坯上，不能深入到豆腐块内部，而毛霉菌的蛋白酶属于细胞表面结合酶，是以离子键松弛地结合于菌丝体上，不溶于水，却易被食盐溶液洗下，并渗透到豆腐坯内部与蛋白质作用。

后发酵阶段参与发酵过程的微生物，除豆腐坯上培养的霉菌及附着的细菌以外，还有随配料、工具带入及由空气落入的各种菌类，如随红曲带入的红曲霉、随糟米或黄酒带入的酵母菌、随面曲带入的米曲霉等。霉菌和酵母菌在入坛初期有短暂的活动，其分泌的酶可以催化腐乳发酵中的各种极其复杂的生物化学反应，使原料中蛋白质及其降解物进一步水解成氨基酸，油脂分解为脂肪酸，淀粉糖化并转化为乙醇及有机酸。同时，辅料中的乙醇、有机酸及香料等也共同参与合成复杂的酯类，最后形成腐乳特有的色、香、味、体。

9.1.2.3 豆豉

豆豉是以大豆或黑豆为原料经发酵而成，产品呈黑褐或黄褐色，滋味鲜美，颗粒完整，可直接食用或作为调味料。豆豉生产时利用微生物分泌的蛋白酶、淀粉酶为主体的复杂酶系，将原料中蛋白质、淀粉等物质适当降解，加入的食盐、酒、香辛料等辅料可抑制酶的活力，延长发酵过程，生成的各种氨基酸、有机酸等可形成独特风味。

（1）发酵用微生物

制造豆豉利用的微生物有毛霉、曲霉、根霉或细菌等。

毛霉型豆豉发酵用微生物以总状毛霉为主，兼有其他霉菌及一些蛋白质分解能力强的细菌。由于菌种复杂、酶系齐全，原料蛋白质及其他成分的降解产物种类多，产品风味比较丰富，可以生产高质量的豆豉。但毛霉型豆豉（如潼川豆豉、永川豆豉等）目前仍主要采用传统工艺，在气温较低时利用空气和环境中毛霉菌自然接种、制曲，低温有利于毛霉菌迅速生长，抑制其他菌类生长，但一般在日最高气温18℃以下的季节生产，生产季节短，加工周期长。

丹贝制作

曲霉型豆豉生产用微生物各地均有差异，如广东阳江豆豉是利用空气中的黄曲霉进行天然制曲，上海、武汉、江苏等地生产的豆豉通常是接种沪酿3.042米曲霉通风制曲。利用曲霉生产豆豉，培养温度比毛霉菌高，一般制曲温度在26~35℃，可常年生产。产品表皮黑褐油亮，豆肉深褐，鲜味有余而芳香不足。

根霉型豆豉如印度尼西亚等国广泛食用的丹贝即是利用根霉制曲发酵。

纳豆制作

细菌型豆豉（如四川的水豆豉）发酵用微生物主要是微球菌及乳酸杆菌，江苏、福建的腊豆生产主要发酵微生物为枯草芽孢杆菌和一些短杆菌。另外，日本人喜食的纳豆则属于细菌型豆豉。

（2）生产工艺流程及要点

以毛霉豆豉生产为例说明。

① 生产工艺流程

大豆→浸泡→蒸熟→摊凉→制曲→拌料→发酵→成品

② 制曲　毛霉豆豉目前仍采用自然接种、低温制曲。传统簸箕制曲时，豆坯进曲房后，品温保持12~15℃，毛霉孢子在豆粒上10h开始萌发，3~4d后豆坯表面长出白色霉点；8~12d时白色菌丝生长整齐，紧密包裹豆粒，此时翻曲一次，使豆坯分散，上下层豆粒的菌丝生长一致；15~21d后，菌丝细壮，紧密直立，灰白色，有少量浅褐色孢子生成，这个阶段是产酶高峰期。菌丝下部紧贴豆粒表层，有少量暗绿色菌丝生成，属绿色木霉，富含纤维素酶，有曲香味，即可出曲。采用通风制曲可控制品温不超过18℃，制曲时间10d左右。

③ 拌料发酵　将豆坯曲打散、过筛，按配比加入食盐和水，拌和均匀、堆积浸润，装入发酵坛，稍加压紧，曲坯表面加少量白酒，用塑料薄膜捆扎封口、加盖，坛沿加水密封，隔绝空气置阴凉通风室内，控制室温20℃以上进行发酵，一般8个月以上豆豉即

发酵成熟。

豆豉生产要求成品柔软又能保持颗粒状态，发酵过程中产生的氨基酸、糖类等养分能很好地保留在豆粒里，这就要求发酵适度，如发酵不足，豆豉生心，而发酵过度则不成粒，不符合质量要求。

9.1.3 霉菌与茶叶发酵

茶叶按发酵度与制法不同分为 6 类：绿茶、黄茶、白茶、青茶、红茶、黑茶。不同的茶其发酵程度不同，如红茶发酵度达 80%~90%，制作过程不经杀青，而是直接萎凋、揉切，然后进行完整发酵，使茶叶中所含的茶多酚氧化成为茶红素，茶叶呈特有的暗红色、茶汤红色。而黑茶（如普洱茶、湖南黑茶等）则属后发酵茶，制作时在杀青、揉捻、晒干后，再经过堆积存放的过程（称为"渥堆"）使其再发酵，故而茶叶与茶汤颜色更深，滋味也更浓郁厚实。以下以黑茶为例介绍茶叶制作及发酵原理。

9.1.3.1 黑茶制作工艺

黑茶制作工艺流程：

鲜叶采摘→萎凋→杀青→揉捻→解块→渥堆发酵→灭菌→拼配→蒸压→干燥→成品茶

传统熟茶制作方式，一渥堆约 10t，茶堆高度在 1m 左右，洒水量视季节、茶菁级数与发酵度而定，通常为茶量的 30%~50%。茶堆内部温度最高为 65℃ 左右，需根据制作地的温湿度与通风情况进行翻堆，以便使茶菁充分均匀发酵。若堆心温度过高会导致茶叶完全变黑，出现焦心现象。经多次翻堆茶菁含水量接近正常时，茶叶霜白现象退尽，便不再继续发热。整个渥堆时间应根据所需发酵度而定，一般 4~6 周。传统渥堆熟茶多产自西双版纳，其原因除了茶菁品质与技术外，主要是该地区气候十分适合渥堆过程中微生物的生长繁殖。

一般而言，渥堆技术以一次完成为原则。若发酵度不足、不完全，则易出现酸化劣变，茶品会出现青灰色，此类茶易带酸味或严重渥堆味，或汤色较混浊；若因发酵不足，干燥后再进行二次洒水发酵，容易发生汤质薄、味淡带苦，叶底糜烂现象。发酵过度，则有碳化现象，汤薄甜而无质，叶底黑硬。发酵成功的熟茶品，从外观看色泽通常为棕红色或咖啡色。

9.1.3.2 发酵过程中的微生物菌群及生物化学变化

渥堆是黑茶品质形成的关键工序。渥堆过程中，微生物在一定温湿度条件下，以茶叶为基质进行生长繁殖，并通过其代谢活动对黑茶特征性风味的形成起重要作用。

参与作用的微生物主要有假丝酵母、黑曲霉、青霉、芽枝霉、无芽孢杆菌、芽孢细菌和球菌等，渥堆叶中细菌总数为 10^9~10^{12}cfu/g，真菌数在 10^6cfu/g 左右。

黑茶渥堆过程中，随着渥堆时间的推移，微生物菌群及数量发生着变化。渥堆前期，揉捻叶的含水量较高，叶温与气温相似，部分细菌大量生长繁殖。随着细菌数量增加，呼吸强度加大，渥堆叶温迅速升高。细菌的水解作用为霉菌的生长积累了丰富的呼吸基质。当叶温升高到一定程度后，为喜温喜湿的霉菌（主要是黑曲霉）的生长发育创造了条件，霉菌迅速繁殖并使渥堆中的各种理化变化进入高潮。酵母菌由于对水分和温度的要求并不苛刻，对其他微生物的依赖性也较小，故假丝酵母属中的一些种群成为渥堆叶微生物菌群中的优势菌。渥堆末期由于微生物代谢产物的积累，导致堆内酸度增加，温度升高，逐渐偏离了已有微生物类群的最佳生长条件，微生物数量相继下降。总体而言，其变化趋势表现为：渥堆开始30h前后，细菌数量迅速增加并达到高峰，渥堆后期则有所下降；真菌数量则随着渥堆时间的延长一直处于增加状态，只是到渥堆末期才略有下降。微生物的生长繁殖使渥堆的温度、pH值、水分等环境生态因子发生了显著变化，而这些因素的变化又反过来影响了微生物的生长发育及其种群的演替。

茶叶经过渥堆这一道特殊工序，其叶肉的内含物发生了一系列复杂的化学变化，如黑曲霉的许多种能产生纤维素酶、果胶酶及氧化酶系、蛋白酶等，降解其有机质，有些还能产生柠檬酸、草酸等有机酸，使渥堆叶pH值下降，形成酸辣味；酵母菌利用其中糖类物质产生甜酒香味等。渥堆过程中其温度、pH值、水分等条件的变化，还会影响茶叶中叶绿素、多酚类物质等的变化，从而形成黑茶特有的色、香、味、体。

9.1.4　霉菌与柠檬酸发酵

柠檬酸在食品、医药、化工等领域应用广泛，最初是从植物果实（如柠檬、菠萝、柑橘）中提取，1893年C. Wehmer发现淡黄青霉等可以分泌柠檬酸，1917年Currie以黑曲霉为菌种用固体浅盘发酵生产柠檬酸，为以黑曲霉为主要菌种发酵生产柠檬酸奠定基础。1952年美国Mile公司首先采用液体深层发酵法大规模生产柠檬酸。该法已成为柠檬酸生产的主要方法。

9.1.4.1　柠檬酸发酵用生产菌种

自然界中大多数微生物在代谢过程中均能合成柠檬酸，但由于微生物自身的代谢调控，在正常的生理状况下很少有柠檬酸积累。一些青霉和曲霉（如黑曲霉、温特曲霉、泡盛曲霉、斋藤曲霉、宇佐美曲霉、淡黄青霉等）能分泌大量柠檬酸，其中黑曲霉产酸量高、转化率高，且能利用多种碳源，为柠檬酸生产的最好菌种。目前采用糖质原料生产柠檬酸的菌株几乎均为黑曲霉。

黑曲霉在固体培养基上生长，菌落由白色逐渐变至棕色。孢子区域为黑色，菌落呈绒毛状，边缘不整齐。菌丝有隔膜和分枝，无色或有色，有足细胞，顶囊生成一层或两层小梗，小梗顶端产生一串串分生孢子。

黑曲霉可在薯干粉、玉米粉、可溶性淀粉、糖蜜、葡萄糖、麦芽糖、糊精、乳糖等培养基上生长、产酸。黑曲霉生长最适pH值因菌种而异，一般为pH 3~7；产酸最适pH 2~2.5。生长最适温度为33~37℃，产酸最适温度在28~37℃，温度过高易形成杂酸。

黑曲霉以无性生殖的形式繁殖，具有多种活力较强的酶系，能利用淀粉类物质，并且对蛋白质、单宁、纤维素、果胶等具有一定的分解能力。黑曲霉可以边长菌、边糖化、边发酵产酸的方式生产柠檬酸。

以薯干为原料进行深层发酵的产酸菌有：黑曲霉 No 5016、No 3008、Co 827、γ-144、T419、宇佐美曲霉 N_{558} 等。其中 T 419、Co 827 具有糖化率高、发酵周期短、发酵液中产物单一，同时对营养要求粗放，发酵液中菌体形态佳、成球力强，能耐高浓度柠檬酸，遗传性状稳定等优良特性。以薯干粉为原料发酵60~90h，产酸达10%~14%，糖转化率 90% 以上，近年来已被大多数厂家采用。以淀粉为原料生产柠檬酸的菌种有 No 3008、Co 827、TD-01 等，这些菌株以初糖含量 21% 左右的淀粉作为基质发酵 96h，产酸达 20%~24%，糖转化率 92%~98%。

以废糖蜜为原料进行深层发酵的产酸菌有：黑曲霉川柠 19-1、8866 等。这些菌株产酸 14% 以上，且性能粗放、抗重金属能力强，甘蔗糖蜜不需要经过黄血盐预处理即可使用。

以石油副产品为原料发酵生产柠檬酸主要是以假丝酵母为菌种，其次还有毕赤酵母、球拟酵母、汉逊酵母和红酵母的一些种。

9.1.4.2 柠檬酸生物合成途径

黑曲霉利用糖类发酵生成柠檬酸，其生物合成途径目前普遍认为是葡萄糖经 EMP、HMP 途径降解生成丙酮酸，丙酮酸一方面氧化脱羧生成乙酰 CoA，另一方面 CO_2 固定化反应生成草酰乙酸与 CoA 缩合生成柠檬酸。这一过程已为许多学者研究证实。黑曲霉柠檬酸产生菌中存在 TCA 循环和乙醛酸循环。

9.1.4.3 柠檬酸生产工艺

（1）原料

柠檬酸发酵的原料有糖质原料和正烷烃类原料两大类。糖质原料主要包括糖蜜、薯类、玉米等。我国柠檬酸发酵一般采用薯干粉为原料。

（2）发酵生产

柠檬酸发酵可分为液体发酵与固态发酵两种，液体发酵又分为浅盘发酵法和液体深层发酵法。目前世界各国多采用液体深层发酵法进行生产。

柠檬酸深层发酵工艺流程：

麦芽汁斜面菌种→麦曲三角瓶（500~1000mL）→种子罐→发酵罐→提取→结晶→成品

采用薯干粉发酵时，其液化工艺代替了糖化工艺，且液化醪不经过任何净化处理，发酵过程多采用种子预培养工艺。种子罐中加入灭菌的营养盐、种子培养基后，冷却到 35℃ 接入麸曲，34~35℃ 通风培养 20~30h，pH 值降至 3 以下时，镜检无杂菌，菌丝健壮，结成菊花形小球，球体直径不超过 100μm。薯干粉种子培养物需测定其糖化酶活力。

发酵罐中培养基冷却到 35℃，用无菌压缩空气将满足要求的种子液输入，35℃ 下通风搅拌培养 4d。当酸度不再上升，残糖降至 2g/L 以下时，立即泵入贮罐中及时进行提取。

柠檬酸生产采用的原料不同，发酵过程中温度、pH 值、通风量、种子质量要求等均有差异。一般采用薯干粉为原料发酵时，由于培养基中含有较多的固形物，有保护作用，其发酵适宜温度（34~35℃）明显高于糖蜜发酵温度（28~30℃）。另外，由于薯干粉醪液发酵时，黑曲霉还担负着淀粉糖化的任务，所以发酵过程中 pH 值、通风量、种子质量控制不但要考虑黑曲霉生长和柠檬酸积累的需要，还应兼顾糖化酶活力及糖化过程。

（3）柠檬酸提取

我国柠檬酸的提取一般采用钙盐法。发酵液经加热处理后，滤去菌体等残渣，加碳酸钙中和，使柠檬酸以钙盐形式沉淀下来。柠檬酸钙加硫酸酸解，使柠檬酸游离，生成的硫酸钙过滤除去。所得粗柠檬酸液经脱色、净化、浓缩后结晶，可得成品。

9.2 酵母菌在食品工业中的应用

利用酵母菌生产的食品种类很多，如人们熟悉的酒类酿制、发酵面食制品等。酵母菌菌体细胞中含有丰富的营养物质和一些活性物质，除可作为单细胞蛋白的来源外，还被广泛应用于药品、饲料等领域。

9.2.1 酵母菌与酒类酿造

我国酿酒历史悠久，产品种类繁多，如白酒、黄酒、啤酒、果酒等，酒的种类、品种不同，酿酒原料、参与发酵微生物种类及酿造工艺等差异很大。

9.2.1.1 传统白酒酿造

白酒是用高粱、小麦或玉米等淀粉质原料经蒸煮、糖化、酒精发酵后蒸馏而制成。根据发酵剂与工艺不同，一般可将蒸馏白酒分为大曲酒、小曲酒、麸曲酒3类。按生产方法又可分为固态发酵法、半固态发酵法和液态发酵法等。传统的白酒生产多采用固态发酵法，香型不同，发酵容器、发酵工艺及发酵各过程中微生物来源、种类均不相同（表9-2）。

表9-2　白酒酿造生产中常见微生物

来源	检测到的微生物
高温大曲	枯草杆菌、地衣芽孢杆菌、凝结芽孢杆菌、蜡状芽孢杆菌、苏云金芽孢杆菌等；曲霉属、毛霉属、根霉属、犁头霉属、红曲霉属、青霉属、拟青霉属等；地霉属、汉逊酵母属、假丝酵母属、毕赤酵母属、丝孢酵母属、红酵母属（酵母菌在制曲前期、后期有，中期几乎没有检出）
中温大曲	黑曲霉、灰绿曲霉、米曲霉、黄曲霉、根霉、毛霉、红曲霉、假丝酵母、拟内孢霉、酵母属酵母、汉逊酵母、酿酒酵母、白地霉、乳酸球菌、乳酸杆菌、醋酸菌、产气杆菌、芽孢杆菌
小曲	根霉（米根霉、黑根霉、河内根霉、爪哇根霉、白曲根霉、中国根霉等）、毛霉、黄曲霉、青霉、酿酒酵母、假丝酵母、产香酵母、乳酸菌、醋酸菌、丁酸菌等
麸曲	黑曲霉 AS 3.4309、乌沙米曲霉 AS 3758 的变种（东酒1号、河内白曲、B曲）、根霉菌、毛霉菌、拟内孢霉、红曲霉等
窖池窖泥	己酸菌、丁酸菌、甲烷菌、产气杆菌、放线菌、酵母菌等
酒醅	酱香型酒醅中有巨大芽孢杆菌、地衣芽孢杆菌、嗜热芽孢杆菌、梭状芽孢杆菌、枯草芽孢杆菌、假丝酵母菌等；浓香型酒醅中有红曲霉、酵母属酵母、乳酸球菌、乳酸杆菌、芽孢杆菌等；清香型酒醅中有酵母属、汉逊酵母、假丝酵母、犁头霉属、黄米曲霉、根霉、毛霉和红曲霉、乳酸菌、醋酸菌、芽孢杆菌和部分革兰阴性无芽孢杆菌

（1）大曲发酵剂的生产

大曲在大曲酒生产中既是糖化剂又是发酵剂，是以小麦、大麦、豌豆等为主要原料，经粉碎加水压成砖状的曲胚，依靠曲母或自然界融入的各种野生菌，在一定温度和湿度条件下进行富集和扩大培养，再经风干、贮藏成为多菌种混合曲。曲块不仅保存了酿酒用的各种有益微生物和多种酶系，并且其原料的降解产物为白酒中复杂的微量成分形成提供了前体物质。

一般根据制曲过程中曲胚最高温度的不同，大致分为高温曲、中温曲两大类。高温曲最高制曲品温达 60~65℃，主要用于生产酱香型酒，也在部分浓香型酒生产中使用。中温曲最高制曲品温 45~60℃，用于生产清香型和浓香型酒。一般清香型大曲酒制曲温度比浓香型低，通常控制在 45~48℃，最高不超过 50℃，所以清香型大曲也称为次中温曲。

①原料　制曲原料要求含有丰富的糖类化合物（主要是淀粉）、蛋白质以及适量的无机盐等，能够供给酿酒有益微生物生长所需的营养物质。一般高温大曲多用纯小麦为原料；清香型酒使用的是大麦、豌豆曲，浓香型酒生产中使用的有纯小麦曲和小麦、大麦、豌豆混合曲。各种大曲生产所用原料品种和配比，主要以产品特点和原料来源来定。

②接种　大曲主要是通过自然接种的方式培养，微生物来源于原料、水、周围环境。生产中除了要求原料能够满足酿酒有益微生物生长外，还要控制好制曲的温度、湿度和通风等条件，从而形成各大曲特有的微生物群系、酿酒酶系和香味前体物质。

酱香型大曲制作时加入了 3%~5% 的曲母粉。

③制曲工艺及要点　酒的类型不同制曲方法差异较大，下面以清香型中温大曲为例说明制曲工艺。

大麦60%、豌豆40%→混合→粉碎→加水搅拌→踩曲→曲砖→入曲室培养→成品曲→贮存→陈曲

曲的培养主要包括卧曲、上霉、晾霉、起潮火、大火期、后火期、养曲等几个步骤。

上霉　待曲砖稍干后即用苇席将曲砖遮盖起来。夏季为防止水分蒸发过快，可在遮盖物上洒些水。关闭曲室门窗，室温保持 12~19℃，任微生物在曲砖上生长繁殖。大约经过 1d 时间，在曲砖表面出现白色霉菌菌丝斑点。夏季大约 36h，冬季则需 72h，品温可达到 38~39℃，此时，曲砖表面可看到根霉菌丝、拟内孢霉的粉状霉点和酵母的针点状菌落。如果曲砖表面霉菌尚未长好，可揭开部分遮盖物散热，同时调整湿度，延长培养时间，让霉菌充分生长。上霉良好的大曲，以薄撒芝麻点为好，如霉衣过重，影响曲块温度、气体及水分的传递。

晾霉　曲坯表面上霉良好，关闭门窗，揭开苇席，待其表面水分缓慢蒸发，即可进行翻曲。翻曲后缓缓开窗散潮，调节曲间品温 28~30℃，翻曲可进行 3~4 次。晾霉可使曲坯发硬固形，其时间掌握与菌丛厚薄关系密切。晾霉太迟会造成霉衣过重，曲砖内部水分不易挥发；如晾霉过早，曲砖内部微生物繁殖不充分，造成曲砖硬结。

起潮火　晾霉完毕，曲砖表面干燥不粘手时，即关闭曲室门窗，任微生物生长繁殖。潮火期曲坯表面微生物大量向曲心繁殖，曲心温度较高，并大量向外排放水分，曲室又潮又热，待品温升到 36~38℃时进行翻曲，经过 5~6d 后，品温可达 45~46℃，进入大火期。

大火期7~8d，前3d热曲顶点温度45~46℃，每天翻曲一次，晾曲降温至32~34℃，后3d因曲心水分不多，热曲温度能高则高，隔天翻曲一次。之后进入后火期，品温降至32~33℃，经3~5d后进入养曲期，品温28~30℃维持3~4d，挤出曲心余水。

一般认为质量良好的大曲应具有特殊的曲香味，无酸臭味和其他异杂味。曲的外表有灰白色的斑点或菌丝，不应光滑无衣或成絮状的灰黑色菌丛。曲的横断面要有菌丝生长，且全为白色，不应有其他杂色掺杂在内。

④大曲中的微生物　大曲种类不同存在的微生物菌群、数量也不相同，制曲温度越高，微生物的种类相对越少。例如，汾酒大曲中有犁头霉、根霉、毛霉、黄曲霉、黑曲霉、红曲霉、拟内孢霉、交链孢霉、汉逊酵母、假丝酵母、毕赤酵母、酿酒酵母、乳酸杆菌、乳球菌、醋酸菌、产气杆菌、芽孢杆菌等20多个种属；泸州大曲和双沟大曲中主要有曲霉、犁头霉、根霉、毛霉、白地霉、假丝酵母、拟内孢霉、酿酒酵母、芽孢杆菌等20个类型；茅台大曲主要有芽孢杆菌、乳酸菌、醋酸菌、黄曲霉、黑曲霉、红曲霉、青霉、拟青霉、根霉、毛霉等10余种。高温大曲由于曲心温度高达65℃，酵母菌已基本死亡，曲中主要是芽孢菌和少量霉菌，因而表现出无发酵力（或发酵力很低），糖化力弱，液化力高，蛋白质分解力较强，产酒较香的特点；中温曲则由于培菌温度低，曲中微生物种类和数量都较高，发酵力、糖化力高，液化力和蛋白质分解力较弱。在清香型大曲中酵母菌的含量最高。

在整个大曲培菌过程中，微生物种类、数量随培养时间、曲块的部位不同有较大的变化（参阅7.3.1）。一般曲皮部分菌数明显高于曲心，新曲大于隔年曲。汾酒大曲曲皮微生物以犁头霉、根霉、拟内孢霉、假丝酵母的数量最多，而曲心以黄曲霉、红曲霉、芽孢杆菌、乳酸菌、醋酸菌、酵母菌等数量大于曲皮；而茅台大曲曲皮霉菌数量大于曲心，曲心微生物以芽孢杆菌为主。

（2）大曲酒生产工艺（以清香型清糙法大曲酒为例）

①清香型大曲酒生产工艺流程

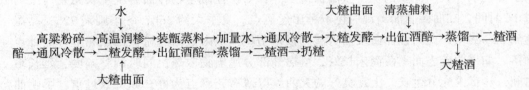

②工艺要点

润料　用80℃左右的热水与红糙拌匀后堆料20~24h，其间料温不断上升可达50℃左右，其原因主要是原料中好气性菌产生了呼吸热和发酵热。堆料过程中为防糙堆酸败，需每隔5~6h翻堆1次。高温润糙可使红糙吃透水分，有利于蒸煮糊化。

加曲　扬冷后，加入高粱糙投料质量9%~11%的大曲粉，充分拌匀后装缸发酵。

发酵　发酵前期（7~8d）温度缓慢上升到30℃左右，此时由于微生物的作用，淀粉含量急剧下降，还原糖迅速增加，酒精开始形成，酸度增加较快。

发酵中期（10d左右）维持温度在30℃左右，微生物生长繁殖和发酵作用极为旺盛，淀粉含量急剧下降，酒精含量明显增加，产酸菌活动受到抑制，酸度增加缓慢。

发酵后期（11d 左右）温度缓慢下降，此时糖化、发酵作用均很微弱，霉菌逐渐减少，酵母菌也逐渐死亡，酒精发酵几乎停止，酸度增加较快。该阶段主要是香味物质的生成。

出缸、蒸馏　发酵 28d 左右的成熟酒醅，在发酵结束后出缸，加入清蒸过的辅料，翻拌均匀后装甑蒸馏。接头去尾可得大楂酒。

入缸再发酵　蒸酒后的母糟中还含有大量未被利用的淀粉，有必要进行二次发酵。蒸酒结束后，往甑桶中加入 25～30kg 30℃ 的温水，然后出甑将物料迅速扬冷到 35℃ 左右，加入物料量 10% 的大曲粉，翻拌均匀，即可装缸发酵，二次发酵的周期为 28d。

贮存勾兑　将蒸馏收集到的白酒分别贮存，存放期为 3 年。出厂时，按要求进行勾兑。

9.2.1.2　啤酒酿造

啤酒是以大麦、水为主要原料，大米或谷物、酒花为辅料，经制麦、糖化和酵母发酵酿制而成的含有低度酒精、CO_2 和多种营养成分的饮料酒。由于生产上所用酵母种类、生产方式、产品浓度及色泽等的不同，从而形成了啤酒的多个品种。

（1）啤酒酿造微生物及扩大培养

啤酒酿造大多数采用啤酒酵母的各种菌株。啤酒酵母的细胞形态为圆形或卵圆形，幼龄细胞较小，成熟时细胞较大。液体培养的细胞往往大于固体培养细胞。啤酒酵母在麦芽汁琼脂培养基上生长，菌落表现出光滑、湿润、乳白色，边缘整齐的特征。在液体培养基中，呈混浊状态。

根据发酵结束酵母细胞在发酵液中存在状态可以分为上面啤酒酵母和下面啤酒酵母。上面啤酒酵母在发酵时，酵母细胞随 CO_2 浮在发酵液面上，发酵终了形成酵母泡盖，即使长时间放置，酵母也很少下沉。下面啤酒酵母在发酵时，酵母悬浮在发酵液内，在发酵结束时酵母细胞很快凝聚成块并沉积在发酵罐底。国内啤酒厂一般都使用下面啤酒酵母生产啤酒，常用的菌株有沈啤 2 号、青岛啤酒酵母、2.579 号、2595 号、Rasse U、Rasse E、Rasse 776 酵母。

上面啤酒酵母和下面啤酒酵母，两者在细胞形态和生理特性上有明显差异（表9-3）。

表 9-3　上面酵母与下面酵母的区别

比较项目	上面酵母	下面酵母
细胞形态	多呈圆形，多数细胞集结在一起	多呈卵圆形，细胞较分散
孢子的形成	培养时容易形成	用特殊培养方法才能形成
发酵时现象	发酵终了，大量酵母细胞悬浮在液面	发酵终了，大部分酵母细胞凝聚而沉淀下来
发酵温度	15～25℃	5～12℃
37℃ 培养	能生长	不能生长
对棉子糖发酵	能将棉子糖分解为蜜二糖和果糖，只能发酵 1/3 果糖部分	能全部发酵

（续）

比较项目	上面酵母	下面酵母
对蜜二糖发酵	不能	能
辅酶的浸出	酵母干燥后用水浸渍，辅酶不能浸出	容易浸出辅酶
对甘油醛发酵	不能	能
利用酒精生长	能	不能
呼吸活性	高	低
产生硫化氢	较低	较高

当培养组分和培养条件改变时，两种酵母各自的特性也会发生变化。生产上使用的啤酒酵母，由于菌株不同其在形态和生理特性上也会不同，在形成双乙酰高峰值和双乙酰还原速度上都有明显差别，因此造成啤酒风味各异。

啤酒酵母在接种发酵之前需要进行扩大培养，其扩大培养流程如下：

斜面试管→液体试管培养（25～27℃，2～3d）→小三角瓶培养（23～25℃，2d）→大三角瓶培养（23～25℃，2d）→卡氏罐培养（18～20℃，3～5d）→汉生罐（13～15℃，36～48h）→繁殖槽（9～11℃，48h）→发酵罐

（2）发酵机理

冷却的麦汁接种酵母后，在有氧条件下，酵母菌以麦汁中氨基酸为主要氮源，可发酵性糖类为主要碳源进行有氧呼吸和旺盛的增殖。当醪液中的溶解氧消耗尽后，酵母菌便进行厌氧发酵，生成乙醇和 CO_2。

在整个啤酒发酵过程中，酵母菌除了利用葡萄糖产生乙醇和 CO_2 外，还生成乳酸、醋酸、柠檬酸、苹果酸和琥珀酸等有机酸及少量的高级醇（戊醇、异戊醇、异丁醇等）及其酯类；麦芽中所含的蛋白质降解酶将蛋白质降解成胨、肽后，酵母菌自身含有的氧化还原酶继续将含氮化合物进一步转化成氨基酸和其他低分子物质。这些复杂的发酵产物决定了啤酒的风味、泡持性、色泽及稳定性等各项指标，使啤酒具有独特的风格。

健壮与发酵旺盛的酵母是决定啤酒香味成分多寡与低聚糖含量高低的关键。

（3）生产工艺流程及要点

啤酒的生产过程大致可分为麦芽制造（制麦）和啤酒酿制两大部分。

麦芽制造工艺流程：

大麦→粗选→精选→分级→洗麦→浸渍→发芽→干燥焙焦→除根冷却→贮藏→磨光→成品麦芽

啤酒酿造工艺流程：

```
辅料→粉碎→糊化        酒花                    酵母
                    ↓                      ↓
麦芽→粉碎→糖化→过滤→煮沸→沉淀→麦汁冷却→充氧→发酵→啤酒过滤→灌装→成品
```

①制麦 大麦在人工控制的条件下发芽、干燥的过程称为制麦。其目的就是使大麦产生各种水解酶类，并使麦粒胚乳细胞的细胞壁受纤维素酶和蛋白水解酶作用后变成网状结构，便于在糖化时酶进入胚乳细胞内，进一步将淀粉和蛋白质水解溶出。同时通过

将绿麦芽进行干燥处理，可以除去过多的水分和生腥味。

②糖化　糖化处理可将麦芽中的淀粉、蛋白质等大分子物质分解成可溶性的小分子物质，适合于酵母生长和发酵。

糖化工序结束后，尽快过滤、煮沸，煮沸期间添加酒花。煮沸可以杀灭麦汁中的杂菌，避免发酵时产生酸败，同时浸出酒花中有效成分。

煮沸后的麦芽汁，经过滤除去酒花糟和煮沸产生的热凝固物，冷却至主发酵最适宜的温度（6~8℃），同时使大量的冷凝固物析出。另外，为了满足酵母在主发酵初期繁殖的需要，要充入一定量的无菌空气。

③发酵　20 世纪 80 年代以前我国啤酒厂普遍采用传统下面发酵，该方式均为分批式。目前啤酒生产几乎全部采用大罐发酵法。大罐发酵分为一罐法和两罐法。一罐法发酵的主发酵和后发酵（后熟）在同一罐中完成；两罐法发酵采用的是主发酵在发酵罐中进行，而后发酵（后熟）和贮酒阶段在贮酒罐中完成，或主发酵和后发酵在同一罐中进行，而贮酒阶段在贮酒罐中完成。下面以一罐法发酵为例说明。

将预先制备好的啤酒酵母按一定比例接种于被冷却的麦汁内，接种量通常控制在 0.6%~0.8%，满罐后酵母细胞浓度 $1.2×10^7 ~ 1.5×10^7 cfu/mL$。由于发酵罐容量较大，常需分批送入麦汁，一般要求在 20h 内装满罐，温度控制在低于主发酵温度 2℃ 左右。满罐后每隔 24h 排放一次冷凝固物，共排 3 次。根据发酵过程中温度控制的不同，可将发酵过程分为主发酵、还原、降温、贮酒几个阶段。

主发酵　麦汁满罐并添加酵母后，酵母菌开始大量繁殖，消耗麦汁中可发酵糖，同化麦汁中低分子氮源，当繁殖达到一定程度后开始发酵。国内多数厂家采用前低温（9~10℃）后升温（12~13℃）的发酵工艺。低温缓慢发酵酿成的酒，风味柔和醇厚，泡沫细腻持久，质量比较好，只是成本偏高。发酵 5~7d 后，当麦汁糖度降到 4.8~5.0°Brix 左右时，要封罐升压，发酵罐压力控制在 0.10~0.15MPa。

双乙酰还原期　主发酵结束后，关闭冷却使发酵温度自然升至 12℃，进入双乙酰还原期。虽然在发酵液中还含有少量可发酵糖，经发酵会产生一定的热量，但相对于主发酵期产热量已少得多，温度上升缓慢，可通过调节锥形罐底部冷却系统来控制还原温度。

降温期　随着糖度继续降低，双乙酰还原至 0.1mg/mL 以下时，开始以 0.2~0.3℃/h 的速度使罐温降温到 5℃，并保持此罐温 12~24h 进行酵母回收。该阶段仍以控制下部温度为主，以利于发酵液有上向下对流，促进酵母及凝固物的沉降，有利于酵母回收、酒液的澄清和 CO_2 的饱和，有利于酒质提高和口味的纯正。

贮酒期　回收酵母后锥形罐继续降温，在 2~3d 内继续以 0.1℃/h 的速度降温，使罐温降至 -1~0℃，并保持此温 7~10d，且保持罐压 0.1MPa，啤酒发酵总时间需 21~28d。

④啤酒过滤与包装　发酵成熟的啤酒仍有少量物质悬浮在酒中，包装前为使啤酒清亮透明、富有光泽，必须对啤酒进行过滤处理。在啤酒过滤过程中，啤酒的温度和过滤时压力控制、后酵酒的质量均会影响过滤啤酒的质量。

9.2.1.3 葡萄酒酿造

葡萄酒是以新鲜葡萄或葡萄汁为原料经发酵后获得的酒精饮料，乙醇含量一般为9%~16%。葡萄酒独特的品质和风格取决于原料的品质以及酿造技术等。

（1）葡萄酒发酵中微生物及酵母菌的扩大培养

葡萄酒酿制中，新鲜葡萄汁中含有葡萄上以及接触葡萄酒厂设备所带来的微生物群落。一般健壮完整的成熟葡萄普通颗粒上栖息着 10^3~10^5 cfu/g 的微生物，但在破碎后的葡萄汁中酵母菌细胞数量通常能达到 10^6 cfu/mL。

从葡萄浆果上分离出的微生物种类有限，主要有柠檬形克勒克酵母（*Kloeckera apiculata*）和葡萄汁有孢汉逊酵母（*Hanseniaspora uvarum*），可占总数量的99%。同时还有少量的美极梅奇酵母（*Metschnikowia pulcherrima*）、无名假丝酵母（*Candida famata*）、星形假丝酵母（*C. stellata*）、膜醭毕赤酵母（*Pchia membranaefaciens*）、发酵毕赤酵母（*P. fermentans*）、异常汉逊酵母（*Hansenula anomala*）、大隐球酵母（*Cryptococcus magnus*）和克鲁维毕赤酵母（*Pichia kluyveri*）等。酿酒酵母在健壮的葡萄上含量较少，大约为50cfu/g，但是如果在严格无菌条件下进行自然发酵，当发酵过半时，酿酒酵母几乎占葡萄汁中分离酵母菌的1/2。

葡萄酒中乳酸菌主要来源于葡萄浆果和酿酒设备，由葡萄带入的乳酸菌很少。葡萄酒中自然乳酸菌有酒球菌属（*Oenococcus*）、片球菌属（*Pediococcus*）、乳杆菌属和明串珠菌属细菌，有许多生产厂家接入酒明串珠菌来促进苹果酸-乳酸发酵。醋酸细菌主要包括氧化葡萄糖醋杆菌、产醋醋酸杆菌、巴斯清醋酸杆菌。进入葡萄汁的大多数细菌和野生酵母受到二氧化硫及发酵环境变化的影响，在发酵过程中受到抑制或生长一段时间后逐渐消失。

葡萄酒厂内也有大量酵母菌存在，发酵容器、盛酒容器、管道等都是酵母菌繁殖的场所。

葡萄酒生产中进行酒精发酵微生物主要是葡萄酒酵母菌，现在大多生产中都采用纯种发酵剂接种。酵母菌在很大程度上决定着葡萄酒的质量，同一种葡萄汁采用不同的葡萄酒酵母发酵，制得的葡萄酒质量也不相同。优良葡萄酒酵母应具有发酵能力强、发酵速度高、耐酒精性好、产酒精能力强、抗二氧化硫能力强等特点，并能产生良好的果香与酒香；繁殖速度快、不易变异，有较好的凝集力和较快沉降速度；不产生有害葡萄酒质量的副产品，耐低温性好，能满足干葡萄酒生产的要求。目前国内使用的优良葡萄酒酵母菌种有：中国食品发酵工业研究所选育的1450号、1203号、Am-1号活性干酵母；张裕酿酒公司的39号酵母；北京夜光杯葡萄酒厂选出的8562、8567号酵母；法国酵母SAF-OENOS，加拿大酵母LALVIN R2。

葡萄酒酵母菌（*Saccharomyces ellipsoideus*）在微生物分类学上为子囊菌纲的酵母属啤酒酵母种。葡萄酒酵母常为椭圆形、卵圆形，一般为（3~8）μm×（5~15）μm；在葡萄汁琼脂培养基上，菌落呈乳白色，不透明但有光泽，表面光滑，湿润，圆形，边缘整齐，中心部位略显突出，易被接种针挑起，培养基无颜色变化。最适生长温度22~30℃，果汁温度低于16℃时繁殖很慢，40℃生长完全停止。pH 3.5左右繁殖良好，pH 2.6时酵母基本上停止繁殖。其耐酒精性强，在10%~16%酒精中仍有一定的代谢能力，有些耐酒精度能达 20% 以上。

从斜面试管菌种到生产使用的酒母，需经过数次扩大培养，每次扩大倍数为 10～20 倍。其工艺流程为：

斜面试管菌种（活化）→麦芽汁斜面试管培养（10倍）→液体试管培养（12.5倍）→三角瓶 培养（12倍）→玻璃瓶（或卡氏罐）（20倍）→酒母罐培养→酒母

（2）葡萄酒生产工艺及要点

葡萄酒通常分为红葡萄酒和白葡萄酒，前者多以带皮的红葡萄为原料酿制而成，后 者以白葡萄或红皮白肉葡萄的果汁为原料酿制。以下以红葡萄酒发酵为例进行说明。

工艺流程：

二氧化硫　酒母

红葡萄分选→除梗破碎→葡萄浆→主发酵→压榨→前发酵酒→调整成分→后发酵→添桶→第一次换桶

干红葡萄酒←包装灭菌←澄清处理←均衡调配←第二次换桶←陈酿←干红葡萄酒原酒

①前发酵　在传统葡萄酒酿造过程中，前发酵与浸渍同时进行，发酵容器多为开放 式水泥池，近年来已逐步被新型不锈钢发酵罐所取代。

前发酵过程中温度的控制必须保证浸渍和发酵的需要，温度过高会影响酵母菌的活 动，导致发酵终止，引起细菌性病害和挥发酸含量升高；温度过低，不能保证良好的浸 渍效果，一般采用 25～30℃。28～30℃有利于酿造单宁含量高、需较长时间陈酿的葡萄 酒，25～27℃则适合于酿造果香味浓、单宁含量相对较低的新鲜葡萄酒。另外，应据原 料及成品特点选择合适的浸渍时间、二氧化硫用量、倒罐次数等。

当发酵液密度降至 1.015g/mL 以下（优质酒 1.000g/mL 以下，残糖低于 2g/L；普 通酒密度为 1.010～1.015g/mL）时，分离出自流酒，皮渣经压榨获得压榨原酒。

②后发酵　后发酵可以转化原酒中残糖，促进风味物质形成，改善口感，并使酒体 澄清。

在后发酵过程中，原酒需补加 30～50mg/L 二氧化硫，温度控制在 18～25℃，温度过 高不利于新酒的澄清，同时应避免原酒与空气接触。

（3）葡萄酒发酵过程中微生物的变化

自然发酵条件下，酒精发酵过程中不同酵母菌种在不同阶段产生着作用，但种 群交替过程存在交叉。酒精发酵的触发主要是尖端酵母（包括柠檬形克勒克酵母及 其有性世代葡萄汁有孢汉逊酵母）和发酵毕赤酵母活动的结果。通常在发酵初期， 尖端酵母和发酵毕赤酵母的种群数量最大，但 20h 后酿酒酵母数量加大，与前者共 存，随后尖端酵母和发酵毕赤酵母消失，当葡萄汁密度下降到 1.070～1.060 时， 酿酒酵母的细胞数量一般为 10^7～10^8 cfu/mL。在酒精发酵后期，酿酒酵母群体数量 逐渐下降，但仍能维持在 10^6 cfu/mL 以上。正常情况下能完成酒精发酵，直到发酵 结束都不会出现其他酵母（图 9-1）。在发酵结束后几周内，酿酒酵母群体数量迅速 降低到 10^3 cfu/mL 以下。

乳酸菌在葡萄汁中的群体密度很低，在酒精发酵之前为 10^3～10^4 cfu/mL，此时乳酸 菌的主要种类为植物乳杆菌、干酪乳杆菌、肠膜状明串珠菌和有害片球菌等。在酒精发

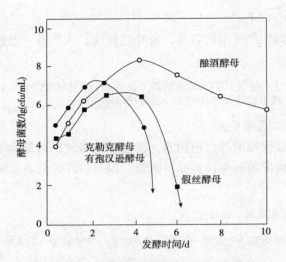

图 9-1　酒精发酵过程中酵母种群与数量变化

酵过程中，部分乳酸菌不能增殖，有些种甚至全部死亡。酒精发酵结束后，乳酸菌总数下降到每毫升只有数个细胞，甚至用平板分离法不能检出。此时乳酸菌的种类主要是有害片球菌及植物乳杆菌。残留的乳酸菌经过一段延滞期后开始增殖，此时细菌密度可达 $10^6 \sim 10^8$ cfu/mL。酒球菌属细菌通常为苹果酸-乳酸发酵的主导菌，但 pH 值较高（pH 3.5~4）时，片球菌和乳杆菌也可以进行苹果酸-乳酸发酵。在贮酒期间，由于过滤或添加二氧化硫等方法处理，乳酸菌得到清除或抑制，但当 pH 值高于 3.5、二氧化硫浓度低于 50mg/L 时，可能会导致片球菌和乳杆菌的繁殖，从而导致酒类酒球菌由于拮抗作用而死亡。图 9-2 为葡萄酒酿造过程中乳酸菌的群体数量变化规律。

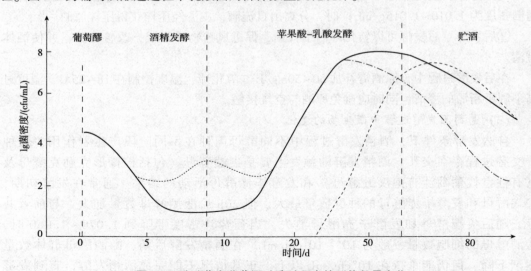

图 9-2　乳酸菌在葡萄酒酿造过程中的群体数量变化

—— 表示酒类酒球菌在 pH 3.5 条件下的生长动态；········表示在酒精发酵过程中乳酸菌群体经轻微增长后有下降；----- 表示其他种类的苹果酸-乳酸菌在苹果酸-乳酸发酵后期的生长动态；
—·—表示当 pH 值较高时，其他种类的苹果酸-乳酸菌的增殖导致酒类酒球菌群体数量的下降

乳酸菌的种类和数量变化受酿酒原料品种特性、营养状况、二氧化硫添加量、pH值、酒精浓度、不同乳酸菌之间及乳酸菌与酵母菌之间相互关系等因素的影响。此外，酒精发酵所使用的酵母菌株、发酵与贮酒温度、转罐、澄清过滤等多种工艺操作也会影响乳酸菌的群体消长。所以，在不同的酿造条件下，乳酸菌的群体变化动态也有所不同。

（4）葡萄酒发酵过程中生物化学变化

尽管在葡萄酒生产中酵母的酒精发酵是主要反应，但是整个过程的生物化学变化是复杂的，必须很好地加以理解、认识，加强发酵工艺控制，才能确保生产出稳定的高质量产品。

①酒精发酵　葡萄酒发酵开始后，酵母属酵母通过 EMP 途径将葡萄汁中的葡萄糖和果糖逐步代谢为酒精和 CO_2，从而限制了细菌和真菌的繁殖。

葡萄酒酿造过程中酒精发酵持续的时间和酒精发酵的完成等受到许多因素的影响，其中包括葡萄汁的澄清、葡萄汁的预处理、葡萄汁的组分、发酵温度和其他微生物的影响等。

在酒精发酵的同时也进行着甘油发酵。前期甘油发酵占优势，以后酒精发酵逐渐加强并占绝对优势，甘油发酵减弱，但并不完全停止。因此，在酒精发酵过程中，除产生乙醇外还会生成很多其他副产品，如甘油、醛类、有机酸类、少量高级醇及其酯类，与葡萄浆果本身的香气一起构成了葡萄酒特有芳香味。甘油产生量还受到酵母菌种、基质中的糖和二氧化硫含量等因素的影响。

②苹果酸-乳酸发酵　通常在酒精发酵后葡萄酒还要进行苹果酸-乳酸发酵。苹果酸-乳酸发酵的主要反应是 L-苹果酸脱羧生成 L-乳酸和 CO_2，使葡萄酒的酸度降低、pH值上升（大约 0.3~0.5），葡萄酒具有更软、更柔和的风味。同样，细菌的生长有助于产生更多的、可以促进风味的代谢产物。

苹果酸-乳酸发酵在所有生产葡萄酒的地区都会发生，通常于酒精发酵 2~3 周后自然开始，可持续 2~4 周。但它并不是各种产地各种葡萄酒都需要，要视当地葡萄情况、酿酒条件、对酒质的要求而定。一般气候较热地区的葡萄或葡萄酒酸度不高，进行苹果酸-乳酸发酵 pH 值升高，酒味淡薄，容易败坏；大多数白葡萄酒和桃红葡萄酒进行该发酵会影响风味清新感；在气候寒冷地区生长的葡萄，酿造的葡萄酒中苹果酸的浓度较高，pH 值较低，需要进行苹果酸乳酸发酵。

由于自然产生苹果酸-乳酸发酵具有不可预见性，因此在工业上要使葡萄酒的苹果酸-乳酸发酵顺利触发和进行，除控制工艺条件（如温度、pH 值、SO_2 处理等）外，还需要人为地接种乳酸菌来启动这个反应。

9.2.2　酵母菌与面包生产

9.2.2.1　发酵剂

用于面包发酵的酵母菌种必须是发酵力强，并能产生香味。目前最常用的是啤酒酵母。啤酒酵母有圆形、椭圆形等多种形态，以椭圆形的用于生产较好。酵母菌生长最适温度为 27~28℃，最适 pH 值为 5.0~5.8。酵母活性随温度升高而增强，面团内产气量可大量增加，当面团温度达到 38℃时，产气量达到最大，因此面团醒发时控制温度在

38~40℃。酵母菌耐高温的能力不强，60℃以上会很快死亡。10℃以下酵母菌活性几乎完全停止。

生产上应用的酵母主要有鲜酵母、活性干酵母及即发干酵母。鲜酵母是酵母菌种在培养基中经扩大培养和繁殖、分离、压榨而制成。鲜酵母发酵力不高，活性不稳定，不易贮存运输，使用受到一定限制。活性干酵母是鲜酵母经低温干燥而制成的颗粒酵母，发酵活性稳定、发酵力高，且易于贮存运输，使用较为普遍。即发干酵母又称速效干酵母，是活性干酵母的换代品，使用方便，一般无需活化处理，可直接生产。

在黑面包或一些法式面包生产中会使用到发面起子，其中除含有酵母菌外还含有一些细菌，如乳杆菌属、明串珠菌属、片球菌属及链球菌属的一些种。

9.2.2.2 发酵机理

在适当的温度下（一般在 28℃左右），酵母菌可利用面粉中的少量糖和低氮化合物生长繁殖。与此同时，面粉中的淀粉酶可降解部分淀粉，为酵母菌进一步生长、发酵提供了可利用的营养物质。酵母菌发酵可产生 CO_2、醇、醛和一些有机酸等物质。CO_2 由于被面团中的面筋包围，不易跑出，从而使面团逐渐涨大。发酵好的面团，经过揉搓、成型后经 220℃左右的高温下烘烤，CO_2 受热膨胀、逸散，从而使面包成为多孔的海绵状结构。在发酵中形成的其他发酵产物，在烘烤中形成了面包特有的香味。

面团发酵过程中酵母菌有氧呼吸和酒精发酵往往同时进行，空气充足时以有氧呼吸为主，面团内氧气不足时以发酵为主。在生产实践中，为使面团充分发起，常有意识的创造条件使酵母进行有氧呼吸，产生大量 CO_2，如在发酵后期进行的多次撤粉。适当的厌氧条件有利于乙醇、乳酸等生成，可提高面包特有的风味。

9.2.2.3 面包生产工艺

面包生产工艺有一次发酵法、二次发酵法、速成发酵法、连续搅拌法及冷冻面团法等。我国生产面包多用一次发酵法及二次发酵法。近年来，快速发酵法也得到广泛的应用。

（1）面包生产工艺流程

一次发酵法工艺流程：

活化酵母
↓

原料处理→面团调制→面团发酵→分块、搓圆→整形→醒发→烘烤→冷却成型→包装

（2）工艺要点

①面团调制　面团调制不但可使酵母、水和其他各种辅料与面粉混合均匀，同时可以裹入一定量的空气，供酵母生长需要。

②面团发酵　一次发酵法发酵室温度 26~28℃，相对湿度 75%，发酵时间 2~4h，在发酵期间常进行 1~2 次撤粉以排除 CO_2，补充空气。

③整形与醒发　发酵成熟的面团应立即进行整形，然后在醒发室进行最后一次发酵。醒发室内温度 38~40℃，相对湿度 85%，醒发后面包坯形成松软的海绵状组织和面包的基本形状，以保证成品体积大而丰满且形状美观。醒发时间一般在 45~60min。

④烘烤　醒发后的面包坯应立即进入炉烘烤，面包坯在烘烤过程中会发生一系列的

物理、化学及微生物的变化。

面包坯入炉初期，其中的酵母菌生命活动比以前更加旺盛，继续发酵并产生大量 CO_2 气体，使面包坯体积进一步增大。当烘烤继续进行，面包坯温度上升到 44℃ 时，酵母产气能力下降，50℃ 时开始死亡。除了酵母菌外，面包中还有部分产酸菌，主要是乳酸菌。当面包坯进入烤炉时，它们的主要生命活动随温度升高而加快，当超过其最适温度时，其生命活动逐渐减弱，大约到 60℃ 时就全部死亡。

9.2.3 酵母菌与单细胞蛋白生产

单细胞蛋白（single cell protein，SCP）是指利用各种营养基质大规模培养单细胞微生物（包括细菌、酵母菌、某些霉菌和单细胞藻类）所获得的菌体蛋白。在 SCP 生产中，可利用各种基质，如糖类物质、碳氢化合物、石油副产品、氢气及有机废水等。只要因地制宜，配以合适生产工艺和先进生产设备，微生物就能以大于动植物 10 倍的速度合成蛋白质，而且营养价值毫不逊色。

酵母细胞中含有蛋白质、脂肪、糖类、维生素和无机盐等，其中蛋白质含量特别丰富，如啤酒酵母蛋白质含量占细胞干重的 42%～53%，产假丝酵母为 50% 左右。酵母细胞中，糖类除糖原外，还发现有海藻糖、去氧核糖、直链淀粉等；蛋白质中氨基酸的含量除蛋氨酸比动物蛋白低外，苏氨酸、赖氨酸、组氨酸、苯丙氨酸等含量均较高，氨基酸组成比较完全。人体必需的 8 种氨基酸的多数也都比小麦中的含量高；维生素含量丰富、种类多，已经研究过的就有 14 种以上，除了脂溶性维生素原麦角固醇以外，其余为水溶性维生素，因此酵母细胞具有较高的营养价值，是良好的蛋白质资源，可作为食用和饲用。

生产 SCP 的常用酵母菌有：热带假丝酵母（*Candida tropicalis*）、产朊假丝酵母（*C. utilis*）、解脂假丝酵母解脂变种（*C. lipolytica* var. *lipolytica*）、酿酒酵母、扣囊拟内孢霉（*Endomycopsis fibuligera*）、脆壁酵母（*Saccharomyces fragilis*）、脆壁克鲁维酵母（*Kluyveromyces fragilis*）、保加利亚克鲁维酵母（*K. bulgaricus*）、毕赤酵母（*Pichia*）、汉逊酵母等。热带假丝酵母和产朊假丝酵母等主要以亚硫酸盐纸浆废液、木材水解液、糖蜜等为原料生产饲用酵母，而酿酒酵母主要以糖蜜生产食用或医用酵母。脆壁酵母、脆壁克鲁维酵母和保加利亚克鲁维酵母能利用乳清生产食用 SCP。

酵母菌培养采用液体深层通气法和固体通风发酵法均效果良好，其基本工艺流程如下：

斜面菌种→扩大培养→发酵培养→分离→菌体细胞→洗涤→分解→分离浓缩→蛋白质抽提物→
纯化→喷雾干燥→食用蛋白粉
　　　　　　　　　　　　　　　　　　↓
　　　　　　　　　　　　干燥→饲用蛋白粉

SCP 作为人与动物的营养蛋白源时，必须具有高度的安全性。生产用菌株应该是安全菌株，生产原料应确保无毒、无有害物质污染、无致癌性重金属存在等。

9.3 细菌在食品工业中的应用

利用细菌制造的食品有酸乳、纳豆、香肠及种类繁多的调味品等。此外，细菌还可用于工业级食品原料（如一些有机酸、氨基酸、黄原胶等）的生产。

9.3.1　细菌与乳酸发酵

9.3.1.1　乳酸菌与发酵乳制品

乳类原料经有益微生物的发酵可以制成许多发酵乳制品，如酸奶、干酪、酸奶油、马奶酒等，不仅具有良好而独特的风味，而且提高了其营养价值。有些乳制品还可抑制肠胃内的异常发酵和其他肠道病原菌的生长，具有一定疗效作用。

（1）发酵乳制品所用微生物

生产发酵乳制品的细菌主要是乳酸菌。乳酸菌是一类能使可发酵性糖类化合物转化成乳酸的革兰阳性细菌的通称，并非微生物分类学上的名词。根据伯杰氏细菌鉴定手册，目前已发现的乳酸菌至少分布于19个属中。常用的乳酸菌有干酪乳杆菌、德氏乳杆菌保加利亚亚种、嗜酸乳杆菌、植物乳杆菌、瑞士乳杆菌、德氏乳杆菌乳酸亚种、乳酸乳球菌、乳脂链球菌、嗜热链球菌、乳酸乳球菌丁二酮乳酸亚种、两歧双歧杆菌（*Bifidobacterium bifidum*）、长双歧杆菌（*B. longom*）、短双歧杆菌（*B. breve*）、青春双歧杆菌（*B. adolescentis*）、婴儿双歧杆菌（*B. infantis*）。

有些乳制品生产中，除了乳酸菌外还有酵母菌、霉菌及其他细菌参与。酵母菌主要有乳酒假丝酵母、脆壁酵母、脆壁克鲁维酵母、类热带假丝酵母、乳酸酵母、乳酸克鲁维酵母等；霉菌主要有娄地青霉、沙门柏干酪青霉、酪生青霉等；细菌还有扩展短杆菌、费氏丙酸菌等。

作为发酵乳制品生产的发酵剂，有时使用单一菌株，而更多的时候则是用两种或两种以上的菌种配合进行发酵，以便获得更好的风味。

（2）发酵乳制品中的生物化学变化

乳酸发酵是所有发酵乳制品所共有和最重要的化学变化，其代谢产物乳酸是发酵乳制品中最基本的风味化合物。在发酵乳制品生产中，乳酸发酵所累积的乳酸最大可达1.5%。乳酸菌在分解乳糖产生乳酸同时，还可代谢产生多种风味物质，赋予产品独特的风味。

乳酸菌发酵的另一重要代谢为柠檬酸代谢（图9-3）。乳中柠檬酸的含量较低，平均为0.18%，且仅能被嗜温型的风味细菌利用生成双乙酰。双乙酰是一种极其重要的风味化合物，可使发酵乳制品具有"奶油"特征，有一种类似坚果仁的香味和风味。在所有乳酸菌中，能够利用柠檬酸的种类主要是乳脂明串珠菌、乳酸乳球菌乳酸亚种丁二酮变种等。

在发酵乳制品的各种代谢产物中，重要的风味化合物还有乙醛、挥发性脂肪酸等。酸奶的典型风味主要是由德氏乳杆菌保加利亚亚种产生的乙醛形成。但在发酵过的酪农奶油、酸性酪乳和酸性稀奶油中，乙醛的存在会给产品带来一种"生的""酸牛奶"味的不良风味，是有害的。

细菌发酵过程中形成了足够的挥发性酸（如甲酸、乙酸和丙酸等），赋予发酵乳制品特有的酸味。特别是风味细菌中的乳链球菌丁二酮亚种，利用酪蛋白水解物形成挥发性脂肪酸的能力更强。一般认为挥发性脂肪酸对成熟干酪的口味形成是有益的。

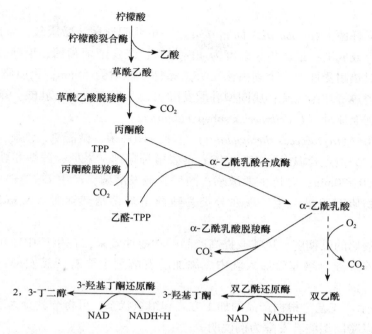

图 9-3　乳酸菌中丁二酮、3-羟基丁酮合成途径（或柠檬酸代谢途径）

　　一些风味细菌如明串珠菌在异型乳酸发酵中可形成少量乙醇，赋予了某些发酵乳制品的特殊风味。而在酸奶酒中，乙醇主要是由开菲尔酵母和开菲尔球拟酵母产生的，最终产品中乙醇含量可达 1%；在马奶酒中是由球拟酵母产生，乙醇含量一般为 0.1%～1.0%。

　　在酸性酪乳、酸牛奶酒和马奶酒中，异型乳酸细菌或酵母菌发酵乳糖可生成 CO_2 使产品膨胀，其赋予产品的风味效果与在软饮料中充 CO_2 的效果相似。此外，风味细菌在柠檬酸代谢过程中也可产生大量的 CO_2。

　　在各种代谢产物中，一些较次要的代谢产物即使数量很少甚至是微量的，在保持发酵乳制品的风味平衡方面却起着非常重要的作用。

　　另外，一些乳酸菌能利用培养基中的糖类物质产生胞外多糖（exopolysaccharides，EPS），如链球菌变种、肠膜明串珠菌能产生胞外葡聚糖，嗜热链球菌产生的胞外多糖以葡萄糖、半乳糖为主要成分，还含有少量木糖、阿拉伯糖、鼠李糖和甘露糖等。生产上可以利用产胞外多糖的专用菌株来提高发酵乳的黏度和胶体稳定性，改善发酵乳的品质和稳定性。

　　（3）发酵乳制品

　　①酸乳　是新鲜牛乳经乳酸菌发酵制成的乳制品，其中含有大量活菌。酸乳除具有较高的营养价值外，在胃肠内还具有抑制腐败细菌导致的异常发酵，防止和治疗胃肠炎等效果。

　　a. 菌种　传统酸乳多由嗜热链球菌和德氏乳杆菌保加利亚亚种共同发酵生产。发酵剂中两种菌的比例对于酸乳的质量影响很大，生产中可以根据两种菌的培养方式（混合培养或单菌培养）、接种量、发酵温度、发酵时间、pH 值以及牛乳的加热程度等来确定合适的比例。

保加利亚乳杆菌（*Lactobacillus bulgaricus*）　革兰阳性菌，微厌氧，细胞两端钝圆，呈细杆状，单个或成链；最适生长温度为40~43℃；能发酵葡萄糖、果糖、乳糖，但不能利用蔗糖；对热耐受性差，个别菌株在75℃条件下能耐受20min；蛋白质分解能力弱；对抗生素不如嗜热链球菌敏感；属同型乳酸发酵菌，产生D-(-)-乳酸。现在分类为德氏乳杆菌保加利亚亚种（*L. delbrueckii* subsp. *bulgaricus*）。

嗜热链球菌（*Streptococcus thermophilus*）　革兰阳性菌，微需氧，细胞呈卵圆形，成对或形成长链；最适生长温度为40~45℃；能发酵葡萄糖、果糖、蔗糖和乳糖；在85℃条件下能耐受20~30min；对抗生素敏感；同型乳酸发酵菌，产生L-(+)-乳酸；代谢过程中有风味物质双乙酰产生。现在分类为唾液链球菌嗜热亚种（*S. salivarius* subsp. *thermophilus*）。

为了增加酸奶的黏稠度、风味或提高产品的功能性效果，在生产中还可添加辅助菌种，以单独培养或混合培养后加入乳中。添加的发酵剂主要有产黏发酵剂、产香发酵剂、益生菌发酵剂等。

b. 酸乳的生产工艺　根据产品的加工方式和组织状态，可将酸乳分为凝固型和搅拌型两类。下面以凝固型酸乳发酵为例说明。

凝固型酸乳工艺流程：

原料乳→过滤、净化→标准化→配料→均质→杀菌→冷却→接种→装瓶→保温发酵→冷藏后熟→成品

工艺要点：

杀菌、冷却、接种　原料乳杀菌条件一般选择90~95℃，5~10min。杀菌后将乳冷却到40~45℃接种，接种量2%~5%。

发酵　一般采用41~42℃保温培养。如果温度偏低（40℃），嗜热链球菌比保加利亚乳杆菌生长旺盛，L-(+)-乳酸的比例增大，酸味不足，酸乳硬度较小，达到规定酸度的时间较长；如果培养温度略高于45℃，则德氏乳杆菌保加利亚亚种生长旺盛，D-(-)-乳酸的比例增大，出现刺激性较强的酸味，酸度较大，达到规定酸度的时间较短，香味成分不足，并且在保存过程中酸度还会增高，导致不良后果。一般培养4h即到达发酵终点，可通过酸度、感官等指标来判定酸乳的发酵终点。

冷却、后熟　为了迅速有效地抑制酸乳中微生物的生长、降低酶活性，防止产酸过度、乳清析出，延长酸乳的保存期限，发酵好的酸乳需要迅速冷却至5℃以下，然后进行冷藏后熟，促进香味物质产生。

c. 新型酸乳　除了传统酸乳之外，现在还涌现出了许多不同类型的酸乳制品，其他能够用于酸奶制造的乳酸菌还有嗜酸乳杆菌、双歧杆菌等。

嗜酸乳杆菌酸乳　由单一嗜酸乳杆菌作为发酵剂发酵而成。嗜酸乳杆菌为革兰阳性、耐氧或微厌氧菌，细胞两端钝圆，呈杆状，单个、成双或成短链；生长温度为37~38℃，能发酵葡萄糖、果糖、蔗糖和乳糖，除此之外还能利用麦芽糖、纤维二糖、甘露糖、半乳糖和水杨苷等作为生长的碳源；对热耐受性差，蛋白质分解力弱；对抗生素比嗜热链球菌更敏感；属同型乳酸发酵，产D,L-乳酸；在乳中生长缓慢，发酵时间12h

左右；最适生长 pH 值为 5.5~6.0，一般当乳酸浓度达到 0.6%~0.7%时停止发酵。嗜酸乳杆菌抵抗胃酸和胆盐的能力较强，并能在人的肠道内定殖，抑制肠道病原菌生长，具有整肠、抗肿瘤、降低胆固醇等作用。

嗜酸乳杆菌酸乳的生产工艺流程：

原料乳→加热（85℃,30min）→均质→冷却至37℃→接种（3%~5%发酵剂）→培养（37℃，16~18h）→冷却至5℃→搅拌→包装→冷藏（4℃）

嗜酸乳杆菌酸乳由于发酵剂菌种单一，产酸慢、发酵时间长、产品尖酸而涩、风味差，缺乏其他有利于增进风味的副产物，活菌保存期短，达不到胃肠疾病康复的作用。刘慧、李铁晶等人采用嗜酸乳杆菌与乳酸乳球菌乳脂亚种混合发酵，不仅改善了产品的适口性，而且提高了产酸速度，延长了产品活菌保存期。另外，还有一类嗜酸乳杆菌酸乳是不经过发酵，只将该益生菌直接添加到灭菌乳中，制成所谓的甜性乳，其中的嗜酸乳杆菌活菌数为 10^6~10^8cfu/mL，适合不喜欢酸性口味人群饮用。

双歧杆菌酸乳 双歧杆菌为革兰阳性、专性厌氧菌，目前生产上使用的多为耐氧菌；最适生长温度 37~41℃，初始生长最适 pH 值为 6.5~7.0；抗酸性弱，对营养要求复杂，能发酵葡萄糖、果糖、半乳糖和乳糖，除两歧双歧杆菌仅缓慢利用蔗糖外，长双歧杆菌、短双歧杆菌和婴儿双歧杆菌等均能发酵蔗糖；在培养基中添加一些低聚糖如水苏糖、棉子糖、乳果糖、异构化乳糖、聚甘露糖和 $N-$乙酰$-\alpha-D-$氨基葡萄糖苷，或添加还原剂维生素 C 和半胱氨酸可以降低还原电位，可以促进双歧杆菌的生长；利用葡萄糖发酵产生乙酸和乳酸（3:2），不产生 CO_2；对热耐受性差，蛋白质分解力微弱，对抗生素敏感。目前已知的双歧杆菌共有 24 种，其中 9 种存在于人体肠道内，主要有两歧双歧杆菌、长双歧杆菌、短双歧杆菌、婴儿双歧杆菌、青春双歧杆菌、齿双歧杆菌、角双歧杆菌、小链双歧杆菌、假小链双歧杆菌等，常用于发酵乳制品生产的仅为前面5 种。

双歧杆菌酸乳生产过程中，针对其细胞增殖速度比较慢，产酸能力弱，单独发酵所需时间长（需 18~24h），异型发酵带来最终产品的口味和风味欠佳，生长要求厌氧等特点，常将双歧杆菌和其他微生物联合使用混菌发酵。

生产工艺主要有两种：一种是两歧双歧杆菌与嗜热链球菌、德氏乳杆菌保加利亚亚种、嗜酸乳杆菌、乳脂明串珠菌等共同发酵，利用其较高的产酸能力，缩短凝乳时间，改善制品的口感和风味，同时使制品中含有足够量的双歧杆菌。工艺流程如下：

蔗糖10%+葡萄糖2%　　　　　　　　　　　　两歧双歧杆菌6%、嗜热链球菌3%
↓　　　　　　　　　　　　　　　　　　　　　↓
原料乳→标准化→调配→均质（15~20MPa）→杀菌（115℃，8min）→冷却（38~40℃）→接种→灌装→发酵（38~39℃，6h）→冷却（10℃左右）→冷藏（1~5℃）→成品

另一种是将两歧双歧杆菌与兼性厌氧的酵母菌同时在脱脂牛乳中混合培养，利用酵母在生长过程中的呼吸作用，以生物法耗氧，创造一个适合于双歧杆菌生长繁殖、产酸代谢的厌氧环境，其工艺流程如下：

蔗糖10%+葡萄糖2%   两歧双歧杆菌6%、乳酸酵母3%

原料乳→标准化→调配→均质（15～20MPa）→杀菌（115℃，8min）→冷却（26～28℃）→接种→发酵（26～28℃，2h）→升温（37℃）→发酵（37℃，5h）→冷却（10℃左右）→罐装→冷藏（1～5℃）→成品

生产上常用的菌种搭配为两歧双歧杆菌和用于马奶酒制造的乳糖发酵型酵母——乳酸酵母（Saccharomyces lactis）。在原料乳调配时，在新鲜脱脂乳中添加适量脱脂乳粉，以强化乳中固形物含量，并加入 10% 蔗糖和 2% 的葡萄糖，接种时还可加入适量维生素 C，以利于双歧杆菌生长。发酵时先采用 26～28℃ 培养，以促进酵母的大量繁殖，消耗基质乳中的氧，然后提高温度到 37℃ 左右培养。由于采用了混合发酵方式，双歧杆菌生长迟缓的状况大为改观，总体产酸能力提高，加快了凝乳速度，所得产品酸甜适中，富有纯正的乳酸口味和淡淡的酵母香气，制品酸度为 80～90°T，双歧杆菌活菌数保证在 10^6 cfu/mL 以上。由于双歧杆菌不耐酸，其产品即使在 5～10℃ 下存放 7d，双歧活菌的死亡率仍高达 96%，因此酸奶最好在生产 7d 内销售出去。为保证产品双歧杆菌的活菌数，在生产与销售之间必须形成冷链。

②干酪　是指在乳（也可用脱脂乳或稀奶油）中加入适量的乳酸发酵剂和凝乳酶，使乳蛋白（主要是酪蛋白）凝固后分离乳清，将凝块压成所需形状而制得的乳制品。

a. 发酵剂与酶　干酪发酵剂可分为细菌发酵剂与霉菌发酵剂两大类。

细菌发酵剂以乳酸菌为主，主要包括乳酸球菌属、链球菌属、乳杆菌属、片球菌属、明串珠菌属、肠球菌属的种或亚种及变种。有时还加入短杆菌属和丙酸菌属的菌株，以使干酪形成特有的组织状态。通常可选择单一的乳酸菌作为干酪生产的发酵剂，也可使用多种菌株混合组成发酵剂。干酪工业常用的细菌发酵剂菌株主要分布在上述 8 个属中（表9-4）。

表 9-4　主要干酪种类及所用发酵剂

干酪种类	主要品种	水分含量/%	发酵剂组成	发酵剂作用
软质干酪	酪农干酪	40～60	丁二酮乳链球菌	产酸和双乙酰
	卡门塔尔干酪	48	乳脂链球菌	产酸
半硬质干酪	林堡干酪	45	乳链球菌、乳脂链球菌	产酸
硬质干酪	埃曼塔尔干酪	38	嗜热链球菌、瑞士乳杆菌、乳酸乳杆菌、保加利亚乳杆菌、谢氏丙酸杆菌	产乳酸、CO_2 和丙酸
	切达干酪	<40	乳脂链球菌、乳链球菌、丁二酮乳链球菌、明串珠菌	产酸
青纹干酪	罗奎福特干酪	40～45	乳链球菌	产酸、CO_2

添加乳酸菌发酵剂的主要目的是产酸和产风味物质。乳酸菌代谢产生乳酸可抑制干酪成熟过程中有害微生物的生长，提高凝乳酶的凝乳性，促进乳清的排出和凝块的收缩（酪蛋白持水性），控制干酪的硬度，同时也形成了干酪特有的风味；生成干酪特有的香

味物质和 CO_2，如丁二酮链球菌和乳脂明串珠菌发酵乳糖和柠檬酸生成乙酸、丁二酮及
CO_2，其中乙酸和丁二酮是干酪的主要风味成分，CO_2 可促进组织细密的干酪形成气孔；
产生部分蛋白水解酶，乳酸菌产生的蛋白水解酶属于胞内酶，细胞存活时，只在细胞内
参与蛋白分解。乳酸菌死亡后细胞自溶，水解酶释放至周围的干酪凝块中，参与干酪成
熟期间蛋白质分解。这种作用对于某些干酪的风味和硬度的形成至关重要。因为凝乳酶
只能水解乳蛋白质至多肽，而乳酸菌蛋白酶可以进一步水解肽类形成氨基酸，这是干酪
鲜味物质的主要来源。

霉菌发酵剂主要是用脂肪分解强的沙门柏干酪青霉（*Penicillium camenberti*）、娄地
青霉（*P. roqueforti*）等。某些酵母菌（如解脂假丝酵母等）也在一些品种的干酪中得
到应用。

b. 干酪制作工艺　　不论何种类型的干酪都从制凝乳开始，随后对凝乳或乳清进行各
种不同的处理。

干酪生产工艺流程：

原料乳→均质与标准化→杀菌与冷却→添加发酵剂→发酵→调整酸度→加氯化钙→加色素→
加凝乳酶→形成凝块→切割、搅拌、加热→排除乳清→粉碎凝块→入模压榨→加盐→发酵成熟、
上色挂蜡→成品

工艺要点：

发酵剂的添加　　根据制品的质量和特征要求，选择合适的发酵剂种类和组成。不同
类型的干酪需要使用发酵剂的剂量不同，一般加入乳量 1%~2% 的发酵剂，30~32℃ 下
充分搅拌 3~5min。在凝乳、搅拌期间，最适合乳酸菌生长，因此可通过控制搅拌时间
来调节酸度的变化，而不会影响干酪中的水分含量。

凝乳酶的添加　　通常按凝乳酶效价和原料乳的量计算凝乳酶的用量。用 1% 食盐水
将酶配成 2% 溶液，并在 28~32℃ 下保温 30min，然后加入到乳中，充分搅拌均匀。

加盐　　干酪凝块压榨成型冷却后进行加盐腌渍，以改变干酪的风味、组织状态和外
观，调节发酵剂活力，降低成熟期中发酵剂的作用。同时，有助于增加渗透压及对蛋白
质的作用，使凝块进一步排水，并起到防腐作用。一般干酪中加盐量为 0.5%~3%，蓝霉
干酪或白霉干酪的一些类型通常加盐量为 3%~7%。当盐量高于 5% 时，大多数甚至是所有
的乳酸菌菌株将被抑制。但不同菌株对盐分的耐受性不同，为保证在加工过程中能较为方
便地控制干酪的 pH 值，耐盐性常被看作发酵剂菌株筛选的一项重要指标。

干酪的成熟　　大多数干酪一般在盐渍后进入贮藏成熟阶段。所谓干酪成熟是指人为
地将新鲜干酪置于较高或较低的温度下长时间存放，通过有益微生物和酶的作用，将新
鲜凝块转变成为具有独特风味、组织状态和外观的过程。通过成熟，粗糙易碎的生干酪
凝块变成结实、有塑性和韧性的成熟干酪。

在干酪的制造和成熟过程中，经历了复杂的生物化学和微生物学的变化过程。干酪
在发酵成熟过程中，最初含菌量较多，乳酸菌占优势，数量增加较快，随着干酪成熟，
乳糖被消耗，乳酸菌逐渐死亡。

③开菲尔　　开菲尔（Kefir）是以牛乳、羊乳等为原料，添加利用开菲尔粒制得的发
酵剂经发酵制成的一种传统的酒精发酵乳饮料。

a. 发酵剂　传统的开菲尔是通过接种开菲尔粒（Kefir Grain）在乳中生长代谢产生酒精及各种风味物质而制得的。这种天然发酵剂适用于家庭及大、小规模的工业化生产。

开菲尔粒是形状不规则，表面皱褶不平，小如绿豆或大如小指头，呈白色或淡黄色的有弹性并具有特殊酸味的菌块。活性开菲尔粒是一种有生物活性的特定共生物，通常有一定的结构，通过生长、繁殖形成新的颗粒，并将特性传给下一代。但到目前还没有人能将分离出的微生物再组合成为开菲尔粒，或用纯微生物菌种组成的发酵剂代替开菲尔粒。通过电子显微镜扫描开菲尔粒，可以看到微生物包在呈紧密交织的网络结构颗粒中（图9-4）。

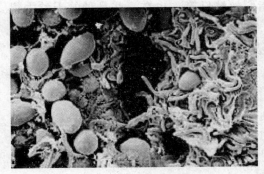

图9-4　开菲尔粒的电子显微图（×2500）

开菲尔粒是由乳酸菌、酵母菌和醋酸菌等微生物之间的共生作用而形成的混合菌块。菌块内的乳酸菌在菌体外蓄积黏性多糖类，作为菌块的支撑体，其他构成菌则附着在其上形成菌块。不同地区、不同培养时期的天然开菲尔粒，其构成菌未必很固定，其菌群可能有多种组合。

开菲尔粒中的乳酸菌主要有乳酸链球菌、乳酸杆菌、乳链球菌双乙酰亚种、肠膜明串珠菌、嗜热乳杆菌、嗜酸乳杆菌、干酪乳杆菌等。乳酸菌的主要作用是发酵产酸，并产生香味物质，有的菌种还可以产生多糖物质，形成开菲尔粒的黏结状态。

酵母菌在开菲尔粒中可参与微生物的共生作用，生成CO_2，形成特殊口味和香气。酵母菌生长过旺会使产品产气过多，带来包装困难。酵母菌有多种，乳糖发酵性酵母菌有开菲尔假丝酵母（又称乳酒假丝酵母）、乳糖酵母等，主要存在于开菲尔粒的外表层；非乳糖发酵性酵母菌有卡尔斯伯酵母、纤细假丝酵母、德尔布酵母、酿酒酵母、意大利酵母等，分布于颗粒内层。酵母菌在全部菌落中占5%～10%。

醋酸菌对维持开菲尔粒微生物菌群间的共生有很大活性。Rosi认为醋化醋杆菌是存在于开菲尔中的唯一醋酸菌，近年来也有恶臭醋杆菌（*Acetobacter rancens*）存在的报道。醋酸菌可增加开菲尔的黏稠度，如果醋酸菌过度生长，开菲尔会出现明显的黏质物和黏滞性。

开菲尔粒中的微生物组成相当复杂，但相同培养条件下的开菲尔粒各个菌块的菌相平衡却一直保持不变，这说明开菲尔粒具有调节自身微生物菌群稳定组成的能力。在牛乳中进行继代培养时，开菲尔粒以一定的速率增殖，并能维持各个菌块的菌相平衡一致。

b. 发酵剂的制备　开菲尔发酵中发酵剂的制备最为关键，其质量直接影响产品的风味、感官质量。接种开菲尔粒经一定时间培养后，滤去开菲尔粒后所得的即可作为菌种，也可不过滤而直接使用培养物做下次的发酵剂，但不可用开菲尔粒直接生产酸牛奶酒，那样产品会具有强的酵母味。另外，开菲尔粒使用一周左右，要用无菌水冲洗，以防杂菌污染。如要保存开菲尔粒，可将其真空冻干。

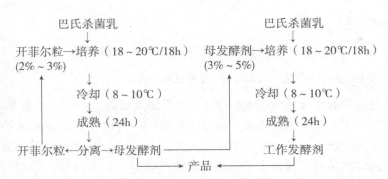

c. 开菲尔的制作工艺　传统开菲尔的制作方法是乳在羊皮口袋中自然发酵，适宜温度为 20~25℃。现代生产开菲尔的工艺得到了大大的改善，其生产工艺流程为：

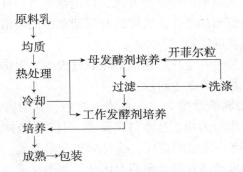

原料乳采用 90~95℃处理 5min，冷却到 20~23℃后添加 2%~3%发酵剂，培养 18h。

当 pH 值达到 4.5~4.6 时，迅速冷却至 4~6℃，然后送至保温罐进行成熟，变性的蛋白吸收大量的水分；pH 值降至 4.3~4.4，产品具有最佳黏度和硬度，包装后送入冷库。

d. 发酵过程中的微生物和生物化学变化　开菲尔粒中的微生物之间存在密切的互生关系，各种微生物菌群经过长期的协同和适应组成了微生物菌团，以抵御外界环境中的有害菌。在开菲尔发酵过程中，酵母菌和醋酸菌在分解蛋白质生成氨基酸和维生素等物质的同时激活乳酸菌，而乳酸菌发酵产酸，又为酵母菌和醋酸菌的生长提供了良好的生长环境。同时，同型发酵乳杆菌分泌半乳糖苷酶将乳糖分解为葡萄糖和半乳糖，又可以促进非乳糖发酵酵母的生长繁殖，生成乙醇、CO_2 等。当发酵致使同型发酵乳酸菌生长受到抑制时，可使酵母菌积累酒精速度减慢。

开菲尔粒中微生物在牛乳中的混合发酵，产生乳酸、乙醇、CO_2 等物质，形成开菲尔乳品良好的口感和风味，其中生成的丁二酮、乙醛、羟丁酮、丙醛等各种挥发性羰基化合物与开菲尔乳品的风味有密切关系。

9.3.1.2　乳酸菌与发酵果蔬制品

果蔬制品的发酵以乳酸发酵为主，腌制品还辅以轻度的酒精发酵和极轻微的醋酸发酵。用于蔬菜、水果乳酸发酵的微生物主要有植物乳杆菌、黄瓜乳杆菌、短乳杆菌、肠膜明串珠菌、小片球菌、发酵乳杆菌等。

（1）泡菜

①泡菜制作工艺

泡菜盐水

生鲜蔬菜→挑选→修整→清洗→入坛泡制→发酵成熟→成品

制作泡菜时泡菜盐水质量浓度 6%~8%，并可加入黄酒、白酒、蔗糖等以增进其色、香、味。为使新制蔬菜原料迅速发酵、缩短成熟时间，可以在新配制盐水中人工接入纯种乳酸菌液或加入品质良好的优质泡菜水。人工接入的乳酸菌可选用植物乳杆菌、发酵乳杆菌和肠膜明串珠菌做原菌种，采用马铃薯培养基进行扩大培养，使用时将 3 种菌液按 5：3：2 混合均匀后接入，接种量为盐水量的 3%~5%。

将整理好的各种菜料装入泡菜缸内，倒入泡菜盐水，使蔬菜全都浸入盐水中，将缸口清理干净加盖。最后在水封槽内加上冷开水，以隔绝空气，使缸内保持厌氧状态，创造一个有利于乳酸菌生长繁殖的条件。乳酸菌利用蔬菜中的可溶性养分进行乳酸发酵形成乳酸，可抑制其他微生物的活动。

②发酵过程中微生物的消长变化　在泡菜腌制过程中，根据微生物的活动和乳酸积累量的多少，可将发酵过程分为 3 个阶段：

a. 发酵初期　以异型乳酸发酵为主。蔬菜入缸后，其表面附生的微生物会迅速活动，开始发酵。由于原料水分渗出，盐水浓度降低，且溶液的初始 pH 值较高（一般在pH 5.5 以上），原料中还有一定量的空气，故发酵初期主要是一些耐盐不抗酸的肠膜明串珠菌、小片球菌、大肠埃希菌及酵母菌甚为活跃，并迅速进行乳酸发酵及微弱的酒精发酵，产生乳酸、乙醇、乙酸及 CO_2，溶液的 pH 值下降至 4.5~4.0，CO_2大量排出，水封槽的槽水中有间隙性气泡放出，坛内逐渐形成嫌气状态，抑制好氧菌群生长，为其他厌氧或微需氧乳酸菌的生长创造了一个厌气和低 pH 值的生态环境。泡菜初熟阶段一般为 2~5d，含酸量可达到 0.3%~0.4%。

b. 发酵中期　主要是同型乳酸发酵。此时以植物乳杆菌、发酵乳杆菌为主，细菌数可达到 (5~10) $\times 10^7$ cfu/mL，乳酸含量可达到 0.6%~0.8%，pH 值下降至 3.5~3.8，大肠埃希菌、不抗酸的细菌大量死亡，酵母菌的活动受到抑制，霉菌因缺氧不能生长。此期是泡菜的完熟阶段，时间为 5~9d。

c. 发酵后期　同型乳酸发酵继续进行，乳酸浓度继续增高，当乳酸含量达 1.2%以上时，植物乳杆菌也受到抑制，菌数下降，发酵速度减慢直至停止。

③影响泡菜质量的因素　泡菜质量的好坏与发酵初期微酸阶段的乳酸累积有关。若这个时期乳酸累积速度快，可以及早地抑制各种杂菌生长，保证正常乳酸发酵的顺利进行。反之，则由于微酸阶段过长，各种杂菌生长旺盛，在腐败菌作用下，常导致蔬菜发臭。因此，在泡菜制作中常采用加入一些老卤水的作法，一方面接种了乳酸细菌；另一方面又调整了酸度，可有效地抑制有害微生物的生长。成品泡菜腐败，常常是由于容器密闭不严，为白地霉和各种野生酵母的活动提供了条件。在有氧条件下，它们利用乳酸为碳源大量繁殖，从而降低了乳酸浓度，导致腐败细菌的活动，使泡菜腐臭变质。

泡菜工业化生产时为了保证产品质量的稳定性，防止杂菌的污染，通常采用人工接

种发酵剂的方式使发酵过程迅速启动。对于人工接种的泡菜，选择适宜的菌种做发酵剂
是制作优良泡菜的先决条件。

筛选菌种遵循的原则是：性状稳定，生长繁殖迅速，抗逆，易保存且存活期长；对
胃液与胆汁有较强的耐受性；产酸性缓和，产香性强。接种前应将其温度调到乳酸菌的
最佳生长温度（25~30℃），pH 值调至 5.5~6.4，发酵时应控制厌氧条件。发酵时间与
温度和原料品种有关，以产品达到适宜口感、酸度来确定发酵终点。若乳酸发酵时间过
长，酸度过高，会影响口味，须及时终止发酵。

（2）发酵果蔬汁

①生产工艺　发酵果蔬汁可以对果蔬进行先发酵后取汁，也可以先榨汁后再接种乳
酸菌发酵。

```
                           渣            试管保藏菌种→活化培养数次
                           ↑                          ↓
果蔬原料→清洗→拣选→破碎→取汁→过滤→调配→细磨→杀菌→冷却→接种→发酵→调配→
加热→均质→脱气→灌装→密封→灭菌→冷却→检验→成品              ↑
                                        辅料→杀菌→冷却
```

②工艺要点

a. 榨汁前的预处理　果蔬原料经破碎成浆，各种酶从破碎的细胞组织中释放出来，
酶活性大大增强，同时由于表面积急剧扩大，大量吸收氧，致使果浆产生各种氧化反
应。此外，果浆又为来自原料、空气、设备的微生物生长繁殖提供了良好的营养条件，
极易引起腐败变质。因此，必须及时对果蔬原浆采取措施，钝化原料自身含有的酶，抑
制微生物繁殖，保证果蔬汁质量，同时提高果浆的出汁率。通常采用加热处理和酶法处
理工艺。一般的热处理条件为 60~70℃、15~30min。果胶酶可以有效分解果肉组织中的
果胶物质，使果汁黏度降低，容易过滤。

b. 接种发酵　发酵剂菌种常常选用嗜热链球菌、保加利亚乳杆菌、嗜酸乳杆菌和双
歧杆菌。一般在使用前需在培养基中进行 3~4 次传代培养，活力旺盛时进行接种。接种
时将菌种单独培养，然后按 1：1 的比例混合，以 5%~8% 的接种量加入冷却至 40℃ 左右
的果蔬汁中。然后在 37~40℃ 的发酵罐中静置恒温发酵 8~12h，当发酵液乳酸含量达到
0.2mg/L 以上，pH 值达 3.9~4.2 时，发酵终止。

9.3.2　细菌与食醋酿造

食醋是以谷物等淀粉质为原料，经制曲、糖化、酒精发酵、醋酸发酵等工序精制而
成，其主要成分除乙酸（3%~5%）外，还含有各种氨基酸、有机酸、糖类、维生素、
醇和酯等成分，具有独特的色、香、味。酿造醋品种不同，采用的原料、菌种、生产工
艺各不相同。

9.3.2.1　食醋生产中的主要生物化学变化

食醋在酿造过程中发生着复杂的生物作用和化学反应，即使是用曲霉菌、酵母菌、
醋酸菌纯菌种酿醋也是如此，但从总体来看，其主要是在酒精发酵的基础上完成的。首
先是在霉菌参与下将淀粉质原料或其他含糖原料酶解糖化，然后酵母菌在厌氧条件下利
用糖分经 EMP 途径转化为乙醇，再由醋酸菌氧化生成乙酸。

（1）糖化作用

淀粉质原料经过润水、蒸煮糊化，使原有的淀粉分子结构发生紊乱或破坏，呈胶体状态分散于水中，为酶作用于底物创造了有利条件。酵母菌由于缺少淀粉水解酶系，故需要借助曲霉菌生成的淀粉酶将淀粉转化为能被酵母菌发酵的糖。同时，原料中的蛋白质在曲霉菌蛋白酶的作用下分解成小分子物质，该物质部分被酵母菌吸收利用，合成酵母菌菌体细胞。

（2）酒精发酵

酵母菌在厌氧条件下经过菌体内一系列酶的作用，将可发酵糖分经 EMP 途径转化为乙醇。参与酒精发酵的酶称为酒化酶系，包括 EMP 途径的各种酶以及丙酮酸脱羧酶、乙醇脱氢酶。由于醋酸发酵是在酒精发酵的基础上进行，因此，酒精发酵是食醋生产的关键，加强酒精发酵阶段的管理是食醋生产的核心。

（3）醋酸发酵

继酒精发酵之后，醋酸菌通过其细胞膜中的乙醇脱氢酶和醛脱氢酶的氧化作用，将乙醇氧化为乙醛，再将乙醛氧化成乙酸，该过程需要氧气的参与。

在氧化酶系的作用下，醇类和糖类也被氧化，生成相应的酸、酮等物质，如丁酸、葡萄糖酸、葡萄糖酮酸、木糖酸、阿拉伯糖酸、丙酮酸、琥珀酸、乳酸等有机酸，还可氧化甘油生成二酮、氧化甘露醇生成果糖、酯等风味物质，从而使食醋的香味倍增，形成食醋特有的风味。

传统食醋发酵中除了醋酸发酵外，还有其他菌种参与，如乳酸菌可以生成乳酸及其相应酯类，赋予食醋特有的风味。

9.3.2.2 发酵用微生物

（1）醋酸发酵微生物

食醋酿造用醋酸菌菌株大多属醋酸杆菌属，仅在传统酿醋醋醅中发现有葡萄糖氧化杆菌属的菌株。醋酸杆菌是两端钝圆的革兰阴性杆菌，有鞭毛，无芽孢。在高温或高盐浓度或营养不足等不良培养条件下，菌体会伸长，变成线形、棒形或管状膨大等。

醋酸细菌不同，其生长的最适生长条件略有不同。一般的醋酸杆菌菌株在醋酸浓度达 1.5%~2.5% 的环境中，生长繁殖就会停止，但有些菌株能耐受 7%~9% 的醋酸。醋酸杆菌对酒精的耐受力颇高，通常可达 5%~12%，对盐的耐受力很差，食盐浓度超过 1.0%~1.5% 时就停止活动。醋酸菌在充分供氧条件下，可以大量生长繁殖使原料中的乙醇转化为乙酸、少量的其他有机酸和有香味的酯类（乙酸乙酯）等物质。

醋厂选用醋酸菌的标准为：氧化酒精速度快，耐酸性强，不再分解醋酸制品，风味良好的菌种。食醋生产中常用和常见的醋酸菌有：许氏醋酸杆菌、恶臭醋酸杆菌、巴氏醋酸菌巴氏亚种（沪酿 1.01 号）、恶臭醋酸杆菌混浊变种（AS 1.41）、奥尔兰醋酸杆菌、醋化醋杆菌及木醋杆菌等。

恶臭醋酸杆菌（*Acetobacter rancens*，AS 1.41）　是我国酿醋常用菌株之一。该菌在固体培养基上培养，菌落隆起，平坦光滑，呈灰白色；在液体培养基中培养液面处形成菌膜，并沿容器壁上升，菌膜下液体不浑浊。最适培养温度 28~33℃，最适 pH 值为 3.5~6.0，发酵温度控制在 36~37℃。耐受乙醇含量为 8%（体积分数）。最高产乙酸为

7%~9%，产葡萄糖酸力弱。能氧化分解乙酸为 CO_2 和水。

奥尔兰醋酸杆菌（*A. orleanense*）　属葡萄酒醋酸杆菌属，是法国爱尔兰地区用葡萄酒生产醋的主要菌种。生长最适温度为 30℃。该菌能产生少量的酯，产酸能力较弱，但耐酸能力较强。

产醋酸杆菌　德国哈斯雷醋厂使用的菌株，为速酿醋酸菌。此菌株能产生大量乙酸乙酯，赋予食醋和葡萄酒的芳香，但其产酸量较低，可氧化乙酸为 CO_2 和水，最适培养温度为 33℃。

许氏醋酸杆菌（*A. schutzenbachii*）　国外有名的速酿醋菌种，也是目前制醋工业较重要的菌种之一。在液体中生长最适温度为 25~27.5℃，固体培养的最适温度为 28~30℃，最高生长温度 37℃。该菌产酸高达 11.5%。对醋酸没有氧化作用。

沪酿 1.01 醋杆菌　是上海酿造科学研究所从丹东速酿醋中分离得到的，是我国食醋工厂常用的菌种之一。该菌细胞呈杆形，常呈链状排列，菌体无运动性，不形成芽孢。在含乙醇的培养液中，常在表面生长，形成淡青灰色薄层菌膜。在不良的条件下，细胞会伸长，变成线状或棒状，有的呈膨大状、分支状。该菌由乙醇生成乙酸的转化率平均高达 93%~95%。对葡萄糖有一定氧化能力，生成葡萄糖酸，能氧化乙酸为 CO_2 和水，最适培养温度 30℃，发酵温度 32~35℃。

醋化醋杆菌（沪酿 1.079）　日本酿醋的主要菌株，在液面形成乳白色皱纹状有黏性的菌膜，摇动后易破碎，使液体浑浊。在高浓度酒精（14%~15%）中能缓慢发酵，能耐 40%~50% 的葡萄糖。产醋率最大量可达 8.75%，能分解乙酸成 CO_2 和水。

醋酸菌菌种可采用斜面保藏，但由于醋酸菌在生长过程中产生醋酸，而自身又不形成芽孢，容易被酸杀死，特别是能产生香酯的菌种每过十几天即死亡，因此醋酸菌的保藏采用两个主要措施：一是在培养基中加入碳酸钙，二是保藏温度控制在 0~4℃。

（2）食醋酿造中的其他微生物

传统工艺酿醋是利用自然界中的野生菌制曲、发酵，涉及的微生物种类繁多。新法制醋均采用人工选育的纯培养菌株进行制曲、酒精发酵和醋酸发酵，因而发酵周期短、原料利用率高。

①淀粉液化、糖化微生物　使淀粉液化、糖化的微生物很多，而适合于酿醋的主要是曲霉菌。常用的曲霉菌种有：

甘薯曲霉 AS 3.324　因适用于甘薯原料的糖化而得名，该菌生长适应性好、易培养、有强单宁酶活力，适合于甘薯及野生植物等酿醋。

东酒一号　AS 3.758 的变异株，培养时要求较高的湿度和较低的温度，上海地区应用此菌制醋较多。

黑曲霉 AS 3.4309（UV-11）　该菌糖化能力强、酶系纯，最适培养温度为 32℃。制曲时，前期菌丝生长缓慢，当出现分生孢子时，菌丝迅速蔓延。

宇佐美曲霉 AS 3.758　该菌属于糖化力极强、耐酸性较高的糖化型淀粉酶菌种。菌丝黑色至黑褐色。孢子成熟时呈黑褐色。能同化硝酸盐，其生酸能力很强。对制曲原料适宜性也比较强，有强力单宁酶。

除此之外，适合酿醋的霉菌还有米曲霉菌株：沪酿 3.040、沪酿 3.042（AS 3.951）、

AS 3.863 等；黄曲霉菌株：AS 3.800、AS 3.384 等。

②酒精发酵微生物　生产上一般采用子囊菌亚门酵母属中的酵母，但不同的酵母菌株其发酵能力不同，产生的滋味和香气也不同。北方地区常用1300酵母，上海香醋选用工农501黄酒酵母。K字酵母适用于以高粱、大米、甘薯等为原料而酿制普通食醋。AS 2.109、AS 2.399适用于淀粉质原料，而AS 2.1189、AS 2.1190适用于糖蜜原料。

9.3.2.3　食醋生产工艺

按照醋酸发酵阶段的状态不同，酿造食醋可分为固态发酵食醋和液态发酵食醋。固态发酵是我国传统的酿造方法，采用该方法生产的食醋风味好，但需要的辅料、填充料多，发酵周期长，原料利用率低，劳动强度大。

（1）固态法食醋生产工艺流程

薯干（或碎米、高粱等）→粉碎→加麸皮、谷糠混合→润水→蒸料→冷却→加麸曲、酒母→入缸糖化发酵→拌糠、接入醋酸菌→醋酸发酵→翻醅→加盐后熟→淋醋→贮存陈酿→配兑→灭菌→包装→成品

（2）工艺要点

①原料　传统酿造醋生产使用的主要原料以地区不同差异较大，长江以南以糯米、粳米为主，长江以北以高粱、小米为主。目前许多企业采用粮食加工下脚料或其他代用料，如碎米、玉米、甘薯、马铃薯等。果醋类则采用含糖质原料（如葡萄、苹果、柿子等），直接经酒精发酵、醋酸发酵而成。

食醋生产除需要主料外，还需要辅料、填充料等。辅料一般有麸皮、谷糠、豆粕等，可参与产品色、香、味形成，并在固态发酵中起到吸收水分、疏松醋醅、贮藏空气等作用。填充料主要是在固态发酵及速酿法制醋生产中使用，材料为谷壳、高粱壳、玉米芯等，主要作用在于调节淀粉浓度，吸收酒精、液浆，使发酵料疏松、通透性好，有利于醋酸菌生长和好氧发酵。

②淀粉的糖化和酒精发酵　原料蒸煮后冷却至30~40℃，拌入麸曲和酒母，并适当补水，使醅料水分达60%~66%。入缸品温以24~28℃为宜，室温在25~28℃。入缸第二天后，品温升至38~40℃时，应进行第一次倒缸翻醅，然后盖严维持醅温30~34℃进行糖化和酒精发酵。入缸后5~7d酒精发酵基本结束，醅中含乙醇7%~8%。

③醋酸发酵　酒精发酵结束后的料醅拌入谷糠、麸皮和醋酸菌种子，同时倒缸翻醅，此后为了充分供氧，需每天翻醅一次。发酵室温度控制在20~30℃，品温最高不得超过42℃。约经12~15d醋酸发酵，醅温开始下降，当醋酸浓度达7%~8%、品温降至36℃以下时，醋酸发酵基本结束。

④加盐后熟　醋酸发酵结束后应在醅料表面及时加盐，防止成熟的醋醅过度氧化及杂菌生长，使醅温下降。通常加盐量为醋醅的1.5%~2%，夏季稍多、冬季稍少些。拌匀后再放2d即可淋醋。该阶段是将醋醅中没有转化的酒精及其中间产物进一步氧化生成醋酸的过程，同时生成的有机酸和醇类化合物酯化生成酯类化合物，增加食醋的香味、色泽和澄清度等。

⑤陈酿　醋酸发酵结束后为改善食醋风味进行的贮存、后熟过程称为陈酿。陈酿有醋醅陈酿和醋液陈酿两种方法。

9.3.3 细菌与肉制品发酵

发酵肉制品是指在自然或人工条件下，利用微生物或酶的发酵作用加工而成的具有独特风味、色泽、质地，保质期较长的一类肉制品。发酵肉制品基本上可分为馅状发酵肉制品与块状发酵肉制品，前者主要是指不同种类的发酵香肠，而后者主要包括各类条块状的发酵猪肉或牛、羊肉等，如中国的三大著名火腿等。这里仅以发酵香肠为例做简要说明。

9.3.3.1 发酵剂

肉用微生物发酵剂在发酵肉制品生产中起着关键的作用。适合肉制品发酵的微生物有细菌、酵母菌、霉菌及放线菌（表 9-5）。

表 9-5　发酵肉制品中常见的微生物种类

微生物	菌　种
细菌	乳杆菌属：植物乳杆菌、清酒乳杆菌、乳酸乳杆菌、干酪乳杆菌、嗜酸乳杆菌、短乳杆菌、弯曲乳杆菌、德氏乳杆菌、发酵乳杆菌、布氏乳杆菌、香肠乳杆菌、盖氏乳杆菌、甘露醇乳杆菌、戊糖乳杆菌
	片球菌属：戊糖片球菌、小片球菌、乳酸片球菌
	乳球菌属：乳酸乳球菌
	链球菌属：乳酸链球菌、丁二酮链球菌、乳链球菌
	葡萄球菌属：木糖葡萄球菌、葡萄球菌、模仿葡萄球菌、溶酪葡萄球菌、腐生葡萄球菌、马胃葡萄球菌、沃氏葡萄球菌
	微球菌：变异微球菌、亮白微球菌、橙色微球菌、乳微球菌、克氏微球菌、表皮微球菌、凝聚微球菌
酵母菌	汉逊德巴利酵母、法马塔假丝酵母
霉菌	产黄青霉、纳地青霉、扩张青霉、娄地青霉、白地青霉
放线菌	灰色链霉菌

（1）乳酸菌

乳酸菌是发酵香肠生产中的优势菌。在发酵香肠生产中可发酵糖类物质产生大量的乳酸和少量的醋酸，使香肠的 pH 值快速降低，从而抑制不良微生物的生长，保证产品的安全性。有的菌株也可以通过产生细菌素来抑制其他菌的生长。香肠 pH 值的降低还可促使肉中盐溶蛋白质凝胶化，降低蛋白质的持水性，加速产品的干燥。乳酸的生成促使亚硝基肌红蛋白生成（pH 5.4~5.5 时），形成良好红色。乳酸菌的发酵作用还赋予产品以独特的发酵风味。在发酵肉制品中乳酸菌的应用是发酵过程成功的重要因素。

在欧洲首先使用的是植物乳杆菌。植物乳杆菌和片球菌一直是商业发酵剂中的必要成员。后来弯曲乳杆菌和清酒乳杆菌被共同作为肉品发酵剂。通常在未加控制的肉品发酵过程中，这两类微生物由于具有较强的竞争性和较好环境适应性，会成为优势菌群；在作为肉品发酵剂使用时，从开始接种到产品消费时，它们都始终是优势菌。

在片球菌中，啤酒片球菌（后来鉴定为嗜乳酸片球菌）是使用较早的菌种，目前市售的肉用发酵剂使用更多的则是乳酸片球菌和戊糖片球菌。戊糖片球菌的最适生长温度为 35℃，可作为低温条件下加速制品成熟的发酵剂；乳酸片球菌在 26.7~48.9℃时发酵最有效，在较低发酵温度（15.6~26.7℃）时发酵时间过长。

（2）微球菌和葡萄球菌

非致病性葡萄球菌和微球菌常与乳酸菌一起用于发酵香肠的生产，主要是与香肠的风味和色泽有关，被称为发酵香肠生产中的"风味"菌。这两类菌可分泌硝酸盐还原酶和过氧化氢酶，不产生亚硝酸盐还原酶活性。硝酸盐还原酶还原硝酸盐为亚硝酸盐，从而起到发色作用。过氧化氢酶可以清除由肠杆菌等革兰阴性菌和乳酸菌产生的过氧化氢，维持产品色泽的稳定。同时，葡萄球菌和微球菌还能分泌解脂酶和蛋白酶（虽然目前趋向于认为是非主要的），产生挥发性风味物质，赋予产品以良好的风味。

微球菌在发酵过程中产酸速度较慢，美国通常不采用，欧洲国家将其同乳杆菌一起使用。目前唯一用于商业肉品发酵剂的微球菌是变异微球菌。其具有很强的硝酸盐还原能力，在较低温度（5℃）、pH<5.4 时都表现出硝酸盐还原活性，是适用于低温发酵工艺的菌种。

在生产中最常用的葡萄球菌属（*Staphylococcus*）细菌是木糖葡萄球菌（*S. xylosus*）和肉葡萄球菌（*S. carnosus*）。从目前的研究来看，这两种菌生产的香肠风味要优于其他的已用于发酵香肠生产的葡萄球菌。

（3）酵母菌

酵母菌生长时能逐步消耗尽肠馅空间中残存的氧，降低氧化还原电势，抑制好氧菌的生长。同时，酵母菌代谢产生过氧化氢酶，分解乳酸菌和革兰阴性菌产生的过氧化氢，使肉品发色反应保持稳定，且对微球菌引起的硝酸盐还原有轻度抑制作用。酵母菌还会在代谢过程中产生一些蛋白酶和脂肪酶，对产品形成良好的感观特性起着重要作用。

汉逊德巴利酵母（*Dabaryomyces hansenii*）和法马塔假丝酵母（*Candida famata*）常被用作肉品发酵剂，其添加到香肠中的浓度为 10^6 cfu/g，可使制品具有酵母味。两种菌具有较高的食盐耐受能力、好气发酵和较弱的代谢性能，不能降低产品中硝酸盐的含量。

（4）霉菌

霉菌发酵型产品在外观上被一层白色或乳白色菌丝所包裹，通过避光和阻氧对产品起保护作用。包裹菌丝的形成取决于应用菌种在所调控发酵条件的生长速度。霉菌生长会消耗氧气，防止氧化变色。同时，可竞争性抑制有害微生物的生长。霉菌代谢产生的蛋白酶和脂肪酶作用于肉品形成特殊风味。许多霉菌也能把硝酸盐还原成亚硝酸盐，促进表面颜色生成。

在欧洲有许多肉制品的发酵都是由霉菌作用的，如发酵香肠和火腿。在北欧烟熏香肠最为流行，而在地中海和东南欧国家霉菌发酵香肠是古老且品质上乘的发酵肉制品。传统发酵香肠生产的微生物来自于周围环境，其微生物组成较为复杂，但优势菌是青霉。它们中的多数菌株都可能产生真菌毒素。Leistner 和 Eckardt 报道，香肠中 80%的青霉在人工培养基上可产生真菌毒素，17 株产毒素的菌株有 11 株存在于其他发酵肉制品中。因此，霉菌发酵剂开发必须经化学或生物学测试，确定其不存在真菌毒素危害。

纳地青霉（*Penicillium nalgiovense*）生物型 2，3，6 和产黄青霉（*P. charysogenum*）是发酵香肠常用的不产毒菌株。目前，德国也将娄地青霉、白地青霉用于肉品发酵。

（5）链霉菌

链霉菌是唯一作为肉品发酵剂的放线菌，可提高发酵香肠的风味。在未经控制的天然发酵香肠中，链霉菌不能在发酵肉品中良好生长，数量甚微。

9.3.3.2　发酵香肠的生产工艺及要点

（1）生产工艺流程

发酵香肠的生产主要包括配料、发酵和成熟干燥 3 个阶段。一般生产工艺流程如下：

食盐等腌制剂　辅料、发酵剂　霉菌或酵母菌
原料肉预处理→腌制→斩拌、混合→灌肠→（接种）→发酵→成熟、干燥→包装

（2）发酵剂的制备与保存

肉类发酵剂生产商都有增强菌株活性的专用培养基配方和培养条件，但不管哪种培养基其中都必须含有氯化钠（最少 0.5%），以保持其耐盐性。例如，啤酒片球菌的商业培养基配方为：玉米浸渍液 11.3kg、脱脂奶粉 22.7kg、葡萄糖 45kg、酵母自溶物 6kg、磷酸二氢钾 6.4kg、磷酸氢二钠 4.3kg。在混合物中加水 227L，用传统方法接种，32~37℃下培养 8~10h，离心分离培养基中细菌，与其他稳定剂、混合营养物质混合，尽快冻干即可。

保存和运送发酵剂的另一种商业方法是使用液体防冻液。防冻液为水溶性，对细菌无损害，冷冻到 -40℃不形成冰晶，并且发酵剂浓缩物可被加温，不像冻干发酵剂那样在解冻时活性受到很大损失。

（3）原、辅料的选择

①原、辅料　原料肉的 pH 值是影响发酵香肠成熟产品最终 pH 值最重要的因素。对于猪肉而言，pH 值在 5.6~6.0 的新鲜原料肉都可用于发酵香肠的生产。这样的肉中含有一定量的糖原，易于乳酸菌发酵的启动。发酵香肠所用的原料肉应当含有最低数量的初始细菌数，以降低发酵开始时有害微生物与乳酸菌的竞争。

在发酵香肠的生产中经常添加糖类物质，以有利于乳酸菌的生长，迅速启动发酵作用。使用的糖类通常是葡萄糖和低聚糖的混合物。

②腌制剂　为使生香肠混合物的最初 A_w 为 0.965~0.955，通常需要加入 2.4%~3.0% 的食盐，具体取决于配方中脂肪含量，这一水分活度能抑制或延缓许多不利或危险微生物的生长，并有利于乳酸菌、葡萄球菌和微球菌的生长繁殖。

在某些发酵香肠的生产中还加入 0.5% 的酸化剂葡萄糖酸-δ-内酯（GDL），目的是迅速降低生香肠的 pH 值，从而可以有效地控制非乳酸菌，特别是酸敏感菌的生长繁殖。不过 GDL 可被乳酸菌降解为乳酸和乙酸，后者可强烈地干扰硝酸盐的还原和影响风味的形成。因此，GDL 主要用于生产新鲜的未干或半干发酵香肠。

（4）接入发酵剂

斩拌制馅时，将猪瘦肉、牛肉、肥膘、其他辅料以及发酵剂分别投入斩拌机斩碎。发酵剂可用冻干菌粉，也可用经 18~24h 活化的菌液。接种量一般为 $10^6 \sim 10^7$ cfu/g 肉馅，采用短时高温发酵时接种量要达到 10^8 cfu/g 肉馅。在发酵香肠的实际生产中通常使用的是混合发酵剂。

（5）灌肠

肉馅在灌入肠衣之前应尽可能去除其中的氧，避免氧对香肠良好色泽和风味形成的影响，故最好用真空灌肠机灌制。灌肠时肉馅的温度要求不超过 2℃，以 0~2℃ 为最适宜。

（6）接种霉菌或酵母菌

在有些干发酵香肠的生产过程中还要接种霉菌或酵母菌。霉菌和酵母菌的接种方法有两种：一是将霉菌或酵母菌的液体培养液喷洒在香肠表面；二是先将霉菌或酵母菌制成菌悬液，然后将香肠在其中浸一下。该操作一般是在灌肠后进行，有时在发酵后干燥开始前才进行。

（7）发酵

为避免环境水分在香肠表面冷凝，香肠在送入发酵室之前先要在低相对湿度下平衡到发酵温度。

发酵温度与发酵速度关系密切，一般当需要 pH 值快速下降时发酵温度应稍高，温度每升高 5℃，产酸速率可增加 1 倍。发酵温度随产品类型而异，欧式发酵香肠的发酵温度一般不超过 24℃，而美式发酵香肠多采用高温和短时发酵，发酵温度一般都高于 24℃。从产品的种类来看，生产具有长保质期的干香肠和霉菌成熟的香肠，发酵温度通常低于 22℃，像匈牙利萨拉米肠发酵温度不到 10℃。未干香肠和半干香肠的发酵温度通常为 22~26℃。

香肠在发酵过程中还需要控制发酵室的相对湿度，其目的是防止香肠在干燥过程中表面形成坚硬外壳，还可以控制香肠表面霉菌和酵母菌的过度生长。

（8）成熟、干燥过程

发酵香肠在成熟、干燥过程中具体温度、湿度和干燥时间的控制根据不同的产品各不相同，但最后阶段香肠的老化通常是在 12~15℃ 下进行。发酵香肠在成熟干燥过程中相对湿度和空气流速应确保香肠缓慢而平稳地干燥，避免产品的不均匀干燥而使香肠形成干硬外壳。

9.3.3.3 发酵过程中的微生物变化

发酵香肠在成熟过程微生物的消长可参考图 9-5。生产自然发酵的香肠时，原料肉馅中主要是一些好氧的革兰阴性菌，尤其是嗜冷的假单胞菌。但同时也含有一些革兰阳性菌，如乳酸菌、葡萄球菌和微球菌。

随着发酵的进行，乳酸菌很快成为发酵香肠中的优势菌。研究发现，在发酵香肠的生产过程中，无论是否使用乳酸菌发酵剂，乳酸菌均能在一周内达到最大值，活菌数接近或超过 10^8 cfu/kg，并能维持在一个比较恒定的水平。在香肠成熟的后期，乳酸菌的数量有所降低。

　　葡萄球菌和微球菌是一类酸敏感细菌。在传统生产中，由于糖类化合物添加量少，并且使用了亚硝酸盐，在低温条件下乳酸产生速度较慢。在成熟的前期，此类菌有所增殖；而在接种发酵剂的快速发酵香肠中，由于大量乳酸菌的接入，在发酵的初期产酸就很快，因此葡萄球菌和微球菌的数量迅速下降。此外，由于微球菌为严格的好氧菌，在成熟的发酵香肠产品中，一般检测不到此类菌。

　　发酵香肠中的环境从总体上来讲，不利于肠杆菌的生长繁殖，此类菌在香肠的生产过程中总体上是呈下降的趋势。终产品中肠杆菌的数量取决于香肠的种类和生产工艺条件。

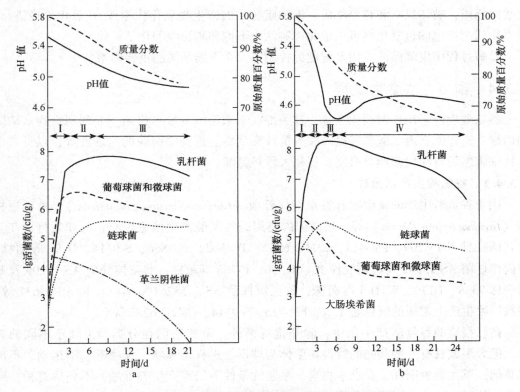

图 9-5　salami 类发酵香肠在成熟过程中的菌相变化

　　a. 自然发酵法（硝酸盐、少量糖和低温发酵）生产 salami 类香肠
　　　　发酵条件：Ⅰ.18~20℃；Ⅱ.20~22℃；Ⅲ.15~17℃
　　b. 快速法（亚硝酸盐、高糖量和高发酵温度）生产 salami 类香肠
　　　　发酵条件：Ⅰ.4℃；Ⅱ.18℃；Ⅲ.24℃；Ⅳ.18~20℃

9.3.3.4　发酵过程中的生物化学变化

　　优质发酵肉制品的生产是利用多种微生物共同生长，并通过控制工艺参数来调节微生物代谢产物的组分和含量。其中存在的微生物主要是一些乳酸菌和能耐受亚硝酸盐的细菌。乳酸菌发酵导致产品 pH 值降低，形成乙醇、二氧化碳、乳酸、乙酸等，会对产品的风味、颜色和组织结构形成产生不同程度的影响。研究发现，发酵香肠在成熟的最初 4d，约有 50% 的葡萄糖被发酵，其主要产物中乳酸约占 74%，CO_2 占 21%，其他含碳化合物约为 5%。糖类代谢的微量产物、乳酸菌产生的双乙酰和多糖，都可能会影响发

酵肉制品的风味。

微生物产生的水解酶类可引起蛋白质的液化和溶解，生成的氨基酸会逐步被分解成胺、脂肪酸和硫醇。这些物质存在的量及相互间的比例，对发酵肉制品的色泽、风味会产生重大影响。肉类蛋白降解所形成的 CO_2、硫化氢、亚硝酸盐可直接参与肉品色素的反应而影响肉的颜色。此外，微生物的相互作用可产生一系列的氧化还原反应。

香肠在成熟过程中受微生物脂肪酶和肉组织中固有脂肪酶的作用，脂肪发生水解。三酰甘油逐渐减少，二酰甘油、单酰甘油、游离脂肪酸以及羰基化合物逐渐增加。羰基化合物和游离脂肪酸是发酵香肠风味的主要组成成分。然而如果控制不当，也会产生氧化酸败物质，破坏风味和营养物质。饱和脂肪酸的微生物氧化代谢按 β-氧化途径进行。微生物代谢产生的过氧化物可以催化肉制品中不饱和脂肪酸的化学氧化。

发酵过程中发酵菌的应用及温度的控制是关系香肠品质的重要因素。

9.3.4 细菌与谷氨酸发酵

谷氨酸生产采用代谢调控发酵，其关键在于采用一些技术措施，如利用生物素缺陷型菌株、选育酮基丙二酸和谷氨酰胺等抗性突变株、提高细胞膜的通透性等，以打破微生物细胞内的自动代谢调节机制，积累大量谷氨酸。

9.3.4.1 谷氨酸生产用菌种

用于谷氨酸生产的微生物有谷氨酸棒杆菌（*Corynebacterium glutamicum*）、黄色短杆菌（*Brevibacterium flavum*）等。目前国内使用的谷氨酸产生菌主要有：天津短杆菌 T_{6-13} 及其诱变株 FM 8209、FM-415、CMTC 6282、TG 863、TG 866、S 9114、D 85 等菌株；钝齿棒杆菌 AS 1.542 及其诱变株 B_9、B_9-36、F-263 等菌株；北京棒杆菌 AS 1.299 及其诱变株 7338、D110、WTH-1 等菌株；黄色短杆菌 AS 1.582（No 617）和 AS 1.631 等。多数厂家生产上常用的菌株是 T_{6-13}、FM-415、S 9114、CMTC 6282 等。

在已报道的谷氨酸产生菌中，除芽孢杆菌外，虽然它们在分类学上属于不同的属种，但大多数具有一些共同的特性：菌体为球形、短杆至棒状，无鞭毛，不运动，不形成芽孢，革兰染色阳性，要求生物素，在通气条件下培养产生谷氨酸，不分解淀粉、纤维素、油脂、酪蛋白以及明胶等。

9.3.4.2 谷氨酸的生物合成途径

谷氨酸的生物合成途径主要有 EMP 途径、HMP 途径、三羧酸循环、乙醛酸循环、羧化支路（CO_2 固定反应），最后生成的 α-酮戊二酸在谷氨酸脱氢酶的作用下，在有 NH_4^+ 存在时生成 L-谷氨酸（图 9-6）。

9.3.4.3 谷氨酸发酵工艺

（1）谷氨酸生产工艺流程

```
              斜面→摇瓶种子→种子罐
                               ↓
原料→预处理→配料→发酵培养基→发酵罐→等电沉淀→粗谷氨酸
                               ↑        ↑
              空气→空气净化系统   流加尿素
```

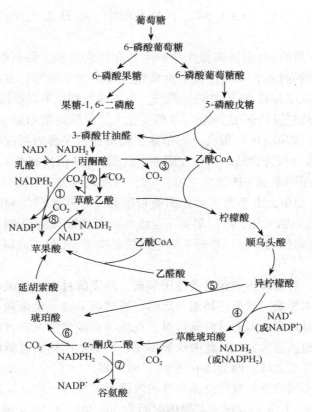

图 9-6　谷氨酸的生物合成途径
①苹果酸酶　②丙酮酸羧化酶　③丙酮酸脱羧酶　④异柠檬酸脱氢酶
⑤异柠檬酸裂解酶　⑥α-酮戊二酸脱氢酶系　⑦谷氨酸脱氢酶　⑧苹果酸脱氢酶

谷氨酸生产流程大体可分为 4 个部分：淀粉水解糖的制取、谷氨酸生产种子的扩大培养、谷氨酸发酵、谷氨酸的提取分离。

（2）谷氨酸发酵的控制

在发酵中影响谷氨酸产量的主要因素是通气量、生物素、pH 值及氨浓度等，其中通气量和生物素影响较大。严格控制发酵条件是取得谷氨酸高产的关键。

①发酵培养基的组成　要求有丰富的有机氮源、碳源和无机盐，对菌种生长必需生长因子——生物素要严格控制亚适量，使菌种处于半饥饿状态，以保证积累谷氨酸。当生物素过量时，除菌体大量生长外，丙酮酸趋于生成乳酸的反应，而很少甚至不生成谷氨酸。过去国内谷氨酸生产大多采用一次性中糖（12%～15%）发酵，生物素"亚适量"值为 5μg/L，菌体在发酵罐内生长的浓度偏低，产酸难以提高。近年来谷氨酸发酵结合大种量、中糖、连续流加高浓度糖的发酵工艺，从生物素"亚适量"工艺向"超亚适量"（10～12μg/L）工艺转变，发酵产酸提高到 11% 以上。

②温度　谷氨酸发酵前期（0～12h）是菌体大量繁殖阶段，在此阶段菌体利用培养基中的营养物质来合成核酸、蛋白质等，供菌体繁殖用，此时应满足菌体生长最适温度 30～32℃（AS 1.299）或 32～34℃（AS 1.542）。在发酵中、后期是谷氨酸大量积累的阶段，菌体生长已基本停止，而谷氨酸脱氢酶的最适温度在 32～34℃

（AS 1.299）或 34~36℃（AS 1.542），故发酵中、后期适当提高罐温对积累谷氨酸有利。

③pH 值　发酵液的 pH 值影响微生物的生长和代谢途径。谷氨酸生产菌的最适 pH 值因菌株而异，一般 pH 6.5~8.0，在中性和微碱性条件下积累谷氨酸，在酸性条件下（pH 5~6）形成谷氨酰胺和 N-乙酰谷氨酰胺。谷氨酸发酵在不同阶段对 pH 值的要求不同，发酵前期幼龄菌对氮的利用率高，pH 值变化大。发酵前期如果 pH 值偏低，则菌体生长旺盛而不产酸；如果 pH 值偏高，则菌体生长缓慢，发酵时间拉长。在发酵前期将 pH 值控制在 7.5~8.0 较为合适，而在发酵中、后期将 pH 值控制在 7.0~7.6。其原因就是谷氨酸脱氢酶作用的最适 pH 值为 7.0~7.2，氨基转移酶作用的最适 pH 值为 7.2~7.4。谷氨酸发酵过程中，由于菌体对葡萄糖和尿素（或氨水）的利用和代谢产物的生成，使发酵液 pH 值不断变化，所以需要不断流加尿素或氨水调节 pH 值和补充氮源，维持 pH 7.2 左右。目前国内味精厂普遍采用流加尿素控制 pH 值，而国外用液氨流加效果好，但操作麻烦。

④通风与搅拌　谷氨酸生产菌是兼性厌氧菌，在发酵过程中通风量高低对菌体生长和谷氨酸积累有很大影响。当搅拌转速一定时，通过调节通风量来调节供氧。在谷氨酸发酵前期以低通风量为宜，若此时供氧过量，在生物素限量情况下将抑制菌体生长。在发酵中、后期以高通风量为宜，若此时供氧不足，发酵主产物由谷氨酸转为乳酸；若供氧过量，不利于谷氨酸生成，而造成 α-酮戊二酸积累。

⑤发酵时间　不同的谷氨酸产生菌对糖的浓度要求也不一样，其发酵时间也有所差异，一般低糖（10%~12%）发酵，其发酵时间为 36~38h；中糖（14%）发酵，发酵时间为 45h。

（3）谷氨酸提取

发酵液中谷氨酸的提取方法主要有水解等电点法、低温等电点法、低温连续等电点法、离子交换树脂法、锌盐法等。生产中常将两种方法结合使用。目前提取谷氨酸的新技术有电渗析和反渗透法、浓缩等电点法、离子硅藻土过滤等电法等。

9.3.5　细菌与微生物多糖生产

微生物多糖已广泛应用于食品、石油、化工和制药等多个领域。目前已经工业化生产的微生物多糖主要有黄原胶、右旋糖酐、小核菌葡聚糖、短梗霉多糖、热凝多糖以及食用菌多糖等。下面以微生物发酵生产黄原胶为例进行说明。

黄原胶别名黄单胞多糖，是以糖类物质为主要原料，经通风发酵、分离提纯后得到的一种高分子酸性胞外杂多糖。

9.3.5.1　发酵菌种

甘蓝黑腐病黄单胞菌（*Xanthomonas campestris*），也称野油菜黄单胞菌，是工业生产黄原胶的优良菌种。此外，黄单胞菌属的许多种如菜豆黄单胞菌（*X. phaseoli*）、锦葵黄单胞菌（*X. malvacearum*）、半透明黄单胞菌（*X. transleucons*）和胡萝卜黄单胞菌（*X. carotae*）等均能利用葡萄糖、玉米淀粉等多种糖类物质生成黄原胶。我国目前已开发出的菌株有南开-01、山大-152、008、L4 和 L5 等。这些菌株一般呈杆状，革兰染色阴性，产荚膜。在琼脂培养基平板上可形成黄色黏稠菌落，液体培养可形成黏稠的胶状物。

9.3.5.2 黄原胶的工业化生产

（1）工艺流程

试管培养→摇瓶培养→实验室生物反应器→种子罐

发酵原料配制→发酵罐→发酵→分离→提纯→干燥

（2）发酵培养基

国外黄原胶发酵培养基多数以葡萄糖为碳源，国内多利用玉米淀粉。在黄单胞菌分泌酶的作用下，1,6-糖苷键被打开形成直链多糖，经进一步转化，最终生成黄原胶。碳源的起始浓度一般在 2%~5%。

黄单胞菌容易利用有机氮源，而不易利用无机氮源。有机氮源包括鱼粉蛋白胨、大豆蛋白胨、鱼粉、豆饼粉、谷糠等。其中，以鱼粉蛋白胨为最佳，一般使用量为 0.4%~0.6%。在氮源浓度较低时，随氮源浓度的提高，细胞浓度也增加，黄原胶的合成速率加快，黄原胶得率也相应提高。起始氮源在中等浓度时，细胞浓度和黄原胶的合成速率均有提高，发酵时间被缩短，但黄原胶的得率却降低。这是因为细胞生长过快，用于细胞生长及维持细胞生命的糖量增加，用于合成黄原胶的糖反而减少，导致黄原胶得率下降。

另外，培养基中还添加一些微量无机盐，如铁、锰、锌等的盐类。特别是轻质碳酸钙以及磷酸二氢钠和硫酸镁，它们对黄原胶的合成有明显的促进作用。

黄原胶发酵培养基的起始 pH 值一般控制在 6.5~7.0，这有利于初期的细胞生长和后期的黄原胶合成。

国外有些企业为减少下游处理的困难，使用了标准的完全培养基（表 9-6）。

表 9-6 用于黄原胶生产的典型化学培养基

组 分	浓度/（g/L）	组 分	浓度/（g/L）
碳源和能源：葡萄糖	25.0~40.0	$MgSO_4$	0.40
氮源：谷氨酸盐	3.5~7.0	$CaCl_2 \cdot 2H_2O$	0.012
氮源：$(NH_4)SO_4$	多变，以谷氨酸盐浓度为依据	$FeSO_4 \cdot 7H_2O$	0.011
磷源：KH_2PO_4	0.68		

注：其他金属盐含量微小（<1mg/L）。

（3）发酵

接种量为 5%~8%，发酵温度为 25~28℃，发酵周期 72~96h。由于培养基的高黏度，黄原胶生产属高需氧量发酵，需大通风量。

黄原胶得率取决于碳、氮源的种类和发酵条件。目前得率一般在起始糖量的40%~75%。

如果采用发酵后期流加糖的方法，使糖浓度始终维持在一定的水平，黄原胶得率比间歇发酵有较大提高。

（4）黄原胶的分离提取

黄原胶的分离提取方法很多，常见的有溶剂沉淀法、钙盐-工业酒精沉淀法、絮凝法、直接干燥法、超滤脱盐法、酶处理-超滤浓缩法等。在实际应用中根据所需产品的规格等级要求、自身条件等分别选择合适的方法进行提取。

9.4　微生物在益生菌制剂生产中的应用

益生菌（probiotics）是指能对宿主产生健康益处的微生物活体。由益生菌生产的产品叫益生菌制品，包括活菌体、死菌体、菌体成分及代谢产物。这种制品能改善机体微生物和酶的平衡，并刺激特异性或非特异性免疫机制，达到防治某些疾病、促进发育、增强体质、延缓衰老和延长寿命的目的。

9.4.1　益生菌制剂常用菌种及制剂类型

可用于食品的
菌种名单

9.4.1.1　益生菌制剂常用菌种

用于益生菌制剂生产的菌种很多，主要包括乳酸菌、芽孢杆菌、酵母菌3类，各国选用的益生菌制剂菌种各不相同。我国2010年由卫生部发布《可用于食品的菌种名单》，包括双歧杆菌属、乳杆菌属、链球菌属等21种；2011年发布《可用于婴幼儿食品的菌种名单》，包括5种菌中的8个菌株。后通过发布公告，又发布部分菌种用于食品，截至2018年由国家食品药品监督管理总局发布允许用于食品的菌种达到30种以上，允许用于婴幼儿食品的菌种名单在8个菌株以上。

9.4.1.2　食品级益生菌制剂的类型

食品级益生菌制品是指含有对人体健康具有生理功能，起到保健或治疗作用的有益微生物或其代谢产物的生物制品。

目前人用益生菌制品已有近百种之多，从成分上看有的是单纯活菌制剂，而有些除益生菌外还配合有双歧因子及其他成分，组成复合（复方）制剂；活菌制剂中有的是单菌，也有的是由多种菌组成；从剂型上看有片剂、胶囊、冲剂及液态制剂，包括乳品饮料、口服液等。

9.4.2　益生菌制剂生产工艺及要点

益生菌制剂生产工艺依各自产品类型、益生菌种特性不同而不同，以下以乳酸菌益生菌制剂生产为例做一简单介绍。

目前市面上的一些活菌制剂多为2~3种益生菌联合制备而成，但在发酵培养时都是单菌分别培养制成菌粉，在半制品配制阶段才混合成多菌种粉。益生菌制剂生产有固态发酵和大罐液体发酵两种，目前大部分生产采用后者。

9.4.2.1　液体发酵法生产工艺流程

菌种接种培养→种子罐培养→生产罐发酵培养→排放培养液、收集菌体→加入适量载体→干燥→粉碎→过筛→成品包装

9.4.2.2 液体发酵法工艺要点

（1）菌种选择

生产用菌种的生物学、遗传学、功效特性应明确、稳定，原始菌种采购时必须索取菌株鉴定报告、稳定性报告及菌株不含有耐药因子的证明材料；生产单位自行分离或收集的菌种，须经卫生部门指定的检验机构审查认可。

（2）菌体收集

益生菌制剂生产中，除乳制品外其他主要是用益生菌活细胞来加工而成，因此，细胞培养完成后需要把菌体从培养液中分离出来，要求菌体收集尽可能完全并尽量除去培养基中残余成分。生产上利用离心法分离收集细菌细胞。

离心过程对菌体有一定的伤害，在实际生产中应注意选择合适的操作参数。

（3）菌体干燥

菌体干燥是制备干燥益生菌制品的基础，其中干燥菌体的存活率及活性是衡量干燥工艺优劣的指标。

菌体干燥有喷雾干燥、烘干、真空低温干燥、冷冻干燥等多种方法，其中喷雾干燥对不耐热菌体影响较大，存活率仅有 10%～20%，有时甚至仅有千分之几，所以该法适用于芽孢菌的干燥，在乳酸菌益生菌干燥中较少运用。烘干一般只用于碳酸钙沉淀法得到的菌体干燥，并且该菌应耐热、耐氧。目前认为最好的方法是冷冻干燥法，该方法能最大限度地保存菌体活性，并且干燥样品具有很好的保存性，在冷藏条件下可保存数年。真空冷冻干燥菌体的存活率与菌体培养条件、菌龄、菌悬液浓度、离心条件、抗冷冻剂和保护剂等有密切关系。

（4）半成品配制和成品包装

半成品配制是将干燥的菌粉与适量赋形剂按比例混合均匀。若是由几种菌联合的多菌制剂，应先将不同种菌粉按比例均匀混合，然后再与赋形剂混合均匀。目前活菌制剂生产时采用了多层包埋技术，以防止胃液、胆汁等对益生菌的伤害，保证活菌进入肠道附着定殖。

分包装过程按国家规定的有关"生物制品分包装规程"的要求进行，成品一般含活菌数至少为 $1 \times 10^7 \, \text{cfu/g}$。

9.5 微生物在酶制剂生产中的应用

酶广泛存在于动植物组织细胞、微生物细胞及其培养物中，可以通过各种理化方法将其提取、精制后制成为较纯的酶制剂。近年来，酶制剂已广泛应用于食品发酵、日用化工、纺织、制革、造纸、医药、农业等各个方面，引起各国的普遍重视。

早期酶制剂的生产多数是从动植物组织中提取，即使在现在，动植物组织仍然是酶的一个重要来源。动植物组织生长缓慢、来源有限，并受到季节、气候和地域条件的限制，而微生物生产酶制剂则可避免上述缺陷，具有许多的优越性。首先是微生物种类繁多，酶种丰富，一般认为微生物细胞至少能产生 2500 种以上不同的酶。如果有针对性地筛选微生物，通常可以得到所需的菌株，从而得到动植物中可能得不到的酶类。其次是微生物生长速度快、酶产量高，便于进行工业化生产，且不受气候、季节、地域等条件的限制，有可能保证酶的供应。另外，可以利用现代生物技术对微生物进行改良，提高酶的产量，使酶的性质更符合生产需要。

9.5.1　主要酶制剂、用途及产酶微生物

酶制剂生产中常用的微生物有细菌、酵母菌、霉菌、放线菌等。微生物产生的各种酶及其在食品工业中的应用见表 9-7。

表 9-7　微生物酶制剂及其在食品工业中的应用

酶制剂	用　　途	来　源
α-淀粉酶	水解淀粉制造葡萄糖、麦芽糖、糊精、糖浆和直链淀粉薄膜；分解果汁中的淀粉；改善面包质地、风味，缩短时间，节约用糖；啤酒原料液化、酒精原料糖化和液化、酱油和醋的原料处理及其他以淀粉为原料的发酵工业中淀粉液化	枯草芽孢杆菌、地衣芽孢杆菌、嗜热脂肪芽孢杆菌、凝聚芽孢杆菌、嗜碱芽孢杆菌、米曲霉、黑曲霉、拟内孢霉
糖化酶	水解淀粉成葡萄糖，用于酒精、氨基酸、有机酸等生产	黑曲霉、根霉、拟内孢霉
普鲁兰酶	水解淀粉成直链低聚糖	芽孢杆菌、克雷伯氏菌
酸性蛋白酶	啤酒、果酒澄清、酱油、食醋、白酒、黄酒酿造和酒精生产；制造动植物蛋白质水解营养液；制造干酪、凝固酪蛋白，制造奶油，大豆脱腥	黑曲霉、米曲霉、构巢曲霉、斋藤曲霉等
中性蛋白酶	面包、糕点的制造，分解小麦粉中的谷蛋白，缩短和面时间，增加面团延展性，使面包富于弹性；豆酱生产、生产大豆酶解产物；肉类嫩化、软化肌肉纤维；啤酒、茶饮料澄清	枯草芽孢杆菌、灰色链霉菌、米曲霉、寄生曲霉、栖土曲霉
碱性蛋白酶	修饰玉米蛋白，提高玉米蛋白水溶性；用于肉类罐头、肉汤调味料生产	枯草芽孢杆菌、地衣芽孢杆菌、嗜碱性短小芽孢杆菌
脂肪酶	制作干酪，奶油，大豆脱腥；面包改良剂	解脂假丝酵母、阿氏假囊酵母、爪哇毛霉等
纤维素酶	蔬菜的加工，改善干制蔬菜的质量；大米、大豆、玉米脱皮，制造淀粉；提取香料，制造速溶茶、速溶咖啡等速用饮料和方便食品	木霉属、曲霉属、青霉属、酵母等
半纤维素酶	谷类脱皮，制造淀粉；提高果汁澄清度	曲霉、木霉、腐质霉
果胶酶	柑橘脱囊衣，饮料、果汁、果酒澄清等；生产果胶低聚糖	曲霉、青霉、核盘霉菌、枯草杆菌、欧文杆菌等
过氧化氢酶	去除用于牛乳杀菌的残留过氧化氢	曲霉、青霉、微球菌
葡萄糖氧化酶	防止蛋品褐变（去除葡萄糖），食品除氧防腐，密封包装食品机械	青霉属、曲霉属、拟青霉属、醋酸杆菌属

（续）

酶制剂	用　途	来　源
橙皮苷酶	防止柑橘罐头的白色混浊，制造橙皮苷，二氢查尔酮，麦芽寡糖苷	黑曲霉、细菌
葡萄糖异构酶	可使葡萄糖转化为果糖，制高果糖浆	暗色产色链霉菌、凝结芽孢杆菌、橄榄色链霉菌等
蔗糖酶	制造转化糖，防止高浓度糖浆中蔗糖析出，防止糖果发沙	酵母
乳糖酶	制造缺乏乳糖的乳品，防止乳制品中乳糖析出	曲霉、埃希菌、酵母
凝乳酶	制造干酪	微小毛霉等
蜜二糖酶	甜菜糖制造中棉子糖的分解	曲霉、酵母
单宁酶	食品脱涩	曲霉
胺氧化酶	胺类脱臭	酵母、细菌
木聚糖酶	制造低聚木糖；用于面包生产，提高面筋弹性，增加体积	黑曲霉、木霉等

9.5.2　微生物酶制剂生产

9.5.2.1　菌种的研发与选择

从表 9-7 可以看出，一种酶可以由多种微生物产生，而一种微生物也可以产生多种酶。在实际生产中，可以根据条件、要求不同筛选产酶量高、性能稳定、符合生产要求的安全菌种，并优化培养条件来生产不同的酶制剂。用于酶发酵生产的微生物一般必须具备容易培养和管理、酶的产量高、遗传性稳定、所需的酶易于分离纯化、安全可靠等特点。

酶生产用菌种的研发流程：

$$保藏菌种\qquad 最佳产酶条件研究$$
$$\uparrow\qquad\qquad \uparrow$$
采样→分离纯化→初筛→复筛→摇瓶试验→酶的制备→发酵液→胞外酶
$$\downarrow\qquad\qquad\qquad \downarrow$$
　微生物育种　　收集菌体→破碎→胞内酶 ⟩→酶学研究

目前，美国政府批准用于食品酶制剂生产的菌株仅有枯草芽孢杆菌、黑曲霉、米曲霉、酵母菌和放线菌等约 20 种。常用的产酶菌种有枯草芽孢杆菌 BF 7658、AS 1.398，黑曲霉 AS 3.350、AS 3.409，米曲霉沪酿 3.042、UE 328、UE 336。此外，还有青霉、毛霉、根霉、木霉、链霉菌及酵母菌等。

9.5.2.2　酶制剂的发酵生产

利用微生物生产酶制剂的方法主要包括固态发酵法和液态发酵法两种。因产酶菌种不同，采取的培养方法各有差异。

（1）固态发酵法

固态发酵法又称麸曲培养法，是以麸皮或米糠为主要原料，添加一些氮源和金属离子等，加水拌和成含水适度的固态培养基，灭菌后用于微生物生长繁殖和产酶。该方法主要用于霉菌培养，利用其耐干燥、耐高渗的特点可得到液态发酵法不能得到的生理活性物质，产酶量高。

固态发酵法一般工艺流程：

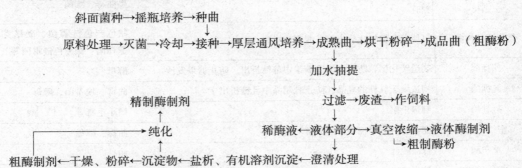

（2）液体发酵法

液态发酵法适用于细菌、酵母菌和霉菌的培养，现代发酵工业普遍采用的是液体深层培养法。

液态发酵法一般工艺流程：

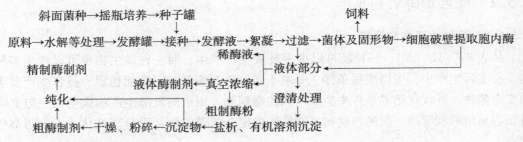

（3）产酶条件的控制

微生物的生长与所需酶的产生不一定同步，产酶量也并不是完全与微生物生长旺盛程度成正比，因此在实际生产中，除了根据菌种特性或生产条件选择恰当的产酶培养基外，还应当为菌种在各个生理时期创造最佳条件，并采取代谢调控措施等，以保证合成酶的产量和质量。

①培养基组分的选择 培养基中营养物组成对微生物产酶的影响很大，必须引起注意。

碳源 目前用于生产酶的菌种均为异养微生物，大多利用有机碳源。不同微生物对碳源要求不同，即使是同一种微生物，由于碳源的差异，最终会影响到产酶种类及产量。例如，黄青霉（葡萄糖氧化酶产生菌）在甜菜糖蜜做碳源时不产酶，以甘蔗糖蜜做碳源时产酶量显著增高。碳源类型除了影响产酶外，还会影响微生物胞内酶与胞外酶的比例。

碳源浓度的控制要结合菌种特性（包括酶的活力强弱、糖分解代谢产物是否对酶合成有阻碍作用等）、生产工艺条件来综合考虑，如葡萄糖、蔗糖虽然对促进细胞的呼吸与生长有利，但浓度高时，对蛋白酶和α-淀粉酶等的产生有抑制作用，生产上可采用流加法以避免出现"葡萄糖效应"。

有些糖类物质还对酶的合成有诱导作用，如短乳杆菌（葡萄糖异构酶产生菌）必须在木糖培养基上产酶，以葡萄糖做碳源时，尽管菌体繁殖旺盛却不产酶。

氮源 氮源是蛋白质的组成成分，在发酵中也能起到诱导和阻遏酶形成的作用，如在蛋白酶生产中，蛋白质能诱导酶的形成，而它的水解物就不及它本身好。

氮源对于微生物生长与产酶的影响，既有协同促进的，也有不协调的，在实际生产中要针对具体情况严格选择氮源，同时还应当注意碳氮比、无机氮与有机氮的浓度比例等。例如，在曲霉淀粉酶的生产过程中，如果碳源不足，不能得到充分的能源，菌丝体对于氮源的消耗显著降低，影响淀粉酶的合成。枯草芽孢杆菌产生果聚糖蔗糖酶时，培养基中蔗糖浓度 10%，铵盐（如硫酸铵）浓度必须超过菌体生长的最高需要量（即达到含氮量 0.15% 左右），酶的产量才大幅度上升。

在酶发酵生产中，多数情况下将有机氮源和无机氮源配合使用才能取得较好的效果。

无机盐 酶生产培养基中需要有磷酸盐及 S、K、Na、Ca、Mg 等元素，有些金属离子本身就是酶的基团成分或辅酶的必需成分，有些可作为酶的激活剂或抑制剂。

无机盐对产酶的效应比较复杂，一般 P 对产酶有促进作用，在蛋白酶中比较明显；Ca^{2+} 对蛋白酶和 α-淀粉酶有明显的保护和稳定作用。Na^+ 和 Cl^- 对提高枯草芽孢杆菌 α-淀粉酶的耐热性有显著作用。添加适量的 Mg^{2+}、Zn^{2+}、Mn^{2+}、Co^{2+}、Fe^{2+} 等能提高蛋白酶和 α-淀粉酶等的产酶量。有些离子在某发酵过程中可能是活化剂，而在另一发酵过程中却成了抑制剂。不同的酶往往需要不同的离子做它的活化剂。

生长因子 多种氨基酸、维生素是微生物生长与产酶的必要成分，有些维生素甚至就是酶的组成部分。麦芽根、酵母膏、玉米浆、米糠、曲汁、麦芽汁、玉米废醪中均含有不同程度的微量生长因子，对促进产酶有显著效应。

②控制培养条件

pH 值 同一菌种产酶的类型与酶系组成可以随 pH 值的改变而产生不同程度的变化。如用黑曲霉使腺苷酸氧化脱氨转变为肌苷酸时，如果在 pH 6.0 以上的环境中培养，果胶酶活性受到抑制，pH 值控制在 6.0 以下则形成果胶酶。泡盛曲霉突变株在 pH 6.0 培养时，以产生 α-淀粉酶为主，糖化型淀粉酶与麦芽糖酶产生极少。在 pH 2.4 条件下培养，转向糖化型淀粉酶与麦芽糖酶的合成，α-淀粉酶的合成受到抑制。

在有些情况下，由于 pH 的改变，也会影响到胞内和胞外酶的产量比例。

酶生产中，pH 值控制一般根据酶生产所需 pH 值确定培养基的碳氮比和初始 pH 值，并通过采取添加缓冲剂，或者在培养过程中添加糖类、氨及调节通气量等措施来控制料液 pH 值。

温度 产酶的培养温度随菌种而不同，如芽孢杆菌生产蛋白酶采用 30~37℃，霉菌和放线菌的蛋白酶生产以 28~30℃ 为佳。菌体产酶与菌体生长的最适温度大多不相同。在生产中为提高酶的稳定性，延长菌体产酶时间，可以采用变温培养。例如，枯草芽孢杆菌 AS 1.398 生产中性蛋白酶时，培养温度由 31℃ 逐步升温至 40℃，培养一定时间后再降温至 31℃ 培养，蛋白酶产量比恒温培养提高 66%。用酱油曲霉生产蛋白酶时，在 28℃ 下发酵产酶，比在生长温度 40℃ 条件下的产酶量高出 2~4 倍。

此外，温度还能影响酶系组成及酶的特性。例如，用米曲霉制曲时，温度控制在低限，有利于蛋白酶合成，而 α-淀粉酶活性受到抑制。

通气量 对于好氧菌来说，菌体产酶和菌体生长所需要的发酵醪液中溶氧量通常不相同。例如产异淀粉酶的气杆菌，生长期间要求有较大的通气量，而产酶期间通气量以小为好；而在蛋白酶深层发酵时，前期通气量较小有利于生长，后期加大通风量可促进酶的合成对生长有抑制作用。生产过程中，应根据发酵菌种特性、原料浓度等，适时调节通气量。

种龄 一般种龄在 30~45h 的酶活性最高。

（4）分离提纯

微生物酶的提取方法因酶的结合状态与稳定性、存在部位及对产品纯度的要求不同而不同。胞内酶提取时，要先将发酵液中菌体分离出来，然后采用菌体自溶、机械破碎或冻融等方法进行破碎，使细胞内的酶释放出来，而后将其转入液相中进行分离纯化。

经过过滤、离心等预处理的澄清酶液中仍含有较多杂质，并且酶浓度较低，应该进行进一步的纯化、浓缩或干燥处理，以达到食品酶制剂的质量标准。常用的纯化方法有超滤法、盐析法、有机溶剂沉淀法、单宁沉淀法、白土或活性氧化铝吸附法等。

浓缩的酶液可制成液体或固体酶制剂。为改进和提高酶制剂的贮藏稳定性，一般都要在酶制剂中加入酶活稳定剂、抗菌剂及填料等。

思考题

1. 列表说明利用霉菌制造的主要食品种类及其在食品制造中主要生物化学变化。

2. 微生物在食品制造应用中菌种扩大培养有哪些共同特点？

3. 简要说明酱油酿造中常见的微生物菌群，发酵过程中如何控制有害菌的生长。

4. 腐乳生产使用的微生物菌种有哪些？主要起什么作用？

5. 我国工业化生产柠檬酸常使用的微生物种类有哪些？生产中如何控制其液体深层发酵的条件，以达到增加产酸量的目的？

6. 白酒生产中使用的大曲主要有哪几类？说明各大曲的特点，分析其原因。

7. 在双歧杆菌酸奶生产中常用哪些特定的工艺路线？说明工艺设定的依据。

8. 简述开菲尔的菌种组成，各种微生物菌群之间的生态关系。

9. 发酵果蔬制品的类型有哪些？说明发酵剂所起的作用。

10. 说明食醋酿造中的主要微生物类群及各类微生物在其中所起的作用。

11. 简述发酵肉制品中微生物发酵剂的作用及微生物类型。

12. 现代酶制剂工业常用的产酶微生物有哪些？举例说明培养条件对产酶的影响。

第 10 章

微生物引起的食品腐败变质及其控制 《《《

目的与要求

　　了解污染食品的微生物主要来源、污染途径；各类食品的腐败变质现象、发生的原因及目前常用的食品防腐保藏方法、原理；掌握微生物引起食品腐败变质需要的基本条件，并能判断食品变质的可能性，分析变质原因，确定在生产中应采取的合理预防措施。

10.1 污染食品的微生物来源及其途径

人类生存的自然环境到处都有微生物的活动，食品在加工、运输、贮藏、销售等各个环境常因卫生条件不良而受到环境中微生物的污染，并在其中繁殖生长，引起食品变质，甚至产生毒素，引起食物中毒。因此，了解污染食品的微生物主要来源，对于切断污染途径、控制微生物对食品的污染、延长食品保藏时间和防止食品腐败变质与中毒事件发生具有十分重要意义。

10.1.1 来自土壤的微生物

10.1.1.1 土壤中与食品有关的微生物

土壤中微生物含量丰富，其微生物的种类和数量在不同的地区、不同性质的土壤中有很大的差异（参阅第7章）。

土壤中微生物少数为自养型，如硝酸细菌，亚硝酸细菌、硫细菌等；大多数为异养型微生物。很多引起食品变质、食物中毒和引发传染病的微生物都属于后一类。

土壤中与食品有关的细菌主要有：嗜热脂肪芽孢杆菌、A型和B型的肉毒梭状芽孢杆菌、大肠埃希菌、枯草芽孢杆菌、不动杆菌、产碱杆菌、节细菌、棒状杆菌、黄杆菌、小球菌、假单胞菌、蜡样芽孢杆菌、巨大芽孢杆菌、腐化梭状芽孢杆菌、葡萄球菌等。与食品有关的放线菌有链霉菌属等。

酵母菌含量较少，主要存在柑橘园、葡萄园的土壤中。霉菌大多以孢子形式存在。

土壤中的病原微生物来自人和动物，由于土壤中的养料和生长条件不适宜其生长，其他微生物对其有拮抗作用，所以多数病原菌会迅速死亡，如沙门菌只能存活几天或几周。有芽孢的病原菌存活时间较长，如炭疽杆菌、肉毒梭菌可存活数年或更长时间。

10.1.1.2 土壤中微生物对食品的污染

土壤中的微生物可污染直接接触土壤或离地较低的食品原料，如马铃薯、草莓、菜豆、白菜等。其他果蔬也会通过采收器具、采摘人员、空气等受到来自土壤的微生物污染，污染的微生物数量和种类因土壤和环境条件而异。目前采用的机械收割增加了土壤的污染程度和水果、蔬菜的破损，为微生物在原料上的快速繁殖提供了条件。

谷物、豆类等原料极易受到土壤、尘土中微生物的污染，并且多集中在收获时。

10.1.2 来自水中的微生物

10.1.2.1 水中与食品有关的微生物

水是食品中微生物的潜在来源。江、河、湖、泊等淡水中存在许多种微生物，其中与食品有关的主要有两大类：一类为假单胞菌属、产碱杆菌属、气单胞菌属、无色杆菌属等组成的一群革兰阴性杆菌，其最适生长温度为20~25℃，由于能够适应淡水环境而长期生活下来，从而构成了水中的天然微生物类群；另一类为来自土壤、空气、生产和生活的污水以及人畜排泄物等多方面的微生物。特别是土壤中的微生物，是污染水源的主要来源，它主要是随着雨水的冲刷而流入水中。来自生活污水、废物和人畜排泄物中的微生物大多数是人畜消化道内的正常菌群，如大肠埃希菌、粪肠球菌和魏氏杆菌等；还有一些是腐生菌，如某些变形杆菌、厌氧的梭状芽孢杆菌等。有时会发现病原菌，主要有伤寒沙门菌、志贺痢疾杆菌、霍乱弧菌、副溶血性弧菌等。水中还可发现病毒。

海水中存在的微生物主要是细菌，有假单胞菌属、无色杆菌属、不动杆菌属、黄杆菌属、噬胞菌属、小球菌属、芽孢杆菌属。如在捕获的海鱼体表经常有无色杆菌属、假单胞菌属和黄杆菌属的细菌检出。这些菌都是引起鱼体腐败变质的细菌。海水中的细菌除了能引起海产动、植物的腐败外，有些还是海产鱼类的病原菌，或是引起人类食物中毒的病原菌，如副溶血性弧菌。

10.1.2.2　水中微生物对食品的污染

食品加工过程中，水既是加工的原料，又是清洗、冷却、冰冻等不可缺少的物质，水质的好坏对食品卫生质量影响较大。

在很多情况下，微生物污染食品是以水为媒介的。如果使用含菌数较高的水来处理食品就会造成食品污染。即使是使用清水，由于使用不当也会造成食品污染。水中存在的微生物如嗜冷性假单胞菌，可以在极微量的营养条件下生长，使工厂水池中菌数达到 $10^5 \sim 10^6$ cfu/mL。在乳品厂常因使用含嗜冷菌较多的水清洗设备和加工食品，引起冷冻乳制品的变质。在罐头食品加工中，用水冷却灭菌后的罐头，常使出现的漏罐受到污染而引起变质。

另外，对于采用循环水的食品企业更应该注意水的品质，避免引起微生物污染。有研究发现，用循环水漂洗的橘子制成的罐头胖听率高达 32%，而用清水漂洗的胖听率只有 5%。

10.1.3　来自空气中的微生物

10.1.3.1　空气中的微生物种类

空气中的微生物来源广泛，其种类和数量与该地区从事的活动有关。例如，在污水处理厂附近空气中发现有芽孢杆菌属、黄杆菌属、克雷伯菌属、链球菌属、微球菌属等；在乳品厂附近空气中发现链球菌属；在葡萄园、果园、面包房的空气中可检测到酵母菌。食品厂空气若不进行消毒，其中的微生物菌群可反映工厂的卫生状况。

由于空气的环境条件对微生物极为不利，故来自于地面的一些 G^- 菌（如大肠菌群等）在空气中很易死亡，检出率很低。在空气中检出率较高的是一些抵抗力较强的类群，特别是耐干燥和耐紫外线强的微生物，如细菌中革兰阳性球菌和杆菌（特别是芽孢杆菌）、酵母菌和霉菌的孢子。这些微生物可以附着在尘埃上或被包在微小的水滴中而漂浮空中。空气中的尘埃越多，污染的微生物也越多；下雨或下雪后，空气中的微生物数量就会显著降低。室内空气中微生物含量的多少与气候条件、人口密度以及室内外的清洁卫生状态有关。

空气中有时也会含有一些病原微生物，有的间接地来自地面，有的直接地来自人或动物的呼吸道，如结核杆菌、金黄色葡萄球菌等一些呼吸道疾病的病原微生物，可以随着患者口腔喷出的飞沫小滴散布于空气中。

10.1.3.2 空气中的微生物对食品的污染

食品在密封包装前均有可能受到空气中微生物的污染，受污染程度与空气中微生物种类和数量、食品与空气接触时间有关。

食品厂中空气微生物主要来自原料的搬动和粉碎、设备的清洗及喷雾干燥等，在鲜活动物及初级产品进厂处理场所，空气中微生物比较多。空气中的微生物经常会随着尘埃的飞扬和沉降而污染食品。

此外，人体内的痰沫、鼻涕和口水等中均含有一定量的微生物，会在讲话、咳嗽和打喷嚏时直接或间接地污染食品。所以，只要食品暴露于空气中，就不可避免地受到微生物的污染。

控制食品厂空气中微生物的方法之一就是控制干净场所保持一定的正压，让空气从干净地方流向较脏的地方；新鲜空气进入洁净区需经过净化处理，以去除杂物及一些微生物。

10.1.4 来自动、植物及人的微生物

10.1.4.1 动物来源的微生物对食品的污染

动物是食品微生物污染的重要来源，除了其体内已有的微生物菌群外，它们还带有来自周围环境的微生物。

畜禽屠宰后的胴体因受各种不洁环境的污染，其肌肉表面细菌量增加，其中的大多数微生物来源于其表面、内部污染及加工过程。例如，污染大量粪便的体表含有许多球菌和大肠埃希菌；在畜禽口腔中含有葡萄球菌属、链球菌属、乳杆菌属等细菌。其他像鱼、奶牛、鸡蛋等表面也带有许多微生物，一旦操作不规范，就会造成食品的污染。另外，野外动物携带的微生物会污染生长中的谷物及贮存的产品。

当动物有病原微生物寄生时，患者病体内就会产生大量病原微生物并向体外排出，其中少数菌还是人畜共患的病原微生物，如沙门菌、结核杆菌、布氏杆菌等。

有食品的地方，也正是鼠、蝇、蟑螂等一些小动物活动频繁的场所。这些动物体表或消化道内均带有大量的微生物，是微生物的传播者，如苍蝇会扩散沙门菌、志贺菌、弧菌、大肠埃希菌等，鼠类常常是沙门菌的携带者。

10.1.4.2 植物来源的微生物对食品的污染

污染植物的微生物来源于水、空气、肥料、动物和人。植物表面的微生物菌群因植物种类而异。例如，在蔬菜中普遍存在有假单胞菌，在水果的花上有多种酵母，包括酵母属、汉逊酵母属、红酵母属、假丝酵母属、球拟酵母属、克勒克酵母属等。植物上的微生物可造成食品原料的污染，并引起腐败变质，如水果上的酵母菌、乳酸菌、醋酸菌等会造成瓜果的腐烂。

食品加工中使用的植物性香料或作料也是食品中微生物的一个污染来源。香料或作料含有的好氧细菌可达 10^8 cfu/g 以上，并且还含有好氧和厌氧的芽孢。检测发现一个姜样品含细菌 4.8×10^7 cfu/g，其中好氧产芽孢菌 2.6×10^7 cfu/g、厌氧产芽孢菌 7.2×10^6 cfu/g，其他微生物如酵母菌和霉菌约 1.2×10^7 cfu/g。Flanmigan 等人分析了 20 个香料样品，发现 14 个样品上含有黄曲霉，其中 4 个样品上的黄曲霉可以生

长且产生黄曲霉毒素。

食品加工原料（如淀粉、面粉、糖等）也会检测到芽孢菌，如果耐热性芽孢菌随原料进入食品并在热处理过程中残存下来，引起食品腐败变质的可能性会加大。

植物病原微生物虽然对人和动物无感染性，但有些微生物的代谢产物却具有毒性，能引起人类的食物中毒。

10.1.4.3 人类来源的微生物对食品的污染

工作人员以手接触食品是微生物污染食品的途径之一。如果食品从业人员患有某些疾病，接触食品的手和他们的工作服、工作帽等又不经常清洗、消毒，就会将附着于其上的大量微生物包括有些病原菌带入食品而造成污染，如志贺菌和葡萄球菌食物中毒主要是由人污染食品而引起的。

10.1.5 来自用具及杂物的微生物

应用于食品的一切用具，如原料的包装物品、运输工具、生产的加工设备、成品的包装材料和容器等，都有可能作为媒介将微生物带入污染食品。所有未经清洗消毒或杀菌的设备和用具，如果任其连续使用，就会造成循环或交叉污染。例如在畜禽屠宰加工过程中，肉与各种设备接触，各种设备的零件和操作工人会导致沙门菌的扩散。对设备和用具进行彻底的清洗和杀菌，可以明显减少食品中微生物的数量。

已经消毒或无菌的食品，如果使用不洁净的包装材料或容器，就会使其重新遭受污染。目前许多食品采用塑料包装，加工过程中如果处理不当，塑料产生的静电荷会吸附空气中的灰尘和微生物，增加了微生物污染的机会。

10.2 微生物引起食品腐败变质的基本条件

食品腐败变质（food spoilage）是指食品受到各种内外因素的影响，造成其原有化学或物理性质发生变化，降低或失去其营养价值和商品价值的过程，如鱼肉腐臭、油脂酸败、果蔬腐烂和粮食霉变等。食品的腐败变质不仅降低了食品的营养价值和卫生质量，而且还可能危害人体的健康。

食品的腐败变质原因较多，有物理因素（如高温、高压和放射性物质的污染等）、化学因素（如重金属盐类的污染等）、生物因素（如昆虫、寄生虫以及微生物的污染及动、植物食品组织内酶的作用等）。本章只讨论由微生物引起的食品腐败变质问题。

一般来说，微生物引起的食品腐败变质与食品基质的性质、污染微生物的种类和数量以及食品所处的环境条件等因素有着密切的关系，这些因素决定着食品是否发生变质以及变质的程度。

10.2.1 食品基质的特性

10.2.1.1 食品的营养成分与微生物的分解作用

食品除含有一定的水分之外，主要含有蛋白质、糖类、脂肪、无机盐、维生素等，其丰富的营养成分是微生物的良好培养基，因而微生物污染食品后很容易迅速生长繁殖造成食品的变质。来自不同原料的食品，蛋白质、糖类、脂肪的含量差异很大（表10-1）。

%

表 10-1　食品原料营养物质组成的比较

食品原料	蛋白质	糖类	脂肪
水果	2~8	85~97	0~3
蔬菜	15~30	50~85	0~5
鱼	70~95	少量	5~30
禽	50~70	少量	30~50
蛋	51	3	46
肉	35~50	少量	50~65
乳	29	38	31

由于微生物分解各类营养物质的能力不同，从而导致了引起不同食品腐败的微生物类群的不同，如肉、鱼等富含蛋白质的食品，容易受到对蛋白质分解能力很强的变形杆菌、青霉等微生物的污染而发生腐败；米饭等含糖类较高的食品，易受到曲霉、根霉、乳酸菌、啤酒酵母等对糖类分解能力强的微生物的污染而变质；而脂肪含量较高的食品，易受到黄曲霉、假单胞杆菌等分解脂肪能力很强的微生物的污染而发生酸败变质。

10.2.1.2　食品的氢离子浓度

根据食品 pH 值范围不同可将食品划分为两大类：酸性食品和非酸性食品。pH 值在 4.5 以上者，属于非酸性食品；pH 值在 4.5 以下者为酸性食品。几乎所有的动物食品和蔬菜都属于非酸性食品；几乎所有的水果为酸性食品。

食品的酸度不同，引起食品腐败变质的微生物类群也不同。各类微生物都有其最适宜生长的 pH 值范围，大多数微生物最适生长的 pH 值在 6.6~7.5 的范围内，极少数微生物在 pH 4.0 以下能够生长。一般细菌最适生长 pH 值在 7.0 左右，非酸性食品最适合于绝大多数细菌的生长。当食品 pH 值在 5.5 以下时，腐败细菌基本上被抑制，只有少数细菌，如大肠埃希菌和个别耐酸细菌（如乳杆菌属）尚能继续生长。酵母菌生长的最适 pH 值是 3.8~6.0，霉菌生长的最适 pH 值是 4.0~5.8，因此酸性食品的腐败变质主要是由酵母、霉菌及一些耐酸性细菌引起的。

微生物在食品中生长繁殖也会引起食品的 pH 值发生改变，当微生物生长在含糖与蛋白质的食品基质中，微生物首先分解糖产酸使食品的 pH 值下降；当糖不足时，蛋白质被分解，pH 值又回升。由于微生物的活动，使食品基质的 pH 值发生很大变化，当酸或碱积累到一定量时，反过来又会抑制微生物的继续活动。

有些食品对 pH 值改变有一定的缓冲作用，一般来说，肉类食品的缓冲作用比蔬菜类食品大，主要是由于肉类蛋白质分解产生的胺类物质能与酸性物质起中和作用。

10.2.1.3　食品的水分

食品中水分以游离水和结合水两种形式存在。微生物能否在食品上生长繁殖，不是取决于其总含水量，而是取决于水分活度（A_w）。因为其中一部分水是与蛋白质、糖类及一些可溶性物质结合，不能被微生物利用。因而通常采用 A_w 来表示食品中可被微生物利用的水。

新鲜的食品原料，如鱼、肉、水果、蔬菜等含有较多的水分，A_w 值一般在 0.98～0.99，适合多数微生物的生长，如果不及时加以处理，很容易发生腐败变质。为了防止食品变质，最常用的办法就是要降低食品的 A_w 值。A_w 值降低至 0.70 以下，食品即可较长期保存。许多研究报道，A_w 值在 0.80～0.85 之间的食品，一般只能保存几天；A_w 值在 0.72 左右的食品，可以保存 2～3 个月；如果 A_w 在 0.65 以下，则可保存 1～3 年。食品的 A_w 值在 0.60 以下，则认为微生物不能生长。一般认为，食品 A_w 值在 0.64 以下，是食品安全贮藏的防霉含水量。

在实际中，为了方便也常用水分质量百分比来表示食品的含水量，并以此作为控制微生物生长的一项衡量指标。例如，为了达到保藏目的，奶粉含水量应在 5% 以下，大米含水量应在 13% 左右，豆类在 15% 以下，脱水蔬菜在 14%～20%。这些物质含水量百分率虽然不同，但其 A_w 值在 0.70 以下。

10.2.1.4 食品的渗透压

一般微生物在低渗食品中较易生长，而在高渗食品中，常因脱水而死亡。微生物种类不同，对渗透压的耐受力大不相同。绝大多数细菌不能在渗透压较高的食品中生长，能在高渗环境中生长的只有少数种，如盐杆菌属中的一些种能够生活在食盐浓度 20%～30% 的食品中；肠膜明串珠菌能耐高浓度糖。而少数酵母菌和多数霉菌一般能耐受较高的渗透压，如异常汉逊酵母（*Hansenula anomala*）、鲁氏酵母、膜醭毕赤酵母（*Pichia membranaefaciens*）等能耐受高糖，常引起糖浆、果酱、果汁等高糖食品的变质。霉菌中比较突出的代表是灰绿曲霉、青霉属、芽枝霉属（*Cladosporium*）等。

食盐和糖是形成不同渗透压的主要物质。在食品中糖或盐浓度越高，渗透压越大，食品的 A_w 值就越小。通常为了防止食品腐败变质，常用盐腌和糖渍方法来较长时间地保存食品。

10.2.2 引起腐败的微生物种类

能引起食品发生腐败变质的微生物种类很多，主要有细菌、酵母和霉菌（表10-2）。一般情况下细菌常比酵母菌占优势。

表 10-2　部分食品腐败类型和引起腐败的微生物

食　品	腐败类型	微生物
面包	发霉	黑根霉、青霉属、黑曲霉
	产生黏液	枯草芽孢杆菌
糖浆	产生黏液	产气肠杆菌、酵母属
	发酵	接合酵母属
	呈粉红色发霉	玫瑰色微球菌、曲霉属、青霉属

（续）

食 品	腐败类型	微生物
水果、蔬菜	软腐	根霉属、欧文杆菌属
	灰色霉菌腐烂	葡萄孢属
	黑色霉菌腐烂	黑曲霉、假单胞菌属
泡菜、酸菜	表面出现白膜	红酵母属
肉	腐败	产碱菌属、梭菌属、普通变形菌
	变黑	荧光假单胞菌、腐败假单胞菌
	发霉	曲霉属、根霉属、青霉属
	变酸	假单胞菌属、微球菌属、乳杆菌属
	变绿色、变黏	明串珠菌属
鱼	变色	假单胞菌属、产碱菌属、黄杆菌属
	腐败	腐败桑瓦拉菌（*Shewanella putrefaciens*）
蛋	绿色腐败、褐色腐败、黑色腐败	假单胞菌属、产碱菌属、变形菌属
禽肉	变黏、有气味	假单胞菌属、产碱菌属
浓缩橘汁	失去风味	乳杆菌属、明串珠菌属、醋杆菌属

10.2.2.1 细菌

一般细菌都具有分解蛋白质的能力，其多数是通过分泌胞外蛋白酶来完成的。其中，芽孢杆菌属、梭状芽孢杆菌属、假单胞菌属、变形杆菌属、链球菌属等分解能力较强；微球菌属、葡萄球菌属、黄杆菌属、产碱杆菌属、埃希杆菌属等分解蛋白质较弱。肉毒梭状芽孢杆菌分解蛋白质能力虽然很微弱，但该菌为厌氧菌，可引起罐头的腐败变质。

能分解淀粉的细菌种类不及分解蛋白质的种类多，主要是芽孢杆菌属和梭状芽孢杆菌属的某些种，如枯草芽孢杆菌、巨大芽孢杆菌、马铃薯芽孢杆菌（*Bacillus mesentericus*）、蜡样芽孢杆菌、淀粉梭状芽孢杆菌（*Clostridium amylobacter*）等，它们是引起米饭发酵、面包黏液化的主要菌株。能分解纤维素和半纤维素的细菌仅有少数种，即芽孢杆菌属、梭状芽孢杆菌属和八叠球菌属的一些种。但绝大多数细菌都具有分解某些单糖或双糖的能力，特别是利用单糖的能力极为普遍。某些细菌能利用有机酸或醇类。能分解果胶的细菌主要有芽孢杆菌属、欧文杆菌属（*Erwinia*）、梭状芽孢杆菌属中的部分菌株，如胡萝卜软腐病欧文杆菌（*E. carotovora*）、多黏芽孢杆菌（*B. polymyxa*）、费地浸麻梭状芽孢杆菌（*C. felsineum*）等，它们参与果蔬的腐败。

一般来讲，对蛋白质分解能力强的需氧性细菌，大多数也能分解脂肪。细菌中的假单胞菌属、无色杆菌属、黄色杆菌属、产碱杆菌属和芽孢杆菌属中的许多种，都具有分解脂肪的特性。其中分解脂肪能力特别强的是荧光假单胞菌。

从食品腐败变质的角度来讲，以下几属的细菌应引起注意：

①假单胞菌属　该类菌为引起食品腐败变质的主要菌属，能分解食品中的各种成

分，并使食品产生各种色素。

②微球菌属和葡萄球菌属　食品中极为常见，主要分解食品中的糖类，并能产生色素，是低温条件下的主要腐败菌。

③芽孢杆菌属和梭状芽孢杆菌属　食品中常见，是肉、鱼类主要的腐败菌。

④肠杆菌科各属　除志贺菌属与沙门菌属外，均为常见的食品腐败菌。多见于水产品和肉、蛋的腐败。

⑤弧菌属和黄杆菌属　主要来自海水或淡水。在低温环境和含 5% 食盐的环境中可生长，在鱼类食品中常见。黄杆菌还能产生色素。

⑥嗜盐杆菌属和嗜盐球菌属　在含 28%~32% 食盐的环境中可生长，多见于腌制的咸肉、咸鱼中，可产生橙红色素。

⑦乳杆菌属和丙酸杆菌属　主要存在于乳品中使其产酸变质。

10.2.2.2　酵母菌

酵母菌分解利用蛋白质能力很弱，只有少数较强，如酵母属、毕赤酵母属、汉逊酵母属、假丝酵母属、球拟酵母属等能使凝固的蛋白质缓慢分解。

酵母菌一般喜欢生活在含糖量较高或含一定盐分的食品上，可耐高浓度的糖，使糖浆、蜂蜜和蜜饯等食品腐败变质。但酵母菌能分解利用淀粉的酵母只有少数，如拟内孢霉属（*Endomycopsis*）的个别种能分解多糖。极少数酵母（如脆壁酵母）能分解果胶，大多数酵母具有利用有机酸的能力。

酵母菌分解脂肪的菌种不多，主要是解脂假丝酵母（*Candida lipolytica*），这种酵母菌不发酵糖类，但分解脂肪和蛋白质的能力却很强。因此，在肉类食品、乳及其制品中脂肪酸败时，也应考虑到是否因酵母菌生长而引起。

10.2.2.3　霉菌

许多霉菌都具有分解蛋白质的能力，霉菌比细菌更能利用天然蛋白质。常见的有青霉属、毛霉属、曲霉属、木霉属、根霉属等，尤其是沙门柏干酪青霉（*Penicillium cam-emberti*）和洋葱曲霉（*Aspergillus alliaceus*）能迅速分解蛋白质。当环境中有大量糖类物质时，更能促进蛋白酶的形成。

多数霉菌都有分解简单糖类化合物的能力；能够分解纤维素的霉菌并不多，常见的有青霉属、曲霉属、木霉属等中的几个种，其中绿色木霉、里氏木霉、康氏木霉分解纤维素的能力特别强；分解果胶质的霉菌活力强的有曲霉属、毛霉属、蜡叶芽枝霉（*Cladosporium herbarum*）等；具有利用某些简单有机酸和醇类能力的霉菌有曲霉属、毛霉属和镰刀霉属等。

能分解脂肪的霉菌比细菌多，在食品中常见的有曲霉属、白地霉（*Geotrichum candidum*）、代氏根霉（*Rhizopus delemar*）、娄地青霉（*P. roqueforti*）和芽枝霉属（又称枝孢霉属）（*Cladosporium*）等。

造成食品腐败变质的霉菌以青霉属和曲霉属为主，是食品霉变的前兆。根霉属和毛霉属的出现往往表示食品已经霉变。

10.2.3 食品的环境条件

影响食品腐败变质的环境因素很多，最重要的有温度、湿度和气体等。

10.2.3.1 温度

根据微生物生长的最适温度，可将微生物分为嗜冷、嗜温、嗜热3个生理类群。每一类群微生物都有最适宜生长的温度范围，但这三群微生物又都可以在20~30℃生长繁殖，当食品处于这种温度的环境中，各种微生物都可生长繁殖而引起食品的腐败变质。

（1）低温环境中微生物与食品腐败变质

低温对微生物生长极为不利，但低温微生物在5℃左右或更低的温度（甚至-20℃以下）仍能生长繁殖，是引起冷藏、冷冻食品腐败变质的主要微生物。在低温条件下食品中生长的微生物主要有：假单胞杆菌属、产碱菌属、变形菌属、黄杆菌属、无色杆菌属等革兰阴性无芽孢杆菌；微球菌属、乳杆菌属、微杆菌属、芽孢杆菌属和梭状芽孢杆菌属等革兰阳性细菌；假丝酵母属、隐球酵母属（*Cryptococcus*）、球拟酵母属、丝孢酵母属（*Trichosporon*）等酵母菌；青霉属、芽枝霉属、葡萄孢属和毛霉属等霉菌。这些微生物虽然能在低温条件下生长，但其新陈代谢活动极为缓慢，生长繁殖速度非常迟缓，故引起冷藏食品变质的速度也较慢。

各种食品中微生物生长的最低温度各不相同（表10-3），这与微生物的种类和食品的性质有关。一般认为，-10℃可抑制绝大多数细菌生长，-12℃可抑制多数霉菌生长，-15℃可抑制多数酵母菌生长，-18℃可抑制所有霉菌与酵母菌生长，因此，为了防止微生物的生长，建议食品的冻藏温度应不高于-18℃。

表 10-3　食品中微生物生长的最低温度　　　　　　　　　　　　　　　℃

食品	微生物	生长最低温度	食品	微生物	生长最低温度
猪　肉	细菌	-4	乳	细菌	-1~0
牛　肉	霉菌、酵母菌、细菌	-1~1.6	冰激凌	细菌	-10~-3
羊　肉	霉菌、酵母菌、细菌	-5~-1	大　豆	霉菌	-6.7
火　腿	细菌	1~2	豌　豆	霉菌、酵母菌	-4~6.7
腊　肠	细菌	5	苹　果	霉菌	0
熏腊肉	细菌	-10~-5	葡萄汁	酵母菌	0
鱼贝类	细菌	-7~-4	浓橘汁	酵母菌	-10
草　莓	霉菌、酵母菌、细菌	-6.5~-0.3			

（2）高温环境中微生物与食品腐败变质

当温度在45℃以上时，对大多数微生物的生长十分不利。温度越高，死亡率越高。

在高温条件下，仍然有少数嗜热微生物能够生长。在食品中生长的嗜热微生物主要是嗜热细菌，如芽孢杆菌属中的嗜热脂肪芽孢杆菌（*Bacillus stearothermophilus*）、凝结芽孢杆菌（*B. coagulans*）；梭状芽孢杆菌属中的肉毒梭菌（*Clostridium botulinum*）、热解糖梭状芽孢杆菌（*C. thermosaccharolyticum*）、致黑梭状芽孢杆菌（*C. nigrificans*）；乳杆菌属和链球菌属中的嗜热链球菌、嗜热乳杆菌等。霉菌中纯黄丝衣霉（*Byssochlamys fulva*）耐热能力也很强。

在高温条件下，嗜热微生物的新陈代谢活动加快，所产生的酶对蛋白质和糖类等物质的分解速度也比其他微生物快，因而使食品发生变质的时间缩短，比一般嗜温细菌快7~14倍。由于其在食品中经过旺盛的生长繁殖后，很容易死亡，故在实际中，若不及时进行分离培养，就会失去检出的机会。高温微生物造成的食品变质主要是酸败，分解糖类产酸而引起。

10.2.3.2　气体

微生物与 O_2 有着十分密切的关系。一般来讲，在有氧的环境中，微生物进行有氧呼吸，生长、代谢速度快，食品变质速度也快；缺乏 O_2 条件下，由厌氧性微生物引起的食品变质速度较慢。O_2 存在与否决定着兼性厌氧微生物是否生长和生长速度的快慢，兼性厌氧微生物在有氧环境中引起的食品变质要比在缺氧环境中快得多。

低氧浓度环境可以抑制微生物的活动。一般霉菌在低氧环境中生长缓慢，有些菌株还会发生畸变，呈酵母状、黏液状，当 O_2 浓度低于其最低要求时，菌丝便停止生长，不形成孢子，孢子也不能萌发，经过一段时间便会死亡。但有些对 O_2 浓度要求不高的霉菌，能耐低氧环境，如灰绿曲霉在氧气浓度为 0.2% 环境中仍能生长，毛霉、根霉、镰刀霉在缺氧环境中仍能生长。以琼脂培养基上生长情况为标准，多数真菌在氧分压为2.6~5.2kPa 时的生长情况与正常空气中一样，只是菌体干重受到影响。以细胞干重计，在严重缺氧条件下，真菌的生长速度仅为有氧条件下的 20%~50%。

新鲜食品原料中，由于组织内一般存在一些还原性物质，如植物组织常含有维生素C 和还原糖、动物原料组织内含有巯基，因而具有抗氧化能力。在食品原料内部生长的微生物绝大部分应该是厌氧性微生物；而在原料表面生长的则是需氧微生物。食品经过加工，如加热可使其组织状态发生改变、抗氧化物质破坏，需氧微生物进入组织内部，更易引起腐败变质。

另外，N_2 和 CO_2 等气体的存在，对微生物的生长也有一定的影响，可防止好氧性细菌和霉菌所引起的食品腐败变质，但乳酸菌和酵母等对 CO_2 有较大耐受力，实际应用中可通过控制 N_2 或 CO_2 的浓度来防止食品腐败变质。

10.2.3.3　环境的相对湿度

环境空气中的相对湿度对于微生物生长和食品变质起着重要的作用，尤其是未经包装的食品。例如，将脱水食品放在相对湿度较大的环境中，食品表面水分迅速增加，此时如果其他条件适宜，微生物就会大量繁殖而引起食品变质。长江流域梅雨季节，粮食、物品容易发霉，就是因为空气湿度太大（相对湿度 70% 以上）的缘故。

A_w 值反映了溶液和作用物的水分状态，而相对湿度则表示溶液和作用物周围的空气状态。当两者处于平衡状态时，$A_w \times 100$ 就是大气与作用物平衡后的相对湿度。每种微生物只能在一定 A_w 值范围内生长，但这一范围的 A_w 值要受到空气湿度的影响。

10.3　微生物引起食品腐败变质的鉴定

食品腐败变质一般是从感官、物理、化学和微生物 4 个方面确定其合适指标进行鉴定的。

10.3.1 感官鉴定

感官鉴定是以人的视觉、嗅觉、触觉、味觉来查验食品腐败变质的一种简单而灵敏的方法。食品腐败初期会产生腐败臭味，发生颜色的变化（褪色、变色、着色、失去光泽等），出现组织变软、变黏等现象。

（1）色泽

当微生物生长繁殖引起食品变质时，有些微生物产生色素，分泌至细胞外，色素不断累积就会造成食品原有色泽的改变，如食品腐败变质时常出现黄色、紫色、褐色、橙色、红色和黑色的片状斑点或全部变色。另外，由于微生物代谢产物的作用促使食品发生化学变化时也可引起食品色泽的变化。例如，肉及肉制品的绿变就是由于硫化氢与血红蛋白结合形成硫化氢血红蛋白所引起的。腊肠由于乳酸菌增殖过程中产生了过氧化氢促使肉色素褪色或绿变。

由于微生物的种类、食品的性质不同和作用时间不一致，在食品上出现的变色形状会有片状、斑点状、全部或局部等各种情况。

（2）气味

动、植物原料及其制品因微生物的繁殖而产生极轻微的变质时，人们的嗅觉器官就能敏感地觉察到有不正常的气味产生。如氨、三甲胺、乙酸、硫化氢、乙硫醇、粪臭素等具有腐败臭味，这些物质在空气中浓度为 $10^{-11} \sim 10^{-8}$ mol/L 时，人们的嗅觉就可以察觉到。此外，食品变质时，其他的胺类物质，甲酸、乙酸、己酸、酪酸等低级脂肪酸及其脂类，酮、醛等一些羰基化合物，以及醇类、酚类、靛基质等也可察觉到。

食品中产生的腐败臭味，常是多种臭味混合而成的。有时也能分辨出比较突出的不良气味，如霉味臭、醋酸臭、胺臭、粪臭、硫化氢臭、酯臭等。但有时产生的有机酸及水果变坏产生的芳香味，人的嗅觉习惯不认为是臭味。因此，评定食品质量不是以香、臭味来划分，而是应该按照正常气味与异常气味来评定。

（3）口味

微生物造成食品腐败变质时也常引起食品口味的变化。口味改变中比较容易分辨的是酸味和苦味。一般糖类化合物含量多的低酸食品，变质初期产生酸是其主要的特征。但对于原来酸味就高的食品，如微生物造成番茄制品酸败时，酸味稍有增高，不易辨别。

食品中微生物增殖除产生酸味外，还可能产生苦味或其他异味，如消毒乳污染某些假单胞菌后可产生苦味；蛋白质被大肠埃希菌、微球菌等微生物作用也会产生苦味。变质食品可产生多种不正常的异味。

感官评定的结果受人为的因素影响较大，近年来随着化学分析仪器和技术的日益精密和完善，食品的感官评价指标如颜色、风味、质地等都可以用精密仪器准确地分析和测定，如应用电子鼻、电子舌对乳类、肉类、鱼、蔬菜、食用菌、食用油、水果新鲜度进行判断，预测保质期。

（4）组织状态

固体食品变质时，由于微生物酶的作用，动、植物组织细胞遭到破坏，细胞内容物外溢，食品出现变形、软化等现象；鱼肉类食品则呈现肌肉松弛、弹性差，有时组织体表出现发黏等现象；微生物引起粉碎后加工制成的食品（如糕点、乳粉、果酱等）变质后常引起黏稠、结块等表面变形、湿润或发黏现象。

液态食品变质后即会出现浑浊、沉淀，表面出现浮膜、变稠等现象，鲜乳因微生物作用引起变质可出现凝块、乳清析出、变稠等现象，有时还会产气。

10.3.2　物理指标

食品腐败的物理指标主要是根据蛋白质分解时低分子物质增多这一现象，来先后研究食品浸出物量、浸出液电导度、折光率、冰点及黏度变化等。其中，肉浸液的黏度测定尤为敏感，能反映腐败变质的程度。

10.3.3　化学指标

微生物的代谢可引起食品化学组成的变化，并产生多种腐败性产物，因此，直接测定这些腐败产物就可作为判断食品质量的依据。

氨基酸、蛋白质等含量高的食品（如鱼、虾、贝类及肉类）在需氧性败坏时，常以测定挥发性盐基氮含量的多少作为评定的化学指标。一般在低温有氧条件下，鱼类挥发性盐基氮的量达到 300mg/kg 时，即认为变质。其他参考检测指标还有三甲胺、组胺、K 值、pH 值等。

三甲胺是构成挥发性盐基氮总氮的主要胺类之一，是鱼虾等水产品腐败时产生的常见产物。新鲜鱼虾等水产品、肉类中没有三甲胺，初期腐败时，其量可达 40~60mg/kg。

组胺是鱼贝类通过细菌分泌的组氨酸脱羧酶使组氨酸脱羧生成，当鱼肉中的组胺达到 40~100mg/kg，就会发生变态反应样的食物中毒。

K 值是指 ATP 分解的肌苷（HxR）和次黄嘌呤（Hx）低级产物占 ATP 系列分解产物 ATP+ADP+AMP+IMP+HxP+Hx 的百分比，主要适用于鉴定鱼类早期腐败。若 $K \leqslant 20\%$，说明鱼体绝对新鲜；$K \geqslant 40\%$ 时，鱼体开始有腐败迹象。

牲畜和一些青皮红肉的鱼在死亡之后，肌肉中糖类物质降解造成乳酸和磷酸在肌肉中积累，引起 pH 值下降；其后随腐败微生物生长繁殖，肌肉被分解，造成氨积累，促使 pH 值上升。借助于 pH 计测定则可评价食品变质的程度。

生牛乳酸度变化是反映乳质量的一项重要指标，正常新鲜乳酸度在 16~18°T，一旦牛乳存放时间过长，微生物生长繁殖会使其酸度明显增高。

由于食品的种类、加工方法不同以及污染的微生物种类不同，pH 值的变动有很大差别，所以一般不用 pH 值作为初期腐败的指标。

对于含氮量少而含糖类化合物丰富的食品，在缺氧条件下腐败则经常以有机酸的含量或 pH 值的变化作为指标。

10.3.4　微生物检验

食品的微生物菌数测定，可以反映食品被微生物污染的程度及是否发生变质，同时也是判定食品生产的一般卫生状况以及食品卫生质量的一项重要依据。在食品安全国家标准中常用菌落总数和大肠菌群的近似值来评定食品卫生质量，一般食品中的菌落总数达到 10^8cfu/g 时，则可认为处于初期腐败阶段。食品中不得检出致病菌。

传统检验致病菌方法主要依靠微生物学和生物化学技术，如根据菌落特性和生化反应特点进行检测，这些方法都能定量或定性分析病原菌，但费时、费用大，且需要专业技术人员。现代分子技术迅速发展及其在食品微生物检测中快速推广，为能更快、更准确检测食品中病原体奠定理论基础和技术支持。近年来资料中报道的运用于微生物检测的技术主要有电阻抗法、基因芯片技术、PCR 技术、电子鼻、生物传感器、微阵列、纳米装置等。

10.4 各类食品的腐败变质

10.4.1 乳与乳制品的腐败变质

乳类含有丰富的营养，是微生物生长繁殖的良好培养基。在适宜条件下，污染的微生物就会迅速繁殖引起乳及乳制品的腐败变质使其失去食用价值，甚至可能引起食物中毒或其他传染病的传播。

乳品中以能分解利用乳糖、蛋白质和脂肪的微生物为主要类群，并最终以乳糖发酵、蛋白质腐败和脂肪酸败为乳类变质的基本特征。

10.4.1.1 牛乳的腐败变质

（1）牛乳中微生物的来源

牛乳在挤乳过程中会受到乳房和外界微生物的污染，通常根据其来源可以分为以下两类：

①牛乳房内的微生物　牛乳房内不是处于无菌状态，即使是健康的乳牛在其乳房内的乳汁中普遍含有 $5×10^2 \sim 1×10^3$cfu/mL 细菌。乳房中的正常菌群主要是微球菌属和链球菌属，其次是棒状杆菌属和乳杆菌属的细菌。

乳牛患有乳房炎等疾病时，细菌总数会增加到 $5×10^5$cfu/mL 以上。引起乳房炎的病原微生物有无乳链球菌（*Streptococcus agalactiae*）、乳房链球菌（*S. agalactiae*）、金黄色葡萄球菌、化脓棒状杆菌（*Corynebacterium pyogenes*）、大肠埃希菌等。若患上人畜共患传染病时，牛乳中会出现致病微生物，如结核分枝杆菌（*Mycobacterium tuberculosis*）、布氏杆菌属（*Brucella*）、炭疽杆菌（*Bacillus anthracis*）、口蹄疫病毒（foot-and-mouth disease virus，FMDV）等，这些病原微生物虽不改变乳及乳制品物理性状，但可通过乳散播传染病，对人类健康有害。

②环境中的微生物　环境中微生物污染包括挤奶过程中的污染和挤奶后食用前的一切环节中受到的污染。

污染的微生物种类、数量直接受牛体表面卫生状况、牛舍空气、挤奶用具、容器，挤奶工人的个人卫生情况及加工设备、包装材料等卫生情况的影响。牛体表面污物有时含菌数高达 $10^7 \sim 10^8$cfu/g，粪便内的含菌 $10^9 \sim 10^{11}$cfu/g。牛舍空气含菌量

约在 $10^4 cfu/m^3$ 水平，灰尘增多时可达 $10^3 cfu/mL$，主要以细菌芽孢、真菌孢子和一些球菌以及酵母菌等为主。另外，刚挤出的奶如不及时过滤、及时加工或冷藏不仅会增加新的污染机会，而且会使原来存在于鲜乳内的微生物数量增多，很容易导致鲜乳变质。

（2）牛乳中微生物的类型

乳中最常见的微生物是细菌，其在数量和种类上占有优势，其次还可能有酵母菌、霉菌、放线菌或噬菌体等。

①能使生乳发酵产生乳酸的细菌　这类细菌包括乳酸杆菌和链球菌两大类，均为不产芽孢的革兰阳性菌、无鞭毛，约占生乳内微生物总数的80%，可进行同型乳酸发酵，产生大量乳酸使乳均匀凝固。其中，链球菌以乳链球菌、嗜热链球菌、乳脂链球菌（*Streptococcus cremoris*）、粪链球菌（*S. faecalis*）、嗜柠檬酸链球菌（*S. citrovorus*）等为主；乳酸杆菌以嗜酸乳杆菌、干酪乳杆菌（*Lactobacillus casei*）、德氏乳杆菌保加利亚亚种等为主。

②能使生乳发酵产酸产气的细菌　此类微生物能分解糖类物质生成乳酸和其他有机酸，使乳液凝固，并产生 CO_2 和 H_2，有多孔气泡和不愉快臭味产生。主要为大肠菌群，包括大肠埃希菌和产气杆菌（*Enterobacter aerogenes*）。这类菌存在说明生乳受到了粪便的污染。另外，还有丁酸菌类，主要有丁酸梭菌（*Clostridium butyricum*）、韦氏梭菌（*Cl. welchiii*）等。

③分解生乳蛋白质而发生胨化的细菌　这类腐败菌能分泌凝乳酶，使乳液中酪蛋白凝固，然后在蛋白酶作用下使蛋白质水解胨化，转变为可溶性状态。主要有枯草芽孢杆菌、荧光假单胞菌、液化链球菌（*S. liquefaciens*）等。

④分解柠檬酸盐而使生乳呈碱性反应的细菌　能分解柠檬酸盐生成碳酸盐，而使生乳呈碱性反应的细菌主要有两类：一是粪产碱菌（*Alcaligenes faecalis*）：不产芽孢的革兰阴性杆菌、好氧、有运动性，常存在于肠道内，由粪便混入生乳中；二是黏乳产碱菌（*Al. viscolactis*）：不能运动，其他特征和粪产碱菌类似，常存于水中，混入生乳中使其变得黏稠。

⑤存在于生乳中的霉菌和酵母　霉菌以酸腐卵孢霉（*Oospora lactis*）为最常见，其他还有乳酪卵孢霉（*O. casei*）、蜡叶芽枝霉（*Cladosporium herbarum*）、灰绿青霉（*Penicillium glaucum*）等。酵母主要为脆壁酵母（*Saccharomyces fragilis*）和球拟酵母属内的一些种。

⑥存在于生乳中的病原菌　乳中除可能出现能引起乳房炎的病原菌外，有时病畜乳中会出现人畜共有的病原菌，如结核分枝杆菌、流产布鲁菌、炭疽杆菌、金黄色葡萄球菌、溶血性链球菌、沙门菌等。

⑦存在于鲜乳中的其他微生物　乳中还可能存在其他腐败菌，如荧光细菌、枯草芽孢杆菌和某些球菌能产生苦味；乳酸链球菌产麦精变种（*Streptococous lactis* var. *maltigenes*）能产生焦味；黏性乳杆菌等可使乳变黏结；使乳变色的微生物有类蓝假单胞菌（*Pseudomonas syncyanea*）产生蓝色，类黄假单胞菌（*P. synxantha*）产生黄色，黏质沙雷菌（*Serratia marcescens*）产生红色，腐败假单胞菌（*P. putremciens*）产生褐色等。其

中，类黄假单胞菌、类蓝假单胞菌、荧光假单胞菌（*P. fluorescens*）及腐败假单胞菌等属于嗜冷性细菌，可造成低温条件下贮存的乳类变质；芽孢杆菌属内的菌种和某些嗜热性球菌等为嗜热性细菌。

（3）乳液的变质过程

生鲜乳挤下后冷却不及时或贮藏期间温度有变动，均会引起微生物的大量增殖导致牛乳变质。在不同条件下生乳中微生物的变化规律不同，主要取决于其中所含有的微生物种类和乳的固有性质。如果将污染有一定数量、多种微生物的鲜乳置于室温下，可观察到乳中所特有的菌群交替现象（图10-1）。其过程可分为以下几个阶段：

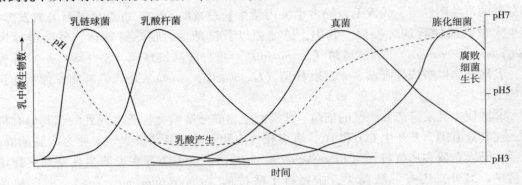

图 10-1　生牛乳在室温下放置期间微生物的变化情况

①抑制期（混合菌群期）　鲜乳放置于室温下，在一定时间内不会出现变质的现象。这是由于正常鲜乳中含有多种作用机制不同的天然抗菌或抑菌体系，如溶菌酶、硫氰酸盐-乳过氧化物酶-过氧化氢体系、乳铁蛋白、免疫球蛋白等，对许多细菌、病毒具有明显的抑菌作用。抑制作用延续时间长短与乳温度、微生物的污染程度有密切关系。在抑菌作用终止后，乳中各种细菌均发育繁殖，由于营养物质丰富，暂时不会发生互联或拮抗现象。一般这一时期持续12h左右。

②乳链球菌期　鲜乳中的抗菌物质减少或消失后，存在于乳中的许多嗜中温细菌如乳链球菌、乳酸杆菌、大肠埃希菌和一些蛋白质分解菌等迅速繁殖，其中以乳酸链球菌生长繁殖居优势，分解乳糖产生乳酸；酸度的不断增高抑制了腐败菌、产碱菌的生长，牛乳出现软的凝固状态。当乳液pH值下降至4.5左右时，乳链球菌本身的生长也受到抑制，数量开始减少。

③乳杆菌期　在pH值降至6左右时，乳酸杆菌的活动逐渐增强。当乳液的pH值下降至4.5以下时，由于乳酸杆菌耐酸力较强，尚能继续繁殖并产酸，乳中出现大量乳凝块，并有大量乳清析出，该时期约有2d。在此时期，一些耐酸性强的丙酸菌、酵母菌和霉菌也开始生长，只是乳杆菌占有优势。

④真菌期　当酸度继续升高至pH值3.0~3.5时，绝大多数的细菌生长受到抑制或死亡，仅霉菌和酵母菌尚能适应高酸环境，并利用乳酸及其他有机酸作为营养来源开始大量生长繁殖。由于酸被利用，乳液的pH值回升，逐渐接近中性。

⑤腐败期（胨化期）　经过以上几个阶段，乳中的乳糖已基本上消耗掉，而蛋白质

和脂肪含量相对较高，因此特别适合蛋白质分解菌、脂肪分解菌（如芽孢杆菌、假单胞杆菌、产碱杆菌、变形杆菌等）生长，其结果是凝乳块逐渐被液化，乳蛋白胶粒被分解为小分子的肽、胨，外观呈现透明或半透明状，乳的 pH 值不断上升，向碱性转化，出现腐败臭味。

在菌群交替现象结束时，乳也产生各种异色、苦味、恶臭味及有毒物质，外观上呈现黏滞的液体或清水。

10.4.1.2　乳制品的腐败变质

（1）巴氏杀菌乳

由于鲜牛乳中含有一定量微生物甚至可能含有病原菌，所以供饮用之前需要进行杀菌处理，以符合食品安全国家标准 GB 19645—2010 巴氏杀菌乳的微生物限量规定。巴氏杀菌乳仍有可能残留部分微生物，如果保藏方式或时间不当就会引起变质。

GB 19645-2010
巴氏灭菌乳

鲜乳经巴氏杀菌后，有些嗜热菌如芽孢杆菌属和梭状芽孢杆菌属的细菌可能残存下来，需要采用高温短时杀菌或超高温瞬时灭菌以避免该类微生物引起变质；一些耐热的微生物也有可能存活，主要有微球菌属、链球菌属、微杆菌属、乳杆菌属、芽孢杆菌属、肠球菌属、梭状芽孢杆菌属和节杆菌属的细菌。另外，一些耐热的嗜冷菌，如来自原料乳的一部分可形成芽孢的嗜冷菌以及粪肠球菌，还有些可能是在杀菌后污染的嗜冷菌如假单胞菌属、黄杆菌属和产碱杆菌属的细菌，会在巴氏杀菌乳冷藏过程中繁殖引起变质。

（2）奶粉

在奶粉生产过程中，原料乳经净化、杀菌、浓缩、干燥等工艺，可使其中的微生物数量大大降低。特别是制成的奶粉含水量很低（2%～3%），不适于微生物的生长，其数量可随着贮存时间的延长逐渐减少，最后残留的微生物主要是一些芽孢细菌，所以奶粉能贮存较长时间而不变质。但如果原料乳的微生物含量过高、生产工艺不完善、设备不精良、生产环境卫生条件差时，不仅原料乳中的微生物不能完全杀死，而且还会造成微生物的再次污染，使奶粉中含有较多的微生物，甚至可能有病原菌存在。

刚出厂的奶粉中含有的微生物种类与消毒乳大致相同，主要是耐热菌，包括链球菌属、乳杆菌属、芽孢杆菌属、微球菌属、微杆菌属、肠球菌属、梭状芽孢杆菌属等属内的一些细菌。常见污染的病原菌是沙门菌和金黄色葡萄球菌。在保存条件不当或包装不好的情况下，残存在奶粉中的微生物就会生长繁殖，造成奶粉的腐败变质，有些可能会引起食物中毒。

（3）炼乳

淡炼乳是将消毒乳浓缩至原体积的 2/5 或 1/2 而制成的乳制品，其固形物在 25.5% 以上。由于其水分含量较鲜乳大大降低，且装罐后经 115～117℃ 高温灭菌 15min 以上，所以正常情况下，罐装淡炼乳成品应不含病原菌和在保存期内可能引起变质的杂菌，可以长期保存。但如果加热灭菌不充分或罐体密封不良，会造成微生物残留或再度受到外界微生物的污染，使其发生变质，表现有凝乳、产气、苦味乳等。例如，枯草芽孢杆菌、凝乳芽孢杆菌在淡炼乳中生长可造成凝乳，包括产生凝乳酶凝固和酸凝固。一些耐热的厌氧芽孢杆菌可引起淡炼乳产生气体，使罐发生爆裂或膨胀现象。刺鼻芽孢杆菌

（*Bacillus amarus*）和面包芽孢杆菌（*B. panis*）等分解酪蛋白使炼乳出现苦味。

甜炼乳是在消毒乳液中加入一定量的蔗糖，经加热浓缩至原体积的1/3~2/5，使蔗糖浓度达40%~45%，装罐后一般不再灭菌，而是依靠高浓度糖分形成的高渗透环境抑制微生物的生长，达到长期保存的目的。如果原料污染严重或加工工艺粗放造成再度污染以及蔗糖含量不足，甜炼乳中的微生物就会生长繁殖而引起变质。

炼乳球拟酵母（*Torulopsis lactisconfensi*）、球拟圆酵母（*T. globosa*）会分解蔗糖产生大量气体引起胀罐。芽孢杆菌、链球菌、葡萄球菌、乳酸菌等生长产生乳酸、酪酸、琥珀酸等有机酸，并可产生凝乳酶等，使炼乳变稠不易倾出。当罐内残存有一定的空气，又有霉菌污染时，会出现白、黄、红等多种颜色的形似纽扣状的干酪样凝块，并呈现金属味、干酪味等异味。已发现在甜炼乳中生长的霉菌有匍匐曲霉、芽枝霉、灰绿曲霉等。

（4）酸乳

一般酸乳酸度控制在1%（以乳酸计）左右，并在发酵过程中会产生多种抗菌物质，抑制大肠菌群和沙门菌等微生物生长，所以正常情况下，酸奶产品很容易符合食品安全国家标准 GB 19302—2010 的微生物限量规定。但一些腐败菌特别是霉菌和酵母菌对低 pH 值等没致病菌那么敏感，易以蔗糖或乳糖为碳源生长繁殖，引起酸奶腐败变质。

酵母菌属、红酵母属、德巴利酵母属、毕赤酵母属等的部分种污染酸奶，会引起杯装酸奶出现"鼓盖"现象；有些酵母污染会在凝固型酸奶表面出现斑块。毛霉属、根霉属、曲霉属、青霉属的部分种污染酸奶后，会在酸奶表面出现各种霉菌的纽扣状斑块。一般产品中霉菌计数为1~10cfu/g时就必须引起注意，特别是当发现有常见青霉存在时，酸奶产品中就有霉菌毒素存在的可能。

10.4.2 肉及肉制品的腐败变质

肉类食品营养丰富，富含蛋白质和脂肪，且水分含量高、pH 值近中性，这些有利于微生物的生长繁殖。肉类的基本组成决定了导致肉类腐败变质的微生物主要是那些能分解利用蛋白质、脂肪的类群，并最终以蛋白质腐败、脂肪酸败为肉类变质的基本特征。

另外，家畜、家禽的某些传染病和寄生虫病也可通过肉类食品传播给人，因此保证肉类食品的卫生质量是食品卫生工作的重点。

10.4.2.1 肉类的腐败变质

（1）肉类中微生物的污染来源

健康良好、饲养管理正常的畜禽具有健全而完整的免疫系统，能有效地防御和阻止微生物的侵入和在肌肉组织内扩散，所以动物的肌肉组织内部一般无菌，但其身体表面、消化道、上呼吸道、免疫器官中有微生物存在。如未经清洗的动物毛皮上微生物数量达 10^5~10^6cfu/cm^2，如果毛皮黏有粪便，微生物的数量更多。患病的畜禽其器官和组织内部可能有微生物存在，如病牛体内可能带有结核分枝杆菌、口蹄疫病毒等。这些微生物能够冲破机体的防御系统，扩散到机体的其他部位。

有时肉的内部也会有微生物存在，主要是在牲畜宰杀时或宰杀后从环境中污染的。

在屠宰、分割、加工、贮存和肉的销售过程中的每一个环节都可能发生微生物的污染。在卫生状况良好的条件下，屠宰动物的肉表面上的初始细菌数为 $10^2 \sim 10^4 cfu/cm^2$，其中 1%～10%能在低温下生长。猪肉初始污染微生物数不同于牛羊肉，热烫褪毛可使胴体表面微生物减少到小于 $10^3 cfu/cm^2$，且存活的主要是耐热微生物。

（2）肉类中的微生物

造成肉类腐败变质的微生物一般常见的有腐生微生物和病原微生物。

①腐生微生物　腐生微生物包括有细菌、酵母菌和霉菌，但主要是细菌。

细菌　主要是需氧的革兰阳性菌，如蜡样芽孢杆菌、枯草芽孢杆菌和巨大芽孢杆菌等；需氧的革兰阴性菌有假单胞杆菌属、无色杆菌属、黄色杆菌属、产碱杆菌属、变形杆菌属、埃希杆菌属等；此外还有腐败梭菌（*Clostridium septicum*）、溶组织梭菌（*C. histolyticum*）和产气荚膜梭菌（*C. perfringens*）等厌氧梭状芽孢杆菌。

在冷藏肉表面常见的嗜冷菌有假单胞杆菌属、莫拉菌属、不动杆菌属、乳杆菌属和肠杆菌科的某些属，其中优势菌类随贮存条件的不同而有一定变化。如果在有氧条件下贮存，由于假单胞菌的旺盛生长消耗大量氧气，会抑制其他菌类的繁殖，故表现为假单胞菌占优势，并且冷藏温度越低，这种优势越明显；在鲜肉表面干燥部分表现为乳杆菌为优势；在 pH 值高的冷藏肉上不动杆菌占优势。

酵母菌和霉菌　常见的酵母菌有假丝酵母属、丝孢酵母属、球拟酵母属、红酵母属等。常见的霉菌有青霉属、曲霉属、毛霉属、根霉属、交链孢霉属、芽枝霉属、丛梗孢霉属、侧孢霉属（*Sporotrichum*）等。

②病原微生物　病畜、禽肉类可能带有各种病原菌，如沙门菌、金黄色葡萄球菌、结核分枝杆菌、炭疽杆菌、布氏杆菌、猪瘟病毒、口蹄疫病毒等。它们对肉的主要影响并不在于使肉腐败变质，而是传播疾病，造成食物中毒。

（3）肉类变质现象

鲜肉在 0℃左右的低温环境中，一般可保存 10d 不变质。之后，若肉体表面比较干燥，则逐渐出现霉菌生长；若肉体表面湿润，则有假单胞菌、无色杆菌等革兰阴性菌的低温菌生长并占优势。当温度在 10℃左右时，其他一些细菌（如黄杆菌和一些肠道杆菌等）就会生长；温度在 20℃以上时，会有较多的大肠埃希菌、链球菌、芽孢杆菌、梭状芽孢杆菌生长繁殖。

①有氧条件下的腐败　在有氧条件下，需氧菌和兼性厌氧菌引起肉类的腐败表现为：

发黏　微生物在肉表面大量繁殖后形成菌落，并分解肌肉蛋白使肉体表面有黏状物质产生。引起发黏的菌属有假单胞菌、产碱杆菌、微球菌、链球菌、微杆菌、芽孢杆菌、不动杆菌、黄色杆菌、肠杆菌、酵母菌和青霉菌，以前 4 种细菌为主。温度和湿度影响菌群组成，在冷藏温度（4～10℃）下，高湿度有利于假单胞菌、产碱杆菌繁殖；低湿度有利于微球菌和酵母菌生长；湿度再低则有利于霉菌生长。在较高温度下，微球菌和其他嗜温菌（如链球菌、肠道杆菌）代替了嗜冷菌。肉类开始发黏的时间与原始菌数、保存温度有关。

发黏的肉块切开时会出现拉丝现象，并有臭味产生。此时含菌数一般为 10^7

cfu/cm^2。

变色 腐败变质的肉表面常会出现各种颜色变化。最常见的是绿色，这是由于蛋白质分解产生的 H_2S 与肉质中的血红蛋白结合后形成硫化氢血红蛋白（H_2S-Hb），H_2S-Hb在肌肉和脂肪表面积蓄即显示暗绿色。另外，黏质沙雷菌（*Serratia marcescens*）在肉表面产生红色斑点，类蓝假单胞杆菌（*P. syncyanea*）能产生蓝色，产黄杆菌或微球菌能产生黄色。有些酵母菌能产生白色、粉红色、灰色等斑点。青霉菌和分枝孢子菌侵害并穿透肉的结缔组织和脂肪浅层会出现变色点，以分枝孢子菌尤为常见。

霉斑 肉体表面有霉菌生长时，往往形成霉斑。特别是一些干腌制肉制品，更为多见。如美丽枝霉（*Thamnidium elegans*）和刺枝霉（*T. chactocladioides*）在肉表面产生羽毛状菌丝；白色侧孢霉（*Sporotrichum album*）和白地霉产生白色霉斑；草酸青霉（*Penicillium oxalicum*）产生绿色霉斑；蜡叶芽枝霉（*Cladosporium herbarum*）在冷冻肉上产生黑色斑点。

产生异味 肉体腐烂变质，除上述肉眼观察到的变化外，通常还伴随一些不正常或难闻的气味，如微生物分解蛋白质产生恶臭味；无色菌属或酵母菌引起脂肪酸败产生酸败气味；乳酸菌和酵母菌的作用下产生挥发性有机酸的酸味；放线菌产生泥土味；霉菌生长繁殖产生的霉味等。

②无氧条件下的腐败 在室温条件下，一些不需要严格厌氧的梭状芽孢杆菌首先在肉上生长繁殖，随后一些严格厌氧的梭状芽孢杆菌，如双酶梭状芽孢杆菌（*Clostridium bifermentants*）、生孢梭状芽孢杆菌（*C. sporogenes*）、溶组织梭状芽孢杆菌（*C. histolyticum*）等开始生长繁殖，分解蛋白质产生恶臭味。牛、羊、猪的臀部肌肉很容易出现深部变质现象，有时鲜肉表面正常，但切开有酸臭味，股骨周围的肌肉为褐色、骨膜下有黏液出现，这种变质称为骨腐败。

在厌氧条件下，兼性厌氧菌和专性厌氧菌的生长繁殖引起肉类腐败变质的表现为：

产生异味 由于梭状芽孢杆菌、大肠埃希菌和乳酸菌的作用，产生甲酸、乙酸、丙酸、丁酸、乳酸和脂肪酸，而形成酸味；蛋白质被微生物分解产生硫化氢、硫醇、吲哚、粪臭素、氨和胺类等异味化合物，呈现异臭味，同时还可能产生毒素。

腐烂 腐烂主要是由梭状芽孢杆菌属中的某些种以及假单胞菌属、产碱杆菌属和变形杆菌属中的某些兼性厌氧菌引起的。

（4）肉类的变质过程

畜禽屠宰后，肉体若能及时通风干燥，使其表面的肌膜和浆液凝固形成一层薄膜，即可固定和阻止微生物浸入内部，延缓肉的变质。但另一方面，由于肉体内酶的存在，使肉组织产生自溶作用，蛋白质分解产生蛋白胨和氨基酸，这样又有利于微生物的生长。鲜肉在保藏过程中，若温度上升，则其表面的微生物就能迅速繁殖（以细菌的繁殖速度最为显著），并且可以沿着结缔组织、血管周围或骨与肌肉的间隙蔓延到组织的深部，最后使整个肉变质。

通常鲜肉保藏在0℃左右的低温环境中，可存放10d左右而不变质。随着变质过程的发展，细菌由肉的表面逐渐向深部浸入，与此同时，细菌的种类也会发生变化。这种菌群交替现象一般分为3个时期，即需氧菌繁殖期、兼性厌氧繁殖期和厌氧菌繁殖期。

①需氧菌繁殖期　细菌分解的前 3~4d，细菌主要在表层蔓延，最初见到各种球菌，继而出现大肠埃希菌、变形杆菌、枯草芽孢杆菌等。

②兼性厌氧菌繁殖期　腐败分解 3~4d 后，细菌已在肉的中层出现，能见到产气荚膜杆菌等。

③厌氧菌繁殖期　约在腐败分解 7~8d 以后，深层肉中已有细菌生长，主要是腐败杆菌。

值得注意的是，这种菌群交替现象与肉的保藏温度有关，当肉的保藏温度较高时，杆菌的繁殖速度较球菌快。

鲜肉在绞碎过程中微生物可均匀地分布到碎肉中，所以绞碎的肉比整块肉含菌数量高得多。如绞碎肉中的菌数为 10^8 cfu/g 时，室温条件下 24h 就可出现异味。

10.4.2.2　肉制品的腐败变质

（1）熟肉类制品

由于加工原料、加工工艺、贮存方法不同，各种熟肉制品中的微生物来源与种类差异较大。微生物来源主要有两方面：首先是加热不完全。当肉块过大或未完全煮透时，一些耐热细菌或有芽孢的细菌可能存留下来，如嗜热脂肪芽孢杆菌，微球菌属、链球菌属、小杆菌属、乳杆菌属、芽孢杆菌属及梭菌属的某些种，此外还有某些霉菌（如丝衣霉菌等）。其次是热加工过程或贮存中造成的二次污染。通过操作人员的手、衣物、呼吸道、用具等或空气、蝇虫为媒介而污染了微生物。

熟肉制品腐败后会出现酸味、黏液和恶臭味。若被厌氧梭状芽孢杆菌污染，熟肉制品深部会发生腐败，甚至产生毒素。

（2）腌腊制品

肉类经过腌制可达到防腐和延长保存期的目的，并有改善肉品风味的作用。

腌腊制品中的微生物来源主要有两方面：其一是原料肉污染；其二是盐水或盐卤中微生物。盐水或盐卤中存在的微生物大都具有较强的耐盐或嗜盐性，如假单胞菌属、不动杆菌属、嗜盐球菌属、黄杆菌属、无色杆菌属、叠球菌属和微球菌属的某些种及某些真菌，其中弧菌是极常见的细菌，也可见到异型发酵乳杆菌、明串珠菌等。

弧菌在胴体肉上很少发现，但在腌腊肉上很易见到。弧菌具有一定的嗜盐性，有还原硝酸盐和亚硝酸盐的能力，并能在低温条件及 pH 5.9~6.0 以上时生长，在肉表面形成黏液。微球菌具有一定的耐盐性和分解蛋白质及脂肪的能力，能在低温条件下生长，大多数微球菌能还原硝酸盐，某些菌株还能还原亚硝酸盐，是腌制肉中的主要菌类。假单胞菌在腌制液中一般不生长，只能存活而已。

腌制肉中微生物的分布与腌制肉的部位和环境条件有关，一般肉皮上的细菌数比肌肉中的细菌数要高。当 pH 6.3 时，则以微球菌占优势。

在腌制肉上常发现的酵母菌有球拟酵母、假丝酵母、德巴利酵母和红酵母，它们可在腌制肉表面形成白色或其他色斑。现从腌肉中分离到的霉菌有青霉属、曲霉属、镰刀菌属、念珠菌属、根霉属、枝孢霉属和交链孢霉属等，以青霉和曲霉占优势。污染腌制肉的曲霉多数不产生黄曲霉毒素。

带骨腌腊肉制品有时会发生仅限于前后腿或关节周围深部变质的现象。这主要是由于原料肉在腌制前细菌已污染腿骨或关节处，在腌制时盐分又未能充分扩散进入到该部位，使污染菌在此生长繁殖，引起骨腐败。

（3）香肠和灌肠制品

香肠和灌肠在加工过程中，分布在肉表面及环境中的微生物会大量扩散到肉中去。为防止微生物的快速生长，绞碎与搅拌过程应在低温条件下进行。

生肠类制品（如中国腊肠）虽含有一定盐分但仍不足以抑制其中微生物生长。酵母菌可在肠衣外面形成黏液层，微杆菌能使肉肠变酸和变色，革兰阴性杆菌也可使肉肠发生腐败变质。

熟肉肠类是经过热加工制成的产品，高温可杀死肉馅中微生物的营养体，但一些细菌的芽孢仍可能存活。如加热不充分，一些无芽孢细菌也可能存活。因此，熟制后的肉肠也应进行冷藏，使肠内中心温度在 4~6h 内降低至 5℃，否则梭状芽孢杆菌的芽孢可能发芽并繁殖。另外，硝酸盐可抑制芽孢发芽，尤其能抑制肉毒梭菌的芽孢，但对其他菌类抑制作用较弱。

熟肉肠类制品发生变质主要表现为表面变色、绿芯或绿环。前者主要是由于加工后又污染的杂菌生长繁殖造成的；后者则是由于原料含菌量过高，杀菌不彻底，成品又没及时冷藏，细菌大量繁殖所致；当肉肠表面潮湿，环境温度高时更容易发生变质。

10.4.3 鱼类及其制品的腐败变质

10.4.3.1 鱼类中微生物的污染来源和种类

目前一般认为，新捕获的健康鱼类的组织内部和血液中常常是无菌的，但在鱼体表面的黏液中、鱼鳃以及肠道内存在着微生物。鱼的皮肤含细菌 $10^2 \sim 10^7$ cfu/cm^2，鱼腮含细菌 $10^3 \sim 10^6$ cfu/cm^2，肠液内含细菌 $10^3 \sim 10^8$ cfu/mL。由于季节、鱼场、种类的不同，体表所附细菌数有所差异。在北方适宜温度的水中，鱼所带微生物以嗜冷菌和耐冷菌占优势，而热带鱼很少带耐冷菌，故多数热带鱼在冰中保存的时间要长些。

一般海水鱼类中所带细菌为广盐性微生物，可以耐受海水的高盐分。常见的微生物有：假单胞菌属、无色杆菌属、黄杆菌属、不动杆菌属（Acinetobacter）、莫拉杆菌属（Moraxella）和弧菌属。淡水中的鱼除上述细菌外，还有产碱杆菌、气单孢杆菌和短杆菌属。另外，芽孢杆菌、大肠埃希菌、棒状杆菌等也有报导。鱼类在港口装运过程中会受到一些微生物污染，这些污染来自保藏鱼的冰块和货舱。

此外，鱼类中还可能含有人类病原菌，包括副溶血性弧菌、霍乱弧菌、E 型肉毒梭菌和肠病毒等。

10.4.3.2 鱼类的腐败变质

一般情况下，鱼类比肉类更易腐败。因为通常鱼类在捕获后，不是立即清洗处理，而在多数情况下是带着容易腐败的内脏和鳃一道进行运输，这样就容易引起腐败。另外，鱼体本身含水量高（70%~80%），组织脆弱，鱼鳞容易脱落，细菌容易从受伤部位侵入，而鱼体表面的黏液又是细菌良好的培养基，因而造成了鱼类死后很快就发生了腐败变质。

鱼类变质首先鱼体表面出现混浊、无光泽，表面组织因被分解而变得疏松，鱼鳞脱落，鱼体组织溃烂，进而组织分解产生吲哚、粪臭素、硫醇、氨、硫化氢等。无论鱼体原来带有多少细菌，当觉察到腐败状况时，菌数一般可达到 10^8 cfu/g，pH 值往往增高至 7~8，挥发性氨基氮的含量达到 300mg/kg 左右。

10.4.3.3 腌制鱼的腐败变质

腌制鱼类的食盐浓度达到 10% 以上时，仅能抑制一般细菌的生长，生产中为了抑制腐败菌的生长和鱼体本身酶的作用，食盐浓度必须提高到 20% 以上。但仍有一些嗜盐细菌，如玫瑰微球菌（*Micrococcus roseus*）、盐地赛杆菌（*Serratia salinaria*）、盐制品假单胞菌（*Pseudomonas salinaria*）、红皮假单胞菌（*Ps. cutirubra*）、盐杆菌属等可以生长，造成鱼类发生赤变现象。

10.4.4 禽蛋的腐败变质

禽蛋是营养完全的食品，蛋白质和脂肪含量较高，含有少量的糖、维生素和矿物质。禽蛋虽然有抵抗微生物侵入和生长的机能，但还是容易被微生物所污染并发生腐败变质。其变质的基本特征为蛋白质腐败，有时也会出现脂肪酸败和糖类发酵现象。

10.4.4.1 鲜蛋的天然防御机能

禽蛋先天具有对微生物的机械性和化学性的防御能力。鲜蛋具有蛋壳、蛋壳内膜、蛋黄膜等结构，在新鲜蛋壳外表面还有一层黏液胶质层，这些结构在某种程度上具有阻止外界微生物侵入的作用。

禽蛋蛋白中还含有一定量的溶菌酶、伴清蛋白、抗生物素蛋白、卵类黏蛋白、核黄素等抑菌和杀菌物质，并且禽蛋在贮藏一段时间后，由于 CO_2 逸出使蛋清 pH 值由刚产下时的 7.4~7.6 上升到 9.4~9.7，不适于一般微生物的生长繁殖。故正常情况下鲜蛋可较长时间保存而不发生变质。蛋清的这些特点使禽蛋能有效地抵抗微生物的生命活动，包括一些病原菌如金黄色葡萄球菌、炭疽芽孢杆菌、伤寒沙门菌等。

蛋清对微生物侵入蛋黄具有屏蔽作用。与蛋清相比，蛋黄对微生物的抵抗能力弱，其丰富的营养和 pH 值（约 6.8）适宜于大多数微生物生长。

10.4.4.2 禽蛋中微生物的污染来源

（1）家禽卵巢中的微生物

正常情况下，家禽的卵巢是无菌的，其输卵管具有防止和排除微生物污染的机制。当母禽不健康时，机体防御机能减弱，外界的细菌可侵入到输卵管，甚至卵巢；病原菌也可以通过血液循环进入卵巢，在蛋黄形成时进入蛋中，常见的卵巢内感染菌有雏白痢沙门菌（*Salmonella pullora*）、鸡沙门菌（*S. galinarum*）等。

（2）来自外界环境的微生物污染

蛋从禽体排出时温度接近家禽体温，若外界环境温度较低，则蛋内部收缩，周围环境的微生物就会随空气进入蛋内。另外，还会受到禽粪、巢内铺垫物、不清洁包装材料的污染。

蛋在收购、运输、贮藏过程中也会受到微生物污染。如果蛋表面胶质层被破坏，微生物就会透过气孔（4~40μm）进入蛋内，特别是贮存期长或经过洗涤的蛋，在温度和湿度过高的条件下，环境中的微生物更容易借水的渗透作用侵入蛋内，大量生长繁殖造成蛋的腐败。

10.4.4.3 禽蛋中污染微生物的类群

引起禽蛋腐败变质的微生物主要是细菌和霉菌，并且多为好氧菌，部分为厌氧菌，酵母菌较少见。

常见的细菌有假单胞菌属、变形杆菌属、产碱杆菌属、埃希菌属、不动杆菌属、无色杆菌属、肠杆菌属、沙雷菌属、芽孢杆菌属（枯草芽孢杆菌、马铃薯芽孢杆菌）、微球菌属等细菌，其中前四属是最为常见的腐生菌。

常见的霉菌有芽枝霉属、侧孢霉属、青霉属、曲霉属、毛霉属、交链孢霉属、枝霉属、葡萄孢霉属等。其中前三属最为常见。禽蛋中偶尔能检出球拟酵母。

另外，蛋中也可能存在病原菌，如沙门菌、金黄色葡萄球菌、溶血性链球菌等。

10.4.4.4 禽蛋的腐败变质现象

由于微生物的侵入，会使蛋内容物的结构形态发生变化，且蛋内主要营养成分发生分解，造成蛋的腐败变质。变质的类型主要有由细菌引起的腐败和由霉菌引起的霉变。

（1）腐败

细菌侵入蛋内生长繁殖，在未产生腐败气味之前，蛋最初的变质特征为靠近蛋壳里面的蛋白呈现淡绿色，随后会逐渐扩展到全部蛋白，并使蛋白变稀。此时系带变细并逐渐失去作用，蛋黄位置改变，最后出现黏壳、蛋黄膜破裂，蛋黄与蛋白混合。如果进一步发生腐败，蛋黄中的核蛋白和卵磷脂也被分解，产生恶臭的 H_2S、胺类等，同时使整个内含物发生颜色变化，蛋白呈现蓝色或绿色荧光，蛋黄呈现褐色或黑色，最后会出现细菌老黑蛋或黑腐蛋。黑腐蛋主要是由产碱杆菌属（*Alcaligenes*）、变形杆菌属、假单胞菌属、埃希菌属和气单胞菌属（*Aeromonas*）等引起；绿色腐败蛋和散黄蛋主要是由荧光假单胞菌所引起；红色腐败蛋是由黏质沙雷菌、假单胞菌、玫瑰微球菌等引起；无色腐败蛋主要由假单胞菌、产碱杆菌、无色杆菌引起。

（2）霉变

霉菌菌丝经过蛋壳气孔侵入后，首先在蛋壳膜上生长蔓延，并在靠近气室处迅速繁殖形成稠密分枝的菌丝体，逐渐形成斑点菌落，造成蛋液黏壳。不同的霉菌产生的斑点不同，如青霉产生蓝绿斑，枝孢属产生黑斑。霉菌在湿度大的环境中，在禽蛋的内外生长，造成蛋内成分分解并有不愉快的霉变气味产生。有些细菌也可以引起蛋的霉臭味，如浓味假单胞菌（*Pseudomonas graveolens*）和一些变形杆菌属的细菌。

10.4.5 果蔬及其制品的腐败变质

10.4.5.1 微生物引起新鲜果蔬的变质

（1）新鲜果蔬中微生物的污染来源

一般情况下，健康果蔬表面覆盖着一层蜡质状物质，有防止微生物侵入的作用，故其内部组织是无菌的。但有时有些水果内部组织中也可能有微生物存在。例如，一些苹果、樱桃的组织内部可以分离出酵母菌，番茄中可分离出球拟酵母、红酵母和假丝酵母。这些微生物是在果蔬开花期侵入并生存于果实内部的。此外，植物病原微生物可在果蔬的生长过程中通过根、茎、叶、花、果实等不同途径侵入组织内部，或在收获后的贮藏期间、运输和加工过程中侵入组织内部。

果蔬表面接触外界环境，因而污染有大量的微生物，其中除了大量的腐生微生物外，还可能有来自人畜粪便的肠道致病菌和寄生虫卵。

（2）引起果蔬变质的微生物类群

水果与蔬菜的物质组成特点是以糖类物质和水为主，还含有蛋白质、无机物、维生素、有机酸，其水分含量高达85%以上，这些是果蔬容易引起微生物变质的一个重要因素；其次，水果 pH<4.5，蔬菜 pH 5.0~7.0 之间，这决定了水果蔬菜中能进行生长繁殖的微生物的类群。引起水果变质的微生物，开始只能是酵母菌、霉菌，引起蔬菜变质的微生物是霉菌、酵母菌和细菌，以细菌和霉菌较常见。

①引起蔬菜变质的微生物　蔬菜中常见细菌有欧文菌属、假单胞菌属、黄单胞菌属、棒状杆菌属、芽孢杆菌属、梭状芽孢杆菌属等，以欧文菌属、假单胞菌属最重要。有些菌能够分泌果胶酶，分解果胶使蔬菜组织软化，导致细菌性软化腐烂，这以欧文菌最为常见，边缘假单胞菌、芽孢杆菌和梭状芽孢杆菌也能引起软腐病。某些假单胞菌、黄单胞菌、棒杆菌可引起蔬菜发生其他类型病害，如发生细菌性枯萎、溃疡、斑点、环腐病等。

引起蔬菜变质的霉菌种类很多，常见并广泛分布于蔬菜中的霉菌有灰色葡萄孢霉（*Botrytis cinerea*）、白地霉、黑根霉、疫霉属（*Phytophthera*）、刺盘孢霉属（*Colletotrichum*）、核盘孢霉属（*Sclerotinia*）、交链孢霉属（*Alternaria*）、镰刀菌属（*Fusarium*）、白绢薄膜革菌（*Pelliculariarolfsii*）、盘梗霉属（*Bremia*）、长喙壳菌属（*Ceratostoma*）、囊孢壳菌属（*Physalospora*）等。疫霉属中常见的有茄绵疫霉、马铃薯疫霉、蓖麻疫霉。

②引起水果变质的微生物　常见的引起水果腐烂的霉菌有青霉属、灰色葡萄孢霉、黑根霉、黑曲霉、枝孢霉属、木霉属、交链孢霉属、疫霉属、苹果褐腐病核盘孢霉（*S. fructigena*）、镰刀菌属。小丛壳属、豆刺毛盘孢霉（*C. lindemuthianum*）、盘长孢霉属、色二孢霉属（*Diplodia*）、拟茎点霉属（*Phomopsis*）、毛喙长喙壳菌（*C. fimbriata*）、囊孢壳菌属、粉红单端孢霉（*Trichothecium roseum*）等，其中以青霉属最重要。

青霉属菌可感染多种水果，如指状青霉（*P. digitatum*）、白边青霉（*P. italicum*）等对柑橘类水果有相当强的专一性，作用于橙子、柠檬和柑橘均有特殊的绿色和蓝色霉斑；扩展青霉（*P. expansum*）可引起苹果腐烂。

（3）果蔬的腐败变质

当果蔬表皮组织受到昆虫的刺伤或其他机械损伤时，微生物就会从此侵入并进行繁殖，造成果蔬的腐烂变质，尤其是成熟度高的果蔬更易损伤。

最常见的现象是霉菌先在果蔬表皮损伤处繁殖或者在果蔬表面粘有污染物的区域繁殖，侵入果蔬组织后，组织壁的纤维素首先被破坏，进而分解果胶、蛋白质、淀粉、有机酸及其他糖类，继而酵母菌和细菌开始繁殖。由于微生物繁殖，果蔬外观上就表现出有深色的斑点，组织变得松软、发绵、凹陷、变形，并逐渐变成浆液状甚至是水液状，产生了各种不同的味道，如酸味、芳香味，酒味等。像柑橘青霉病发病时，会出现果皮软化，呈现水渍状，病斑为青色霉斑，病果表面被青色粉状物覆盖，最后全果腐烂。

10.4.5.2 微生物引起果汁的变质

（1）引起果汁变质的微生物

水果原料带有一定数量的微生物，在果汁制造过程中，不可避免地会受到微生物的污染，但微生物进入果汁后能否生长繁殖，主要取决于果汁的 pH 值和果汁中糖分含量的高低。由于果汁的酸度多在 pH 2.4~4.2，且糖度较高，因而在果汁中生长的微生物主要是酵母菌、霉菌和极少数的细菌。

①细菌　果汁中的细菌主要是植物乳杆菌属、明串珠菌属和链球菌属中的乳酸菌。它们能在 pH 3.5 以上的果汁中生长，可利用果汁中的糖类、有机酸（柠檬酸、苹果酸、酒石酸等）生长繁殖并产生乳酸、乙酸、CO_2 等和少量丁二酮、3-羟基-2-丁酮等香味物质。明串珠菌等乳酸菌利用葡萄糖、蔗糖、果糖可产生黏多糖等增稠物质而使果汁黏度增加和变质；当果汁的 pH>4.0 时，酪酸菌容易生长而进行丁酸发酵。常见的乳酸菌有巴氏乳杆菌（*Lactobacillus pastorianus*）、短乳杆菌、阿拉伯糖乳杆菌（*L. arabinosus*）、莱氏乳杆菌（*L. leichmanii*）、植物乳杆菌、乳微杆菌（*Microbacterium lactium*）、肠膜明串珠菌、嗜热链球菌等。

②酵母菌　酵母菌是果汁中所含的数量和种类最多的微生物，主要来自鲜果或者是压榨过程中环境的污染，可在 pH>3.5 的果汁中生长。苹果汁中的酵母菌主要有假丝酵母菌属、圆酵母菌属、隐球酵母属、红酵母属和汉逊酵母属。苹果汁保存于低 CO_2 气体中时，常会见到汉逊酵母菌生长，此菌可产生水果香味的酯类物质；柑橘汁中常出现越南酵母菌（*Saccharomyces anamensis*）、葡萄酒酵母、球拟酵母属和醭酵母属的酵母菌，这些菌多为加工中污染菌；浓缩果汁由于糖度高、酸度高，细菌的生长受到抑制，能生长的是一些耐渗透压的酵母菌，如鲁氏酵母菌、蜂蜜酵母菌（*S. mellis*）等。许多产膜酵母也可在果汁表面生长使果汁变质。

③霉菌　果汁中存在的霉菌以青霉属最为多见，如扩展青霉（*Pennicillium expansum*）、皮壳青霉（*P. crustaceum*）；其次是曲霉属的霉菌，如构巢曲霉（*Aspergillus nidulans*）、烟曲霉（*A. fumigatus*）等。原因是霉菌的孢子有强的抵抗力，可以较长时间保持其活力。但霉菌一般对 CO_2 敏感，充入 CO_2 的果汁可以防止霉菌的生长。霉菌引起果汁变质时会产生难闻的气味（臭霉味）。

（2）微生物引起果汁变质的现象

微生物引起果汁变质一般会出现浑浊、产生酒精和导致有机酸的变化。

①浑浊　果汁浑浊除了化学因素引起外，主要是因球拟酵母属一些种的酒精发酵和产膜酵母的生长引起的。其次是一些耐热性的霉菌，如雪白丝衣霉菌（*Byssochlamys nivea*）、纯黄衣霉菌和宛氏拟青霉（*Paecilomyces varioti*）等。霉菌在果汁中少量生长时，并不发生浑浊，仅使果汁的风味变坏，产生霉味和臭味等，因为它们能产生果胶酶，对果汁起澄清作用，只有大量生长时才会浑浊。

②产生酒精　引起果汁产生酒精而变质的微生物主要是酵母菌。常见的酵母菌有葡萄汁酵母菌、啤酒酵母菌等。酵母菌能耐受 CO_2，当果汁含有较高浓度的 CO_2 时，酵母菌虽不能明显生长，但仍能保持活力，一旦 CO_2 浓度降低，即可恢复生长繁殖的能力。此外，少数霉菌和细菌也可引起果汁产生酒精发酵，如甘露醇杆菌（*Bacterium mannito-*

poem）、明串珠菌、毛霉、曲霉、镰刀霉中的部分菌种。

③有机酸变化　果汁中含多种有机酸，如酒石酸、柠檬酸、苹果酸，它们以一定的含量形成了果汁特有的风味。当微生物生长繁殖后，分解或合成了某些有机酸，从而改变了其含量比例，使果汁原有的风味受到破坏，有时甚至产生一些不愉快的异味。如解酒石杆菌（*B. tartaropoeum*）具有分解酒石酸的能力，黑根霉能生成苹果酸，葡萄孢霉属、青霉属、毛霉属、曲霉属和镰刀霉属等能分解柠檬酸。

④黏稠　由于肠膜明串珠菌、植物乳杆菌和链球菌属的一些种在果汁中发酵，会形成黏液状的葡聚糖，增加了果汁的黏稠性。

10.4.6　焙烤食品的腐败变质

焙烤食品出现变质主要是由于生产原料不符合质量标准，制作过程中灭菌不彻底和糕点包装、贮藏不当而造成。

10.4.6.1　焙烤食品中微生物的污染来源

（1）来自原料中的微生物

①小麦粉　小麦粉中的微生物数量和种类随制粉工厂、原料品种差异、水分含量及微生物二次污染状况等不同而异。

保存完好的小麦粉中一般含有细菌量为 $2.1 \times 10^2 \sim 1.6 \times 10^4$ cfu/g，检出的主要为芽孢杆菌属和微球菌属。霉菌量为 $3.4 \times 10 \sim 3.2 \times 10^2$ cfu/g，小麦原料的不同，检查出的霉菌种类不同，以曲霉菌、青霉菌较多。酵母菌通常在小麦粉中检测不到或检出量很少，为 $12 \sim 55$ cfu/g，几乎均为汉逊酵母属或酵母属。

②玉米淀粉　玉米淀粉多用于制作容重轻、纹理细的蛋糕，添加量约为小麦粉的 20%，其中的微生物数量较多。一般含菌数为 $2.5 \times 10^2 \sim 3.1 \times 10^3$ cfu/g，大多数为芽孢菌属，其中枯草芽孢杆菌最多，其次为微球菌属。正常保存的玉米淀粉几乎检查不出酵母菌和霉菌。

③糖类　糖类中微生物的种类和数量与糖的种类、糖的精制程度高低有关，精制程度越高含微生物数量越少。从原料中检查出来的微生物主要是芽孢菌属，二次污染的微生物主要有微球菌属、芽孢杆菌属、汉逊酵母属和节担菌属（*Wallemia*）、枝孢霉属（*Cladosporium*）等。液糖含水分 25%~30%、pH 3.0~4.0，含菌数为 $4.0 \times 10 \sim 4.0 \times 10^4$ cfu/g，检出的微生物主要是芽孢杆菌、大肠菌群、乳酸菌等，主要是生产中二次污染造成。

④干果和果酱　用于糕点装饰的樱桃、杏仁、葡萄干、橙皮等干果中，检查出的微生物数量为 $5.2 \times 10 \sim 2.4 \times 10^3$ cfu/g。由于其中含有高浓度的糖，能够生长的主要是耐高渗透压酵母菌。

果酱糖度为 25%~65%、pH 2.5~4.5，由于经过 85℃ 10~15min 的加热杀菌处理，其中的微生物数量很少，为 13~88cfu/g，大多数为细菌中的芽孢杆菌。果酱开封后，表面能生长霉菌和酵母菌。

其他原料（如乳、蛋、水果等）中的微生物情况在前面已作介绍，这里不再赘述。

（2）来自环境中的微生物

①工厂空气中的微生物　空气中的微生物种类和数量随季节、位置的不同而存在差

异。春季大多为大肠菌群、酵母菌等，夏季多为大肠菌群、酵母菌、芽孢杆菌等。

②工厂地板、机械、工具上的微生物污染　研究表明操作车间的地板、搅拌机、操作台、成型机、冷藏库外壁等处尤其是人手触摸机会多的地方，受到微生物污染机会较多，可以检测到一定量的大肠菌群、葡萄球菌和真菌，应该加强管理，避免形成微生物污染源。

10.4.6.2　焙烤食品的腐败变质现象及主要微生物

（1）湿焙烤食品中的微生物及其腐败变质现象

湿焙烤食品水分含量在 30% 以上，出现的腐败现象主要有发霉、发黏、酸败、生成异臭、拉丝等现象。

大多数湿焙烤食品使用鲜奶油。由鲜奶油带来的微生物主要有链球菌、德氏乳杆菌保加利亚亚种、胚芽乳杆菌、干酪乳杆菌、密集微球菌、蜡样芽孢杆菌、肠膜状明串珠菌等，这些微生物引起的腐败现象主要是酸败和发黏。污染酵母菌还会出现产气现象。

从湿焙烤食品中检查出的细菌主要有粪链球菌、干酪乳杆菌、肠膜明串珠菌等乳酸菌，还有微球菌、芽孢杆菌、黄杆菌、假单胞菌等；酵母菌大多为啤酒酵母、玫瑰酵母、巴氏酵母，其他还有汉逊酵母、假丝酵母等，检出的丝状菌大多为枝孢霉，也有白地霉等。

（2）半湿焙烤食品中的微生物及其腐败变质现象

半湿焙烤食品水分含量 10%~30%，产品大多采用真空包装、加脱氧剂包装，引起腐败的微生物主要是酵母菌。腐败菌主要是异常汉逊酵母，也有少部分是由假丝酵母、球拟酵母、啤酒酵母、玫瑰酵母等引起的。

该类食品的腐败现象主要有生成白斑和黑斑，产生溶剂臭、拉丝、异臭等。溶剂臭是指采用乙醇作为抑菌剂和风味改良剂的产品出现的乙酸乙酯腐败。例如，包装巧克力蛋糕出现白斑和生成乙酸乙酯现象，腐败微生物几乎都是来自可可脂的假丝酵母。

夹心蛋糕、海绵蛋糕、面包等出现的腐败现象大多为拉丝现象，主要是由细菌引起。该类菌主要有枯草芽孢杆菌、短小芽孢杆菌、浸麻芽孢杆菌、地衣芽孢杆菌等，这些细菌大多来自蛋、乳化起泡剂，也有一小部分来自小麦。

（3）干焙烤食品中的微生物及其腐败变质现象

干焙烤食品大多含水量在 10% 以下，从生产到销售水分含量变化不大，吸湿后会导致腐败。例如，小西饼含水量 5.7%~7.5% 时，表面会出现黑斑。能在该条件下生长的微生物目前知道的只有耐高渗酵母菌和耐高渗丝状菌。检查发现主要是异常汉逊酵母和 *Saccharomycopsis capsularias*，以前者最多。该种酵母能够从工厂的窗户、墙壁和空气中检查到，估计是生产过程中受到的二次污染。

10.4.6.3　焙烤食品腐败变质的原因

（1）生产原料不符合质量标准，技术操作不规范

焙烤食品的原料有糖、奶、蛋、油脂、面粉、食用色素、香料等，而其成品往往又不再加热而直接入口。因此，对其原料的选择、加工、贮存、运输、销售等都应严格遵守卫生要求。为了防止焙烤食品的霉变以及油脂和糖的酸败，应对其原料进行消毒和灭菌。对所使用的花生仁、芝麻、核桃仁和果仁等已有霉变和酸败迹象的不能采用。

（2）制作过程中灭菌不彻底

大多焙烤食品生产时，都要经过高温处理，既是食品熟制过程又是杀菌过程，其中的大部分微生物都被杀死，但抵抗力较强的细菌芽孢和霉菌孢子往往残留在食品中，遇到适宜的条件，仍能生长繁殖，引起食品变质。

（3）焙烤食品的包装和贮藏不当

焙烤食品经杀菌后要经过冷却、装饰等工序后才能包装，环境及包装材料会带来二次污染。为了防止焙烤食品的腐败变质，在其烘烤后必须尽快冷却，然后才能包装。所使用的包装材料应无毒、无味，生产和销售部门应具备冷藏设备。

10.4.7 罐藏食品的腐败变质

罐藏食品是将食品原料经一系列处理后，再装入容器，经密封、杀菌而制成的一种特殊形式保藏的食品。一般来说，罐藏食品可保存较长时间而不发生腐败变质。但是，有时由于杀菌不彻底或密封不良，也会由于微生物的生长繁殖而造成罐藏食品的变质。

10.4.7.1 罐藏食品的性质

存在于罐藏食品上的微生物能否引起食品变质，是由多种因素来决定的，其中食品的 pH 值是一个重要因素。因为食品的 pH 值多半与原料的性质及确定的食品杀菌条件有关，进而与引起食品变质的微生物有关。罐藏食品的 pH 值分类及要求热力灭菌温度见表 10-4。

表 10-4 罐藏食品的 pH 值分类

pH 值分类	食品种类	热力灭菌要求
低酸性食品（pH 5.3 以上）	谷类、豆类、肉、禽、乳、鱼、虾等	高温杀菌，105~121℃
中酸性食品（pH 5.3~4.5）	蔬菜、甜菜、瓜类等	高温杀菌，105~121℃
酸性食品（pH 4.5~3.7）	番茄、菠菜、梨、柑橘等	沸水或 100℃ 以下介质中杀菌
高酸性食品（pH 3.7 以下）	酸泡菜、果酱等	沸水或 100℃ 以下介质中杀菌

10.4.7.2 微生物引起罐藏食品腐败变质类型

罐藏食品生物腐败变质通常可由嗜热菌、中温菌、不产芽孢菌、酵母菌和霉菌引起。

（1）产芽孢的嗜热细菌引起的腐败类型

商品罐头由于杀菌不彻底而导致的腐败大多数是由嗜热细菌所引起的。腐败类型主要有平酸腐败、TA 腐败和硫化物腐败 3 种。

① 平酸腐败（flat sour spoilage）　一种产酸不产气的腐败类型。罐头内的食品由于平酸细菌的作用产生并积累乳酸，使 pH 值下降 0.1~0.3，呈现酸味、发生变质，而罐头外观仍是正常，无膨胀现象。

平酸腐败必须开罐检查或经细菌分离培养才能确定。引起平酸腐败的微生物均属于芽孢杆菌属的菌株，统称为平酸菌，包括中温菌、兼性嗜热菌或专性嗜热菌，大多数为兼性厌氧菌，其最适 pH 值为 6.8~7.2。平酸菌在自然界分布很广，主要存在于土壤中，食品原料常受到这类细菌污染，工厂使用的水和设备灭菌不彻底，也常成为污染源。

平酸腐败一般发生在低酸、中酸罐头中，如豆类、玉米罐头。也有少数发生于酸性罐头中，如番茄或番茄汁罐头。

中酸、低酸罐头的平酸腐败一般是由嗜热脂肪芽孢杆菌（*Bacillus stearothermophilus*）所引起。该菌耐热性极强，是专性嗜热菌，能在 65~75℃ 范围内生长；兼性厌氧，分解糖类产生乳酸、甲酸、醋酸等，不产气。当 pH 值接近 5 时停止生长。

酸性罐头的平酸腐败一般是由嗜酸热杆菌（*B. thermoacidophilus*）所引起，该菌常被称为凝结芽孢杆菌（*B. coagulans*）。嗜酸热杆菌为兼性嗜热菌，能在 45℃ 以上的高温下生长，最高生长温度可达 60℃。且能在 pH 4.0 或略低的介质中生长，是番茄制品中常见的腐败菌。

②TA 腐败（TA spoilage） 引起 TA 腐败的细菌称为 TA 菌（Thermophilie Anaerobe），是一类分解糖、专性嗜热、产芽孢、不产生硫化氢的厌氧菌，在中酸或低酸罐头中产酸，并产生 CO_2、H_2 的混合气体，高温环境放置时间过长，会使罐头膨胀最后引起破裂，腐败的罐头通常具有酸味。嗜热解糖梭菌（*Clostridium thermosaccharolyticum*）是典型代表菌，它常引起芦笋、蘑菇等蔬菜类罐头产气性腐败。

③硫化物腐败（sulfide spoilage） 由致黑梭菌（*C. nigrificans*）引起，发生在低酸罐头中（如豆类和玉米罐头）的腐败，但并不普遍。该菌专性嗜热，最适生长温度为 55℃，分解糖的能力很弱，但能分解蛋白质产生硫化氢，并与罐头容器的铁质反应生成黑色硫化物，沉积于内壁或食品上，使食品形成黑色，并有臭味。在玉米、谷类罐头中，能形成灰蓝色的液体。在鱼贝类水产罐头中也有发现。

（2）中温产芽孢细菌引起的腐败类型

中温芽孢细菌所引起的腐败大多数是由芽孢杆菌属和梭状芽孢杆菌属内的菌株所引起。

①由中温梭状芽孢杆菌属菌种引起的腐败 梭状芽孢杆菌属的细菌既有能分解糖类的，也有能分解蛋白质的。发酵糖类的种类有丁酸梭菌［也称酪酸梭菌（*C. butyricum*）］、巴氏芽孢梭菌［也称巴氏固氮梭菌（*C. pasteurianum*）］等。它们在酸性或中酸罐头内进行丁酸发酵，产生 CO_2 和 H_2 而引起胀罐。由于分解糖类的梭菌芽孢耐热性较差，所以由它们引起的腐败多半发生在用 100℃ 或更低的温度处理的罐头食品中。当罐头食品的 pH 值在 4.5 以上，这种腐败更易发生。

分解蛋白质的芽孢梭菌主要有生孢梭菌（*C. sporogenes*）、腐化梭菌（*C. putrefaciens*）、肉毒梭菌等，它们在鱼类、肉类罐头中分解蛋白质，并伴有恶臭的化合物（如硫化氢、硫醇、氨、吲哚以及粪臭素等）产生。这些腐败的厌氧菌也产生 CO_2 和 H_2 而引起胀罐。腐败厌氧菌在低酸罐头内生长最好，但有时也会引起中酸食品的腐败。

肉毒梭菌为厌氧菌，可分解蛋白质、糖类，造成 pH 4.5 以上的罐头腐败，引起胀罐，并能产生肉毒毒素，引起食物中毒。肉毒梭菌是食物中毒病原菌中耐热能力最强的细菌，因此在罐头食品杀菌中，以消灭食品中的肉毒梭菌作为拟订杀菌条件的标准。在 pH 值低于 4.5 时，生长受到抑制。

②由中温芽孢杆菌属菌种引起的腐败 嗜温菌形成的芽孢不如嗜热菌芽孢抗热，许

多嗜温菌芽孢在 100℃或更低温度下短时间即被杀灭，但也有少数种类可在高压蒸汽处理后残存。在罐头中残留的芽孢可能由于其生长条件不利，所以并不一定造成腐败。例如，需氧菌不能在真空度较高的罐头中生长，有些罐头太酸也不利于生长。但枯草芽孢杆菌、肠膜芽孢杆菌（*Bacillus mesentericus*）以及其他一些种类能在经 100℃处理的低酸罐头中生长。商业上也已发现由于芽孢杆菌污染而引起平酸腐败的罐头，特别是那些排气不良的低酸性罐头（多半是水产品、肉类以及脱水牛奶）。产生气体的芽孢杆菌如多黏芽孢杆菌（*B. polymyxa*）和浸麻芽孢杆菌［也称软化芽孢杆菌（*B. macerans*）］发酵糖产酸、产气，造成胀罐，引起豆类、菠菜、桃子、芦笋以及番茄罐头的腐败。

（3）由不产芽孢细菌引起的腐败

在罐头食品中发现不产芽孢的细菌，则可以肯定其杀菌温度过低或是罐头密封性不良。某些细菌的营养体耐热性强，能抵抗巴氏杀菌。这些耐热细菌是嗜热链球菌、粪链球菌、液体链球菌（*Streptococcus liquefaciens*）、微球菌属、乳杆菌属和微杆菌属中的某些种。产酸的乳杆菌和明串珠菌属中的一些种已发现在杀菌不足的番茄、梨和其他水果制品中生长。异型乳酸发酵菌可产生大量的 CO_2 气体使罐膨胀。肉酱及其类似制品由于热穿透力差，有微球菌存在。粪链球菌或尿链球菌常发现于火腿罐头中。链球菌一般在 pH 值为 4.5 以上的食品中生长，兼性厌氧，并能耐受 6.5%的食盐浓度。在 pH 值为 4.5 以下的食品中生长的细菌主要是一些耐酸细菌，如乳杆菌。

杀菌后的罐头如发现有大肠埃希菌、产气肠杆菌等肠道细菌，通常是由于漏气引起的，生产中的冷却水常是其重要的污染源。这类细菌只能引起 pH 值为 4.5 以上的罐头变质，出现内容物的酸臭和胀罐。

（4）由酵母菌引起的腐败

在罐头食品中发现酵母菌，表明杀菌严重不足或发生漏罐。酵母菌引起的变质绝大多数发生在 pH 值为 4.5 以下的酸性和高酸性的罐藏食品中，如水果、果酱、果冻、果汁、糖浆以及甜炼乳等罐头制品。产膜酵母也可以生长在卤汁肉冻、重新分装的酸黄瓜或油橄榄的表面上。因其内容物风味改变，出现浑浊、沉淀，并产生 CO_2，造成罐头胀罐甚至爆裂。所见酵母主要是球拟酵母属、假丝酵母属中的一些种。

（5）由霉菌引起的腐败

霉菌引起罐头变质常见于 pH 值为 4.5 以下的商业罐头中，它们常通过漏气处进入罐头。在酸性的果酱、果冻和水果奶油罐头中，糖分高达 70%时仍发现有霉菌生长。在果冻和水果罐头中发现的曲霉、青霉和柠檬酸霉属（*Citromyces*）的菌株能够生长在 67.5%糖浓度中。但经酸化使 pH 值降至 3，则能阻止前面两种霉菌的生长。如果果酱的可溶性固形物达到 70%~72%，而酸度达到 0.8%~1.0%时，就可以消除霉菌腐败的危险。

少数霉菌相当耐热，特别是能形成菌核的霉菌，如纯黄丝衣霉是一种发酵果胶的霉菌，能形成子囊孢子，在 85℃、30min 或 87.7℃、10min 后还能生存，并能在氧气不足条件下生长，产生 CO_2 引起水果罐头膨胀；雪白丝衣霉抗热性也很强，其子囊孢子在 82.2℃下 10min 才被杀死。

10.4.7.3　腐败变质罐藏食品的微生物学分析

（1）不同酸度罐头发生腐败变质的微生物学分析

①低酸性罐头（pH>5.3）　容易发生平酸腐败、硫化物腐败和腐烂性腐败3种。平酸腐败通常由嗜热脂肪芽孢杆菌引起，硫化物腐败由致黑梭状芽孢杆菌引起，腐烂性腐败由肉毒梭菌引起。

②中酸性罐头（pH 5.3～4.5）　与低酸性罐头的腐败情况相似，较容易发生TA腐败。

③酸性罐头（pH 4.5～3.7）　容易发生平酸腐败、缺氧性发酵腐败、酵母菌发酵腐败和发霉等。平酸腐败由凝结芽孢杆菌引起，缺氧性发酵腐败由丁酸梭菌和巴氏梭状芽孢杆菌引起，酵母菌发酵腐败多由球拟酵母和假丝酵母引起，发霉通常由两种耐热霉菌即纯黄丝衣霉菌和雪白丝衣霉菌引起。

④高酸性罐头（pH<3.7）　一般不易遭受微生物的污染，但容易发生氢膨胀，偶然也会遭受酵母菌和一些耐热性霉菌的影响。

（2）不同外观变质罐头的微生物学分析

①胖听　除了由H_2引起的化学胖听及两种物理胖听（内容物太多，排气不足）外，其他主要原因是微生物生长繁殖而造成的。具体有以下几种可能原因：TA腐败产生CO_2和H_2造成；中温梭状芽孢杆菌发生丁酸、腐败，产生CO_2和H_2；中温需氧芽孢杆菌发酵，产酸、产气引起；不产芽孢细菌发酵糖类产酸、产气引起；酵母菌发酵产生CO_2而造成。

②平听　以不产生气体为特征，外观表现正常。具体有以下几种可能原因：平酸菌引起，如嗜热菌由专性的嗜热脂肪芽孢杆菌和兼性嗜热细菌引起，中温菌由中温芽孢细菌和不产芽孢的乳酸菌引起；由致黑梭状芽孢杆菌引起的硫化物腐败变质；由霉菌引起的腐败变质。

有关各类罐藏食品变质原因菌分析如图10-2所示。

10.4.8　酿造食品的腐败变质

传统酿造食品生产大多较为粗放，发酵中除主发酵剂以外还会有来自环境、包装容器、原料表面的微生物的侵入。酿造食品的腐败菌主要是指那些在特殊的场所和特殊的时间不希望出现的微生物。如葡萄酒酵母是葡萄酒发酵的主要微生物，但如果存在于瓶装葡萄酒中，就成为污染菌，其生长繁殖会使葡萄酒品质降低，并产生混浊。下面以葡萄酒的腐败变质为例进行简单说明。

10.4.8.1　葡萄酒腐败微生物的来源

葡萄酒厂微生物无论是有用的还是有害的，主要来源于葡萄、葡萄酒的容器和设备等，特别是收购葡萄时和将葡萄醪或葡萄汁输送到葡萄酒厂的所有设备。输送葡萄醪或葡萄汁的管道，尤其是拐角处特别容易积累污物，会成为各类污染菌的栖息场所。

微生物的其他来源还有葡萄酒厂的表土、墙壁、空气等，如果条件合适，又有足够的时间，任何来源的一个活细胞就是贮存中葡萄酒的潜在污染源。

健壮完整的成熟葡萄普通颗粒上栖息着大量微生物，有酵母菌如克勒克酵母、汉逊酵

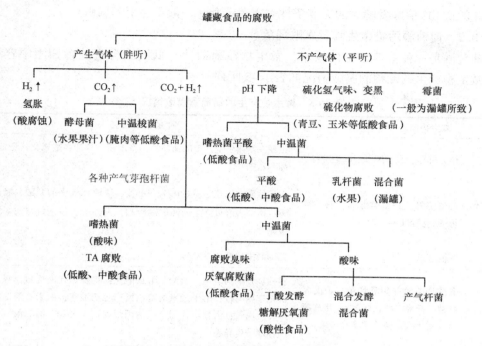

图 10-2 常见罐藏食品腐败变质原因菌分析图解

母等（参阅第 9 章），也可能有乳酸细菌、醋酸细菌。这些野生酵母和大多数细菌进入葡萄汁后受到二氧化硫及发酵环境变化的影响，在发酵过程中会逐渐消失。但有些酵母可能会出现在新酒中，特别是没有采取合适贮酒条件的新酒，如毕赤酵母和假丝酵母的一些种可能在酒表面形成白膜，毕赤酵母会使乙酸乙酯达到有害的浓度。另外，路德类酵母非常耐酒精、耐二氧化硫、耐山梨酸，可以使瓶装酒形成黏性团块沉淀，有些会使酒变得不饱满、平淡无味。贝尔接合酵母（*Zygosaccharomyces bailii*）耐高糖、耐山梨酸，可能会出现在处理不当的浓缩葡萄汁中，能形成泡沫，具有絮凝性，沉淀呈黄色到浅棕色颗粒状。

酒香酵母属（*Brettanomyces*）污染对以酿酒酵母发酵的葡萄酒的气味和味道影响很大，其污染后的气味被描述为像牲口棚气味、马味、湿狗味、焦油味等，一旦超过亚限量，气味令人厌恶。酒香酵母的污染有可能来源于操作不规范的加工地点、管道、酒窖、旧木桶等。

醋酸细菌中有些种不耐高浓度的酒精，如葡萄糖醋杆菌和汉逊醋酸菌只在开始酒精发酵之前的葡萄醪液中和加工设备上发现。纹膜醋杆菌高度耐酒精，是葡萄酒中重要的污染菌，不过在生产中只要通过并保持厌氧条件和合理的二氧化硫，很容易控制该菌。近年来在一些酒厂发现其他的醋酸菌污染，如巴氏醋酸菌（*A. pasteurianus*），它们的出现可能与当前生产并贮存低酒度葡萄酒以及维持低浓度二氧化硫有关。另外，在所有的酒窖中都能发现醋酸菌。

一般情况下葡萄也会受到霉菌的污染，主要出现的有曲霉、青霉、根霉、毛霉等。如果葡萄被霉菌感染严重，其维生素和矿物质将大量消耗，影响酵母菌的正常发酵。例如，灰绿孢霉（*Botrytis cinerea*）不需葡萄皮破裂就能穿透果皮内部。在发酵过程中由于葡萄汁的低 pH 值和发酵时的无氧条件对霉菌不利，一般不会引起腐败。

10.4.8.2　葡萄酒污染微生物及腐败现象

葡萄酒是一种营养丰富的饮料，微生物在葡萄汁与低酒精含量的葡萄酒中容易繁殖。微生物产生的葡萄酒腐败情况如表 10-5 所列。

表 10-5　微生物产生的葡萄酒腐败情况

微生物菌落/种		产生的腐败反应
酵母菌	毕赤酵母、假丝酵母、汉逊酵母	出现在暴露于空气中的葡萄酒，将酒精、甘油、酸氧化代谢成醛、酯和乙酸
	裂殖酵母、路德类酵母、酒香酵母/德克酵母	发酵性腐败出现过量的 CO_2、沉淀、混浊和较多的醋酸、酯的异香；由酒香酵母产生的四氢嘌呤和挥发性酚可以造成暗灰褐色腐败物
	酿酒酵母	葡萄酒中残糖的再发酵
乳酸菌	乳酸杆菌属（短乳杆菌、希氏乳杆菌、纤维二糖乳杆菌）、片球菌属（有害片球菌、戊糖片球菌）	将残糖发酵为乳酸、醋酸，形成酸化；将果糖代谢为鼠李糖，造成鼠李糖腐败；由于过量的双乙酰产生奶油味；由于乙酰四氢嘌呤产生腐败；由甘油代谢生成的丙烯醛产生苦味；酒石酸、山梨酸代谢产生异香
醋酸菌	巴氏醋酸菌、产醋醋杆菌	将酒精氧化成乙醛和醋酸；形成酯；甘油氧化成二羟丙酮；胞外纤维素酶形成，造成黏丝腐败
其　他	芽孢杆菌、梭状菌	很少出现，产生各种酸味异香（丁酸等）
	放线菌/链霉菌	生长在木桶和软木塞上，产生泥土味、霉味
	真菌	生长在木桶和软木塞上，产生泥土味、木塞味、霉味

合适的酒窖卫生、排除氧气和适当地使用二氧化硫是葡萄酒批量贮存期间防止各种酵母、乳酸菌、醋酸菌生长造成腐败的最根本保证措施。对于有些含有残糖葡萄酒可以加入一定浓度的山梨酸钾来控制酵母的生长。

10.5　食品保藏理论与技术

10.5.1　食品防腐保质理论

10.5.1.1　栅栏理论与技术

随着人们对食品防腐保质理论与技术研究的深入，一些新的保藏技术得以应用，但研究人员一致认为，没有任何一种单一的保藏措施是完美无缺的，必须采用综合的保质技术。目前食品保质研究的主要理论依据是栅栏因子理论。

栅栏因子理论是德国肉类食品专家 Leistner 博士提出的一套系统科学地控制食品保质期的理论。该理论认为，食品要达到可贮性与卫生安全性，其内部必须存在能够阻止食品所含腐败菌和病原菌生长繁殖的因子，这些因子通过临时或永久性地打破微生物的内平衡，从而抑制微生物的致腐与产毒，保持食品品质。这些因子被称为栅栏因子（hurdle factor）。

栅栏因子及其互作效应决定了食品的微生物稳定性，这就是栅栏效应（hurdle effect）。在实际生产中，运用不同的栅栏因子，科学合理地组合起来，发挥其协同作用，从不同的侧面抑制引起食品腐败的微生物，形成对微生物的多靶攻击，从而改善食品品质，保证食品的卫生安全性，这一技术即为栅栏技术（hurdle technology，HT）。

（1）栅栏技术与微生物的内平衡

食品防腐中一个值得注意的现象就是微生物的内平衡。微生物的内平衡是微生物处于正常状态下内部环境的稳定和统一，并且具有一定的自我调节能力，只有其内环境处于稳定的状态下，微生物才能生长繁殖。例如，微生物内环境中 pH 值的自我调节，只有内环境 pH 值处于一个相对较小的变动范围，微生物才能保持其活性。如果在食品中加入防腐剂破坏微生物的内平衡，微生物就会失去生长繁殖的能力。在其内平衡重建之前，微生物就会处于延迟期，甚至死亡。食品的防腐就是通过临时或永久性打破微生物的内平衡而实现的。

将栅栏技术应用于食品的防腐，各种栅栏因子的防腐作用可能不仅仅是单个因子作用的累加，而是发挥这些因子的协同效应，使食品中的栅栏因子针对微生物细胞中的不同目标进行攻击，如细胞膜、酶系统、pH 值、水分活性值、氧化还原电位等，这样就可以从数方面打破微生物的内平衡，从而实现栅栏因子的交互效应。在实际生产中，这意味着应用多个低强度的栅栏因子将会起到比单个高强度的栅栏因子更有效的防腐作用，更有益于食品的保质。这一"多靶保藏"技术将会成为一个大有前途的研究领域。

对于防腐剂的应用而言，栅栏技术的运用意味着使用小量、温和的防腐剂比大量、单一、强烈的防腐剂效果要好得多。例如，Nisin 在通常情况下只对革兰阳性菌起抑制作用，而对革兰阴性菌的抑制作用较差。然而，当将 Nisin 与螯合剂 EDTA 二钠、柠檬酸盐、磷酸盐等结合使用时，由于螯合剂结合了革兰阴性菌的细胞膜磷脂双分子层的镁离子，细胞膜被破坏，导致膜的渗透性加强，使 Nisin 易于进入细胞质，加强了对革兰阴性菌的抑制作用。

（2）食品中的防腐保鲜栅栏因子

食品防腐上最常用的栅栏因子，无论是通过加工工艺还是添加剂方式设置的，应用时仅有少数几个。随着对食品保鲜研究的发展，至今已经确认可以应用于食品的栅栏因子有 40 个以上，如高温处理、低温冷藏、降低水分活性、调节酸度、降低氧化还原电位、辐照、应用乳酸菌等竞争性或拮抗性微生物以及应用亚硝酸盐、山梨酸盐等防腐剂等。这些栅栏因子所发挥的作用已不再仅侧重于控制微生物的稳定性，而是最大限度地考虑改善食品质量，延长其货架期。

（3）栅栏技术的应用

栅栏技术在食品加工和保藏中已被广泛应用，它不仅可用于食品加工和保藏中微生物的控制，还可以用于食品加工保藏工艺的改进和新产品的开发上。栅栏技术在国外已经被成功地应用到肉品加工中，并且在蔬菜贮藏、粮食贮藏、食品包装等领域进行研究。下面以发酵香肠生产为例说明。

发酵香肠涉及的主要栅栏包括 A_w（降低水分活性）、pH（调节酸度或发酵酸化）、Eh（降低氧化还原值）、c.f.（发酵菌的优势竞争）和 Pres.（应用亚硝酸盐、山梨酸盐等防腐剂或烟熏）。这些因子及其互作效应决定了发酵香肠的微生物稳定性及其质量稳定性。Leistner等根据大量研究结果绘制出了发酵香肠防腐保质栅栏因子交互作用顺序图（图10-3）。

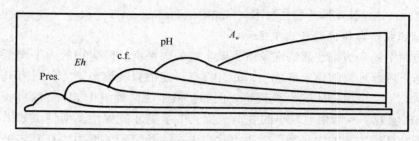

图10-3 发酵香肠中栅栏因子交互作用顺序

在制馅和发酵的初期，添加的亚硝酸盐起到最重要的防腐作用，此时其他抑菌栅栏尚未建立。此作用一直延续到成品贮存阶段。研究表明，作为 Pres. 栅栏的有效抑菌强度是亚硝酸盐添加量大于等于125mg/kg。硝酸盐在此阶段也可有效抑制沙门菌，但其抑菌效能的较强发挥是在发酵阶段被细菌还原为亚硝酸盐之后。

紧接 Pres. 之后的第二个抑菌栅栏是 Eh。灌入肠衣后的肉馅氧化还原值较高，添加的抗坏血酸或抗坏血酸盐、糖等辅料，以及某些微生物的生长耗氧均可逐步降低 Eh 值，所发挥的栅栏效能是多方面的。首先低 Eh 值在抑制假单胞菌等好氧性微生物生长上的作用比亚硝酸盐还强，这类不利菌在原料肉中一般残留量较高，是导致肉品腐败变质的主要危险源。并且低 Eh 值又有利于乳酸菌的生长，从而起到竞争性优势作用。对于生产周期2个月以上的产品，Eh 值在发酵后期有可能再次上升，因此 Eh 栅栏作用虽然在产品加工贮藏中始终存在，但逐渐有所减弱。尽管如此，Eh 栅栏在香肠发酵前期仍起关键作用。

继 Eh 之后起主要防腐保质作用的栅栏因子是 c.f.，即乳酸菌的迅速生长。乳酸菌的大量生长不仅夺取了其他不利菌生长繁殖所需的营养物质，而且发酵糖所产生的乳酸和某些菌所产生的乳酸菌素可直接有效抑制腐败菌和病原菌。对于不添加酸化剂的发酵香肠，乳酸菌的作用至关重要。在发酵香肠中 c.f. 栅栏的作用始终存在，但也呈逐渐减弱趋势。

紧接其后是微生物发酵产酸所致的酸化，使 pH 值成为防腐保质的重要栅栏。对于快速发酵法加工的产品，因其 A_w 值较高，pH 值栅栏作用显得尤为重要。肠馅 pH 值下降速度及下降值取决于发酵温度和糖添加量。低温长时间发酵加工产品如意大利 salami，pH 值下降较缓慢，成品 pH 值也较高，而较高温快速发酵型产品，pH 值下降的幅度较大。除较高的温度和添加糖类物质外，有的产品还通过添加葡萄糖酸-δ-内酯（GdL）直接酸化以增强 pH 栅栏强度。

随成熟干燥的进行，在成熟的中后期香肠中 pH 值又有所回升，通过酸化保证微生物稳定性的作用毕竟有限，且逐渐有所减弱，因此干燥使得 A_w 逐渐降低成为防腐保质的关键因子。在香肠的整个加工和贮藏过程中，A_w 均呈下降趋势，但只有在成熟干燥至一定阶段，这一栅栏才开始发挥重要作用。A_w 值下降的幅度取决于产品配方和成熟干燥条件（温度、湿度、时间）的调控。对于低温长时间发酵成熟的产品，由于亚硝酸盐残留渐减，pH 值在后期有所回升，香肠的可贮性主要是建立于 A_w 栅栏和 c. f. 栅栏（尤其是乳酸杆菌的大量增殖）之上。上述 pH、A_w、c. f. 等栅栏在不同时间按一定顺序交互作用，在有效抑制不利微生物的同时又能促进发酵菌生长，从而保证产品优质和卫生安全。

总体而言，对每一种食品起主要作用的因子只有几个，并且对不同的食品起主要作用的栅栏因子也基本相同。所以，根据不同产品特性来把握和设计适合于该食品的关键栅栏因子，同时还要对主要的栅栏因子进行合理组合。按照 Leistner 博士的观点，在应用栅栏技术设计食品时，常与危害分析与关键控制点（HACCP）和微生物预报技术（Predictive Microbiology，PM）相结合。HT 主要用于设计，HACCP 用于加工管理，而 PM 主要用于产品优化。

10.5.1.2　微生物预报技术

所谓微生物预报技术是指借助计算机的微生物数据库，在数字模型基础上，在确定的条件下，借助微生物数据库和数学模型快速对重要微生物的生长、存活和死亡进行预测，从而确保食品在生产、运输贮存过程中的安全和稳定，打破传统微生物检测受时间约束而结果滞后的特点。建立微生物数据库和数字模型是微生物预报技术的必要条件。

科学家们经过艰苦的努力已经建立了微生物数据库，储存了不同微生物在不同生长介质中的 pH 值、A_w、培养温度及有氧、无氧条件下的关系数据。数学模型主要有经验型和机理型，一个有效的模型往往不是单一类型的模型，而是两种类型的混合体。人们首先把注意力集中在对食品稳定性最重要的因素，如贮藏温度、时间、pH 值、A_w 等方面，针对某些种类的致病菌，一些适于亚硝酸、氮气、醋酸、乳酸、CO_2 等诸多因素的模型已研制成功。

目前世界上已开发了多种食品微生物生长模型预测软件。美国农业部开发的病原菌模型程序 PMP（pathogen modeling program）包括嗜水气单胞菌（*Aeromonas hydrophila*）、蜡样芽孢杆菌、肉毒梭菌、产气荚膜梭菌、大肠埃希菌、单核细胞增生李斯特菌、沙门菌、弗氏志贺菌（*Shigella flexneri*）、金黄色葡萄球菌、小肠结肠炎耶尔森菌（*Yersinia enterocolitica*）10 种重要的食源性病原菌的 38 个预报模型，每个预报模型包括温度、pH 值、A_w、添加剂等影响因子，其预测结果具有较高的精确度。英国农业、渔业和食品部开发的食品微生物模型 FM（food micromodel）含有 20 多种数学模型，对 12 种食品腐败菌和致病菌的生长、死亡和残存进行了数学的表达，该系统具有数据库信息量大、数学模型成熟完善以及预测结果误差小的特点。2003 年美、英两国宣布在因特网上共同建立的世界最大预测微生物学信息数据库 ComBase，目前已拥有了约 25 000 个有关微生物生长和存活的数据档案。使用者可以模拟一种食品环境，通过输入相关数据（如温度、酸度和湿度），搜索到所有符合这些条件的数据档案。这种方法可以大大减少无谓的重复试验，改进模型，并且实现数据来源标准化。

（1）微生物预报技术的作用

微生物预报技术可以帮助和指导管理者在生产中贯彻 HACCP，外部多因素出现时，可决定关键控制点并决定竞争实验是否必需，同时对 HACCP 清单给予补充；在安全可以设计出来但不可检验出来的指导思想下，可以预报产品配方变化对于食品安全和货架期的影响，并进行新产品货架期和安全性设计；可以预报产品在贮存和流通中，在不同包装条件下微生物的变化，并客观估价该过程的失误；可以大量节约开发研究的时间和资金。

（2）微生物预报技术的应用

①食品卫生质量管理 作为 HACCP 体系的分析工具，微生物预测模型可以为 HACCP 协作小组提供卫生质量管理的指引工具。在实践中，HACCP 协作小组对某种食品加工进行"风险评估"（即发现危害物、识别关键控制点和建立关键限值）时，要通过结合实践经验、传染病学和技术文献的数据做出判断和结论，而这些判断和结论常常有争议。换句话说，目前在 HACCP 中使用的方法学是定性的而不是定量的，因此微生物预报技术可以提供给 HACCP 一种定量工具以协助"风险评估"的实施。

有文献报道，对于肉制品加工已建立了吹风冷却工艺、喷淋冷却工艺、热剔骨工艺、猪屠体的冷却、牛内脏的冷却、动物屠体的长途运输以及肉-纸板盒-解冻步骤、时间-温度函数的积分模型。

②食品杀菌和发酵生产 Davey 探讨了微生物预测模型在食品杀菌和发酵工艺中的应用。其实例包括乳酸乳杆菌的生长、乳酸发酵模型以及植物乳杆菌在黄瓜提取液中比生长速率的模型。

微生物预测模型还可以用于食品的配方制作，可以预测何种因素（各种配料和组合）更可能导致微生物污染，从而可以选择某种类似耐微生物生长的替代物。

③微生物预测模型 用于实验室工作，可以大大减少微生物实验操作，还可用于预测菌种筛选和培养基选择。

热死环丝菌生长
预测模型的建立

10.5.2 食品保藏技术

食品防腐保藏技术一直是食品科技工作者研究的热点之一，生产实践中应用各种措施如低温贮藏、高温灭菌、脱水、腌制、发酵、浓缩、添加防腐剂、辐照等，来延长食品货架期。

10.5.2.1 食品的低温保藏

食品采用低温保藏能够抑制残存微生物的生长繁殖、降低酶的活性，可以在一定期限内较好地保持良好的品质。低温保藏一般可分为冷藏和冷冻两种方式。

（1）食品的冷藏

冷藏温度一般设定在 1~10℃ 范围内，适用于新鲜果蔬类和食品的短期贮藏。

低温下仍有不少微生物能缓慢生长，影响食品的保藏质量。如霉菌中的侧孢霉属、枝孢属在-6.7℃还能生长；青霉属和丛梗孢霉属的最低生长温度为4℃；细菌中假单胞菌属、无色杆菌属、产碱杆菌属、微球菌属等在-4~7.5℃下生长；酵母菌中的一种红色酵母在-34℃时仍能缓慢发育。

对于动物性食品，冷藏温度越低越好，但对新鲜的蔬菜水果来讲，如温度过低，则会引起生理机能障碍而受到冷害或冻害。因此，应根据其特性采用适当的低温，并结合环境的相对湿度和气体成分进行调节。

食品的具体贮存期限除与温度有关外，还与其卫生状况、果蔬的种类、受损程度以及环境的相对湿度、气体成分等因素有关，不可一概而论。

（2）食品的冷冻保藏

冷冻保藏是先将食品冻结，而后再在能保持食品冻结状态的温度下贮藏，温度越低，保藏期就越长，常用贮藏温度为 $-23 \sim -12℃$，以 $-18℃$ 为最适。冻藏适用于长期贮藏，一般可长达几个月至 2 年。表 10-6 列举了部分食品的低温冻藏条件和贮存期限。

表 10-6　各种食品的冻藏条件及贮存期限

品　名	结冰温度/℃	冻藏温度/℃	相对湿度/%	保藏期限
奶　油	-2.2	$-29 \sim -23$	$80 \sim 85$	1 年
加糖奶酪	—	-26	—	数月
冰激凌	—	-26	—	数月
脱脂乳	—	-26	—	短期
冻结鸡蛋	$-0.6 \sim -0.45$	$-23 \sim -18$	$90 \sim 95$	1 年以上
冻结鱼	-1.0	$-23 \sim -18$	$90 \sim 95$	$8 \sim 10$ 月
猪　油	—	-18	$90 \sim 95$	$12 \sim 14$ 月
冻结牛肉	-1.7	$-23 \sim -18$	$90 \sim 95$	$9 \sim 18$ 月
冻结猪肉	-1.7	$-23 \sim -18$	$90 \sim 95$	$4 \sim 12$ 月
冻结羊肉	-1.7	$-23 \sim -18$	$90 \sim 95$	$8 \sim 10$ 月
冻结兔肉	—	$-23 \sim -18$	—	6 月以内
冻结果实	—	$-23 \sim -18$	—	$6 \sim 12$ 月
冻结蔬菜	—	$-23 \sim -18$	—	$2 \sim 6$ 月
三明治	—	$-18 \sim -15$	$95 \sim 100$	$5 \sim 6$ 月

食品在冻结过程中，不仅损伤微生物细胞，使其生命活动受到抑制，甚至死亡，还会使鲜肉、果蔬等生鲜食品的细胞也受到损伤。食品冻结时生成冰晶的形状、大小及分布状态对其质量的影响很大。冻结食品中形成冰晶的大小与其通过最大冰晶生成带的时间有关。冻结速度越快，形成的晶核越多，冰晶越小，且均匀分布于细胞内，不致损伤细胞组织，解冻后复原情况也较好。因此，速冻有利于保持食品（尤其是生鲜食品）的品质。

低温对食品中酶的活性并未完全抑制，如脂肪分解酶在 $-20℃$ 下仍能引起脂肪水解，故即使将食品贮藏在 $-18℃$ 以下，酶的活动仍在缓慢进行。冷冻制品解冻时其中保持活性的酶将重新活跃起来，加速食品变质。为使冷冻保藏和解冻过程中食品的不良变化降低到最低程度，食品（主要是蔬菜）常需经短时预煮破坏酶的活性，再进行冻制。

对冷冻食品要以合理的方法和速度解冻。通常以流动冷空气、水、盐水、冰水混合物等作为媒体进行解冻，温度控制在 $0 \sim 10℃$，以防止食品在过高温度下造成微生物和酶的活动，防止水分的蒸发。对于即食食品的解冻，可以用高温快速加热，用微波解冻是较好的解冻方法，解冻时间短，渗出液少，可以保持解冻品的优良品质。

缓慢解冻或已解冻食品不宜在室温下放置太久，以免食品内微生物恢复生长繁殖引起腐败变质。

10.5.2.2 食品的气调保藏

气调保藏（controlled atmosphere storing，CA）是指用阻气性材料将食品密封于一个改变了气体成分的环境中，从而抑制腐败微生物的生长繁殖及生化活性，达到延长食品货架期的目的。气调保藏由于具有有效保持食品新鲜度、对食品产生的副作用小等特点，已成为一种应用广泛的食品保藏方法，除果蔬保鲜外，还可用于谷物、鸡蛋、肉类、鱼产品等的保藏。

气调方法较多，主要有自然气调法、置换气调法（即氮气、二氧化碳置换包装）、氧气吸收剂封入包装、涂膜气调法等。但总的来说，其原理都是基于降低含氧量，提高二氧化碳或氮气的浓度并根据各贮藏物的不同要求，使气体成分保持在所希望的状况。

（1）果蔬的气调保藏

果蔬的变质主要是由于果蔬的呼吸和蒸发、微生物生长、食品成分的氧化或褐变等作用而引起，而这些作用与食品贮藏环境中气体组成有着密切的关系。一般在果蔬贮藏中，在不致造成厌氧性呼吸障碍前提下，尽可能降低环境气体成分中的 O_2 浓度、提高 CO_2 的浓度。高 CO_2 浓度可降低果蔬成熟反应（蛋白质、色素的合成）速度，抑制微生物和某些酶（如琥珀酸脱氢酶、细胞色素氧化酶）的活动，抑制叶绿素的分解，改变各种糖的比例，从而保持新鲜果蔬的良好品质。但若 CO_2 浓度过高，将造成果蔬的呼吸障碍，反而缩短贮藏时间。各种蔬菜水果的最适 CO_2 浓度均有所差别，一般水果为 2%～3%，蔬菜为 2.5%～5.5%，同时也都受到 O_2 浓度和环境温度的影响。

（2）肉的气调保藏

肉类采用气调包装并不一定会比真空包装货架期长，但采用该方法会减少产品受压和血水渗出，并能使产品保持良好色泽。肉类气调包装时混合气体比例主要是从控制微生物生长和感官质量（如色泽）角度来考虑的。

O_2 与肌红蛋白结合生成氧合肌红蛋白，使肉呈现鲜红色，但氧合肌红蛋白的形成与包装中 O_2 的含量、肉表面潮湿度有关。研究表明，O_2 浓度必须控制 10% 以上才能维持鲜红的色泽，肉的表面潮湿可以增加其溶氧量。O_2 的存在可阻止产毒素厌氧菌的生长，但在低温条件（0～4℃）下也容易造成好气性假单胞菌生长，使其保存期低于真空包装；还容易造成不饱和脂肪酸氧化酸败，致使肌肉褐变。

CO_2 可抑制微生物生长。20% 的 CO_2 可抑制冷却肉腐败菌如革兰阴性的假单胞菌、气单胞菌属、莫拉菌属等的生长，而对革兰阳性的热死环丝菌（*Brochothrix thermosphacta*）的生长无明显抑制作用。乳酸杆菌属对 CO_2 有很高的抗性，甚至可以在 100% 的 CO_2 中生长。CO_2 对引起食物中毒的厌氧菌影响不显著，无氧或高浓度 CO_2 反而会促进它们的生长。气调包装中增加 CO_2 浓度对沙门菌属、金黄色葡萄菌、弯曲菌属（*Campylobacter*）、副溶血性弧菌（*Vibrio parahaemolyticus*）等致病菌的生长影响也很小，而对腐败交替单胞菌（*Alteromonas putrefaciens*）和小肠结肠炎耶尔森菌（*Yersinia enterocolitica*）有抑制作用。高浓度 CO_2 气调包装对肉类中微生物总的作用结果是使食品上微生物区系从主要为革兰阴性异养细菌转变为以乳酸杆菌及其他乳酸细菌为主的区系。

高浓度的 CO_2 会减少氧合肌红蛋白的形成，并且由于 CO_2 在水和油中都有很好的溶解性，当只用 CO_2 进行充气包装时，会被肌肉组织和脂肪组织吸收，直到平衡为止。处于平衡状态时，CO_2 分压会比开始时要低，从而使整个包装袋内的气体分压降低，包装袋塌陷。

研究表明，采用 100% CO_2 包装冷却肉，2℃ 贮藏货架期可延长至 42d，比真空包装时间长 2 倍甚至更多；采用 N_2 和 CO_2 混合气调包装冷却肉，0~2℃ 条件下货架期可达 4~6 周。

气调包装形式对冷却肉的保鲜效果主要取决于原料肉的初始菌数、CO_2 浓度、包装材料的通透性、贮存温度以及气体成分对肉色泽的影响。

10.5.2.3 加热杀菌保藏

微生物均具有一定的耐热性，其耐热性因菌种不同而有较大的差异。一般病原菌（梭状芽孢杆菌属除外）的耐热性差，通过低温杀菌（如 63℃、30min）就可以将其杀死。细菌芽孢一般具有较高的耐热性，必须特别注意。一般霉菌及其孢子在有水分的状态下，加热至 60℃，保持 5~10min 即可被杀死，但在干燥状态下，其孢子的耐热性非常强。

其他食品加热杀菌的方法很多，主要有常压杀菌、加压杀菌、超高温瞬时杀菌、微波杀菌、远红外线加热杀菌和欧姆杀菌等。

（1）常压杀菌

常压杀菌即 100℃ 以下的杀菌操作，只能杀死微生物的营养体（包括病原菌），不能达到完全灭菌。现在的常压杀菌多采用水浴、蒸汽或热水喷淋式连续杀菌。

（2）加压杀菌

加压杀菌常用于肉类制品及中酸性、低酸性罐头食品的杀菌。杀菌温度和时间随罐内物料、形态、罐形大小、灭菌要求和贮藏时间而异。在罐头行业中，常用 D 值和 F 值来表示杀菌温度和时间。

对于液体或固体混合的罐装食品，可以采用旋转式或摇动式杀菌装置。玻璃瓶罐虽然也能耐高温，但是不太适宜于压力釜高温杀菌，必须用热水浸泡蒸煮。复合薄膜包装的软罐头通常采用高压水煮杀菌。

（3）超高温瞬时杀菌

根据温度对细菌及食品营养成分的影响规律，热处理敏感的流体或半流体食品可考虑采用超高温瞬时杀菌法。

牛乳在高温下保持较长时间易发生一些不良的化学反应，如美拉德反应使乳产生褐变现象；蛋白质分解产生二氧化硫的不良气味；糖类焦糖化产生异味；乳清蛋白质变性、沉淀等。若采用超高温瞬时杀菌既能方便工艺操作，满足灭菌要求，又能减少对牛乳品质的损害。

（4）微波杀菌

微波（超高频）一般是指频率在 300~300 000MHz、波长 1mm~1m 的电磁波。目前，915MHz 和 2450MHz 两个频率已广泛地应用于微波加热。915MHz 可以获得较大穿透厚度，适用于加热含水量高、厚度或体积较大的食品；对含水量低的食品宜选用

2450MHz。只要食品物料中含有适当的水分，就能够成为微波加热的对象。

微波杀菌的机理是基于热效应和非热生化效应两部分。热效应：食品受到微波作用，其表里同时吸收微波能，温度升高。污染的微生物细胞在微波场的作用下，分子被极化并作高频振荡，产生热效应，温度的快速升高使其蛋白质结构发生变化，从而使菌体死亡。非热生化效应：微波使微生物生命化学过程中产生大量的电子、离子和其他带电粒子，使微生物生理活性物质发生变化；电场也使细胞膜附近的电荷分布改变，导致膜功能障碍，使微生物细胞的生长受到抑制，甚至停止生长或死亡。另外，微波还可以导致细胞 DNA 和 RNA 分子结构中的氢键松弛、断裂和重新组合，诱发基因突变。

微波杀菌保藏食品是近年来发展起来的一项新技术，具有快速、节能、对食品品质影响很小的特点。微波处理能保留更多的活性物质和营养成分，适用于人参、香菇、猴头菌、花粉、天麻以及中药、中成药的干燥和灭菌。微波还可应用于肉、禽、奶及其制品、水产品、水果、蔬菜、罐头、面包等一系列产品的灭酶保鲜和消毒，延长货架期。此外，微波还用于食品的烹调，冻鱼和冻肉的解冻，食品的脱水干燥、漂烫、焙烤以及食品的膨化等领域。

目前，国外已出现微波牛奶消毒器，采用高温瞬时杀菌技术，在 2450MHz 的频率下升温至 200℃，维持 0.13s，消毒奶的菌落总数和大肠菌群的指标达到消毒奶要求，而且牛奶的稳定性也有所提高。瑞士卡洛里公司研制的面包微波杀菌装置（2450MHz，80kW），辐照 1~2min，温度由室温升至 80℃，面包片的保鲜期由原来的 3d 延长至 30~40d 而无霉菌生长。

（5）远红外线加热杀菌

远红外线是指波长为 2.5~1000μm 的电磁波。食品的很多成分对 3~10μm 的远红外线有强烈的吸收，因此往往选择这一波段的远红外线加热食品。

远红外线加热具有热辐射率高，热损失少，加热速度快，传热效率高，食品受热均匀，不会出现局部加热过度或夹生现象，食物营养成分损失少等特点。

远红外加热的杀菌、灭酶效果明显。日本的山野藤吾曾将细菌、酵母、霉菌悬浮液装入塑料袋中，进行远红外线杀菌试验，远红外照射的功率分别为 6kW、8kW、10kW、12kW。试验结果表明，照射 10min 能使不耐热细菌全部杀死，使耐热细菌数量降低 $10^5 \sim 10^8$ 个数量级。照射强度越大，残存活菌越少，但要达到食品保藏要求，照射功率要在 12kW 以上或延长照射时间。

远红外加热杀菌不需经过热媒，只要照射到待杀菌的物品上，热量直接由表面渗透到内部，因此远红外加热已广泛应用于食品的烘烤、干燥、解冻，以及坚果类、粉状、块状、袋装食品的杀菌和灭酶。

（6）欧姆杀菌

欧姆加热是利用电极将电流直接导入食品，由食品本身介电性质产生热量，以达到直接杀菌的目的。一般所使用的电流是 50~60Hz 的低频交流电。

欧姆杀菌与传统罐装食品的杀菌相比具有不需要传热面，热量在固体产品内部产生，适合处理含大颗粒固体产品和高黏度的物料；系统操作连续、平稳，易于自动化控制；维护费用、操作费用低等优点。

食品欧姆加热
技术的原理

对于带颗粒（粒径小于 15mm）的食品采用欧姆加热，可使颗粒的加热速率接近液体的加热速率，获得比常规方法更快的颗粒加热速率（1~2℃/s），缩短加工时间，使产品品质在微生物安全性、蒸煮效果及营养成分（如维生素）保持等方面得到改善，因此该技术已成功地应用于各类含颗粒食品的杀菌，如新鲜的大颗粒产品，高颗粒密度、高黏度食品物料。

英国 APV Baker 公司已制造出工业化规模的欧姆加热设备，可使高温瞬时技术推广应用于含颗粒（粒径高达 25mm）食品的加工。近年来，英国、日本、法国和美国已将该技术及设备应用于低酸性食品或高酸性食品的杀菌。

10.5.2.4　非加热杀菌保藏

传统的热力杀菌中，低温加热不能将食品中的微生物全部杀灭，特别是耐热的芽孢杆菌，而高温加热又会不同程度地破坏食品中的营养成分和天然特性，不适合于重视风味的食品灭菌。同时，食品加热灭菌也消耗了大量的能源。为了更大限度地保持食品的天然色、香、味、形和一些生理活性成分，满足现代人的生活要求，一些"冷杀菌"技术应运而生。

所谓冷杀菌技术是相对于加热杀菌而言的，利用其他灭菌机理杀灭微生物，避免热对食品营养成分的破坏。冷杀菌技术有多种，如辐射保藏、高压保藏、高压脉冲电场杀菌、磁场杀菌、玻璃化保藏、生物保藏等。

（1）辐照杀菌

食品的辐射保藏是利用射线对食品的辐射生物学和辐射化学效应，杀灭食品中寄生虫、腐败和病原微生物，抑制鲜活食品的生理代谢活动，从而达到防霉、防腐、延长食品货架期的目的。辐射线主要包括紫外线、X 射线和 γ 射线等，其中紫外线穿透力弱，只有表面杀菌作用，而 X 射线和 γ 射线（比紫外线波长更短）是高能电磁波，能激发被辐照物质的分子，使之引起电离作用，进而影响生物的各种生命活动。

①辐照对食品中微生物的影响　微生物受电离放射线的辐照后，细胞膜、细胞质分子引起电离，进而引起各种化学变化，使细胞直接死亡；在放射线高能量的作用下，水电离生成离子、激发分子和次级电子，进而生成 H·、OH· 自由基，间接起到对微生物细胞的致死作用；微生物细胞中的 DNA 和 RNA 对放射线的作用尤为敏感，放射线的高能量导致 DNA 产生较大损伤和突变，直接影响着细胞的遗传和蛋白质的合成。

不同微生物对放射线的抵抗力不同，表 10-7 列出了不同微生物对放射线的敏感性。一般来说耐热性大的微生物，对放射线的抵抗力往往也较大。三大类微生物中细菌芽孢抗辐射能力大于酵母菌，酵母菌大于霉菌和细菌营养体，革兰阳性菌的抗辐射较强。杀灭所有现存微生物所需的辐射剂量并没有一个绝对的数值，照射剂量与食品的初始染菌量、食品的特性及微生物的种类、数量等因素有关。

在某一特定条件（温度、气体成分、pH 值等）下杀灭食品中活菌数的 90%（即减少一个对数周期）所需要吸收的射线剂量称为 D 值，其单位为"戈瑞"（Gy，即 1kg 被辐照物质吸收 1J 的能量为 1Gy），常用千戈瑞（kGy）表示。若按罐藏食品的杀菌要求，必须完全杀灭能引起食物中毒、抗辐射性很强的肉毒芽孢杆菌 A、B 型菌的芽孢，多数

表 10-7　微生物对放射线的敏感性

菌　种	基　质	D 值/kGy	菌　种	基　质	D 值/kGy
A 型肉毒梭菌	食品	4.0	假单胞杆菌	缓冲液、有氧	0.04
B 型肉毒梭菌	缓冲液	3.3	枯草杆菌	缓冲液	2.0~2.5
E 型肉毒梭菌	肉汤	2.0	粪链球菌	肉汁	0.5
产气荚膜杆菌	肉	2.1~2.4	米曲霉	缓冲液	0.43
鼠伤寒沙门菌	缓冲液、有氧	0.2	产黄青霉	缓冲液	2.4
鼠伤寒沙门菌	冰冻蛋	0.7	啤酒酵母	缓冲液	2.0~2.5
大肠埃希菌	肉汤	0.2	短小芽孢杆菌	缓冲液、有氧	1.7
嗜热脂肪芽孢杆菌	缓冲液	1.0	耐辐照微球菌	牛肉	2.5

研究者认为需要的剂量为 40~60kGy，根据 12D 的杀菌要求，破坏 E 型肉毒杆菌芽孢的 D 值为 21kGy。

杀菌的环境条件对辐照杀菌效果影响较大。一般情况下，杀菌效果因有氧气存在而增强，但厌氧时对食品成分破坏不到有氧时的 1/10，故实际运用射线对食品杀菌时，要根据辐照处理对象、性状、处理的目的和贮藏环境条件等加以综合考虑。温度对辐射杀菌效果的影响表现为：在接近常温范围内，对杀菌效果影响不大；在 0℃ 以下，尤其是在冰点以下低温进行辐照，其不产生间接作用或间接作用不明显，微生物的抗辐照性会增强。

另外，在高剂量照射肉类、禽类等含蛋白质较丰富的动物性食品时，由于蛋白质、脂肪的分解会产生一些特殊的"辐照味"，因此在辐照时，应尽量采用低温、缺氧，以减轻对食品的副作用，提高辐照杀菌的效果。

食品中的半胱氨酸、谷胱甘肽、氨基酸、葡萄糖等化合物对微生物体有保护作用。

②辐射杀菌的特点　食品辐射已成为一种新型、有效的食品保藏技术，与传统加工保藏技术（如加热杀菌、化学防腐、冷冻、干藏等）相比具有许多优点。

食品辐射又被称为"冷巴氏杀菌"，在照射过程中食品的温度几乎不上升(<2℃)，27kGy 的辐射剂量可以有效杀死常见的致病菌和非芽孢菌，而且还能很好地保持食品的色、香、味、形等品质，而不改变食品的特性；射线穿透力强，在不拆包装和不解冻的条件下，可穿透食品包装材料至食品深层彻底杀虫、灭菌；可改善某些食品的品质和工艺质量，效率高，可连续作业；辐射处理食品无残留，无二次污染，安全卫生；食品辐射应用范围广泛，可处理各种不同的食品，包括豆类、谷物及其制品、干果果脯类、熟畜禽肉类、冷冻包装畜禽肉类、香辛料类、新鲜水果和蔬菜等，还可以对一些食品包装材料进行灭菌处理；食品辐射能耗低，可以节约能源（节约70%~97%能源）。据国际原子能组织（IAEA）报告，单位食品冷藏时需要消耗的最低能量为 324.4kJ/kg，巴氏消毒为 829.14kJ/kg，热消毒为 1081.5kJ/kg，脱水处理为 2533.5kJ/kg，而辐射消毒需 22.7kJ/kg，辐射巴氏消毒仅需 2.74kJ/kg。

食品辐照技术也存在许多不足，如一般经过杀菌剂量的照射，酶并不能完全钝化；辐照处理需要选择性应用，某些食品处理后会出现不愉快的感官变化，放射线辐照对于食品中原有毒素的破坏几乎是无效的，从而影响到辐照杀菌技术的推广。

③辐照在食品保藏中的应用　目前已有 70 多个国家批准将放射线辐照应用于食品保藏，并已有相当规模的实际应用。

利用辐照进行食品杀菌时，按照所要达到的目的不同，将应用于食品上的辐照分为三大类：辐照阿氏杀菌、辐照巴氏杀菌和辐照耐贮杀菌。

辐照阿氏杀菌　又称商业杀菌或辐照完全杀菌。所使用的辐照剂量可以使食品中微生物数量减少为零或有限个数。食品处理后可在任何条件下贮藏，但要防止再污染。处理剂量范围 10~50kGy。完全杀菌所用辐照剂量较高，将引起食品不同程度的变质。为了尽量减少副作用，在操作时应结合脱氧、冻结、杀菌增强剂及食品保护剂等方法运用。

辐照阿氏杀菌在食品贮藏中的应用，可能只限于在肉类制品中应用，可以达到商业无菌的要求，是一种整体的无菌加工方法。其他食品如水产品、牛奶等的彻底杀菌亟待研究。

辐照巴氏杀菌　又称辐照针对性杀菌，只杀灭无芽孢病原细菌，辐照剂量范围为 5~10kGy。该处理不能杀灭所有的微生物，强调的是食品的卫生安全性，故处理的食品贮存时必须配合其他措施，如低温或降低产品的水分活度等。另外，如果食品中微生物数量过大，则不适合用来处理，因为辐照不能去除食品中已经产生的微生物毒素。适合于辐照针对性杀菌处理的食品主要有高水分活度的易腐食品及一些干制品，如蛋粉、调味品等。

辐照耐贮杀菌　该处理能提高食品的贮藏性，降低腐败菌的原发菌数，并延长新鲜食品的后熟期及保藏期，所用剂量在 5kGy 以下。

常用的放射源为放射性同位素^{60}钴（^{60}Co）、^{187}铯（^{187}Cs）、磷（^{32}P）等。它们主要释放出的是 γ 射线。

（2）超声波杀菌

声波在 9~20KHz 以上都为超声波。

①超声波杀菌的基本原理　主要是基于微波在液体中所形成的空化作用。超声波作用于液体物料，液体受到的负压力达到一定值时，媒质分子间的平均距离就会增大并超过极限距离，从而破坏液体结构的完整性，将液体拉断形成空穴，空化泡迅速膨胀，然后突然闭合，在空化泡或空化的空腔剧烈收缩和崩溃的瞬间产生冲击波，泡内会产生几百兆帕的高压及数千度的高温，空化时还伴随产生峰值达 10^8Pa 的强大冲击波（对均相液体）或速度达 $4×10^6$m/s 的射流（对非均相液体）。利用超声波空化效应在液体中产生的瞬间高温及温度变化、瞬间高压和压力变化，使存在于液体里的微生物细胞受到外部强弱不等的压力撞击，从而使细菌致死、病毒失活，甚至使体积较小的一些微生物的细胞壁破坏。超声波可以提高细菌的凝聚作用，使细菌毒力完全丧失或完全死亡。

超声波对细菌的作用与声强、频率、作用时间、作用温度、细菌悬浮液的浓度及细菌的种类等有密切关系。如伤寒沙门菌在频率为 4.6MHz 的超声中可全部杀死，但对葡萄球菌和链球菌只能部分地受到伤害；个体大的细菌易被破坏，杆菌比球菌更易于被杀死，但芽孢杆菌的芽孢不易被杀死。温度升高，超声波对细菌的破坏作用加强。

②超声波杀菌的应用　超声波灭菌可用于食品杀菌、食具消毒和灭菌等。曾实验用超声波对牛乳消毒，经 15~16s 消毒后，乳液可以保持 5d 不发生腐败；常规消毒乳再经超声波处理，冷藏条件下保存 18 个月未发现变质。日本生产的气流式超声餐具清洗机可使餐具细菌总数及大肠菌群降低 10^5~10^6 以上，若同时使用洗涤剂或杀菌剂，可做到完全无菌。

（3）高压脉冲电场杀菌

高压脉冲电场杀菌是将液体食品置于杀菌容器内，利用高强度脉冲电场瞬时杀灭食品中的微生物，具有杀菌时间短、效率高、能耗少等特点。该杀菌技术目前主要处理对象包括啤酒与黄酒等酒类、果蔬汁饮料、蛋液、纯净水及其他饮用水、牛乳、豆乳等。

①脉冲杀菌的基本原理　利用 LG 振荡电路原理，用高压电源对电容器放电，电容器与电感线圈和放电时的电极相连，电容器放电时产生的高频指数脉冲衰减波在两个电极上形成高压脉冲电场。脉冲电场杀菌的电场强度一般为 15～100kV/cm，脉冲频率为 1～100kHz，放电频率为 1～20Hz。

目前高压脉冲杀菌机制仍不完全清楚，但普遍认可的是细胞膜的电穿孔理论。由于微生物细胞膜带有一定的电荷，膜内外具有一定电势差，当外部电场施加到细胞两端时，会使膜内外电势差增大，细胞膜的通透性剧增；另外，由于带电粒子间的斥力作用，膜内外表面相反电荷相互吸引而产生挤压力作用，高速运动的具有极大动能的电子和离子产生了碰撞作用。因此，细胞膜上会出现许多小孔，产生不可逆损伤最终导致细胞破裂。同时由于所施加的外电场是脉冲电场，在极短的时间内电压剧烈波动，在膜上产生振荡效应，与膜上孔的加大共同作用，导致细胞发生崩溃。

脉冲电场对不同的微生物杀灭效果不同，酵母菌比细菌容易被杀死，革兰阴性菌比革兰阳性菌更容易杀死。酿酒酵母对脉冲最为敏感，而溶壁微球菌的抵抗力最强。但对于细菌芽孢，即使是更高的指数波和方波脉冲电场，其作用也甚微，只能使处于正在发芽时的孢子失活。对象菌所处的生长周期也对杀菌效果有一定影响，处于对数期的菌体比稳定期菌体对电场更敏感。

除微生物类群及生理状态以外，电场强度、处理温度、脉冲频率、食品基质 pH 值等也会影响脉冲电场杀菌效果。

②脉冲杀菌的应用　脉冲杀菌已经在食品模型体系的研究中展现了其应用前景，而在实际食品加工中运用是食品科学家面临的挑战。由于放电杀菌的介质为液体，故只能用于液态食品的杀菌。

（4）高压杀菌

食品高压技术简称高压技术或高静压技术。高压保藏技术就是将食品物料以某种方式包装后，置于高压（100～1000MPa）装置中加压处理，从而导致食品中微生物和酶的活性丧失，延长食品的保藏期。

①高压杀菌的基本原理　压力超过一定值后导致微生物的形态、生物化学反应以及细胞膜等发生多方面的变化，从而影响微生物原有的生理机能；可使蛋白质变性，直接影响微生物及其酶系的活力，使微生物的活动受到抑制，甚至导致微生物死亡。

微生物在数十兆帕压力下发生的变化许多是可逆的，一返回到常压就恢复原状；压力一旦达到数百兆帕，这种变化就是不可逆的，会引起微生物死亡。高压杀菌对微生物的处理效果见表 10-8。

在高压作用下，细胞膜的磷脂双分子层结构随着磷脂分子横截面的收缩而收缩，表现为细胞膜通透性变化。20～40MPa 高压能使较大细胞的细胞壁因超过应力极限而发生机械断裂，从而使细胞裂解。一般来说，微生物具有一定的耐压特性，大多数细菌都能够在 20~30MPa 下生长，在高于 40~50MPa 压力下能够生长的微生物称为耐压微生物。然而，当压力达到 50~200MPa 时，耐压微生物仅能够存活但不能生长。

表 10-8　高压杀菌对微生物的处理效果

微生物种类	处理温度/℃	处理压力/×10⁵Pa	处理时间/min	处理效果
大肠埃希菌	25	2900	10	大部分杀死
	25	4000	10	灭菌
金黄色葡萄球菌	25	2900	10	大部分杀死
鼠伤寒沙门菌	23	3400	30	大部分杀死
嗜热脂肪芽孢杆菌（芽孢）	40	2000	24×60	大部分杀死
枯草芽孢杆菌（芽孢）	40	2000	12×60	灭菌
	60	2000	6×60	灭菌
荧光假单胞菌	20~25	2040~3060	60	灭菌
铜绿假单胞菌	40	2000	60	灭菌
短乳杆菌	25	4000	10	灭菌
巨大芽孢杆菌	60	3000	20	灭菌
蜡样芽孢杆菌	60	6000	40	灭菌
凝结芽孢杆菌	60	6000	40	灭菌
地衣芽孢杆菌（芽孢）	60	6000	60	灭菌
藤黄微球菌	25	6000	10	灭菌
葡萄球菌	25	6000	10	灭菌
肠球菌	25	6000	10	灭菌
假丝酵母	40	2000	3×60	灭菌
啤酒酵母	20	5500	8	大部分杀死
	25	4000	10	灭菌
曲霉	40	2000	1×60	灭菌
毛霉	室温	3000	10	灭菌

　　在高压杀菌过程中，除了压力外，处理时间、温度、食品的组分、微生物种类和状态、生长阶段等都会影响杀菌效果。一般来说，处于对数期的微生物比延滞期微生物对压力反应敏感；革兰阴性菌、酵母菌耐压性相对较弱，霉菌营养细胞耐压性较差，25℃、300MPa 条件下，只需几分钟就可灭活所有霉菌营养细胞，孢子及耐热的芽孢菌耐压性很强。

　　②高压杀菌的特点　高压处理为冷杀菌，能保持食品原有的营养价值、色泽和天然风味，不会产生异味。例如，经过高压处理的草莓酱可保留 95% 的氨基酸，在口感和风味上明显超过加热处理的果酱。高压处理后，蛋白质的变性及淀粉的糊化状态与加热处理不同，从而获得具有新特性的食品。高压处理是液体介质短时间内压缩过程，可使食品灭菌达到均匀、瞬时、高效，且耗能比加热法低。

高压杀菌的应用

　　③高压杀菌的应用　在一些发达国家，高压技术已应用于食品（如鳄梨酱、肉类、牡蛎）的低温消毒，且作为杀菌技术也日益成熟。

　　（5）振荡磁场杀菌

　　振荡磁场杀菌是在常温常压下将食品置于高强度脉冲磁场中处理，达到杀菌目的。

近年来的研究表明，脉冲磁场杀菌在食品行业有着重要的应用价值，是一项有前途的冷杀菌技术。

①振荡磁场杀菌的基本原理　磁场分高频磁场和低频磁场，脉冲磁场强度大于2T（特斯拉）的磁场为高频磁场或振荡磁场，具有强杀菌作用；强度不超过2T的磁场为低频磁场，能够有效地控制微生物的生长、繁殖，使细胞钝化，降低分裂速度甚至使微生物失活。

关于脉冲磁场对微生物的作用机理有多种理论，但归纳起来，其生物效应包括磁场的感应电流效应、洛伦兹效应、振荡效应、电离效应和脉冲磁场作用下微生物的自由基效应等。

②振荡磁场杀菌的特点　脉冲磁场杀菌作为一种物理冷杀菌技术具有以下几方面的优点：杀菌物料温升一般不超过5℃，对物料的组织结构、营养成分、颜色和风味影响小；高磁场强度只存在于线圈内部和其附近区域，离线圈稍远，磁场强度明显下降，只要操作者处于适宜的位置，就没有危险；与连续波和恒定磁场相比，脉冲磁场杀菌设备功率消耗低、杀菌时间短、对微生物杀灭力强、效率高；便于控制磁场的产生，中止迅速；由于脉冲磁场对食品具有较强的穿透能力，能深入食品内部，杀菌彻底。使用塑料袋包装食品，避免加工后的污染。

③磁场杀菌的应用　磁场灭菌技术可以用于改进巴氏杀菌食品的品质，并延长其货架期。研究表明经脉冲磁场杀菌后的牛奶，菌落总数和大肠菌群数可达到商业无菌要求。经磁场保藏的食品包括含有嗜热链球菌的牛乳、含有酿酒酵母的橘汁和含有细菌芽孢的面团。日本三井公司将食品放在磁场强度为0.6 T的脉冲磁场中，在常温下处理48h，达到100%的灭菌效果。因此，各种果蔬汁饮料、调味品和包装的固体食品都可使用磁场技术进行保藏。脉冲磁场对于水具有明显的杀菌作用。在停留时间为30min、磁场强度500mT、脉冲频率40kHz的实验条件下，循环处理后水中细菌总数的存活率为0.01%，藻类基本死亡，电耗大约0.12kW·h/m³。

（6）生物保藏

生物保藏是指将某些具有抑菌或杀菌活性的天然物质配制成适当浓度的溶液，通过浸渍、喷淋或涂抹等方式应用于食品中，进而达到防腐保鲜的效果。生物保藏的一般机理包括抑制或杀灭食品中的微生物，隔离食品与空气的接触，延缓氧化作用，调节贮藏环境的气体组成以及相对湿度等。

生物保藏具有安全、简便等显著优点，其应用范围不断扩大，已成为人们关注的热点。其中具有较好应用前景的主要有涂膜保鲜技术、生物保鲜剂保鲜技术、抗冻蛋白保鲜技术和冰核细菌保鲜技术等。

①涂膜保鲜技术　是在食品表面人工涂上一层特殊的薄膜使食品保鲜的方法。该薄膜具有以下特性：能够减少食品水分的蒸发；能够适当调节食品表面的其他交换作用，调控蔬菜等食品的呼吸作用；具有一定的抑菌性，能够抑制或杀灭腐败微生物；能够在一定程度上减轻表皮的机械损伤。涂抹保鲜法简便、成本低廉、材料易得，但目前只能作为短期贮藏的方法。根据成膜材料的种类不同，可将涂膜分为多糖类、蛋白质类、脂质类和复合膜类。目前糖类涂膜应用最广泛，成膜材料包括壳聚糖、纤维素、淀粉、褐

藻酸钠及其衍生物。用于涂膜制剂的蛋白质有小麦面筋蛋白、大豆分离蛋白、玉米醇溶蛋白、酪蛋白、胶原蛋白和明胶等。脂质类包括蜡类和各种油类。

②生物保鲜剂保鲜技术　生物保鲜剂也称天然保鲜剂，是直接来源于生物体自身组成成分或其代谢产物，不仅具有良好的抑菌作用，而且一般都可被生物降解，具有无味、无毒、安全等特点。常见的生物保鲜剂可依据其来源分成植物生物保鲜剂、动物源性生物保鲜剂以及微生物源性生物保鲜剂。多酚类物质是一类广泛存在于各种植物中的、具有较好抗菌活性的生物保鲜剂，其中茶多酚研究得最多且最具应用前景。目前，数种动物源性生物保鲜剂如鱼精蛋白、溶菌酶等已获得了商业性应用，成为天然生物保鲜剂的重要组成部分。乳酸链球菌素（Nisin）是目前研究和应用较多的微生物源生物保鲜剂。

③抗冻蛋白保鲜技术　抗冻蛋白是一类能抑制冰晶生长，能以非依数形式降低水溶液的冰点，但不影响其熔点的特殊蛋白质。自从 20 世纪 60 年代从极地鱼的血清中提取出抗冻蛋白后，研究对象也逐渐从鱼扩大到耐寒植物、昆虫、真菌和细菌。虽然得到了多种抗冻蛋白，但其降低冰点的幅度有限，与常用的可食用抗冻剂相比效果不显著，且自然生产量很小。因此，难以大规模应用于食品中。目前，抗冻蛋白的可能应用的方面有果蔬等食品的运输和贮藏中、肉类食品冷藏中和冷冻乳制品中。

④冰核细菌保鲜技术　冰核细菌是一类广泛附生于植物表面尤其是叶表面，能在 $-5 \sim -2℃$ 范围内诱发植物结冰发生霜冻的微生物，简称 INA 细菌，是 Maki 在 1974 年首次从赤杨树叶中分离得到的。迄今为止，已发现 4 属 23 种或变种的细菌具有冰核活性。已发现的 INA 细菌以丁香假单胞菌（*Pseudomonas syringae*）最多，其次是草生欧文菌（*Erwinia herbicola*）。此外，荧光假单胞菌、斯氏欧文菌（*E. stewartii* Smith）、菠萝欧文菌（*E. ananas* Serrano）也具有冰核活性。我国已发现 3 属 17 种或变种的冰核细菌。

冰核细菌能够在 $-5 \sim -2℃$ 下形成规则、细腻、异质冰晶。因此，将一定浓度的冰核菌液喷于待冷冻的食品上，可在 $-5 \sim -2℃$ 下贮藏。一方面可以提高冻结的温度，缩短冻结时间，节约能源；另一方面可避免过冷现象造成的冷冻食品风味与营养成分损失过多，最大限度地保持食品原料中的芳香组分，改善冷冻食品的质地。

随着低温生物技术的发展，冰核细菌及其活性成分在食品冷冻保鲜以及其他食品工业特别是食品浓缩中的应用将越来越重要。然而，冰核细菌要真正应用到食品工业中，还必须解决高活性冰核活性蛋白的高水平表达和冰核细菌及其活性成分对环境以及人类安全性的影响等问题。

10.5.2.5　食品的干燥和脱水保藏

食品的干燥脱水保藏是通过降低食品的含水量（水活性）来抑制微生物的生长。

新鲜食品都含有较高水分，其 A_w 一般在 $0.98 \sim 0.99$，适合多种微生物的生长。目前防霉干制食品的水分一般在 $3\% \sim 25\%$，如水果干为 $15\% \sim 25\%$，蔬菜干为 4% 以下，肉类干制品为 $5\% \sim 10\%$，喷雾干燥乳粉为 $2.5\% \sim 3\%$，喷雾干燥蛋粉在 5% 以下。

食品干燥、脱水方法主要有日晒、阴干、喷雾干燥、减压蒸发和冷冻干燥等。生鲜食品干燥和脱水保藏前，一般需破坏其酶的活性，最常用的方法是热烫（也称杀青、漂烫）或硫黄熏蒸（主要用于水果）等。肉类、鱼类及蛋中因含 $0.5\% \sim 2.0\%$ 糖分，干燥时常发生褐变，可添加酵母或葡萄糖氧化酶处理或除去糖分后再干燥。

10.5.2.6　食品的化学保藏法

食品化学保藏就是在食品生产、贮藏和运输过程中使用化学保藏剂来提高食品的耐藏性并尽可能保持食品原有质量的措施。化学保藏由于添加了少量的化学制品（如防腐剂、抗氧化剂、保鲜剂等），可在室温条件下延缓食品的腐败变质，具有简便、经济的特点。但化学保藏剂仅能在有限时间内保持食品原来品质状态，属于暂时性的保藏，是食品保藏的辅助措施。

化学保藏法主要包括盐藏、糖藏、醋藏、酒藏和防腐剂保藏等。

（1）盐藏

食品经盐藏不仅能抑制微生物的生长繁殖，并可赋予其新的风味，故兼有加工的效果。食盐的防腐作用主要在于提高渗透压，使细胞原生质浓缩发生质壁分离；降低水分活性，不利于微生物生长；减少水中溶解氧，使好气性微生物的生长受到抑制等。

各种微生物对食盐浓度的适应性差别较大。嗜盐性微生物如红色细菌、接合酵母属和革兰阳性球菌在较高浓度食盐的溶液（15%以上）中仍能生长。无色杆菌属等一般腐败性微生物约在 5%的食盐浓度，肉毒梭状芽孢杆菌等病原菌在 7%~10%食盐浓度时，生长受到抑制。一般霉菌对食盐都有较强的耐受性，如某些青霉菌株在 25%的食盐浓度中尚能生长。

由于各种微生物对食盐浓度的适应性不同，因而食盐浓度的高低就决定了所能生长的微生物菌群。例如，肉类中食盐浓度在 5%以下时，主要是细菌的繁殖；食盐浓度在 5%以上，存在较多的是霉菌；食盐浓度超过 20%，主要生长的微生物是酵母菌。

（2）糖藏

糖藏也是一种利用增加食品渗透压、降低水分活度来抑制微生物生长的贮藏方法。

一般微生物在糖浓度超过 50%时生长便受到抑制，但有些耐透性强的酵母和霉菌，在糖浓度高达 70%以上尚可生长。因而仅靠增加糖浓度有一定局限性，但若再添加少量酸（如食醋），微生物的耐渗透力将显著下降。

果酱等因其原料果实中含有有机酸，在加工时又添加蔗糖，并经加热，在渗透压、酸和加热 3 个因子的联合作用下，可得到非常好的保藏性。但有时果酱也会出现因微生物作用而变质腐败，其主要原因是糖浓度不足。

（3）防腐剂保藏

防腐剂按其来源和性质可分成有机防腐剂和无机防腐剂两类。有机防腐剂包括苯甲酸及其盐类、山梨酸及其盐类、脱氢醋酸及其盐类、对羟基苯甲酸酯类、丙酸盐类、双乙酸钠、邻苯基苯酚、联苯、噻苯咪唑等。此外，还包括有天然的细菌素（如 Nisin）、溶菌酶、海藻糖、甘露聚糖、壳聚糖、辛辣成分等。无机防腐剂包括过氧化氢、硝酸盐和亚硝酸盐、二氧化碳、亚硫酸盐和食盐等。

①乳酸链球菌肽（ninhibifory sabstance，Nisin）　又称乳酸链球菌素，是从乳酸链球菌（*S. lactis*）发酵产物中提取的一类多肽化合物，食入胃肠道易被蛋白酶所分解，因而是一种安全的天然食品防腐剂。FAO 和 WHO 已于 1969 年给予认可，是目前唯一允许作为防腐剂在食品中使用的细菌素。

Nisin 的抑菌机制是作用于细菌的细胞膜，可以抑制细菌细胞壁中肽聚糖的生物合成，使细胞膜和磷脂化合物的合成受阻，从而导致细胞内物质的外泄，甚至引起细胞裂解。也有学者认为 Nisin 是一个疏水带正电荷的小肽，能与细胞膜结合形成管道结构，使小分子和离子通过管道流失，造成细胞膜渗漏。

Nisin 的作用范围相对较窄，仅对大多数革兰阳性菌具有抑制作用，如金黄色葡萄球菌、链球菌、乳酸杆菌、微球菌、单核细胞增生李斯特菌、丁酸梭菌等，且对芽孢杆菌、梭状芽孢杆菌芽孢萌发的抑制作用比对营养细胞的作用更大。但 Nisin 对真菌和革兰阴性菌没有作用，因而只适用于革兰阳性菌引起的食品腐败的防腐。据报道，Nisin 与螯合剂 EDTA 二钠连接可以抑制一些革兰阴性菌（如沙门菌、志贺菌和大肠埃希菌等）的生长。

Nisin 在中性或碱性条件下溶解度较小，因此添加 Nisin 防腐的食品必须是酸性，在加工和贮存中室温、酸性条件下是稳定的。目前 Nisin 已成功地应用于高酸性食品（pH<4.5）的防腐；对于非酸性罐头食品，添加 Nisin 可降低罐头热处理的温度和时间，更好地保持产品的营养和风味；用于鱼、肉类制品，在不影响肉的色泽和防腐效果情况下，可明显降低硝酸盐的使用量，达到有效防止肉毒梭状芽孢杆菌毒素形成目的。

在生产啤酒、果酒和烈性乙醇饮料时，加入 100U/mL 的 Nisin 对乳杆菌、片球菌等酸败菌均有抑制作用。

另外，也发现其他乳酸菌可产生多种乳酸菌细菌素，具有不同的抑菌谱，但目前仍处于研究与探索阶段。

②纳他霉素（Natamycin）　又称匹马霉素或田纳西菌素，是由纳他链霉菌（*Streptomyces natalensis*）以葡萄糖为底物发酵产生的次级代谢产物。

纳他霉素能专性抑制酵母菌（除白假丝酵母外）和霉菌，对细菌、病毒和其他微生物（如原虫等）无效。其在食品中的抑制活性远高于山梨酸，如对酵母菌和霉菌 MIC（最低有效抑制浓度）通常为 $1 \sim 15 \mu g/mL$，而山梨酸为 $500 \mu g/mL$。其抑菌机理为：纳他霉素与酵母菌细胞膜上的固醇（麦角甾醇）及其他固醇基团结合，阻遏固醇的生物合成，从而使细胞膜畸变，最终导致渗漏，故纳他霉素对正在繁殖的活细胞抑制效果很好，对休眠细胞和真菌孢子需提高浓度。由于细菌的细胞膜无固醇，故对纳他霉素不敏感。

纳他霉素作为食品添加剂在国际上已被广泛认可。我国自 1997 年开始允许在一些食品（如干酪、肉制品、月饼、糕点、水果、果汁原浆等）中添加纳他霉素。

③苯甲酸、苯甲酸钠和对羟基苯甲酸酯　苯甲酸、苯甲酸钠又称安息香酸和安息香酸钠，系白色结晶，苯甲酸微溶于水，易溶于酒精；苯甲酸钠易溶于水。苯甲酸对人体较安全，是我国国家标准允许使用的两种有机防腐剂之一。

苯甲酸抑菌机理是它的分子能抑制微生物细胞呼吸酶系统活性，特别是对乙酰辅酶缩合反应有很强的抑制作用。在高酸性食品中杀菌效力为微碱性食品的 100 倍，苯甲酸以未被解离的分子态才有防腐效果，对酵母菌影响大于霉菌，而对细菌效力较弱。

对羟基苯甲酸酯是白色结晶状粉末，无臭味，易溶于乙醇，其抑菌机理与苯甲酸相同，但防腐效果则大为提高。抗菌防腐效力受 pH 值（pH 4~6.5）的影响不大，偏酸性时更强些。对细菌、霉菌、酵母都有广泛抑菌作用，但对革兰阴性杆菌和乳酸菌的作用较弱。

④山梨酸和山梨酸钾　山梨酸和山梨酸钾为无色、无味、无臭的化学物质。山梨酸难溶于水（600：1），易溶于乙醇（7：1），山梨酸钾易溶于水。它们对人有极微弱的毒性，是近年来各国普遍使用的安全防腐剂，也是我国国家标准允许使用的两种有机防腐剂之一。

山梨酸分子能与微生物细胞酶系统中的巯基结合，从而达到抑制微生物生长和防腐目的。山梨酸和山梨酸钾对细菌、酵母和霉菌均有抑制作用，但对厌气性微生物和嗜酸乳杆菌几乎无效。其防腐作用较苯甲酸广，pH 5.5 以下使用适宜。效果随 pH 值增高而减弱，在 pH 3 时抑菌效果最好。在腌制黄瓜时可用于控制乳酸发酵。

⑤双乙酸钠　双乙酸钠为白色结晶，略有乙酸气味，极易溶于水（1g/mL）；10%水溶液 pH 值为 4.5~5.0。双乙酸钠成本低，性质稳定，防霉防腐作用显著。可用于粮食、食品、饲料等防霉防腐（一般用量为 1g/kg），还可作为酸味剂和品质改良剂。该产品添加于饲料中可提高蛋白质的效价，增加适口性，提高饲养动物的产肉、产蛋或产乳率，还可防止肠炎，提高免疫力。美国食品和药物管理局（FDA）认定为一般公认安全物质，并于 1993 年撤除了其在食品、医药及化妆品中的允许限量。

⑥邻苯基苯酚和邻苯酚钠　主要用作防止霉菌生长，对柑橘类果皮的防霉效果甚好。

⑦联苯　对柠檬、葡萄、柑橘类果皮上的霉菌，尤其对指状青霉和意大利青霉的防治效果较好。一般不直接使用于果皮，而是将该药浸透于纸中，再将该纸放置于贮藏和运输的包装容器中，让其慢慢挥发（25℃下蒸气压为 1.3Pa），待果皮吸附后，即可产生防腐效果。

⑧噻苯咪唑　美国新发明的防霉剂，适用于柑橘和香蕉等水果。

⑨溶菌酶　溶菌酶为白色结晶，含有 129 个氨基酸，等电点 10.5~11.5。溶于食品级盐水，在酸性溶液中较稳定，55℃活性无变化。

溶菌酶能溶解多种细菌的细胞壁而达到抑菌、杀菌目的，但对酵母和霉菌几乎无效。溶菌作用的最适 pH 值为 6~7、温度为 50℃。食品中的羧基和硫酸能影响溶菌酶的活性，将其与其他抗菌物（如乙醇、植酸、聚磷酸盐等）配合使用，效果更好。目前溶菌酶已用于面食类、水产熟食品、冰激凌、色拉和鱼子酱等食品的防腐保鲜。

⑩海藻糖　可在干燥生物分子的失水部位形成氢键连接，构成一层保护膜，并能形成一层类似水晶的玻璃体。因此，它对于冷冻、干燥的食品，不仅能起到良好的防腐作用，而且还可防止品质发生变化。

⑪甘露聚糖　甘露聚糖是一种无色、无毒、无臭的多糖。以 0.05%~1%的甘露聚糖水溶液喷、浸、涂布于生鲜食品表面或掺入某些加工食品中，能显著地延长食品保鲜期。例如，草莓用 0.05%的甘露聚糖水溶液浸渍 10s，经风干后贮存 1 周，仅表皮稍失光泽，3 周也未见长霉；而对照组 2d 后失去光泽，3d 开始发霉。

⑫壳聚糖　壳聚糖即脱乙酰甲壳素（$C_{30}H_{50}N_4O_{19}$），是黏多糖之一，呈白色粉末状，不溶于水，溶于盐酸、乙酸。它对大肠埃希菌、金黄色葡萄球菌、枯草芽孢杆菌等有很

好的抑制作用，且还能抑制生鲜食品的生理变化。因此，它可作为食品尤其是果蔬的防腐保鲜剂。使用时，一般将壳聚糖溶于乙酸中，如用含 2% 改性壳聚糖涂膜苹果。

⑬过氧化氢　过氧化氢不仅具有漂白作用，而且还具有良好的杀菌、除臭效果。缺点是过氧化氢有一定的毒性，对维生素等营养成分有破坏作用，但它杀菌力强、效果显著。需经加热或者过氧化氢酶的处理以减少其残留。常用于切面、面条、鱼糕等食品的防腐。

⑭硝酸盐和亚硝酸盐　硝酸盐和亚硝酸盐主要是作为肉的发色剂而被使用。亚硝酸与血红素反应，形成亚硝基肌红蛋白，使肉呈现鲜艳的红色。另外，硝酸盐和亚硝酸盐也有延缓微生物生长作用，尤其是对耐热性的肉毒梭状芽孢杆菌芽孢的发芽有良好的抑制作用。但亚硝酸在肌肉中能转化为亚硝胺，有致癌作用，因此在肉品加工中应严格限制其使用量，目前还未找到完全替代物。

10.5.3　食品生产的质量管理体系

食品的保藏技术与科学的管理密不可分，目前国际公认的质量管理体系主要有良好操作规范（GMP）、危害分析与关键控制点（HACCP）、卫生标准操作程序（SSOP）、ISO 9000 族质量管理体系和 ISO 22000 标准等。

10.5.3.1　良好操作规范

良好操作规范（good manufacturing practice，GMP）是美国食品和药品管理局（FDA）在 1963 年最先发布，首先应用于药品行业，提高了药品品质。目前以美国为首的发达国家都在推行 GMP 制度，并用于各种食品企业的食品质量管理。

GMP 标准是由食品生产企业与卫生部门共同制定的，规定了在加工、贮藏和食品分配等各个工序中所要求的操作和管理规范。要求食品生产企业应具备合理的生产工艺过程、良好的生产设备、正确的生产知识、严格的操作规范以及食品质量管理体系。其主要内容涵盖选址、设计、厂房建筑、设备、工艺过程、检测手段、人员组成、个人卫生、管理职责、卫生监督程序、满意程度等一系列食品生产经营条件，并提出了卫生学评价的标准和规范。

GMP 标准用文件形式提供管理的可靠性，目的是为各种食品的制造、加工、包装、贮藏等有关方面制定出一个统一的指导原则和卫生规范。不同的食品制造业各有其特点和要求，因而在这个框架的基础上，对各专门的食品制造业还需要制定详细的附加条件才行，使每一种食品加工行为按确定的管理和技术标准受到控制。

10.5.3.2　卫生标准操作程序

卫生标准操作程序（sanitation standard operation procedure，SSOP）是食品生产企业为了使其加工的食品符合卫生要求而制定的在食品加工过程中如何具体实施清洗、消毒和卫生保持的作业指导文件，把每一种卫生操作具体化、程序化，是针对工作班、生产小组及个人制定的足够详细的操作规范，并在实施过程中进行严格地检查和记录，实施不力要及时纠正。

10.5.3.3　危害分析与关键控制点

危害分析与关键控制点（hazard analysis critical control point，HACCP）是一种预防性的食品安全控制体系，其宗旨是减少或消除食品安全问题。HACCP 系统经过 40 多年的发展和完善，已被食品界公认为确保食品安全的最佳管理方案，在欧美等发达国家越来越多的法规要求将 HACCP 体系的要求转变为市场的准入要求。

HACCP 系统的最大特点是：以一种或一类产品的生产流程为核心考虑问题，充分利用检验手段，对生产流程中各个环节进行抽样检测和有效分析，预测食品污染的原因，从而提出危害关键控制点（包括能保证控制有害事故发生的 CCP_1 和能最大限度减少事故发生但不能对危害事故控制的 CCP_2）及危害等级，再根据危害关键控制点提出控制项目（通常指温度、时间、湿度、水分活度、pH 值、可滴定酸、氯浓度、黏度等）、控制标准（管理关键限值）、检测方法、监控方法以及纠正的措施。通过采取这些相应的措施，从而预防了危害的发生。同时也能将正确的措施及时反馈到工艺流程中，如此循环反馈、改进，不断提高。同时能对每一个关键控制点的操作进行日常监测，并记录所有检测结果，建立准确可靠的档案资料系统和检查 HACCP 体系工作状况的程序，出现问题有据可查。

HACCP 管理体系的核心是将食品质量的管理贯穿于食品从原料到成品的整个生产过程当中，侧重于预防性监控，不依赖于对最终产品进行检验，打破了传统检验结果滞后的缺点，从而将危害消除或降低到最低限度。HACCP 是一个系统工程，要求各级领导重视，全员投入协调作战，才能保证 HACCP 的正常运转和取得预期效果。

HACCP 体系建立在以 GMP 为基础的 SSOP 上，SSOP 可以减少 HACCP 计划中的关键控制点数量。

HACCP 管理体系是我国食品企业管理的发展方向，也是防止食品腐败变质、延长货架期的主要管理模式。

10.5.3.4　ISO 22000 标准

ISO 22000 标准是国际标准化组织继 ISO 9000 和 ISO 14000 后用于合格评定的第三个管理体系国际标准。其特点是将食品安全管理范围延伸至整个食品链，可理解为 HACCP 的升级版，提供了食品安全管理体系的框架和 HACCP 体系的全部要求。

思考题

1. 什么叫食品的腐败变质？导致食品变质的常见微生物有哪些种类？
2. 微生物引起食品腐败变质必须具备的条件有哪些？
3. 简述生牛乳发生腐败变质时微生物菌群变化规律。
4. 分析奶粉中微生物数量超标的可能原因。
5. 说明鲜禽蛋在低温、干燥的环境下可保持较长时间不变质的原因。
6. 引起罐藏食品变质的微生物有哪些种类？试述罐藏食品腐败变质的表现及其原因。
7. 说明焙烤食品制作过程中污染微生物的来源，并分析产品卫生质量不合格的原因。
8. 简要分析食品企业污染微生物的主要来源，说明加强其卫生质量管理的重要性。
9. 非加热保藏的优点有哪些？包括哪些保藏技术？
10. 常用的化学防腐剂有哪些？防腐机理是什么？
11. 什么是栅栏技术？栅栏因子包括哪些？
12. 说明为什么 HACCP 体系对保证食品安全具有科学性和有效性？
13. 简述预测微生物学的理论及在食品中的具体应用。
14. 食品的综合防腐保质技术有哪些？根据已有知识谈谈其相互间的联系。

第11章

食源性致病微生物与食品安全 《《《

目的与要求

了解食源性致病微生物的种类，引起的急慢性病症及其流行病学特征；掌握食源性致病微生物可能污染的食品类型和污染途径，食源性致病微生物的危害及其预防和控制措施；熟悉我国食品安全微生物学指标、食品卫生学意义，了解最新的食品微生物检测方法和技术。

11.1 食源性致病微生物
11.2 食品微生物学检测技术

11.1 食源性致病微生物

食品生产是一个长时间、环节多的复杂过程，在整个过程中与食品有直接和间接关系的致病性微生物都可能污染食品。污染的致病微生物可能引起食用者发生食物中毒或食物感染，严重的可导致死亡。

食源性致病微生物通过进食进入人体引起的疾病称为食源性疾病（foodborne disease）。这些致病微生物包括细菌、真菌毒素和病毒三大类。常见的有沙门菌、葡萄球菌、链球菌、副溶血性弧菌、变形杆菌、志贺菌、禽流感病毒、黄曲霉及朊病毒、口蹄疫病毒等病原体。

11.1.1 微生物型食源性疾病概述

多种食品中都存在引起食源性疾病的微生物（表11-1），它们具有各种不同的毒力因子，引发各种急、慢性或间歇性机体反应。有些致病细菌（如沙门菌）可以入侵人体引发菌血症和一般性感染；有些产毒病原菌可以引起肾脏等易感组织的严重损伤（如大肠埃希菌O157：H7）；当宿主机体的组织对入侵的病原菌产生免疫应答时，就会引起免疫介导反应和并发症，如反应性关节炎和格林巴利（Guillain-Barre）综合征。由于存在后遗症，不是所有疾病的患者都能完全康复，其中一些人可能终其一生都将饱受后遗症之苦（如肠炎），这些疾病还有导致死亡的潜在危险。因此，尽管出现这些并发症的几率很低，但加以深入认识和维护公众健康仍然十分必要。

表 11-1 引发食源性疾病的常见微生物

微生物	潜伏期	发病期
嗜水气单胞菌属	未知	1~7d
空肠弯曲杆菌	3~4d	2~10d
大肠埃希菌		
肠毒素型（ETEC型）	16~72d	3~5d
肠致病型（EPEC型）	16~48d	2~7d
肠侵染型（EIEC型）	16~48d	2~7d
肠出血型（EHEC型）	72~120d	2~12d
甲肝病毒	3~60d	2~4周
单核细胞增生李斯特菌	3~70d	不定
诺沃克病毒	24~48d	1~2d
轮状病毒	24~72d	4~6d
沙门菌	16~72d	2~7d
志贺菌	16~72d	2~7d
小肠结肠炎耶尔森氏菌	3~7d	1~3周

由于消费者往往意识不到食物中潜在的危害，容易误食大量被污染的食品，从而导致疾病的发生。消费者一般不会对近期食物内的一些可疑成分加以注意，当出现食物中毒后，只能回忆起那些变味、变色的食物，但这些变化只是食品变质的特征，并非食物中毒的真正原因。

引起食物中毒的微生物通常可以分为感染型和毒素型两大类，这种划分可以有效区别食物中毒的途径。

（1）感染型

感染型微生物包括沙门菌的各种血清型、空肠弯曲杆菌、致病性大肠埃希菌等。这一类是可以在人类肠道中增殖的微生物。

（2）毒素型

毒素型微生物包括蜡状芽孢杆菌、金黄色葡萄球菌、肉毒梭菌等。这一类是可以在食物或者人肠道中产生毒素的微生物。

另外，国际食品微生物标准委员会（ICMSF）采用根据致病力的强弱分类的方法对常见的食源性致病菌进行分类（表 11-2）。

表 11-2 根据致病力强弱分类的食源性致病微生物

危害作用	病原菌
病症温和、没有生命危险、没有后遗症、病程短、能自我恢复	蜡状芽孢杆菌（包括呕吐毒素）、A 型产气荚膜梭菌、诺沃克病毒、大肠埃希菌（EPEC 型，ETEC 型）、金黄色葡萄球菌、非 O1 型和非 O139 型霍乱弧菌、副溶血性弧菌
危害严重、致残但不危及生命、少有后遗症、病程中等	空肠弯曲杆菌、大肠埃希菌、肠炎沙门菌、鼠伤寒沙门菌、志贺氏菌、甲肝病毒、单核细胞增生李斯特菌、微小隐孢子虫、致病性小肠耶尔森氏菌、卡晏环孢子球虫
对大众有严重危害、有生命危险、慢性后遗症、病程长	布鲁氏菌病、肉毒素、EHEC（HUS）、伤寒沙门菌、副伤寒沙门菌、结核菌病、痢疾志贺菌、黄曲霉毒素、O1 型和 O139 型霍乱弧菌
对特殊人群有严重危害、有生命危险、慢性后遗症、病程长	O19（GBS）型空肠弯曲杆菌、C 型产气荚膜梭菌、甲肝病毒、微小隐孢子虫、创伤弧菌、单核细胞增生李斯特菌、大肠埃希菌 EPEC 型、婴儿肉毒素、坂崎肠杆菌

最近人们意识到了慢性后遗症（次级并发症）的严重性和人体应激反应的多变性。据估计，在食物中毒事件中有 2%~3% 会引发慢性后遗症，其中一些症状可能会持续几周甚至几个月。这些后遗症可能比原病症更严重，并导致长期的伤残甚至危及生命。目前，慢性后遗症的研究较少，据报道有以下几种：

①由幽门螺杆菌（*Helicobacter pylori*）引起的慢性胃炎。

②可能由副结核杆菌（*Mycobacterium paratuberculosis*）引起的克罗恩氏（Crohn's）病和溃疡性肠炎。

③由空肠弯曲杆菌（*Campylobacter jejuni*）、柠檬酸杆菌（*Citrobacter*）、肠杆菌（*Enterobacter*）、克雷伯氏菌（*Klebsiella*）的感染引发的长期胃肠炎和营养失衡。

④由弧菌和耶尔森菌属（*Yersinia*）引起的溶血性贫血（*Haemolytic anaemia*）。

⑤由大肠埃希菌引起的心血管疾病。

⑥由鼠伤寒沙门菌（*Salmonella typhimurium*）引起的动脉硬化。

⑦由弓形体病（toxoplasmosis）引发的个性变化。

⑧在感染小肠结肠炎耶尔森菌（*Yersinia enterocolitica*）O:3菌株后，因促甲状腺素受体的自身抗体引发的Graves病（自身免疫病）。

⑨蓝氏贾第鞭毛虫（*Diardia lamblia*）可以引发严重的甲状腺机能减退。

⑩巴氏杀菌奶中的副结核杆菌（引发反刍动物约内氏病）可引起克罗恩氏病，还可以由单核细胞增生李斯特菌、大肠埃希菌、链球菌引起。

⑪病毒诱导的自身免疫混乱，像甲型肝炎病毒可能通过分子模拟造成成年人体内引发严重的肝炎。

⑫真菌毒素的危害范围很广泛，可以分为急性、亚急性、慢性毒素，某些毒素分子具有致癌、致畸、致突变作用。

值得注意的是，由于出现耐抗生素菌种、新食品和食品加工工艺的开发、人口老龄化、方便食品消费量增加、国际贸易和旅游的不断增加和新食品传播媒介的出现等原因，新病原菌不断地被发现或"出现"（表11-3）。

表11-3　食品中新发现的病原体和毒素

种　类	病　原　菌
细菌	大肠埃希菌O157：H7、肠聚集性大肠埃希菌（EAEC型）、霍乱弧菌、创伤弧菌、副溶血链球菌、分枝杆菌属、单核细胞增生李斯特菌、鼠伤寒沙门菌DT104、肠炎沙门菌、空肠弯曲杆菌、弓形杆菌、坂崎肠杆菌
病毒	戊肝炎病毒、诺沃克病毒、类诺沃克病毒
原生动物	卡晏环孢子球虫、刚地弓形虫、微小隐孢子虫
寄生虫	简单异尖线虫、伪新地蛔线虫
阮病毒	牛海绵状脑病（BSE）病毒、克-雅病变种（variant CJD）病毒
真菌毒素	伏马菌素、玉米赤霉烯酮、单端孢霉烯毒素、赭曲霉素

任何人都有可能感染食源性疾病，其中婴幼儿、孕妇、免疫缺陷者和老人是易患食源性疾病的特定人群，并易导致严重后果。因此，关于食源性致病微生物的认识和控制变得尤为重要。

11.1.2　食源性病原细菌及其危害

细菌及其毒素是食源性疾病中最重要的病原体。细菌性食源性疾病发病率高、传播性强、分布面广。据统计，细菌所致的食源性疾病占到总数的66%以上。下面对常见的食源性病原细菌及其危害进行综述。

（1）沙门菌属（*Salmonella* spp.）

沙门菌属（*Salmonella*）是肠杆菌科中的一个属，革兰阴性、兼性厌氧菌。最适生长温度在38℃左右，最低生长温度约为5℃。沙门菌不产生芽孢，因而对热较敏感，

60℃处理 15~20min 可以将其杀死。沙门菌包括 2324 种不同血清型，引起沙门菌病的有肠炎沙门菌（*S. enteritidis*）、鼠伤寒沙门菌（*S. typhimurium*）、猪霍乱沙门菌（*S. choleraesuis*）、都柏林沙门菌（*S. dublin*）等。目前人们关注的重点还有具有多种抗生素抗性的血清型菌株，如鼠伤寒沙门菌 DT104。

沙门菌食物中毒的症状有：腹泻，反胃、恶心，腹痛，轻度发烧、打寒战，有时会有呕吐和头痛等。发病潜伏期一般为 8~72h，持续 4~7d，病人一般可以自愈。据估计，大约 1% 的病例会演变为慢性携带者。慢性的结果有肠炎后的反应性关节炎、Reiter 综合征、心肌炎、脑膜炎等。伤寒沙门菌和副伤寒沙门菌 A、B、C 会导致人类的伤寒症和类伤寒症。伤寒症是一种危及生命的疾病，典型症状为：持续 39~40℃ 的体温，没有气力，腹部绞痛，头痛，没有胃口，扁平的皮疹，可能产生玫瑰色的斑点。大多数沙门菌病发病率小于 1%，但伤寒症的发病率高达 10%，很少一部分人可以在伤寒症后痊愈。伤寒沙门菌和副伤寒沙门菌主要是通过污染的食品和饮料进入体内的，70% 的病例与出国旅行有关。

感染剂量与人的年龄和健康状况、食物和沙门菌菌种的不同而有差别，感染范围为 $20 \sim 10^6$ 个细胞。沙门菌感染表现出明显的季节性，夏季发病率最高。

沙门菌病由被污染的食物引起，这类食物包括畜禽肉、蛋、乳和乳制品、鱼虾等。这些食品的污染是由于不恰当的温度控制和操作，或者是原料到成品过程中的交叉污染造成的。蛋和蛋制品受沙门菌污染的机会较多。除污染蛋壳外，肠炎沙门菌还可以从环境中达到鸡的肛门，进而占据卵巢，随后在产生具有保护性的蛋壳之前污染鸡蛋。

控制措施有：热处理（巴氏杀菌、灭菌）；冷藏；防止交叉污染；良好的个人卫生；有效的污水和水处理方法。

（2）葡萄球菌属（*Staphylococcus* spp.）

葡萄球菌属（*Staphylococcus*）是革兰阳性、需氧或兼性厌氧菌。最适生长温度为 37℃。葡萄球菌的抵抗力较强，在干燥条件下可生存数月；对热抵抗力较一般无芽孢的细菌强，加热至 80℃ 经 30min 才能被杀死。葡萄球菌属的菌种有 31 种，其中与食品有关的菌种有 18 个种和亚种。金黄色葡萄球菌是与食物中毒有关的最重要菌种。金黄色葡萄球菌可产生多种毒素和酶，故致病性强。

金黄色葡萄球菌

葡萄球菌食物中毒的症状为急性胃肠炎症状，如恶心、呕吐、中上腹痛、腹泻等，较严重的呕吐。体温一般正常或有低热。病情重时，有剧烈呕吐和腹泻。病程较短，1~2d 内即可恢复，愈后良好。

葡萄球菌食物中毒是因为葡萄球菌污染食品并大量繁殖产生了肠毒素，如果没有形成肠毒素的适合条件，则不会引起中毒。葡萄球菌在许多食品中容易繁殖，但因为淀粉、蛋白质等能促进本菌的繁殖和肠毒素的形成，所以只有在某些食品中易产生肠毒素。一般而言，含蛋白质丰富、含水分较多，同时含一定淀粉的食品（如含奶点心、冰激凌、熟肉及下水、蛋类、鱼类、含油脂较多的罐头类食品等）受葡萄球菌污染后易形成肠毒素。

控制措施有：防止患化脓性皮肤病、急性上呼吸道炎症和口腔疾患的食品从业人员对各种食物的污染；乳房炎乳的检验；热处理；冷藏。

（3）埃希菌属（*Escherichia* spp.）

埃希菌属也称大肠杆菌属，是革兰阴性、需氧或兼性厌氧菌。生长温度范围在10~50℃，最适生长温度为40℃。常见的大肠埃希菌（*E. coli*）是肠道正常菌群，一般不致病。其他致病性菌株根据临床症状和发病机理分为：肠致病型大肠埃希菌（EPEC）、肠毒素型大肠埃希菌（ETEC）、肠侵染型大肠埃希菌（EIEC）、肠凝集型大肠埃希菌（EAEC）和肠出血型大肠埃希菌（EHEC）。EHEC中包括大肠埃希菌O157：H7（VTEC，也叫韦罗毒素大肠埃希菌，产志贺毒素大肠埃希菌）。

EPEC是婴幼儿、儿童引起腹泻或胃肠炎的主要病原菌，不产生肠毒素。潜伏期为17~72h，病程可持续6h~3d。ETEC是引起婴幼儿和旅游者急性胃肠炎的病原菌，能产生引起强烈腹泻的肠毒素。潜伏期一般为10~15h，病程3~5d。EIEC通常为新生儿和2岁以内的婴幼儿引起菌痢的病原菌。较少见。不产生肠毒素。潜伏期48~72h，病程1~2周。EAEC通过对肠细胞的黏附作用引起婴幼儿持续性腹泻。EHEC可导致血性腹泻、出血性腹泻、溶血性尿毒综合征和血栓性血小板减少性紫癜。潜伏期为3~9d，前期症状为腹部痉挛性疼痛和短时间的自限性发热、呕吐，1~2d内出现非血性腹泻，初期为水样，逐渐成为血样腹泻，导致出血性结肠炎，严重腹痛和便血。对大多数病人，血性腹泻不会有长远的损害，但是2%~7%的病人会演变为溶血性尿毒综合征和后续的并发症。急性肾功能衰竭是引起儿童死亡的主要原因，而血小板减少症是引起成年人死亡的主要原因。

感染的途径主要是摄入了受到污染的食物，如生的或未经熟制的肉制品、乳制品、水产品、豆制品、蔬菜。当然，不同类型的大肠埃希菌涉及的食品有所差别。大多数报道的EHEC感染发病的都证明是由O157：H7引起的，说明它比其他血清型菌更具毒性和传染性。但是，其他非O157：H7血清型引起的发病率正在上升，超过50种这样的血清型菌已被证明能引起血性腹泻和溶血性尿毒综合征。

控制措施有：有效的污水和水处理；防止由生鲜食品和被污染水带来的交叉污染；热处理（熟制、巴氏杀菌）；良好的个人卫生。

（4）弯曲杆菌属（*Campylobactor* spp.）

空肠弯曲杆菌

弯曲杆菌属（*Campylobacter*）为革兰阴性菌、微需氧菌。最适生长温度为42℃，25℃不能生长，对冷热均较敏感，56℃经5min即被杀死。弯曲杆菌属中会导致食品腐败的菌种主要有2个，多数疾病是由空肠弯曲杆菌（*C. jejuni*）引起，占89%~93%，大肠弯曲杆菌（*C. coli*）占7%~10%。

弯曲杆菌感染的症状有腹痛、腹泻、发热，腹泻一般为水样便或血性黏液便。潜伏期为2~10d，病症持续约1周，通常可自愈。但症状消失后几周，25%的病例会复发。毒力因子可能是霍乱样肠毒素，但尚无统一意见。目前，弯曲杆菌被认为是唯一可证明与格林-巴利综合征（GBS）的发展相关的细菌。GBS是急性弛缓性麻痹病的主要原因。另外，值得关注的是据报道空肠弯曲杆菌对环丙沙星的抗性在增强，这可能是家禽饲养中使用与环丙沙星结构相关的恩诺沙星所致。

污染途径包括污水、牛乳和肉。家禽是传染性弯曲杆菌的最大潜在来源，许多感染都与不正确的家禽食品制作或食用了处理不当的家禽产品有关。据报道，感染剂量最低为 500 个细胞。弯曲杆菌肠炎的暴发具有明显的季节性，夏季的几个月发病率最高。

控制措施有：热处理（巴氏杀菌，灭菌）；卫生的屠宰和加工过程；防止交叉污染；良好的个人卫生；有效的水处理。

（5）单核细胞增生李斯特菌（*Listeria monocytogenes*）

单核细胞增生
李斯特菌

李斯特菌属（*Listeria*）是革兰阳性、不产芽孢杆菌。生长温度范围 0~42℃。对热比沙门菌敏感，巴氏杀菌可有效杀灭该菌。该属分为 8 个种，其中单核细胞增生李斯特菌是最主要的食品污染菌种。重要的血清型有 1/2a、1/2b 和 4b，其中血清型 4b 引起的疾病在孕妇病例中较多。

健康成人感染后无症状。大多数患严重的李斯特菌病的人是免疫系统比较脆弱的个体，包括孕妇、新生儿和老年人。李斯特菌病的症状有：脑膜炎、脑炎、败血症；孕妇在怀孕第二或第三月被感染会引起流产、死胎或早产。潜伏期范围广，为 1~9d。该病死亡率较高，若发生李斯特菌脑膜炎，死亡率可达 70%，败血病死亡率达 50%，出生前后的婴儿感染后死亡率超过 80%。

李斯特菌无处不在，腐烂的植物、土壤、动物饲料、污水和水中都分离到了该菌。食品原料、加工和贮藏过程中李斯特菌可以存活并迅速繁殖，此类食品包括巴氏杀菌乳、奶酪（尤其是软成熟种类）、肉和肉制品、生鲜肉香肠、水产品等。单核细胞增生李斯特菌的生命力很强，对冷冻干燥和热处理的抵抗力比一般非芽孢菌强，在 8℃ 以下生长，因此可以在冷藏食品中繁殖。

控制措施有：热处理（巴氏杀菌，灭菌）；避免交叉污染；重新加热之前彻底的冷藏（有限时间）；高风险人群（如孕妇）避免高风险产品（如生鲜乳）。

（6）蜡状芽孢杆菌（*Bacillus cereus*）

蜡状芽孢杆菌是革兰阳性、能形成芽孢的需氧或兼性厌氧杆菌。生长温度范围是 10~50℃，最适生长温度为 28~35℃，10℃ 以下不能繁殖。芽孢具有典型的耐热性，可在食品熟制过程中存活。蜡状芽孢杆菌食品污染有两种公认的类型：腹泻型和催吐型。这两种食品污染都是自我限制的，通常可在 24h 内痊愈。腹泻型肠毒素是一种蛋白质，对胰蛋白酶、链霉蛋白酶敏感，并可用尿素、重金属盐类、甲醛等灭活；不耐热，56℃ 经 30min 或 60℃ 经 5min 可将其破坏，几乎所有的蜡样芽孢杆菌均可在多种食品中产生不耐热肠毒素。催吐型肠毒素是低分子耐热肠毒素，分子量为 5000u，110℃ 加热 5min 不被破坏，对酸、碱、胃蛋白酶、胰蛋白酶均有抗性。

腹泻型蜡状芽孢杆菌食物中毒症状：食用了被污染食品后 8~24h 内出现水样腹泻、腹绞痛和疼痛发作；恶心可能会伴随腹泻发生，但很少发生呕吐；病程一般为 24h。催吐型蜡状芽孢杆菌食品中毒症状：与金黄色葡萄球菌食物中毒类似；食用了被污染食物 0.5~6h 后出现恶心和呕吐现象；腹绞痛和腹泻间或发生；症状持续通常小于 4h。

蜡状芽孢杆菌在自然界无所不在，土壤、植物、淡水和动物毛发中分离到过该菌。通常在食品中含量较低，但是食品制作过程中不注意卫生会引起蜡状芽孢杆菌污染。很多食品，包括肉类、牛乳、蔬菜和鱼类，都和腹泻型食物中毒有关。有呕吐症状的食物中毒通常认为是与摄入稻米产品有关，也可能跟马铃薯等其他淀粉类食品有关。

控制措施有：控制温度防止芽孢萌发和副产物的生成（尤其是熟制食品和即食食

品）；除非有其他可以防止微生物生长的参数（如 pH 值、水分活度），否则贮藏温度应高于 60℃ 或低于 10℃。

副溶血弧菌

（7）副溶血弧菌（*Vibrio parahaemolyticus*）

副溶血弧菌是革兰阴性、无芽孢的兼性厌氧菌。30~37℃ 生长最佳，在无盐的条件下不能生长。对热非常敏感。副溶血弧菌与海产品有关，被认为是日本食源性肠胃炎的主要诱因。其毒性与该菌产生的热稳定性溶血素（TDH）、菌体侵染肠道细菌的能力以及可能产生的一种肠毒素有关。用红细胞检测是否出现溶血环的"神奈川"试验和检测 *tdh* 基因的产生特性可以作为区分致病种类和非致病种类的依据。

副溶血弧菌食物中毒的典型症状：腹泻，腹部绞痛，恶心，呕吐，头痛，发烧发冷。潜伏期为 4~96h（平均 15h）。发病时通常较为缓和，平均可持续约 3d，一般愈后良好。少数重症患者需要住院治疗。

副溶血弧菌感染一直被认为与鱼类、贝类的生食，对其不适宜的烹调方式以及烹调后的再次污染有关。对受副溶血弧菌污染的海产品进行不适当的冷藏也会导致该菌的增殖，增加感染该病的可能性。

控制措施有：采收后对食品进行冷藏（<5℃），以阻止副溶血弧菌增殖；加工过程中保证食品内部温度大于 65℃；防止交叉污染。

（8）肉毒梭状芽孢杆菌（*Clostridium botulinum*）

肉毒梭状芽孢杆菌是革兰阳性、厌氧性芽孢杆菌。28~37℃ 生长良好，在 20~25℃ 可形成芽孢。肉毒梭菌可产生一种强烈的神经毒素——肉毒素，对人的致死量为 10^{-9}mg/kg。根据血清反应特异性不同，可将肉毒素分为 A、B、C_α、C_β、D、E、F、G 共 8 型，其中 A、B、E、F 型毒素对人有不同程度的致病性，会引起食物中毒。

肉毒梭状芽孢杆菌食物中毒症状：对称性脑神经受损的症状，早期表现为头痛、头晕、乏力、走路不稳，以后逐渐出现神经麻痹症状。重症患者则首先表现为对光反射迟钝，逐渐发展为语言不清、吞咽困难等，严重时出现呼吸困难，病死率为 30%~70%。多发生在中毒后的 4~8h。潜伏期一般为 12~48h，短者 5~6h，长者 8~10d 或更长。

食物中肉毒梭状芽孢杆菌主要来源于带菌土壤、尘埃及粪便。尤其是带菌土壤可污染各类原料食品。肉毒梭状芽孢杆菌中毒与饮食习惯、膳食组成和制作工艺有关。大多数引起该病的食品为家庭自制的低盐浓度并经厌氧条件加工的食品或发酵食品，以及厌氧条件下保存的肉类制品，如臭豆腐、豆瓣酱、豆豉和面酱、封存越冬的肉制品等。

控制措施有：注意原料清洗和加工卫生；热处理（巴氏杀菌、灭菌）；贮藏温度要低，并且避免缺氧条件下贮藏。

11.1.3 食源性真菌毒素及其危害

真菌毒素是某些真菌在特定环境下生成的有毒产物，真菌可生长于植物源食物和动物源食物当中并产生毒素（表 11-4）。真菌毒素分布广泛，可能存在于食物链的各个环节中。目前已确定的真菌毒素有上百种，其产生菌主要包括曲霉属、镰刀菌属和青霉属的 200 多种真菌。这些真菌无所不在，而且是植物正常菌群的组成部分。

表 11-4　食品中真菌毒素及其毒性

真菌毒素	食品	真菌种类	生物学效应	LD_{50}/（mg/kg）
黄曲霉毒素	玉米，花生，牛奶	黄曲霉，寄生曲霉	肝毒性，致癌性	0.5（犬） 9.0（老鼠）
环匹克尼酸	干酪，玉米，花生	黄曲霉，圆弧青霉菌	震颤	36（大鼠）
伏马菌素	玉米	串珠镰孢菌	马的脑软化，猪的肺水肿	未知
赭曲霉素	玉米，谷物，咖啡豆	统抱青霉，赭曲霉	肾毒性	20~30（大鼠）
玉米赤霉烯酮	玉米，大麦，小麦	禾谷镰刀菌	雌激素作用	无剧烈毒性

　　真菌毒素是真菌的次生代谢产物，能够引起人、畜类的食源性疾病。真菌毒素的结构复杂，种类繁多。例如，黄曲霉毒素（黄曲霉菌等产生的）的分子结构由单杂环至6~8 个杂环组成；青霉能够产生 27 种真菌毒素，包括棒曲霉素（一种不饱和内酯）和青霉震颤素。真菌毒素的毒性较强。在 20 世纪，麦角中毒、食物中毒性白血球匮乏症、穗霉菌中毒和黄曲霉中毒已经造成数千人和动物的死亡。

　　根据毒性，真菌毒素可以分为 4 种类型：急性毒性，导致肝和肾的损坏；慢性毒性，导致肝癌；致突变性，引发 DNA 损伤；致畸性，引发胎儿癌变。流行病学研究显示，在一些非洲和东南亚国家暴发的高发性肝癌（每年 100 000 人中有 12~13 例）与当地的黄曲霉素暴露具有相关性。此外，赭曲霉素 A 也与巴尔干地方性肾病（一种在巴尔干地区一些国家流行的致命性肾病）有关。下面对常见的食源性病原细菌及其危害进行综述。

11.1.3.1　食源性真菌毒素

（1）黄曲霉素（aflatoxins）

　　黄曲霉素是由黄曲霉和寄生曲霉等菌种在适宜的湿度和温度条件下产生的一组结构相似的毒性化合物。这些真菌滋生于某些食物和饲料中，并对其产生黄曲霉素污染。主要发生污染的是花生和其他油料种子，以及玉米和棉子。

　　依据黄曲霉素在紫外灯下发出荧光的颜色是蓝色（B 类）或是绿色（G 类），可分为黄曲霉素 B_1、B_2、G_1 和 G_2。这些毒素常常以不同比例共同存在于多种食品或饲料中。其中，黄曲霉素 B_1 的毒性最强，非常受人关注。黄曲霉素 M 是动物体内黄曲霉素 B_1 的主要代谢产物，当奶牛或其他哺乳动物食用受黄曲霉素污染的饲料后，就会通过乳液或尿液分泌黄曲霉素 M。产生黄曲霉素 B_1 和 B_2 的黄曲霉，在世界范围内均有分布；产生黄曲霉素 B_1、B_2、G_1 和 G_2 的寄生曲霉，主要分布于美洲和非洲。

　　肝脏是黄曲霉素造成急性损伤的靶器官。黄曲霉素可诱发多种动物发生急性肝坏死、肝硬化和肝肿瘤。通过对不同种类动物的单剂量测试获得了宽范围变动的半致死剂量（LD_{50}）值；对于大多数动物，LD_{50} 值为 0.5~10mg/kg 体重（表 11-4）。黄曲霉素毒性受环境因子、暴露剂量和持续时间、动物年龄、健康状况以及饮食的营养状况的影响。

　　黄曲霉生长产毒的温度范围是 12~42℃，最适产毒温度为 33℃，最适 A_w 值为 0.93~

0.98。黄曲霉在水分为 18.5% 的玉米、稻谷、小麦上生长时，第 3 天开始产生黄曲霉毒素，第 10 天产毒量达到最高峰，以后便逐渐减少。因此，高水分粮食如在2d内进行干燥，粮食水分降至 14% 以下，即使污染黄曲霉也不会产生毒素。

（2）赭曲霉素（ochratoxins）

赭曲霉素由赭曲霉、圆弧青霉和纯绿青霉产生。赭曲霉素 A 是其中最为重要的一种毒素，其主要的来源为谷物，但也可能存在于葡萄汁、红葡萄酒、咖啡、可可粉、坚果以及干制水果中。另外，赭曲霉素还涉及猪肉、猪血制品和啤酒。

赭曲霉素具有潜在的肾毒性和致癌性，但毒性能力的强弱因物种和性别不同而有明显差异。此外，赭曲霉素还具有致畸性和免疫毒性。产毒适宜温度为 20~30℃，A_w 值为 0.953~0.997。在粮食和饲料中有时可检出赭曲霉毒素 A。

（3）伏马菌素（fumonisins）

伏马菌素是世界范围内广泛发生的一组镰刀菌产生的真菌毒素，多污染玉米及玉米制品。目前已经发现它是多种动物疾病的诱因。现有的流行病学证据表明，在肠道癌高发地区（我国及南非部分地区），日常饮食中的伏马菌素暴露与人类肠道癌之间存在联系。伏马菌素在食品加工中大多较为稳定，因此要注意食品原料中串珠镰刀菌的污染和繁殖。

（4）单端孢霉烯族化合物（tricothecenes）

单端孢霉烯族化合物是引起人畜中毒最常见的一类镰刀菌毒素，由雪腐镰刀菌、禾谷镰刀菌、梨孢镰刀菌、拟枝孢镰刀菌等多种镰刀菌产生。单端孢霉烯族化合物中毒在世界范围内广泛发生。它能够侵染多种植物，显著影响谷物类，特别是小麦、大麦和玉米。

单端孢霉烯族化合物有 40 余种不同类型，其中最广为人知的是脱氧雪腐镰刀菌烯醇（DON）和雪腐镰刀菌烯醇（T-2 毒素）。该类毒素会导致人类发生呕吐、头痛、发烧和反胃症状。我国粮食和饲料中常见的是 DON。DON 主要存在于麦类赤霉病的麦粒中，在玉米、稻谷、蚕豆等作物中也能感染赤霉病而含有 DON。严重的肠胃反应是 DON 引起的食物中毒主要症状。

（5）玉米赤霉烯酮（zearelenone）

玉米赤霉烯酮也是一种真菌代谢产物，其主要产生菌为禾谷镰刀菌和黄色镰刀菌。这些真菌主要侵染玉米、大麦、小麦、燕麦和高粱。赤霉病麦中有时可能同时含有 DON 和玉米赤霉烯酮。饲料中玉米赤霉烯酮含量达 1~5mg/kg 时才出现症状，500mg/kg 含量时出现明显症状，该类化合物会引起动物（特别是猪）雌激素水平偏高，以及严重的生殖和不孕问题。但目前对公众健康的影响还没有准确估计。

（6）环匹克尼酸（cyclopiazonic acid，CPA）

环匹克尼酸是由曲霉菌及青霉菌的几个菌种产生的。据报道，CPA 比黄曲霉素更频繁地出现在被曲霉污染的花生上。也有报道称，从大量青霉菌污染的食品和饲料里鉴定出最多的真菌毒素是 CPA。对公众健康的影响还需要进一步关注。

（7）杂色曲霉毒素（sterigmatocystin，ST）

杂色曲霉毒素是杂色曲霉和构巢曲霉等产生的一类化学结构近似的化合物及其衍生

物，其基本结构为一个双呋喃环和一个氧杂蒽酮，与黄曲霉毒素结构相似。在 ST 类化合物中，杂色曲霉毒素Ⅳa 危害最为严重，它不溶于水，可导致动物的肝癌、肾癌、皮肤癌和肺癌，其致癌性仅次于黄曲霉毒素。由于杂色曲霉和构巢曲霉经常污染粮食和食品，而且有 80% 以上的菌株产毒，所以杂色曲霉毒素在肝癌病因学研究上很重要。糙米中易污染杂色曲霉毒素，糙米经加工成标二米后，毒素含量可以减少 90%。

（8）展青霉毒素（patulin）

展青霉毒素是由扩展青霉、荨麻青霉、细小青霉、棒曲霉、土曲霉、巨大青霉、丝衣青霉等产生的有毒代谢产物，可溶于水、乙醇，在碱性溶液中不稳定，易被破坏。污染扩展青霉的饲料可造成牛中毒，展青霉毒素对小白鼠的毒性表现为严重水肿。

展青霉毒素可存在于霉变的面包、香肠、水果（香蕉、梨、菠萝、葡萄和桃子）、苹果汁、苹果酒等食品中。如由腐烂达 50% 的烂苹果制成的苹果汁，展青霉毒素可达 $20 \sim 40 \mu g/L$。

（9）青霉酸（penicillic acid）

青霉酸是由软毛青霉、圆弧青霉、棕曲霉等多种霉菌产生的。极易溶于热水、乙醇。以 1.0mg 青霉酸给大鼠皮下注射每周 2 次，$64 \sim 67$ 周后，在注射局部发生纤维瘤，对小白鼠试验证明有致突变作用。在玉米、大麦、豆类、小麦、高粱、大米、苹果上均检出过青霉酸。青霉酸是在 20℃ 以下形成的，所以低温贮藏的食品霉变时可能污染青霉酸。

（10）交链孢霉毒素（alternaria mycotoxins）

交链孢霉是粮食、果蔬中常见的霉菌之一，可引起许多果蔬发生腐败变质。交链孢霉产生的毒素主要有 4 种：交链孢霉酚（alternariol，AOH）、交链孢霉甲基醚（alternariol methyl ether，AME）、交链孢霉烯（altenuene，ALT）、细偶氮酸（tenuazoni acid，TeA）。

AOH 和 AME 有致畸和致突变作用。给小鼠或大鼠口服 $50 \sim 398mg/kg$ TeA 钠盐，可导致胃肠道出血死亡。交链孢霉毒素在自然界产生水平低，一般不会导致人或动物发生急性中毒，但长期食用时其慢性毒性值得注意。在番茄及番茄酱中检出过 TeA。

（11）黄变米毒素（yellow rice mycotoxin）

青霉属中的一些种侵染大米后使其颜色变黄并产生毒性代谢产物，称为黄变米毒素。黄变米毒素可分为三大类：黄绿青霉毒素（citreoviridin），不溶于水，加热至 270℃ 失去毒性，为神经毒，毒性强，中毒特征为中枢神经麻痹、进而心脏及全身麻痹，最后呼吸停止而死亡；橘青霉毒素（citrinin），难溶于水，为一种肾脏毒，可导致实验动物肾脏肿大，肾小管扩张和上皮细胞变性坏死；岛青霉毒素（islanditoxin），包括黄天精、环氯肽、岛青霉素、红天精。前两种毒素都是肝脏毒，急性中毒可造成动物发生肝萎缩现象；慢性中毒发生肝纤维化、肝硬化或肝肿瘤，可导致大白鼠肝癌。

11.1.3.2 食源性真菌毒素中毒的防控

食源性真菌毒素及其危害的预防和控制主要从清除污染源（防止霉菌生长与产毒）

和去除霉菌毒素两个方面进行。

（1）防霉

霉菌产毒需要一定的条件如产毒菌株、合适基质、水分、温度和通风情况等。在自然条件下，要想完全杜绝霉菌污染是不可能的，关键是要防止和减少霉菌的污染。最重要的防霉措施有：

①降低食品（原料）中的水分（控制合适的 A_w）和控制空气相对湿度　做好食品贮藏地的防湿、防潮，要求相对湿度不超过 65%～70%，控制温差，防止结露，粮食及食品可在阳光下晾晒、风干、烘干或加吸湿剂、密封。

②减少食品表面环境的氧浓度，即气调防霉　通常采取除 O_2 或加入 CO_2、N_2 等气体，控制气体成分以防止霉菌生长和毒素产生。

③低温防霉　冷藏食品的温度界限应在 4℃以下方为安全。

④化学防霉　使用防霉化学药剂，有熏蒸剂（如溴甲烷、二氯乙烷、环氧乙烷），有拌合剂（如有机酸、漂白粉、多氧霉素）。食品中加入 0.1% 的山梨酸防霉效果很好。

（2）去毒

目前的除毒方法有两大类：一类包括用物理筛选法、溶剂提取法、吸附法和生物法去除毒素，称为除去法；另一类用物理或化学药物的方法使毒素的活性破坏，称为灭活法。用灭活法时，应注意所用的化学药物等不能在原食品中有残留，或破坏原有食品的营养素等。

①去除法

人工或机械拣出毒粒　用于花生或颗粒大者效果较好，因为一般毒素较集中在霉烂、破损、皱皮或变色的花生仁粒中。如黄曲霉毒素，拣出花生霉粒后则黄曲霉毒素 B_1 可达允许量标准以下。

溶剂提取　80% 的异丙醇和 90% 的丙酮可将花生中的黄曲霉素全部提取出来。按玉米量的 4 倍加入甲醇去除黄曲霉毒素可达满意的效果。

吸附去毒　应用活性炭、酸性白土等吸附剂处理含有黄曲霉毒素的油品效果很好。如果加入 1% 的酸性白土搅拌 30min 澄清分离，去毒效果可达 96%～98%。

微生物去毒　应用微生物发酵除毒，如对污染黄曲霉毒素的高水分玉米进行乳酸发酵，在酸催化下高毒性的黄曲霉毒素 B_1 可转变为黄曲霉毒素 B_2，此法适用于饲料的处理；其他微生物去毒如假丝酵母可在 20d 内降解 80% 的黄曲霉毒素 B_1，根霉也能降解黄曲霉毒素。橙色黄杆菌（*Flavobacterium aurantiacum*）可使粮食食品中的黄曲霉毒素完全去毒。

②灭活法

加热处理法　干热或湿热都可以除去部分毒素，花生在 150℃以下炒 0.5h 约可除去 70% 的黄曲霉毒素，0.01MPa 高压蒸煮 2h 可以去除大部分黄曲霉毒素。

射线处理　用紫外线照射含毒花生油可使含毒量降低 95% 或更多，此法操作简便、成本低廉。日光暴晒也可降低粮种的黄曲霉毒素含量。

醛类处理　2% 的甲醛处理含水量为 30% 的带毒粮食和食品，对黄曲霉毒素的去毒效果很好。

氧化剂处理　5%的次氯酸钠在几秒钟内便可破坏花生中黄曲霉毒素，经 24～72h 可以去毒。

酸碱处理　对含有黄曲霉毒素的油品可用氢氧化钠水洗，也可用碱炼法，它是油脂精加工方法之一，同时亦可去毒，因碱可水解黄曲霉毒素的内酯环，形成邻位香豆素钠，香豆素可溶于水，故可用水洗去。具体做法是毛油经过 20～65℃预热，然后加入 1%的烧碱搅拌 30min，保温静置沉淀 8～10h 分离出毛脚，水洗、过滤、吹风、除水即得净油。

此外，用 3%的石灰乳或 10%的稀盐酸处理黄曲霉毒素污染的粮食也可以去毒。

总之，预防真菌性食物中毒主要是预防霉菌及其毒素对食品的污染，其根本措施是防霉。去毒只是污染后为防止人类受危害的补救方法。

11.1.4　食源性病毒及其危害

病毒是专性细胞内寄生微生物。但是，任何食品都可以是病毒的运载工具。近几十年来，从污染食品中发现了多种病毒，如肝炎病毒、脊髓灰质炎病毒、流感病毒、肠道病毒等。当人摄入带有病毒的食品后可引起食源性病毒病。通常情况下，食源性病毒病的暴发是自限性的，即通过食物感染了病毒的个体很少再通过接触方式感染他人，通常是自行减退、平息。食源性病毒性疾病的预防关键是控制病毒对食品和水源等的污染。下面对常见的食源性病毒及其危害进行综述。

（1）*轮状病毒*（rotaviruses）

轮状病毒属于呼肠孤病毒科轮状病毒属。根据群特异性抗原 VP6 分为 A、B、C、D、E、F、G、H、I 血清群，其中 A、B 和 C 具备感染人类的能力，能引起人的急性病毒性胃肠炎。轮状病毒导致的胃肠炎是自限性的，疾病程度从中度到严重，典型症状表现为呕吐、水样腹泻及低烧。感染轮状病毒腹泻的病人通常排出大量病毒（10^8～10^{10} 感染颗粒/毫升粪便），无症状的轮状病毒排泄者在轮状病毒传播中起重要作用。

轮状病毒

轮状病毒经粪便–口途径传播，而污染的手可能是该病毒在人与人之间传播时最重要的途径。因此，轮状病毒感染常常发生在人们接触紧密的社区内，如儿童及老年人病房、幼儿园和家庭中。已受感染的食品加工者也可能污染一些需要进一步加工和无需再加热的食品，如色拉、水果。感染剂量为 10～100 个感染性病毒颗粒。患者在每毫升粪便中可排出 10^8～10^{10} 个病毒颗粒，因此，通过病毒污染的手、物品和餐具完全可以使食品中的轮状病毒达到感染剂量。轮状病毒在环境中相当稳定，耐热、耐酸、耐碱。对于细菌和寄生虫有效的卫生措施似乎对于轮状病毒的地方性控制无效。

A 群轮状病毒在全球范围内流行，它是婴儿和儿童严重腹泻的主要原因，并且导致其中的一半病例需要住院治疗。在温带地区，该病主要集中在冬季发生，但是在热带地区则全年都可能发生。B 群轮状病毒也叫成人腹泻轮状病毒（ADRV），是导致我国数以千计的各年龄人口严重腹泻的主要原因。C 群轮状病毒被认为是与很多国家少量和零星发生的儿童腹泻有关。轮状病毒感染多见于 6～24 个月的婴幼儿，潜伏期 1～3d 不等，症状通常是先呕吐，紧接着是 4～8d 的腹泻，可能出现暂时性的乳糖不耐症，至此身体自行恢复，而且通常很彻底。轮状病毒引起的儿童死亡率相对较低，但在世界范围内来说，每年会出现接近100万个病例。

（2）甲型肝炎病毒（hepatitis A virus，HAV）

甲肝病毒

甲型肝炎病毒属于微小核糖核酸病毒科嗜肝病毒属，能引起以肝脏损害为主的肠道传染病，也可能通过分子模拟造成成年人体内引发严重的肝炎。甲型肝炎主要以粪-口途径传播。此外，HAV较一般肠道病毒抵抗力强，在清水、海水、泥土中及毛蚶等水产品中能存活数天至数月，易通过食物和水在人群中传播造成暴发流行。感染肝炎病毒后的潜伏期为15~45d，在潜伏期后期和急性期HAV大量复制且活性高。此时，患者血液和粪便均有很高的传染性。据估计摄入10~100个病毒颗粒的剂量即可造成疾病。甲型肝炎病毒污染的食品包括凉拌菜、水果及水果汁、乳及乳制品、冰激凌、水生贝壳类食品等。生的或未煮透的来源于污染水域的水生贝壳类食品是最常见的载毒食品。

（3）戊型肝炎病毒（hepatitis E virus，HEV）

戊肝病毒

甲型肝炎病毒属于杯状病毒科，能引起以肝实质细胞炎性坏死为主的肠道传播性疾病。HEV不稳定，对高盐、高热敏感。戊肝的流行特点与甲肝相似，即通过摄入被病人粪便污染的水或食物传播。HEV的传染源主要为潜伏期末期或急性期病人，还可通过日常生活接触传播，但其传染性较甲型肝炎为低。戊型肝炎的潜伏期一般10~60d，平均为40d。儿童感染后多表现为亚临床型，成人则表现为临床型。戊型肝炎以急性肝炎病变为主，肝脏的病理损害较甲型肝炎明显，恢复缓慢，病程较长，多为3~4个月。

（4）诺沃克病毒（norwalk virus）

诺沃克病毒

诺沃克病毒属于杯状病毒科，能引起诺沃克病毒性胃肠炎（也称为诺沃克病毒性腹泻）。诺沃克病毒抵抗力较强，耐乙醚、耐酸及耐热，在室温pH 2.7环境下存活3h。本病的传染源主要是病人，急性期病人的粪便污染食物，特别是贝壳类食物、饮料等，很容易造成暴发流行。诺沃克病毒感染是以粪-口为主要传播途径，生食贝类及牡蛎等水生动物是造成诺沃克病毒感染的常见原因之一。

人群普遍易感诺沃克病毒，但以大龄儿童及成人发病率最高。潜伏期一般24~48h。本病起病突然，以轻重程度不同的恶心、呕吐、腹痛、腹泻为主要特点。成人腹泻较突出，儿童则呕吐较多。可伴有低热、咽痛、流涕、咳嗽、头痛、乏力及食欲减退。病程一般2~3d，恢复后无后遗症，少有死亡者。

（5）A型流感病毒（avian influenza A virus）

A型流感病毒

A型流感病毒属于正黏病毒科，甲（A）型流感病毒属，能引起禽流感（avian Influenza），即一种禽类的急性、高度接触性烈性传染病。流感病毒的血凝素（H）及神经氨酸酶（N）是两个最为重要的分类指标，基于血凝素（H）和神经氨酸酶（N）表面抗原的差异，A型流感病毒可分为15个H亚型（H1~H15）及9个N亚型（N1~N9）。现今主要亚型为H5N1、H7N7、H9N2。A型流感病毒抵抗力不强。对热、脂溶剂敏感，在外环境中极不稳定。

禽流感的传染源主要是鸡、鸭，特别是感染了H5N1病毒的鸡，目前已有证据显示病人也可以成为传染源；在自然条件下，存在于口腔和粪便的A型流感病毒由于受到有机物的保护具有极大的抵抗力，特别是在凉爽和潮湿温和的条件下可存活很长时间，人类直接接触受 H5N1 病毒感染的家禽及其粪便或直接接触 H5N1 病毒都会受到感染。此外，通过飞沫及接触呼吸道分泌物也是传播途径。

人类患上禽流感后，潜伏期一般在 7d 以内，早期症状与其他流感非常相似，主要表现为发热、流涕、鼻塞、咳嗽、咽痛、头痛、全身不适，少数患者可有恶心、腹痛、腹泻、稀水样便等消化道症状，有些患者可见眼结膜炎，体温大多持续在 39℃ 以上，重症患者进行胸透还会显示单侧或双侧肺炎，少数患者伴胸腔积液。人患禽流感的愈后与感染的病毒亚型有关，感染 H9N2、H7N7、H7N2 和 H7N3 大多数患者治愈后良好，病程短，恢复快，且不留后遗症。而感染 H5N1 愈后较差，少数患者病情迅速发展，因急性呼吸窘迫综合征、肺出血、胸腔积液、全血细胞减少、肾衰竭、败血症休克等多种并发症而死亡。

（6）牛海绵状脑病（bovine spongiform encephalopathy，BSE）病毒

牛海绵状脑病病毒属于朊病毒（prion），能引起牛海绵状脑病，俗称疯牛病（mad cow disease），即一种慢性致死性神经系统变性病，以大脑灰质出现海绵状病变为主要特征。该病侵害牛的脑组织，病牛典型症状为浑身打战、行走摇摆、易于激怒，最后倒地死亡。1996 年 3 月英国公布了一项专家研究报告，提出疯牛病可能通过食物传染人，使人患一种变异型克雅病（variant Creutzfeldt-Jakob disease，vCJD）。

朊病毒是一种具有传染性的蛋白质颗粒，对热、酸碱、紫外线、离子辐射、乙醇、甲醛、戊二醛、超声波、非离子型去污剂、蛋白酶等能使普通病毒或细菌灭活的理化因子具有较强的抗性。十二烷基磺酸钠（SDS）、尿素、苯酚等蛋白质变性剂能使之灭活，含有效氯 2% 的次氯酸钠处理 1h 或 90% 石炭酸处理 24h 可使之灭活。

朊病毒主要存在于被感染动物的眼睛、脊髓和脑神经里，通过食品渠道传染人类。如果人吃了带有疯牛病病原体的牛肉，特别是从脊椎剔下的肉（一般德国牛肉香肠都是用这种肉制成），就有感染上病原体的危险，使人患变异型克雅氏症。另外，含有牛、羊动物源性原料成分的食品、化妆品、疫苗等也需要关注。

人类感染朊病毒后潜伏期很长，一般 10~20 年或更长（30 年），临床表现以神经精神症状为主，无炎症反应，有焦虑、抑郁、孤僻、萎靡、幻觉、渐进性小脑综合征，晚期出现记忆力障碍、健忘、肌痉挛以至于痴呆，但脑电图无改变。患者在出现临床症状后 1~2 年内死亡，尸检所见与疯牛病类似。防止这类朊病毒病最关键的措施是永久禁止使用动物性饲料（肉骨粉、血粉等）饲喂家畜。也最好禁止反刍动物来源的肉骨粉作为饲料或用于人类食品、化妆品的添加剂。

11.2 食品微生物学检测技术

11.2.1 食品安全微生物学指标及其食品卫生学意义

我国食品安全国家标准中的微生物学指标一般包括菌落总数、大肠菌群、致病菌、霉菌和酵母菌 5 项。这些项目也都有相应的国家标准检验方法。不同的国家食品安全标准中的微生物指标的含义及检测方法不尽相同，应按规定的方法进行检验。

11. 2. 1. 1 菌落总数

食品安全国家标准中的菌落总数（aerobic plate count）是指食品检样经过处理，在一定条件下（如培养基、培养温度和培养时间等）培养后，所得每克（毫升）检样中形成的微生物菌落总数，一般以 cfu/g 或 cfu/mL 为单位来报告结果。实际计出的菌落总数只是一些能在 PCA（plate count agar）培养基上生长、好氧性嗜中温细菌的活菌菌落总数，但它们作为菌落总数已得到公认，在许多国家的食品安全标准中都被采用。

检测食品中菌落总数的食品卫生学意义在于：第一，它可以作为食品被微生物污染程度的标志。一般来讲，食品中菌落总数越多表明食品被污染程度越重。第二，它可以用来预测食品可存放的期限。许多实验结果表明，食品中的菌落总数能够反映出食品的新鲜程度、是否变质以及生产环境的一般卫生状况等，但菌落总数指标只有和其他指标配合起来，才能对食品卫生质量作出比较正确的判断。

11. 2. 1. 2 大肠菌群

大肠菌群（coliforms）是指在一定条件下能发酵乳糖、产酸产气的需氧和兼性厌氧革兰阴性无芽孢杆菌。它包括埃希菌属（*Escherichia*）、柠檬酸杆菌属（*Citrobacter*）、克雷伯菌属（*Klebsiella*）、产气肠杆菌属（*Enterobacter*）等，其中以埃希菌属为主，称为典型大肠埃希菌，其他三属习惯上称为非典型大肠埃希菌。这些细菌是人及温血动物肠道内的常住菌，随着粪便排出体外，故以大肠菌群作为粪便污染指标评价食品的卫生状况，推断食品中肠道致病菌污染的可能。目前，大肠菌群已被许多国家（包括我国）用作食品卫生质量评价的指标菌。

检测大肠菌群的食品卫生学意义在于：第一，它可作为粪便污染食品的指标菌。大肠菌群数的高低，表明了食品被粪便污染的程度和对人体健康危害性的大小。如食品有典型大肠埃希菌存在，即说明受到粪便近期污染。这主要是由于典型大肠埃希菌常存在排出不久的粪便中；非典型大肠埃希菌主要存在于陈旧粪便中。第二，它可以作为肠道致病菌污染食品的指示菌。食品安全性的主要威胁是肠道致病菌，如沙门菌属、志贺菌等。肠道病患者或带菌者的粪便中，有一般细菌，也有肠道致病菌存在，若对食品逐批或经常进行肠道致病菌检验有一定困难，而大肠菌群容易检测，且与肠道致病菌有相同来源，一般条件下在外界环境中生存时间也与主要肠道致病菌相近，故常用其作为肠道致病菌污染食品的指示菌。当食品中检出大肠菌群数量越多，肠道致病菌存在的可能性就越大。当然，这两者之间的存在并非一定平行。

我国食品安全国家标准 GB 4789. 3—2016 大肠菌群计数采用每克（毫升）样品中大肠菌群最可能数（most probable number，MPN）来表示。

在一些国家也有以粪大肠菌群（faecal coliforms）或大肠埃希菌（*E. coli*）数量作为某些食品被粪便污染指示菌。粪大肠菌群检测原理、方法与大肠菌群相似，只是培养采用（44±1）℃的温度条件。

GB 4789. 3—2016
修订说明

11. 2. 1. 3 致病菌

从理论上来讲，食品中不允许致病性病原菌存在，所以，在 2014 年以前的食品卫生标准中规定，所有食品均不得检出致病菌。但是在企业实际生产中很难做到 100% 不含致病菌，这种"一刀切"的规定存在极大的不合理性。为使国家标准更加科学、合理，将致病菌控制在可能产生健康危害的范围内，在食品中致病菌风险监测和风险评估基础上，综合分析相关致病菌或其代谢产物可能造成的健康危害、原料中致病菌情况、食品加工、贮藏、销售和消费等各环节致病菌变化情况，充分考虑各类食品的消费人群和相关致病菌指标的应用成本/效益分析等因素，科学设置致病菌限量指标。我国于 2014 年正式实施食品安全国家标准 GB 29921—2013，对肉制品、水产制品等 11 类预包装食品中致病菌指标、限量要求和检验方法做了具体的规定。主要涉及的致病菌有沙门菌、单核细胞增生李斯特氏菌、大肠埃希氏菌 O157：H7、金黄色葡萄球菌、副溶血性弧菌 5 种。罐头食品应达到商业无菌要求，不适用于本标准。乳与乳制品、特殊膳食等食品中的致病菌限量，按照现行食品安全国家标准执行。

GB 29921—2013

食品中致病菌常规检验一般需经过选择性增菌、分离培养、生化鉴定及毒素鉴定等步骤，存在检验周期长、操作烦琐、准确性较低、对技术熟练程度要求较高等缺点，如果能采用全自动荧光免疫分析仪及 API 细菌数值鉴定系统/ATB 自动生化鉴定仪等鉴定方法，可达到快速准确检验病原菌的目的，对提高食品卫生质量、加强食品安全防疫监督具有重要意义。

11.2.1.4　霉菌和酵母菌

霉菌和酵母菌可造成食品的腐败变质，有些霉菌还可产生霉菌毒素。因此，霉菌和酵母菌也作为评价食品卫生质量的指示菌，并以霉菌和酵母菌的计数来判定其被污染的程度。我国目前在碳酸饮料、发酵乳、食品工业用浓缩液（汁、浆）、干酪等制品中制定了霉菌和酵母菌的限量标准，糕点、面包、番茄酱罐头等食品的国家标准制定有霉菌的限量标准。

11.2.2　食品微生物快速检测方法和技术

目前我国食品微生物检验仍普遍应用传统的常规检验方法，这些检验方法虽然对仪器设备要求不高，但操作烦琐、费时费工，特别是往往不能及时地报告检验结果，对生产的指导意义大打折扣，同时也给产品的流通带来一定的影响。

随着经济的发展以及人类对食品质量与安全要求的日益严格，对食品微生物检验技术也提出了更高的要求：快速、简易、经济、有效、自动化。近二三十年来，科学技术飞速发展，许多新技术、新方法应用于微生物检验。

11.2.2.1　PCR 技术

PCR（polymerase chain reaction）技术即聚合酶链式反应，是 1985 年诞生的一项 DNA 体外快速扩增技术，数小时内可使目的基因片段扩增到数百万个拷贝的分子生物学技术。PCR 技术因具有简便、快速、敏感性高和特异性强的优点，现已广泛应用于食品中多种致病菌的快速检测，尤其适用于培养困难或血清学方法不易检测的病原微生物，以及在突发公共卫生事件时要求紧迫的微生物检测工作。

PCR 技术的基本原理类似于 DNA 的天然复制过程，其特异性依赖于与靶序列两端互补的寡核苷酸引物。PCR 由变性、退火、延伸 3 个基本反应步骤构成：①变性：模板 DNA 经加热至 93℃左右一定时间后，使模板 DNA 双链或经 PCR 扩增形成的双链 DNA

解离成为单链，以便与引物结合，为下轮反应做准备；②退火（复性）：在55℃左右的温度条件下，引物与模板 DNA 单链的互补序列配对结合；③延伸：DNA 模板与引物结合物在 TaqDNA 聚合酶的作用下，以 dNTP 为反应原料，靶序列为模板，按碱基互补配对与半保留复制原理，合成一条新的与模板 DNA 链互补的链。重复循环变性—退火—延伸过程就可获得更多的"半保留复制链"，而且这种新链又可成为下次循环的模板。每完成一个循环需 2~4min，2~3h 就能将待扩目的基因扩增放大几百万倍。扩增产物可通过琼脂糖或聚丙烯酰胺凝胶电泳检测。

PCR 技术检测微生物的基本原理是应用微生物遗传物质中各菌属、菌种高度保守的核酸序列，设计出相应引物，以提取到的待检微生物基因组 DNA 为模板进行 PCR 扩增，进而用凝胶电泳和紫外核酸检测仪观察扩增结果。

PCR 技术检测的主要步骤为：①提取目标 DNA；②设计并合成引物，引物设计与合成的好坏直接决定 PCR 扩增的成效，通常要求引物位于待分析基因组中的高度保守区域，长度为 15~30 个碱基为宜；③进行 PCR 扩增；④PCR 产物的鉴定，将扩增产物进行电泳、染色，在紫外光照射下可见扩增特异区段的 DNA 带，根据该带的不同即可鉴定不同的 DNA；⑤DNA 序列分析。

单核细胞增多性李斯特菌 PCR 检测方法

PCR 是一种灵敏度很高的反应，理论上可以检测到单个 DNA 拷贝。利用 PCR 来鉴定食品中特异性微生物，主要依赖于被鉴定者所在分类单元种类之间的不一致性及与其他分类单元之间的遗传距离。PCR 检测的特异性取决于所选择的扩增靶序列是否为目标菌高度保守的特异片段。PCR 能否忠实地扩增靶序列，由人工合成的一对寡核苷酸引物序列决定，而引物设计又取决于目标菌是否具有显著特征的属或种特异性靶序列。显然，靶序列的选择和引物设计是试验成功与否的关键。例如对沙门菌的检测，从目前报道设计的引物来看，基本上是根据沙门菌的一段已知序列设计的，并且大多是根据属特异性靶序列设计的，也有根据种特异性靶序列设计的。以食源性致病微生物鉴定为目的的 PCR，通常选择特异的毒力基因作为靶基因，如布鲁菌的 IS711、沙门菌的 IS200 和弯曲杆菌的 Flagellum 基因。

实时荧光 PCR（real time PCR）是近几年兴起的分子生物学检测技术，是在传统意义上的 PCR 反应体系中加入了一条与扩增模板能特异性结合的、标记了两个荧光基团的探针，并在传统的 PCR 仪上增加了荧光信号检测系统。实时荧光 PCR 法检验周期短、灵敏度高，同时通过光学系统检测荧光信号而省去了凝胶电泳的烦琐操作，避免了实验过程中 EB 等致癌物质的污染，既减少了假阳性的发生率和对人、环境的潜在危害，又缩短了检测时间。对污染较重的样品，从样品准备到检出只需约 4.5h；对于污染较轻的样品，需要有 18~24h 的增菌，而经典培养法鉴定需要 5~15d。

近年来，PCR 技术得到了不断地发展和完善，并衍生出了多种 PCR 技术（如反向PCR、多重 PCR、定量 PCR、竞争 PCR、巢式 PCR 等技术）以及与 PCR 技术相关联的其他技术（如 RAPD、AFLP 等分子标记技术）。这些衍生出的 PCR 类型和方法有着独特的技术特点，解决了以往传统 PCR 的局限性。

11.2.2.2 核酸探针杂交技术

核酸探针杂交技术发明于 1968 年，由华盛顿卡内基学院的 Britten 等创建。它是分子生物学中 DNA 分析方法的基础，也是当今分子生物学技术中应用最为广泛的一种。核酸探针杂交技术主要利用碱基配对原理。互补的两条核酸单链通过退火形成双链，这一过程称为核酸杂交。核酸探针是指带有可识别标记物（如同位素标记、生物素标记等）的已知序列的核酸片段，它能和与其互补的核酸序列杂交，形成双链，所以可用于检测未知样品中是否具有与其相同的核酸序列，并进一步判定其与已知序列的同源程度。每一微生物都有独特的核酸片段，通过分离和标记这些片段就可制备出探针，用于检测食品中特定的微生物。

核酸探针的标记方法有放射性标记和非放射性标记两类。由于放射性标记核酸探针在使用中的限制，促使非放射性标记核酸探针的研制迅速发展，在许多方面已代替放射性标记。目前已形成两大类非放射标记核酸技术，即酶促反应标记法和化学修饰标记法。酶促反应标记探针是用缺口平移法、随机引物法或末端加尾法等把修饰的核苷酸如生物素-11-dUTP 掺入到探针 DNA 中，制成标记探针，敏感度高于化学修饰法，但操作程序复杂，产量低，成本高。化学修饰法是将不同标记物用化学方法连接到 DNA 分子上，方法简单，成本低，适用于大量制备（$>50\mu g$），如光敏生物素标记核酸方法，不需昂贵的酶，只需光照 $10\sim20min$，生物素就结合在 DNA 或 RNA 分子上。

根据完成杂交反应所处介质的不同，分成固相杂交反应和液相杂交反应。固相杂交反应是在固相支持物上完成的杂交反应，如常见的印迹法和菌落杂交法。事先破碎细胞使之释放 DNA/RNA，然后把裂解获得的 DNA/RNA 固定在硝基纤维素薄膜上，再加标记探针杂交，依颜色变化确定结果，该法是最原始的探针杂交法，容易产生非特异性背景干扰。液相杂交法指杂交反应在液相中完成，不需固相支持，优点是不用纯化和固定靶分子，杂交速度比固相杂交反应速度快，增加了特异性和敏感性；缺点是为消除背景干扰必须进行分离以除去加入反应体系中的干扰剂。

目前，国内外研究者已开发出多种核酸探针用于食品微生物的检测。Moseley 等以生物素标记的沙门菌基因片段作为探针，对食品中的沙门菌进行了检测，效果良好。Kerdahi 等使用自动化酶连接的非放射性 DNA 探针，迅速准确地检测出了单核细胞增生李斯特菌。陈倩等使用针对 ESIEC 大肠埃希菌 HPI 毒力岛基因设计的 rp-z 探针，成功地鉴定出了 ESIEC 大肠埃希菌。

用核酸探针杂交技术检测食品微生物的具体步骤是：将已知核苷酸序列 DNA 片段用同位素或其他方法标记，加入到已变性的待检 DNA 样品中，在一定条件下即可与该样品中有同源序列的区段形成杂交双链，从而达到鉴定样品中 DNA 的目的，这种能识别特异性核苷酸序列的有标记的单链 DNA 分子称为核酸探针或基因探针。目前，检测沙门菌的属特异性沙门菌探针已根据鼠伤寒沙门菌染色体特有基因设计合成，并用于检测食品中沙门菌的存在。研究检测沙门菌的探针难度大，因为它拥有 2500 多个血清型，Filial 等人从染色体序列和构建的质粒文库中分离到一个适用于沙门菌检测的探针，它能和沙门菌而不与其他微生物或样品培养基发生非特异性反应。这种用同位素标记的探针，能识别 350 株不同的沙门菌。这种探针标记物为异硫氰酸荧光素（FITC），再用辣根过氧化物酶标记抗 FITC 的抗体结合放大探针，在多聚腺苷酸尾部和多聚胸腺嘧啶侵染棒固相薄膜上杂交，对 239 株沙门菌的特异性检出率为 100%，假阳性率为 0.8%。

已有多种商品化的基因探针试剂盒出品。美国 GeneTrak 公司研制出了脱氧核糖核酸杂交筛选比色法，主要利用特异的基因探针对沙门菌、李斯特菌和大肠埃希菌的 rRNA 进行检测。检测步骤如下：首先设计与细菌 rRNA 互补的基因探针；待检样品经过增菌培养后，裂解细菌，并加入带有标记的探针进行液相杂交；如果待检样品中存在靶细菌 rRNA，荧光素标记的检测探针和 poly dA 末端捕获探针将与目标 rRNA 序列杂交；此后，把包被有 poly dT 的固相载体测杆插入杂交溶液，利用 poly dA 和 poly dT 间的碱基配对将杂交核酸分子捕获于固体载体上，并将固相载体培养于辣根过氧化物酶−抗荧光素接合剂中，接合剂与存在于杂交检测探针上的荧光素标记物结合，未结合的接合剂被冲洗掉；最后，将固相载体置于酶底物−色原溶液中，辣根过氧化酶与底物反应，将色原转变为蓝色化合物，用酸终止反应，在 450nm 处测量吸光度值，以确定样品中是否存在靶细菌。

核酸探针杂交技术具有敏感性高（可检出 $10^{-12} \sim 10^{-9}$ 的核酸）和特异性强等优点，已经成功地将核酸探针技术用于金黄色葡萄球菌、沙门菌、弯杆菌等多种病原体的检测上。用核酸探针来检测微生物的方法在食品工业中的应用越来越广泛，其优势在于可以省略增菌步骤，其缺点在于 DNA 的存在并不能证明食品样品中存在活细菌以及其是否能增殖到危害食品安全的水平，因为检测时先要用聚合酶链式反应（PCR）扩增样品中痕量的 DNA 或 RNA，然后再用核酸探针进行特异性检测。

11.2.2.3 基因芯片技术

基因芯片，又称 DNA 芯片，是生物芯片的一种。基因芯片产生的基础是分子生物学、微电子技术、高分子化学合成技术、激光技术和计算机科学的发展及其有机结合，由核酸的分子杂交衍生而来，即在固相支持物上原位合成（in situ synthesis）寡核苷酸或者直接将大量预先制备的 DNA 探针以显微打印的方式有序地固定于支持物表面，然后与标记的样品杂交，再通过激光共聚焦荧光检测系统等对杂交信号进行检测分析，从而实现对生物样品快速、并行、高效地检测。

基因芯片技术检测金黄色葡萄球菌的程序

芯片上固定的探针除了 DNA，也可以是 cDNA、寡核苷酸或来自基因组的基因片段，且这些探针固化于芯片上形成基因探针阵列。目前有两种常用基因芯片：全基因组芯片和寡核苷酸芯片。全基因组芯片由单个食源性致病微生物基因组构成，探针片段来自 cDNA 文库或病原体基因组的开放阅读框。根据基因芯片的高通量性，把多个食源性致病微生物的基因探针显微集成到同一芯片上，还可以实现对多个相关食源性致病微生物的检测和鉴定。寡核苷酸芯片一般由 18~70mer 长的寡核苷酸构成。常从 GenBank 等核酸数据库中获得用于制作芯片的相关病原基因，然后用生物软件在病原菌科、属、种和型的保守基因区内设计出寡核苷酸探针，用于食源性致病微生物科、属、种和型的鉴定；在各种微生物特有基因区内设计出鉴别探针，用于不同微生物的鉴别。将设计的探针在核酸数据库进行同源性比较，根据探针的特异性和探针本身序列相关信息筛选出检测和分型探针。为了避免同源性交叉，对某些食源性致病微生物还须同时设计 2 个以上的组合探针进行检测和分型。

在进行芯片实验时，首先设计特异的探针，处理、提纯样品中的 DNA，经过标记与芯片进行杂交、洗涤、检测信息、数据处理、综合信息处理。DNA 芯片可以同时检测成千上万个特定基因组 DNA 序列，并得到基因的表达水平。

由于在一个芯片上囊括了众多的已知菌序列，故可以同时鉴定检测样品中的多种细菌。另外，对于一种致病微生物而言，往往有多个与毒力有关的基因被固定在芯片上，这样确保了鉴定结果的准确性，如大肠埃希菌 O157：H7 毒性菌株的 $slt\text{-}I$ 和 $slt\text{-}II$ 基因、eae 基因、$rfbE$ 基因和 $fliC$ 基因可同时被芯片制造商固定在一个芯片上，只有同时出现阳性结果时，才能报告被检样品中存在大肠埃希菌。

基因芯片技术将大量按检测要求设计好的探针固化，仅通过一次杂交便可获得多种靶基因的相关信息，可以对食品中的致病菌实行高通量和并行检测；操作简便快速，整个检测在几小时内即可得出检测结果；特异性强，灵敏度高，是目前鉴别有害微生物最有效的手段之一。该技术的缺点是仪器和耗材昂贵，且操作过程对工作人员要求较高。用芯片技术进行细菌检测，可以大大缩短检测时间，使那些不能培养或很难培养的细菌也可以得到快速检测。但是当食品样品的成分比较复杂时，芯片检测基因组 DNA 的灵敏度就会下降；食品样品中病原菌含量较少时，也面临同样的问题。但将芯片技术同 PCR 技术联合起来，通过 PCR 扩增以富集目标分子，杂交结合特异的 PCR 扩增产物，不仅可以增强 PCR 的特异性，而且提高了芯片检测微量致病菌的灵敏度。由于食品样本中可能包含多种致病微生物，设计出合理的芯片来区分鉴定不同的致病微生物就显得非常重要。

11.2.2.4 生物传感器

生物传感器是以生物化学和传感技术为基础，用酶、抗体、细胞等作为识别元件，与信号转换器和电子测量仪共同构成的分析工具。样品通过扩散作用进入识别元件，经分子识别，然后与识别元件发生特异性结合，经生物化学反应产生生物学信号，通过信号转换器将其转化为光信号或电信号，再通过仪表放大和输出，即达到检测目的。已商品化的传感器有酶传感器、免疫传感器、微生物传感器、基因传感器、细胞器传感器、仿生传感器和分子印迹传感器等。生物传感器具有高选择性、高灵敏度、较好的稳定性、低成本、能在复杂的体系中进行快速在线连续监测等诸多优点。

用于食品微生物检测的传感器主要是基因传感器和免疫传感器，其原理分别是基于 DNA 杂交和抗原抗体反应进行检测，再将其转换为光信号或电信号并通过仪表放大和输出。免疫传感器已用于弗朗西斯菌、布鲁士菌、奈瑟菌、沙门菌、大肠埃希菌等检测，而基因传感器使对目的微生物的测量时间大大缩短，且操作简单、灵敏度高。

Liu 等人用光学免疫传感器实现了鼠伤寒沙门菌的快速检测。他们用包被有抗沙门菌的磁性微珠，通过抗体抗原的结合，分离出待测溶液中的沙门菌，再加入用碱性磷酸酶标记的二抗，形成了"抗体–沙门菌–酶标抗体"的结构。磁性分离后，底物对硝基苯磷酸在酶的水解作用下产生对硝基苯酚，通过在 404nm 下测定对硝基苯酚的吸光度来测量沙门菌的总数。研究发现，在 $2.2\times10^4 \sim 2.2\times10^6$ cfu/mL 下存在着线性关系。卢智远等人研制成一种能快速测定乳制品中细菌含量的电化学传感器，该生物传感器能有效地测定鲜奶中的微生物含量。表 11-5 列举了生物传感器在食品中致病菌的检测方面的应用。

表 11-5　生物传感器对食品中致病菌的检测

被测物	信号转换元件	检测限	食品基质
金黄色葡萄球菌	光学共振镜	$4×10^3$个/mL	牛奶
大肠埃希菌 O157：H7	表面等离子共振	$10^2～10^3$cfu/mL	苹果汁、牛奶、牛肉饼
大肠埃希菌 O157：H7	微电极阵列	$10^4～10^7$cfu/mL	萝蔓莴苣
大肠埃希菌 O157：H7	导电聚合物（聚苯胺）	81cfu/mL	莴苣、紫花苜蓿、草莓
黄色镰刀菌	表面等离子共振	0.06pg	小麦
空肠弯曲杆菌	光学波导元件	469～3750cfu/mL	香肠、火腿、牛奶、奶酪
空肠弯曲杆菌	电极、磁珠	$2.1×10^4$cfu/mL	鸡肉
鼠伤寒沙门菌	叉指微电极	1 个/mL	牛奶
鼠伤寒沙门菌	酶电极	$1.09×10^3$个/mL	鸡肉、碎牛肉
单核细胞李斯特菌	石英晶体微天平	$3.19×10^6$个/mL	牛奶

　　未来生物传感器的发展趋势和重点方向是微型化、多功能化、智能化和集成化，开发新一代低成本、高灵敏度、高稳定性和高寿命的生物传感器是目前研究的热点。生物活性材料的固定化是生物传感器制备的关键步骤。由于生物活性材料生存条件有限，长期以来生物传感器寿命、稳定性及制备的复杂性制约着研究成果商品化与批量生产。随着生物学、化学、物理学、电子学、材料等技术的不断进步，生物传感器将在食品安全检测领域里有着广阔的应用前景。

11.2.2.5　免疫检测方法和技术

　　免疫检测技术的基本原理是抗体和抗原之间的相互作用，其中抗原和抗体之间反应的特异性和灵敏性是免疫检测技术的关键。常规免疫检测技术主要是用于检测抗原或抗体的体外免疫血清学反应或免疫血清学技术。现代免疫检测技术的发展非常快，已有许多新的方法和技术出现。目前应用最广的免疫检测技术主要有：酶联免疫吸附试验（enzyme-linked immunosorbent assay，ELISA）、免疫荧光技术（immunofluorescence assay，IFA）、免疫凝集试验（immune agglutination，IA）和放射免疫技术（radioimmunoassay，RIA）、免疫印迹（immunoblotting）技术和乳胶凝集试验（latex agglutination test，LAT）等，它们在食品安全检测领域发挥了极其重要的作用。

　　（1）酶免疫分析方法

　　酶免疫分析技术是将抗原和抗体的特异性反应与酶的催化作用有机地结合的一种新技术。现已广泛应用于各种抗原和抗体的定性、定量测定。最初的免疫酶测定法，是使酶与抗原或抗体结合，用以检查组织中相应的抗体或抗原的存在。后来发展为将抗原或抗体吸附于固相载体上，用酶标记抗体或抗原，用酶的特殊底物处理标本，由于酶的催化作用可使原来无色的底物通过水解、氧化或还原等作用而呈现颜色，根据酶促反应显色的深浅进行定性或定量分析，这种技术就是目前应用最广的酶联免疫吸附试验，即ELISA。

　　ELISA 始于 20 世纪 70 年代，是食品病原菌检测最常用的分析方法，是一种把抗原和抗体的特异性免疫反应和酶的高效催化作用有机结合起来的检测技术。随着单克隆抗体技术的发展应用及免疫试剂盒的商业化，ELISA 已广泛应用于食品分析及食品微生物检测等领域。

ELISA 主要步骤为：将含有已知抗体的抗血清吸附在微量滴定板的小孔内，洗涤一次；加入待测抗原，洗去未结合的抗原；加入与待测抗原特异性结合的酶联抗体，使形成夹心；加入该酶的底物，若产生有色的酶解产物，说明存在与已知抗体特异结合的抗原。

焦新安等应用淋巴细胞杂交瘤技术生产的一组针对沙门菌群各主要抗原特异的单克隆抗体，研制出单抗酶标抗体制剂，并以此单抗制剂建立了夹心试验用于肉品中沙门菌检验，该试验最小检出量为 3×10^6 个/mL，可在两个工作日内报告肉样的检验结果，大大缩短了检验所需的时间，具有实用价值。马彬等用双抗体夹心法快速检测肉品中污染的沙门菌，也获得了满意的结果。

在应用中一般采用商品化的试剂盒进行测定，其特点是将抗原或抗体制成固相制剂，与标本中抗体或抗原反应后，只需经过固相的洗涤，就可以达到抗原抗体复合物与其他物质的分离，简化了操作步骤。完整的 ELISA 试剂盒包含以下各组分：包被抗原或抗体的固相载体（免疫吸附剂）；酶标记的抗原或抗体；酶的底物；阴性和阳性对照品（定性测定），参考标准品和控制血清（定量测定）；结合物及标本的稀释液；洗涤液；酶反应终止液。结合物为酶标记的抗体（或抗原），是 ELISA 中最关键的试剂。良好的结合物既保持了酶的催化活性，也保持了抗体（或抗原）的免疫活性。国产 ELISA 试剂一般都用辣根过氧化物酶（horseradish peroxidase，HRP）制备结合物。国外很多 ELISA 试剂采用碱性磷酸酶（alkaline phosphatase，AP）作为标记酶。酶标记抗体的制备主要有戊二醛交联法和过碘酸盐氧化两种方法。酶结合物一般需经离子交换层析或分子筛分离纯化。

随着 ELISA 在生物检测分析领域的广泛应用，根据试剂的来源和标本的情况以及检测的具体条件，逐渐演变出了几种不同类型的检测方法：①夹心法测抗原或抗体；②间接法测抗体；③双位点一步法；④竞争法；⑤捕获法测 IgM 抗体；⑥ABS（avidin biotin system）-ELISA 法；⑦PCR-ELISA 法；⑧斑点免疫酶结合试验（DIA）等。

ELISA 的优势在于灵敏度高、特异性强、仪器设备要求不高、测定成本低、方法简便快速、试剂保存时间较长、自动化程度高、非常适合食品有害物质及污染物快速检测的要求。但目前 ELISA 法在食品安全中检测仍有其局限性，如不能同时分析多种成分，对试剂的选择性高，对结构类似的化合物有一定程度的交叉反应。当然，如果能与其他检测手段联合使用（如 GC、HPLC），不仅可增加检测的灵敏度，还可降低交叉反应，并进行更准确的定量。

（2）免疫荧光技术

将结合有荧光素的荧光抗体进行抗原抗体反应的技术，称为免疫荧光技术。常用的荧光素有异硫氰酸荧光素（fluorescein isothiocyanate，FITC）、四乙基罗丹明（lissamine rhodamine B200，RB200）等，它们可与抗体球蛋白中赖氨酸的氨基结合，在蓝紫光激发下，可分别呈现鲜明的黄绿色及玫瑰红色。由于荧光抗体与相应抗原结合后仍能发出荧光，故能提高检测的灵敏度和便于荧光显微镜下观察。荧光抗体（抗原）染色法有以下几类。

①直接法　直接滴加 2~4 个单位的标记抗体于标本区，置湿盒中，于 37℃ 染色 30min，然后置大量 pH 7.0~7.2 的 PBS 中漂洗 15min，干燥，封载即可镜检。

②双层法　标本先滴加未标记的抗血清，置湿盒内，37℃ 染色 30min。漂洗后，再用标记的抗抗体 37℃ 染色 30min，漂洗、干燥、封载。

③夹层法　本法主要用于检测组织中的 Ig。标本先用相应的可溶性抗原处理，漂洗后再用与该检 Ig 有共同特异性标记抗体染色。

④抗补体染色法　用荧光标记抗补体抗体，即可用以示踪能进行补体结合的任何抗原抗体系统。将已灭活的抗血清与 1:10 稀释血清混合，滴加于标本上，37℃ 染色 30~60min，漂洗后，再用抗补体染色 37℃ 染色 30min，漂洗、干燥、封载、镜检。

目前免疫荧光技术可用于沙门菌、大肠埃希菌 O157 和单核细胞增生李斯特菌等的快速检测。该技术的主要特点是特异性强、敏感性高、速度快。但还存在不足，如非特异性染色问题尚未完全解决，结果判定的客观性不足，技术程序也还比较复杂。

应用酶联免疫技术制造的 mini-Vidas 全自动免疫分析仪，是用荧光分析技术通过固相吸附器，用已知抗体来捕捉目标生物体，然后以带荧光的酶联抗体再次结合，经充分冲洗，通过激发光源检测，即能自动读出发光的阳性标本，其优点是检测灵敏度高，速度快，可以在 48h 的时间内快速鉴定沙门菌、大肠埃希菌 O157：H7、单核细胞增生李斯特菌、空肠弯曲杆菌和葡萄球菌肠毒素等。

（3）放射免疫技术

放射免疫技术又称放射免疫分析、同位素免疫技术或放射免疫测定法。该法为一种将放射性同位素测量的高度灵敏性、精确性和抗原抗体反应的特异性相结合的体外测定超微量（$10^{-15}~10^{-9}$g）物质的新技术。广义来说，凡是应用放射性同位素标记的抗原或抗体，通过免疫反应测定的技术，都可称为放射免疫技术。经典的放射免疫技术是标记抗原与未标抗原竞争有限量的抗体，然后通过测定标记抗原抗体复合物中放射性强度的改变，测定出未标记抗原量。此技术操作简便、迅速、准确可靠，应用范围广，可自动化或用计算机处理，但需一定设备、仪器，对抗原抗体纯度要求较严格。目前常用的放射免疫技术有放射免疫饱和分析法和放射免疫沉淀自显影法。

（4）免疫印迹技术

免疫印迹又称蛋白质印迹（Western blotting），是一种借助特异性抗体鉴定抗原的有效方法。该法是在凝胶电泳和固相免疫测定技术基础上发展起来的一种新的免疫生化技术。免疫印迹法分 3 个步骤：第一，聚丙烯酰胺凝胶电泳（SDS-PAGE），将含有目标蛋白（抗原）的样品按分子大小和所带电荷的不同分成不同的区带。第二，电转移，目的是将凝胶中已分离的条带转移至硝酸纤维素膜上。第三，酶免疫定位，是将前两步中已分离但肉眼看不见的抗原条带显示出来。将印有蛋白抗原条带的硝酸纤维素膜用封闭液处理，然后与特异性第一抗体反应，经漂洗后再与酶标记的第二抗体反应，加入生色底物反应之后，即可显示出目标蛋白的位置。免疫印迹法综合了 SDS-PAGE 的高分辨率及 ELISA 的高敏感性和高特异性，是一种有效的分析手段，目前广泛应用于酵母和真菌的检测中。

（5）乳胶凝集试验

乳胶凝集试验是用人工大分子乳胶颗粒标记抗体，使之与待测抗原发生肉眼可见的凝集反应，以达到检测目标病原微生物或毒素的目的。如用于检测食品中金黄色葡萄球菌的 Aureus Test 试剂盒，该试剂盒的聚苯乙烯乳胶粒子中含有抗金黄色葡萄球菌 A 蛋白的 IgG，当含有金黄色葡萄球菌的样品悬浮液加入含乳胶粒子的试剂后，A 蛋白和 IgG 结合，凝聚酶和鞭毛抗原结合，1min 内将产生凝聚反应。该法的灵敏度和特异性均较高。

总之，免疫学技术具有特异性强、准确性高、检测速度快等优点，在食品微生物检测中将具有广泛的应用前景。

11.2.2.6 阻抗法

阻抗是电导和电容的导数。微生物在生长过程中，可把培养基中的电惰性底物代谢成活性底物，从而使培养基中的电导性增大，培养物中的电阻抗随之降低，单位时间内阻抗值的改变与培养基中含菌量成正比。不同的微生物在培养基中可产生具有作为诊检依据的特征性阻抗曲线，根据阻抗改变图形，对检测的细菌做鉴定。该法具有敏感性高、反应快速、特异性强、重复性好的优点，能够迅速检测食品中的微生物。

直接检测方法的原理是培养基中产生的终产物离子（有机酸和氨基酸离子）引起培养基电导率的变化，仪器在一定时间间隔内（通常每 6min 记录一次）记录下阻抗的变化值，从而可以进行"实时检测"。微生物数目越多，检测时间越短。在建立了标准曲线后仪器就可以自动检测样品中的微生物数目。据此已制造出细菌计数仪，当细菌数在 10^4 以上时，计数准确率（与标准平皿计数比较）达 93% 以上。

间接检测方法是基于电极作用在固化的琼脂中形成氢氧化钾桥的原理设计的，是一种多用途的检测方法。从氢氧化钾桥的前端可以分离出检测样品。因为微生物的生长，在前端形成 CO_2，溶解到氢氧化钾中，形成电导性较低的碳酸钾，从而在监视器上发生变化。在 30℃ 时，阻抗变化 $28\mu S/\mu mol$ 便可形成 CO_2。间接检测技术广泛应用于金黄色葡萄球菌、单核细胞增生李斯特菌、粪链球菌、蜡样芽孢杆菌、大肠埃希菌、铜绿假单胞菌、嗜水气单胞菌、沙门菌的检测中。

11.2.2.7 ATP 生物发光技术

ATP 是所有生物生命活动的能量来源，普遍存在于各种活细菌细胞中，并且含量相对稳定，如大肠埃希菌是 1.4×10^{-18} mol/细胞，乳酸菌是 1.9×10^{-18} mol/细胞，且细菌细胞死亡后几分钟内 ATP 便被水解消失，故 ATP 与活菌量直接相关。

ATP 是荧光素酶催化发光的必需底物。ATP 生物发光技术的原理是荧光素酶（luciferase）以荧光素（luciferin）、三磷酸腺苷（ATP）和 O_2 为底物，在 Mg^{2+} 存在时，萤火虫荧光素氧化脱羧，将化学能转化为光能，释放出光量子。反应式如下：

$$萤火虫荧光素 + O_2 + ATP \xrightarrow{\text{萤火虫荧光素酶（} Mg^{2+} \text{）}} 氧化虫荧光素 + AMP + 光量子$$

其最大发射波长为 562nm，酶结构不同发射光波长略有不同。在荧光素酶催化的发光反应中，在一定的 ATP 浓度范围内，其浓度与发光强度呈线性关系，通过测定光强度即可确定细菌浓度。可借助发光光度计或液体闪烁计数仪测定待测样品中的 ATP 含量。因此，提取细菌的 ATP，利用生物发光法测出 ATP 含量后，即可推算出样品中的活菌量。

ATP 生物发光法的检测步骤大体包括：取样、去除非细菌细胞 ATP、提取细菌 ATP、添加荧光素及荧光素酶混合物、测定生物发光量、求出 ATP 浓度和活菌数。通常，样品未经处理是不能测定 ATP 的。测定时需先将样品与 ATP 提取剂混合，使细胞膜和细胞壁溶解，释放出 ATP。然后，提取出的 ATP 再与荧光素、荧光素酶生物发光剂作用，用发光检测仪测定 ATP 与发光剂反应的生物发光量。通过预先测定的 ATP 标准曲线，得出活菌的总 ATP 量，即可得出细菌总数。

①去除非细菌细胞 ATP　排除食品中的非微生物性 ATP 的干扰，是保证检测结果准确性的关键步骤。去除方法又分物理分离法和化学破坏法。前者是采用吸附、过滤等物理技术将食品中的待检菌与非微生物性 ATP 分开，后者是利用化学药品破坏食品中的非微生物性 ATP，常用于液态食品。

②提取细菌 ATP　ATP 提取剂（释放剂）是以表面活性剂为基质的专用试剂。常规 ATP 提取剂有三氯醋酸、硝酸。在 ATP 快速检测中起关键作用的是具有选择性的释放剂，即对细菌、酵母菌、霉菌中的 ATP 有选择性地释放。目前国际市场已有多种型号的商品化 ATP 提取剂，分别适用于不同种属的细菌及其他微生物 ATP 的释放。

③细菌 ATP 的测定　用发光光度计对细菌可溶性 ATP 进行测定。发光光度计可自动注入检测试剂启动测光，利用微机对数据进行采集、处理，以保证对快速闪光的生物发光的捕获和记录。若使用纯结晶型荧光素等酶制品，并使发光素过量，则生物发光曲线可以稳定发光持续 20min 以上，更便于测定和记录。以一定时间内的光强度累积值或峰值为定量数据，经标准曲线换算出相应的 ATP 值，在经平行观察的平板菌落计数结果，换算出与测得 ATP 值相当的样品中的总活菌数。

目前 ATP 生物发光法已被广泛用于食品加工条件的快速评价和食品中微生物的快速检测，在 HACCP 管理中也被广泛用于关键控制点检测。用 ATP 生物发光法可快速检测乳酸菌数，而便于酸奶生产的管理。此外，这种方法还可用于啤酒酵母的活性测定、海洋食品和调味品的微生物检测、肉及肉制品杂菌污染的测定、评价奶品厂卫生状况、估测牛奶及奶制品的保鲜期等。自动 ATP 生物荧光技术已在欧洲和北美的乳品工业中广泛应用于生乳活菌数检测、UHT 乳活菌数检测、设备清洁度的评估及成品货架期的推算等。如进一步提高其灵敏度，生物发光法可望发展为方便、快速、经济的微生物检测方法，在食品工业上将展示出广泛的应用前景（表 11-6）。

表 11-6　ATP 生物发光法的应用范围

检测项目	检测内容
原料	食品原料的微生物检测
生产过程及设备的检测	生产环境及设备的卫生学检测
	酒类制作过程中的微生物浓度检测
	酸奶制作过程中的微生物检测
	清洗罐及食品器具的水质卫生学检测
	食品生产线的卫生学检测
	酵母菌、乳酸菌等菌种的发酵活性检查

（续）

检测项目	检测内容
产品的检测	饮料、矿泉水、天然水的微生物检测
	酱油、汤汁、酸奶等液体食品的微生物检测
	酒类产品中残留微生物的检测
	肉类、水产品、蔬菜等食品的微生物检测
废液处理等环境检测	废液及活性污泥的微生物检测

由于生物发光法无需培养微生物过程；且荧光光度计是便携式的，使用方便、操作简便，适合现场检测；灵敏度较高，不仅可以检测微小的污染物水平，还能检测食品加工设备及其表面的清洁程度；检测速度快，在几分钟内即可得到检测结果，具有其他微生物检测方法无法比拟的优势，是目前检测微生物最快的方法之一。但 ATP 生物发光技术由于要求样品中细菌浓度最低不少于 1000 个/mL，使得灵敏度有时达不到卫生学要求。另外，该方法不能区分微生物 ATP 与非微生物 ATP，故在测定时应先去除食品中的非微生物细胞 ATP，否则误差较大。并且由于食品本身、ATP 提取剂等含有离子，某些离子也会对 ATP 的测定造成干扰、抑制发光作用。

11.2.2.8　流式细胞技术

流式细胞技术（flow cytometry，FCM）是 20 世纪发展起来的一种计算连续流体中细胞数量的技术，依赖于一种特殊的仪器——流式细胞仪来进行定量分析和分选检测。最初的原理是根据通过孔径的细胞体积大小来区分，并监控电阻变化来进行计数。现在的流式细胞技术已经可以根据特定的参数，使含细胞的水滴带电，并在电场中发生偏折来达到分离收集及计数的目的。流式细胞术可通过细胞的光散射和荧光标记将微生物与食品残渣等背景物质分开。通过使用荧光染料，流式细胞术不仅能准确地区分、计数不同的细胞，而且能辨别流体中细胞的生命状态。

荧光标记物有异硫氰酸盐（FITC）、碱性蕊青红异硫氰酸盐以及藻红蛋白和藻蓝蛋白等藻胆蛋白，这些物质分别在 530nm、615nm、590nm 和 630nm 发光。活菌计数用的是羧基荧光素乙酰乙酸盐，细胞内酶能水解这种物质并释放出荧光物质。流式细胞术已成为链球菌、乳杆菌、明串珠菌、双歧杆菌、肠球菌、片球菌等乳酸菌快速计数的重要解决方案。中华人民共和国出入境检验检疫行业标准《乳及乳制品发酵剂、发酵产品中乳酸菌数量的测定　流式细胞术》已经完成起草工作。

用 16S rRNA 序列设计的荧光标记核酸探针能将混合菌株鉴定到属、种或菌株的水平。已有常见食品病原菌如沙门菌、单核细胞增生李斯特菌、空肠弯曲杆菌和蜡样芽孢杆菌等的荧光标记抗体生产。由于食品粒子以及产生的自发荧光的干扰，细菌的检出限约为 10^4 cfu/mL。

11.2.2.9　电子鼻技术

电子鼻是 20 世纪 90 年代发展起来的检测挥发性成分的人工嗅觉装置。电子鼻是一种由一定选择性的电化学传感器阵列和适当的模式识别系统组成，能够识别简单和复杂气味的仪器。电子鼻是仿照生物的嗅觉系统设计出来的，因此它的工作原理和生物的嗅觉系统十分相似。电子鼻主要包括传感器阵列、信号处理系统和模式识别系统 3 个部分。

电子鼻操作简单，且反应快，最早主要用于食品成分分析，目前已广泛用于食品病原微生物检测。电子鼻在检测样品时得到的不是被测样品中一种或几种成分的定性或定量的结果，而是样品中挥发性成分的整体信息，这些信息也被称为"气味指纹"。国外已有把电子鼻技术用于真菌和细菌的气味指纹研究。微生物在生长代谢的过程中会产生一系列复杂的挥发性代谢产物，其中部分产物是许多微生物所共有的，而有些却具有微生物种的特异性。因此，可以通过检测微生物特有的代谢产物达到对微生物的检测。1998 年，Marsili 报告了内置式的电子鼻装置（SPME-MS-MVA）可以用于乳中不同种类假单胞菌的区分。

电子鼻用于微生物的检测基于气味指纹的检测技术，其主要针对于微生物的挥发性代谢产物，对样品没有特殊的要求，操作简单、检测速度快、灵敏度高、重现性好。最重要的是在操作过程中不需对样品进行任何破坏性处理。2005 年，Balasubramanian 等用手提式电子鼻系统检测了牛肉中培养的沙门菌。2008 年，Sirtpatrawan 用电子鼻检测新鲜蔬菜中的食源性致病菌。可见，电子鼻在微生物快速检测中是一项非常有发展前景的无损快速检测方法。

11.2.2.10 快速酶触反应及细菌代谢产物的检测

快速酶触反应是依据细菌在其生长繁殖过程中所合成和释放的某些特异性的酶，将相应的底物和指示剂添加到相关的培养基中。根据细菌增殖后出现的明显的颜色变化，确定待分离的可疑菌株，测定结果有助于细菌的快速诊断。这项技术将传统的细菌分离与生化反应有机地结合起来，并使得检测结果更为直观，正成为今后微生物检测的一个主要发展方向。Rosa 等将样本直接接种于 Granda 培养基，经 18h 培养后，B 群链球菌呈红色菌落且可抑制其他菌的生长。

Delise 等新合成一种羟基吲哚-β-D 葡萄糖苷酸（IBDG），在 β-D 葡萄糖苷酶的作用下，生成不溶性的蓝色化合物，将一定量的 IBDG 加入到麦康凯培养基琼脂中制成 MAC-IBDG 平板，35℃培养 18h，出现深蓝色菌落者为大肠埃希阳性菌株。其色彩独特，且靛蓝不易扩散，易与乳糖发酵菌株区别。

据报道，沙门菌属包括各亚属均产生辛酯酶，这一性能是肠杆菌科其他各属细菌所不具备的，因此可用来鉴别沙门菌与肠杆菌科其他属细菌。近来 Aguirre、Ruiz、Manafi、Freydiere 等用意大利 Biolife 公司的试剂 "MUCAP Test"，即 4-甲基伞形酮辛酯试剂检测方法测试肠杆菌科细菌、假单胞菌属、气单胞菌属和类志贺邻单胞菌，证明该法对沙门菌有很高的敏感性和特异性，操作也十分简便、快速。我国进出口商品检验行业标准 SN 0332—1994 即为用 MUCAP 试剂对沙门菌进行检验的方法。

随着世界食品工业的迅猛发展，研究和建立食品微生物快速检测方法以加强对食品卫生安全的监测越来越受到各国研究者的重视。以生物传感器、免疫学方法、基因芯片、PCR 等为代表的检测技术，虽然克服了传统方法检测周期较长的缺点，但也存在着不足，如免疫学方法快速、灵敏度高，但容易出现假阳性、假阴性；基因芯片、蛋白质芯片准确性高、检测通量大，但制作费用太高，不利于普及。因此，需要国内外研究者不断完善和改进。建立更灵敏、更有效、更可靠、更简便的微生物检测技术是保证食品安全的迫切需求,多种检测技术以及各学科的交叉发展有望解决上述需求。可以预料在不远的将来,传统的微生物检测技术将逐渐被各种新型简便的微生物快速诊断技术所取代。

随着食品微生物检测技术手段的不断发展和完善,微生物快速检测技术必定对人类公共卫生、食品安全、营养健康等方面做出巨大贡献。

由于高新技术的应用,检测能力不断提高,检测灵敏度越来越高;检测速度不断加快,智能化芯片和高速电子器件与检测器的使用,使食品安全检测周期大大缩短;选择性不断提高,高效分离分段、各种化学和生物选择性传感器的使用,使在复杂混合体中直接进行微生物的选择性测定成为可能;由于微电子技术、生物传感器、智能制造技术的应用,检测仪器向小型化、便携化方向发展,使实时、现场、动态、快速检测正在成为现实。

思考题

1. 食源性致病微生物有哪几大类?
2. 常见的食源性致病细菌有哪些?
3. 食源性真菌毒素中毒的防控措施有哪些?
4. 常见的食源性致病病毒有哪些?
5. 什么是食源性疾病,食源性疾病的致病因子有哪些?
6. 食源性疾病的传播方式和发病机制是什么?
7. 简述葡萄球菌、沙门菌、蜡样芽孢杆菌、致病性大肠埃希菌、副溶血性弧菌的生物学特性、食物中毒发生的原因、症状和污染途径。
8. 简述肉毒梭菌、变形杆菌、单核细胞增生李斯特菌、小肠结肠炎耶尔森菌、空肠弯曲杆菌的生物学特性、食物中毒发生的原因、症状和污染途径。
9. 当食物被金黄色葡萄球菌污染后,经加热煮沸后食用仍能引起食物中毒,为什么?
10. 产毒霉菌的产毒特点是什么?污染食物并可产生毒素的霉菌有哪些?
11. 主要的霉菌毒素有哪些?它们的毒性危害如何?
12. 食源性真菌毒素中毒的预防和控制措施有哪些?
13. 简述甲肝病毒、轮状病毒引起人传染病的发生原因与临床症状。
14. 何谓大肠菌群?简述检测大肠菌群的食品卫生意义。
15. 我国食品卫生标准中的微生物学指标包括哪些?各项指标有何意义?
16. 列举 4 种食品微生物最新检测方法和技术。
17. 简述 PCR 法检测食品微生物的方法和步骤。
18. 简述生物发光法检测微生物的原理。

参 考 文 献

[英] BRIAN J B W, 2001. 发酵食品微生物学 [M]. 2 版. 徐岩, 译. 北京：中国轻工业出版社.

[美] JAMES M J, MARTIN J L, DAVID A G, 2008. 现代食品微生物学 [M]. 7 版. 何国庆, 丁立孝, 宫春波, 译. 北京：中国农业大学出版社.

[美] ROGER B B, VERNON L S, LINDA F B, et al, 2001. 葡萄酒酿造学——原理及应用 [M]. 赵光鳌, 译. 北京：中国轻工业出版社.

[美] STEPHEN J F, 2007. 安全食品微生物学 [M]. 李卫华, 等译. 北京：中国轻工业出版社.

蔡静平, 2002. 粮油食品微生物学 [M]. 北京：中国轻工业出版社.

曹军卫, 2008. 微生物工程 [M]. 北京：科学出版社.

陈三凤, 刘德虎, 2003. 现代微生物遗传学 [M]. 北京：化学工业出版社.

程殿林, 2005. 啤酒生产技术 [M]. 北京：化学工业出版社.

程殿林, 2007. 微生物工程技术原理 [M]. 北京：化学工业出版社.

东秀珠, 蔡妙英, 2001. 常见细菌系统鉴定手册 [M]. 北京：科学出版社.

董明盛, 贾英民, 2006. 食品微生物学 [M]. 北京：中国轻工业出版社.

傅鹏, 马昕, 周康, 等, 2007. 热死环丝菌生长预测模型的建立 [J]. 食品科学, 28 (7)：433-437.

葛向阳, 田焕章, 梁运祥, 2005. 酿造学 [M]. 北京：高等教育出版社.

顾国贤, 1996. 酿造酒工艺学 [M]. 北京：中国轻工业出版社.

郝林, 2001. 食品微生物学实验技术 [M]. 北京：中国农业出版社.

何国庆, 贾英民, 丁立孝, 2016. 食品微生物学 [M]. 3 版. 北京：中国农业大学出版社.

何国庆, 2001. 食品发酵与酿造工艺学 [M]. 北京：中国农业出版社.

何小维, 刘玉, 2006. PCR 技术在食品检测中的应用 [J]. 食品研究与开发, 27 (5)：107-109.

何艳, 2007. ATP 生物发光法中 ATP 提取剂的研究 [D]. 上海：华东师范大学硕士论文.

何洋, 2006. 应用基因芯片检测食品中金黄色葡萄球菌 [D]. 成都：西华大学硕士学位（毕业）论文.

贺稚非, 李平兰, 2010. 食品微生物学 [M]. 重庆：西南师范大学出版社.

贾新成, 陈红歌, 2008. 酶制剂工艺学 [M]. 北京：化学工业出版社.

江汉湖, 2010. 食品微生物学 [M]. 3 版. 北京：中国农业出版社.

江汉湖, 2006. 食品免疫学导论 [M]. 北京：化学工业出版社.

姜昌富, 黄庆华, 2003. 食源性病原微生物检测技术 [M]. 武汉：湖北科学技术出版社.

姜培珍, 2006. 食源性疾病与健康 [M]. 北京：化学工业出版社.

蒋雪松, 王剑平, 应义斌, 等, 2007. 用于食品安全检测的生物传感器的研究进展 [J]. 农业工程学报, 23 (5)：272-277.

焦奎, 张书圣, 2004. 酶联免疫分析技术及应用 [M]. 北京：化学工业出版社.

解洪业, 1998. 细菌质粒与基因工程 [J]. 青海畜牧兽医杂志, 28：36-37.

金兰梅, 伍清林, 吕丽珍, 等, 2018. 不同乳牛舍环境空气中细菌含量的比较研究 [J]. 中国畜牧兽医, 37 (12)：131-136.

金培刚, 2006. 食源性疾病防制与应急处置 [M]. 上海：复旦大学出版社.

孔保华, 2007. 畜产品加工储藏新技术 [M]. 北京：科学出版社.

李阜棣, 胡正嘉, 2007. 微生物学 [M]. 6 版. 北京：中国农业出版社.

李华, 王华, 袁春龙, 等, 2007. 葡萄酒工艺学 [M]. 北京：科学出版社.

李里特，江正强，卢山，2000. 焙烤食品工艺学 ［M］. 北京：中国轻工业出版社.

李明春，刁虎欣，2018. 微生物学原理与应用 ［M］. 北京：科学出版社.

李平兰，贺稚非，2011. 食品微生物学实验原理与技术 ［M］. 2 版. 北京：中国农业大学出版社.

李平兰，王成涛，2005. 发酵食品安全生产与品质控制 ［M］. 北京：化学工业出版社.

李平兰，2006. 微生物与食品微生物 ［M］. 北京：北京大学医学出版社.

李增胜，任润斌，2005. 清香型白酒发酵过程中酒醅中的主要微生物 ［J］. 酿酒，32 (5)：33-34.

刘慧，2004. 现代食品微生物学 ［M］. 北京：中国轻工业出版社.

刘雨潇，刘士敏，王民，等，2009. 分子生物学方法在食品微生物检测中的应用 ［J］. 生物技术通讯，20 (3)：451-454.

刘运德，2004. 微生物学检验 ［M］. 北京：人民卫生出版社.

刘志东，郭本恒，王荫愉，等，2007. 电子鼻在乳品工业中的应用 ［J］. 食品与发酵工业，33 (2)：102-107.

柳增善，2007. 食品病原微生物学 ［M］. 北京：中国轻工业出版社.

陆兆新，2008. 微生物学 ［M］. 北京：中国计量出版社.

吕嘉枥，2007. 食品微生物学 ［M］. 北京：化学工业出版社.

牛超，王月兰，岳俊杰，等，2009. DNA 芯片技术在食品病原体检测中的应用 ［J］. 生物技术通讯，20 (4)：594-597.

沈萍，陈向东，2016. 微生物学 ［M］. 8 版. 北京：高等教育出版社.

宋宏新，2009. 食品免疫学 ［M］. 北京：中国轻工业出版社.

宋欢，韩燕，张晓，等，2007. 开菲尔发酵奶的研究进展 ［J］. 中国乳品工业，35 (4)：51-55.

孙长颢，2007. 营养与食品卫生学 ［M］. 6 版. 北京：人民卫生出版社.

谭炳乾，何启盖，肖军，等，2008. 建立 PCR-ELISA 方法检测单核细胞增多性李斯特菌 ［J］. 生物技术学报，16 (4)：670-675.

谭炳乾，2008. 单核细胞增多性李斯特菌 PCR 和 PCR-ELISA 检测方法的建立 ［D］. 武汉：华中农业大学博士学位论文.

唐倩倩，叶尊忠，王剑平，等，2008. ATP 生物发光法在微生物检验中的应用 ［J］. 食品科学，29 (6)：460-465.

陶兴无，2008. 发酵食品工艺学 ［M］. 北京：化学工业出版社.

陶义训，2002. 免疫学和免疫学检验 ［M］. 北京：人民卫生出版社.

佟平，陈红兵，2007. 免疫学技术在食品微生物检测中的应用 ［J］. 江西食品工业 (1)：36-38.

王晶，王林，黄晓蓉，2002. 食品安全快速检测技术 ［M］. 北京：化学工业出版社.

王素英，申江，2008. 食品冰温贮藏中微生物污染及食源性致病菌的快速检测技术 ［J］. 食品研究与开发，29 (6)：161-163.

王重庆，2003. 分子免疫学基础 ［M］. 北京：北京大学出版社.

肖东光，2005. 白酒生产技术 ［M］. 北京：化学工业出版社.

熊强，史纯珍，刘钊，2009. 食品微生物快速检测技术的研究进展 ［J］. 食品与机械，25 (5)：133-136，184.

熊宗贵，2001. 发酵工艺原理 ［M］. 北京：中国医药科技出版社.

杨汝德，2001. 现代工业微生物学 ［M］. 广州：华南理工大学出版社.

杨宪时，许钟，郭全友，2006. 食源性病原菌预报模型库及其在食品安全领域的应用 ［J］. 中国食品学报，6 (1)：372-376.

叶若松，万翠香，熊凯华，等，2009. 微生物活细胞快速检测的新技术研究 ［J］. 中国微生态学杂志，21 (4)：359-361.

叶思霞，蔡美平，罗燕娜，2009. 食品微生物检测技术研究进展 ［J］. 安徽农学通报，15 (19)：181-183，192.

殷涌光，刘静波，林松毅，2006. 食品无菌加工技术与设备 ［M］. 北京：化学工业出版社.

殷涌光，刘静波，2006. 大豆食品工艺学 ［M］. 北京：化学工业出版社.

于基成，郭乃菲，2008. 酶免疫检测技术及其在农产品质量安全控制中的应用 ［J］. 食品工业科技 (10)：286-290.

张和平，张佳程，2007. 乳品工艺学 ［M］. 北京：中国轻工业出版社.

张文治，2004. 新编食品微生物学. ［M］. 北京：中国轻工业出版社.

张也，刘以祥，2003. 酶联免疫技术与食品安全快速检测［J］. 食品科学，24（8）：200-204.

郑晓冬，2001. 食品微生物学［M］. 杭州：浙江大学出版社.

周德庆，2011. 微生物学教程［M］. 3 版. 北京：高等教育出版社.

周光炎，2002. 免疫学原理［M］. 上海：上海科学技术文献出版社.

周康，刘寿春，李平兰，等，2008. 食品微生物生长预测模型研究新进展［J］. 微生物学通报，35（4）：589-594.

周雪平，李德葆，1993. 卫星病毒和卫星 RNA 的分子结构及遗传工程［J］. 生物工程进展，13（6）：39-42，38.

周亚军，殷涌光，王淑杰，等，2004. 食品欧姆加热技术的原理及研究进展［J］. 吉林大学学报（工学版），34（2）：324-328.

朱军莉，冯立芳，王彦波，等，2017. 基于细菌群体感应的生鲜食品腐败机制［J］. 中国食品学报，17（3）：225-234.

食品微生物学中常见微生物学名 《《《

一、细菌（Bacteria）

Acetobacter 醋酸杆菌属

Acetobacter aceti 醋化醋杆菌

Acetobacter orleanense 奥尔兰醋酸杆菌

Acetobacter oxydans 氧化醋酸杆菌

Acetobacter pasteurianus 巴氏醋酸杆菌

Acetobacter rancens 恶臭醋酸杆菌

Acetobacter roseum 玫瑰色醋杆菌

Acetobacter schutzenbachii 许氏醋酸杆菌

Acetobacter suboxydans 弱氧化醋酸杆菌

Acetobacter xylinum 木醋杆菌

Acetomonas 醋单胞菌属

Acetomonas oxydans 氧化醋单胞菌

Achromobacter 无色杆菌属

Acinetobacter 不动杆菌属

Agrobacterium 土壤杆菌属

Agrobacterium tumefaciens 根癌土壤杆菌

Alcaligenes 产碱菌属

Alcaligenes faecalis 粪产碱菌

Alcaligenes viscolactis 粘乳产碱菌

Azotobacter chroococcum 褐色球形固氮菌

Bacillus 芽孢杆菌属

Bacillus amarus 刺鼻芽孢杆菌，苦味芽孢杆菌

Bacillus anthracis 炭疽芽孢杆菌

Bacillus cereus 蜡样芽孢杆菌

Bacillus coagulans 凝结芽孢杆菌

Bacillus macerans 浸麻芽孢杆菌

Bacillus megatherium 巨大芽孢杆菌

Bacillus mesentericus 马铃薯芽孢杆菌

Bacillus mycoides 蕈状芽孢杆菌

Bacillus panis 面包芽孢杆菌

Bacillus polymyxa 多黏芽孢杆菌

Bacillus pumilus 短小芽孢杆菌

Bacillus stearothermophilus 嗜热脂肪芽孢杆菌

Bacillus subtilis 枯草芽孢杆菌

Bacillus thermodiastaticus 嗜热糖化芽孢杆菌

Bacillus thuringiensis 苏云金芽孢杆菌

Bacterium 杆菌属

Bacterium casei 乳酪杆菌

Bacterium tartaropoeum 解酒石杆菌

Bifidobacterium 双歧杆菌属

Bifidobacterium bifidum 两歧双歧杆菌

Bifidobacterium longum 长双歧杆菌

Bifidobacterium breve 短双歧杆菌

Bifidobacterium adolescentis 青春双歧杆菌

Bifidobacterium infantis 婴儿双歧杆菌

Brevibacterium 短杆菌属

Brevibacterium ammoniagenes 产氨短杆菌

Brevibacterium flavum 黄色短杆菌

Brevibacterium lactofermentum 乳糖发酵短杆菌

Brucella abortus 流产布鲁菌

Campylobacter 弯曲菌属

Campylobacter jejuni 空肠弯曲杆菌

Chlorobium limicola 泥生绿菌

Chromobacterium 色素杆菌属

Citrobacter 柠檬酸杆菌属

Clostridium 梭状芽孢杆菌属

Clostridium amylobacter 淀粉梭状芽孢杆菌

Clostridium bifermentants 双酶梭状芽孢杆菌

Clostridium botulinum 肉毒梭状芽孢杆菌

Clostridium butyricum 丁酸梭状芽孢杆菌

Clostridium felsineum 费地浸麻梭状芽孢杆菌

Clostridium histolyticum 溶组织梭状芽孢杆菌

Clostridium nigrificans 致黑梭状芽孢杆菌

Clostridium pasteurianum 巴氏梭状芽孢杆菌

Clostridium perfringens 产气荚膜梭状芽孢杆菌

Clostridium septicum 腐败梭状芽孢杆菌

Clostridium sporogenes 生孢梭状芽孢杆菌

Clostridium tetani 破伤风梭状芽孢杆菌

Clostridium thermosaccharolyticum 嗜热解糖梭状芽孢杆菌

Clostridium welchiii 韦氏梭状芽孢杆菌

Corynebacterium 棒状杆菌属

Corynebacterium diphtheriae 白喉棒杆菌

Corynebacterium glutamicum 谷氨酸棒杆菌

Corynebacterium pekinense 北京棒杆菌

Corynebacterium crenatum 钝齿棒杆菌

Corynebacterium pyogenes 化脓棒状杆菌

Diplococcus 双球菌属

Enterobacter 肠杆菌属

Enterobacter aerogenes 产气肠杆菌

Enterococcus 肠球菌属

Erwinia 欧文菌属

Erwinia aroideae 软腐欧文菌

Erwinia amylovora 解淀粉欧文菌

Erwinia carotovora 胡萝卜软腐欧文菌

Escherichia 埃希杆菌属

Escherichia coil 大肠埃希菌

Escherichia intermedia 中间埃希杆菌

Flavobacterium 黄杆菌属

Flavobacterium aurantiacum 橙色黄杆菌

Halobacterium 盐杆菌属

Lactobacillus 乳杆菌属

Lactobacillus acidophilus 嗜酸乳杆菌

Lactobacillus arabinosus 阿拉伯糖乳杆菌

Lactobacillus brevis 短乳杆菌

Lactobacillus bulgaricus 保加利亚乳杆菌

Lactobacillus casei 干酪乳杆菌

Lactobacillus delbrueckii 德氏乳杆菌

Lactobacillus fermentati 发酵乳杆菌

Lactobacillus helveticus 瑞士乳杆菌

Lactobacillus lactis 乳酸乳杆菌

Lactobacillus leichmanii 莱氏乳杆菌

Lactobacillus lycopersici 番茄乳酸杆菌

Lactobacillus pastorianus 巴氏乳杆菌

Lactobacillus plantanum 植物乳杆菌

Lactobacillus thermophilus 嗜热乳杆菌

Lactococcus lactis 乳酸乳球菌

Leuconostoc 明串珠菌属

Leuconostoc mesenteroides 肠膜明串珠菌

Leuconostoc cremoris 乳脂明串珠菌

Leuconostoc dextranicum 葡萄糖明串珠菌

Listeria 李斯特菌属

Listeria monocytogenes 单增李斯特菌

Listeria ivanovii 绵羊李斯特菌

Listeria innocua 英诺克李斯特菌

Listeria welshimeri 威尔斯李斯特菌

Listeria seeligeri 西尔李斯特菌

Listeria denitrificans 脱氮李斯特菌

Listeria grayi 格氏李斯特菌

Listeria murrayi 默氏李斯特菌

Microbacterium 微杆菌属

Microbacterium lactium 乳微杆菌

Micrococcus 微球菌属

Micrococcus flavus 黄色微球菌

Micrococcus luteus 藤黄微球菌

Micrococcus roseus 玫瑰色微球菌

Micrococcus tetragenus 四联微球菌

Micrococcus ureae 尿素微球菌

Moraxella 莫拉氏杆菌属

Mycobacterium tuberculosis 结核分枝杆菌

Paracoccus denitrificans 脱氮副球菌

Pasteurella 巴氏杆菌属

Pediococcuus halophilus 嗜盐片球菌

Propionibacterium 丙酸杆菌属

Proteus 变形杆菌属

Proteus mirabilis 奇异变形杆菌

Proteus vulgaris 普通变形菌

Pseudomonas 假单胞菌属

Pseudomonas aeruginosa 铜绿假单胞菌

Pseudomonas fluorescens 荧光假单胞菌

Pseudomonas nitrigenes 漂浮假单胞菌

Pseudomonas putrefaciens 腐败假单胞菌

Pseudomonas saccharophila 嗜糖假单胞杆菌

Pseudomonas salinaria 盐制品假单胞菌

Pseudomonas syncyanea 类蓝假单胞菌

Pseudomonas synxantha 类黄假单胞菌

Salmonella 沙门菌属

Salmonella choleraesuis 猪霍乱沙门菌

Salmonella enteritidis 肠炎沙门菌

Salmonella galinarum 鸡沙门菌

Salmonella paratyphi 副伤寒沙门菌

Salmonella pullora 雏白痢沙门菌

Salmonella typhi 伤寒沙门菌

Salmonella typhimurium 鼠伤寒沙门菌

Sarcina ureae 尿素八叠球菌

Serratia 沙雷菌属（赛氏杆菌属）

Serratia marcescens 粘质沙雷菌

Serratia salinaria 盐地赛氏杆菌

Shewanella putrefaciens 腐败桑瓦拉菌

Shigella dysenteriae 痢疾志贺菌

Sinorhizobium fredii 大豆根瘤菌

Spirillum 螺菌属

Spirillum rubrum 红色螺菌

Spirochaeta morsusmuris 鼠咬热螺旋体

Staphylococcus 葡萄球菌属

Staphylococcus aureus 金黄色葡萄球菌

Staphylococcus albus 白色葡萄球菌

Staphylococcus citreus 柠檬色葡萄球菌

Staphylococcus epidermidis 表皮葡萄球菌

Staphylococcus saprophyticus 腐生葡萄球菌

Streptococcus 链球菌属

Streptococcus acidilactis 乳链球菌

Streptococcus agalactiae 无乳链球菌

Streptococcus citrovorus 嗜柠檬酸链球菌

Streptococcus cremoris 乳脂链球菌

Streptococcus diacetilactis 丁二酮乳链球菌

Streptococcus faecalis 粪链球菌

Streptococcus hemolyticus 溶血性链球菌

Streptococcus lactis 乳酸链球菌

Streptococcus liquefaciens 液化链球菌

Streptococcus mutans 变异链球菌

Streptococcus paracitrovorus 副嗜柠檬酸链球菌

Streptococcus pneumoniae 肺炎链球菌

Streptococcus pyogenes 化脓链球菌

Streptococcus salivarius 唾液链球菌

Streptococcus scarlatinae 猩红热链球菌

Streptococcus suis 猪链球菌

Streptococcus thermophilus 嗜热链球菌

Tetracoccus sojae 酱油微球菌

Thermus aquaticus 水生栖热菌

Thiobacillus thiooxidans 氧化硫硫杆菌

Trepoema pallidum 梅毒密螺旋体

Vibrio 弧菌属

Vibrio cholerae 霍乱弧菌

Vibrio parahaemolyticus 副溶血性弧菌

Xanthomonas 黄单胞菌属

Xanthomonas campestris 甘蓝黑腐病黄单胞菌

Xanthomonas phaseoli 菜豆黄单胞菌

Xanthomonas malvacearum 锦葵黄单胞菌

Xanthomonas carotae 胡萝卜黄单胞菌

Yersinia enterocolitica 小肠结肠炎耶尔森菌

Zymononas mobilis 发酵单孢菌

二、放线菌 （Actinomycetes）

Actinomyces 放线菌属

Micromonospora 小单孢菌属

Nocardia 诺卡氏菌属

Streptomyces 链霉菌

Streptomycse aureofaciens 金霉素链霉菌

Streptomyces erythreus 红霉素链霉菌

Streptomyces griseus 灰色链霉

Streptomyces thermophilus 嗜热链霉菌

Streptomyces rimosus 龟裂链霉菌

Streptoporangium 链孢囊菌属

Streptoporangium roseum 粉红链孢囊菌

Streptoporangium viridogriseum 绿色链孢囊菌

Thermophilic actinomycetes 嗜热放线菌

三、酵母菌（Yeast）

Aureobasidium pullulans 出芽短梗霉

Brettanomyces 酒香酵母属

Candida 假丝酵母属

Candida albicans 白色假丝酵母

Candida kefyr 乳酒假丝酵母

Candida lipolytica 解脂假丝酵母

Candida lusitaniae 葡萄牙假丝酵母

Candida mycoderma 糙醭假丝酵母

Candida petrophylum 嗜石油假丝酵母

Candida tropicalis 热带假丝酵母

Candida utilis 产朊假丝酵母

Candida vini 葡萄酒假丝酵母

Cryptococcus 隐球酵母属

Debaromyces 德巴利酵母属

Debaromyces hansenii 汉氏德巴利酵母属

Endomycopsis 拟内孢霉属

Endomycopsis fibuligera 扣囊拟内孢霉

Hansenula 汉逊氏酵母

Hansenula anomala 异常汉逊氏酵母

Hansenula wingei 温奇汉逊酵母

Helminthos porium 长蠕孢霉属

Klebsiella 克雷伯氏酵母属

Kloeckera apiculatia 柠檬型克雷伯氏酵母

Kluyvenomyces 克鲁维酵母属

Kluyvenomyces lactis 乳酸克鲁维酵母

Mycoderma 醭酵母属

Mycoderma vini 葡萄酒醭酵母

Pichia 毕赤酵母属

Pichia farinosa 粉状毕赤酵母

Pichia membranaefaciens 膜醭毕赤酵母

Rhodotorula 红酵母属

Rhodotorula glutinis 粘红酵母

Rhodotorula mucilaginosa 胶红酵母

Rhodotorula rubra 深红酵母

Saccharomyces 酵母属

Saccharomyces anamensis 越南酵母菌

Saccharomyces bailii 拜耳酵母

Saccharomyces bisporus 二孢酵母

Saccharomyces carlsbergensis 卡尔酵母

Saccharomyces cerevisiae 酿酒酵母

Saccharomyces ellipsoideus 葡萄酒酵母菌

Saccharomyces fragilis 脆壁酵母

Saccharomyces kefier 凯弗尔酵母

Saccharomyces ludwigii 路氏酵母，路德类酵母

Saccharomyces mellis 蜂蜜酵母菌

Saccharomyces oviformis 卵形酵母

Saccharomyces pastorianus 巴氏酵母

Saccharomyces rosei 玫瑰酵母

Saccharomyces rouxii 鲁氏酵母

Saccharomyces uvarum 葡萄汁酵母

Saccharomyces shaoshing 绍兴酒酵母

Schizosaccharomyces 裂殖酵母属

Schizosaccharomyces pombe 粟酒裂殖酵母

Schizosaccharomyces octosporus 八孢裂殖酵母

Sporotolomyces 掷孢酵母属

Torulopsis 球拟酵母属

Torulopsis candida 白色球拟圆酵母

Torulopsis globosa 球拟圆酵母

Torulopsis holmii 霍尔姆球拟酵母

Torulopsis kefir 高加索酒球拟酵母

Trichosporon 丝孢酵母属

Trichosporon bahrend 贝霉丝孢酵母

Zygosaccharomyces 接合酵母属

Zygosaccharomyces ashbyi 阿舒接合酵母

四、霉菌（Molds）

Achlya 绵霉属

Alternaria 交链孢霉属

Alternaria tomato 番茄交链孢霉

Arthrobotrys oligospora 少孢节丛孢菌

Aspergillus 曲霉属

Aspergillus alliaceus 洋葱曲霉

Aspergillus amstelodami 阿姆斯特丹曲霉

Aspergillus awamoti 泡盛曲霉

Aspergillus batatae 甘薯曲霉

Aspergillus candidus 白曲霉

Aspergillus carbonarius 炭黑曲霉

Aspergillus clavalus 棒曲霉

Aspergillus flavus 黄曲霉

Aspergillus fumigatus 烟曲霉	*Colletotrichum* 刺盘孢霉属
Aspergillus giganteus 巨大曲霉	*Colletotrichum lindemuthianum* 豆刺毛盘孢霉
Aspergillus glaucus 灰绿曲霉	*Diplodia* 色二孢霉属
Aspergillus melleus 蜂蜜曲霉	*Fusarium* 镰孢菌属（镰孢霉属，镰刀菌属）
Aspergillus nidulans 构巢曲霉	*Fusarium avenaceum* 燕麦镰孢菌
Aspergillus niger 黑曲霉	*Fusarium equiseti* 木贼镰孢菌
Aspergillus ochraceus 赫曲霉	*Fusarium graminearum* 禾谷镰孢菌
Aspergillus oryzae 米曲霉	*Fusarium lini* 亚麻镰孢菌
Aspergillus ostianus 孔曲霉	*Fusarium moniliforme* 串珠镰孢菌
Aspergillus parasitious 寄生曲霉	*Fusarium nivale* 雪腐镰孢菌
Aspergillus restrictus 局限曲霉	*Fusarium oxysporum* 尖孢镰孢菌
Aspergillus sclerotiorum 菌核曲霉	*Fusarium poae* 早熟禾镰孢菌
Aspergillus sojae 酱油曲霉	*Fusarium incarnatum* 半裸镰孢菌
Aspergillus sulphureus 硫色曲霉	*Fusarium sporotrichioides* 拟枝孢镰孢菌
Aspergillus sydowii 聚多曲霉	*Fusarium solani* 腐皮镰孢菌
Aspergillus tamarii 溜曲霉	*Fusarium tricinctum* 三线镰孢菌
Aspergillus terreus 土曲霉	*Geotrichum* 地霉属
Aspergillus terricola 栖土曲霉	*Geotrichum candidum* 白地霉
Aspergillus usamii 宇佐美曲霉	*Gibberella* 赤霉菌属
Aspergillus ustus 焦曲霉	*Gibberella fujikuroi* 水稻恶苗病菌
Aspergillus versicolor 杂色曲霉	*Gibberella saubinetii* 小麦赤霉病菌
Aspergillus wentii 温特曲霉	*Gibberella zeae* 玉米赤霉病菌
Botrytis 葡萄孢霉属	*Gibberella fujikuroi* 藤仓赤霉
Botrytis cinerea 灰色葡萄孢霉	*Monascus* 红曲霉属
Bremia 盘梗霉属	*Monascus anka* 安氏红曲霉
Byssochlamys 丝衣霉属	*Monascus fulginosu* 烟色曲霉
Byssochlamys fulva 纯黄丝衣霉	*Monascus purpureus* 紫红曲霉
Byssochlamys nivea 雪白丝衣霉	*Mucor* 毛霉属
Cephalosporium 头孢霉属	*Mucor javanicus* 瓜哇毛霉
Cephalosporium acremonium 顶孢头孢霉	*Mucor mucedo* 高大毛霉
Cephalosporium chrysogenum 产黄头孢霉	*Mucor piriformis* 梨形毛霉
Cephalosporium lecanii 蚜生头孢霉	*Mucor pusilus* 微小毛霉
Cephalothecium 复端孢霉属	*Mucor racemosus* 总状毛霉
Cephalothecium roseum 粉红复端孢霉	*Mucor rouxii* 鲁氏毛霉
Ceratostoma 长喙壳菌属	*Mucor sufu* 腐乳毛霉
Ceratostoma fimbriata 毛喙长喙壳菌	*Neurospora* 脉孢霉属
Citromyces 橘霉属	*Neurospora crassa* 粗糙脉孢霉
Citromyces glaber 光橘霉	*Neurospora sitophila* 好食脉孢菌
Cladosporium 芽枝霉属	*Oospora* 卵孢霉属
Cladosporium herbarum 蜡叶芽枝霉	*Oospora lactis* 酸腐卵孢霉

Oospora casei 乳酪卵孢霉

Paecilomyces 拟青霉属

Paecilomyces varioti 宛氏拟青霉

Penicillium 青霉属

Penicillium aurantiogriseum 橘灰青霉

Penicillium camemberti 卡门柏青霉

Penicillium casei 乳酪青霉

Penicillium chrysogenum 产黄青霉

Penicillium citreonigrum 黄暗青霉

Penicillium citreo-viride 黄绿青霉

Penicillium citrinum 橘青霉

Penicillium commune 普通青霉

Penicillium crustaceum 皮壳青霉

Penicillium cyclopium 圆弧青霉

Penicillium decumbens 斜卧青霉

Penicillium digitatum 指状青霉，绿青霉

Penicillium expansum 扩展青霉

Penicillium glaucum 灰绿青霉

Penicillium griseofulvum 灰棕黄青霉

Penicillium islandicum 岛青霉

Penicillium italicum 白边青霉

Penicillium luteum 淡黄青霉

Penicillium notatum 点青霉

Penicillium oxalicum 草酸青霉

Penicillium patulum 展开青霉

Penicillium purpurogenum 产紫青霉

Penicillium roqueforti 娄地青霉

Penicillium rubrum 红色青霉

Penicillium rugulosum 皱褶青霉

Penicillium variabile 变幻青霉

Penicillium verruculosum 疣孢青霉

Penicillium viridicatum 纯绿青霉

Phomopsis 拟茎点霉属

Physalospora 囊孢壳菌属

Phytophthera 疫霉属

Rhizopus 根霉属

Rhizopus arrhizus 少根根霉

Rhizopus chinesis 中华根霉

Rhizopus delemar 代氏根霉

Rhizopus formosaensis 台湾根霉

Rhizopus japonicus 日本根霉

Rhizopus javanicus 爪哇根霉

Rhizopus nigricans 黑根霉

Rhizopus oligosporus 少孢根霉

Rhizopus oryzae 米根霉

Rhizopus stolonifer 匐枝根霉

Rhizopus tonkinesis 河内根霉

Saprolegnia 水霉属

Sclerotinia 核盘孢霉属

Sclerotinia fructigena 苹果褐腐病核盘孢霉

Sporotrichum 侧孢霉属

Sporotrichum album 白色侧孢霉

Thamnidium 枝霉属

Thamnidium elegans 美丽枝霉

Trichoderma 木霉属

Trichoderma koningii 康氏木霉

Trichoderma reesei 里氏木霉

Trichoderma viride 绿色木霉

Trichothecium 单端孢霉属

Trichothecium roseum 粉红单端孢霉

附录 II

微生物学有关网站

中国科普博览——微生物馆　　网址：http：//www. kepu. com. cn/gb/lives/microbe/microbe_ basic/

农业微生物资源及其应用农业部重点实验室　　网址：http：//www. cau. edu. cn/agromicro/

中国工业微生物菌种保藏中心　　网址：http：//www. china-cicc. org/

中国科学院武汉病毒研究所　　网址：http：//www. whiov. ac. cn/index002. htm

中国科学院微生物研究所　　网址：http：//www. im. ac. cn/chinese. php

中国微生物潜在资源信息数据库　　网址：http：//www1. im. ac. cn/mrdc/mrdc. htm

中国微生物菌种数据库　　网址：http：//www. im. ac. cn/database/catalogsc. html

中国微生物学会　　网址：http：//www. im. ac. cn/im/csm/

细菌名称数据库　　网址：http：//www1. im. ac. cn/bacteria/bacteria. htm

微生物物种编目数据库（真菌物种部分）　　网址：http：//www1. im. ac. cn/species/speciesnew. htm

土壤微生物学词汇　　网址：http：//dmsylvia. ifas. ufl. edu/glossary. htm

真菌新种数据库　　网址：http：//www1. im. ac. cn/newsp/index. html

国际计算机用微生物性状编码数据库　　网址：http：//micronet. im. ac. cn/RKC. html

武汉大学微生物学专题网站　　网址：http：//202. 114. 65. 51/fzjx/wsw

华中农业大学　　网址：http：//nhjy. hzau. edu. cn/kech/biology

南京农业大学食品微生物学网站　　网址：http：//jpkc. njau. edu. cn/spwswx/

华南师范大学　　网址：http：//202. 116. 45. 198/wswx/course_ resources/electronic_ teaching. htm

陕西科技大学　　网址：http：//netclass06. sust. edu. cn/C21/Course/Index. htm

上海交通大学　　网址：http：//micro. sjtu. edu. cn/

食品伙伴网：培养基配方及制作　　网址：http：//www. foodmate. net/jianyan/weishengwu/media

美国斯坦福大学　　网址：http：//www. stanford. edu/group/virus

美国密歇根州立大学微生物学数字教学中心　　网址：http：//commtechlab. msu. edu/sites/dlc-me

Oklahoma 大学-植物和微生物学　　网址：http：//www. ou. edu/cas/botany-micro

Brock 微生物生物学　　网址：http：//cwx. prenhall. com/bookbind/pubbooks/brock/

微生物学图书馆　　网址：http：//www. microbelibrary. org/

微生物图片库　　网址：http：//www. denniskunkel. com/

革兰氏阴性杆菌编码鉴定数据库　　网址：http：//micronet. im. ac. cn/database/gnb/gnb. shtml

普通微生物学、病毒学、食品腐败及保藏

网址：http：//www. biozone. co. uk/biolinks/MICROBIOLOGY. html

活生生的细胞　　网址：http：//www. cellsalive. com

American Society for Microbiology　　网址：http：//www. journals. asm. org/

Boston University　　网址：http：//www. bumc. bu. edu/Departments/HomeMain. asp？DepartmentID＝59

Canadian Society of Microbiologists　　网址：http：//www. aoac. org/

DIVERSITAS　　网址：http：//diversitas. mirror. ac. cn/

EPA（美国环保局）　　网址：http：//www. epa. gov/nerlcwww/

Frontiers in Bioscience　　网址：http：//bioscience. mirror. ac. cn/

George Washington University Medical Center　　网址：http：//www. gwumc. edu/microbiology/

ICTVdB　　网址：http：//ictvdb. mirror. ac. cn/

JCM On-line Catalogue（日本微生物保藏中心（JCM）在线微生物分类库）

　网址：http：//www. jcm. riken. go. jp/JCM/catalogue. html

Journal of General Virology　　网址：http：//vir. sgmjournals. org/

Karolinska institute　　网址：http：//info. ki. se/index_ se. html

Microbiology　　网址：http：//mic. sgmjournals. org/

Microbial Strain Data Network　　网址：http：//micronet. im. ac. cn/msdn. shtml

National University of Singapore - Microbiology Department

　网址：http：//www. med. nus. edu. sg/mbio/

Plant Viruses Online - VIDE Database　　网址：http：//image. fs. uidaho. edu/vide/

Swiss Federal Institute of Technology　　网址：http：//www. micro. biol. ethz. ch/

TIGR（The Institute of Genomic Research）Microbial Database（MDB）

　网址：http：//www. tigr. org/tdb/mdb/mdb. html

University of Groningen（Netherlands）- Microbial Physiology

　网址：http：//www. biol. rug. nl/micfys/micfys. html

WFCC World Data Center for Microorganisms（WDCM）（世界菌种保藏联合会世界微生物数据）

　网址：http：//wdcm. nig. ac. jp/